国家出版基金项目
NATIONAL PUBLICATION FOUNDATION

世界技术编年史

SHIJIE JISHU BIANNIAN SHI

航空　航天　军事兵工

主编　李成智　崔乃刚　刘戟锋

U0221937

山东教育出版社

图书在版编目（CIP）数据

世界技术编年史. 航空 航天 军事兵工 / 李成智，崔
乃刚，刘戟锋主编 . — 济南：山东教育出版社，2019. 10
（2020. 8重印）

ISBN 978-7-5701-0800-8

Ⅰ. ①世… Ⅱ. ①李… ②崔… ③刘… Ⅲ. ①技术
史 – 世界 Ⅳ. ①N091

中国版本图书馆CIP数据核字（2019）第217561号

责任编辑：胡明涛 魏 磊 刘 园 王 利 王 源
装帧设计：丁 明
责任校对：舒 心

SHIJIE JISHU BIANNIAN SHI
HANGKONG HANGTIAN JUNSHI BINGGONG

世界技术编年史

航空 航天 军事兵工

李成智 崔乃刚 刘戟锋 主编

主管单位：山东出版传媒股份有限公司
出版发行：山东教育出版社
地址：济南市纬一路321号 邮编：250001
电话：（0531）82092660 网址：www.sjs.com.cn
印 刷：山东临沂新华印刷物流集团有限责任公司
版 次：2019年10月第1版
印 次：2020年8月第2次印刷
开 本：710毫米×1000毫米 1/16
印 张：48
字 数：790千
定 价：150.00元

（如印装质量有问题，请与印刷厂联系调换）印厂电话：0539-2925659

总序

　　人类的历史，是一部不断发展进步的文明史。在这一历史长河中，技术的进步起着十分重要的推动作用。特别是在近现代，科学技术的发展水平，已经成为衡量一个国家综合国力和文明程度的重要标志。

　　科学技术历史的研究是文化建设的重要内容，可以启迪我们对科学技术的社会功能及其在人类文明进步过程中作用的认识与理解，还可以为我们研究制定科技政策与规划、经济社会发展战略提供重要借鉴。20世纪以来，国内外学术界十分注重对科学技术史的研究，但总体看来，与科学史研究相比，技术史的研究相对薄弱。在当代，技术与经济、社会、文化的关系十分密切，技术是人类将科学知识付诸应用、保护与改造自然、造福人类的创新实践，是生产力发展最重要的因素。因此，技术史的研究具有十分重要的现实意义和理论意义。

　　本书是国内从事技术史、技术哲学的研究人员用了多年的时间编写而成的，按技术门类收录了古今中外重大的技术事件，图文并茂，内容十分丰富。本书的问世，将为我国科学技术界、社会科学界、文化教育界以及经济社会发展研究部门的研究提供一部基础性文献。

　　希望我国的科学技术史研究不断取得新的成果。

路甬祥　2012/11/02

前言

　　技术是人类改造自然、创造人工自然的方法和手段，是人类得以生存繁衍、经济发展、社会进步的基本前提，是生产力中最为活跃的因素。近代以来，由于工业技术的兴起，科学与技术的历史得到学界及社会各阶层的普遍重视，然而总体看来，科学由于更多地属于形而上层面，留有大量文献资料可供研究，而技术更多地体现在形而下的物质层面，历史上的各类工具、器物不断被淘汰销毁，文字遗留更为稀缺，这都增加了技术史研究的难度。

　　综合性的历史著作大体有两种文本形式，其一是在进行历史事件考察整理的基础上，抓一个或几个主线编写出一种"类故事"的历史著作；其二是按时间顺序编写的"编年史"。显然，后一种著作受编写者个人偏好和知识结构的影响更少，具有较强的文献价值，是相关专业研究、教学与学习人员必备的工具书，也适合从事技术政策、科技战略研究与管理人员学习参考。

　　技术编年史在内容选取和编排上也可以分为两类，其一是综合性的，即将同一年的重大技术事项大体分类加以综合归纳，这样，同一年中包括了所有技术门类；其二是专业性的，即按技术门类编写。显然，两者适合不同专业的人员使用而很难相互取代，而且在材料的选取、写作深度和对撰稿者专业要求方面均有所不同。

　　早在1985年，由赵红州先生倡导，在中国科协原书记处书记田夫的支持下，我们在北京玉渊潭望海楼宾馆开始编写简明的《大科学年表》，该年表历时5年完成，1992年由湖南教育出版社出版。在参与这一工作中，我深感学界缺少一种解释较为详尽的技术编年史。经过一段时间的筹备之后，1995

年与清华大学汪广仁教授和东北大学远德玉教授组成了编写核心组，组织清华大学、东北大学、北京航空航天大学、北京科技大学、北京化工大学、中国电力信息中心、华中农业大学、哈尔滨工业大学、哈尔滨医科大学等单位的同行参与这一工作。这一工作得到了李昌及卢嘉锡、任继愈、路甬祥、柯俊、席泽宗等一批知名科学家的支持，他们欣然担任了学术顾问。全国人大常委会原副委员长、中国科学院原院长路甬祥院士还亲自给我写信，谈了他的看法和建议，并为这套书写了序。2000年，中国科学院学部主席团原执行主席、原中共中央顾问委员会委员李昌到哈工大参加校庆时，还专门了解该书的编写情况，提出了很好的建议。当时这套书定名为《技术发展大事典》，准备以纯技术事项为主。2010年，为了申报教育部哲学社会科学研究后期资助项目，决定首先将这一工作的古代部分编成一部以社会文化科学为背景的技术编年史（远古—1900），申报栏目为"哲学"，因为我国自然科学和社会科学基金项目申报书中没有"科学技术史"这一学科栏目。这一工作很快被教育部批准为社科后期资助重点项目，又用了近3年的时间完成了这一课题，书名定为《社会文化科学背景下的技术编年史（远古—1900）》，2016年由高等教育出版社出版，2017年获第三届中国出版政府奖提名奖。该书现代部分（1901—2010）已经得到国家社科基金后期资助，正在编写中。

2011年4月12日，在山东教育出版社策划申报的按技术门类编写的《世界技术编年史》一书，被国家新闻出版总署列为"十二五"国家重点出版规划项目。以此为契机，在山东教育出版社领导的支持下，调整了编辑委员会，确定了本书的编写体例，决定按技术门类分多卷出版。期间召开了四次全体编写者参与的编辑工作会，就编写中的一些具体问题进行研讨。在编写者的努力下，历经8年陆续完成。这样，上述两类技术编年史基本告成，二者具有相辅相成，互为补充的效应。

本书的编写，是一项基础性的学术研究工作，它涉及技术概念的内涵和外延、技术分类、技术事项整理与事项价值的判定，与技术事项相关的时间、人物、情节的考证诸多方面。特别是现代的许多技术事件的原理深奥、结构复杂，写到什么深度和广度均不易把握。

这套书从发起到陆续出版历时20多年，期间参与工作的几位老先生及5位顾问相继谢世，为此我们深感愧对故人而由衷遗憾。虽然我和汪广仁、远德玉、程承斌都已是七八十岁的老人了，但是在这几年的编写、修订过程中，不断有年轻人加入进来，工作后继有人又十分令人欣慰。

本书的完成，应当感谢相关专家的鼎力相助以及参编人员的认真劳作。由于这项工作无法确定完成的时间，因此也就无法申报有时限限制的各类科研项目，参编人员是在没有任何经费资助的情况下，凭借对科技史的兴趣和为学术界服务的愿望，利用自己业余时间完成的。

本书的编写有一定的困难，各卷责任编辑对稿件的编辑加工更为困难，他们不但要按照编写体例进行订正修改，还要查阅相关资料对一些事件进行核实。对他们认真而负责任的工作，对于对本书的编写与出版给予全力支持的山东教育出版社的领导，致以衷心谢意。本书在编写中参阅了大量国内外资料和图书，对这些资料和图书作者的先驱性工作，表示衷心敬意。

本书不当之处，显然是主编的责任，真诚地希望得到读者的批评指正。

姜振寰

2019年6月20日

编写
说明

一、本书收录范围

本书包括航空、航天和军事兵工三大类。

二、条目选择

与上述三大类有关的技术思想、原理、发明与革新（专利、实物、实用化）、工艺（新工艺设计、改进、实用化），与技术发展有关的重要事件、著作与论文等。

三、编写要点

1. 每个事项以条目的方式写出。用一句话概括，其后为内容简释（一段话）。

2. 外国人名、地名、机构名、企业名尽量采用习惯译名，无习惯译名的按商务印书馆出版的辛华编写的各类译名手册处理。

3. 文中专业术语不加解释。

4. 书后附录由参考文献、事项索引及人名索引部分组成，均按罗马字母顺序排列。

人名、事项后加注该人物、事项出现的年代。

四、国别缩略语

〔英〕英国　　〔法〕法国　　〔德〕德国　　〔意〕意大利　〔奥〕奥地利

〔西〕西班牙　〔葡〕葡萄牙　〔美〕美国　　〔加〕加拿大　〔波〕波兰

〔匈〕匈牙利　〔俄〕俄国　　〔中〕中国　　〔芬〕芬兰　　〔日〕日本

〔希〕希腊　　〔典〕瑞典　　〔比〕比利时　〔埃〕埃及　　〔印〕印度

〔丹〕丹麦　　〔瑞〕瑞士　　〔荷〕荷兰　　〔挪〕挪威　　〔捷〕捷克

〔苏〕苏联　　〔以〕以色列　〔新〕新西兰　〔澳〕澳大利亚〔巴〕巴西

目 录

航 空

航 天

军事兵工

航　空

概述
（远古—1900年）

　　人类关于飞行的理想由来已久。最初人们受鸟的启发，幻想通过人造翅膀模仿鸟类实现扑翼飞行，但千百年来这种努力一直没有成功。在扑翼飞行难以成功的情况下，人们只能借助小说或诗文表达对飞行的向往。古代中国以及其他国家留传下来的大量有关飞行的文学作品，激发了人们热爱飞行和探索飞行的热忱。

　　古代先民在长期的实践中，发明和积累了大量与航空有关的技术。中国古代劳动人民在长期的生活和劳作过程中，产生了许多重要的、与航空技术相关的发明，包括风筝、孔明灯（热气球）、竹蜻蜓等，这些发明创造不仅是中华民族对世界早期航空发展做出的重大贡献，还为近代欧洲航空技术的发展提供了有益的借鉴。在漫长的历史时期中，中国古人还曾有意无意地进行过飞行的实践，如舜帝［中］（约B.C.2277—B.C.2178）"羽衣逃生"的记载、王莽［中］（B.C.45—A.D.23）时期异能之士"飞行数百步"的记载，以及传说鲁班［中］（B.C.507—B.C.444）或墨子［中］制作木鸟的故事。在古希腊及希腊化时期，欧洲学者进行与航空密切相关的研究工作，包括对鸟的飞行的直观研究、对空气特性的研究、对流体静力学的研究等。这些研究成果对近代航空的发展产生了重要的启发作用。在中世纪及文艺复兴早期，欧洲出现大量先驱人物冒险尝试仿鸟飞行，也有不少人开始了扑翼机的研制和试验。扑翼机研制的基本思路都是人类要想飞行成功，只能仿照现成的"老师"——鸟。在古代及中世纪，人们对科学知识的积累还远远不够，科学研究方法尚未完善，"抄袭自然"成了自然而然的选择。虽然这方面的冒险努力都以失败告终，但这些冒险家的探索精神为后世提供了榜样，激发了近代航空先驱沿着更科学的道路努力奋斗。

从古代到近代，无论在中国还是在其他国家，都有一些探索飞行的冒险家。他们模仿鸟的飞行方式和动作，利用自制翅膀或羽衣从高处跳下，试图飞起来。由于并没有真正理解鸟的飞行机理，他们的努力终归失败，但这些英雄的事迹激发后人继续努力，并使飞行探索活动越来越科学化。意大利人达·芬奇（Leonardo da Vinci，1452—1519）是第一位以科学的态度研究飞行的人。他依据科学的态度和长期的观察，对鸟的飞行进行了比较科学的研究，得出了有一定科学价值的认识；他对空气特性及流体特性进行研究，也得出了不少科学的结论。依据大量的研究和观察，他设计出原始的直升机、降落伞。他写出了大量有关鸟的飞行、飞行器设计的笔记，并在此基础上写出了航空史上第一篇论文《论鸟的飞行》。17到18世纪，欧洲进入近代科学大发展时期，与航空相关的理论取得了一些进展。虽然大量的科学研究不是以发明飞机为目的，但许多成果与航空技术密切相关：对空气及空气动力学的定量化研究、对流体静力学和流体动力学的深入研究，形成了较为完整的流体动力学理论。瑞士数学家伯努利（Daniel Bernoulli，1700—1782）1738年建立的伯努利定律，对于理解翼面产生向上的升力非常有效。近代科学家们的研究成果给航空的发展及飞机的发明提供了重要理论基础。当然，在近代还有许多科学家对鸟的飞行进行了更为科学的研究，也得出不少有益结论。正是基于对鸟的飞行的研究，许多科学家对人类飞行持乐观的态度。这一时期，扑翼机的设计仍然比较活跃。虽然模仿鸟的扑翼飞行和扑翼设计受科学新知识的影响逐渐减小，但并未彻底消失。这些扑翼机设计的科学意义不大，却备受当时科学家的关注，相关报道引发科学家开始认真思考飞行问题。

18世纪后期，直接或间接受中国孔明灯的启发，欧洲人发现了另外一种飞行方式，这就是轻于空气的航空器——气球。1783年，法国人蒙哥尔费兄弟（J.M.Montgolfier，1740—1810；J.E.Montgolfier，1745—1799）成功研制出载人热气球。同年，载人氢气球也诞生了。19世纪，气球的大小、性能不断改进，并开始投入实用。同时，有动力的可控气球——飞艇也得到初步发展，并在19世纪末实现实用化。20世纪初，德国人齐伯林（Ferdinand von Zeppelin，1838—1917）发明硬式飞艇，并首先将其用于航空运输。20世纪30年代，飞艇技术达到了最高峰。然而，由于飞机的迅速发展，也由于飞艇造价高、操作不便、经济性差等缺陷，飞艇很快走向衰落。

19世纪初，飞机探索走上了真正科学的道路。英国空气动力学之父乔治·凯利（George Cayley，1773—1857）率先提出"定翼"思想，并开始了空气动力学实验研究。"定翼"思想就是把鸟翅膀的升举、推进功能分开，分别加以实现，即用固定的翼面产生升力，用螺旋桨产生推力，并用尾翼保持稳定。"定翼"思想的创立是飞机发明之路的关键转折点。

从乔治·凯利到美国的莱特兄弟，19世纪近百年间欧美出现了大量飞机探索者。在滑翔机方面有法国的布里斯（Jean Marie Le Bris，1817—1872）、勒图尔（Louis Charles Letur，？—1854）、穆亚尔（Louis Pierre Mouillard，1834—1897），英国的布朗（D.S.Brown），德国的李林塔尔（Otto Lilienthal，1848—1896），爱尔兰的佩尔策（P.Pilcher，1866—1899），美国的查纽特（Octave Chanute，1832—1910）等；在动力飞机方面有英国的汉森（William Henson，1812—1888）、斯特林费罗（John Stringfellow，1799—1883）、莫伊（Thomas William Moy，1823—1910）、菲利普斯（Horatio Frederick Phillips，1845—1924），法国的佩诺（Alphonse Pénaud，1850—1880）、坦卜尔（Félix du Temple，1823—1890）、阿德尔（Clément Ader，1841—1925），美国的马克沁（Hiram Stevens Maxim，1840—1916）、兰利（S.P.Langley，1834—1906），俄国的莫扎伊斯基（Alexander Mozhayskiy，1825—1890）等；在理论方面探索的有德国的基尔霍夫（Gustav Robert Kirchhoff，1824—1887）、亥姆霍兹（Hermann von Helmholtz，1821—1894），英国的开尔文（W.T.B.Kelvin，1824—1907）、韦纳姆（Francis Herbert Wenham，1824—1908）、瑞利（J.W.S.Rayleigh，1842—1919）等。但他们都没有取得最后的成功。

19世纪欧美出现了大量关于直升机的设计方案，有的进行过模型试验。虽然都未取得很大的成功，但在不少具体的技术问题上取得了重大进展，包括直升机结构、横列双旋翼设计、纵列双旋翼设计、旋翼加尾桨设计、旋翼倾斜操纵设计等。19世纪后期，航空领域相当活跃，与航空相关的活动、发明、发现纷纷出现，包括旋臂机的改进和风洞的发明，为航空研究与飞机设计提供了全新的手段；得以发明并不断完善的内燃机，为飞机的出现提供了可行的动力保障；出现了专门的航空研究组织，告别了个别人单打独斗的局面；不少先驱者设计的飞机、直升机甚至飞行器部件被官方授予专利，对航空研究者予以极大的鼓励；也有官方机构为飞机研究提供经费支持，官方开始参与航空活动；一些杂志也开始刊登与航空有关的论文和相关报道，使航空与飞行逐渐深入人心。

19世纪飞机没有发明成功的原因是多方面的。第一，航空理论特别是升力理论研究明显滞后；第二，先驱者大都轻视理论、急于求成，单凭感觉设计飞机，模仿鸟的倾向明显；第三，缺乏系统的理论思想，没有把飞机研制作为一个整体看待，多数只是追求升空；第四，没有认识到稳定与操纵的重要性，有关研究也相对不足；第五，实用轻型航空发动机尚未问世；第六，由于受到部分科学家的悲观论的影响，社会对重于空气的飞行器持怀疑与不支持态度。但是，经过近百年的努力，飞机发明已打下了良好的基础，包括定翼思想得到广泛接受，飞机结构布局已经建立，稳定理论和实现方法初步形成，升力理论已显端倪，风洞试验技术正在完善，内燃机技术正逐渐成熟。

在19世纪的最后几年，航空研究领域出现了不少重大事件，深刻影响到20世纪航空事业的发展。首先是德国的李林塔尔和爱尔兰的佩尔策因滑翔事故牺牲，在欧美引起强烈反响，其结果之一是在一定程度上导致欧洲人对重于空气飞行器持有悲观情绪，结果之二是引起更多人对飞行的好奇，并引导美国的莱特兄弟走上了飞机发明之路。其次是德国的齐伯林提出硬式飞艇设计思想，从而引起飞艇技术革命并最终研制出真正实用的大型飞艇，引领飞艇研制潮流长达30余年。在欧洲航空研究呈现衰落趋势之际，美国开始异军突起，兰利和莱特兄弟进入飞机研究领域，正是基于前人的研究与设计成果，再加上个人的不懈努力，莱特兄弟终于在20世纪初完成了飞机的发明。

B.C.21世纪

舜［中］最早进行滑翔飞行或乘降落伞安全下降　舜（约B.C.2277—B.C.2178）是中国古代著名的贤君之一。按照史料记载，他曾完成了最早的滑翔飞行或乘降落伞安全下降。故事说他的继母和父亲瞽瞍想把舜骗到谷仓上，然后放火烧死他。舜的妻子们识破了这一阴谋。她们让舜尽管去，只要穿上一套画着鸟形彩纹的衣服就可以逃生，《史记》引《通史》说："瞽瞍使舜涤廪，舜告尧二女，女曰：'时其焚汝，鹊汝衣裳，鸟工

舜帝画像

往。'舜即登廪，得免去也。"《史记·五帝本纪》说："瞽瞍从下纵火焚廪，舜乃以两笠自扞而下，去得不死。"《太平御览》引《史记》说："舜父使舜涂泥仓，放火而烧舜。舜垂席而下，得无伤。"从上述记载以及航空原理可以认为，舜得不死，大概是乘斗笠下降的结果，也就是利用降落伞减速原理安全降落。认为舜借助了滑翔机原理也说得通。舜的故事引起航空史学家的兴趣和重视。有人把舜看作是第一个乘降落伞安全下降的人。在国外文献中，常把这件事列为航空大事，认为这是人类第一次尝试乘降落伞下降。

B.C.5世纪

鲁班［中］或墨子［中］制作能飞的木鸢（木鸟）　鲁班（B.C.507—B.C.444）是春秋末年著名匠人，又名公输班。墨子（约B.C.480—B.C.420）是古代著名思想家，墨家创始人。文献记载他们制作过能飞的木鸟。《墨子·鲁问》说："公输子削竹木为鹊，成而飞之，三日不下。公输子自以为至巧。子墨子谓曰：'子之为鹊也，不如匠之为车辖。'"《韩非子·外储说左上》说："墨子为木鸢，三年而成，蜚一日而败。弟子曰：'先生之巧，至能使木鸢飞。'墨子曰：'吾不如为车輗者巧也。用咫尺之木，不费一朝之事，而引三十石之任，致远力多。久于岁数。今我为鸢，三年成，蜚一日而败。'"

两个记载内容大同小异，但主人公一是鲁班，一是墨子，从时间顺序看，当是鲁班最早发明了木鸟。《意林》《论衡》《列子》等书，都记载或引述了这件事。史料中都没有提及木鸟的结构和飞行原理，韩非［中］（B.C.280—B.C.233）等先哲都想说明一个道理：制作器具应当以实用为主。其名称也有木鹊、木鸢、木鹄、木鸟等多种，发明者甚至还有东汉的张衡（78—139）。如果记载属实，可以猜想木鸟很可能是最早的风筝。

鲁班画像

墨子画像

B.C.2世纪

传说韩信［中］发明了风筝 "风筝是中国古代的重要发明"在航空史学界毋庸置疑，但何人何时何地发明，至今未明。一个说法是楚汉相争时韩信（约B.C.231—B.C.196）发明了风筝。宋代高承在《事物纪原》中谈到韩信制作风筝的事："纸鸢，俗谓之风筝，古今相传云，是韩信所作。高祖之征陈豨也，信谋从中起，故作纸鸢放之，以量未央宫远近，欲以穿地隧入宫中也。"清初赵昕在《息"灯鹞"文》中说："我闻淮阴巧制，事启汉

韩信画像

邦；楚歌云上，或云子房……"淮阴就是指淮阴侯韩信。韩信把项羽［中］（B.C.232—B.C.202）围困在垓下时，制成风筝，叫身材轻巧的张良［中］（B.C.250—B.C.186）坐在风筝上飞上天空，高唱楚歌，使歌声顺风传送到楚

军大营里。史料中第一次出现风筝一词，则是在《南史》中，记载的事情发生在梁武帝［中］（464—549）太清三年（549）。

中国人提出热气球原理　西汉时期淮南王刘安［中］（B.C.179—B.C.122）的门客所撰的《淮南万毕术》记载有："艾火令鸡子飞"。后人注道："取鸡子去汁，然艾火内空中，疾风高举自飞去。"宋代苏轼［中］（1037—1101）编的《物类相感志》里也有："鸡子开小窍，去黄白，内入露水，又以油纸糊

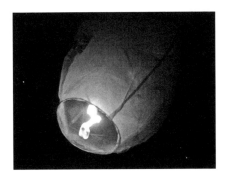

现代孔明灯

了。日中晒之，可以自升，离地三四尺。"这些记载都是典型的热空气浮空思想。可以认为，《淮南万毕术》首次提出了热气球原理，距今已有两千余年。至于热气球何时出现，目前难以考证。有文献认为是三国时期孔明［中］（181—234）发明了热气球，因此有孔明灯这一名称，但证据不足。据说在五代时（907—960），莘七娘［中］（生卒年不详）随夫出征入闽，作战中曾用孔明灯作为军事上的信号。闽西北农村一直有放孔明灯的传统，并将孔明灯称为七娘灯。如果传说属实，孔明灯的历史至少有一千多年了。

B.C.1世纪

罗马学者较早对鸟的飞行进行了研究　卢克莱修［罗马］（Titus Lucretius Carus，约B.C.99—B.C.55）是罗马哲学家，原子论的推行者。他认为空气也具有原子性，空气受力运动会造成真空。他指出，鸟在扑动翅膀时，将会在身后形成一块没有空气的区域。当鸟在这个区域飞行时，翅膀的扑动会失去作用，因此所做的飞行的努力都是浪费的。由于翅膀不能得到空气的支持，鸟自然就会在自身重力的作用下落到地面。普鲁塔克［古希腊］（Plutarchus，

卢克莱修

约46—120）也观察到鸟在飞行时会突然下坠。他认为，这是由于空中出现空气旋涡形成真空的缘故，正像物体处在水的漩涡中会下坠一样，处于旋涡中心的鸟由于得不到空气的支持也会下坠。老普林尼［意］（Gaius Plinius Secundus，23—79）在对鸟的观察中，正确地指出鸟的飞行完全是一种物理机制，是空气的作用产生的。医学家盖伦［罗马］（Claudius Galenus，约129—约199）较为

盖伦

系统地研究了鸟的飞行。他认为鸟的飞行是由自身动力的作用和反作用造成的。他指出，鸟由于肌肉收紧产生的翅膀迅速扑动，可以平衡由自身重力产生的下坠。鸟翅膀的扑动可产生一种力量，其方向是向上的，正好与下坠的方向相反。

公元1世纪

异能之士［中］进行了滑翔飞行　东汉班固（32—92）在《汉书·王莽传》中记载："……网罗天下异能之士，至者前后千数……又博募有奇技术可以攻匈奴者，将待以不次之位。言便宜者以万数……或言能飞，一日千里，可窥匈奴。莽辄试之。取大鸟翮为两翼，头与身皆著毛，通引环纽，飞数百步堕。莽知其不可用，苟欲获其名，皆拜为理军，赐以车马，待发。"《汉书》是一部正史，且作者距王莽［中］（B.C.45—A.D.23）生活的年代只有几十年，因此这个记载被认为是可靠的。于是，许多史学家把王莽时代的这位异能之士看作是滑翔飞行的创始人，还有人把他看作是航空探索的第一个实践家。从推测来看，利用大鸟的翅膀辅助，很有可能是滑翔飞行。航空史学家姜长英［中］（1904—2006）评价说，"可惜得很，王莽这个人太无远见了，对世界上第一位滑翔发明家，已可以滑翔飞行几百米，还认为是不可用，连这位发明家的姓名也没有流传下来"。

875年

菲尔纳斯［西］进行扑翼飞行表演　菲尔纳斯（Abbas Ibn Firnas，810—887）是西班牙物理学家、发明家和工程师，对飞行充满了热情。据记载他在公元875年进行过扑翼飞行表演。他在周身布满羽毛，身上绑着一对大翅膀。据称在扑翼飞行时，菲尔纳斯在空中如同鸟一样飞了很长时间，但最后还是坠落下来，并受重伤。据记载，他失败的原因是"不知道鸟在飞行期间要上下摆动尾部，忘了给自己加一只尾巴"。当时对于飞行的一般理解是，人类要想飞行，必须完全模仿鸟的样子。

菲尔纳斯

1250年

培根［英］开始思考人类飞行的可能性问题　罗吉尔·培根（Roger Bacon，约1214—1293）是欧洲实验科学的创始人。在欧洲文艺复兴前夕，他崇尚理性，认真思考过科学的种种问题，认为只有实验才能真正获得科学发现。他在学术思考中，曾提出过关于望远镜、轮船和汽车的设想，同时他还

罗吉尔·培根

是第一位认真思考过飞行器的人。在大约1250年成书，1542年才出版的著作《工艺和自然的奥秘》（*Secret Workings of Art and Nature*）一书中，培根提出动力飞行器的概念。虽然他的设想还相当的简单粗糙，但人们把他看作是历史上第一位提出类似于20世纪飞机概念的人。培根指出，有一种可以飞行的仪器，我没有看到过它，任何人也都不知道或没有看到过它。但我充分相信有学问的人会最终发明它。这种能飞的"仪器中间乘坐一个人，靠一台发动机驱动，使人造翅膀上下扇动扑打空气，尽可能地模仿鸟的动作飞

行"。培根的飞行器概念包括必须安装某种动力装置驱动翅膀，可以说是一个进步。另外，培根还有一些关于飞艇的想法。他曾指出，当飞艇在地球大气表面上飘浮时，通过"液体燃烧"使之能够保持在空中飞行。

公元15世纪

中国至少在明代以前发明了竹蜻蜓 竹蜻蜓是直升机的雏形，是中国重要的航空发明之一，这一点已被世界公认。关于竹蜻蜓的发明年代和过程已无法查证，中国古代文献对此几乎没有提及。外国文献称其为"中国陀螺"（Chinese Top），是中国的古老发明。美国人弗朗西斯［美］（Devon Earl Francis）在1946年出版的《直升机的故事》中说，在公元元年以前，中国人已会用竹蜻蜓实现机械飞行了。英国科技史学家李约瑟［英］（Joseph Terence Montgomery Needham，1900—1995）根据《抱朴子》记载的"或用枣心木为飞车，以牛革结环剑以引其机"断定竹蜻蜓是公元4世纪葛洪［中］（284—364）发明的。外国文献所说的竹蜻蜓起源于纪元前的中国以及葛洪发明了竹蜻蜓的证据并不充分。1947年美国出版的《凡·诺斯特朗德百科全书》指出，竹蜻蜓在中国已有450年的历史。这样算来，应是在中国明代时期发明的。关

法国匿名画家作品《圣母与圣子》中小耶稣手拿竹蜻蜓玩具

于竹蜻蜓的发明年代，一个最直接的证据是法国匿名画家在1460年所绘制的《圣母与圣子》油画中，小耶稣手中拿着一只竹蜻蜓。可见，竹蜻蜓的发明肯定不晚于1460年，这时是中国明英宗时期。比达·芬奇绘制直升机模型早了30年。

约1483年

达·芬奇［意］画出了直升机草图　达·芬奇是意大利著名画家、工程师，被许多航空史学家看作是直升机的发明者，并认为这是他对航空学的真正贡献。在大约15世纪80年代的一份手稿上，他画出了一个直升机设计图，它的主要部件是一个螺旋面，其几何图形相当于桨叶旋转与前进合成运动画出的曲面，两个端面间的夹角约为54度。中间是一个直轴，上面缠绕弹簧用以驱动螺旋面旋转。谈到这个设计时他指出："我觉得，如果这个带螺旋的装置能被很好地制造……那么螺旋就会高速旋转，并在空中画出螺旋线，然后升入空中。举例来说，把一个宽而薄的尺子在空中迅速地划一下，你将发现你的手臂受到尺子边缘线的牵引……人们可以用纸板制作这样一个小模型，轴用薄铁皮用力卷曲而成。一旦松手，'铁皮松弛力'将导致螺旋旋转。"这段论述表明，达·芬奇虽然不能称为直升机的发明者，但却是历史上第一个阐述直升机原理的人。

达·芬奇

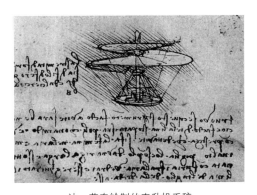

达·芬奇绘制的直升机手稿

约1484年

达·芬奇［意］画出了降落伞草图　达·芬奇的研究手稿中，涉及航空方面的绘画达500余幅，其中还画有降落伞的设计草图。他设计的降落伞外形呈四棱锥形，像一座小型金字塔。他解释说，"如果一个人有一个小屋顶（他用这个词表示降落伞），每一侧棱长12码，宽12码，他就能够从任何高度下降而不会危及自身安全……"其原因就在于空气的减速作用。达·芬奇因此被

15世纪70年代出现于意大利的降落伞草图

达·芬奇绘制的降落伞草图

不少学者称作是降落伞的发明人。不过另有文献表明，在他之前的十几年，就有意大利人绘制过降落伞草图，还表现了人乘降落伞下降的样子。

1485年

达·芬奇［意］开始设计扑翼机　由于受到文艺复兴后机械论哲学的影响，达·芬奇认为人类实现飞行的唯一方式是模仿鸟类的扑翼飞行。大约在1485年，达·芬奇设计了第一架扑翼机，1487年画出了设计草图。他认为人的臂力不足以扇动机翼，便设想使人处于俯伏状态，利用大腿肌肉的力量来驱动。这样仍然动力不足，他又研究了当时已有的机械动力，包括弹簧和弓弦等。他把扑翼机的翅膀设计成由几根弯曲的金属杆连接的骨架，通过一套轮子和连杆，使每一根都能形成多种弯度，从而达到精确模仿鸟的扑翼动作的目的。

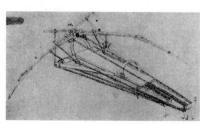

达·芬奇设计的扑翼机结构

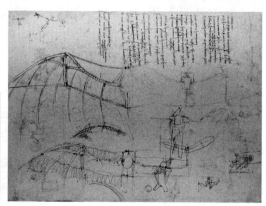

达·芬奇的扑翼机机翼设计

1495—1504年间，他设计的几种扑翼机扇扑机构都非常精巧、灵活。可贵的是，达·芬奇在晚年曾设计过定翼机，但这种转变并不彻底。在定翼机动力转换部件上，达·芬奇仍采用小型扑翼。

1505年

达·芬奇［意］完成航空研究论文《论鸟的飞行》　达·芬奇对鸟的飞行进行了长期的观察研究，写出了大量笔记，在此基础上，在佛罗伦萨完成了论文《论鸟的飞行》（*Codex on the Flight of Birds*）的手稿。论文几乎是图文参半，十分形象。论文阐述了关于鸟的飞行的三个原理。第一个原理是鸟的持续飞行原理，或者说空气的升力原理，认为鸟的翅膀在扇动时使翅膀下面的空气压缩，从而使翅膀上下形成一个压力差，这个压力差形成升力。鸟的翅膀在连续扇动时，由于翅膀的形状和扇动方式，翅膀下产生了一个空气压缩形成的高压楔，这个高压楔自行松弛时，表现出的就是对翅膀产生一种向上的作用力——升力。第二个原理涉及鸟有效利用气流飞行的技术，亦即鸟可以有效利用上升气流，从而可以不扇动翅膀越飞越高。第三个原理讨论的是鸟如何采取各种省力措施，包括利用气流和风的作用，进行长时间的自由飞行。《论鸟的飞行》还探讨了风的影响、翅膀的扇扑方式、飞行惯性的控制、尾巴的作用、引力中心位置的控制、用腿作为减速器、利用翅膀操纵等问题。这篇论文对鸟的飞行的研究相当深入，被认为是航空学的奠基之作。

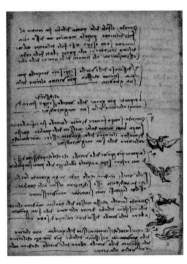

达·芬奇《论鸟的飞行》手稿

1555年

贝隆［法］较早对鸟的飞行进行科学研究　法国博物学家贝隆（Pierre Belon，1517—1564）对自然界生物包括鸟类进行了长期的观察和研究，并于1555年出版著作《鸟类自然史》。他认为鸟在空中飞行是由于翅膀的运动和空气的反作用力造成的结果，"有必要把鸟的飞行看作是它们把某种轻的东西带到了空中，有必要把鸟的运动归因于空气的反作用力对轻羽毛作用的结果……由于翅膀的形状使它能够罩住大量的空气，因此这种作用就像是我们的脚踏在地上走路一样，但这是作用于空气而不是地面"。为了论证他的理论，贝隆用鱼在水中游动进行比较，进而指出："通过比较鸟在空气中的迅速运动和鱼在水里快速游泳，我倾向于把原因归结于它的形状。由于形状对运动速度的影响很大，因此石头和金属只要形状适宜也能游在水中，而鸟也由于它们的不同形状可以沉重地或轻柔地飞行。"贝隆对飞行的认识仍然不够清晰和准确，也令读者不易理解。

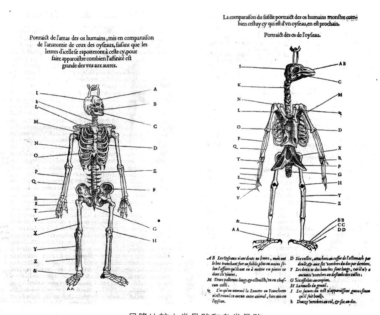

贝隆比较人类骨骼和鸟类骨骼

公元17世纪

法布里修斯［意］撰写《论翅膀的运动即飞行》的手稿 法布里修斯（Girolamo Fabricius，1537—1619）是一位博物学家，对自然界大量的生物进行过细致观察和研究。他曾写过一篇叫作《论翅膀的运动即飞行》的手稿。他指出，鸟展开翅膀能产生更大的升力。他还研究了翅膀具有弯曲形状的作用，认为这是为了网罗更多的空气，使其更轻。鸟的翅膀可以收缩和伸展，因而使其变重或变轻，从而产生下降或上升的运动。对于鸟在空气中的水平飞行，法布里修斯则用船桨划水来解释，此时翅膀的向后运动划过空气产生向前的飞行力。在手稿中，最有价值的也许是他对鸟飞行平衡的观察。他通过解剖学的眼光认识到鸟的重心正好位于翅膀位置之下。这样，无论怎样把一只鸟扔出去，鸟都会几乎立即摆正到正常位置。他认为，这是由于飞行生物的摆稳定性产生的结果。

法布里修斯

1640年

笛卡儿［法］论飞行　马丁·梅森［法］（Martin Mersenne，1588—1648）在1634年出版了一部影响广泛的著作《趣味问题》，其第一章讨论飞行问题，并对人类飞行持乐观态度。后来，他对自己的信念产生了动摇。1640年7—8月，他致信笛卡儿（René Descartes，1596—1650），谈及鸟的飞行十分复杂，是任何人造机器都无法模仿的。笛卡儿在8月30日给梅森写了一封回信，对飞行也持悲观态度，"用形而上学的语言说，人可以制造出一种能够像鸟一样自己飘浮在空中的机器；至少就我的观点而言，鸟本身就是这样

笛卡儿画像

的机器；但用物理学或道义的语言说，这种机器是不可能制造出来的，因为这种机器需要相当轻巧同时又相当有力的弹簧，人是不可能制造出来的"。笛卡儿的观点以及一些关于扑翼飞行尝试的失败事件使梅森越发怀疑人类飞行的可能性。1647年在其另一部著作中，梅森表示，人类的飞行前景非常暗淡，未来人们为此目的进行的种种努力都将失败。

约1647年

普拉蒂尼［意］设计扑翼机　普拉蒂尼（Tito Livio Burattini，1617—1667）是意大利工程师。他的阅历很丰富，据说他在埃及旅行时对飞行产生了兴趣，开始研究设计扑翼机。1647—1648年间，普拉蒂尼设计了一架扑翼机，名叫"飞龙"。他阐述飞行器的可行性依据的是亚里士

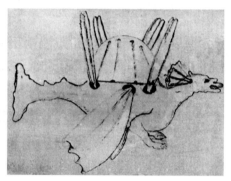

普拉蒂尼的"飞龙"

多德的原理，即不同质量的物体在空中下落的速度是不同的。"飞龙"外形是西方想象中的怪兽龙的形象，有一对大翅膀，尾巴是一个起方向舵作用的鳍。龙身上部是中空的，由两个人轮流扑动翅膀。在主翅膀的上面还分布着一些小翅膀，目的是使"飞龙"在降落大翅膀停止工作时，利用小翅膀实现缓慢着陆。他还说，"利用罗盘的帮助，它也可以在夜间飞行；舱里面还装有供几天使用的食物和水。"由于感到大型载人"飞龙"的驱动力不足，普拉蒂尼曾制作过几个小模型，长度约1.5米。据称这些模型曾在波兰王宫表演过，并且取得了成功。有文献说，"飞龙"模型成功地飞行过，"一根绳索使里面的弹簧和轮子工作。这个模型举起了上面装的一只猫，并在空中保持一段时间……如果让这只猫来操作，它就能把自己升到空中，因为它的力量足够操作这架模型"。也有人对这个报道持怀疑态度。荷兰科学家惠更斯（Christiaan Huygens，1629—1695）在1661年的一封信中说，"为了使翅膀扇动，必须有人拉动翅膀，这一点我不太理解（它是如何工作的），然而这架机器确实升到了空中。由此看来，它不是一个由自己的力量升空的自动器"。

1658—1659年

胡克［英］设计了几种扑翼机　胡克（Robert Hooke，1635—1703）是英国著名科学家，也是飞行爱好者，对人类的飞行持乐观态度。不过他认为，利用人的肌肉是不能实现飞行的，原因是人的肌肉占体重的比例太小。人即

使长出有力的翅膀，要想飞起来，他的胸部须有2米宽，并长出丰满而强有力的肌肉才行。因此为了实现飞行，需要新的外部动力作辅助。1658—1659年间，胡克一直致力于所谓"人造肌肉"的研究，以增强人的力量。这种"人造肌肉"实际就是弹簧的各种组合。与此同时，他还设计了几种飞行机器，一个是简单的直升机模型，还有一个是包括两排小扑翼的机械飞人，计划都用他的"人造肌肉"作动力。1675年，胡克向英国皇家学会通报了他的想法。他说，"有一种……产生力量的方式，能够使一个人的力量提高十倍、二十倍甚至更高，这样就会使他发出的肌肉力量相当于鸟的力量……这种发力装置的设计应当更适合人的腿而不是手臂在空气中扇动。"

胡克

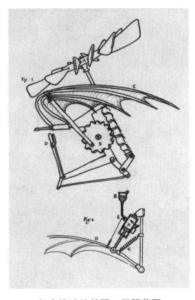

胡克设计的扑翼飞行器草图

1670年

德·泰尔［意］设计"空气舟"　德·泰尔（Francesco Lana de Terzi，1631—1687）是意大利牧师，也是一位数学家和博物学家。他偶然发现充满空气的容器比真空的容器重，于是他联想到，如果使容器本身质量很轻的话，再把空气抽空，容器就可能会自动上升。于是，他设计了一个名为"空气舟"的飞行器，主体是类似船体的机身，上面吊装4个半径为6米、用铜箔制成的圆球。根据他的计算，只要将球内的空气抽空，圆球就可以在空中飘浮起来，托起小船载几个人升空。为了使"空气舟"能够在天空中飞行，他还为它设计了一个风帆。显然，这项设计难以在工程上实现，因为当把球内的空气抽出时，球外的气压大大超过了球内的气压，球很快就被压瘪了，也就产生不了浮力了。德·泰尔没有继续制造"空气舟"，理由是上帝不会允许这种能够给人类带来灾难的发明问世。

德·泰尔

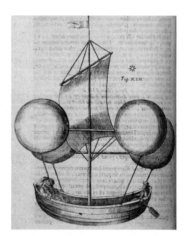

德·泰尔设计的"空气舟"

1678年

贝斯尼尔［法］尝试扑翼飞行　在17世纪众多冒险飞行事件中，法国钟表匠贝斯尼尔（Sebastian Besnier）的试验最引人注目。1678年12月12日，法国科学杂志登载了他的飞行事迹。报道称，贝斯尼尔制作的飞行机器包括两个

贝斯尼尔的扑翼机形象

直杆，每一端各装有矩形框，用绸子作蒙皮。在试图飞行时，他把两个杆中心交叉紧固在背部，使矩形框两个在前，两个在后。前面的用手臂向下扇动，后面的固定在腿上用腿部力量驱动。报道说：他从法国萨布勒的一个楼顶上跳下，居然经过了一些房屋，飞到了邻居家。人们认为他可能进行了一次滑翔飞

行。这个故事引起了英国科学家胡克的极大兴趣。他编辑的《哲学文集》曾引用了这个故事。

1680年

波莱里［意］出版《运动的动物》　意大利学者波莱里（Giovanni Alfonso Borelli，1608—1679）是数学家、物理学家，也是著名的生物学家。1680年，波莱里的著作《运动的动物》出版，成为该领域的权威性著作。书中有40页专门论述鸟的飞行的内容。他详细描述了鸟及其翅膀的解剖结构，计算了一些典型的尺寸和各部分的相对大小。他还分析了鸟的飞行原理，指出鸟的飞行是空气的弹性力作用的结果，"翅

波莱里

膀的迅速扇扑将空气粒子压缩，其弹性力所产生的效果是反向提供弹性作用……由于这个力，整个活动的机器（鸟）被弹向空中，通过空气产生一次新的跳跃。因此飞行问题不是别的，它只是由一系列不断重复地通过空气的弹

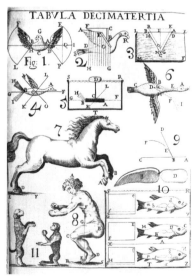

《运动的动物》其中一页

性作用组成的连续运动"。他利用绘图分析了鸟与空气相互作用的各种力，指出鸟的飞行之所以能持续进行，得益于空气的弹性。鸟翅膀在上一次扇扑时产生的空气反弹可以帮助鸟完成下一次扇扑及上升运动。他还指出，鸟翅膀的扇扑几乎都不是向后进行的，而是上下扇动的，由于翅膀的形状，压缩空气因此形成一个楔，这个压缩空气楔试图恢复正常压力状态的过程中，便推动鸟向前飞行了。他的著作以其简明通俗的语言和大量插图，使一般读者都容易接受，从而产生了广泛影响。

公元18世纪

波义耳

欧洲科学家建立空气静力学理论 希腊学者最早开始对空气进行研究，认识到空气具有密度、弹性、流动性等特性。阿基米德［古希腊］（Archimedes，B.C.287—B.C.212）还建立了流体浮力定律。近代以来，意大利科学家伽利略（Galilei Galileo，1564—1642）首次用实验确证空气是有质量的。比利时—荷兰科学家斯蒂文（Simon Stevinus，1548—1620）认真研究流体力学问题，发现了若干重要的流体静力学定律。伽利略的学生托里拆利［意］（Evangelista Torricelli，1608—1647）创建了流体动力学，对气体力学也有很多贡献。法国数学家和物理学家帕斯卡［法］（Blaise Pascal，1623—1662）在液体及气体力学研究中取得了里程碑式的成就。此后，德国的盖里克（Otto von Guericke，1602—1686）、英国的波义耳（Robert Boyle，1627—1691）等深入研究了空气的压力、质量、压缩、膨胀等特性。波义耳在去世后发表的《空气的一般历史》中，总结和讨论了人们对空气的全部认识成果，建立了较为完整的空气静力学理论。空气具有弹性和压缩性以及所蕴含的强大气体动力使人们认识到，通过转换，空气的这些潜能可以发挥应有的作用。科学家认为，鸟的飞行正是利用了空气的弹性势能。人类通过努力，也能学会鸟类运用这种能力的方法，从而实现人类的升空飞行。

1709年

古斯芒［葡］试飞成功热气球 古斯芒（Bartolomeu de Gusmão，1685—1724）出生于巴西，后移居葡萄牙，职业是牧师，也是一位博物学家，热爱哲学和数学。1709年8月，他在葡萄牙国王面前进行了一次热气球表演。当时的报道说，"古斯芒的装置包括一个盆形小船，上面蒙有粗帆布。他将各种酒精、食用油和其他配料放在下面点燃，让小船在大厅内飞了起来。小船上升

古斯芒画像

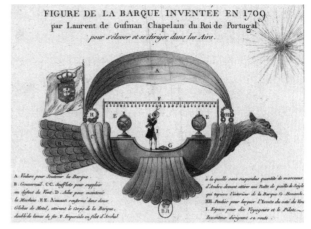

古斯芒的热气球装置

不久就撞到了墙上，接着便燃烧起来，并掉到地上。它在下落的过程中，还烧着了一些悬挂物和其他东西。"报道结尾还说，"国王陛下很宽容，没把这看作是件坏事。"古斯芒的热气球是如何发明的？据说是受到了德·泰尔的影响。

1716年

斯威登伯格［典］设计出飞碟型扑翼机　斯威登伯格（Emanuel Swedenborg，1688—1772）是18世纪瑞典著名科学家、哲学家，曾研究过飞行问题。1714年8月，他在致友人的信中，谈到了自己的14项发明，其中包括

斯威登伯格

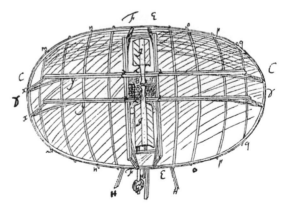

斯威登伯格设计的"飞碟"式飞行器

"一种飞车，或在空气中悬浮及载物的可能性"。1716年，他在自己创刊的科学杂志中发表《用于在空气中飞行的机器简释》，其中包括他设计的"飞碟"飞行器的草图。这架飞行器的结构尺寸：一个座舱长1.22米，宽1.83米，高0.61米，安装在一个面积达55.8平方米的机翼中部。机翼的形状呈卵形，尺寸为9米×9米，圆弧直径为8.54米，方框面积为2.33平方米，矩形尺寸为9米×6米。在机翼横轴位置有两个串向中空矩形，用于安装扑翼。两只扑翼都呈矩形，尺寸为1.5米×0.45米。两个扑翼面是倾斜的，操纵者在座舱里通过杠杆上下扇扑。为了更好地用力扇动扑翼，斯威登伯格在轴上装了弹簧卷。不过，这个扑翼机并未制造。

1738年

伯努利［瑞］提出伯努利定律　1738年，瑞士数学家、力学家丹尼尔·伯努利（Daniel Bernoulli，1700—1782）在其《流体动力学》（*Hydrodynamica*）一书中，研究了支配容器中液体流动以及由之引起的反作用和碰撞的定量关系，创立了著名的伯努利定律：在管道中以稳定的速度流动的不可压缩流体，沿管道各点的流体动压与静压之和为常量。用公式表示即：

$$\frac{1}{2}\rho u^2 + P = \text{constant}$$

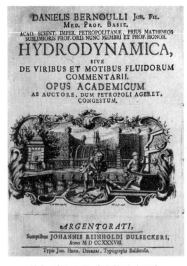

伯努利画像　　　　　　　伯努利的著作《流体动力学》

　　其中P是压力；ρ是流体密度；u是流速。这个定律可通俗地表示为：在管道中流体流速大的地方，其压力就小；流速小的地方，压力就大。这个定律实际上是能量守恒定律的另一种形式。它的一些假设包括：定常——在流动系统中，流体在任何一点的性质不随时间改变；不可压缩——密度为常数，在流体为气体适用于马赫数（Ma）<0.3；无摩擦——摩擦效应可忽略，忽略黏滞性效应，流体沿着流线流动，流线间彼此不相交。伯努利定律是流体力学及空气动力学的一个重要定律，它对于直观解释机翼的升力是相当有效的。但是，伯努利原理在19世纪前一直没有引起航空先驱者的注意。继伯努利之后，他的朋友欧拉［瑞］（Leonhard Euler，1707—1783）建立了流体运动的欧拉方程（1755），拉格朗日［法］（Joseph-Louis Lagrange，1736—1813）又建立了拉格朗日方程（1760）。这些方程都对流体的实际情况进行了简化，便于用数学方法处理，使理论流体力学得以蓬勃发展。欧拉还首次引进"理想流体"的概念。但由于忽略了黏性等因素，结果只能反映流体在低速状态下运动的情况。

1746年

　　罗宾斯［英］发明旋臂机　18世纪，枪、火炮等武器得到不断改进。为提高射击精确度，需要对子弹或炮弹发射的轨迹以及遇到的阻力进行研究，这就是弹道学。为进行弹道学实验研究，英国人罗宾斯（Benjamin Robins，1707—1751）不

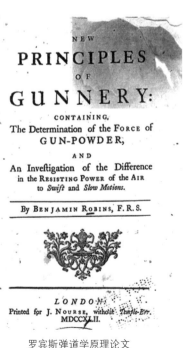

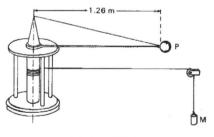

罗宾斯发明的旋臂机　　　　　　罗宾斯弹道学原理论文

但发明了弹道摆，还于1746年发明了旋臂机。旋臂机的主要部件是一根水平旋转臂，固定在一根垂直于水平面的旋转主轴上，旋臂前端可安装实验件或其他仪器（如风速计）。垂直轴可由马达带动旋转，也可用其他动力机械带动。在19世纪以前，一些实验者甚至用绳索缠绕在旋转轴上，并通过石头下落带动绳索使旋转轴转动。罗宾斯的旋臂机长只有1.2米，前端产生的线速度只能达到每秒数米，因此实验能力极为有限。不过，在风洞发明以前，旋臂机是最重要的弹道学和空气动力学实验工具。

1752年

富兰克林［美］用风筝研究闪电的本质　本杰明·富兰克林（Benjamin Franklin，1706—1790）是美国著名政治家、科学家。当时人类对闪电的本质尚不清楚，因此往往用神秘主义进行解释。富兰克林认为，闪电一定是自然现象，利用风筝也许能揭示其本质。他着手制作风筝，用杉树枝做骨架，蒙上一层轻薄又不易湿透的绸子，又在风筝上装了一根铁丝与亚麻风筝线连接起来，风筝线的末端拴了一个金属钥匙环。1752年7月，

富兰克林

富兰克林与儿子进行闪电试验

费城下了一场大雷雨，富兰克林领着儿子来到牧场，把准备好的风筝抛向天空。风筝飞上高空后，富兰克林父子俩躲在一个屋檐下观察。闪电出现了，击中了风筝框上的金属丝，亚麻风筝线上的纤维顿时竖直起来，而且能够被手指吸引。富兰克林用食指靠近钥匙环，一些电火花从他的食指上闪过，与莱顿瓶产出的电火花是一样的。富兰克林用风筝试验证明：闪电是一种自然放电现象。当天的闪电很弱，他很幸运没有受到伤害。

1754年

罗蒙诺索夫［俄］提出直升机设计思想　俄国科学家罗蒙诺索夫（Mikhail Vasilyevich Lomonosov，1711—1765）对飞行一直怀有浓厚兴趣，对空气动力学进行过研究，认识到旋转的螺旋桨会产生拉力，如果垂直安装便可产生上升的力量。利用这个原理，他制作了一个垂直上升的装置——一种简单的直升机装置，并将其命名为"小空气动力机"。1754年3月14日，他向俄国科学院作了相关报告，指出利用钟表发条可使旋翼转动，向下排开空气，这样，这架机器就能升到高空大气层中去。有文献说，罗蒙诺索夫还仿照竹蜻蜓制作过直升机模型，并且上升了一个相当高的高度。

罗蒙诺索夫

罗蒙诺索夫设计的直升机模型

1764年

鲍尔［德］设计出"天使之车"扑翼机　在18世纪的扑翼机设计中，最具现代感的当属德国人梅希尔·鲍尔（Melchior Bauer，1733—？）设计的"天使之车"了。它设计于1764年，有一个长方形水平机翼，下面安装了八组扑翼面。主翼的后下方装了一只垂直舵面。机身用支柱和张线连接。最下面是四轮式起落架。从结构看，"天使之车"很像一架现代飞机，操纵方式是人站在轮轴中间，用杠杆左右上下扇扑八组扑翼面。有趣的是，主翼还有一个小上反角。鲍尔曾多次向普鲁士国王腓特烈大帝（Friedrich Ⅱ，1712—1786）写信求助，但没有得到支持。他的设计也没有投入制造。由文献可知，鲍尔的扑翼机设计对英国航空之父凯利产生了一定影响。

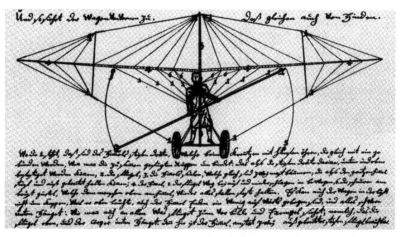

鲍尔设计的扑翼机

1770年

笛弗格［法］设计出扑翼机　笛弗格是一位法国牧师，曾因撰文表示主教和神父应当允许结婚而被投入监狱。在巴士底监狱服刑期间，因观察到燕子的飞行而对飞行产生了兴趣。1770年，他设计了一架扑翼机，采用羽毛制成一对大翅膀，翼展为5.95米，连在长2.4米、宽1.8米的座舱上。翅膀和座舱都是框架结构的，内部中空，外部有蒙皮。1772年，这架扑翼机制成并准备在法国埃塔姆佩（Etampes）的一座高塔上试飞。他请了当地一个农民驾驶，当扑翼机置于塔顶，那位农民坐在舱里准备就绪时，笛弗格发出了下降的信号。就在此时，农民害怕了，他逃出座舱，试飞未能进行。事后，笛弗格说："我认为人类能够飞入天空，如果我们能发现一种几乎具有无限力量的弹簧……难题是制造既结实又轻的机翼……因此在真正能够飞行之前还需要很长时间。"

1783年

蒙哥尔费兄弟［法］发明载人热气球 1782年年底，法国造纸商约瑟夫·蒙哥尔费在巴黎举办的博览会上观看到日本灯表演，日本灯实际上就是一种小型热气球。这引起了他的浓厚兴趣。约瑟夫联想到使日本灯升空的很可能是一种比空气轻的气体。于是他决定做一个实验予以确认。回到阿诺奈家中，他便和弟弟埃蒂纳·蒙哥尔费共同试制热气球。他们制作了一个大纸袋，将纸袋口朝下放在炉子上，使热空气和烟充入纸袋，很快纸袋就充满了热气并升到了天花板上。接着，他们又制作了一个丝织的口袋，将热烟充入口袋后，口袋升到了20多米的空中。他们的实验惊动了法国科学院。科学院派专人来到阿诺奈要求蒙哥尔费兄弟证实自己的发明。1783年6月5日，蒙哥尔费制作的直径11米的热气球成功地飞行到457米的空中，约10分钟后，降落在1 600米以外的地方。1783年9月19日，蒙哥尔费兄弟制成的高17米、直径12.5米的热气球受邀在凡尔赛宫前为法国国王路易十六（Louis ⅩⅥ, 1754—

约瑟夫·蒙哥尔费

埃蒂纳·蒙哥尔费

德·罗齐尔

1783年10月15日德·罗齐尔乘气球进行系留飞行

1793）及王后、大臣进行表演。此次表演相当成功，上升了518米，8分钟后降落在3.2千米外的农田里。1783年10月15日，法国科学家德·罗齐尔（Jean-François Pilâtre de Rozier，1754—1785）乘蒙哥尔费气球进行了首次载人系留飞行，上升到26米高。此后的几天里，他又飞了多次，最高达99米。1783年11月15日，德·罗齐尔和达尔朗德［法］（Marquis d'Arlandes，1742—1809）乘坐直径为15米的蒙哥尔费气球进行了首次自由飞行，在20多分钟的自由飞行中，气球上升到了150米高。自此，人类终于实现了千百年来升空的梦想，开启了航空时代的大门。

夏尔［法］发明载人氢气球　法国科学家夏尔（Jacques Alexander Cesar Charles，1746—1823）一直致力于氢气方面的研究。他认为氢气比空气轻得多，因而肯定可以作为浮升气体，而且效果要比蒙哥尔费兄弟气球的热烟更好。于是，夏尔请人帮忙制作了一只直径3.7米的气球，重约11千克。1783年8月27日，夏尔的氢气球在巴黎试飞成功，一直上升到900多米高，并在空中飘荡了将近1小时，最后在24千米外的农庄降落。1783年12月1日，夏尔和他的助手罗伯特［法］（Nicolas-Louis Robert，1760—1820）乘坐新制作的380立方米的氢气球在巴黎上空翱翔了两个多小时，飞行高度达610米，航程达43千米。这是人类历史上的第一次氢气球载人飞行。夏尔的氢气球气囊顶部装有一个阀门，用来控制飞行高度。气球底部留有一个开口，能自动维持气囊内部的气体压力与外部大气压相平衡，具备了现代气球的基本特点。

夏尔

夏尔的氢气球

芒斯纳埃［法］设计了第一艘飞艇　气球发明成功后，人们开始研究如何改进气球的飞行性能，解决气球飞行状态中的不可控问题。要使气球飞行可控，必须增加操纵和推进系统。法国数学家、工程师芒斯纳埃（Jean Baptiste Marie Meusnier，1754—1793）同时也是一位军官，一直在思考如何解决气球稳定问题。1783年12月3日，他在法国科学院发表《关于浮空机器平衡问题的备忘录》（*Memoire sur l'équilibre des machines aérostatiques*）的报告。报告中，芒斯纳埃提出一项飞艇设计，其特点是：采用椭圆气囊代替球形气囊，以减少飞行阻力；设计了水平安定面以改善飞艇稳定性；采用3只人力驱动的螺旋桨推进。从这些技术特点上看，它已经具备一种新型航空器的轮廓。遗憾的是，由于缺少经费，芒斯纳埃设计的飞艇并没有投入制造。

芒斯纳埃

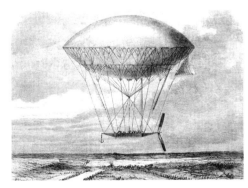

芒斯纳埃设计的第一艘飞艇

1784年

劳诺瓦［法］制成直升机模型　法国人劳诺瓦和他的助手制作了一架直升机模型，采用4片羽毛插在软木塞上作为旋翼，上下两副对称，以抵消扭矩。同时利用鲸鱼骨作弓，弓弦中间固定在模型上端，旋转弓后使弓弦绷紧。一旦松开弓，弓弦的扭力可使旋翼旋转，从而将模型升入空中。1784年5月1日，他们向法国科学院展示了这个直升机模型，据称取得了成功。劳诺瓦的模型曾引起英国航空先驱凯利的关注。

劳诺瓦制作的直升机模型

罗伯特兄弟建造的飞艇

罗伯特兄弟［法］制成第一艘飞艇　法国的罗伯特兄弟，哥哥叫安尼-让·罗伯特（Anne-Jean Robert，1758—1820），弟弟叫尼古拉-路易·罗伯特（Nicolas-Louis Robert，1760—1820），均为工程师，夏尔的氢气球就是委托他们制作的。1784年7月15日，罗伯特兄弟建造了一艘与芒斯纳埃的设计相类似的飞艇进行了首次试飞。这是人类历史上实际制造的第一艘飞艇。它依靠4或5个人驱动螺旋桨，可产生623牛的推力。由于推力小根本无法控制飞艇的飞行。同时，因为气囊上没安排气阀门，致使内部压力过高，飞艇上升到4 500米高时气囊爆裂而导致飞行失败。1784年9月19日，他们的飞艇从巴黎起飞，飘浮了186千米到达布伏里（Beuvry），这是气球首次飞行超100千米。两次试飞证明这种飞艇远未成型，不具有实用价值。

气球在美国本土首次飞行　1783年，富兰克林作为美国驻法国大使，曾现场目睹了蒙哥尔费热气球升空。事后，他写信给美国科学界的朋友，详细描述了蒙哥尔费气球的情况。信件在美国广泛流传，引起了强烈反响。美国总统华盛顿（George Washington，1732—1799）对此也十分感兴趣。1784年6

月24日，35岁的美国律师卡尼斯制作了一个直径10.68米的热气球。同年7月17日，卡尼斯准备在费城进行载人飞行试验。不幸的是，热气球刚一起飞就撞到了一座监狱的墙上起火焚毁了，美国首次气球飞行以失败而告终。所幸卡尼斯被中途甩了出来，没有生命危险。

1785年

布朗夏尔［法］首次完成气球跨越英吉利海峡飞行　布朗夏尔（Jean-Pierre-Francois Blanchard，1753—1809）是一位机械师，对气球也颇有兴趣。他曾经试图在蒙哥尔费气球上安装桨叶和风轮，使飞行可以操纵。布朗夏尔到英国成功地进行了几次飞行，得到舆论界的关注。他还结识了美国富商杰弗里斯［美］（John Jeffries，1745—1819）。杰弗里斯建议乘气球飞越英吉利海峡，一切费用都由他承担。1785年1月7日下午1点多钟，他们乘一只氢气球从英国的多佛尔起飞。起飞后不久，气球就开始下降，这主要是因为布朗夏尔携带的东西太多。二人只好赶快抛下沙袋和其他物品。下午3时许，他们勉强抵达法国海岸。随后又向内地飞行了约19千米，降落在加莱郊外的森林里。尽管这次飞行成功得很勉强，但毕竟是人类第一次从空中飞越大海，所以仍具有巨大的历史意义。后来为了纪念这次伟大的飞行，人们在气球着陆的地点竖起了纪念碑。此后，布朗夏尔又分别到德国、荷兰、比利时、波兰和捷克进行了飞行表演，为气球普及做出了杰出贡献。

布朗夏尔

布朗夏尔和杰弗里斯飞越英吉利海峡

德·罗齐尔［法］因气球事故牺牲 1785年6月12日，德·罗齐尔和助手罗曼［法］（Pierre-Ange Romain，1751—1785）乘氢气球与热气球结合体从法国的波隆内起飞，试图飞越英吉利海峡。开始时一切都很正常，当高度增加时，一阵强风吹过。这时德·罗齐尔打开氢气阀，释放掉一些氢气，企图降低高度躲过这股强风。但是悲剧发生了，释放出的氢气被热气球的火源点燃，不到一秒钟气球就爆炸了，坠毁在离布朗夏尔和杰弗里斯着陆地点不远的地方。德·罗齐尔和罗曼都不幸身亡。他们成为航空史上第一次空难事故的牺牲者。

罗齐尔和罗曼乘气球失事的图片报道

1793年

布朗夏尔［法］在美国成功进行首次气球飞行 1792年，布朗夏尔来到美国。此时他已经在欧洲成功地进行了44次飞行。他的第45次飞行，也是其在美国的第一次飞行安排在费城胡桃街监狱的广场上。进入广场观看起飞的门票价格是每张2~5美元。1793年1月9日，布朗夏尔的气球起飞了。现场观看的有美国总统华盛顿以及后来也任过总统的亚当斯［美］（John Quincy Adams，1735—1826）、杰弗逊［美］（Thomas Jefferson，1743—1826）、麦迪逊［美］（James Madison，1751—1836）和门罗［美］（James Monroe，1758—1831）。此次飞行，气球上升了1 500米高，留空时间46分钟，飞行距离24千米。华盛顿总统还向布朗夏尔颁发了特别护照，上面写着："布朗夏尔是法国气球飞行家，他来美国进行首次飞行表演，请美国公民

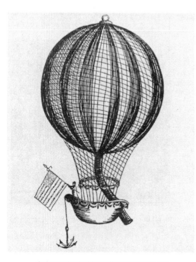

布朗夏尔在美国进行气球飞行

给予他所需要的一切帮助。"下面是一个所有美国人都认识的签名——乔治·华盛顿。

1799年

凯利［英］提出飞机设计的定翼思想　18世纪以前，欧洲大量模仿鸟类的扑翼飞机设计无一成功，引发悲观情绪。在凯利时代，人们对重于空气飞行器或飞机主要有两种观念：一是认为只有像鸟那样扑动机翼才能实现飞行；二是认为重于空气飞行器是不可能的。英国人凯利（George Cayley，1773—1857）自小喜爱航空，对鸟的飞行十分神往。据记载，早在1796年他就制作过竹蜻蜓，1798年根据竹蜻蜓设计过直升

凯利

机模型。在对鸟的飞行做了大量的观察以及对鸟翼面积、鸟的质量和飞行速度进行研究后，他估算出速度、翼面积和升力之间的关系。他首次明确认识到：人造飞行器应当分别实现升举和推进两种功能，而首先应当解决的是升举问题。这是摆脱片面模仿鸟类、实现定翼飞行的重要思想和基础。此外，他还认识到鸟翼弯曲形状的重要性、鸟翼具有迎角的重要性、重心与升力中心的关系以及对飞行稳定性的影响。1799年，凯利设计了一架滑翔机，它包括带有上反角的机翼、尾翼、机身，颇具现代意味。定翼思想的创立，是飞机发明的关键，是凯利对航空最重要的贡献。

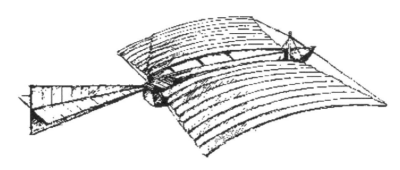

乔治·凯利画出定翼机草图

1804年

凯利［英］首次用旋臂机进行机翼升力试验　设计和试验滑翔机单靠对鸟的飞行的定性观察是不够的，必须进行空气升力和阻力的定量研究。凯利意识到这一点，首先开创了航空空气动力学的试验研究。依据罗宾斯使用过的试验装置，凯利于1804年12月设计并制造了一架旋臂机，用以研究平板的升力和阻力。旋臂机实验件是一块0.1平方米的平板，它被安装在旋臂机旋转杆的末端，可以偏转成各种角度。旋臂转动的动力来自石块下落的势能。这个装置简单、粗糙，试验时间极短，但仍然能获得初步的定量结果。依据试验数据，他得出了重要的结论：平板升力与平板的面积成正比，与运动速度的平方成正比，与迎角的正弦成正比。这个半定量的经验公式，对于指导飞机设计具有重要意义。

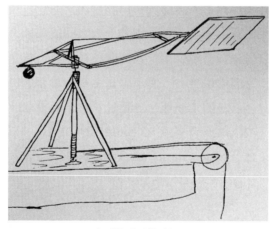

凯利制造的旋臂机

1809年

迪根［奥］成功进行气球辅助扑翼飞行　迪根（Jakob Degen，1760—1848）是奥地利人，热衷于机械飞行。报道说，他自制了一个扑翼机，利用人力上下扇扑的力量能够进行短暂飞行。实际上，他的扑翼飞行是利用一只大的热气球辅助才得以进行。为了取悦观众，他在空中脱开气球，在广场上缓慢着陆。1808—1817年间，他在巴黎和维也纳进行过很多次类似的"飞

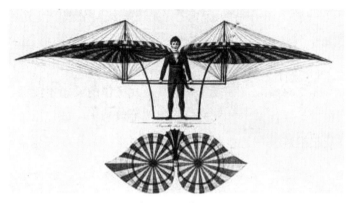

迪根设计的扑翼机

行"表演，产生了很大的影响。连英国航空先驱凯利都对他十分关注。受这一事件影响，凯利当年发表了著名论文《论空中航行》。

凯利［英］发表第一篇航空科学论文　1809—1810年，凯利在英国《自然哲学、化学和技艺》杂志上发表题为《论空中航行》（*On Aerial Navigation*）的论文。这篇论文在航空史上占有极其重要的地位，被看成是现代航空学诞生的标志。在论文中，凯利阐述了制造一架飞机的基本组成部分和要求，并且给重于空气飞行器飞行下了一个明确的定义：机械飞行的"全部问题是给一块平板提供动力，使之在空气中产生升力并支持一定的质量"。他给出了机翼设计的经验公式；分析了飞机的稳定性、安全性和操纵性的重要性；通过对降落伞下落时的姿态进行受力分析，第一次提出了机翼上反角这一重要概念；研究了飞机稳定性问题，提出了实现稳定与操纵性的方法；分析了设计成功的飞机面临的几个主要困难，包括动力问题、动力转换问题、结构强度和降低结构质量问题。他还在论文中提出了多翼机思想。论文最后，他呼吁英国人应当对飞机给予足够的重视："我因此希望，我所说的将会引起其他人对这一课题的广泛注意。英国在这场比武器更有价值的竞争中不要落后。"

1816年

凯利［英］设计出扑翼推进飞艇　凯利对航空的兴趣是多方面的。1816

年，他设计了一艘飞艇。它的新奇之处是飞艇气囊分成一个个小的气囊，这样其中一两个气囊破裂也不会使整个飞艇失去全部升力，有利于保证飞行安全，也可以使飞艇做得更大。这个设想与80年后德国的齐伯林［德］（Ferdinand von Zeppelin，1838—1917）硬式飞艇的设想不谋而合。由于氢气气囊可以提供足够的升力，推进问题需要加以考虑。他提出了两种推进方式，一是螺旋桨推进，一是扑翼推进。由此可见，凯利尚未完全走出模仿鸟的思路。

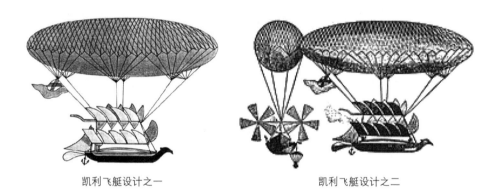

凯利飞艇设计之一　　　　　　　　　　　凯利飞艇设计之二

1842年

菲利普斯［英］试飞成功蒸汽动力直升机模型　菲利普斯（W.H. Phillips）是英国科学家。受凯利的影响，他也对飞行产生了兴趣。1842年年初，菲利普斯设计制造了一架动力直升机，采用桨叶尖部喷气的方式使旋翼旋转从而产生升力。动力装置使用的燃料是木炭、石膏和硝石的混合物，燃烧后产生高压气体。整个装置重约0.9千克。按照菲利普斯的记述说："一切都布置好后，蒸汽在几秒内把设备顶部的桨叶推动旋转起来，并以比鸟更快的速度上升，上升有多高，我没有办法确定；跨过的距离大概有两个广场。后来，花了很长时间才找到它，我发现这台机器的翅膀没了，机身在落回地面时也被撕裂了。"如果记载属实，菲利普斯就是第一位研制成功蒸汽动力直升机模型的人。

1843年

汉森［英］获得第一个飞机设计专利 汉森（William Samuel Henson，1812—1888）是英国工程师。他对动力飞行的兴趣来自凯利著作的影响。他最初主要是设计滑翔机模型，进行结构试验和改进轻型蒸汽机。由于发动机研制面临困难，又没有资金，汉森计划首先设计飞机并取得专利，以此来集资并寻求合作者。1842年9月29日，汉森申请了飞机设计专利，名称是"用于空中、陆地和海上的蒸汽动力装置"。他在专利说明书上说：这种装置"能够

汉森

把信件、物品和乘客经由空中从一地送到另一地"。他为这项专利设计的飞行器取名为"空中蒸汽车"（Aerial Steam Carriage）。这是一架单翼机结构飞机，机翼的翼展45.72米，宽9.14米，翼面积为418.1平方米，水平尾翼面积为139.4平方米。飞机长25.83米，总重约1 360千克，计划采用一台18~22.4千瓦的蒸汽机来驱动两个六叶螺旋桨。1843年4月，"空中蒸汽车"专利获得批准并正式发表。这是历史上第一个重于空气飞行器的发明专利，在世界航空史上具有重要地位。后人对这项设计给予了高度评价，称之为世界上第一种飞机。

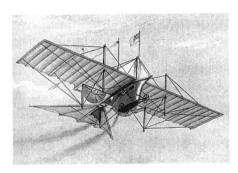

空中蒸汽车

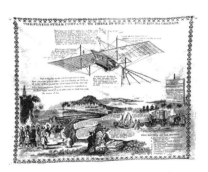

为筹集资金到处宣传而制作的宣传画

凯利［英］提出一项直升机设计方案 凯利设计的直升机包括四副旋翼，呈横列方式安装，上下各一副，这样只要上下旋翼反向旋转，就可以平衡力矩。四副旋翼提供升力，上下旋翼中部后面安装了两副推进式旋转桨，提供前飞的动力。除此之外，机身尾部安装了水平翼面，用于保持稳定。由于没有动力，这项设计只是绘制出了基本构图。

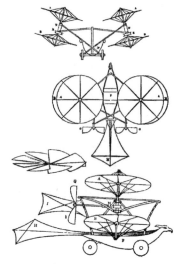

凯利设计的直升机三面图

斯特林费罗

1848年

斯特林费罗［英］试验成功蒸汽动力飞机模型 斯特林费罗（John Stringfellow，1799—1883）是英国工程师，曾与汉森合作进行动力飞机研制，未取得很大进展。1848年，他设计了一架小型飞机模型，翼展3.1米，宽0.6米，机翼和尾翼面积总共只有1.6平方米，模型总重仅4.5千克。机翼前缘部分具有挠性结构，有利于增加自动稳定性；机翼形状由矩形改为弧

斯特林费罗制造的蒸汽动力飞机模型

形；翼型也做了更改。斯特林费罗为这架新模型设计了微型蒸汽发动机。斯特林费罗选择了一家废弃的工厂厂房作为试验场地。他计划用斜面下滑起飞的方式提高起飞速度。1848年进行的第一次试验，由于斜面放置得太高，致使模型以很高的速度下滑并触及地面而损坏。第二次试验把起飞装置角度调小，这次试验据他本人说取得了成功，模型成功地飞了起来，直到撞到墙壁为止，前后飞行距离约20米。后来重复进行的试验也都取得了较好的结果。不过，航空史界对斯特林费罗的这些试验结果存在一定争议。

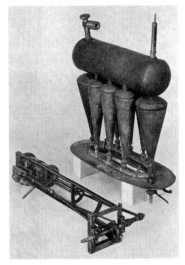

斯特林费罗制造的蒸汽机

1849年

凯利［英］制成载人滑翔机　凯利在进行航空理论与试验研究的同时，对设计滑翔机给予了高度重视。1804年，凯利试验成功滑翔机模型，机翼形状类似风筝。1849—1853年间，凯利设计并试验了全尺寸载人滑翔机。1849年，一个10岁的小男孩乘坐他的滑翔机离开过地面。该滑翔机为双翼，虽然看起来比较原始，但具备了飞机的完整结构。凯利记述说："飘离地面几码后，从小山上滑下来，而且还通过一些人用绳索把这个装置逆着微风，拉起了大约同样的高度。"

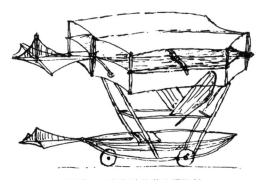

凯利1849年制造的载人滑翔机

1852年

吉法尔［法］研制成功动力飞艇　吉法尔（Henry Giffard，1815—1882）是法国工程师。他准备研制飞艇时，内燃机尚未问世，蒸汽机仍十分笨重，于是他从改进蒸汽机入手。1851年，吉法尔制造了一台小型蒸汽机，功率为2.24千瓦，重约160千克。这在当时是非常出色的。有了发动机，他设计制造了一艘飞艇，艇长43.6米，最大直径约12米，气囊容积2 497立方米，采用煤气做浮升气体。飞艇的尾部挂有一块三角形的风帆，用来操纵方向。1852年9月24日，他驾驶着人类第一艘飞艇从巴黎起飞，飞行了约28千米后在特拉普斯（Trappes）附近降落。这是人类历史上第一次成功的飞艇载人飞行。吉法尔飞艇具备较完整的技术结构，但是由于动力不足，在当天飞行中无法逆风回到起飞地，只好用火车运回。

吉法尔

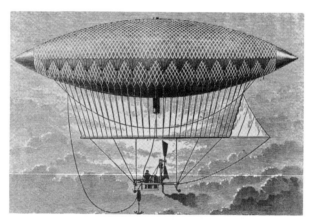

吉法尔设计试飞成功的飞艇

1853年

凯利［英］滑翔机进行载人飞行试验　凯利在助手和孙子的协助下，继续改进滑翔机。1852年，凯利又制造了一架滑翔机，它是单翼结构，看起来像一个大风筝，凯利称其为可控降落伞。1853年6月，这架滑翔机做了一次载人飞行试验。据凯利的外孙女汤普森［英］（Thompson）回忆说："马车夫乘坐这架飞机离开了地面，并降落在与起飞点的高度大致相同的西侧。我认为，

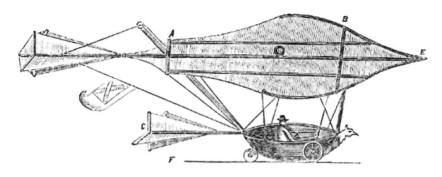

凯利1853年制造的载人滑翔机

飞机降落时飞行的距离比预计的要短得多……后来，这架飞机被搁置在谷仓里，我常常坐在上面，有时藏在里面，以躲避我的家庭教师。"

勒图尔［法］进行滑翔试验　1853—1854年间，法国人路易·勒图尔（Louis Charles Letur，？—1854）制造了一个降落伞与滑翔机复合体，从气球上跳下，并且用两只手臂扇动扑翼。据称他曾有过成功而安全的滑翔。在1854年的一次尝试中，由于降落伞的故障，勒图尔献出了自己的生命。这大概是第一次重于空气飞行器试验发生的死亡事故。勒图尔的试验并不是真正的滑翔，而是主要借助降落伞减速下降。

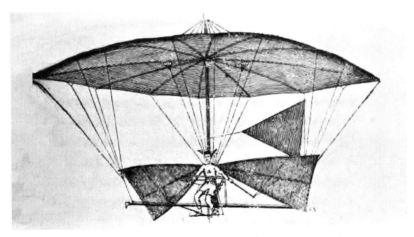

路易·勒图尔飞行器示意图

1857年

布里斯［法］试飞信天翁式滑翔机 让·玛丽·布里斯（Jean Marie Le Bris，1817—1872）是一位法国船长。由于他频繁出海远行，因此航海过程中常以观看海鸟的飞行打发时间。长此以往，他对飞行产生了浓厚兴趣。他有

布里斯

目的地观察信天翁的飞行，并研究它的翅膀构造和扑翼方式。1857年，布里斯设计了一架滑翔机，翼面同信天翁的翅膀非常相似，翼展长达15.3米，采取车载辅助起飞。第一次试飞时，他成功地飘飞了一段距离。但在第二次飞行时，由于遇到了下降气流，滑翔机落地摔坏。他本人也折断了大腿。1867年，布里斯又制造了第二架滑翔机，形状结构与第一架类似，只是更轻一些。1868年，布里斯再度开始滑翔机试验，结果又遭失败，滑翔机翻倒后摔在地面上。布里斯的滑翔机没有取得很大成功，但在设计上颇具新意，增设了飞行控制系统。

布里斯1867年设计的第二架滑翔机

1859年

布莱特［英］获得共轴直升机设计专利 英国人亨利·布莱特（Henry Bright）设计了一架共轴式直升机。它采用上下安装的两副旋翼，利用蒸汽机带动齿轮驱动。机身后部还安装有垂直的稳定片。布莱特设计直升机的目的是用来控制气球的上升与下降。1859年，英国专利局授予布莱特共轴直升机设计专利。这是英国也是世界上第一个直升机专利。布莱特的共轴式设计在20世纪获得广泛应用。

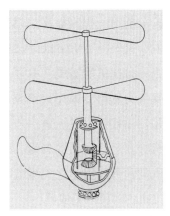

亨利·布莱特设计的共轴直升机

1860年

内燃机（汽油机、活塞发动机）问世 内燃机的设想出现得很早，但由于燃料问题未能解决，因此迟迟没有问世。19世纪中期，科学家完善了通过燃烧煤气、汽油和柴油等产生的热转化为机械动力的理论，为内燃机的发明奠定了基础。之后，人们提出过各种各样的内燃机方案。1860年，法国工程师勒努瓦（Jean Joseph Etienne Lenoir，1822—1900）模仿蒸汽机的结构，设计制造出第一台实用煤气机。这台煤气机的热效率为4%左右。1862年，法国科

勒努瓦

奥托

学家罗沙（Alphonse Beau de Rochas，1815—1893）对内燃机热力过程进行理论分析后，提出提高内燃机效率的方法，即四冲程工作循环。1876年，德国发明家奥托（Nicolaus August Otto，1832—1891）运用罗沙的原理，创制成功第一台往复活塞式、单缸、卧式、3.2千瓦（4.4马力）的四冲程内燃机，仍以煤气为燃料，采用火焰点火，运转平稳，热效率达到14%。后来，科学家又用汽油代替煤气，进一步提高了功率和效率，内燃机以新的面貌出现在动力机械和运输机械的舞台，也给飞机发明带来了新曙光。无数事实证明，蒸汽机的种种局限使之天生就不适合作为航空动力。现在有了内燃机，发明动力飞机的时机已趋成熟。

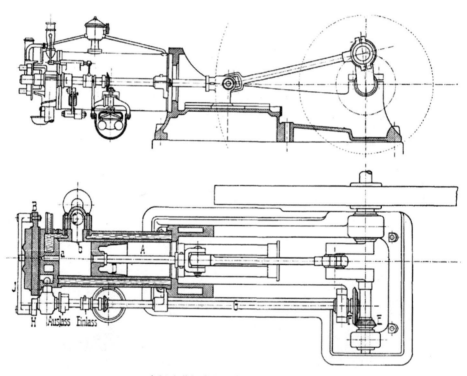

奥托改进制造的四冲程内燃机结构图

1861年

达米科［法］制成铝合金直升机模型 达米科（Gustave Ponton d'Amécourt，1825—1888）是法国发明家。他在1861年制作了一个双旋翼直升机模型，采用了刚刚问世的铝合金作为结构材料，利用小型蒸汽机作为动力。由于动力不足，这个模型未能离开地面。他制作的几架采用钟表发条作动力的模型却很成功。值得一提的是，达米科是直升机名字的发明者，他用helicóptero（英helicopter）给直升机命名，后被广泛采用。他的设计先后获得了法国和英国专利。

达米科

达米科制作的直升机模型

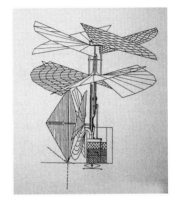

达米科设计的大型直升机

尼尔森［美］获美国第一个直升机设计专利　尼尔森（Mortimer Nelson）是美国纽约的一位印刷商。他最初为改进气球，在气球旁边装上一个直升装置，后来将直升机部分单独分出来。它有一个锥形机身，尾部有一个梨形的舵，机身顶部有一个降落伞，还有两个垂直的杆伸出来，每个杆固定了一个旋翼。舵可以实现上升、下降、横向的操纵。它在工程方面有几个创新：一个是旋翼，其旋转轴可以垂直也可以倾斜，从而实现向上或向前飞行。他还建议旋翼成对安装，相向旋转，以相互抵消力矩。还有一个特点是用

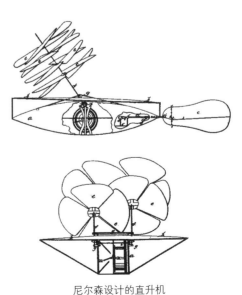

尼尔森设计的直升机

铝合金。他没有谈到发动机问题，但专利说明中谈到了混合燃料，希望可以用于直升机的动力装置。这项设计于1861年5月21日获得美国专利，这是美国第一个直升机也是飞行器设计专利。

气球在美国用于军事侦察 1861年美国南北战争时期，南军和北军都使用气球进行空中侦察，但以北军使用居多。北军拥有9名专业的气球飞行家，他们在战争中起到了一定的作用，也为后来空中侦察提供了样板。

1862年

格莱舍［英］等人乘气球上升到9 000米高空 气球的重要功能之一就是研究高层空间，包括物理探测和气象研究。格莱舍（James Glaisher，1809—1903）是英国气象学家，一直希望利用气球进行高空气象探测研究。他和气球飞行家考克斯韦尔［英］（Henry Tracey Coxwell，1819—1900）曾两次试图乘气球进入高空，都因气球故障而未成功。1862年9月5日，两人再次尝试。当到达6 096米高空时，温度计指示值是-10℃。当升到8 543米时，格莱

格莱舍

柯克斯韦尔

格莱舍和柯克斯韦尔在上升途中

舍双眼模糊无法看清仪器上的读数，只好由柯克斯韦尔代读。当达到9 144米时，格莱舍的手已拿不住笔，无法继续进行记录，并且很快就休克了。柯克斯韦尔拼死拉动绳索打开了放气阀，气球开始下降，他发现高度计指示的最大高度是10 668米。由于当时仪器精度低，这一数字令人怀疑，但是航空史专家们都同意他们二人的确飞到了9 000米以上的高空。格莱舍和柯克斯韦尔的探险为人类提供了第一批高空大气数据资料。

克洛威尔［美］获直升机设计专利 美国马萨诸塞州发明家克洛威尔（Luther Childs Crowell，1840—1903）于1862年6月3日获得了一项直升机设计专利。这架直升机更像现代倾转旋翼机：两副横列式旋翼的旋转轴可处于水平状态，也可转向垂直状态，从而使飞行器具有飞机、直升机两种模式。此外，直升机还装有可调整翼面，当垂直上升或下降时，翼面也是垂直的；当水平飞行时，翼面处于水平状态，从而可以产生升力。对于发动机，克洛威尔很含糊地提到了蒸汽机。在他提出这项设计时，正值美国南北战争，克洛威尔认为他的飞行器可以用于空中轰炸任务。

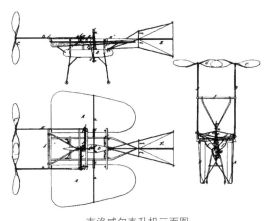

克洛威尔直升机三面图

1866年

英国大不列颠航空学会［英］成立 大不列颠航空学会（The Aeronautical Society of Great Britain）的创立在很大程度应归功于阿吉尔公爵（Duke Agill），本名坎贝尔（George John Douglas Campbell，1823—1900）。他自小受到良好教育，这使他后来不仅成为知名作家，而且对自然科学也颇感兴趣。坎贝尔非常关心飞行问题。1855年担任英国科学促进协会主席时，便发表过有关进行航空研究的言论。他的著作《法律时代》第一章实际上是一篇关于机械飞行的论文。1865年9月，英国科学促进协会在伯明翰召开会议。

阿吉尔公爵

在这次会议上，坎贝尔提议成立一个航空研究学会，在场的许多学者和官员强烈表示支持。亨利·布莱特是英国早期气球飞行家，在英国公众心目中是一位英雄。他在英国博物馆的一次气球展览会上说："应当进行集体性的航空研究，而且首要的事情是克服地球引力……然后朝着与牛顿的苹果相反的方向运动。"1866年1月12日，大不列颠航空学会召开成立大会。大会选出了第一届委员会和学会第一任主席。由于坎贝尔的声望和影响，大家一致推举他担任大不列颠航空学会第一任主席，布雷利［英］（Frederick William Brearey，1816—1896）担任学会首任秘书。大不列颠航空学会一直延续至今，为英国乃至世界航空发展做出了很大贡献。学会1918年改为英国皇家航空学会（Royal Aeronautical Society）。

韦纳姆［英］发现机翼升力主要集中于前缘　韦纳姆（Francis Herbert Wenham，1824—1908）是英国工程师，他很早就对鸟的飞行怀有深厚的兴趣。工作之余，他开始对鸟的飞行进行观察和研究，并通过旋臂机对升力和阻力进行测量研究。1866年，韦纳姆在英国航空学会上发表了一篇题为《论空中交通和关于重于空气飞行器的支持原理》（*On Aerial Locomotion and the Laws by which Heavy Bodies impelled through Air are Sustained*）的演讲。这是他7年多研究的成果。他在演讲中说："在飞行中得到的支承力必定取决于一定的各种质量之间的作用和反作用……在所有倾斜的平板中，如果能够快速在空气中运动，那么全部支承力将集中在平板前缘。"韦纳姆又由此得出两个重要推论：第一，在同样的翼面积下，高展弦比机翼能够产生更大的升力；第二，多翼结构对产生更大的升力有利。这两点推论都利用了机翼升力集中于前缘的结论。这一发现对飞机设计具有很大的指导意义：早期飞机动力不足，速度很慢，利用高展弦比机翼可以有效弥补这些不足。

韦纳姆

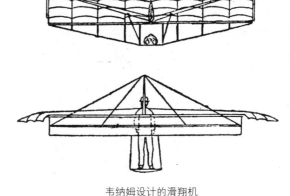

韦纳姆设计的滑翔机

1868年

英国举办第一次航空展览会　为了扩大航空的影响，促进英国公众对航空的了解和热爱，大不列颠航空学会决定举办一次航空展览会。当时航空尚属幼年期，于是组织者广泛搜集各类展品，包括船用、车用物品以及其他相关物品。1868年6月25日，英国第一次也是世界第一次专门的航空展览会在伦敦水晶宫举行，共有77件展品参加了展览，包括发动机、飞机模型、风筝、航空研究计划，甚至还有火箭发动机。其中，斯特林费罗的三翼机模型和小型蒸汽机最为引人注目。展览会共持续了11天，吸引了不少观众。

大不列颠航空学会举办航空展览会

1870年

气球首次用于大规模空运　1870年普法战争爆发，法军在色当被普鲁士军队击败，拿破仑三世［法］（Charles Louis Napoléon III，1808—1873）被

杜诺夫 　　　　　　　　战争期间从巴黎向外发送气球的情形

俘。普鲁士军队把法国首都巴黎围得水泄不通。巴黎守军和市民开始用气球
向城外运送信件和撤退人员。这是历史上首次大规模的气球"空运"行动。
当时在巴黎城内有不少气球飞行家，飞行经验丰富。他们每天乘气球升空观
察普鲁士军队的动向，巴黎的晚报每天都刊登他们侦察到的消息。当时巴黎
急切希望能与法国其他地区的军队和人民取得联系。一些气球飞行家来到巴
黎邮政总局要求采用气球向外传递消息。由于当时的步枪射程已经大大提

杜诺夫使用的海王星号气球 　　　　在巴黎为纪念普法战争时气球空运建立的纪念碑

高，气球穿越战线时如果飞行高度低于900米就有被击中的危险，只有相当有经验的飞行员才有能力保持气球的飞行高度在900米以上。1870年9月23日，儒勒·杜诺夫［法］（Jules Duruof，1841—1899）第一个开始驾驶气球穿越战线，约3小时 之后，在敌人后方安全地着陆。此后，气球接二连三地飞出巴黎。在长达4个月被围困的日子里，巴黎共送出了66只气球，其中57只安全地飞越了敌人的防线，运出信件上百万封，人员68人，其中包括著名将领甘伯塔［法］（Léon Gambetta，1838—1882）。这次空运行动预示了在今后的战争中制空权的争夺将是至关重要的。

贝诺［法］发表关于飞机稳定理论的论文　在法国早期的航空先驱者中，阿方索·贝诺（Charles Alphonse Penaud，1850—1880）是一位占有重要地位的航空人物。他的伟大之处在于他的航空探索方法和提出的重要概念：首先进行理论研究；然后进行模型试验；最后过渡到全尺寸飞机的研制。航空史学家们对贝诺的赞誉颇高，有人甚至认

贝诺

为贝诺是从凯利到莱特兄弟之间最伟大的天才、最富有创造精神的航空先驱者。他喜爱阅读并开始对飞行产生了兴趣，20岁时加入了新成立的法国航空学会。最初，他主要研究飞机的稳定性问题。1870年，贝诺发表了一篇论文《稳定性理论》（*Théorie de stabilité*）。这篇文章阐述了保持飞机模型自动平衡和稳定的重要性，以及实现稳定的方法。为此，他还给出了两种飞机模型——直升机和飞机的稳定性原理并予以说明。

1871年

韦纳姆［英］发明风洞　韦纳姆的职业是工程师，对机械问题颇有研究，特别是对蒸汽机有很高的造诣，对内燃机也有研究，获得过多项专利。加入大不列颠航空学会后，他最初的气动研究工作是依靠自制的旋臂机进行的。通过大量试验他发现，利用旋臂机无法得到精确的升力和阻力值，而且

机翼不是沿圆周运动，而是沿直线始终在"新的"气体中运动。他设想，如果将试验件固定不动，而让空气从中吹过，不是可以产生与旋臂机相同的效应吗？这可以说是风洞思想的关键。1871年，韦纳姆为航空学会设计并建造了世界上第一座风洞。它是个四周封闭的矩形框，一端有一架鼓风机，提供试验用的气流。风洞长3.7米，矩形截面边长45.7厘米，试验气流最大速度64.4千米/时。风洞中间的一个支杆上安装试验件，用弹簧秤测量气动升力。这个风洞虽然简单，而且存在不少问题，但它开创了空气动力学试验研究设备的新时代。

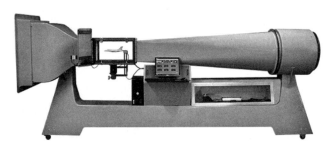

现代教学用小型风洞

贝诺［法］制成橡筋动力直升机和飞机模型 受法国先驱人物劳诺瓦设计的直升机模型的启发，贝诺在1871年制成了橡筋动力直升机模型，颇为成功。当年，他还制作了橡筋动力飞机模型，结构比较完善：前面是一副机翼，机翼翼尖上翘，具有上反角；中间用一根直杆作为机身；尾部有一对小尾翼。机身下面是一束橡筋，驱动位于机身后端的推进式螺旋桨。贝诺给这

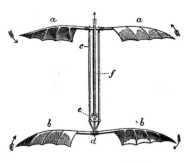

贝诺制作的直升机模型

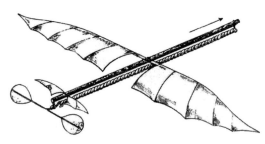

贝诺制作的飞机模型

架模型取名"有翼器"。它虽然简单，却体现了现代飞机的主要特征。"有翼器"在试验飞行时，获得了很大成功，飞行距离超过30米，且具有很好的稳定性，证实了上反角机翼具有固有稳定性的原理。对此航空大师冯·卡门［匈］（Theodore von Kármán，1881—1963）评价说：他"所提出的模型飞机似乎是最先采用水平尾翼面以达到飞机稳定的一架"。

格莱舍［英］首次提出边界层概念　大不列颠航空学会成立后，设立了试验委员会，目的是开展空气动力学试验研究。由于学会的重视，加之试验设备的更新，试验委员会在大量的试验中获得了一些重要结果，其中包括空气升力的关系式。1871年出版的《年度报告》中给出了如下研究结论：倾斜平面的升力"随着方向比即平板长度的正弦（也就是平板倾斜的高度）增加而增加。如果我们不按迎角来说，则可说一比十，或一比三比四，这可以看作是升力与阻力之比"。在进行试验的过程中，试验委员会还发现了一些重要的现象或问题。格莱舍建议应当发展和改进测量技术。他还注意到边界层的影响，他指出："与平板接触的流体粒子会改变它的运动路线，它将沿表面滑行。这种效应只适用于平板邻近的一层。而对于这种现象，理论上是无法预言的。"这是空气动力学的一大发现，也是首次阐述边界层的概念。风洞试验再次发现了高展弦比机翼的重要意义。

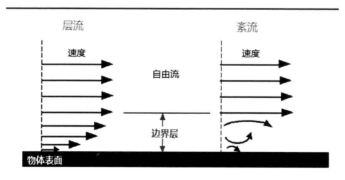

物体表面流体粒子流速为零

边界层概念

1874年

坦卜尔［法］研制动力飞机　　由于动力问题长期得不到解决，动力飞机研制起步较晚。法国海军军官费里克斯·杜·坦卜尔（Félix du Temple，1823—1890）是一位发明家。他在19世纪40年代初进行过模型飞机试验，该模型的形状类似于一只小鸟，最初用发条驱动螺旋桨，后改用热空气发动机。它在试飞时能依靠自己的动力，持续飞行短暂时间，并且能够安全着陆。1857年坦卜尔设计了全尺寸动力飞机。它的形状像一只巨鸟，翼展将近30米，翅膀用骨架支撑，尾翼也很像鸟的尾巴。飞机的中间是发动机舱和驾驶舱。前面是一个直径达4米的十四叶螺旋桨。它在部件设计上有不少新奇之处：机翼和机身骨架用铝合金制造；采用三轮式起落架，带有橡胶减震器并且可以收放；通过方向盘、方向舵和软索实现复合操纵。1874年，坦卜尔的飞机由一名水手驾驶进行试验，曾短暂跳跃着飞了一段距离。由于蒸汽机动力不足和设计存在问题，它的试飞未取得很大成功。该项设计于1875年获得了专利。

坦卜尔

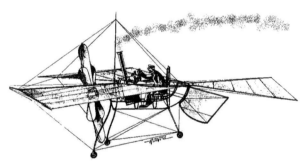

坦卜尔设计的动力飞机

坦卜尔的"风神"复原品

　　阿亨巴赫［德］发明直升机尾桨平衡方案　德国发明家阿亨巴赫（Gustav Wilhelm von Achenbach，1847—1911）于1874年设计了蒸汽驱动的直升机装置，包括升力式螺旋桨、推进式螺旋桨、方向舵和尾部螺旋桨。这被看作是第一个利用尾桨平衡力矩的直升机设计方案。

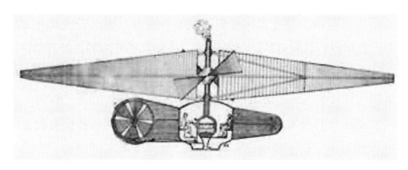

阿亨巴赫直升机设计方案

1875年

　　气球高空飞行发生死亡事件　1875年4月，三名法国人企图打破格莱舍和考克斯韦尔创造的飞行高度纪录。为首的是一位名叫泰森蒂尔［法］（Gaston Tissandier，1843—1899）的化学家、气象学家和飞行家。在飞行前他们曾抱有必胜的把握，因为他们每人都携带了一个新装置：一个混有氧气和空气的气瓶。当气球升到7 400米的时候，他们感到身体不适；当达到8 000米的时候，泰森蒂尔感到晕眩，当他醒过来时，发现两个同伴已经嘴鼻流血而亡。他挣扎着拉动放气阀的绳索，使气球下降。泰森蒂尔进行过多次飞行，对高空反应抵抗能力较强，而他的两个朋友则是第一次升空，难以适应缺氧和降压环境，从而导致死亡。这次飞行并没有打破格莱舍的纪录。

泰森蒂尔

1876年

贝诺［法］设计出全尺寸飞机　从1873年起，贝诺致力于全尺寸飞机的设计。按照他的设想，这架飞机质量达到1 200千克，装有一台15.2~22.4千瓦的发动机。这项设计于1876年获得专利。它的翼面呈椭圆形，尾部有一对水平尾翼，前面装有两个拉进式螺旋桨。主要特点有：机翼安装具有上反角；具有固定垂直尾翼；具有可转动的方向舵；具有水平升降舵；具有单杆操纵手柄；具有玻璃座舱罩；具有可收放起落架和压缩气体减震器；可以在水面上着陆等。贝诺估计这架飞机能装载1~2名乘客，巡航速度为96.6千米/时。由于没有合适的发动机，且没有经费来源，这架飞机申请专利后并没有制造出来。贝诺自幼体弱多病，后来健康又一度恶化。失望、得不到理解、多病等多种因素使他失去了生活的勇气，1880年10月，贝诺在不到30岁时便自杀了。这是航空史的一个重大损失。

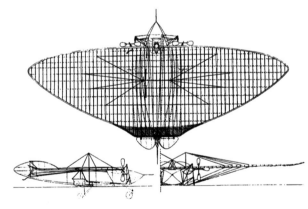

贝诺设计的全尺寸飞机

1877年

弗拉尼尼［意］试飞成功直升机模型　弗拉尼尼（Enrico Forlanini，1848—1930）是意大利工程师、发明家和航空先驱者。在经过军事学院深造后，于1866年加入图灵军事科学院。在工作期间，对螺旋桨进行了系统研究。1877年，他设计制造了一个蒸汽机动力直升机模型，旋翼很像达·芬奇

弗拉尼尼设计的直升机

设计的螺旋形状。这个模型在米兰试飞时，成功地上升到14米高，留空时间20秒。这是第一种成功的蒸汽机动力直升机模型。

1879年

奎因比 [美] 获得直升机设计专利　美国人奎因比（Watson F. Quinby）长期对飞行感兴趣，设计了多架仿鸟飞行器，均不成功。后来，他转向了直升机设计，认为这可以解决飞行问题。他设计的直升机利用杆系制造机身，下面有四个起落支架，上面安装四片类似风帆样的东西，每组两片，充当产生升力的旋翼和产生推力的螺旋桨。1879年8月12日，这项设计获得美国专利。奎因比的直升机没有建造，实际价值也不大。

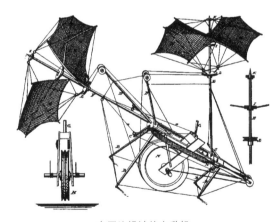

奎因比设计的直升机

塔丁 [法] 试飞成功动力飞机模型　塔丁（Victor Tatin，1843—1914）是法国工程师，热爱航空。他致力于动力模型飞机的研究与设计。1879年，他试飞了一架动力飞机模型。这个模型颇具现代飞机模样，翼展1.9米，重1.8千克，装有两副小螺旋桨。动力装置是压缩空气发动机，飞行持续时间不长。当时在试验时，飞机模型达到每秒8米的速度后，即离开了地面飞向天空。

文献指出，这是历史上第一架利用自己的动力装置滑行起飞的飞机模型。1890—1897年间，塔丁与他人共同制造了蒸汽机作动力的飞机模型，翼展达6.6米，总重33千克。它装有前向拉进式螺旋桨和后向推进式螺旋桨。这个模型在试飞时，以每秒18米的速度成功飞行了140米。

塔丁1879年的飞机模型

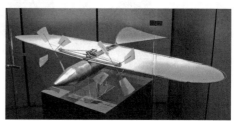

塔丁1879年飞机模型实物

1880年

爱迪生

爱迪生［美］设计试验了直升机　美国发明家托马斯·爱迪生（Thomas Alva Edison，1847—1931）有众多杰出发明，对飞行也怀有浓厚的兴趣。1880年，美国报界富豪贝内特［美］（James Gordon Bennett Jr，1841—1918）出资1 000美元，委托爱迪生研究飞行的可能性。爱迪生设计了一种直升机，试验了几种旋翼布局模式，以寻找能够产生最佳升力效果的设计。他设计的装置非常复杂，带有一个立轴，安装旋翼。在进行旋翼产生升力的试验后，他发现整个装置约72.6千克重，旋翼升力只能举起一小部分质量。他采用火药驱动活塞带动旋翼旋转，结果几次

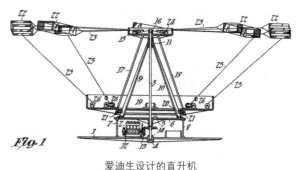

爱迪生设计的直升机

试验都发生了爆炸事故，甚至还炸毁了厂房。后来又试验电动机作为动力的可能性，也未获得成功。不过，他是较早采用大直径、小面积桨叶的人。

1881年

穆亚尔

穆亚尔［法］出版《空中王国》 19世纪的动力飞机制造热潮中，大多先驱者都忽视了稳定与操作问题。法国人穆亚尔（Louis Pierre Mouillard，1834—1897）在1881年出版了一本有名的著作《空中王国》，倡导滑翔飞行。这本书除了论述航空将对社会产生的巨大影响外，还以全新的姿态考察鸟的飞行。他没有局限在鸟的扑翼方式上，而是根据鸟的飞行机理提出了定翼滑翔机思想。他还认为，在飞行控制问题得到解决之前，不要盲目进行动力飞行试验。穆亚尔本人从1856年开始设计制造滑翔机以进行滑翔试验，前后共造了6架滑翔机，时间跨越1856年到1896年整整40年。但他的滑翔机性能不佳，没有取得多少成功。不过，他仍然坚信滑翔机的研究和试验对航空的未来是至关重要的。《空中王国》一书影响到不少航空先驱者，包括美国的查纽特和莱特兄弟。

穆亚尔《空中王国》封面

穆亚尔准备试飞滑翔机

1882年

莫扎伊斯基

莫扎伊斯基［俄］进行动力飞机试验 莫扎伊斯基（Alexandr Fyodorovich Mozhaisky，1825—1890）是俄国海军军官，后晋升为少将。他从1856年开始研究重于空气飞行器。开始阶段，他研究了鸟的结构及其飞翔能力，螺旋桨的性能与飞行动力学等。尔后，开始制造模型飞机，并进行飞行表演。他还曾制造过大型风筝，并用三匹马拉风筝进行载人飞行试验。后来，莫扎伊斯基开始设计全尺寸动力飞机。1881年，他的"空中飞行器"（Aerial flying machine）被授予发明专利。"空中飞行器"翼展长22.8米，翼弦宽14.2米，翼面积为324平方米，总质量达934千克。它装有两台发动机，分别是7.46千瓦和15千瓦的蒸汽机，驱动一副拉进式螺旋桨和两副推进式螺旋桨。尾翼组件包括水平安定面和垂直安定面。1882年7月，"空中飞行器"在圣彼得堡附近的红村进行试飞，跃飞了20~30米。对于这项有限的成就，苏联方面曾长期宣称，莫扎伊斯基是飞机的发明者。

莫扎伊斯基的飞机

1884年

雷纳德［法］制成完全可控飞艇 第二次产业技术革命产生了内燃机和电动机。有了新的动力装置，飞艇得到进一步发展。1884年，法国人雷纳德（Charles Renard，1847—1905）和克雷布斯［法］（Arthur Constantin Krebs，1850—1935）制造的"法兰西"号飞艇完成了第一次完全可控制的飞行。在当年8月9日的试飞中，"法兰西"号在23分钟内完成了8千米的圆周飞行。"法兰西"号飞艇长52米，容积为1 900立方米，采用直流电动机为动力。由于蓄电池储电能力有限，大大限制了飞艇的航程和速度。该飞艇两年间共飞行了7次，实用价值也不高。

雷纳德

雷纳德的电动机驱动飞艇

菲利普斯［英］发明引射式风洞　韦纳姆发明的风洞是直射式的，产生的气流流场不均匀，会对试验精度产生不利影响。英国工程师菲利普斯（Horatio Frederick Phillips，1845—1924）在听到英国航空学会理事会的报告后，对风洞试验产生了浓厚兴趣，同时也意识到韦纳姆式风洞的不足。在1880年前后，菲利普斯决定自己设计和改进风洞，并开展试验研究。1884年，他改进设计的风洞制造成功。风洞长为2米，截面宽度43厘米。它的最大特点是试验气流由

菲利普斯

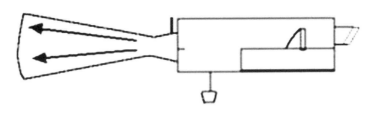

菲利普斯发明的引射式风洞

直射式改为引射式，并且加了过滤网，从而改善了试验气流的均匀性和平稳性。其他的改进还有：设立截面积不同的两个试验段，从而可以适应不同的试验要求；提高了测量装置的精度；利用水表测量试验气流的流速。菲利普斯为制造这架风洞花费了几千英镑巨资，获得了多项专利。

法国在中法战争期间使用了气球 1883年12月至1885年4月，法国侵略越南并进而侵略中国，由此爆发了一次战争，史称中法战争。第一阶段战场在越南北部；第二阶段扩大到中国东南沿海。战争过程中，法海陆两军虽然在多数战役占上风，但均无法取得战略性胜利。在战争后期，法军曾在战场上释放气球进行瞭望和作为进攻信号，这是近代气球首次在中国出现。

1885年

欧文［英］设计出横列式旋翼直升机 欧文是英国工程师，他设计的直升机的主要特点是采用横列式双旋翼，从而可以很好地平衡旋翼力矩。另外，直升机方向操纵采用了倾斜机身的方式，这在旋翼挥舞铰接结构发明以前是一种可行的方式。动力方面，他建议采用人力和机械驱动两种方式。

1887年

华蘅芳［中］在天津武备学堂制造出氢气球 华蘅芳（1833—1902），字若汀，数学家、科学家、翻译家和教育家。1861年为曾国藩聘用，到安庆军械所任职，绘制机械图并造出中国最早的轮船"黄鹄"号。后到天津武备学堂任职。在此期间，一名德国军事教官拿来一个中法战争中法国使用的瞭望气球（已坏）进行讲解。华蘅芳遂决心自己制造一个。他自行设计并亲自督工试制，终于在1887年制成了一个直径为1.66米的氢气球并试放成功。这是中国人首次制造成功氢气球。

华蘅芳

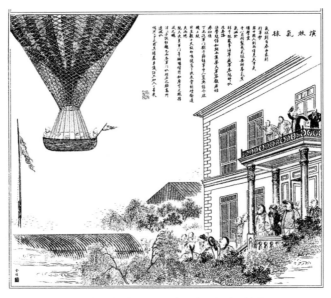

滨林气球

中国杂志描绘的外国人在华演放气球的情景

1889年

李林塔尔［德］出版著作《作为航空基础的鸟类飞行》　李林塔尔（Otto Lilienthal，1848—1896）是德国著名航空先驱，工程师，向往飞行由来已久。他长期观察研究鸟的飞行，积累了一些关于鸟的翅膀形状、面积以及升力大小的数据。1861—1873年间，李林塔尔和弟弟古斯塔夫［德］（Gustav Lilienthal，1849—1933）制造了多架动力飞机模型，依据的是前人留下来的阻力和升力数据。但这些模型都飞不起来。因此他们决定自己试验，取得气动力方面的第一手数据。自1866年开始，通过旋臂机试验，李林塔尔积累了大量数据。1889年，李林塔尔把研究和试验结果整理出版，题为《作为航空基础的鸟类飞行》（*Birdflight as the basis of aviation*）。书中集中讨论了鸟翼的结构、鸟的飞行方式和体现的空气动力学原理，并且论述了人类飞行的种种问题，他还特别讨论了飞行机器翼面形状、面积大小和升力的关系。这本书的出版是航空史的一件大事。它几乎成了与他同时代或比他稍晚的航空先驱者的必读书，为航空发展做出了相当大的贡献。飞机发明者莱特兄弟就曾仔细研究过这本书。

李林塔尔

李林塔尔做扑翼升力试验

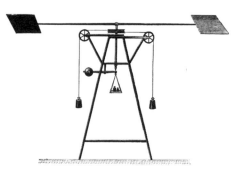

李林塔尔设计的旋臂机

李林塔尔著作封面

1889年

克莱格［英］提出纵列式直升机设计方案　在直升机发明以前，欧美大量直升机先驱者普遍关注的一个重要问题是旋翼的力矩平衡问题，曾提出了多种方案，包括横列式双旋翼方案、共轴式双旋翼方案、单旋翼加尾桨方案。英国人克莱格（J. Craig）在1889年提出了一个纵列式双旋翼方案。动力方面，克莱格提出利用涡轮驱动旋翼旋转，而涡轮又由易挥发物质产生的蒸汽来驱动。

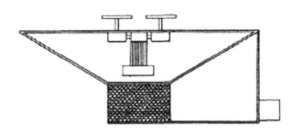

克莱格直升机方案

1891年

兰利

兰利［美］出版《空气动力学试验》 塞缪尔·兰利（Samuel Pierpont Langley，1834—1906）年轻时是一位铁路勘测和土木工程师，后来靠顽强自学，成为一个在数学、天文学、物理学领域具有良好造诣的人，担任史密森学会主席长达20年。兰利很小就对鸟的飞行产生了极大的兴趣，1886年开始认真研究飞行问题。为此，他设计了旋臂机并进行了大量的空气动力学试验，研究平板和鸟翼在空气中运动产生升力和空气阻力的规律。他得出倾斜平板的升力规律是：升力与平板面积成正比，与速度平方成正比，与迎角的正弦成正比。1891年，他把研究成果写成《空气动力学试验》（*Experiments in Aerodynamics*）出版。这是较早的航空理论著作，受到美国航空先驱查纽特（Octave Chanute，1832—1910）和英国航空先驱兰彻斯特（Frederick William Lanchester，1868—1946）等人的高度评价，对莱特兄弟也产生了很大的引导作用。

兰利的《空气动力学试验》封面

李林塔尔［德］开始制作并试飞滑翔机 李林塔尔依据大量研究成果，于1891年开始制造并试验滑翔机，前后共计制造了18种各式滑翔机，其中12

种是单翼,6种是双翼或多翼。翼面形状大都类似于鸟类或蝙蝠。为了更好地进行滑翔试验,他在柏林附近修建了一个小山包,从上面沿山坡快跑起飞。5年间共计飞行了2 500多次,最远滑翔距离300米。飞行中保持稳定和操纵的方法是依靠身体的摆动。为了积累滑翔经验,他把每次滑翔都拍成照片,供研究之用。在当时,他的飞行事迹是报纸和杂志非常乐于报道的热门话题,产生了广泛的影响。

李林塔尔的滑翔飞行之一

李林塔尔的滑翔飞行之二

1892年

瓦尔克［英］获得新型直升机设计专利 瓦尔克(C.J. Walker)是英国人,他于1892年获得了一项直升机设计专利。他设计的直升机机身上装有两副水平安装的旋翼,相互反向旋转可以抵消旋翼扭矩;另外,垂直安装了两副螺旋桨,提供水平驱动力。直升机尾部安装了舵面,用于方向操纵。俯仰操纵采用滑块前后移动方式,使旋翼发生前后倾转而实现。为保证安全,直升机上装有降落伞。瓦尔克的设计没有投入制造。

1893年

菲利普斯［英］系统研究机翼翼型 发明引射式风洞后,菲利普斯对机翼翼型进行了系统研究,试验的翼型多达200个,并且获得了翼型设计专利。基于研究试验结果和对高展弦比机翼的偏爱,菲利普斯于1893年设计了一架样子奇特的飞机。它的上下排列着50个翼面，左右对称各25个。每个弯曲机翼长6.1米，宽只有4厘米，展弦比竟高达153。它的结构十分脆弱，重心也太高。这架飞机在1893年6月19日试飞时没有取得成功。1902—1907年间，菲利普斯又陆续设计了多架飞机，有的小翼面机多达120个，试飞时同样没有取得成功。

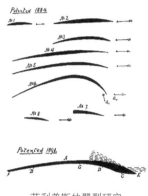

菲利普斯的翼型研究

菲利普斯1893年设计的飞机

哈格雷夫

哈格雷夫［澳］发明盒式风筝　劳伦斯·哈格雷夫（Lawrence Hargrave，1850—1915）是澳大利亚人，1884年开始航空研究。他对航空的研究是非常全面的，成功地制造并试验了利用橡筋、发条和压缩气体作动力的模型飞机；1887年发明了压缩空气驱动的旋转发动机；改进成功当时最出色的航空发动机。他还研制过带有浮筒的"汽阀"飞机，这是水上飞机的雏形。他还发表了许多文章并在不同场合发表演讲，产生了很大影响。他投入很大精力研究新式风筝。1893年，哈格雷夫发明了盒式风筝。这种盒式风筝有多种形式，能产生类似于双翼机的功能，但它的重要特点是作为机翼有一种固有稳定性。在20世纪初欧洲有名的飞机中，有不少采用了哈格雷夫盒式风筝作机翼或尾翼，这离不开哈格雷夫的贡献。

哈格雷夫盒式风筝

1894年

马克沁［美］进行动力飞机试验　马克沁（Hiram Stevens Maxim，1840—1916）是美国发明家，长期在英国居住。他有多种发明，著名的马克沁机枪就是出自他手。这些发明使他成为极其富有的人。他很早就对飞行机器产生了浓厚兴趣。从1889年开始，马克沁利用旋臂机试验了不同形状的机翼和螺旋桨。后来，他又决定制造一架飞机，目标是靠自身的动力离开地面。他自制的一台蒸汽机

马克沁

功率达134千瓦。1891年，马克沁租下了肯特市的鲍德温公园，开始制造飞机。1894年，飞机制造完毕。飞机呈双翼结构，机长28.96米，翼展31.7米，翼面积371.6平方米，总质量达3 629千克。安装两台134千瓦的蒸汽机，带动

马克沁的飞机在试飞

两副直径5.44米的螺旋桨。1894年7月31日，马克沁的飞机进行了首次试验。由于受到保护杆的限制，飞机在轨道上跳跃了几次。后面的几次试验结果类似：飞机明显地离开了导轨。马克沁对这个结果感到满意，未能将研制工作进行下去。

气球首次试图用于空袭作战　1894年，奥地利军队包围了意大利城市威尼斯。奥地利军队制作了200余个小型蒙哥尔费气球，下挂11~14千克炸弹，计划对威尼斯进行轰炸，这是历史上第一次空袭。但由于天公不作美，气球释放后风向突变，这些炸弹没有落到威尼斯人的头上，反而落在了奥地利军队自己的阵地上。

查纽特［美］出版《飞行机器的发展》　查纽特（Octave Chanute，1832—1910）是美国土木工程师，1878年在访问英国时，因受韦纳姆的影响和鼓励而走上航空发展之路。此后，他广泛收集有关航空的各种著述和文献，并认真加以研究，进而对前人和同代人的成就和经验教训进行了独到的评述。从1890年起，查纽特在美国《铁路工程师》杂志上发表系列评述文章。1894年，他将这些文章汇集出版，题为《飞行机器的发展》（*Progress in Flying Machines*）。这部著作是航空史上重要的经典著作，对航空史进行了第一次完整的勾勒。查纽特在书中还明确地阐述了飞机固有稳定性、操纵性的重要意义。他对凯利、汉森以及佩尔策等先驱者的成就进行了评述和介绍，对航空先驱者有很大的指导意义。1896—1897年，查纽特开始设计和试验滑翔机，并且在双翼结构和操作模式上有很大改进。

查纽特

查纽特《飞行机器的发展》
再版封底

有关查纽特滑翔试验的报道

查纽特研制的滑翔机

1896年

兰利第5号飞机模型试飞情况

兰利第6号飞机模型在展览馆

兰利［美］试验成功蒸汽动力模型飞机 自1891年起，兰利开始设计制造飞机模型，最早的用橡筋动力，后采用自制的小型蒸汽机。他设计的第一架蒸汽动力飞机模型取名为"空中旅行者"（Aerodrome）第0号，总质量约22千克，发动机功率0.746千瓦。而后设计的第1、2、3号"空中旅行者"都因发动机功率不足而放弃了。1894年，兰利设计了第5号飞机模型，翼面积2.62平方米。1894年5月8日和6月7日，第5号模型进行了飞行试验，但未获成功。10月25日和11月21日，它在试验中飞行了5~7秒。后来，他又对发动机和结构进行了改进，模型质量11.2千克。1895年5月9日，第5号"空中旅行者"模型在试验时飞行了近40米远，稳定性良好。与此同时，他又对第4号进行了重新设计和制造，改进包括重心调整，结构加强，这架模型就是新4号。后来采用串置机翼，并安装两个发动机，变成第6号。1896年5月6日下午，第5号模型飞机进行了一次非常成功的飞行。它上升到约20米的高度，飞行距离达760米，取得高度成功。11月28日，第6号模型进行了更为成功的飞行。它的留空时间长达2分45秒，飞行距离达到1 500米。兰利模型飞机在1896年取得了极大成功，是历史上第一架重于空气的动力飞机成功地实现持续稳定飞行的事例，在航空史上具有重要地位。

李林塔尔［德］因滑翔事故牺牲　1891—1896年，李林塔尔在不断试验的过程中，也对滑翔机进行了一些改动。1893年，他开始在悬挂滑翔机上加装水平和垂直安定面。前者用于保持纵向稳定，后者用于保持横向稳定。在操纵方面，李林塔尔主要运用身体摆动方式，依靠惯性和重心移动达到操纵目的。后来，他又在滑翔机上加装了可动的升降舵，提高了操纵性能。不过，他对滑翔机的改进主要是表面上的优化，没有根本性改变，特别是在平衡与操纵方面并没有取得满意的结果。于是，灾难降临了。1896年8月9日，李林塔尔在试飞第11号滑翔机时，开始阶段一切正常，但几分钟后，突然刮来一阵大风，将滑翔机吹得失去了控制，李林塔尔沉重地摔在了地上。第二天，他在医院去世了。他死前说的最后一句话是："必须做出牺牲。"李林塔尔的牺牲，为欧洲19世纪最后几年航空的发展带来极为不利的影响。

李林塔尔滑翔飞行之三

施瓦茨［克］试制并试验第一艘硬式飞艇　施瓦茨（David Schwarz，1852—1897）是克罗地亚木材销售商，对于飞行具有浓厚兴趣，并且掌握了不少有关机械和力学方面的知识。他设计了世界上第一艘全金属硬式飞艇，并委托德国一家工厂制造飞艇部件。这家工厂老板很看好这项设计，为他的飞艇建造提供了许多资金。在建造过程中，德皇威廉二世（Wilhelm II，1859—1941）也来参观过几次。飞艇呈长柱形，很像一枚炮弹。它拥有12个

施瓦茨硬式飞艇1897年春进行第二次试飞

分立的气囊，每一个独立充上氢气。尖锥形头部长11米，柱身长24.32米，尾部呈半球形，长约3米。飞艇总长达到38.32米，直径12米。飞艇骨架由铝合金制成，外部蒙皮由0.18~0.20毫米厚的铝板制成。飞艇侧部和下部共计安装了四副螺旋桨。整个飞艇总重3 560千克，采用戴姆勒生产的四缸16马力内燃机，估计可达到每小时25千米的飞行速度，上升高度至少250米。这艘飞艇的建造受到了广泛关注，不少专家包括德国科学家亥姆霍兹（Hermann von Helmholz，1821—1894）认为根本飞不起来，原因是它太重。1896年夏，飞艇建成。施瓦茨因为健康原因，希望能够早日进行试验，还希望德皇能够参加。最后，决定在10月8日进行首次秘密试验。当天，由十几名士兵用绳子拖拽着，飞艇上升了几米高。发动机功率足够，飞艇能够抗风飞行一段距离。1897年年初，施瓦茨计划再去柏林，希望能够说服德国政府给予重视，并计划进行第二次飞行。结果由于健康不佳和劳累，他于1897年1月13日在维也纳去世。他的妻子在柏林组织了第二试飞，达到了460米的飞行高度。但由于带动螺旋桨的皮带断裂，导致飞艇坠毁并严重损坏。当时齐伯林［德］（Ferdinand von Zeppelin，1838—1917）正计划研制硬式飞艇。这次试飞之后，齐伯林给了施瓦茨妻子15 000马克，用以获得施瓦茨飞艇的相关技术信息。

1897年

阿德尔［法］试飞全尺寸动力飞机　在航空史上，法国电气工程师阿德尔（Clément Ader，1841—1925）的试验或许是争议最大的事件之一。他的飞机研究得到了法国政府的支持，条件比较优越。1889年前后，阿德尔设计并制造了一架蝙蝠式飞机，取名"风神"（Eole）。它的外形极像蝙蝠。"风神"于

阿德尔

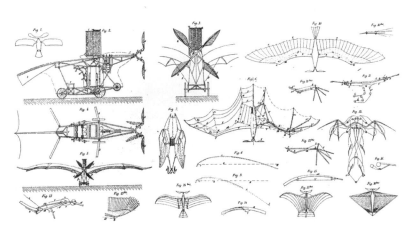

"风神"设计图

1890年10月9日在靠近格雷茨湖的阿美因进行了一次秘密试飞，试验情况当时未予透露。"风神"之后，阿德尔于1892年开始制造第二架飞机，但工作尚未完成就放弃了。继而他又制造了第三架飞机，并给这架飞机起了个后来被广泛采用的名字：飞机（Avion），并按顺序将其命名为飞机3号。飞机3号与

飞机3号实物

"风神"非常相似，只是尺寸有些增加：翼展长达16米，总重400千克，发动机仍采用15.2千瓦的蒸汽机。1897年10月12日和14日，飞机3号进行了两次秘密试飞，未取得很大成功，飞机只是在自身动力作用下短暂离开过地面。由于结果不理想，政府停止了资助，阿德尔也放弃了进一步研制工作。

比纳恩［德］获单旋翼直升机设计专利 1897年，德国人比纳恩（B.R. Beenan）设计了单旋翼直升机，获得了德国专利。它采用垂直尾桨来平衡旋翼扭矩。为产生前向动力，还装有推进式螺旋桨。其设计上的新思路包括：旋翼和尾桨的桨矩是可变的，旋翼面可进行总矩控制。比纳恩后来制作了直升机模型，试验情况不详。

1898年

桑托斯-杜蒙［巴］试制成功第一艘安装汽油机的飞艇 桑托斯-杜蒙（Alberto Santos-Dumont, 1873—1932）是侨居法国的巴西人，对飞行有浓厚兴趣。他于1898年首次把汽油发动机用于飞艇上。不过，1898年研制的第一艘飞艇和1899年制造的第二艘飞艇，都只飞了一两次便因气囊破裂而失败。此后，他不断对飞艇进行改进，先后制造了14艘以汽油机为动力的小型飞艇。1901年10月19日，他驾驶第6号飞艇

桑托斯-杜蒙

在巴黎绕埃菲尔铁塔飞行一周后安全返回。飞行时间29分31秒，赢得了德国莫尔特奖，巴西政府同时给予他12.5万法郎奖金。他的成功向人们展示了新的动力技术将会使飞艇成为一种实用的航空器。

桑托斯-杜蒙的第一艘飞艇

桑托斯-杜蒙的第6号飞艇

谢缵泰

1899年

谢缵泰［中］制成中国第一艘飞艇 谢缵泰（1872—1937）是澳洲华侨，1887年移居香港，并就读于香港皇仁书院，长于数学和手工技艺，后参与创办"辅仁文社"。西方飞艇试验的消息传到香港后，引起他研究飞艇的兴趣。他从1894年起开始研究飞艇，1899年几经完善完成"中国"号飞艇设计。

"中国"号飞艇用铝制艇身，靠电动机带动螺旋桨推进。谢缵泰没有得到清朝政府的支持，不得已把"中国"号飞艇构造说明书寄给英国飞艇研究家，获得很高评价。值得一提的是，1903年，谢缵泰在香港创办《南华早报》，影响很大。

谢缵泰设计的"中国"号飞艇

佩尔策［爱］因滑翔事故牺牲　佩尔策（Percy Pilcher，1866—1899）是爱尔兰人，曾在海军服役并担任过机械工程师。他从1895年开始从事航空研究。在看到李林塔尔的飞行事迹和照片后，他到英国的格拉斯哥研究设计滑翔机。1895年年初，佩尔策制造了第一架滑翔机，但多次试验总是飞不起来。无奈，他在当年6月到柏林请教李林

佩尔策

塔尔。李林塔尔建议他加装水平尾翼。后来，佩尔策设计了"蝙蝠"式滑翔机。翼面积16~33平方米。这架滑翔机在飞行时，曾达到100米的滑翔距离。1896年，佩尔策又设计了"鹰"式滑翔机，最远的曾飞行了300米。1897—1898年，佩尔策又进行过多次滑翔飞行。1899年9月30日，佩尔策在进行滑翔飞行时，因天气原因和滑翔机故障，身受重伤逝世，年仅33岁。

佩尔策试飞"鹰"式滑翔机

莱特兄弟［美］发明翼尖翘曲操纵方法 莱特兄弟（Wilbur Wright，1867—1912；Orville Wright，1871—1948）是美国自行车制造商，1897年听到李林塔尔因滑翔事故牺牲的消息后开始关注飞行问题。经过几年对航空文献的搜集和研读，1899年决定设计飞机。1899年夏，通过一次偶然的机会，他们认识到鸟是通过翼尖的翘曲扭动保持平衡并进行飞行操纵的。于是，他们开始利用大型风筝进行试验，证明这一方法对于飞行保持稳定与进行操纵是有效的。这一发明对于他们研制滑翔机并最终发明飞机起了极为重要的作用。

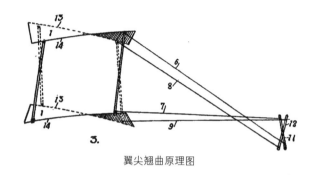

翼尖翘曲原理图

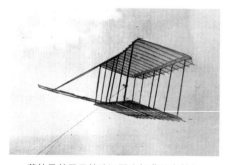

莱特兄弟用风筝验证翼尖翘曲的有效性

莱特兄弟（左奥维尔·莱特，右威尔伯·莱特）

1900年

齐伯林［德］发明硬式飞艇 从法国的吉法尔（Henri Giffard，1825—1882）到巴西人桑拉斯-杜蒙（Alberto Santos-Dumont，1873—1932），早期飞艇都沿用了气球的结构形式，即"软式结构"。1887年开始，德国工程师齐伯林（Ferdinand von Zeppelin，1838—1917）就计划建造一艘不同于以往的、能够完成长途运输和空中作战等多种任务的大型飞艇。齐伯林的飞艇在原理上并无突破，但他开创了一种全新的结构——硬式结构。这种结构上的改革使飞艇的质量、体积、安全性、稳定性和运载能力大为提高，为飞艇实用化奠定了基础。1896年，齐伯林正式开始建造LZ–1号飞艇。它于1900年6月2日建成并进行了试飞，虽然未获完全成功，但证明了硬式飞艇的优越性，开创了轻航空器新时代。齐伯林飞艇在不断改进过程中，一直领导世界飞艇新潮流，代表了硬式飞艇技术的最高水平。到20世纪30年代，齐伯林硬式飞艇共建造了130艘，对战争和航空运输都产生了巨大的影响。

齐伯林

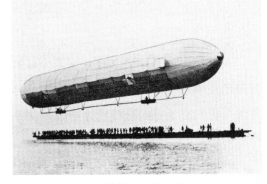

齐伯林LZ–1号飞艇

莱特兄弟［美］制造出第一号双翼滑翔机　美国航空先驱者莱特兄弟1899年开始飞机研制。他们广泛研究了前人在飞机设计和试验方面的经验教训，意识到获得成功的关键因素是首先解决飞机的稳定与操纵问题。1899年他们发明了翼尖翘曲稳定方法，在随后的双翼风筝试验时取得了成功。1900年他们设计了第一号双翼滑翔机，它的试验进一步证实翼尖翘曲稳定方法的有效性。

概述

（1901—2000年）

　　莱特兄弟用了比大多数先驱者少得多的时间发明成功飞机，一方面由于时机已经成熟，另一方面，也许更为重要，他们研制飞机遵循了完全科学的方法。他们有丰富的机械设计经验，动手能力很强；他们把飞机研制当作一项极为困难的任务循序渐进地进行；他们有效地运用了前人的成果并结合了自己的研究；他们把理论、设计和试验完美地结合起来。他们认为，一架飞机必须具备三要素：升举、推进和控制。对于这三个要素，在过去几乎没有一个人从整体上看待它们。通过研究，他们认为解决平衡与控制问题比制造质量轻、强度大、升力足够的机翼和轻型发动机困难得多。因此，解决稳定与操纵问题便成了首要突破口。1899年秋，他们发现利用翼尖翘曲方法可以使飞机在空中保持稳定。这一技术方法，对飞机发明至关重要。

　　1900年秋，莱特兄弟设计制造了第一架双翼滑翔机，初步证实翼尖翘曲平衡方法的有效性。1901年春，他们又制造了第二架滑翔机，性能仍不太满意。1901年9月至1902年8月，他们用自制风洞开展气动试验，获得了大量一手数据。1902年八九月间，莱特兄弟制造了第三号滑翔机，取得极大成功，预示着距飞机发明只有一步之遥。

　　以第三号滑翔机为基础，莱特兄弟设计了第一架动力飞机"飞行者一号"，发动机由公司技师查理·泰勒（Charles Edward Taylor，1868—1956）主持设计。1903年12月17日上午11时左右，奥维尔·莱特做第一次试飞，飞行时间12秒，飞行距离36.6米。这是人类历史上一项伟大的成就：它是人类第一次有动力、载人、持续、稳定、可操纵的重于空气飞行器的首次成功飞行。这次成功飞行具有伟大的历史意义，为人类征服天空揭开了新的一页。同日11时20分，威尔伯·莱特驾驶"飞行者一号"做了第二次飞行，也取得了成功，留空时间约11秒，飞行距离约60米。奥维尔·莱特做了第三次飞行，留空时间15秒，飞行距离61米。第四次也是当天最后一次飞行由威尔伯·莱特驾驶，取得了成功并取得当天最好成绩：留空时间59秒，飞行距离260米。

1904年1~5月，莱特兄弟制造了第二架飞机——飞行者二号。它的尺寸同一号相似，机翼做了修改，发动机也是新制造的。从当年5月23日到12月9日，飞行者二号总共飞行了105次。飞行者三号于1905年6月制造完毕。它的性能远远超过了前两架。它的最好成绩是：飞行时间38分，飞行距离38.6千米。飞行者三号共飞行了50次，全面考察了重复起降能力、倾斜飞行能力、转弯和圆周飞行能力、8字飞行能力。飞行者三号被看作是历史上第一架实用动力飞机。

1908年8月8日，威尔伯·莱特驾驶自己的飞机在法国进行首次飞行表演，使法国乃至欧洲大为震惊。同时，奥维尔·莱特驾机在美国做公开表演，震动了全美。在莱特兄弟成功表演飞机的激励下，欧美出现了空前的航空热潮。

20世纪初，欧洲的先驱者从仿制莱特兄弟滑翔机起步，逐步形成了自己的特色。在这中间，活跃着一大批先驱者：费尔伯（Ferdinand Ferber，1862—1909）、阿克迪康（Ernest Archdeacon，1863—1950）、爱斯诺-贝尔特利（Robert Esnault-Pelterie，1881—1957）、伏瓦辛（Gabriel Voisin，1880—1973）、拉瓦瓦索欧（Léon Levavasseur，1863—1922）、布莱里奥（Louis Charles-Joseph Blériot，1872—1936）、法尔芒（Henry Farman，1874—1958）、卡迪（Samuel Franklin Cody，1867—1913）、罗伊（Edwin Alliot Verdon Roe，1877—1958）等。旅居法国的巴西人桑托斯-杜蒙在众多竞争者中脱颖而出，于1906年10月23日研制试飞成功欧洲第一架飞机"捕猎鸟"。自此，欧洲航空也走上了快速发展的道路。

1907—1909年间，飞机的发展极为迅速。新的技术不断得到采用，飞机的性能越来越高。在这种形势下，新的研究和试验者纷纷加入这个充满生机的领域。于是，在1907年到1909年间，欧洲和世界航空发展进入了一个前所未有的新阶段。1909年7月25日，布莱里奥驾机首次飞越英吉利海峡。此后，各种竞赛和展览活动纷纷开台，既考验了飞机的性能，同时又涌现出更多的航空设计家和飞行家，航空发展进入了一个初步在体育和娱乐中应用的阶段。

1909年8月22日，由航空设计家们发起，在法国的兰斯举行了第一次大型航空博览会，吸引了50万人前来参观，取得极大成功。1910年，法国的法布尔（Henri Fabre，1882—1984）设计试飞成功第一架水上飞机，使飞机的应用范围扩大。在各国飞机设计师、制造商、飞行家研制飞机并进行飞行竞赛、空中表演、收费空中游览、各种飞行试验的同时，飞机技术一直在不断向前发展。

飞机在投入战争前，欧美已经开始了航空军事理论研究，并开展了大量飞机作战试验。1911年爆发的土耳其-意大利战争和1913年的巴尔干战争都使用了飞机，其用途包括侦察、轰炸、投撒传单等。第一次世界大战开始不久，飞机就逐渐根据使用方式的不同分化出侦察机、战斗机、轰炸机等机种。战争的深化对飞机性能不断提出新的要求，航空新理论、新技术用于飞机设计，使飞机性能大幅度提升。机翼升力理论、结构设计技术、航空武器技术、螺旋桨设计技术、发动机改进、增升与减阻技术的应用，使飞机速度、升限、航程和作战能力都有长足进步。第一次世界大战不但确立了飞机作为武器的历史地位，也使航空科研、设计、制造、使用体系更加完善。

第一次世界大战，尚处在幼年的飞机迅速成长起来，主要反映在四个方面：（1）飞机按作战方式的不同形成了不同的军用机种，并按各自的要求得到发展；（2）飞机和发动机生产厂迅速发展壮大，并朝专业化方向发展；（3）飞机生产和装备的数量剧增；（4）飞机的性能迅速提高。到1918年，全球共有2 000多个飞机制造公司和80多个发动机公司，5年间各国共生产飞机183 877架，发动机235 000台，其中，法国生产了67 982架，英国生产了47 800架，德国生产了47 637架，意大利生产了20 000架，美国生产了15 000架。

两次世界大战间的20年，飞机在民用领域的应用步伐加快。德国、法国、英国等在一战结束后短短的几年内就已经建立了国内航线网,并开始将航空运输扩展到非洲、亚洲。美国从航空邮政运输起步,很快建立了遍布全美的、设施齐全的机场网络,为航空客运发展奠定了基础。支持民航发展具有极大的战略意义,不仅可以促进航空技术的持续发展,还能为军事航空的发展提供技术和人力储备。早期民航运输主要使用第一次世界大战时的军用飞机改装的运输机。20世纪20年代到30年代,欧洲和美国都在研制载重量更大、飞行速度更快、飞行距离更远、使用效率更好的专用运输机。英国德·哈维兰公司的DH.66、汉德莱·佩季公司的HP.42,德国福克公司的F-7,美国福特公司的"三发动机"飞机就是其中的代表。1933年美国波音公司试飞的波音247是第一种现代意义上的民用客机,不久道格拉斯公司研制出DC-1、DC-2、DC-3系列客机,使民航运输发生了深刻变革。

航空竞赛与探险飞行在两次世界大战间非常兴旺。飞行天然具有极大的刺激力和感召力,对于广大公众具有极强的吸引力。飞机诞生之初,各类飞行表演也在欧美广泛展开。飞行表演不仅能够给观众带来极大的满足感,同时由于飞行表演难度大,对飞行技术与飞机性能也是极大的考验。因此,飞行表演也进一步激发航空设计师努力运用新的技术、寻求新的突破,从而促进了航空技术的发展。在航空发展的过程中,航空竞赛是重要的促进因素。更快、更高、更远是飞机设计师追求的目标,航空竞争与创纪录飞行的要求,使这些目标不断提高,从而也就促进了飞机的发展和航空技术水平的提高。探险飞行是早期航空发展的重要事件,飞越北极、飞越南极、飞越珠穆朗玛峰、飞越大西洋甚至环球飞行,都是航空探险的重要内容。这些艰苦的探险飞行,不仅考虑飞行员的驾驶技术,更对飞机本身带来了严峻的考验。20世纪二三十年代发生的各类飞行表演、航空展览、航空竞赛以及探险飞行事件,对航空技术进步起到了十分重要的作用。

使用的要求和技术的进步使飞机性能日新月异。这期间,航空技术有几项重大突破,包括全金属结构布局、应力蒙皮技术、可收放起落架技术、变矩螺旋桨技术、发动机涡轮增压技术、下单翼结构技术等。全金属结构使飞机的承载能力更强,有利于单翼机布局,对降低飞行阻力、提高飞行速度、增大飞机尺寸和提高载重十分有利。发动机涡轮增压技术能够提高发动机的进气量，从而提高发动机功率并改善发动机的适应性。这些技术连同空气动力学上的增升装置、新型翼型以及减阻技术等，使飞机的各方面性能都有了大幅度提升和改善。

两次世界大战间的20年，许多航空相关技术也得到很大发展和广泛应用，包括航空无线电技术、航空雷达技术、飞机自动控制技术、航空材料技术、风洞试验技术、封闭座舱技术、气动设计技术、航空武器技术等。

在新技术使用方面，德国和英国走在世界前列。德国飞行设计师敢于大胆使用新技术，因此，德国作战飞机的技术水平和性能在20世纪30年代处于世界领先水平。英国虽比德国略差，但由于一批杰出的设计师的努力，英国作战飞机的性能仅次于德国，比苏联和美国都高。早期苏联航空技术水平较低，重视程度也不够。美国也有类似的情况。但这两个国家从20世纪30年代后期开始，花了很大力量研制新型飞机，取得明显成效。二战开始时美苏作战飞机已接近德国和英国的水平。二战期间，两国飞机的性能迅速提高，很快超过了欧洲。日本航空在二战时的迅速崛起十分引人注目，研制的"零"式飞机具有世界水平。在第一次世界大战中领先的法国，由于军事思想保守，国家政策失误，航空工业长期停滞不前，最后被其他国家远远抛在了后面。

直升机是飞行器的一个分支，在许多方面与固定翼的飞机互为补充。作为一个航空多面手，它独特的性能引起了许多航空先驱者的关注，19世纪就进行了大量的探索。20世纪初在飞机诞生后不久，法国的布雷盖（Louis Charles Breguet，1880—1955）、科尔尼（Paul Cornu，1881—1944）等就试飞了直升机装置。此后，又有许多先驱者致力于直升机及其相关技术的探索，包括克罗克（Gaetano Arturo Crocco，1877—1968）、贝林纳（Emil Berliner，1851—1929）、冯·卡门（Theodore von Kármán，1881—1963）、尤里耶夫（Борис Николаевич Юрьев，1889—1957）、埃列哈默（Jacob Christian Hansen Ellehammer，1871—1946）、西科尔斯基（Igor Ivanovich Sikorsky，1889—1972）、谢尔瓦（Juan de la Cierva，1895—1936）、佩斯科拉（Raúl Pateras Pescara，1890—1966）、福克（Henrich Focke，1890—1979）、弗莱特纳（Anton Flettner，1885—1961）等。1939年，美籍苏联专

家西科尔斯基终于发明成功实用直升机。二战期间，德国直升机还投入了战场。二战结束后，直升机研制步伐加快。此后，直升机在欧美得到迅速发展和应用，成为航空器的一个庞大的家族。

飞机的最大优势是高速度，而对速度的追求是无止境的。20世纪20年代初，飞机的最大速度已达到每小时400千米以上，远远超过了火车和汽车。20世纪30年代中期，飞机飞行的最大速度超过了500千米，20世纪30年代后期则先后突破了600和700千米。然而，进一步提高飞行速度便遇到了重重困难。一方面，活塞式发动机的功率和功率质量比难以大幅度提高。另一方面，当飞行速度逐步提高时，螺旋桨线速度将首先接近音速。这时，新的空气动力现象出现了：螺旋桨效率下降，螺旋桨振动加剧，飞机操纵性恶化，甚至发生机毁人亡的惨重事故。

鉴于上述情况，航空设计师和科学家开始从两方面解决问题，一是探索全新的动力装置，二是研究高速空气动力特性。动力方面的不断努力导致全新的涡轮喷气发动机诞生。喷气技术是航空技术的一场革命，喷气发动机后来成为超音速飞行时代的动力基础。

喷气发动机的探索也经历了很长时间。早在1910年，罗马尼亚工程师科安达（Henri Marie Coandă，1886—1972）就用一台50马力活塞式发动机带动管道内的风扇转动，驱动空气向后喷出产生了反作用推力，并把它安装在飞机上进行了短暂的飞行。此后20多年，尽管有不少人在努力探索，但由于研究路径存在偏差，喷气发动机在原理上一直没有获得突破。20世纪30年代中期，英国人惠特尔（Frank Whittle，1907—1996）和德国人欧海因（Hans von Ohain，1911—1998）分别独立完成了喷气发动机的发明，他们将燃气涡轮技术和涡轮压气技术结合起来，促使了涡轮喷气发动机的问世。航空喷气时代在二战前悄悄来临了。

在第二次世界大战即将爆发之际，德国于1939年8月27日试飞了世界上第一架喷气式飞机。英国也在1941年试飞了该国第一架喷气飞机。在战争年代，英国、德国和美国都投入一定精力研究、改进喷气发动机。德国研制的第一种喷气式战斗机Me262还在战争后期投入了战场，显示了喷气飞机的速度优势，它的最大速度可达900千米/时。战后，利用英国和德国的技术，美国和苏联的喷气发动机研制迅速赶了上来。战后第一代有影响的喷气发动机有英国罗·罗公司的"尼恩"、德·哈维兰公司的"古斯特"、美国通用电器公司的J47、法国的"阿塔"发动机。它们的推力都在22.5千牛左右，推重比2~3。20世纪50年代，出现了推力达44千牛的双转子涡轮喷气式发动机，后又推出推力达49~98千牛的发动机。大推力涡轮喷气发动机的出现使飞机的速度突破了音障，战斗机的速度很快达到了二倍音速。

喷气发动机自身在不断发展的同时，还出现了几种派生型发动机，包括加力喷气发动机、涡轮风扇发动机、涡轮螺旋桨发动机、涡轮轴发动机等。加力发动机可大大提高推力，因而广泛用于战斗机上；涡轮风扇发动机通过引入风扇气流，降低了能量损失，提高了经济性，广泛用于大型飞机上；涡轮桨式发动机结合了喷气发动机质量轻、功率大，以及螺旋桨飞机能耗低的优点，广泛用于小型飞机上；涡轮轴发动机将燃气能量转化成轴功率，具有质量轻、运行平稳、可靠性高、轴功率大等特点，广泛用于现代直升机上。由于气体动力学、耐高温合金、气冷和液冷及相应的加工技术的发展，大型涡轮风扇发动机普遍实现了所谓"三高"，即高涵道比、高压缩比和高涡轮前温度。"三高"的实现不仅使发动机的推力和推重比大大提高，而且使经济性进一步改善。20世纪60年代出现的涡轮风扇发动机耗油率比50年代下降了一半多。

喷气发动机为航空大发展提供了新型动力上的保证。与此同时，相关技术也得到迅速发展。后掠翼、层流翼型和减阻技术、面积率理论、新型材料和结构技术的运用，使飞机很快就突破了音障。1947年10月14日，美国试飞员耶格尔（Charles Elwood Yeager，1923—）驾驶X-1火箭试验机首次超过了音速。20世纪50年代初，采用涡轮喷气发动机的超音速战斗机问世。

喷气时代以来，航空技术获得了许多重大突破。在气动上，出现了三角翼、变后掠翼、层流控制、涡升力技术、鸭式机翼、超临界机翼等；在发动机上，喷气发动机继续改进，使推力进一步提高，可靠性、经济性得到改善；在控制上，出现主动控制技术和各种先进的导航与仪表技术；在机载武器上，出现了空对空导弹、空对地导弹、先进航空炸弹和精确制导武器；在军用技术上，出现了电子战技术、隐身技术、先进火控技术；在材料上，出现了复合材料技术；在设计上，出现了气动—推进一体化、气动—控制一体化、气动—隐身一体化设计概念。这些技术的普遍采用，使飞机的各种性能迅速提高。为提高飞机使用的灵活性和适应性，垂直和短距起落飞机经过长期探索也达到了实用化。

喷气式战斗机在20世纪50年代实现了超音速化，到21世纪初，超音速战斗机共发展了四代。划代标准包括飞行性能、机动性能、气动布局、多用途性、适应性等。

第一代战斗机出现于20世纪50年代初，代表机型包括美国的F-100、F-102，英国的"猎人"式，法国的"超神秘"，瑞典的"萨伯"35，苏联的米格-19等。第一代战斗机的特点是低超音速，最大平飞速度为M1.3~M1.5。采用单台大推力喷气发动机或两台发动机。设计上采取的措施是后掠翼布局和三角翼，并已开始采用面积率。由于飞行速度快，有些飞机为增加配平系数而采用全动式平尾。

第二代超音速战斗机出现于20世纪50年代末和60年代初。代表机型包括美国的F-104战星、F-4鬼怪Ⅱ、F-5自由战士，英国的闪电，法国的幻影Ⅲ和幻影F-1，瑞典的萨伯-37，苏联的米格-21、米格-23、米格-25和苏-17，中国的歼-7和歼-8等。这一代战斗机强调所谓"高空高速"，最大速度可达M2~M2.5，升限可达20千米。个别高空截击机的速度可达M3，升限高达30千米。作战上强调全天候和中距离拦截。气动设计上主要采用尖锐头部、两侧进气道。为改善低速性能有的采用了可变后掠翼。为了兼顾高、低速性能，许多战斗机仍采用小钝头的亚音速翼型。

第三代超音速战斗机出现于20世纪70年代中期。代表机种有美国的F-14雄猫、F-15鹰、F-16战隼和F-18大黄蜂，苏联的米格-29、苏-27和米格-31，法国的幻影2000，欧洲合作研制的狂风，中国的歼-10、歼-11等。装备了推重比达7~8的发动机，电子及控制系统有很大改观，包括广泛采用电传操纵系统。第三代战斗机更加强调多用途、高机动性。气动设计上的主要措施是翼身融合体、鸭式机翼、边条翼、前缘襟翼等，并大量应用主动控制技术。

第四代战斗机出现于20世纪90年代。典型型号有美国的F-22、F-35，法国的阵风，欧洲合作研制的欧洲战斗机和瑞典的JAS.39等。典型性能指标包括隐身或部分隐身能力、超音速巡航和机动能力、高机动性和敏捷性、短距离起降能力、更大的作战半径等。使用推重比达10一级的发动机，还广泛采用电传操纵系统和主动控制技术。气动设计上，采用近耦合鸭翼、翼身融合体布局。除飞行性能和作战能力外，还十分强调作战适用性，包括可用性、兼用性、运输性、互用性、可靠性、出勤率、维修性、保障性、安全性、测试性、环境适应性等。

其他军用飞机也得到了相应发展，包括轰炸机、攻击机、侦察机、预警机、巡逻机、反潜机、运输机等也都在不断更新换代之中。

第二次世界大战后期，面对美国在民用飞机领域的霸主地位，英国计划采用新技术研制新型民航机，打破美国的垄断。英国的行动直接导致世界第一架涡轮螺旋桨客机"子爵"号和第一架涡轮喷气式客机"彗星"号的诞生。喷气客机以其速度快、乘坐舒适等优势逐渐得到人们的青睐。此后，美国、苏联、法国等国都投入大量精力研制喷气客机，使民航运输也发生了革命。在20世纪，喷气客机经过了五代的发展。与战斗机的划代标准不同，喷气客机各代的飞行速度都保持在亚音速或高亚音速，为每小时820千米~1 050千米，相当于M0.7~M0.9，最大飞行高度一般在10~12千米。分代与发动机性能、载重与航程、经济性以及年代有关。粗略地说，大约每10年出现新的一代。

第一代喷气客机于20世纪50年代投入使用，代表机型有英国的彗星式，法国的快帆，美国的波音707、道格拉斯DC-8以及苏联的图-104等。主要特征是采用涡轮喷气发动机、后掠翼、层流平顶翼型。采用大面积襟翼，基本形成了带双缝或三缝的后缘襟翼和富勒襟翼、前缘缝翼和克鲁格襟翼等组合式增升装置。

第二代喷气客机于20世纪60年代投入使用，代表机型有美国的波音727、波音737和道格拉斯DC-9，英国的三叉戟、VC-10，苏联的图-154、伊尔-62等。主要技术特点是采用低涵道比涡轮风扇发动机，降低了耗油率，提高了经济性。第二代系列化改进发展的特点明显，改进的措施有加长或缩短机身、采用新型机翼和增升装置、更新内设和电子系统、采用新型发动机等。气动设计上注重低阻力亚音速翼型的研究和使用，主要采用尖峰翼型；注重各部件气动干扰，襟翼等增升装置多采用多段式克鲁格襟翼和富勒襟翼等开缝翼。

第三代喷气客机于20世纪70年代投入使用，代表机型有美国的波音747、道格拉斯DC-10、洛克希德L-1011，欧洲空中客车的A300和苏联的伊尔386等。它们的基本技术特征是采用宽机身和高涵道比涡轮风扇发动机，载客量和航程都有较大提高，座位数300~500个，航程远，解决了跨太平洋运输问题。发动机的低耗油和气动设计上提高展弦比（7~8）及气动效率等措施使经济性进一步改善，并解决了远程客货运输问题。到20世纪末，波音747一直是世界上载客量最大、航程最远的干线客机。波音747-400的远程最大载客量可达592人，近程最大载客量可达714人。

第四代喷气客机于20世纪80年代投入使用。当时国际上出现了石油危机，因而这一代飞机特别强调降低运营成本，提高经济性。主要机型有波音757、波音767、欧洲的A310、A320和苏联的伊尔-96、图-204等。第四代喷气客机具有中等载客量和中近航程。采用先进的高涵道比涡轮风扇发动机，并在气动设计上大做文章，开始采用超临界机翼和翼梢小翼。其他设计特点有：减小机翼后掠角、增大机翼相对厚度、改善部件干扰流场、提高机翼展弦比，气动效率有较大提高。取得的效益是中近程座耗油率比第一代降低了64%。

第五代喷气客机于20世纪90年代投入使用，主要型号有美国波音777、麦道MD-11、欧洲A330/A340等。设计上除增加载客量、提高适应性外，继续探索降低油耗，提高经济性。采用的技术措施有：安装涵道比更高、推力更大、耗油率更低、排污更小、噪声更低、维护性更好的涡轮风扇发动机；加大复合材料用量；进一步提高展弦比或加装翼梢小翼提高气动效率，采用超临界翼型或高效亚音速翼型。第五代的载客量比第三代低，但航程已不相上下。

20世纪是航空的世纪。喷气时代以来，飞行器发展呈现出百花齐放的局面。除了军用飞机、直升机、大型客机以外，其他各类飞行器也得到了蓬勃发展。支线飞机、农业飞机、工业飞机、体育飞机、科研飞机等通用飞机不仅得到了极大发展，而且在国民经济各领域发挥了举足轻重的作用。到20世纪末，全世界通用飞机的总数量高达20余万架，远远超过各类军用飞机和民航干线飞机数量的总和。虽然进入了喷气时代，但大量轻小型飞机仍然采用活塞发动机，其数量也远远超过采用喷气发动机的飞机数量。各类军民用直升机受到各国广泛重视，到20世纪末世界各国装备的直升机总数量达50 000架，其中军民用各占一半左右，在军民用领域发挥不可替代的作用。此外，人类还在不断探索新型飞行器，无人机、电动飞机、人力飞机、太阳能飞机都是在20世纪发明成功并逐步得到发展的。这些飞机为飞行器大家族增添了新的成员。

1901年

莱特兄弟［美］制造出第二架滑翔机　莱特兄弟的第一号滑翔机由于采用的升力和阻力数据不准确，设计上存在问题，因此飞行性能不高，载人时甚至根本飞不起来。为此，他们又设计制造了第二架滑翔机。它的尺寸有所增加，试飞时滑翔距离有所提高，基本上能实现完全操纵。但飞行性能仍然偏低。

贝尔森［德］和苏瑞［德］创造飞行高度纪录　利用气球进行高空探测是当时的科学前沿。1901年1月31日，德国气象学家贝尔森（Arthur Berson，1859—1943）和苏瑞（Reinhard Suering，1866—1950）乘坐一只氢气球进行高空飞行，气球吊篮中安装有测量温度、压力和飞行高度的仪器。他们带上了面具和皮衣，也携带了氧气瓶。当气球飞到5 000米的时候，二人开始使用氧气。当升到10 225米的时候，气温是−39.7 ℃，这时输氧管发生阻塞，苏瑞失去知觉。贝尔森也感到很虚弱，他连忙拉动排气阀，使气球下

贝尔森和苏瑞创气球飞行高度纪录

降。当降至6 000米后，两人都恢复了正常。在空中飞行约8小时后，他们安全着陆。高度表上记录的最大高度是10 800米，这一纪录一直保持长达26年之久。

兰利［美］研制成功四分之一飞机模型　美国科学家兰利（Samuel Pierpont Langley，1834—1906）在19世纪后期开始进行空气动力学理论和实验研究，1891年出版《空气动力学实验》。此后，他研制了一系列动力飞机模型。1891年3月28日，他的橡筋动力模型飞机试飞成功。1894—1896年，他的多架蒸汽机动力飞机模型研制并试飞成功。受美国总统麦金莱（William

Mckinley，1843—1901）之托，他在1898年承担了载人飞机"空中旅行者"研制任务。为研制全尺寸飞机，他和助手先研制了四分之一比例模型。它采用汽油发动机，这是汽油发动机首次用作飞机动力。这架模型成了全尺寸飞机的基本设计依据。同年8月8日，四分之一比例"空中旅行者"飞机模型再次试飞成功。

桑托斯–杜蒙［巴］研制成功汽油机飞艇　继法国工程师吉法尔之后，1884年，法国人雷纳德和克雷布斯制造的"法兰西"号飞艇完成了第一次完全可控制的飞行，它采用直流电动机作为动力装置。旅居法国的巴西人桑托斯–杜蒙第一个把汽油发动机成功地用在飞艇上，使飞艇初步达到实用化。1901年10月19日，他驾驶着第6号飞艇围绕埃菲尔铁塔飞行一周后安全返回原地。飞行时间29分31秒。他因此赢得了125 000法郎的奖金。他的成功向人们展示了新的

桑托斯–杜蒙发明汽油机飞艇

动力技术将使飞艇成为一种完全实用的航空器。自1899年开始，他共建造了14艘以汽油发动机为动力的小型飞艇。

埃菲尔［法］建造成功开口式回流风洞　自从1871年韦纳姆建造了第一座风洞以来，风洞和风洞实验技术得到了长足发展。早期风洞采用开路式，容易受到干扰。法国工程师埃菲尔（Alexandre Gustave Eiffel，1832—1923）将直流式风洞首尾相连，形成封闭回路。气流在风洞中循环回流，既节省能量，又不受外界的干扰。普朗特（Ludwig Prandtl，1875—1953）［德］进一步做了改进，建造了闭口式回流风洞。

埃菲尔　　　　　　　　　　　　埃菲尔回流式风洞

安休茨［德］提出陀螺罗盘原理　19世纪，傅科（Léon Foucault，1819—1868）［法］、开尔文（Thomson William Baron Kelvin，1824—1907）［英］和西门子（Werner von Siemens，1816—1892）［德］都研制过陀螺仪，傅科还用陀螺仪显示了地球的自转。早期陀螺仪不能实现持续旋转，因而没有达到实用化。针对潜艇在水下航行的指向问题，德国工程师安休茨（Herman Anschütz–Kaempfe，1872—1931）提出利用电动陀螺仪加指示机构和修正机构，可以制成陀螺罗盘，为潜艇指示方向。他的设想后来得到了成功实现。

1902年

莱特兄弟［美］试飞第三号滑翔机　莱特兄弟过去设计的滑翔机都采用现成的升力和阻力数据，结果性能不理想。为此，他们决定自己开展试验，取得第一手数据。1901年9月至1902年8月，他们通过自制风洞进行了翼型、升力和阻力实验。利用新的数据，他们研制了第三号滑翔机，尺寸、翼型和弯度都有较大改进。它的性能包括飞行距离和稳定性等指标大大超过了以往的先驱者。最好距离可达180米，飞行了270多次。这架滑翔机成了动力飞机的直接基础。1903年3月23日，莱特兄弟据此申请了飞机设计专利。

库塔［德］提出升力理论　受滑翔飞行大师李林塔尔滑翔飞行的吸引，

库塔（Martin Wilhelm Kutta，1867—1944）致力于研究机翼产生升力的本质问题。19世纪后期亥姆霍兹（Hermann von Helmholtz，1821—1894）［德］、开尔文、瑞利（John William Strutt Rayleigh，1842—1919）［英］等人为解释马格努斯（Heinrich Gustav Magnus，1802—1870）效应，曾提出了环流、环量以及环量守恒等概念和理论。库塔通过研究，用环流理论圆满解释了升力产生的机制。他于同年发表论文《流体的升力》，提出了完整的空气升力的环流理论。这个理论是空气动力学理论的第一项重大成果，对飞机设计和气动理论研究都有重要意义。

1903年

兰利［美］研制的全尺寸飞机"空中旅行者"试飞失败　兰利的四分之一比例模型试飞成功后，他的全尺寸飞机几乎采用了它的全部设计特点，包括前后串置机翼、起飞方式等。由于在设计制造过程中，单纯比例放大的特点很明显，飞机存在强度和刚度不够、动力不足等问题，这架飞机在1903年10月7日由曼利（Charles Matthews Manly，1876—1927）［美］驾驶进行首次试飞时失败。同年12月8日"空中旅行者"号再次试飞又失败了，官方因此停止资助。

兰利（右）和曼利　　　　　兰利的"空中旅行者"飞机（复制品）

莱特兄弟［美］发明成功飞机　李林塔尔1896年因滑翔事故牺牲的消息促使莱特兄弟致力于航空研究。此后几年间，他们广泛阅读有关文献并对前人的经验教训进行了认真分析。他们认识到，稳定性与操纵性是研制成功飞机的关键问题，同时必须通过滑翔飞行试验积累飞机操纵经验。他们受鸟的启示，于1899年发明了机翼翘曲结构使飞机保持稳定。接着进行风筝和滑翔机试验，证明了这种结构产生稳定的有效性。他们先后研制了3架滑翔机，前两架虽然具有良好的稳定性和操纵性，但飞行性能不佳。于是，他们自制了一架小型风洞，开展机翼翼型及升阻力特性研制。利用自己得出的数据，他们研制了第三号滑翔机，并取得了很大成功。在此基础上，他们设计了动力飞机"飞行者一号"。莱特自行车公司技师查理·泰勒（Charles Edward Taylor，1868—1956）设计制造了四缸水冷式汽油活塞发动机。它能够长时间发出达到9千瓦的功率，峰值功率可达12千瓦。"飞行者一号"翼展12.3米，翼面积47.4平方米，机长6.43米，总质量约360千克。1903年12月17日上午11时，奥维尔·莱特驾驶"飞行者一号"飞行成功，留空时间12秒，飞行距离约36.6米。当天"飞行者一号"成功地进行了四次飞行。最后一次飞行由威尔伯·莱特驾驶。最好成绩是：留空时间59秒，飞行距离260米。这是一项伟大的历史性成就：它是人类历史上首次有动力、载人、持续、稳定、可操纵的重于空气飞行器的首次成功飞行，开创了航空新时代。

"飞行者一号"试飞成功

埃林［挪］试验成功燃气轮机　燃气轮机的思想和原理早已有之。中国宋朝时出现的"走马灯"就体现了燃气轮机原理。达·芬奇也有过类似设计。1791年，巴伯（James Barber，1734—1801）［英］获得了最早的燃气轮机设计专利。巴伯的设计虽然十分粗糙，但已经具备了现代燃气轮机最主要的组成部分。1870年后，在高速动力装置需求的推动下，蒸汽机与水轮机的发展结合在一起，产生了一种新的动力机——蒸汽轮机。几乎与此同时，内燃机也诞生了。拉图（Auguste Rateau，1863—1930）［法］将内燃机与涡轮机结合起来，设计并制造了一台燃气轮机，在巴黎涡轮机协会的主持下进行了试验。这台燃气轮机的热效率不高，但它是世界上第一个产生净功的燃气轮机，为涡轮喷气发动机的发明奠定了基础。埃林（William Aegidius Elling，1861—1949）［挪］早在1884年就获得了气体涡轮的专利。1903年他利用压气机和气体涡轮组合，输出的功率达8千瓦，足以使各部件自主正常运转。

1904年

许尔斯迈尔［德］获得雷达专利 1887年，赫兹（Heinrich Hertz，1857—1894）［德］在检验麦克斯韦（James Clerk Maxwell，1831—1879）［英］电磁波理论时发现电磁波具有反射特性。1898年，波波夫（Alexander Stepanovich Popov，1859—1906）［俄］发现障碍物对无线电波传播的影响，提出用电磁波进行导航的可能性。1900年，特斯拉（Nikola Tesla，1856—1943）［美］阐述了反射无线电波的作用原理并提出利用无线电反射可以探测行走的船只的位置。德国科学家许尔斯迈尔（Christian Hülsmeyer，1881—1957）设想利用无线电反射波测量发现附近的船只，以防相撞。他试制的装置在试验时取得成功，但因作用距离太近而未得到军方重视。

普朗特［德］提出边界层理论 升力理论是以无黏流假设为基础的。对于具有黏性的真空流体，德国流体力学家普朗特（Ludwig Prandtl，1875—1953）首次引入边界层概念，给出了无黏流和黏性流之间较简单的联系。他认为，空气黏性的影响可以局限在与固体表面相邻的一个很薄的区域内，这个区域就是边界层。在边界层外，可用无黏方程进行处理；在边界层内，黏性运动方程可以进行简

普朗特

化。布拉修斯（Paul Richard Heinrich Blasius，1883—1970）［德］在1907年满意地解决了层流边界层问题，导出了与实验数据一致的层流摩擦力定律。边界层理论是继升力的环流理论之后，空气动力学的第二项重大成就。它在理论和实践上都具有十分重要的意义。

爱斯诺−贝尔特利［法］首次在滑翔机上安装副翼　1904年5月，法国发明家和航空先驱爱斯诺−贝尔特利（Robert Esnault-Pelterie，1881—1957）仿制了一架莱特式的滑翔机，依据的资料主要是莱特兄弟滑翔机的说明书。这架滑翔机在试验时并不理想，于是他

爱斯诺−贝尔特利

对莱特式滑翔机的结构、稳定和操纵特性进行重点改进，研制了第二号滑翔机。这架滑翔机最大的特点是：它在航空史上首次给飞机加装了副翼。它的副翼呈矩形，用支架对称安装在机翼后缘。副翼后来又经过了大量改进，几乎用于每一架飞机上。它是飞机横滚、侧滑等操纵的基本气动部件。

拉瓦瓦索欧

拉瓦瓦索欧［法］研制成功新型航空发动机　法国发动机工程师和发明家拉瓦瓦索欧（Léon Levavasseur，1863—1922）设计的"安东尼特"发动机主要技术改进是采用蒸发冷却和燃料直接注入方式，提高了功率质量比。这种发动机于1904年最初在摩托艇上进行了试验，效果很好。1905年，他设计制造的V型水冷式发动机达到了37千瓦的功率，质量只有50千克左右，质量功率比降低到1.35千克/千瓦。其缺点是可靠性较差。

雷纳德［法］发明旋翼挥舞铰接技术　19世纪末和20世纪初，有许多人设计制造了直升机，都没有取得成功。这些直升机形式上差别很大，但旋翼与桨毂的连接方式都采用刚性连接。法国人雷纳德（Charles Renard，1847—

1905）设计的直升机由内燃机驱动，也没有取得成功，但桨叶与桨毂间采用了铰接的连接方式，因而发明了旋翼挥舞铰接技术。后经西班牙人谢尔瓦（Juan de la Cierva，1895—1936）的极大改进，旋翼挥舞铰接方式成为所有直升机的标准旋翼连接形式。

普朗克［德］提出吹气层流控制方法　自从普朗克建立边界层理论后，如何保持机翼上的边界层大部分或全部为层流以降低阻力、避免失速便成为气动设计的重要问题。普朗克认为，沿翼弦方向吹气可以增加边界层动能，推迟边界层分离。1904年，他在进行圆柱体绕流试验时，利用吹气方法降低了边界层增厚并推迟其转化为湍流。吹气方法后来经大量试验和改进，已成功地用于一些飞机上。

1905年

莱特兄弟［美］研制成功实用飞机　莱特兄弟在第一架飞机的基础上，于1904年1月至5月制造了第二架飞机"飞行者二号"。它的尺寸同一号相似，发动机是新制造的，且性能有了较大提高。它在试飞时存在快速转弯失速和失去操纵问题，莱特兄弟在"飞行者三号"

"飞行者三号"飞机

设计中进行了多项改进：机翼面积略为减小，水平升降舵面积有所增大并更加靠前；方向舵面积也有所增大并更靠后；采用原来的发动机，螺旋桨进行了改进。"飞行者三号"于1905年6月制造完毕。它在1905年6月23日至10月16日进行了飞行试验。试飞表明它已具备重复起降能力、倾斜飞行能力、转弯和完全圆周飞行能力、8字飞行能力。能进行这些机动飞行和操纵表明，它已具备了实用性，因此它被看作是历史上第一架实用的动力飞机，在航空史上有着特殊的地位。

国际航空联合会（FAI）在法国成立　飞机出现后，欧美各国出现了飞机研制高潮。当时人们能够看到的飞机应用主要在体育方面。1905年6月10日，在比利时首都布鲁塞尔召开的奥林匹克理事会上，与会者建议成立一个组织，负责管理当时已经比较兴旺的航空体育活动，通过举办各类会议和活动促进航空科学与航空体育的发展。1905年10月12~14日，由一些国家的航空俱乐部发起在巴黎召开会议。参加会议的航空俱乐部有比利时皇家航空俱乐部（1901年成立）、法国航空俱乐部（1898年成立）、德国航空俱乐部、英国皇家航空俱乐部（1901年成立）、西班牙航空俱乐部（1905年成立）、意大利航空俱乐部（1904年成立）、瑞士航空俱乐部（1900年成立）和美国航空俱乐部（1905年成立）。这次会议正式决定成立国际航空联合会（Fédération Aéronautique Internationale，缩写FAI）。FAI的宗旨是促进航空运动的发展，最重要的职责是制定飞行规则，批准国际航空运动竞赛并认定各类飞行纪录，颁发世界纪录证书。FAI总部设在巴黎，后来成为世界航空运动的权威性组织。

比希［瑞］提出涡轮增压思想　德国工程师戴姆勒（Gottlieb Wilhelm Daimler，1834—1900）和狄塞尔（Rudolf Diesel，1858—1913）在发明活塞式发动机时，曾提出过利用增压方法提高发动机功率和效率，并进行过有关试验。瑞士工程师比希（Alfred Büchi，1879—1959）首次提出涡轮增压的思想，并获得了一项专利，即采用一台多级轴流式压气机与一台活塞发动机组成了"复合式发动机"。涡轮增压是喷气发动机研制成功的关键技术之一。

1906年

桑托斯-杜蒙［法］研制出欧洲第一架飞机　桑托斯-杜蒙1906年春制造了一架直升机，没有取得成功。1906年夏，他设计制造了一架动力飞机，取名"14比斯"，又名"捕猎鸟"。它结合了当时一些飞机、滑翔机甚至风筝

"14比斯"飞机

的特点，集莱特兄弟飞机、哈格雷夫盒式风筝、伏瓦辛水上滑翔机、爱斯诺-贝尔特利的第二号滑翔机的优点于一身，构成了当时比较完美的机型：机翼在前、盒式风筝形机翼和尾翼、带有上反角的机翼、双叶螺旋桨、张线式加强索，甚至还加装了爱斯诺-贝尔特利式的一对副翼。1906年9月13日，桑托斯-杜蒙驾驶"14比斯"进行了两次试飞，结果都不理想，于是他又给飞机装上了大功率发动机。1906年10月23日，桑托斯-杜蒙驾驶改装后的"14比斯"飞机成功地进行了欧洲首次持续、有动力、可操纵的飞行。新成立不久的国际航空联合会为他颁发了第一项飞机飞行纪录：飞行距离220米，飞行时间21秒。

安休茨［德］发明成功陀螺罗盘　安休茨在提出陀螺罗盘原理后，开始了制造工作。1905年，安休茨制造的陀螺仪在"水上女神"号巡洋舰上试用时失败。原因是陀螺仪的功能难以由运动基座反映出来。在德国工程师舒拉（Max Schuler，1882—1972）的帮助下，安休茨解决了运动基座对陀螺仪的干扰问题，证明方位陀螺能给出保持航向的稳定基准方向，制成了陀螺方位仪。他用浮子模型，使转速达到每秒20 000转。1907年，安休茨又在方向仪上增加摆性，制成了第一个实用罗径——指北陀螺仪。为减小摩擦力矩，他把陀螺转子及外壳挂在浮子上，而浮子则浮在万向支架上的水银容器里。1908年，安休茨的陀螺罗盘在"德意志"号战列舰上进行了试验，取得很大成功，由此他获得了皇家海军的订单。俄国、英国、意大利、阿根廷、法国、挪威等国都对他的发明给予高度重视。

克罗克［意］首次提出直升机周期变矩操纵方式　直升机的起降、前飞、倒飞以及侧飞都得通过旋翼实现，所以，直升机飞行操纵比普通飞机复杂得多。直升机的垂直爬升和下降通过旋翼桨矩的改变实现。意大利工程师、航空先驱克罗克1906年提出的周期变矩操纵方式，就是利用某种机构操纵几片旋翼的桨矩同时增大或减小。1912年，丹麦发明家埃列哈默（Jacob Christian Hansen Ellehammer，1871—1946）制造了一架共轴式直升机，对这种操纵方式的可行性进行了验证。如何实现周期变矩是要解决的重大问题。1911年俄国人首次提出自动倾斜器设计，解决了周期变矩操纵问题。阿根廷人佩斯卡拉（Raúl Pateras Pescara，1890—1966）于1919—1925年在欧洲的西班牙、法国、意大利等地制造了一系列共轴式直升机。他的一架共轴式直升机在1924年4月18日成功地飞行了800米。他首次正式在直升机上采用了周期变矩控制。

1907年

布雷盖［法］试验第一架直升机 此前，由于没有找到很好的旋翼力矩平衡办法，直升机研制者多采用共轴结构。法国工程师布雷盖（Louis Charles Breguet，1880—1955）和里歇（Charles Robert Richet，1850—1935）合作，制造了一架直升机。中间支架上装有安东尼特发动机，四周装有四组螺旋桨，每组螺旋桨又分上下两副。为保持稳定，试飞时每组螺旋桨下有一个人用竹竿顶住螺旋桨以防止倾覆。这架直升机于1907年9月29日首次载人依靠自己的动力离开了地面，但未得到普遍承认，因为不是自由飞行。

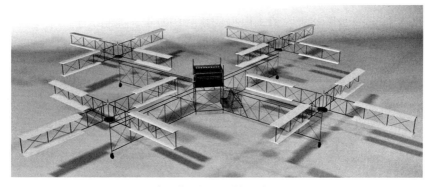

布雷盖研制的直升机示意图

科尔尼［法］制成纵列式直升机 法国工程师科尔尼（Paul Cornu，1881—1944）设计的直升机采用前后两副旋翼，呈纵列式。旋翼是用自行车轮为基础加装两片桨叶而构成的。它们的旋转方向相反，力矩彼此抵消。1907年11月13日，他的直升机成功地进行了飞行试验，飞行高度0.3米，留空时间20秒。这次飞行被看作是直升机首次成功的自由飞行。由于试验是通过自行车行进时旋翼旋转产生的升力而起飞的，因而也被看作是历史上的第一架旋翼机。1908—1909年间，美国人贝林纳（Emil Berliner，1851—1929）设计制造了横列式直升机，通过沿机体横向安装的两个旋转方向相反的旋翼来平衡力矩。

科尔尼和他设计的直升机

布莱里奥［法］开创单翼机设计　法国工程师、著名航空先驱者路易·布莱里奥（Louis Charles-Joseph Blériot，1872—1936）在1905年曾同伏瓦辛合作研制浮筒式滑翔机，但未取得成功。1907年，他制造了一架尾翼在前的单翼飞机。他驾驶这架飞机进行了跃飞，效果不太理想。后来，他又转向设计串置机翼飞机，即两副尺寸相近的机翼前后安装。这架飞机在试飞时摔坏了。此后，布莱里奥致力于研制单翼机，并很快形成了自己的设计风格，开创了与双翼机平行的单翼机研制流派。

伏瓦辛兄弟［法］创办第一个飞机工厂　法国的夏布里埃·伏瓦辛和他的弟弟查理·伏瓦辛（Charles Voisin，1882—1912）都较早进入了飞机研制领域。那时

法尔芒，桑托斯-杜蒙，夏布里埃·伏瓦辛

查里和夏布里埃·伏瓦辛兄弟

许多热爱飞行的人希望能够买到飞机尝试飞行。为此，他们创办了第一个飞机研制工厂，并在浮筒式滑翔机的基础上，研制出标准型伏瓦辛双翼飞机。它具有推进式螺旋桨，前向方向舵，前向升降舵。这种标准化、规模化的飞机生产方式，使飞机研制、改进的速度加快。伏瓦辛式双翼机在20世纪初性能出色、很有声望。

爱斯诺–贝尔特利［法］研制出性能优良的航空汽油机　航空发动机与汽车发动机有很大不同，多气缸结构易于产生震动。爱斯诺–贝尔特利根据航空发动机的特殊要求，对汽油机进行了重大改进，研制出性能优异的标准航空汽油机。这种航空发动机采用气冷式，气缸呈轴向辐射状布局，结构紧凑、质量轻、功率大。利用带凸轮装置的点火器可保证每个气缸在相等的间隔内依次点火，使气缸能平稳地工作。这种发动机一出现便受到法国和其他国家的高度重视。1907年，他获得法国民用工程师协会大奖。他的发动机设计思想后来被广泛采用。

桑托斯–杜蒙［法］研制出超轻型飞机　1907年11月，桑托斯–杜蒙设计制造了一架小型飞机，飞机尺寸很小，翼展仅5米。它采用单翼结构，拉进式螺旋桨，轮式起落架。它是后来"蜻蜓"系列轻型飞机的第一架。1909年出现的"蜻蜓"号飞机的翼展有所增加，飞行速度很快，机动灵活。"蜻蜓"式飞机被看作现代超轻型飞机的始祖。

儒科夫斯基［俄］独立提出环流理论　俄国科学家、空气动力学家儒科夫斯基（Николай Егорович Жуковский，1847—1921）从1890年开始相继发表《关于飞行器的某些理论根据》《飞行理论》《论鸟的飞行》和《论飞机最佳倾角》等论文，1902年建立风洞开展实验研究。在1907年发表的论文中，他运用环流的概念阐明了升力产生的原理，建立了升力计算公式，并提出后缘平顺假设用于计算环量和升力的大小。他还最早运用数学方法画出了一系列机翼翼型，提

儒科夫斯基

出了螺旋桨设计理论。他创建了理论与实验相统一的空气动力学，为航空技术发展和飞机气动力计算奠定了科学基础。

兰彻斯特［英］发表《空气动力学》　1894年，英国工程师、空气动力学家兰彻斯特（Frederick William Lanchester，1868—1946）最早提出关于升力的环流理论，此后不断进行完善。他的环流理论在1907年出版的《空气动力学》和1908年出版的《空中翱翔学》中进行了完整的描述。他最早研究了三维流动问题，利用涡系代表机翼，创立了有限翼展的机翼理论，对有限翼展机翼的升力、升降阻力、机翼支托功等问题进行了初步研究，首先认识到翼弦比对支托功的影响。1918年前后，德国科学家普朗特将其进行了发展和完善，建立了有限翼展机翼理论。机翼理论现已成为飞机科学设计的基础。

1907—1908年

布莱里奥［法］首创飞机渐改研制模式　布莱里奥在初期探索了多种飞机布局形式，并选择了单翼机布局。第一架飞机布莱里奥Ⅴ型单翼机采用海鸥式机翼，布莱里奥Ⅵ型采用串置式机翼，布莱里奥Ⅶ型单翼机采用封闭式座舱，全机外部没有连杆等物，十分简洁。1908年，他设计了布莱里奥Ⅷ型单翼机。这架飞机奠定了单翼机的结构模式。此后，他一改飞机不成功便抛弃的做法，而是对它进行渐改，派生出三个型号。他以后设计的多种飞机都采取这种"渐改"模式。这种研制方法后来成为飞机发展的重要模式。

1908年

爱斯诺–贝尔特利［法］发明复式操纵机构　在此之前出现的各种飞机都只有一套操纵机构，一旦出现故障，危险性很大。爱斯诺–贝尔特利研制的REP–2飞机最早安装有两套操纵机构，它可由一人驾驶，也可由两人轮流驾驶，提高了安全性，也可减轻驾驶员的负担。这架飞机也是第一架采用单杆全向操纵手柄的飞机，减轻了驾驶员负担并提高了操纵可靠性。复式操纵与单杆手柄后来一直为运输机、轰炸机以及大多数直升机所采用。其他创新还有：封闭式座舱，单翼布局，副翼结构，液压机轮刹车和飞机座椅带等。

塞甘兄弟［法］研制出旋缸式发动机　此前出现的航空发动机用铸铁、

典型的旋缸式发动机

钢和铜制造，且往往带有笨重的水冷却系统、大散热器和连接管路。发动机既大又重，功率质量比很低。笨重的发动机安装在单薄的机体上，使飞机性能很差，并给机身带来沉重负担。气缸震动、传动轴扭矩、点火等，有时会使飞机解体。

1907年，塞甘兄弟（Louis Seguin，1869—1918；Laurent Seguin，1883—1944）提出新的航空发动机结构设想：采用与常规发动机完全相反的布局，即将曲轴固定在飞机上，将发动机气缸固定在螺旋桨上。气缸与螺旋桨一道旋转，可在高速气流中得到冷却，省掉了大型水冷却系统。气缸对称呈星形布置，用奇数气缸使燃烧循环平稳。1908年，塞甘兄弟制造出第一台旋缸式发动机"土地神"。旋缸式发动机一经出现便震动了航空界，为飞机实用化做出了贡献。直到20世纪20年代，旋缸式发动机一直是航空发动机的主流。其缺点是耗油率高、存在陀螺效应和操纵性差，后逐步被固定气缸气冷式发动机所取代。

飞机首次载乘客飞行成功 1908年5月14日，美国人弗尔纳斯（Charles Furnas，1880—1941）乘坐威尔伯·莱特驾驶的改进型飞行者三号飞机飞行了600米，持续飞行29秒，成为世界上第一名飞机乘客。当天，奥维尔·莱特再次携带弗尔纳斯升空飞行，飞行高度648米，飞行时间4分2秒。

奥维尔·莱特、弗尔纳斯和泰勒

雷诺数概念首次提出 1883年，法国科学家雷诺（Osborne Reynolds，1842—1912）利用颜色水进行实验，观察流线通过圆形截面管道的流动情况，结果发现流线在一定条件下可从直线形式（层流）演变为不规则的紊乱流动。不规则流动后来被开尔文称为湍流，并指出流动的转捩点是一个无量纲的参数，它与流体的黏性有关。1908年这个参数被命名为雷诺数（Reynolds number，缩写Re），它是流体的惯性力与黏性力之比，是空气动力学研究中最重要的参数之一。考虑到黏性并把流动分成两个性质完全不同的层流和湍流是空气动力学发展的重要一步。

洛林［法］首次提出空气喷气发动机设想 喷气推进原理早已被古代人所认识。古希腊和古代中国都出现过利用喷气推进原理的机械（如火箭）。牛顿（Isaac Newton，1643—1727）从科学上阐明了喷气推进的原理。最早关于空气喷气发动机的设想是洛林（René Lorin，1877—1933）［法］提出的。洛林建议，在活塞发动机的排气阀上接一支扩张型喷管，用燃气沿喷管向后喷射的反作用力推动飞机前进。在发动机工作冲程保持不变的情况下，在压缩冲程结束点火的瞬间，使排气阀开启，高压燃气除少量能量用来推动活塞保证曲轴带动附件正常工作外，其余全部能量用来产生喷射推力。这一思想对喷气发动机的发明有重大影响。

莱特兄弟［美］分别在欧美进行公开飞行表演 莱特兄弟研制成功飞机后曾建议美国和英国军方购买飞机，但没有成功。1906年美国专利局正式授予莱特兄弟飞机设计专利后，美国政府于1907年12月23日有意向同莱特兄弟或其他任何人签订制造一架飞机的合同。为了扩大影响，也为了进行促销，莱特兄弟决定在1908年用新飞机同时在美国和欧洲进行公开表演。1908年8月8日，威尔伯·莱特驾驶新飞机在法国拉·芒斯进行了在欧洲的首次飞行表演，使法国人大为震惊。奥维尔·莱特自1908年9月3日开始，在美国弗吉尼州的迈尔堡进行公开飞行表演。9月9日又在华盛顿作了首次飞行，结果大获成功。莱特兄弟在欧洲和美国进行的飞行表演吸引了成千上万的观看者，激发了公众对航空的极大兴趣，唤起了更多的人投身航空事业，促使飞机大发展时期的到来。

威尔伯·莱特在欧洲表演

奥维尔·莱特在美国表演

1909年

《简氏世界飞机年鉴》在英国开始出版 鉴于飞机研制热潮已在欧美广泛兴起，英国人弗雷德.T.简（Frederick Thomas Jane，1865—1916）［英］创办了《简氏世界飞机年鉴》，详细记载世界范围内新出现的各种飞机。简最初对军舰有着浓厚的兴趣，并且于1898年创办了《简氏世界军舰年鉴》。从军舰、飞机开始，年鉴后来又扩展到发动机、航天器、宇航电子和航空武器等领域，成为世界上最具权威性的军事年鉴之一。

英国成立第一个航空理论研究机构 早期飞机基本是凭经验设计的，性能不高。随着航空技术的发展，对飞机各方面性能的要求越来越高。英国政府由于认识到飞机在军事上的潜力以及理论与设计脱节带来的问题，于1909年4月30日率先建立了以著名科学家瑞利勋爵（Baron Rayleigh，1842—1919）为主席的英国航空咨询委员会（Advisory Committee for Aeronautics，缩写ACA），旨在进行航空学理论研究，协调空气动力学和其他航空课题的研究活

瑞利勋爵

动。其任务是为飞机设计师和制造商提供设计方法、建议和参考资料，其中重点领域是与空气动力学有关的问题，如升力特性、阻力特性、稳定特性和操纵特性等。航空咨询委员会对后来的研究和设计工作产生了深远影响。从此，航空理论研究和飞机设计逐步走上专业化发展道路。1919年，该委员会

改名为英国航空研究委员会（Aeronautical Research Committee），后来又改为英国航空研究理事会（Aeronautical Research Council）。

拉塔姆

赫伯特·拉塔姆［法］首次在飞机上使用无线电报 英国《每日邮报》为了鼓励航空技术发展，在1908年设下1 000英镑奖金奖励第一个飞越英法两国间的英吉利海峡的飞行员。气球和飞艇飞越英吉利海峡已成了家常便饭，而飞机从事这项活动是第一次，其难度也大得多。这项活动对刚刚诞生的飞机来说是一次十分严峻的考验，世人对这个竞赛项目报以期盼的目光。有意参加竞赛的有不少飞行家。法国人拉塔姆（Arthur Charles Hubert Latham，1883—1912）在7月19日驾机尝试飞越英吉利海峡。为了获得天气情况，他在购买的安东尼特式飞机上安装了无线电报接收装置，准备从英国多佛尔飞越英吉利海峡时，了解海峡对面法国海岸的天气情况。不幸的是，由于中途发动机出现故障，飞越海峡的尝试没有成功。

布莱里奥［法］驾机飞越英吉利海峡 在众多尝试飞越英吉利海峡的飞行员中，布莱里奥当时并不知名。在多年从事飞机研制和改进的过程中，他对飞机技术和飞行技术了如指掌。这次飞越海峡，他驾驶的是自行研制的布莱里奥XI型拉进式单翼机。它的个头不大，机长8米，翼展7.8米，翼面积14平方米，总重300千克。飞行时速约75千米。1908年7月25日早晨4时41分从法国的加莱起飞，经过36分钟、41.9千米的飞行，他在英国多佛尔海岸安全降落。在飞越海峡过程中，飞机飞行速度大约为72千米/时，飞行高度为76米。这是飞机首次进行国际飞行，进一步证明飞机的实用价值，具有巨大的科学和军事意义，产生了广泛的影响。布莱里奥也正是由于完成这次壮举而名扬天下。

布莱里奥

布莱里奥XI型飞机

布莱里奥在英国着陆

国际飞艇展览会在法兰克福﹝德﹞举行 1909年8月，奥维尔·莱特在德国柏林进行了飞行表演，引起德国民众对航空的极大兴趣。在德国航空爱好者的努力下，德国于9~10月举行了展览会，目的是对飞艇技术进行一次大检阅。德国的齐伯林飞艇成为展览会的主角，LZ-6号硬式飞艇进行了飞行表演。

首次大型航空博览会举行 莱特兄弟的飞行表演和布莱里奥飞越英吉利海峡，极大地唤起了人们的热情，而举办展览会的目的是进行技术交流、扩大技术影响。1907年，在英国伦敦的农业馆举行过一次航空展览会。这是一次模型飞机的竞赛，参观者约7 000人。1909年年初，英国在伦敦又举办了一次航空静态展览。这些展览活动向一般公众介绍航空知识，吸引了许多热血青年加入航空科学研究和试验领域，这对促进航空发展和树立飞机的地位产生了一些影响。1908年，在威尔伯·莱特访问欧洲以后，人们感到在当时欧洲航空中心法国举办一次航空设计师和飞机的大聚会，彼此交流经验，讨论问题，切磋飞行技艺，是非常必要的。1909年8月22日，由航空设计家们发起，在法国兰斯举行了第一次大型航空博览会。参加这次展览会的共有38架各种飞机，其中23架进行过飞行，共飞行了120次，

兰斯航空博览会

最好的一次距离达180千米。会上设立了飞行速度、飞行距离和续航时间三项大奖。参加的观众达50万人。兰斯航空博览会对于扩大航空的影响、促进航空技术与驾驶技术交流等产生了极其深远的影响。此后，法、英每两年举办一次航空博览会已形成制度，成为世界级有影响的航空及航天新产品的展示与贸易窗口。

冯如［中］仿制成功一架双翼机　中国旅美华侨冯如（1884—1912）受莱特兄弟飞机表演的影响，在华侨中广泛宣传，筹集了一笔资金，同助手仿制了一架寇蒂斯飞机，1909年9月21日在旧金山试飞成功，飞行距离约800米，在当地产生了很大影响。这是中国人自己制造的第一架飞机。冯如早年赴美，立志学习机械工程，实业救国。当了解到莱特兄弟试飞成功飞机后，意识到飞机的巨大军事价值。他曾在1906年说："是（指制造机器）岂足以救国者，吾闻军用利器莫飞机者。誓必身为之倡，成一绝艺，以归飨祖国。苟无成，毋宁死。"他又说："日俄战争大不利于中国，当此竞争时代，飞机为军事上万不可缺之物，与其制一战舰，费数百万之金钱，何不将此款以造数百只飞机，价廉工省。倘得千数百只飞机分守中国港口，内地可保无虞，微特足以固吾国，且足以摄强邻矣！""中国之强，必空中全用飞机，如水路全用轮船。"冯如试验成功飞机后，在美国当地产生了重大影响。是月23日，《旧金山观察报》在第一版用大字号标题《中国人的航空技术超过西方》加以报道，称冯如为"天才人物"，并惊叹："在航空方面，白人已落后于华人。"

冯如

冯如飞机

齐伯林［德］组建世界第一家民用航空运输公司 齐伯林研制成功硬式飞艇后，为进一步筹集资金发展飞艇，在柏林创办了世界上第一家民用航空运输公司——德莱格（Delag）公司，开创了人类交通运输的立体时

德莱格公司投入使用的飞艇

代。首先投入航线的飞艇是LZ-5号飞艇，飞行航线是法兰克福到巴登巴登和多塞尔多夫。此后又不断投入新的飞艇运营，航线也扩展到柏林、哥达、汉堡、德累斯顿、莱比锡等德国大城市。自1909年成立，到第一次世界大战爆发被迫停止营业，该公司在德国国内共运送旅客34 028人次，总航程达173 682千米，总飞行时间为3 175小时。在该公司运营期间，未发生一次伤亡事故。

斯佩里

斯佩里［美］研制成功第一台单转子陀螺罗盘 在德国工程师安休茨研制陀螺罗盘的启发下，美国发明家和实业家斯佩里（Elmer Ambrose Sperry，1860—1930）开始研制陀螺罗盘。他的罗盘结构与安休茨罗盘稍有不同，不用液浮而用悬丝。当年，他的单转子陀螺罗盘便研制成功。1910年，他成立了斯佩里陀螺仪公司。同年，他的陀螺罗盘在美国海军的"特拉华"号战舰上首次试验。由于试验取得了成功，这种陀螺罗盘于1911年被美国海军所采用，并且在一战中发挥了很大作用。以后斯佩里又致力于陀螺仪的各种应用研制，并且发明了第一台自动驾驶仪。

贝林纳［美］发明共轴式直升机 直升机研制探索经历了相当长的时间。在19世纪后期，直升机先驱者们在旋翼力矩平衡方面做了种种努力，并且有人提出过共轴式设计。这种结构是在同一个轴上安装两个旋转方向相反的旋翼，这样两副旋翼所产生的力矩就彼此抵消了。由于结构复杂，加之发动机技术不够成熟，这些努力都没有取得成功。早期取得一定成功的共轴式

直升机是贝林纳于1909年设计的。他的直升机安装了两台发动机，与共轴的旋翼相连。旋翼采用坚硬的木质桨叶，通过倾斜整个旋翼及部分机身来达到控制目的。这架直升机在1909年成功地飞行了3次。不过，由于控制系统问题，它还不具有实用性。在此前后，贝林纳还研制过横列式直升机，通过沿机体横向左右排列的两个旋转方向相反的旋翼来克服直升机的力矩。由于类似原因，他也没有将其实用化。

1910年

法布尔［法］试飞成功世界上第一架水上飞机 1906年，法国人布莱里奥等人曾设计过水上飞机，没有取得成功。由于水上飞机相对比较安全，且可在水面停泊时加油，能够增加航程，因此研制水上飞机的工作一直没有停止。1909年，法国工程师法布尔设计了第一架水上飞机，它在试飞时没有飞起来。当年年底，法布尔又设计了第二架水上飞机，并把它命名为"水机"。以往水上飞机没有取得成功的主要原因有动力不足、飞机过重以及受水浪的影响稳定性差等，法布尔的"水机"克服了这些问题。其最具创新意义的特点是：采用的浮筒具有类似机翼的形状，可产生额外升力。这项设计后来获得专利。1910年3月28日，法布尔在马赛市拉米德港驾驶"水机"进行了试飞。第二天，他驾驶"水机"飞行了6 000米。水上飞机的出现扩大了飞机的应用领域，后来获得了很大发展。法布尔也因此被誉为"水上飞机之父"。

法布尔发明的水上飞机

法布尔水上飞机试飞

罗耳斯［英］驾机往返飞越英吉利海峡成功　罗耳斯（Charlls Rolls，1877—1910）是英国著名汽车和航空先驱。1904年结识了罗伊斯（Frederick Henry Royce，1863—1933）后，对后者制造的双缸罗伊斯10型汽车产生了浓厚的兴趣，表示他将购买所有的罗伊斯制造的汽车。在他父亲的资助下，他承担起罗伊斯汽车的销售工作。1906年，罗耳斯和罗伊斯共同组建了罗耳斯-罗伊斯汽车公司（又译成劳斯莱斯），后逐步成为世界著名的豪华汽车和喷气

罗耳斯

发动机生产商至今。1908年，罗耳斯专门到法国观看威尔伯·莱特的飞行表演，并对航空产生了极大的兴趣。1910年6月2日，他驾驶莱特式双翼机完成了历史上首次飞机往返英吉利海峡的飞行。在从英国抵达法国时，他还从空中投下一封给法国航空俱乐部的信件。这可看作是最原始的航空邮政飞行。不幸的是，仅仅过了一个月，他就在一次飞行事故中丧生，年仅33岁。

麦克迪［加］进行飞机与地面间无线电联络（8月27日）　麦克迪（John Alexander McCurdy，1886—1961）是加拿大航空先驱。早年毕业于多伦多大学机械工程系。1907年在美国加入由寇蒂斯、亚历山大·贝尔（Alexander Graham Bell，1847—1922）［美］、鲍德温（Frederick Walker Baldwin，1882—1948）［美］等创办的航空试验协会，参与飞机的研究设计工作。1909年2月23日，他驾驶协会研制的"银标"式双翼机进行了首次飞行，这也是加拿大人首次乘坐飞机升空。1910年，他成为第一个获得飞行执照的加拿大人。1911年，他首次驾机从佛罗里达到达古巴。麦克迪始终认为，将无线电装置安装在飞机上可以进行空地间通信。在进行过一系列试验后，他在寇蒂斯双翼机上安装了无线电发射机和接收机，成功地进行了地面与飞机间的无线电联络。尽管当时的收发射机只能使用莫尔斯码，但试验的成功无疑对后来的飞机远距离飞行、侦察和通信具有重要引领作用。

伊利［美］驾机从舰船上起飞成功　美国飞机设计师寇蒂斯（Glenn Hammond Curtiss，1878—1930）在参观了法国法布尔的水上飞机后，开始

伊利驾机从军舰上起飞

进入水上飞机领域，并且计划探索飞机在军舰甲板上起降的可能性。美国海军想把飞机用于海上侦察，因此也希望对舰载飞机进行试验。为了进行飞机在军舰上起落的试验，他们在"伯明翰"号巡洋舰上安装了长25.3米、宽8.53米的木质平台。1910年11月14日，美国著名飞行员尤金·伊利（Eugene Burton Ely，1886—1911）驾驶一架寇蒂斯"金色飞行者"号双翼机，从这个平台上起飞，然后在4 000米外的韦罗贝岬降落。这样，原始形态的航空母舰诞生了。不幸的是仅仅过了一年，伊利就在一次飞行表演中失事身亡。

科安达［罗］制造并试验了世界上第一架喷气式飞机　罗马尼亚工程师科安达（Henri Marie Coanda，1886—1972）早年毕业于炮校，曾在罗马尼亚任炮兵军官，但他对飞机和飞行更感兴趣，1905年在布加勒斯特曾制造过一个火箭推进器模型。此后，一直在探索利用喷气反作用作为飞机的动力装置。1909年他来到巴黎，后进入刚刚成立的法国国家航空高等工程师学院深造，一年后获得航空工程师一等毕业文凭。1910年10月在巴黎的一次展览会上，他展出了一架喷气飞机，引进很大反响。为了有效使用喷气推进力，他

科安达

科安达发明的喷气飞机模型

用一台50马力活塞式发动机带动一支管道内的风扇转动，驱动空气向后喷出产生了反作用推力。他将这台发动机安装在自己设计的飞机上，于当年11月10日进行了最早的喷气式飞机的试验飞行。这架飞机只进行了一次短暂的跳跃，但对航空喷气时代作出了预言。科安达的喷气发动机原理与现代涡扇发动机有相似之处。

飞机越野飞行的活动兴趣 从1910年起，欧洲航空界兴起了飞机越野飞行热潮。越野飞行由于条件艰苦，路途遥远，因此对于考验飞机性能发挥了重要作用。在越野飞行过程中，有的飞机因操纵不当发生死亡事故，有的飞机因性能不佳而坠落，因此死亡事故时有发生。越野飞行对于考验飞机性能、发展飞机技术、使飞机进入实用化都有重要意义。

容克斯［德］获得飞翼布局飞机专利 早期单翼机和双翼机全部采用主翼加尾翼组件布局，使飞机阻力增大。德国工程师兼发明家容克斯（Hugo Junkers，1859—1935）提出了飞翼设计方案，整个飞机外部看起来只是一只大的机翼，发动机、座舱、乘客以及油箱全部装在飞翼内，这样可以显著减少飞行阻力。不过由于材料、加工、结构以及飞行控制方面存在很大困难，容克斯的飞翼布局飞机未能成为现实。直到20世纪后期，由于先进控制技术和计算机技

容克斯

术的广泛采用，飞翼布局飞机才在美国达到实用化阶段。目前，世界上只有少数实用飞机采用了飞翼布局。

1911年

飞机首次参战［意］ 第一次世界大战爆发前的几次局部战争中，飞机曾投入实战。1911年9月底爆发的土耳其–意大利战争中，意大利陆军动员9架飞机，11名飞行员组成航空部队参战。1911年10月23日，队长皮亚扎（Carlo Maria Piazza，1871—1917）上尉驾驶布莱里奥11型飞机飞往利比亚的黎波里与阿齐齐亚之间的土耳其阵地上进行了1小时的侦察，揭开了飞机空中侦察的序幕。11月1日，加沃蒂（Giulio Gavotti，1882—1939）少尉驾驶鸽子式单

翼机在北非塔吉拉绿洲和艾因扎拉地区，向敌军阵地投下4颗2千克重的手榴弹，开创了飞机空中轰炸作战。1912年1月10日，意大利飞机投下了数千张传单，规劝当地的阿拉伯人投降。2月23日，皮亚扎利用照相机进行了空中照相侦察试验。1912年5月，意军向战区增调了35架飞机。5月2日，第二航空队队长马连戈（Alberto Margenhi Marengoon，1873—1940）上尉首次进行了半小时的夜间侦察。6月11日黎明前，他又向土耳其军队进行了夜间轰炸。这次战争中飞机的应用尽管很有限，作战方式很原始，但却都是飞机在军事上的首次运用，创造了许多第一，更为军事航空战略技术和飞机专业化发展指明了方向。

皮亚扎（机上）驾驶布莱里奥飞机　　　　　　皮亚扎

伊利［美］成功地驾机在军舰上着陆　飞机从军舰甲板上起飞难度很大，在上面着陆的难度更大，对飞行员的胆识和驾驶技术是极大的挑战。在完成从军舰上起飞的壮举后，1911年1月18日，伊利驾机从旧金山海岸起飞，后在"宾夕法尼亚"号巡洋舰上特别建造的甲板着陆。着陆时，飞机起落架的钩子正好钩住甲板上预先横越甲板安置的长绳。绳端系有沙袋，起减速作用。飞机拖着沙袋在甲板上滑行了一段短距离后就停住了。这次试验更证实了研制航空母舰的可能性。现代舰载飞机也正是按照这一原理在航空母舰上着陆的。

首次航空邮政飞行开始　英国海军中校温德姆（Walter George Windham，1868—1942）［英］应印度政府邀请，在印度举办了一次飞机展览。在同"三圣教堂"的牧师进行接触时，牧师询问能否为教堂筹集一笔资金。温德姆想到可以用飞机携带邮件，盖上专门的邮戳，这样可能获得资金。印度邮政部门同意了这个建议。温德姆的飞行员法国人佩科（Henri Pequet，1888—1974）于1911年2月18日驾驶飞机在印度进行了首次空邮飞行，起止点是阿拉哈巴德到奈尼·容克辛。2月22日又进行了首次正式空邮飞行。在印度空邮取得成功后，温德姆又在英国筹办航空邮政业务。

佩科

普瑞尔［法］首次从伦敦不着陆飞至巴黎　以往飞越英吉利海峡都是选择最短的路线，相对比较容易。海峡两边的两大城市——伦敦和巴黎之间的不着陆飞行还没有过。法国飞行员普瑞尔（Pierre Prier，1886—1950）在1911年4月12日率先取得了成功。他驾驶的是布莱里奥单翼机，从伦敦附近的亨登起飞，在巴黎着陆，飞行时间3小时56分钟。这次飞行开辟了国际民用航线开辟的先河。

美国海军第一架水上飞机寇蒂斯A-1投入使用　美国著名飞机设计师寇蒂斯对水上飞机情有独钟。他特地拜访过法国水上飞机发明者法布尔，从而萌生了研制和改进水上飞机的想法。1908年，他将"六月臭虫"号飞机加装浮筒改成水上飞机，但没有取得成功。后来，他又将另一架陆上飞机加装浮

寇蒂斯

筒、水翼和气囊，取得了成功。他广泛宣传水上飞机的价值，得到了美国海军的支持。为此，他专门研制了A-1"三合一"水上飞机。这架飞机对确立水上飞机的地位做出了重要贡献。

拉瓦瓦索欧［法］设计出张臂式下单翼飞机　早期的单翼机的机翼一般在机身之上，被称为上单翼。法国发动机和飞机设计师拉瓦瓦索欧（Léon Levavasseur，1863—1922）设计的飞机称为"拉塔姆"，其结构上有许多创新，包括张臂式下单翼、全封闭式座舱和流线型机身。虽然它的飞行性能不佳，但为后来的飞机设计者指明了方向。德国的容克斯1915年研制的J.1飞机成为第一架实用张臂式下单翼飞机。

原始可收放起落架出现　德国航空先驱、飞行家及飞机设计师维恩采尔（Eugen Hubert Walter Wiencziers，1880—1917）在1911年设计了一架飞机——单翼竞赛机，首次采用可收放起落架。它的每一只腿可用绳索折起贴近机身，从而减少飞行阻力。不过，它的实用价值不高。同年，英国法恩巴勒的皇家飞机制造厂研制的B.E.2飞机首次采用了液压减震式起落架。爱斯诺-贝尔特利研制的飞机上也采用了这种起落架。真正现代意义上的可收放起落架后来才出现。

H.尤里耶夫［俄］发明自动倾斜器　直升机的操纵是早期研制者遇到的关键问题之一。苏联航空工程师尤里耶夫（Борис Николаевич Юрьев，1889—1957）发明的自动倾斜器有效解决了这个问题。它由类似轴承的旋转环和不旋转环组成，通过万向接头套在旋翼轴上，不旋转环与操纵杆相连。自动倾斜器无倾斜时，旋翼在旋转时桨叶倾角保持恒定；自动倾斜器倾斜时，则桨叶在旋转过程中周期性地改变桨距。自动倾斜器可改变旋翼的桨距和倾角，从而实现直升机的升降、前后和左右运动。自动倾斜器对实用直升机的发明十分关键，后来被所有的直升机所采用。

直升机自动倾斜器

1912年

寇蒂斯［美］研制成功船体式水上飞机　寇蒂斯是水上飞机先驱者。早期他设计的水上飞机采用了法布尔的结构，其中"三合一"式水上飞机仍是浮筒式的。后来，他对水上飞机的结构布局做了根本性改造，诞生了船体式水上飞机，并于1912

寇蒂斯船体式水上飞机"三合一"

年1月10日试飞成功。它是将中部安装的大型浮筒进一步放大，形成船体式机身，这样可使驾驶员和乘员感到更为舒适，而且船体式水上飞机结构显得更紧凑简洁，阻力减少，结构强度提高，安全性得到改善。水上飞机由浮筒式改进为船体式是一项重要创新。后来，由于战争和跨海飞行的需要，水上飞机一度非常兴旺，而实用型水上飞机大都采用船体式。

罗伊［英］设计出世界上最早的全封闭座舱式飞机　英国著名航空先驱者、飞机设计师罗伊（Edwin Alliott Verdon Roe，1877—1958）设计的飞机称阿维罗F型，单翼结构，首次采用了全封闭式座舱。该机于1912年5月1日进行了首次飞行。全封闭式座舱能够降低飞行阻力，提高安全性和舒适性。对于高空高速飞行，封闭式座舱更是必不可少。

世界第一架全金属飞机"图巴飞机"在法国问世　铝合金出现后，由于它质轻、坚固，许多设计师尝试将其用于飞机上。德国工程师、物理学家莱斯纳（Hans Johannes Reissner，1874—1967）首次研制了铝合金机翼。法国工程师彭歇（Charles Ponche，1884—1916）和普雷默（Maurice Primard，1876—1955）则更进一步，研制了世界第一架全金属飞机"图巴飞机"（Tubavion）。1912年3月，这架飞机进行了试验飞行，效果并不理想，因而并不是实用飞机。后来，德国的容克斯率先将全金属飞机达到实用化。

应力蒙皮技术出现　以往的飞机有的是骨架式，有的在骨架上蒙有蒙皮，但蒙皮并不承受气动力，只起保持外形的作用。瑞士飞行家、工程师鲁赫奈（Eugene Ruchonnet，1877—1912）首次利用木材制成应力蒙皮，而贝切莱欧（Louis Bechereau，1880—1970）［法］于1912年将这

1912年"德佩迪桑"单翼机

种蒙皮部分用于"德佩迪桑"单翼机上。应力蒙皮能够提高飞机的载荷，使之能够承载更大的质量和更高的飞行速度。由于技术问题，该项技术直到20世纪20年代一直没有得到广泛应用。当飞机由木质过渡到全金属结构后，应力蒙皮开始广泛用于各种飞机设计上。它对提高飞机强度和飞行性能都有巨大意义。

埃列哈默［丹］制造了一架共轴式直升机　直升机的关键技术远多于定翼飞机，特别是在稳定与控制方面。在直升机发明的过程中，各种新的技术手段不断得以运用，使直升机逐步走向成熟。丹麦工程师埃列哈默（Jacob Christian Hansen Ellehammer，1871—1946）在1912年制造了一架共轴式直升机，1913年进行首次试飞。它通过旋翼的反向旋转抵消产生的力矩。此外，该直升机还安装了拉进式旋翼桨，使其能够前飞。它是第一架使用周期变矩控制的直升机。

埃列哈默

埃列哈默研制的共轴式直升机

世界上首次改出螺旋的飞行 飞机在飞行过程中，一旦抬头过高，很容易出现升力过低的失速现象，结果是飞机会急剧螺旋式下坠，后果往往是机毁人亡。如何在发生螺旋的情况下改出螺旋，是飞机设计师和飞行家长期努力的目标。1912年8月25日，英国海军飞行员帕克斯（Wilfred Parke，1889—1912）驾驶"阿维罗"双座飞机完成世界上首次改出螺旋的飞行。不过仅仅过了几个月，他就在一次飞行事故中丧生。

齐伯林飞艇公司开始国际商业飞行 齐伯林开辟的第一条商业国际航线是德国汉堡到丹麦哥本哈根，投入使用的是LZ-13"汉莎"号飞艇，1912年9月19日进行了第一次飞行。这是远距离航空运输的开始。当时，飞机无论从承载能力还是在航程上都无法同飞艇相比。齐伯林飞艇对航空运输业的发展做出了巨大贡献。

LZ-13"汉莎"号飞艇

安休茨和舒拉［德］研制出多陀螺罗盘 德国发明家安休茨研制成陀螺罗盘后，与舒拉合作研究多陀螺罗盘。他们将两个陀螺用框架机构耦合在一起，并将陀螺置于柱体浮子中，浮子由下方的销支撑，其大部分质量由水银承受，以降低摩擦。1912年，他们成功地制造出多陀螺罗盘。1913年，三陀螺仪罗盘首次在"帝王"号快艇上使用。这种罗盘改进了随动系统和显示方式，消除了不可控摩擦力矩，使精度得到提高。1920年，舒拉设计出第一个自动舵，安休茨对其进行设计改进，先后研制出三种组合驾驶器。

拉夫希德兄弟

美国洛克希德公司成立 洛克希德公司是美国一家主要的航空航天公司，1995年同马丁·玛丽埃塔合并成为洛克希德·马丁公司，是美国第二大航空航天与防务公司。该公司最早成立于1912年，由麦康姆·拉夫希德（Malcolm Loughead，1887—1958）和艾伦·拉夫希德（Allan Haines

Loughead，1889—1969）共同创办，当时称阿尔科水上飞机公司，后以他们的姓氏谐音改名为洛克希德公司（Lockheed Corporation）。此后经历了不断发展和演变，成为今天的洛-马公司。著名的C-130大力神运输机、F-117夜鹰隐形战斗机、F-22、F-35、U-2、SR-71等型号都出自这家公司。

1913年

肖特兄弟［英］获得折翼机专利　1910年，美国对飞机在军舰上起降进行了试验，预示着航空母舰即将面世。早期英国、美国均利用海军舰艇改成航空母舰，上面可供飞机停留的空间有限。如何对飞机进行改装以适应这种航空母舰的要求，就成了军事专家和航空工程师考虑的问题。研制舰载机，除了要求较短的起飞和着陆距离外，另一个重要问题就是使飞机在甲板上停留时，机翼可以向上或向后折起，从而减少占位面积。1913年，英国飞机设计师肖特兄弟（Eustace Short，1875—1932；Oswald Short，1883—1969）设计了一种机翼可以向后偏折的飞机——Short Folder，其偏折机构于当年获得了专利。这是世界上第一架折翼飞机。20世纪30年代，随着航空母舰的发展和单翼机逐步取代双翼机，折翼机开始广泛出现于英、美、日等国。考虑到折翼结构增加了飞机质量和复杂性，也有一些较小的飞机不采用折翼结构，如美国的SBD"无畏"、F2A"水牛"、A4D"天鹰"，英国的"海鸥"和日本的三菱A5M。二战以后，超大型专用航空母舰的出现，使甲板面积大大增加，同时甲板下还设有机库，因此折翼机也就变得不那么必要了。现代超音

肖特折翼机图

美国F6F-3舰载战斗机停靠大黄蜂航母

英国海火舰载战斗机

美国V–22型"鱼鹰"倾转旋翼机

速舰载机较少采用折翼设计。有些陆地飞机和直升机为了节省占地面积或适应特种环境，其机头、翼尖、垂尾或旋翼可以偏折。例如，波音777大型客机的翼尖就能偏折，使翼展缩短达7米。

西科尔斯基［俄］设计出第一架大型多发飞机　俄罗斯著名飞机设计师西科尔斯基（Igor Ivanovich Sikorsky，1889—1972）最初致力于直升机设计，发现技术复杂而转向飞机。他认为，飞机实用化的重要条件是大型化。他在俄罗斯波罗的海工厂研制了世界上第一架四发动机双翼飞机"俄罗斯勇士"号，并于1913年5月13日试飞成功。1913年8月2日，"俄罗斯勇士"号搭载8名旅客飞行了1小时54分。1914年2月12日，西科尔斯基设计的另一种四发动机大型飞机"伊利亚·穆洛梅茨"号搭载16名乘客飞行，飞行高度2 000米，创造了多项世界纪录。

西科尔斯基

西科尔斯基设计的"伊利亚·穆洛梅茨"号飞机

1914年

第一条民用定期航线的建立　第一次世界大战以前，欧洲已进行了多次民用航空飞行试验。1910—1911年，英国、德国、意大利许多私人开展了飞机航空邮运、货运以及客运的试验。这些都是试验性的，没有一个是定期航班。1913年12月17日，美国佛罗里达的商人凡斯勒（Percival Elliott Fansler，1881—1937）与当地支持者发起成立圣彼得堡–坦帕水上飞机航线，起止点是圣匹茨堡和坦帕，航线全长35千米，单程飞行时间23分钟，每次只载1人，收费5美元。采用的是"贝诺斯特"号单发水上飞机。1914年1月1日，由飞行员托尼·詹尼斯（Tony Jannus，1889—1916）[美]驾驶进行了首航。到当年3月底，航线因亏损关闭，共运送了1 200名乘客。这条航线经营时间虽短，但却为后来定期民航运输积累了经验。

航线开通仪式（凡斯勒，费尔和詹尼斯）

斯佩里[美]制成电动陀螺稳定装置　美国发明家、工程师斯佩里在相继发明了陀螺罗盘等装置后，又研制成功电动陀螺稳定装置，实际就是原始的自动驾驶仪。利用这种装置，飞机在受到暂时干扰后，能自动恢复原来的稳定飞行状态，从而可减轻飞行员的操纵负担。后来，自动驾驶仪进行了重大改进，实现了飞机的某些自动驾驶功能，如使飞机按一定的姿态、航向、速度、高度进行自动飞行。20世纪50年代以后，自动驾驶仪技术得到极大发展，成为飞机最重要的仪表系统之一。

普朗特[德]和芒克[德]提出最小诱导阻力公式　按照机翼升力理论，翼展或展弦比无限大的机翼实际上没有诱导阻力。采用大展弦比机翼对产生升力更有利。在飞机设计中，往往要求在升力一定的情况下使诱导阻力最小。德国流体力学家普朗克和马克斯·芒克（Max Michael Munk，1890—1986）提出产生升力的最小诱导阻力公式。它与升力的平方成正比，与速度的平方成反比，与翼展的平方成反比。芒克证明，升力沿翼展取椭圆形分布时诱导阻力最小，这样的升力分布称为椭圆分布。这个结果可以用来指导设计在产生最大升力的情况下，诱导阻力最小的机翼形状。

英国提出襟翼概念　最早的襟翼概念是英国航空先驱乔治·凯利提出的，其作用主要是用于操纵，起着类似副翼的作用。第一次世界大战前，由于飞机速度的提高，要求飞机在低速时亦能产生足够的升力。于是，有人开始了最简单的后缘襟翼的试验探索。1913—1914年间，英国国家物理实验室试验了简单襟翼产生升力的效果，将其装在S.E.4试验机上后，发现有一定的偏转角时，襟翼可提高升力系数30%左右。该实验室还用类似副翼的差动偏转方式，考察其侧向操纵效果。这种襟翼相当于后来的襟副翼。

兰利"空中旅行者"飞机经修复后试飞成功　莱特兄弟研制飞机成功后曾因种种原因不被美国一些学术团体承认，也引发了一场关于优先权的争论。寇蒂斯、曼利、查姆（Albert Francis Zahm，1862—1954）等人为争取兰利的飞机发明优先权，特地将原来两次试验失败的"空中旅行者"修复，加强了机身结构，更换了发动机并改进了起飞方式。它在1914年6月2日进行试飞时取得了成功，从而导致了美国长时间关于莱特兄弟和兰利飞机发明优先权之争。直到1948年美国史密森学会才最终承认莱特兄弟的优先权。

右二为列克瓦内

飞机在战争中初露锋芒　第一次世界大战爆发后，德国、英国、法国、奥地利等国匆忙组建了航空队，探索飞机在战争中的运用。1914年8月8日，法国飞行员列克瓦内（Sadi Lecointe，1891—1944）驾机进行侦察飞行，被德军地面炮火击中受伤。8月12日，德国飞行员亚诺（Reinhold Jahnow，1885—1914）在比利时上空被击身亡。同一天，法国飞行员布里多（Andre Bridou，1891—1914）在侦察飞行时因事故身亡。8月14日，法国飞行员塞沙利（Antoine Cesari，1885—1941）驾机袭击了德国齐伯林飞艇库。8月19日，英国飞行员马普尔贝克（Gilbert William Mapplebeck，1893—1915）等人进行了首次侦察飞行。8月22日，英国飞机在侦察中发现了德军布鲁克军队的动向。同日，瓦特富尔（Vincent Waterfall，1891—1914）驾驶阿维罗飞机被地面炮火击落。8月23日，德国齐伯林LZ-22和LZ-23号飞艇被击落。8月26日，俄国飞行员聂斯切罗夫（Пётр Николаевич Нестеров，1887—1914）和奥地利飞行员罗森塔尔（Friedrich von Rosenthal，1885—1914）驾机在空中相遇，飞机挂在一起双双坠地身亡。8月25日，两架英国飞机在空中迫使一架德国侦察机降落。8月30日，一架德国TAUBE单翼机在法国投下了5枚炸弹。很快，飞机在侦察、校炮、轰炸和空战方面的作用得以确立，并产生了侦察机、轰炸机、战斗机的原型。

弗朗茨［法］和奎诺［法］首开空战胜利纪录 第一次世界大战开始后不久，飞机间的空战也随之展开。1914年10月5日，法国飞行员弗朗茨（Joseph Frantz，1890—1979）和机械师奎诺（Louis Jean Eugène Quénault，1892—1958）驾驶一架伏瓦辛双翼机，机上安装了机枪。在法国北部兰斯上空，他们发现一架德国埃维太克双座机正在进行侦察。弗朗茨驾机逼近这架飞机，奎诺成功地利用机枪将其击落。这

弗朗茨（右）和奎诺

是航空作战史上第一次真正的空战。反空中侦察行动促使了空战和战斗机的出现。

1915年

德国飞艇首次袭击英国 一战爆发后，德国决定对英国实施远程轰炸。当时飞机没有那么远的航程，因此德国采用齐伯林飞艇飞到英国进行轰炸。1915年1月19日，齐伯林飞艇首次袭击了英国。德国陆续投入的飞艇有LZ-24、LZ-27、LZ-31。此后用飞艇空袭的行动日益频繁，并将袭击目标扩大到法国、海上船只。至此，由于空中力量的出现，英国作为岛国不再是安全之地了。

美国国家航空咨询委员会（NACA）成立 鉴于对新机研制和性能提高的要求越来越依赖于航空学基本理论特别是空气动力学理论的指导，美国于1915年3月3日成立了专门的航空研究与协调部门——国家航空咨询委员会（National Advisory Committee for Aeronautics，缩写NACA）。该委员会下设若干专业研究实验室，不断吸收优秀研究人才，科研成果层出不穷，为美国航空技术的迅速崛起做出了卓越贡献。随后不久，德国和法国也相继建立了国家航空研究院。1958年，NACA经过整合，演变成美国国家航空航天局（National Aeronautics and Space Administration，缩写NASA）。

伽罗斯首次在飞机上安装螺旋桨保护装置 1911—1914年间，许多国家都开始了在飞机上安装机枪等武器的试验。在飞机头部安装机枪往往会因子弹击中螺旋桨而引起振动甚至导致失控。法国飞行员伽罗斯（Roland

伽罗斯

Garros，1888—1918）在他驾驶的莫拉纳–索尔尼埃L型飞机的螺旋桨上包上钢片，这样子弹击中了螺旋桨也不致使其破坏。1915年4月1日，他驾驶这架飞机首战告捷，击落一架德国"信天翁"双座飞机。此后几天，他又击落了多架德国飞机。这架飞机成为战斗机的雏形。

射击协调器诞生 伽罗斯击落多架德机使德国方面大为吃惊。不过，带桨叶保护片的飞机存在很大缺陷：当子弹击中桨叶时，虽然不会打断桨叶，但会引起螺旋桨振动。加罗斯驾驶这种飞机在1915年4月19日的一次空战

装有射击协调器的福克M.5K飞机

中，由于子弹射中桨叶引起振动，导致发动机出现故障，他的座机不得不迫降在德军阵地，他本人被德军俘虏。福克公司技术人员仔细研究了飞机的防护装置，发现竟出奇的简单。他们没有效仿这一做法，而是研制出全新的射击协调器。当桨叶正好转到子弹路径上时，它控制射击机构停止射击，避免子弹射向桨叶。这种射击协调器十分有效。1915年7月1日，飞行员温特根斯（Kurt Wintgens，1894—1916）驾驶装有射击协调器的福克M.5K飞机首战胜利，击落一架法国的莫拉纳–索尔尼埃飞机。

第一架战斗机诞生　法国的莫拉纳–索尔尼埃L、德国的福克M.5K虽然取得过空战的胜利，但这几种飞机是利用普通飞机加装武器或射击协调器改装的，并非真正的战斗机。德国福克公司在战争开始后研制了第一种专门用于空战的战斗机——福克E.1。它是单翼机布局，外形简洁美观，装有一台63千瓦的发动机，机上装备了射击协调器。它在进行了最初的试验飞行后，便投入了战场。1915年8月1日，德国著名飞行员伊梅尔曼（Max Immelmann，1890—1916）驾驶E.1取得了首次空战胜利，击落了一架协约国飞机。首批真正的福克战斗机参战后频频击落英法飞机，造成所谓的"福克灾难"。

福克E.1战斗机　　　　　　　　　　　　伊梅尔曼

英国海军飞机从水上飞机母舰起飞成功　英国作为岛国，希望通过研制飞机载机提高作战半径。1915年11月3日，英国海军航空兵飞行员托尔勒（Harold Frederick Towler，1890—1953）驾驶布里斯托尔侦察兵C飞机从水上飞机母舰HMA温迪克斯号上起飞成功，并安全降落在母舰旁边的水面上。这是英国发展舰载飞机和航空母舰的开始。

第一次从军舰弹射起飞　1915年11月6日，飞行员亨利·马斯汀（Henry Croskey Mustin，1874—1923）［美］驾驶一架寇蒂斯AB-2水上飞机首次成功地从行进中的北卡罗来纳号军舰上弹射起飞。这一技术创新也为后来实用型航空母舰的飞机起飞指明了方向。

第一架全金属下单翼飞机诞生　德国飞机设计师容克斯对全金属结构飞机情有独钟。1910年，他获得下单翼飞机设计专利，省去了张线和支柱，可使飞行阻力大为降低。1915年，他研制了世界上第一架实用全金属张臂式下单翼飞机——J-1"锡驴"，主要材料是铝合金、钢材和铁皮。它有许多创新特点：机翼从翼根到翼尖剖面是变化的，外部是光滑的金属蒙皮，内部用焊接波纹板加强，铝合金蒙皮承受气动力，成为应力蒙皮。飞机装有一台90千瓦的梅赛德斯发动机。12月12日，J-1飞机进行了首次试飞。虽然这架飞机没有投入批量生产，但它开辟了航空技术发展的新时代，为飞机性能的迅速提高开辟了道路。1917年，他研制了J.2飞机，仍以钢和铁为主。同年，他研制了J.4全金属飞机，过渡到以铝合金为主。J-4后来投入了批量生产，前后制造了227架，成为世界上第一种实用型铝合金下单翼战斗机。

容克斯J-1"锡驴"全金属飞机

1916年

美国试飞无人驾驶飞机　美国希维特-斯佩里公司研制了一种无线遥控的飞机，它安装了10马力的发动机，机上可装载140千克炸药。1916年9月12日，该机进行了首次试验飞行。该机可以看作是无人驾驶攻击机的先驱。

英国第一家航空公司诞生　第一次世界大战以前，欧洲和北美都进行过大量飞机载客飞行的试验。为使航空运输商业化，英国于1916年10月5

日成立了该国第一家航空公司——飞机运输和旅游有限公司（Aircraft Transport and Travel Ltd），在伦敦注册。该公司由英国民航先驱、报业老板乔治·托马斯（George Holt Thomas，1869—1929）创办。最初采用DH.4A飞机，一战后

DH.4A飞机

采用DH.9飞机，并首次开辟了伦敦到巴黎的每日定期航班，单程票价21英镑。1920年年底，这家公司被其他公司兼并。

1917年

世界第一艘航空母舰诞生　在进行了飞机在军舰上的起飞试验后，英国政府在1917年3月决定将一艘轻型巡洋舰"狂暴"号（HMS Furious）改造为航空母舰。该舰装载的武器系统不多，在改装时移除了前面的炮塔，安装了飞机起降甲板。当年年底，又将尾部炮塔移除，设置了第二个飞行甲板。战争结束后，"狂暴"号再次进行改装，设置了一个大型飞行甲板，可载飞机36架。虽然"狂暴"号是世界上第一艘航空母舰，但它并没有投入实战，主要用于训练飞行员和试验舰载机。20世纪30年代末，英国新研制了"皇家方舟"（Ark Royal）号航空母舰，才真正具备了作战能力。

第一艘航空母舰"狂暴"号

波音飞机公司成立　美国木材商人威廉·波音（William Edward Boeing，1881—1956）在1909年到西雅图参观一个博览会时，首次看到飞机表演并且对飞机产生了浓厚的兴趣。他立即从格兰·马丁公司购买了一架飞机，并学习飞机驾驶技术。后来由于飞机损坏，而备件又无法尽快运来，波音便对他的朋友费尔特（George Conrad Westervelt，1879—1956）说："我们应该自己造一架更快更好的飞机。"于是，俩人合作制

威廉·波音

造了一架以两人名字命名的B&W水上飞机，飞行性能优良。波音由此决定进军飞机制造领域。1916年，波音在西雅图注册成立了太平洋航空产品有限公司。1917年4月26日，波音将公司改名为波音飞机公司（Boeing Airplane Company）。波音公司建立初期以生产军用飞机为主，一战后则主要从事民用邮政飞机的生产。二战前后，公司的主要业务是战斗机、客机和大型轰炸机的研制生产。其中，P-26型驱逐机以及波音247型客机比较出名。1938年研制开发的波音307型飞机是第一种带增压客舱的民用客机。二战期间研制的B-17、B-29型飞机曾是美国战略轰炸机的主力，也为后来研制大型客机打下了技术基础。二战后，波音公司研制了B-58、B-52型喷气式轰炸机，使公司进入了喷气时代。20世纪50年代后期，波音公司的主要业务由军用飞机拓展到商用飞机。1957年，在KC-135型空中加油机的基础上研制成功的波音707型客机是该公司的首架喷气式民用客机，共获得上千架订货。波音公司也在喷气客机领域逐步获得领先地位，先后发展了波音727、波音737、波音747、波音757、波音767、波音777、波音787型等一系列喷气客机，逐步确立了全球主要商用飞机制造商的地位。1997年，波音公司宣布，波音公司与麦克唐纳·道格拉斯公司（简称麦道公司）完成合并，新的波音公司正式运营。波音公司已经成为世界上航空航天领域规模最大的公司之一。

汉德莱·佩奇［英］提出开缝襟翼概念　1911年，英国工程师、航空工业先驱汉德莱·佩奇（Frederick Handley Page，1885—1962）利用风洞试验了不同展弦比机翼对迎角的失速特性。他发现，正方形机翼直到40度迎角时

汉德莱·佩奇

升力仍在增加，而展弦比为6.25的机翼迎角在10°～15°时便出现失速。因此，他设想能否把一个大展弦比机翼截成若干个正方形，然后再连接起来，使得整个机翼都像正方形一样大大推迟失速呢？于是他沿弦向在机翼上开了5条缝。对弦向开缝的进一步改进，促使前缘开缝襟翼的发明。1917年，他沿展向在前缘处开了一条斜的狭缝，实验表明升力系数增加了25%。接着，他在普通机翼的前面附加一条很窄的小翼面，它可以依附在机翼上，也可以向上偏转形成一条缝隙。这种开缝襟翼在试验时，升力系数增加了50%，升阻比大为提高。开缝襟翼能够推迟气流分离，大幅度提高升力系数，后来成为飞机的重要增升装置。

1918年

普朗特［德］提出升力线理论　英国工程师、气动学家兰彻斯特最先使用涡系表示机翼，提出了初步的升力线理论。普朗特做了进一步发展，提出了完整的升力线理论。他把机翼用一根垂直于飞行方向的升力线表示，环流和升力均沿翼展变化，环流在翼尖处向下伸展形成自由涡，流动情况可由一组涡系来表示。这一理论能够解决两大空气动力学和飞机设计问题：一是已知升力沿翼展的分布，能够求出产生这一升力需要的能量；二是已知机翼的几何形状，能够计算出升力沿翼展的分布，这对飞机设计具有重要的指导意义。

第一次世界大战后第一条民用航线开辟　第一次世界大战后，最先发展民用航空事业的是德国。为了保存和发展航空工业，德国军方和政府极力促进民用航空事业的发展。在战后不到两个月，德国就建立了第一条国内的商业航空线，即从汉堡到阿莫瑞卡。1919年2月5日德国又开通了从柏林到魏玛的航线。3月1日，柏林到汉堡的航线开通。4月15日，柏林到法兰克福的航线开通。1919年德国共开辟9条商业航线，运送旅客1 574人次。1920—1921年间又增开多条航线，运送了5 500人次旅客和500吨货物，总航程达100万千米。

民用航空事业的发展对德国航空技术的提高发挥了关键作用。

世界第一条定期国际空邮航线开通　一战结束后，德、法、英等国纷纷开通了国内空运线路，与此同时也尝试建立国际航线。1918年3月11日，德国开通了世界第一条定期国际空邮航线，起止点是奥地利首都维也纳和乌克兰首都基辅。建立这个航线的公司是奥匈航空公司，使用的飞机是汉莎-布兰登堡C.1双翼机，单程飞行时间为13小时。

美国政府支持航空邮政事业　1911—1912年，美国邮政部曾在国内25个州进行了50余次航空邮递试验，证明用飞机运送邮件大有可为。1912—1913年，一些国会议员先后几次提出议案，要求拨款继续进行航空邮政的试验。第一次世界大战中飞机的地位得到巩固，愈来愈受到重视，美国国会也终于通过了拨款支持航空邮政试验的提案。1918年，美国又拨款10万美元建立华盛顿与纽约间的航空邮路。5月15日，这条邮路正式开通。此后，航空邮政迅速发展。1925年，美国航空邮政的主干线已经建立，基础设施也已具备。1925年，美国国会通过了航空邮政法案，这对振兴美国飞机工业起到了巨大的作用。

独立空军诞生　飞机在第一次世界大战中主要是作为辅助力量使用的，航空部队往往隶属于陆军和海军。虽然飞机的军事价值已为人所认知，但它的作用并未充分发挥出来。随着战争的深入，英国航空兵暴露出的主要问题是兵力不足、飞行员训练不充分以及陆海军航空兵的协调配合能力不行，在购置飞机和招募飞行员方面也存在矛盾。另外，战争后期迫切需要用飞机执行战略任务，而航空兵缺乏自主权，力量不足，因此必须对航空兵的组织问题加以考虑。1917年，英国政府内阁成立了防空和航空兵组织委员会。该委员会于8月17日提交了一份关于航空兵组织问题的报告，建议组建一支包括陆、海军航空兵在内的独立空军，由航空部集中统一领导。1918年4月1日，世界上第一个独立空军——英国皇家空军（The Royal Airforce）正式成立。

英国军事航空先驱、皇家空军之父特伦查德（中）

苏联成立中央流体动力学研究院 沙皇俄国时期已有一些学者致力于空气动力学理论和实验的研究。1902年，俄国著名空气动力学家、航空先驱茹科夫斯基领导建造了一座风洞。1904年，根据茹科夫斯基的设想，俄国在莫斯科附近建立了空气动力研究院。1909—1910年，在茹科夫斯基的倡导下，莫斯科技术学校成立了空气动力实验室。1910—1911年，彼得堡综合技术学院也组建了空气动力实验室。战争时期飞机的军用价值得到肯定，空气动力学的研究成果对飞机设计和航空技术的进步起到了关键作用。因此，为空气动力学家提供研究场所和资金成为迫切问题。在列宁（Владимирильич Ленин，1870—1924）的直接支持下，1918年12月1日，苏联正式成立中央流体动力学研究院（Центра́льный аэрогидродинами́ческий институ́т，缩写 ЦАГИ），茹科夫斯基任该院第一任院长。

莫斯［美］研制出实用高效的涡轮增压器 1917年，法国工程师拉图为一台大功率活塞发动机设计了一个由冲压式涡轮和离心式压气机组成的增压器，这一装置在试验时效果并不理想。1918年，美国通用电器公司在国家航空咨询委员会的要求下，由该公司工程师莫斯（Sanford Alexander Moss，1872—1946）主持，开始设计和研制涡轮增压器。在当年进行的高空试验中，这台增压器使一台261千瓦的"自由式"发动机在海拔6 000米的高空产生了266千瓦的输出功率。同时进行这类研究的还有德国、英国和当时的苏联。涡轮增压器明显提高了发动机的高空性能，到第二次世界大战时，大部分军用飞机都配有这种装置。涡轮增压器对喷气式发动机的发明也起到关键作用。

莫　斯

带有涡轮增压器的飞机发动机

1919年

法国开通了第一条国际民航客运航线　一战后法国对民航运输高度重视，1918年即开辟了多条国内航线。1919年3月22日，法尔芒公司开辟了法国巴黎到比利时布鲁塞尔的国际航线，每周往返一次。使用的飞机是法尔芒F60双翼机，飞行员是吕西安·博绍罗（Lucien Bossoutrot，1890—1958），飞行时间为2小时50分，票价为365法郎。第一个每日定期航班是英国飞机运输和旅游公司开辟的伦敦至巴黎航班，于1919年8月25日首次开通。使用的是德·哈维兰DH-16型飞机，飞行时间为2小时30分，单程票价21英镑。

飞机不着陆飞越大西洋　为了开辟洲际民用航线，飞机必须能进行越洋飞行。于是，越洋探险飞行试验开始。1919年6月14日，英国飞行员阿尔科克（John William Alcock，1892—1919）和领航员布朗（Arthur Whitten Brown，1886—1948）驾驶一架维克斯公司的"维梅"型轰炸机于下午4时22分从纽芬兰起飞。在飞行途中，他们遇到了导航、气象、通信、发动机故障等一系列问题。但他们克服了种种困难，终于在15日上午8点25分飞近爱尔兰海岸的克里夫登。着陆地点选在了一片沼泽中，飞机一头扎在泥里，所幸无人受伤。阿尔科克和布朗完成了驾驶飞机不着陆飞越大西洋的壮举，在空中历时16小时27分，航程3 032千米。这次飞行对长距离民用航线的开辟具有重要意义。

世界上第一架全金属民航客机诞生　早期民用飞机都是轰炸机改装的。1918年，容克斯公司在F-10型全金属飞机的基础上，研制了F-13型全金属结构运输机，于1919年6月25日试飞成功。这也是第一种专门设计的民航飞机。

容克斯F-13型全金属民航客机

F-13采用全金属应力蒙皮结构，张臂式下单翼布局。机翼用杜拉铝管作翼梁以承担弯矩，机身为构架结构，外面用波纹铝板作蒙皮以承担扭矩。所有波纹板的波纹方向都沿飞行方向，以减少机体阻力。全机流线型良好。1926年德国汉莎航空公司投入使用。F13共生产322架，直到二战爆发时仍在使用。

英国至澳大利亚飞行成功　一战结束后世界航空朝多个方向发展，包括从空中征服各大洲各大洋。澳大利亚飞行员肯斯·史密斯（Keith Smith，1890—1955）和罗斯·史密斯（Ross Smith，1892—1922）两兄弟首次完成从英国飞到澳大利亚的壮举。他们驾驶的飞机是维克斯公司的"维梅"型轰炸机改装机。他们于1919年11月12日从英国伦敦希斯罗机场起飞，途经地中海、中东和东南亚地区。这些地区气象情况复杂，经常出现暴风雨。28天后，史密斯兄弟飞抵澳大利亚北部的达尔文并安全着陆。这次飞行的航程达18 170千米。

波音公司第一架民航飞机B-1试飞　波音在1915年曾与他人合作设计制造教练机和水上飞机，并于1916年创办了飞机公司，1917年正式改名为波音飞机公司。战争年代该公司迅速成长，大量生产其他公司设计的飞机。战后，军事生产合同中止，公司不得不寻求其他财源，曾一度靠制造家具维持生存。面临破产的波音公司借鉴生产水上飞机的经验，研制了B-1型水上飞机，于1919年12月27日进行了首次试飞，后获得军方的订货合同。这是波音公司的第一架商用飞机，为该公司的生存和发展立下了汗马功劳。

波音B-1型水上商用飞机

谢尔瓦［西］发明旋翼挥舞铰接技术　直升
机在发展过程中，遇到了重重困难，包括旋
翼操纵问题。1904年，法国人雷纳德曾提
出旋翼挥舞铰接技术，但还很原始。西班
牙发明家谢尔瓦（Juan de la Cierva，1895—
1936）通过改进，发明并使用了旋翼挥舞
铰接技术。通过对早期直升机的分析，他认
为要解决直升机力矩问题，关键并不在于机体
的结构形式，而在于是否产生足够的起飞动力。他

谢尔瓦

设想在直升机前面安装一个螺旋桨，这个螺旋桨由发动机驱动产生向前的推
动力，而旋翼则由风力吹动自然旋转，产生起飞所需的升力。谢尔瓦把过去
模型状态的直升机向前推进了一大步，成功研制出了旋翼机。他的旋翼机采
用了挥舞铰接技术。1919年，谢尔瓦将这个设想申请了专利。

1920年

谢尔瓦研制成第一架旋翼机　在专利设计的基础上，谢尔瓦研制了一架
旋翼机。这架旋翼机有两个旋向相反的共轴旋翼，控制系统包括升降舵和方向
舵以及一副副翼。根据试飞出现的不平衡、倾斜的问题，他采用了挥舞铰接结
构技术。这项发明对直升机从模型阶段到实用阶段的发展产生了极大的影响。
谢尔瓦于1923年成功研制了第一架旋翼机，型号为C-4，并进行了飞行试验。

谢尔瓦的C-4型旋翼机

正是有了旋翼机对旋翼飞行器在旋翼及控制技术上的支持，直升机的实用化发展才最终成为可能。

英国至南非长途飞行首次取得成功　1920年，英国《泰晤士报》设立了一项奖金多达10 000英镑的奖项，奖励第一位完成从英国到南非间飞行的飞行员。南非政府希望这样一次长途飞行由南非飞行员完成。承担这次长途探险飞行的飞行员是勒内维尔德（Helperus Andreas van Ryneveld，1891—1972）和布兰德（Christopher Joseph Quintin Brand，1893—1968）。两人于1920年2月4日驾驶一架"维梅"型轰炸机起飞，经过11个小时的飞行到达海法，后因飞机毁坏无法继续飞行。11天后，南非政府又送来了一架新的飞机。勒内维尔德和布兰德再次驾机起飞，后飞机又遭摔毁。1920年3月15日，南非政府送来第三架飞机——英国飞机公司的DH-9型。3月17日二人又踏上征程，于3月20日飞抵目的地——南非的开普敦。尽管这次飞行未被《泰晤士报》承认，但两名飞行员获得了英国国王赐予的爵位和南非政府颁发的各5 000英镑的奖金。

马戈里［法］首次提出低温风洞方案　一般风洞尺寸很小，雷诺数（一种可用来表征流体流动情况的无量纲数）很低，模型实验不能满足动力学相似条件。为保证气动实验的精确性，风洞实验气流与实际飞行环境的雷诺数应尽可能相似。提高风洞雷诺数的方法有很多种，如增加尺寸、提高充气密度等，但这类风洞实际建造起来困难很大。法国力学家马戈里（Wladimir Margoulis，1886—1953）提出可以通过降低气流温度的方法提高雷诺数，同时还可降低驱动功率。由于冷却、结构等问题复杂，低温风洞直到20世纪60年代才建成。

1921年

苏联建立研究火箭武器的国家实验室　火箭武器在19世纪初曾盛极一时，后来被远程大炮取代了。20世纪初，由于航天先驱者的努力，火箭武器再次受到重视。苏联火箭专家吉洪米罗夫（Nikolai Ivanovich Tikhomirov，1860—1930）为研制新型火箭武器创立了气体动力学实验室（Gas Dynamics Laboratory）。他们的最重要成果是20世纪30年代研制成功并在二战时期得到使用的"卡秋莎"火箭弹。

"卡秋莎"火箭弹发射时的情景

"卡秋莎"火箭弹发射车

拉赫曼［德］独立提出前缘缝翼概念　英国工程师汉德莱·佩奇曾提出过开缝翼思想。德国飞行员、空气动力学家拉赫曼（Gustav Victor Lachmann，1896—1966）也独立地提出了这一思想。在第一次世界大战执行任务期间，拉赫曼在一次尾旋事故中受伤。战后他进入亚琛大学学习。他一直思考如何避免发生尾旋，并把这个课题作为博士论文的内容，论文题目是开缝襟翼理论。他认为，在机翼前缘开一条狭缝，下面的气流经狭缝流过上表面，可以增加气流动能，推迟分离，从而尽可能避免发生失速进入尾旋。他的开缝襟翼设计于1918年获得专利，1921年在哥廷根进行了试验，升力系数增加了60%。

1922年

美国第一艘航空母舰"兰利"号交付使用　研制航空母舰一直是美国海军努力的方向。1922年2月20日，美国第一艘航空母舰"兰利"号（USS Langley，CV-1）交付使用。"兰利"号是美国第一艘舰队航空母舰，由运煤船"朱庇特"号改装而成，是美国海军航空兵的先驱。该舰于1936年退役，改装为水

"兰利"号航空母舰

上飞机载舰。太平洋战争爆发后，美军用该舰运送飞机，1942年2月27日在载运战斗机至爪哇岛时，遭到日本飞机攻击而受重创，弃船后由护航的驱逐舰击沉。

苏联图波列夫设计局成立　苏联航空工业起步晚于西方。为集中力量发展航空工业，赶上西方的技术水平，苏联于1922年10月22日成立了以工程师、著名飞机设计师安德烈·图波列夫（Андрей Николаевич Туполев，1888—1972）为总设计师的第156号实验设计局（OKB-156），或称图波列夫设计局（产品型号前缀为"Tu-"），总部设于莫斯科。该设计局在二战前以研制大型轰炸机见长，二战后继续研制大型轰炸机和各类旅客机，研制的图-16、图-22、图-26、图-95、图-160轰炸机和图-104、图-114、图-144、图-154、图-204等喷气客机在世界上有很高的知名度。苏联解体后，图波列夫设计局私有化而成为一家股份有限公司；2006年2月，依据俄罗斯总统普京（Владимир Владимирович Путин，1952—）签署的行政命令，图波列夫公司与俄罗斯其他主要航空、航天设计和制造公司合并成立"联合航空制造公司"。

1923年

特恩布尔［加］发明变距螺旋桨　最初，飞机都采用定距螺旋桨，其转速是可变的。后来有人发明了定速螺旋桨，桨距可有几种状态。1922年10月23日，美国螺旋桨公司演示了可逆桨距的螺旋桨。1923年，加拿大航空工程师特恩布尔（Wallace Rupert Turnbull，1870—1954）在英国工作期间，发明了变距螺旋桨。1924年英国工程师海尔-肖（Henry Selby Hele-Shaw，1854—1941）获得变距螺旋桨设计专利，1926年变距螺旋桨飞机进行了试飞。1932年和1935年美国先后将变距螺旋桨和定速螺旋桨投入使用。变距螺旋桨解决了定距螺旋桨性能不高、

特恩布尔及其发明的变距螺旋桨

适应性差的问题。此后，变距螺旋桨成为活塞式飞机的标准结构形式。这是航空技术的重要革新之一。

美国陆军航空兵利用DH-4B飞机成功实现了空中加油　早期的飞机较小，携带的油量有限，极大地影响了飞机的飞行距离。飞机进行空中加油是提高飞行距离的有效手段。为此，美国于1923年6月27日率先进行了空中加油尝试。参加这次试验飞行的飞行员分别是史密斯（Lowell

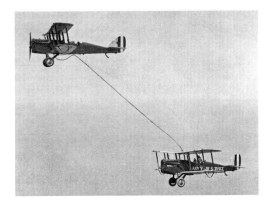

第一次空中加油

Herbert Smith，1892—1945）和里希特（John Paul Richter，1891—1964）。加油机和受油机均为DH-4B型飞机。受油机在空中前后共接受了9次加油，补充汽油2 600升，润滑油140升，持续飞行时间长达37小时15分。此后，英国、法国等国也都进行了飞机空中加油试验，逐步使该项技术进入实用阶段。

道尼尔公司〔德〕制造出"法耳支"全金属上单翼飞机　道尼尔公司是德国著名的飞机制造商，曾研制了一系列全金属飞机。一架名为"法尔支"（Do-H Falke）的飞机蒙皮采用光滑的薄铝板。由于发动机以及其他技术问题，该机没有投入生产。后来，它运到美国，准备换装莱特飞机公司的发动机，但没有成功。不过，它的全金属结构对美国航空界的影响和震动很大。

阿克莱特〔瑞〕和贝茨〔德〕首次进行边界层控制试验　边界层控制是飞机设计的重要问题，当时许多力学家和航空工程师都在进行探索。瑞士科学家阿克莱特（Jakob Ackeret，1898—1981）和德国科学家贝茨（Albert Betz，1885—1968）利用马格努斯效应引入喷气流进行试验，试验装置是两个圆柱体。当旋转速度是来流的3~4倍时，得到升力系数为9；如果旋转速度加快，升力系数还能增加。德国人布斯曼（Adolph Busemann，1901—1986）在1932年也进行了类似试验。由这些试验和吸气的设想，阿克莱特于1926年进行了扩张管的边界层控制试验。没有吸气孔时，边界层很厚；开一个孔时，边界层大大减薄；开7个孔时，边界层只剩下薄薄一层，取得了较好的结果。不过，由于结构十分复杂，边界层吸气和吹气的控制方法至今仍在实验中。

1924年

佩斯卡拉［阿］在其第三号直升机上创造了飞行距离新纪录　阿根廷工程师佩斯科拉（Raúl Pateras Pescara，1890—1966）随家庭移居欧洲后，一直致力于飞机、直升机和汽车的研制。他研制的第三号直升机采用了周期变矩、总矩操纵方式，具有很大的创新意义。1924年1月16日，他在法国巴黎驾驶这

佩斯卡拉的三号直升机

架直升机持续飞行8分钟14秒，飞行距离1 160米，刷新了这项世界纪录。佩斯卡拉是第一批了解当发动机出现故障时直升机能够自旋下降的人，他的直升机基本上具备了安全自旋下降的功能。

首次环球飞行成功　美国首次环球飞行是在陆军航空队的领导下，经过充分的准备进行的。1924年4月6日，四架道格拉斯DWC5"世界环游者"飞机在队长马丁（Frederick Leroy Martin，1882—1945）的指挥下，从美国西雅图出发开始环球飞行。中途马丁的飞机在阿拉斯加失事，无法完成飞行，剩下的三架飞机在史密斯（Lowell Herbert Smith，1892—1945）的指挥下继续

首次环球飞行的飞行员

飞行。中间又有一架飞机因故障退出。剩余两架飞机经阿留申群岛、日本、中国、印度、泰国、缅甸、中东、法国、英国、冰岛、格陵兰，最后于9月28日返回西雅图。此次飞行总共用了175天时间，其中飞行时间为15天11小时7分钟，总航程44 312千米。

ANT-2单翼机试飞　苏联的航

空技术落后于西方。在图波列夫等人的努力下，苏联在各个方面展开新的研究。图波列夫设计的ANT-2单翼机是苏联的第一架全金属飞机，于1924年5月26日进行了试飞。这架飞机很小，机长7.5米，翼展10米，起飞重量只有836千克。它有一名驾驶员，可载2名乘客。最大速度每小时170千米，飞行距离425千米。作为一种试验型飞机，没有投入生产，前后只造了5架。

1925年

威廉·米切尔［美］出版航空军事著作《有翅的防御——从经济上和军事上看现代空中力量的发展和可能》（即《空中国防论》）　米切尔（William Billy Mitchell，1879—1936）是美国著名的航空军事学家，出生在法国的尼斯。1898年入伍，参加过美西战争。1909年于美国陆军参谋学院毕业后，到通信兵部队任军官。1916年受命学习飞机驾驶，不久便被派到欧洲观察第一次世界大战。1917年美国参战后，米切尔任远征军航空兵司令，

米切尔

赴法国作战，成为美国杰出的空战指挥官。1919年任陆军航空勤务部队副司令，1920年晋升准将。米切尔主张建立独立的美国空军，强调夺取制空权是制胜的决定性因素。这些主张与陆、海军的传统观念发生矛盾，因而遭到军事当局的反对。1925年12月，陆军军事法庭以不服从上级的罪名，判处他停止军职5年。1926年2月，米切尔辞去军职，之后他继续为建立独立的空军进行游说，并进行制空权理论的研究和著述。主要著作有《我国的空军》《空中国防论》和《空中之路》等，其中《空中国防论》被认为是西方制空权理论的主要著作之一。

福特公司研制出现代客机的雏形　福特汽车公司飞机部研制的全金属三发"福特"型客机有11个座位，后增加到14个。它的航程为912千米，飞行速度每小时170千米。它不具备流线型，机舱内部也很狭窄，造价也很高，当时还无法同木质"福克"型飞机抗衡。但20世纪二三十年代对安全性的要求引

导全金属飞机进入飞机发展的
主流。"福克"型客机因多次
事故使各大航空公司纷纷转而
订购福特全金属客机。飞机制
造商们也加快了研制新型全金
属客机的步伐，在美国兴起了
民航客机研制的热潮。

福特三引擎客机

雷金纳德·米切尔［英］

设计出优秀的竞速飞机 为在施奈德奖杯竞赛中获胜，各国都在想方设法提
高飞行速度。飞机设计师米切尔（Reginald Joseph Mitchell，1895—1937）早
年在英国尝试单翼机设计。他为秀泼马林公司设计的S.4竞速飞机采用中单
翼，外形设计简洁，装有一台功率为522千瓦的发动机，于1925年9月13日
创造了每小时363千米的飞行速度纪录。后来，他又设计了S.5竞速飞机。
1927年，英国皇家空军首次使用S.5飞机参加施奈德奖竞赛，结果以每小时

秀泼马林S.5竞速飞机

452千米的速度夺得第一名。之
后米切尔又对它进行了改进。
1929年9月12日，改进的S.6竞速
飞行以每小时530千米的速度创
造了新的纪录。该系列飞机的设
计思想后用于战斗机研制，导致
二战时期的著名战斗机——"喷
火"的诞生。

1926年

美国制定第一个航空商业法案 1926年5月20日，美国国会通过了航空
商业法案，该法案是美国关于民用航空的第一个立法。它对民用航空的一系
列运作问题做出了初步规定：要求将官办航空邮政转为私人承包，政府给予
优惠。美国航空邮政由官办转为民办后发展十分迅速，到1928年底又新增航
空线21条。越来越多的私人投资于航空运输业，而且开始兼营客运。1928年

美国客运量居世界第3位，运送乘客约6万人次；到1929年就猛增至16万人次，居世界第一。从此，美国的航空事业逐渐超过欧洲，处于世界领先地位。

飞机飞越北极成功　1911年有人曾徒步到达过北极。1925年，阿蒙森（Roald Amundsen，1872—1928）［挪］和斯科特（Robert Falcon Scott，1868—1912）［英］乘飞艇从北极点附近（仅差3°）飞过。1926年，美国陆军航空兵军官伯德（Richard Evelyn Byrd，1888—1957）和贝内特（Floyd Bennett，1890—1928）架飞机尝试飞越北极。5月9日，由贝内特驾驶，从挪威的金斯湾出发对准北极飞去。经过8小时的飞行终于到达北极点。他们花了15分钟时间围绕北极点飞行，并多次测量以确认飞机的位置。下午返回金斯湾，往返航程2 575千米。但是，伯德飞越北极的事情一直存在各种各样的争议。

格里菲斯［英］设想出涡轮螺旋桨发动机　高温合金材料与气体动力学的发展，同时结合涡轮增压器的设计，使高效燃气轮机在20世纪20年代达到实用化。燃气轮机当时主要用在石油工业、冶金工业、机车和船舶上，航空发动机仍然是内燃机加增压器模式，增压器只是辅助装置。英国工程师格里菲斯（Alan Arnold Griffith，1893—1963）设想的涡轮螺旋桨发动机的原理是：涡轮增压器向专门的燃烧室输入高压空气，在与燃油燃烧后产生高温高

格里菲斯

压燃气，驱动燃气涡轮高速旋转。燃气涡轮进而带动螺旋桨旋转，产生推进力。这一设想在20世纪50年代终于变成现实。

劳里［奥］发明无线电测距仪　1922年，意大利发明家马可尼（Guglielmo Marconi，1874—1937）提出利用无线电波反射进行测距的思想。1926年，比西尼（Henri Gaston Busignies，1905—1981）［法］将具有方向性的环状天线和指示航向的仪表结合起来，研制成无线电罗盘。同年，奥地利工程师劳里（Heinrich Lowry）用发射的无线电波测量目标的距离，研制出无线电反射测距仪，并取得第一个无线电反射测距技术专利。劳里的无线电则距仪可以说是现代雷达的雏形。

1927年

林白［美］首次单人不着陆从纽约直飞巴黎　1920年5月21日，美国旅馆业大亨奥太格（Raymond Orreig，1870—1939）设立25 000美元奖金，奖给第一个驾驶飞机不着陆从纽约直飞巴黎的人。20世纪20年代中期，飞越大西洋成为冒险家和飞行家们关注的热点。以前飞越大西洋是按最距离飞行，这次是把纽约和巴黎这两个世界上最大的城市从空中连接起来。5月21—23日，美国杰出飞行家查尔斯·林白（Charles Augustus Lindbergh，1902—1974）成功地完成了从纽约至巴黎单人不着陆飞行。飞行时间为33.5小时，航程5 810千米。林白驾驶的飞机是瑞安公司特制的，命名为"圣路易斯精神"号。这架飞机之所以能达到如此长的航程，是由于其机翼和机身都装满了汽油，全机载油量高达1 705升。林白在抵达巴黎时，受到全城人民的热烈欢迎。他同时也得到了那笔巨额奖金。

林白和他驾驶的"圣路易斯精神"号飞机

林白在巴黎受到热烈欢迎

格瑞［美］乘气球飞到新高度　1927年1月的一天，美国陆军航空队飞行员、气球飞行家格瑞（Hawthorne Charles Gray，1889—1927）乘坐一只氢气球升空。当气球升到7 600米高时，由于温度太低，氧气已经无法从压力瓶中正常输出，格瑞感到极度不适。当升至8 230米时他一度失去了知觉，这时，气球发生故障急剧下降，格瑞用刀子割开沙袋，将沙子抛下才使气球下降速度减慢，最后安全返回地面。1927年5月4日，格瑞又进行了一次飞行。起飞一个多小时后，他上升到了12 192米的高度。沙袋扔完后，格瑞又扔下了一只

氧气瓶。气球慢慢上升到12 954
米。下降时氢气释放过快，气球
几乎是直线下落，格瑞只好在
2 000米高时跳伞，气球坠毁。
虽然新的高度纪录诞生了，但未
被国际航空联合会承认，因为他

格瑞

中途跳伞了。更为不幸的是，在
11月4日的另一次创纪录飞行中，格瑞在高空遇难。

德国研制出"齐伯林伯爵"号飞艇　德国在战争中失败后，工业受到重
创。为保持德国飞艇技术的领先水平，1925—1926年全国共捐献了200万马
克，用来帮助齐伯林公司制造一艘巨型硬式飞艇，它就是有名的LZ-127"齐
伯林伯爵号"飞艇。它长236米，最大直径约30米，气囊容积11万立方米。装
有5台418千瓦发动机，最大时速128千米，航程16 955千米。除艇上40名服务

"齐伯林伯爵"号飞艇

人员外，可搭载旅客20人（短途
55人），还可携带货物15吨。"齐
伯林伯爵号"自出世以来多次飞
越北极，建立了大西洋两岸的空
中客运走廊。1929年8月8日—29
日它完成了一次环球飞行，历时
21天7小时34分，实际飞行时间
286小时26分，航程31 500千米。

1928年

德国成功试飞火箭滑翔机　在奥地利火箭先驱法列尔（二战后留在德
国）（Max Valier，1895—1930）的提议下，奥佩尔（欧宝）汽车公司负责
人奥佩尔（Fritz Adam Hermann Opel，1918—1971）资助研制了一架火箭
动力滑翔机，采用德国火箭先驱桑德尔（Friedrich Wilhelm Sander，1885—
1938）制造的固体火箭发动机。1928年6月11日，这架滑翔机由飞行员斯塔默
（Friedrich Stamer，1897—1969）驾驶进行了唯一一次试飞，飞行时间70秒，

飞行距离1 500米。尔后，奥佩尔又制造了第二架滑翔机，上面共安装了16支火箭，每支推力222牛顿。1929年9月30日奥佩尔本人驾驶它进行了10分钟的飞行，取得了成功。这两架飞机没有实用价值，试验也未继续下去，但却是有记载的世界最早的火箭动力飞机。

奥佩尔火箭动力滑翔机

"齐伯林伯爵"号飞艇创造飞艇持续飞行距离纪录　"齐伯林伯爵"号飞艇建造成功后，不断创造连续飞行时间和距离的新纪录。1928年10月11日，它从德国飞越北大西洋抵达美国新泽西州，历时71小时，创连续飞行时间纪录。1928年10月29日至11月1日，它连续飞行了6 384千米，创造了飞艇最长飞行距离纪录。

皮奇恩［美］试飞旋翼机　皮奇恩（Harold Frederick Pitcairn，1897—1960）是美国航空先驱，旋翼机专家。他早年在寇蒂斯飞机与发动机公司工作，并在飞行学校学习飞行，后创建了自己的公司来研制邮政飞机。1929年，他花30万美元购买了西班牙人谢尔瓦的旋翼机专利，制造了美国第一架旋翼机。12月19日，皮奇恩在费城试飞了这架旋翼机。1930年，他因这项成就获得由胡佛（Herbert Clark Hoover，1874—1964）总统颁发的科利尔奖。

典型的超音速风洞试验段

斯坦顿［英］制成第一台用于翼型研究的超音速风洞　超音速风洞是应高速空气动力学研究的需要而建立的。1905年，普朗特在哥廷根建造了一个很小的超音速风洞，马赫数达到M1.5。1920年前，通过弹道实验，首先验证了可压缩性影响的重要性。英国空气动力学家斯坦顿（Thomas Edward Stanton，1865—1931）研制出了世界上第一座用于弹道研究的超音速风洞（吹气式风洞）。1928年，他将这座风洞改造后用于超音速翼型的实验和理论计算。1931年，德国航空工程师布斯曼（Adolph Busemann，1901—1986）制造了能在试验段获得均匀气流的超音速喷管。1935年，瑞士航空工程师阿克莱特（Jakob Ackeret，1898—1981）建设了一座压缩机驱动的回流式超音速风洞。这些风洞的尺寸都很小，试验时间也很短。

1928—1930年

格劳特［英］和普朗特［德］提出可压缩流修正公式 对待可压缩的空气动力学问题，英国空气动力学家格劳特（Hermann Glauert，1892—1934）于1928年、普朗特于1930年分别独立地提出了联系不可压缩和可压缩流中当地压力系数的关系式（普朗特-格劳特法则），并由此求总的升力与力矩。但这一修正公式不适用于接近音速时的情况。1939年，钱学森（1911—2009）和冯·卡门（Theodore von Kármán，1881—1963）［匈-美］对机翼上的压缩作用提出了普遍适用的修正公式（卡门-钱公式），用这个公式可以比较精确地估算出翼型上的压力分布，同时还可估算出该翼型的临界马赫数。卡门钱公式使用简单，也比较精确，但不适用于近音速情况。20世纪30年代以后，许多人开展了可压缩流及跨音速的研究，提出了若干理论计算方法，包括速度图法、级数法和小参量展开法等，并导出跨音速流动的简化方程。升力系数和阻力系数修正公式是可压缩流动的开创性成果，具有重要意义。

卡姆（前右）

1929年

卡姆［英］设计的"愤怒"式双翼战斗机首次试飞 20世纪20年代末，正是双翼机向单翼机过渡的重要时期。英国费雷尔公司研制的"萤火虫"式战斗机是最后一批双翼战斗机，该机由比利时飞机设计师罗贝尔（Marcel Lobelle，1893—

1967）在英国设计。1929年2月5日"萤火虫"式战斗机进行首次试飞，后生产了90余架。接着，英国航空部又要求研制高爬升率战斗机。韦斯特兰公司的阿瑟·达温波特（Arthur Davenport，1891—1976）设计了一种下单翼战斗机。德·哈维兰公司研制了下单翼战斗机DH77。维克斯公司也研制了一种下单翼飞机。霍克公司的卡姆（Sydney Camm，1893—1966）则设计了"大黄蜂"式双翼战斗机。后来，卡姆在"大黄蜂"的基础上研制了著名的"愤怒"式战斗机。以当时的标准，它几乎达到了双翼飞机的顶峰。"愤怒"式战斗机在1929年首飞时速度超过了320千米/时。"愤怒"式战斗机在同"萤火虫"式战斗机的竞争中获胜，于1930年8月投入批量生产。

道尼尔公司［德］成功研制出大型水上客机 20世纪20年代末到30年代初，英、德、美都在进行大型水上客运飞机的研制，以期建立跨大洋空中航线。德国道尼尔公司研制出Do-X大型水上飞机，翼展47.85米，起

道尼尔Do-X大型水上飞机

飞重量55吨，机翼上方装有12台大功率活塞式发动机，分别装在6个发动机舱内。内部座舱分为三层，布置豪华，可与齐伯林飞艇相比。它的首次飞行成为报纸的头条新闻。1929年10月21日，这架大型水上飞机曾创纪录地分三层装载了169名乘客，飞行时间1小时。第二次世界大战以前，它一直是世界最大的飞机。由于建造成本昂贵，使用不便，它只造了三架样机，未能在航空客运中发挥应有的作用。

南极飞行成功 美国极地飞行先驱伯德完成北极飞行后，开始筹划南极飞行。在美国海军的支持下，伯德组成了一支庞大的探险队，包括2艘轮船、4架飞机和

伯德及其队员的南极飞行

60人。1928年底，他们首先在鲸湾建立了一个基地。1929年11月28日，专用于飞越南极的福特三发动机飞机"弗罗德·贝内特号"由挪威飞行家巴尔钦（Bernt Balchen，1899—1973）驾驶，载着伯德、琼恩（Harold Irving June，1895—1962）和麦金莱（Ashley Chadbourne Mckinley，1896—1970）出发，经过10小时的飞行到达南极点。这是人类首次乘飞机飞越南极点。

惠特尔［英］提出涡轮喷气发动机设想　20年代初，哈里斯（J.H.Harris）［英］等提出过一种喷气发动机方案，将活塞发动机、压气机与喷气推进简单地结合在一起。这一方案得到许多国家的重视，但它并不实用，因为几种部件组合在一起大大增加了重量。英国工程师弗兰克·惠特尔（Frank Whittle，1907—1996）在1929年底提出了这样的想法：在哈里斯的方案中，为什么不能增加压气机的增压比，并用一个涡轮来代替活塞发动机呢？这是一个十分重要的思想。燃气涡轮和喷气推进当时都已经发展成熟，但没有人将二者结合在一起。惠特尔涡轮喷气发动机新方案的价值在于，他把这两种一直独立的技术结合在一起。这是涡轮喷气发动机原理诞生的标志。

弗兰克·惠特尔

惠特尔设计的喷气发动机

1931年

美国全尺寸风洞投入使用　1927年，美国航空咨询委员会建造了直径为6.1米的风洞。建造这座风洞的目的是研究螺旋桨的气动性能。在这座风洞里，螺旋桨效率问题得到满意的解决，并指明了飞机部件之间相互干扰的重要性。为了更好地为设计飞机服务，风洞试验必须具备更高的性能，包括能将整架飞机进行试验，并满足动力相似条件。于是，建议建造更大的风

美国兰利实验室的全尺寸风洞

洞，以便试验全尺寸飞机或模型。1931年，美国航空咨询委员会建造了一座实验段尺寸为9.15×18.3米的椭圆形试验风洞。这座风洞由弗兰斯（Smith J. de France，1896—1985）［美］领导设计建造，位于兰利实验室，造价高达3 690万美元。这是世界上第一座能进行全尺寸飞机模型试验的风洞。

气球首次飞到同温层高度　以往气球飞行都是用敞开式座舱，人无法上升到很大的高度。瑞士物理学家奥古斯特·皮卡德（Auguste Antoine Piccard，1884—1962）和工程师基弗（Paul Kipfer，1905—1980）首次采用增压座舱，进行了创纪录飞行。小型密封吊舱是两人自己设计的。吊舱十分简陋，是由一个铝制的小汽车车厢改制成的壳子，周围用橡皮条密封。他们上升的最大高度是15 781米。1932年8月18日，皮卡德又创造了16 700米的纪录。1934年10月23日，皮卡德教授的孪生兄弟和夫人乘气球压力舱升到了17 358米的高度。这是女性第一次进入同温层。

皮卡德驾驶的气球

富勒提出后退式襟翼概念　开缝襟翼和简单襟翼都是利用改变机翼截面弯度或利用缝隙吹风延迟分离的原则，并没有增加机翼的有效面积。利用襟翼增加有效面积的设想，导致两种可伸缩襟翼的出现。美国发明家和航空工程师富勒（HarlanDavey Fowler，1895—1982）于1931年提出了后退式襟翼概念，即富勒襟翼。富勒襟翼是在机翼后缘下半部分装有活动翼面。使用时，襟翼沿下翼面安装的滑轨后退，同时下偏。使用富勒襟翼可以增加翼剖面弯度，同时能大大增加机翼后部的面积，所以增升效果很好，升力系数最大可达85%~95%。在襟翼后退时，也能产生缝隙，同时起到后缘缝翼的作用。这种襟翼的缺点之一是结构复杂，而且滑轨结构会增加阻

典型的后退式补襟翼

力。另外，襟翼后退时改变了空气动力中心，产生较大的低头力矩，要求飞机平尾有足够大的平衡能力。富勒襟翼在大、中型飞机上采用较多，可大大改善起降性能。

利皮施［德］试验三角翼飞机　利皮施（Alexander Martin Lippisch，1894—1976）是德国著名的空气动力学家、航空工程师。他设计的三角翼飞机没有尾翼组件，三角形机翼后缘装有升降副翼，翼尖装有小型垂直尾翼和方向舵。这架小型飞机在试飞时取得了成功。但由于飞机的稳定性存在一定问题，当时未能很好地解决，从而未能投入生产。

1932年

B-10轰炸机试飞　马丁公司于1932年研制的B-10轰炸机是美国航空史上相当有名的飞机。B-10装有副翼和襟翼，安装了斯佩里公司的自动驾驶仪。它的最大起飞重量为6.98吨，装有两台617千瓦发动机。改进型的B-10轰炸机最大速度为每小时418千米，航程3 347千米，可带1吨炸弹。由于它的飞行速度远远超过了当时的其他战斗机，因而大出风头。在这架飞机的刺激下，美国的战斗机发展和轰炸机发展都加快了速度。

1933年

世界第一架现代民航客机——波音247试飞成功　当时，美国的航空客运使用的飞机主要是福克木质飞机和福特三发动机飞机。前者安全性不好，

波音247客机

后者载客量小。但福特型客机对美国民航飞机的设计产生了重大影响。为解决越来越大的空中客运量的状况，加大飞机尺寸成为民航飞机研制的趋势。波音公司看准这一趋势，从20世纪30年代初开始探索大型全金属客机的研制，并适时推出了波音247客机。在技术上，波音247采用全金属结构、流线型机身、张臂式下单翼、应力蒙皮和可收放起落架，发动机带有增压器。在飞行速度、载客量、航程和舒适性方面都优于当时其他的客机。机上设有洗手间，还有一名空中小姐。波音247飞机的使用使横贯美国大陆的飞行时间由27小时缩短为19小时。从这些意义上讲，波音247飞机是世界上第一架现代民航客机。1933年2月8日，波音247进行首次试飞，3月30日正式投入联合航空公司航线运营。

飞机首次飞越珠穆朗玛峰　在人类先后飞越北极、南极和大西洋后，飞越地球第三极——珠穆朗玛峰就成为下一个重要探险目标。当时有多个国家都准备进行这场挑战。英国方面也作了积极准备，配备了两架英国韦斯特兰公司生产的PV.3双翼机和PV.6双翼机。1933年4月3日，这两架飞机从印度东南部的比哈尔邦帕尔尼亚市的拉巴鲁机场起飞，首次成功飞越珠穆朗玛峰。4月19日，他们再一次驾机成功飞越珠峰。

英国飞行团队首次飞越珠穆朗玛峰

道格拉斯公司研制出DC-1型客机　波音247飞机投入航线后，十分受欢迎，一时供不应求。在1931年3月环球航空公司的一次空难后，木质飞机面临淘汰，市场对新型客机的需求更加迫切。环球航空公司向各飞机制造商发出信息，招标设计新的客机。当时面临倒闭的道格拉斯公司抓住这个机会，投资研制新机，并且提出的指标高于环球公司的要求。1932年9月20日，道格拉斯公司正式与环球航空公司签订合同。1933年6月22日，新飞机的样机装配完毕，它被命名为DC-1。该飞机机体呈流线型，采用了后缘缝翼；机舱内部舒适，可载客12人；舱内还加装了隔音装置和暖气系统。DC-1型飞机的突出特点之一是能单发起飞。1933年7月1日首次试飞成功。DC-1型飞机为道格拉斯公司确立在民用机领域的领先地位立下大功。

DC-1型客机

赛特和福特尼乘气球创造新纪录　压力舱的出现使人可以适应更高的环境。20世纪30年代，新的织物材料和新的铝镁合金材料相继出现，使气球的气囊及其吊舱的强度增加，而重量却大大减轻。氦气替代氢气作为浮升气体也使得气球的安全性大为提高。1933年11月20日，美国海军军官赛特（Thomas Greenhow Williams Settle，1895—1980）和陆军航空队军官福德尼（Chester Lawrence Fordney，1893—1959）乘坐带有压力舱的气球升到18 665米的高度。1957年8月19日至20日，美国物理学家西蒙（David Goodman Simons，1922—2010）又乘气球上升到30 942米。1961年5月4日，为检验宇航员的压力服，美国海军军官罗斯（Malcolm David Ross，1919—1985）乘气球压力舱飞到了34 442米的高度。

佩斯克拉［阿］ 研制的直升机初步实现可操纵 马可·佩斯克拉对直升机的操纵及稳定性问题作出了很大贡献。他早在1919年就研制过共轴式直升机。1933年，他在研制的第三号直升机上安装了现代直升机必不可少的部件：铰接式桨叶、总矩操纵及周期变矩操纵系统，朝解决直升机稳定性与操纵问题向前迈进了一大步，并首次实现了侧飞、自旋下降和瞬间增矩着陆等具有重大实用意义的机动飞行。

苏联伊柳辛设计局成立 1933年1月13日，由谢尔盖·伊柳辛（Сергéй Владимирович Ильюшин，1894—1977）领导的伊柳辛设计局宣布建立，后成为苏联（俄罗斯）主要的飞行器设计与制造机构。苏联解体后，它经历了私有化过程，更名为伊柳辛航空集团。2006年2月，依据俄罗斯总统普京签署的行政命令，伊柳辛集团与俄罗斯其他主要航空、航天设计和制造公司合并成立"联合航空制造公司"。伊柳辛设计研制过多种有名的飞机，包括二战时杰出的强击机伊尔-2，战后的轰炸机伊尔-28。20世纪50年代以后主要集中于运输机的研制，主要产品是伊尔-76、伊尔-86和伊尔-98宽体客机。

伊柳辛

伊尔-2型强击机

1935年

容克斯公司试飞俯冲式Ju87轰炸机 根据第一次世界大战的经验，德国著名飞行员乌德特（Ernst Udet，1896—1941）提出飞机俯冲轰炸思想。容克斯公司基于这个设想研制了世界上第一种俯冲轰炸机Ju87，即"斯图卡"，于1935年9月17日进行了首次试飞。俯冲轰炸提高了轰炸的精度和威力。俯冲轰炸的主要作用是通过低空轰炸直接支援地面部队。在设计上，Ju87外观简洁明快，具有完美的流线型

Ju87俯冲轰炸机

机身；飞机机翼上装有弦簧发声装置，俯冲轰炸时伴随啸叫声，增强了心理威慑效果。Ju87是第二次世界大战中最著名的俯冲式轰炸机。

霍克"飓风"式战斗机问世　受德国扩充军备的影响，英国在20世纪30年代中期对未来战斗机进行了探讨。根据空军的技术要求，霍克公司的卡姆提出了新的设计方案，即"飓风"式战斗机，1935年11月8日进行了首次试飞。它采用全金属单翼结构，采用了"愤怒"式战斗机的机身结构和尾翼形状。从技术角度看，"飓风"式战斗机是相当经典的，它没有采用当时普遍使用的承力蒙皮结构，其他新技术应用也不多。但飞机的飞行性能相当出色，特别是稳定性、操纵性极好，被称为是英国第一种真正的飞行员的飞机。"飓风"式战斗机是二战中英国的主要机种。

"飓风"式战斗机

英国研制出雷达　俄裔美国工程师、物理学家特斯拉（Никола Тесла, 1856—1943）于1900年提出了雷达原理，但长期未得到重视。20世纪20年代初，美国无线电工程师泰勒（Albert Hoyt Taylor，1879—1961）和杨（Leo Crawford Young，1891—1981）进行了无线电波反射试验，通过发射高频无线电波成功地探测到波托马克河上驶过的船只。从1929年开始，电视试验也广泛开展。人们发现，电视信号在传播过程中遇到飞机时接收到的图像会被干扰。这启发人们利用电磁波来探测飞机。1934年，英国化学家、发明家蒂泽德（Henry Thomas Tizard，1885—1959）建议研制杀伤性"死光"武器。英国著名工程师沃森-瓦特（Robert Alexander Watson-Watt，1892—1973）承担这一任务后进行理论论证。在这个过程中，沃森-瓦特想到了无线电定位法，可用来探测飞机。于是，他使用显像管接收来自飞机的反射波，并计算飞机的距离，证明了这一方法完全可行。1935年最初研制的雷达只能探测到12千米内的飞机，到1936年探测距离达到120千米。二战前夕，英国还研制出机载雷达。雷达率先在英国使用，对于抗击德国飞机起到非常重要的作用。

沃森-瓦特

英国二战前建立的雷达系统

布斯曼［德］提出后掠翼思想　20世纪20年代，德国试验过后掠翼和三角翼飞机。随着飞机速度的提高，如何削弱空气的压缩效应，提高飞行速度成为摆在理论和实践面前的重大问题。1929年有人提出存在后掠效应，并且该效应可以有效降低压缩性带来的不利影响。德国空气动力学家布斯曼在意大利沃尔塔举行的一次空气动力学会议上发表论文，首次提出后掠翼思想，指出后掠翼可以推迟激波来临，提高临界马赫数。后掠翼是20世纪30年代空气动力学最富开创性的概念之一，对研制高速飞机乃至超音速飞机具有巨大的价值。

布劳恩［德］利用飞机进行火箭发动机试验　德国火箭先驱、航天专家沃纳·冯·布劳恩（Wernher von Braun，1912—1977）从1929年开始，在德国陆军的领导下开展火箭武器的研究。由于大型火箭武器的前途尚不明确，为了得到政府对火箭武器研制的支持，德国陆军火箭武器部计划在研制火箭的同时，开展火箭飞机试验。冯·布劳恩同亨克尔公司合作，利用He-112飞机进行火箭发动机试验。但这项工作由于种种原因没有进行下去。

冯·布劳恩率V-2团队成员向美军投降

Bf-109战斗机机群

梅塞施密特公司研制出第一种现代战斗机　1933年，德国梅塞施密特公司曾研制出Bf-108竞赛机，参加了1934年的环欧洲飞行竞赛。1935年德国组建空军后，要求研制新一代战斗机。梅塞施密特公司在Bf-108基础上研制出的Bf-109在竞争中获胜。

该战斗机由公司著名设计师鲁塞尔（Robert Lusser，1899—1969）设计。它的原型机于1935年9月31日进行首次试飞，最大速度达每小时480~620千米。Bf-109机集当时最先进的技术和空气动力学成果于一身，包括全金属机身、铆接应力蒙皮、增升襟翼、可收放起落架、增压发动机。由于Bf-109战斗机集中采用了各项新技术，因而被看作是战斗机设计史上的一场革命，是第一种真正的现代战斗机。二战期间，它是德国空军的主力战斗机，总生产量高达35 000架。

亨克尔公司试验He-111型轰炸机　德国亨克尔公司创立后曾研制过小型战斗机，20世纪30年代后主要研制大型轰炸机，也是喷气飞机研制的先

He-111轰炸机

锋。He-111型是德国空军的主力轰炸机，于1935年2月24日首次试飞。该型轰炸机由公司设计师希格弗里德·古恩特（Siegfried Günter，1899—1969）和瓦尔特·古恩特（Walter Günter，1899—1937）主持设计。飞机采用下单翼、双发动机布局。在设计上，He-111采用了空气动力学新成果，外形和结构都相当简洁完美，具有良好的操作性，并且它的机动性甚至可与某些战斗机媲美。He-111型轰炸机的总产量达到6 508架。

道格拉斯公司研制出DC-3型客机 DC-1型研制成功后，环球航空公司并不满意，原因是载客量偏少。当时波音公司正忙于为联合航空公司生产波音247型飞机，拒绝了环球公司的订货要求。环球公司只好订购DC-1型飞机，但要求将座位数增加到14座。这种加长型就是DC-2型客机。它于1934年5月11日试飞成功，5月19日投入航线运营。1935年底，道格拉斯公司应美洲航空公司的要求把DC-2型客机加长加宽，使之成为拥有14个卧铺的夜班飞机。但这种夜班客机并不受欢迎。于是，道格拉斯公司将卧铺取消，改装为21个座位，重新命名为DC-3。该型飞机装有两台大功率发动机，巡航速度

DC-3型旅客机

达到331千米，航程3 400千米，载客量为21~28人，最多时可达32人。由于DC-3型客机的载客量较DC-2型增加了50%以上，从而大大降低了运营成本，一举改变了航空公司经营客运亏损的局面，使民用航空客运业务不需补贴就可以独立发展。这是民用航空业确立在商业上的地位的关键一步。美洲航空公司总裁说："DC-3是第一架使客运也能赚钱的飞机。"DC-3型客机自1935年问世以来，共生产了13 000余架，仅在第二次世界大战期间美国军方就订购了1万架，另外还订购了C-46、C-47、C-53型军用运输机。DC-3型客机

使民航终于在世界范围内确立了地位和声誉。各国也通过建立立体化交通运输体系使世界面貌发生了变化。

道格拉斯公司研制出B-18"大砍刀"式轰炸机　受美国杰出航空军事理论专家米切尔航空军事思想的影响，美国很重视轰炸机的研制。道格拉斯公司在DC-2型客机的基础上改型研制了B-18"大砍刀"式轰炸机。该机于1935年首飞，1936年在航空竞赛中获胜。它的最大起飞重量为12.55吨，最大速度为每小时346千米，载弹量为2 000千克。B-18"大砍刀"式轰炸机的总产量为350架。

英国空军订购"长手套"式双翼战斗机　1935年底，英国皇家空军经过招标，订购了格罗斯特公司的"长手套"式双翼战斗机。经皇家空军鉴定后，将其改名为"斗士"式战斗机。它采用一台发动机，最大飞行速度为每小时404千米。格罗斯特公司于1938年将改进型"斗士"战斗机投入批量生产。它是英国空军订购的最后一种双翼战斗机，是英国战斗机革新的分水岭。该机一共生产了747架。

1936年

B-17型轰炸机试飞　波音公司早期在军用领域主要研制战斗机，后因竞争不利转而利用研制客机的经验研制大型轰炸机。B-17型是美国第一种重型轰炸机，由于

B-17型轰炸机

个头很大，被称为"飞行堡垒"。它的原型机是波音公司自己投资研制的。1936年1月，美国陆军订购了几架供试验用的B-17原型机。它是四发动机重型轰炸机，武器系统很重，包括1门机炮，12挺机枪，可带7.98吨炸弹。特种作战改型可装30挺机枪。它的飞行距离也很长，可达3 219千米。美国陆军于1938年订购了大批B-17型轰炸机。二战期间，B-17型轰炸机在欧洲和亚洲执行过大量远程轰炸任务，对抗击德、日的进攻发挥了巨大作用。该机一共生产了12 371架。

喷气推进室骨干成员开展火箭试验

喷气推进实验室成立 20世纪二三十年代，火箭研究在欧美兴起。美国加州理工学院的研究生马林纳（Frank Joseph Malina，1912—1981）［波］在做博士论文时，意识到随着飞机飞行速度的加快，螺旋桨效率迅速降低。为解决这一难题，有人提出采用喷气式发动机。为开展火箭和喷气发动机的研究，马林纳提议成立火箭研究小组，得到冯·卡门的支持。该小组主要成员有马林纳、阿诺德（Weld Arnold，1895—1962）［美］、史密斯（Apollo Milton Olin Smith，1911—1997）［美］、帕森斯（John Whiteside Parsons，1914—1952）［美］、福尔曼（Edward Seymour Forman，1912—1973）［美］和钱学森。这个小组后改为喷气推进实验室（Jet Propulsion Laboratory）。该实验室划归美国宇航局管理后，主要任务是研制和运行星际探测器，并在这个领域享有很高的声誉。

"兴登堡"号飞艇试飞 继LZ-127"齐伯林伯爵"号飞艇后，齐伯林飞艇公司总经理埃克尼尔（Hugo Eckener，1868—1954）计划建造一艘集公司全部技术的大飞艇。德国政府和公众也给予支持，并且政府还拨出专款。这艘飞艇即LZ-129"兴登堡"号，是世界上最大的飞艇。它全长245米，总重195吨，续航时间200小时，耗资360万美元。1937年5月6日，"兴登堡"号飞艇在美国新泽西州起火失事。该事件直接导致客运飞艇时代的结束。

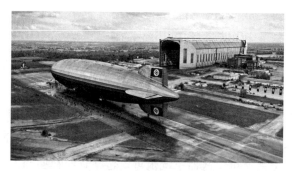

LZ-129"兴登堡"号飞艇

"喷火"式战斗机首次试飞 英国著名飞机设计师雷金纳德·米切尔曾设计过多种竞赛飞机，其中S.5和S.6曾获施奈德奖杯。他在1933年设计的224型飞机没有获得很大成功，在改进过程中，先后研制了300型和K5054型飞

英国喷火式战斗机

机。他在此基础上设计了"喷火"式战斗机并在1936年3月5日首飞。"喷火"式战斗机无论从技术上还是性能上，都是英国当时最先进的战斗机。它采用的新技术包括单翼结构、全金属承力蒙皮、铆接机身、可收放起落架、变矩螺旋桨和襟翼装置。他采用最小翼载荷设计，没有采用复杂的开缝襟翼和后缘升降副翼。因此其机动性比德国的同类战斗机略差，但稳定性更佳，可以大大减轻飞行员的负担。

"喷火"式战斗机于1936年3月5日首次试飞，生产型于1938年8月装备空军并得到广泛使用。它的总产量达20 351架，是英国历史上生产量最大的飞机。

福克［德］设计的FW–61型直升机进行首次试飞　德国著名飞机设计师亨里希·福克（Henrich Focke，1890—1979）一直对直升机怀有浓厚的兴趣。在广泛借鉴以往的直升机和旋翼机研制成果的基础上，他主持设计了FW–61型直

福克FW–61直升机

升机，成为第一架具有正常操纵能力的直升机。该机在双翼教练机的基础上研制成的，机翼取消，机身前部用支架安装两个悬臂，分别安装一副旋翼，由机身头部安装的一台发动机驱动。它的升降、方向、偏航操纵都相当不错。1937年，FW–61型直升机进行了首次自旋下降飞行试验，取得成功。同一年，该直升机打破了几乎所有的飞行纪录，创造了飞行高度3 427米、飞行时间1小时20分和飞行速度每小时120千米三项飞行新纪录。最大速度可达每小时122.3千米。

欧海因［德］开始涡轮喷气发动机研制工作　喷气发动机发明人、德国工程师欧海因（Hans von Ohain，1911—1998）还是大学生时，在学习和研究

过程中，构思了与英国的惠特尔的喷气发动
机原理相似的原理。在亨克尔飞机公司负责
人亨克尔（Ernst Heinkel，1888—1958）的雇
用和支持下，开始研究设计喷气发动机。他
研制出的德国第一台喷气式发动机HeS1在台
架试验中，基本达到了预期的效果。之后，
欧海因于1938年研制出性能较好的燃烧室，
并获得了国际专利。经过反复研究和试验，
1939年欧海因又研制成功了大推力的HeS3发
动机。用于试飞所研制的发动机的配套飞机于
1937年底开始研制，1939年春制造完工，定名

欧海因

为He-178。1939年8月27日，在二战爆发前3天，德国著名试飞员瓦西茨（Erich
Warsitz，1906—1983）驾驶He-178进行了首次飞行。He-178型飞机由此成为世
界上第一架试飞成功的涡轮喷气式飞机，开启了航空喷气时代的大门。

梅塞施密特公司Bf-110重型战斗机试飞　梅塞施密特公司研制的Bf-110
型战斗机属于与Bf-109轻重搭配的双发战斗机，1936年5月12日首次试飞。它
在设计上强调高性能、重武装、远航程，适合深入敌国领土实施作战，主要
任务之一是纵深攻击敌人的轰炸机，属于一种驱逐机。它装有4门机炮和1挺
机枪，还可携带炸弹。该型飞机于1939年1月装备德国空军。

容克-88型多用途作战飞机首次试飞　德国飞机设计师容克斯研制的容
克-88型飞机是一种多用途军用飞机。该机设计上强调高速度、强攻击能力，
这是德国空军首脑提出的概念。容克斯公司的设计师们根据军方要求设计了
容克-88型快速轰炸机。它是一个空战"多面手"，可作为重型战斗机、鱼雷
轰炸机、侦察机、截击机和夜间攻击机使用，也能完成快速轰炸任务。二战
时期一直是德国空军的主力机种之一。

英国建成雷达网　20世纪30年代中期，随着德国空军的建立，纳粹挑起
战争的野心昭然若揭。为防范德国飞机入侵，英国在东南部海岸建立了由20
个地面雷达站组成的早期警告系统。它能够发现飞行高度4 570米以上的飞
机，作战半径为177千米。虽然当时的雷达技术并不十分成熟，但这个雷达网

在不列颠之战中发挥了关键作用。

惠特尔［英］获涡轮风扇发动机专利　罗马尼亚发明家科安达研制的喷气发动机是涡轮风扇发动机的雏形。英国工程师惠特尔提出的涡轮风扇发动机设计方案利用增加排气的质量、降低排气速度和温度的方法，减少能量的损失，提高发动机的经济性。这项设计当年获得英国专利。1943年，惠特尔还设计过几种不同结构的风扇发动机，但没有着手研制。第二次世界大战中，德国的戴姆勒本茨公司和英国维克斯公司也研制过风扇发动机，但都没有取得成功。二战后，罗·罗公司将涡轮风扇发动机实用化。

1937年

惠特尔［英］研制成功第一台涡轮喷气发动机　惠特尔于1930年1月16日向英国专利局申请涡轮喷气发动机发明专利并很快获得该专利。他的发动机由压气机、涡轮、燃烧室、燃油喷嘴和尾喷管组成。压气机为二级轴流加一级离心式，涡轮为二级轴流式，尾喷管为扩张形。为了使燃气有均匀的轮前压力分

惠特尔在WU型发动机基础上改进研制的W2涡轮喷气发动机

布，在燃烧室和涡轮之间还设有集气环。1935年，惠特尔开始试制涡轮喷气发动机。1935年底，惠特尔设计了第一台试验机，定名为WU型试验机。该发动机的设计推力为8.8千牛。1937年4月12日，WU型试验机首次试飞。这次试验被看成是涡轮喷气发动机诞生的标志。在试制了3台喷气发动机后，惠特尔终于研制成功喷气发动机。不过，在涡轮喷气发动机装机试验时，英国比德国晚了一步。

欧海因［德］研制成功涡轮喷气发动机　欧海因于1933年独立提出涡轮喷气发动机概念后，1934年开始进行初步的工程设计，并选择了离心式压气机，设计压缩比为3.1，采用环形燃烧室和向心涡轮。

欧海因设计的第一台喷气发动机

1936年，欧海因受雇于亨克尔飞机公司，着手研制实用型喷气发动机。1936年底第一台样机HeS1试制完成，试验时产生了2.65千牛推力。时间比惠特尔发动机略晚，于1936年9月进行了首次试用。

第一架具有增压密封座舱的XC-35型飞机首飞　高空的大气十分稀薄，温度很低，会使人产生各种机能障碍。增压密封座舱可以有效防护高空的低压缺氧、低温、高速气流等不良因素对飞行员和旅客的伤害。

XC-35型试验机

从20世纪30年代开始，一些国家就开始研究这一问题。世界上最先研制出具有增压密封座舱飞机的国家是美国。1935年，洛克希德公司研制出世界上第一架具有增压密封座舱的XC-35型试验机，并于1937年5月7日进行了首次试飞。此后，大部分飞机相继采用了这种座舱。

P-40"战鹰"式战斗机

美国研制出超过欧洲的战斗机　20世纪30年代中期以前，美国战斗机研制水平落后于英、德等国。随着欧洲战事不断，美国加紧了先进战斗机的研制工作。寇蒂斯公司的75号战斗机在与其他公司的战斗机竞争中出局，之后寇蒂斯公司自筹资金对其进行改进，研制出P-36型战斗机。1936年，美国陆军订购了几架原型机用于作战适应性试验，性能相当优越。它后来得到了系列化改型，P-37、P-40和P-42都是以P-36为基础设计的。P-40"战鹰"式战斗机于1938年10月首飞，速度达到每小时550千米。从此开始，美国战斗机开始赶上并超过欧洲的同类战斗机。

皮尔斯等人提出层流翼型思想　20世纪30年代中期，机翼层流控制是重要的研究领域，各国都在探索。英国国家物理实验室空气动力学分部科学家皮尔斯（Norman Augustus Victor Piercy，1891—1953）、皮佩尔（R.W. Piper）、普雷斯顿（Joseph Henry Preston，1911—1985）在《哲学杂志》上发表的文章《新翼型属》中描述通过改变（后移）翼型最大厚度的位置，可以使机翼大面积保持层流，推迟边界层转捩。1939年，威廉姆斯（D.H. Williams）［美］等人通过风洞试验证实了这一点。1942年，戈德斯坦（Sydney Goldstein，1903—1989）［英］提出了这种新翼型设计方法。1945年，泰沃斯（Bryan Thwaites，1912—1989）［英］和莱特希尔（Michael James Lighthill，1924—1998）［英］对这种翼型进行了更深入的研究。在"眼镜王蛇"和"飓风"飞机上安装层流翼型后，阻力系数大大降低。

德国建造了第一座实用型超音速风洞　20世纪30年代以前，一些国家已经建成了一些小尺寸的高速风洞，但都是研究性的，无法为飞行器设计服务。为了适应高速飞行的飞机部件的研究，美国于1920年建造了一座高速风洞，气流速度为M0.58。1937年，德国为开展V–2型导弹的气动实验，特别设计、建造了试验段尺寸40厘米×40厘米的超音速风洞，最高马赫数可达M4.33。这是当时速度最高、尺寸最大的实用型超音速风洞，为德国V–2型导弹的研制作出了贡献。第二次世界大战后，这个风洞的主要部件被运往美国，为美国高速风洞的设计和建造提供了很大的借鉴。

1939年

日本"零"式战斗机试飞　20世纪前30年，日本的航空技术水平远远落后于欧美大国，但日本为扩军备战，大力发展军用飞机，"零"式战斗机就是杰出的一项成果。该机由三菱公司研制，代号A6M。它的特点是机动性好，结构坚固，航程远，适应性

日本"零"式战斗机

强，能适应舰载和陆基作战的需要。它一经出现，就令西方大为吃惊。它的研制广泛吸取了欧美研制的经验和技术，但也有浓厚的日本特色。与西方战斗机相比，日本战斗机首先强调轻小型，便于作为舰载机；其次是机动性好，强调空中优势；第三，日本战斗机和轰炸机都有惊人的航程，"零"式的改进型竟达3 000千米；第四，强调能带炸弹或鱼雷，也因此使空战火力不强。"零"

式是日本产量最大的战斗机，达11 000架，在太平洋战争中发挥了主导作用。

福克-沃尔夫公司研制出Fw-190型战斗机　二战后期，德国也在不断对军用飞机进行改进。福克-沃尔夫公司研制成功Fw-190"屠夫鸟"重型战斗机，它被看作是纳粹德国生产的最优秀的战斗机，由库尔特·唐克（Kurt Waldemar Tank，1898—1983）主持设计。设计中，该机被强调要具有良好的空中格斗性能和最强的火力，因此装有2挺机枪和4门机炮。其最大速度可达626千米，航程800千米。当该机

1940年首次出现在英吉利海峡上空时，曾给英国人以很大的恐慌。二战期间，它为德国空军立下汗马功劳。从重量和火力上看，Fw-190是Bf-109的重要补充。它有多种改进型，生产量超过20 000架。

Fw-190"屠夫鸟"战斗机

亨克尔公司试飞大型轰炸机He-177　亨克尔公司继战前研制的He-111轰炸机后，又研制了He-177"巨鸟"大型轰炸机。该机最初由亨克尔［德］本人于1936年开始设计，1937年6月转而由古恩特（Siegfried Günter，1899—1969）设计。1937年11月19日，原型机进行了首次试飞。其基本设计思想是具有大航程，能对英国任何地区进行轰炸，甚至可以飞到美国本土进行轰炸。He-177原型机首次试飞后，直到1943年1月才开始服役。它的最大起飞重量31吨，装有4台功率为1 100千瓦的发动机，最大飞行速度每小时487千米，航程达5 500千米，载弹量3 500千克。He-177参战较晚，生产量不大，只有约1 094架。

苏联苏霍伊设计局成立　苏霍伊设计局是苏联成立较晚的设计局，由帕维尔·苏霍伊（Павел Осипович Сухой，1895—1975）于1939年创立，总部位于莫斯科。苏联解体后，苏霍伊设计局与位于新西伯利亚的航空产品联合体（NAPO）、位于阿穆尔河畔共青城的航空产品联合体（KnAAPO），以及

帕维尔·苏霍伊

位于伊尔库茨克的航空公司合并组成苏霍伊航空集团。2006年2月，依据俄罗斯总统普京签署的行政命令，苏霍伊集团与俄罗斯其他主要航空、航天设计和制造公司合并成立联合航空制造公司。苏霍伊设计局成立后，主要生产攻击机和战斗机，是与米格公司齐名的轻型作战飞机研制单位。

德国成功试飞火箭飞机　在火箭技术迅速发展的情况下，研制火箭飞机成为自然而然的事情。亨克尔公司与布劳恩合作中止后，又与瓦尔特（Hellmuth Walter，1900—1980）合作研制火箭飞机。瓦尔特负责设计的火箭发动机

He-176型火箭动力飞机

采用过氧化氢和联胺作推进剂，推力为5.8千牛。1937年4月，发动机首先在He-112飞机上作为辅助动力进行了飞行试验，取得了成功。改进后的发动机安装在特制的He-176型飞机上。He-176型飞机是世界上第一架真正的火箭飞机。改进后的发动机采用过氧化氢作氧化剂，联氨水合物作燃料，采用燃料再生冷却的方式，推力为9.8千牛，且推力是有限分级可调的。He-176型飞机在安装了瓦尔特发动机后进行了一系列地面试验。1939年6月20日，He-176型飞机在进行了首次飞行试验，飞行时间大约50秒，最大速度达到每小时900千米。担任试飞工作的仍然是瓦西茨。He-176型飞机后来没有继续发展。

贝茨〔德〕提出跨音速后掠翼理论　后掠翼概念提出后，空气动力学家们又开始研究高速状态下的减阻效应。德国物理学家贝茨（Albert Betz，1885—1968）认为，后掠翼可以把跨音速临界马赫数提高到更大的数值，对超音速飞行降低波阻也有重要意义。在贝茨发现后掠翼这个特点的同一年，路德维希（Hubert Ludewieg，1886—1969）〔德〕在哥廷根空气动力研究所对后掠翼进行了试验。试验表明，一个平直机翼，一个后掠角45°的机翼，在来流速度为M0.9时，平直机翼的阻力比是来流速度为M0.7时大许多倍；而后掠机翼只比来流速度为M0.7时稍大。后掠机翼可以使临界马赫数提高到将近M0.9，可将阻力迅速增长的速度值由M0.8推迟到M0.95。由于后掠翼对提高

临界马赫数有重要价值，德国于1939年9月6日批准了"跨音速飞机"的设计专利。

德国成功研制出世界第一架涡轮喷气式飞机　继第一台涡轮喷气发动机后，欧海因〔德〕又试制了HeS-2发动机，推力提高到1.27千牛。他用了一年多时间，对燃烧室形状、环形燃烧室火焰稳定机理、燃

He-178型火箭动力飞机

料的供应与喷注方法等问题进行了系统研究，研制出性能较好的燃烧室。他设计的燃烧室后来获得了专利。他在离心式压气机前装上了一级轴流式压气机，提高了压气机与涡轮效率。1939年春，实用型HeS-3B涡轮喷气发动机研制成功，推力达到4.45千牛，推重比为1.12。1939年8月27日，安装HeS-3B发动机的He-178型飞机由瓦西茨驾驶进行了首次试飞，速度达到每小时700千米。这是世界上第一架试飞成功的涡轮喷气式飞机。

西科尔斯基的VS-300型直升机

西科尔斯基〔美〕制成实用型VS-300型直升机　在此之前，直升机平衡旋翼的方式大都是采用两副旋向相反的旋翼。而用尾桨平衡旋翼力矩的方式也早有人提出过。西科尔斯基在1909年和1910年曾造出两架直升机，采用双旋翼方案，第二架虽然离开地面，但未取得很大成功。1930年底，西科尔斯基曾向美国航空管理部门提交过一个备忘录，提出可以制造一种小飞行器，这种小飞行器可以在建筑物顶、船舶甲板或其他小面积机场起降。1931年，他申请了一项直升机设计专利，该设计的主要特点是在直升机尾部安装了一副垂直螺旋桨以平衡旋翼的力矩。1939年，他造出VS-300型直升机，采用了旋翼加尾桨的结构。首次飞行采用系留方式。由于操纵性不好，他又安装了两副水

平尾桨。1940年3月31日，西科尔斯基驾驶改进后的VS-300型直升机进行了首次自由飞行试验，先后进行了垂直上升、下降、侧飞、倒飞、绕定点盘旋等科目的试验，取得很大成功。这是实用直升机诞生的标志。

雅克布［美］发表层流翼型研究报告　20世纪30年代后期，研究层流翼型得到广泛关注。美国航空咨询委员会兰利实验室空气动力学家雅克布（Eastman Jacobs，1902—1987）1939年发表报告，介绍了层流翼型研究的成果，并提出层流翼型设计的思路。这项成果后来促使航空咨询委员会发布了四位数层流翼型族。1940年，多茨（Karl Heinrich Doetsch，1910—2003）［德］和谷一郎（1907—1990）［日］也发表了关于层流翼型设计原理的文章。1942年，霍尔斯特（Erich von Holst，1908—1962）［德］通过试验证实了层流翼型减阻方法的效益。层流翼型与普通翼型相比，其最大厚度位置更靠后缘，它的前缘半径较小，能使翼表面尽可能保持层流流动，从而可减弱分离，降低阻力。这个概念提出后，得到各国科学家的高度重视。美国航空咨询委员会在20世纪40年代中期发布了新的层流翼型族——6族翼型。目前，层流翼型在高速飞机和大型客机上得到广泛应用。

兰利实验室部分科学家（前排中为奥维尔·莱特，右二为雅克布）

B-24型轰炸机试飞 二战前美国十分重视大型轰炸机的研制。统一公司于1939开始设计B-24"解放者"四发动机大型轰炸机，目的是作为B-17型轰炸机的后继机。在设计上，它采用常规全金属结构，载弹量适中，航程远。1939年12月29日，原型机

B-24型四发轰炸机

XB-24进行了首飞。生产型B-24A于1941年交付，1942年首次在轰炸日本的战斗中使用。二战中它广泛用于欧洲、亚洲和非洲战场，是世界生产量最大的轰炸机。总产量达18 482架。

伊尔-10型强击机

伊尔-2型强击机首次试飞 它是苏联伊柳辛设计局设计的强击机。该机于1938年设计，1939年进行首次试飞并投入生产。它在苏德战争中成为使用最广泛的军用机，在配合苏联陆军部队作战方面起了很大作用，是反坦克的利器。伊尔-2型强击机的产量是全世界军用飞机中最大的，战争期间共生产了36 136架，其改型伊尔-10生产了4 966架，总产量达41 000架。

彼-8型轰炸机试飞 彼-8是苏联卫国战争中研制出的远程轰炸机，由彼特亚可夫设计局研制。该机是苏联在二战期间使用的最重的四发重型飞机，起飞重量达到32吨。经改进后，它的速度从每小时440千米增加到450千米，航程也由4 700千米增加到6 000千米。它的生产量很小，作用没有被充分发挥出来。

钱学森和冯·卡门提出卡门-钱公式 瑞士空气动力学家阿克莱特于1925年提出了无限翼展的二元线化理论。对待可压缩的空气动力学问题，格劳特［德］于1928年、普朗特［德］于1930年分别独立地提出了联系不可压缩和

可压缩流中当地压力系数的关系式（普朗特—格劳特法则），并由此求总的升力与力矩。但这一修正公式不适用于接近音速时的情况。1939年，钱学森［中］和冯·卡门［匈—美］对机翼上的压缩作用提出了普遍适用的修正公式，即卡门—钱公式。用这个公式可以比较精确地估算出翼型上的压力分布，同时还可估算出该翼型的临界马赫数。这个公式对亚音速可压缩流的计算非常实用。

苏联米格设计局成立 米格设计局全称是米高扬-格列维奇设计局，由苏联著名设计师阿尔特姆·米高扬（АртёмИвáнович Микон，1905—1970）和米哈伊尔·古列维奇（МихалИóсифович Гурéвич，1893—1976）于1939年共同创立，编号为第155号实验设计局（ОКВ-155），1971年改称米高扬设计局。该局主要设计战斗机。其在二战时期设计的米格-1、米格-3型等，都是世界著名战斗机。二

米高扬

战后，该局先后研制了米格-15、19、21、23、25、29等先进的喷气战斗机，奠定了该设计局在世界战斗机研制领域的地位，而"米格战斗机"也成为先进战斗机的代名词。苏联解体后，经过几次调整，该局改称米格设计集团。2006年2月，依据俄罗斯总统普京签署的行政命令，米格集团与俄罗斯其他主要航空、航天设计和制造公司合并成立"联合航空制造公司"，米格航空器集团是联合航空制造公司的子公司。

1940年

坎皮尼［意］试飞成功喷气式飞机 在英国惠特尔和德国欧海因研制出实用涡轮喷气发动机前，空气喷气发动机有两种代表性设计方案，一是哈里斯式，一是科安达式。意大利工程师坎皮尼（Secondo Campini，1904—1980）在20世纪30年代设计了两种喷气式飞机，分别称为CC-1和CC-2。CC-1型为哈里斯式，用星形活塞发动机驱动一台二级离心式压气机，燃烧室为环形，尾喷管内还设有调节锥。CC-2型为科安达式，设有加力燃烧室。他

坎皮尼CC-2型试验喷气飞机

的成果达到了哈里斯式和科安达式方案的最高水平。CC-2型在1940年由他领导的公司制造并试飞成功。由于耗油量高，体积和重量大，他的设计并不实用。

雅克-1型飞机试飞成功　雅克夫列夫设计局是苏联组建较晚的设计局，由著名飞机设计师雅克夫列夫（Алекса́ндрСерге́еви Чковлев，1906—1989）领导。雅克-1是该设计局设计的第一种战斗机。它具有重量轻、易于驾驶、设计简单，采用易得的材料制造，适于大量生产。它的重量约为

雅克-1型战斗机

2 900千克，最大平飞速度为每小时580千米。武器系统包括一门机炮和两挺机枪。战争年代该机共生产了8 700架。

米格-3型战斗机试飞　米格-3型是米高扬设计局在米格-1型战斗机基础上的改进型，是该设计局研制的高空战斗机。米格-3型是层板和铝合金全金属蒙皮的混合式结构单翼机，起飞重量3 360千克，高空最大速度为每小时655千米，航程820千米。武器系统有1挺机枪和1门机炮。它在二战后期也发挥了很大作用，但产量并不很大。

拉格-3型战斗机首次试飞　该机是拉沃契金设计局的产品。它是全木质结构单翼机，高空飞行速度为每小时570千米，航程650千米。装1门20毫米机

拉格-3型战斗机

炮和1挺12.7毫米机炮。它有多种系列改型，包括拉格-5和拉格-7，是苏联卫国战争中的主力机种。

B-25中型轰炸机试飞 美国北美航空公司根据陆军的要求，研制了B-25中型远程轰炸机。由于战略轰炸的思想和为纪念远程战略轰炸理论的倡导者，它以美国著名军事航空理论家与倡导者米切尔的名字命名。它的原型机NA-40型于1939年1月首次试飞，生产型B-25于1940年8月19日首飞。它的武器系统包括1门机炮、3挺机枪，最大载弹量1.8吨。B-25型尽管投入实战的时间较晚，但总产量也接近万架。

B-25 "米切尔" 轰炸机

P-51型战斗机首次试飞成功 P-51型 "野马" 式战斗机是应英国的要求研制的，由北美航空公司著名德裔设计师埃德加·施穆特（Edgar（Ed）Schmued，1899—1985）［德-美］主持设计。P-51型战斗机将航空新技术集合于一身，首次采用先进的层流翼型，其高度简洁的机身设计及合理的机内设备布局，使它的气动阻力大大下降，并且在尺寸和重量与同类飞机相当的

P-51型"野马"战斗机

情况下，载油量增加了3倍。它的航程达到1 370千米。1942年，北美航空公司和英国罗·罗公司合作，将P-51型的发动机改换成罗·罗公司的"莫林"发动机。经过这项改进，P-51"野马"式战斗机的性能得到很大提高，其高空最大速度由原型机的每小时614千米提高到每小时709千米。战争年代，北美航空公司对P-51型战斗机进行了一系列改进，包括采用轻重量机体、新型螺旋桨、全视界塑料座舱盖、新型翼型等，使其性能进一步提高，最大速度达每小时788千米。P-51型战斗机被认为是二战时期性能最高的活塞式战斗机，其总产量达15 000架。在世界范围内P-51型战斗机一直使用到20世纪70年代。

"蚊"式飞机首次试飞　德·哈维兰公司研制的"蚊"式战斗机在第二次世界大战中相当有名。它虽然是单翼机，但采用的却是相当原始的木质结构。"蚊"式战斗机是著名飞机设计师毕晓普（Ronald Eric Bishop，1903—1989）［英］在1934年为参加越野竞赛设计的DH-88飞机的基础上改进而来的，1940年11月25日原型机进行首次试飞。虽是木制机身，但流线型非常好，外形异常简洁。"蚊"式飞机的起降、飞行、稳定和操纵性能都很好。最初它是作为轰炸机研制的，安装双发动机。但由于速度达到了每小时595千米，比一般战斗机还快，因此也用于空战、侦察

英国"蚊"式飞机

和反潜。雷达型的改进型还可用于夜间作战。它的生产量达到7 781架。

福克-阿吉利斯公司研制的Fa-223"龙"式直升机试飞　1937年，德国飞机设计师福克和飞行员阿吉利斯（Gerd Achgelis，1908—1991）组建了福克-阿吉利斯公司，共同开发实用型直升机。在Fw-61型直升机的基础上，该公司研制了Fa-223"龙"式直升机，1939年8月3日进行了首次试飞。它曾创造了7 000米的飞行高度纪录。该直升机也是最早投入批量生产的直升机之一，在二战期间获得了初步的应用。1945年，德国Fa-223直升机首次成功飞越英吉利海峡。该直升机共生产20架。

美国建立专门的发动机研究机构　1939年10月，美国国家航空咨询委员会在对英、德等国的喷气发动机发展情况进行详细考察后，建议政府建立航空发动机研究中心，承担发动机的基础研究和飞行试验任务，并组建了一个专门委员会来制订航空发动机研究中心的发展计划。1940年6月，该研究中心得到美国国会批准。这个中心被命名为"飞机发动机研究试验室"，即刘易斯喷气推进中心。在通用电器公司仿制的惠特尔发动机试用后，刘易斯喷气推进中心提出了大量基础性研究课题，同时对原来的设备进行改造，建立了新的喷气发动机试验设备。1943年建成了两座地面试验台，1944年又建立了高空模拟试验台。刘易斯喷气推进中心的建成和改造，对美国战争后期和战后喷气发动机的发展起到了关键作用。很多新设计方案在这里进行基础实验研究，为美国涡轮喷气发动机迅速从仿制走向自行设计提供了保证。

Fa-223"龙"式直升机

坎皮尼［意］设计出带有加力燃烧室的喷气发动机　意大利飞机设计师坎皮尼在设计CC-1型和CC-2型两种喷气式飞机的过程中，分别采用哈里斯方案和科安达方案。CC-2型最重要的创新是设计了加力燃烧室。坎皮尼在研究科安达式发动机时发现，喷管喷出的高压气体里仍富含氧气，于是他在喷管前面又装上了一个燃烧室，通过喷油与富氧喷气再次燃烧，从而大大提高推力。由于该燃烧室耗油过多，没有取得很大成功。但加力燃烧室设计思想后来曾一度用于第一代和第二代战斗机的喷气发动机上。

1941年

阿维罗公司研制的"兰开斯特"式轰炸机进行首次飞行　二战期间，美国大型轰炸机的研制处于领先地位，英国次之。阿维罗公司研制的"兰开斯特"式大型轰炸机是英国轰炸机中最大的一种。1941年1月9日首次飞行。该机装有4台

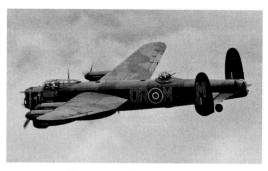

英国"兰开斯特"式轰炸机

功率为1 231千瓦的发动机，飞行速度每小时462千米，航程1 670千米。机上装有10挺机枪，载弹量达10吨。"兰开斯特"投入使用后，成为英国及盟国的主力轰炸机之一，共计生产了7 377架。

德国研制成功第一架喷气式战斗机　在亨克尔公司研制的世界第一架喷气飞机He-178试飞成功后，德国政府决定招标研制实用型喷气式战斗机。亨克尔公司提出He-280双发喷气式战斗机方案，得到批准。与之配套的发动机是HeS-8，同时欧海因又着手研制轴流式发动机HeS-40。1941年，亨克尔公司又开始研制HeS-011发动机，其特点是采用5级压气机，第一级是轴流式，第二级是离心式，后面三级是轴流式。这些工作影响了HeS-8的研制，而且它的推力比预计的小，只有4.9千牛。1941年4月2日，He-280型双发喷气式战斗机首次试飞，速度超过了活塞式战斗机。在与FW-190活塞式战斗机进行对比试飞时，He-280型双发喷气式战斗机的性能明显具有优越性。这是世界上

第一架专门设计的涡轮喷气式战斗机。但之后与Me-262的竞争中失败，未投入批量生产。

英国第一架喷气式飞机试飞成功　惠特尔第一台喷气式发动机试制成功后，英国军方开始给予财政支持。第二台在试验时涡轮叶片损坏。第三台发动机在结构上做了较大的改进。惠特尔用10个分管燃烧室代替单一大燃

英国第一架喷气飞机试验机E28/39

烧室，解决了大型燃烧室的压力、温度和流场控制问题。除燃烧室外，惠特尔对压气机和涡轮也进行了一些改进。1938年10月，新的试验机组装完毕，且在试验时实现了高速持续运行。在英国军方的要求下，惠特尔开始试制试飞用发动机W1型。这台发动机着重解决了燃烧室的供油问题。惠特尔试制了30多个汽化器，但供油效果都不佳。后来，他采用了一种特殊的雾化喷嘴。1941年发动机制造成功，采用雾化器后，燃烧室的性能大大改善。W1发动机的推力达到4 450牛。与发动机配套的飞机是格罗斯特公司生产的。1941年5月15日，安装W1发动机的英国第一架喷气式飞机E28/39由萨伊尔（Phillip Edward Gerald Sayer，1905—1942）驾驶试飞成功，时速386千米，飞行时间17分。

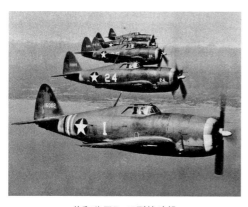

共和公司P-47型战斗机

P-47型战斗机试飞　美国共和公司为适应军方要求，研制了P-47型战斗机。1941年5月6日原型机进行了首次试飞。P-47型战斗机是美国第二次世界大战时期使用的最大的单翼战斗机。它的高空性能优良，很适于高空作战，被看作是美国的最佳截击机，也是P-38、P-39和P-40型战斗机的重要补充。

试验改进型的XP-47J曾达到每小时816千米的最大速度。P-47型战斗机是美国战斗机史上生产量最大的飞机之一，共生产了15 683架。

Me-163型火箭飞机

德国Me-163型火箭截击机研制成功 德国航空工程师李比希早在1928年就开始研制火箭飞机,并试验了一种装火药火箭发动机的滑翔机。1932年他设计了一种火箭飞机——"德尔塔Ⅳ"号,1933年又设计了滑翔机DFS-194。1940年,李比希在DFS-194型滑翔机上安装了瓦尔特R1-203型发动机,推力3 000牛,由迪特默(Heini Dittmar,1911—1960)驾驶进行了首次试飞,时速达到550千米。1941年,李比希设计出Me-163型火箭飞机。该机采用无尾翼、大后掠布局,后掠角55度,外形短粗,像一个炮弹头。1941年初,Me-163的原型机进行了滑翔飞行试验。1941年8月13日,迪特默驾驶Me-163A型火箭飞机进行了首次纯火箭动力的起飞和飞行试验,最大时速达到915千米。1941年10月2日,Me-163A型火箭飞机创造了新的速度纪录——每小时1 004千米。1943年夏,Me-163B型火箭飞机进行首次试飞。德国利用这种火箭飞机组建了第一支截击机队。它的武器系统有机炮和火箭弹,主要用于截击敌人的轰炸机。Me-163B型火箭飞机共生产了360多架。由于技术不够成熟,加之火箭飞机飞行时间很短,它未能在战场上发挥很大的作用。

1942年

P-61型"黑寡妇"战斗机的原型机首次飞行 P-61型"黑寡妇"战斗机是世界第一种实用型夜间飞行战斗机,最初是由英国提出并研制的。美国诺斯罗普公司根据英国要求,于1940年11月提出这项夜间战斗机设计方

P-61型"黑寡妇"战斗机

案。后来，美国也提出了类似要求，并于1941年初订购了15架原型机用于作战适应性试验。1942年5月26日，P-61型"黑寡妇"战斗机的原型机进行首次试飞。与其他战斗机不同，P-61型"黑寡妇"战斗机的头部呈圆形，里面装有雷达，后部有两个机身。尽管P-61型"黑寡妇"战斗机很大很重，但它的速度很高，达每小时692千米，各种速度下的性能都很好；它还可携带2.9吨炸弹，并能完成截击、空战和侦察任务，还能深入敌方领空实施纵深轰炸。P-61型"黑寡妇"战斗机投入服役的时间较晚，第一批于1943年7月才加入部队，因此生产量较小，只有706架，单价高达19万美元。

第一架实用型喷气式战斗机Me-262试飞成功　20世纪40年代初，德国有多家公司研制涡轮喷气发动机。梅塞施密特根据德国空军的招标要求，开始研制喷气式飞机，并采用容克斯公司的尤莫004发动机。尤莫004发动机是轴流式，1940

Me-262"燕子"喷气式战斗机

年10月开始台架试验。1941年1月，尤莫004发动机在推力达到4.2千牛时压气机开始喘振。在对涡轮叶片反复调整后，1941年12月，推力达到了9.8千牛，持续工作时间10小时以上。1942年7月18日，以尤莫004为动力的Me-262原型机试飞成功。此后，弗朗茨（Anselm Franz，1900—1994）［奥］等人根据生产需要对发动机进行了一系列改进。他们采用标准化零件，并为燃烧室、涡轮和尾喷管设计了冷却系统，使性能和可靠性得以提高。1944年初，Me-262正式服役。这是世界上第一种实用型喷气式战斗机，共生产了1 433架。生产型Me-262的时速达到868千米。德国在研制喷气发动机的过程中，发展了许多新技术，其中环形燃烧室、轴流式压气机、空心气冷叶片、尾喷管调节锥以及双涵道发动机等技术对于战后喷气发动机技术的发展产生了深远的影响。

美国波音公司研制的B-29型"超级堡垒"轰炸机试飞成功　在美国陆军战略轰炸机设计招标时，波音公司研制了B-29型"超级堡垒"轰炸机。它参考了B-17型轰炸机的设计，早在1938年就进行了改进设计。当1940年进行招标时，波音公司已在设计上准备就绪。1940年8月24日，陆军订购了3架B-29原型机。B-29型轰炸机采用了特殊的翼型和富勒襟翼，可达到相当高的翼载荷。1942年9月21日，B-29型轰炸机的原型机进行首次试飞。它的起飞质量达64吨，航程6 600千米，武器系统包括1门

B-29型"超级堡垒"轰炸机

机炮、10挺机枪，载弹9.07吨。1943年秋，第一架生产型B-29型轰炸机交付使用，1944年6月5日首次参战。它在第二次世界大战末期对德国和日本的战略轰炸中发挥了巨大作用。1945年8月6日和9日，B-29型轰炸机两次在日本投下了原子弹。

弗莱特纳Fl-185型直升机

弗莱特纳［德］研制的直升机投入使用　德国发明家、工程师弗莱特纳（Anton Flettner，1885—1961）对新型飞行器和机械研制非常重视，包括试制运用马格努斯效应的船只和直升机。1935年，弗莱特纳Fl-184型旋翼机进行了试飞。1936年，Fl-185型直升机进行了试飞。它有一副主旋翼和机身侧部安装的两个反扭矩小螺旋桨。1939年，弗莱特纳Fl-265型直升机进行了试飞试验。1941年，弗莱特纳Fl-282型"蜂鸟"直升机进行了试飞。它采用横向双旋翼，其重要特征是旋翼转速能够自动变化，同时也能自动调整桨叶的攻角，因此有较好的适应性。该机于1942年投入使用，共生产了24架。

美国第一架喷气式飞机——XP-59A型"空中彗星"号试飞　1938年，美国海军组织科学家和工程师对燃气涡轮发动机的发展潜力进行了专门研究，得出的结论是：涡轮喷气发动机由于质量太大不适于作飞机的动力。1941年初，美国得到英国和德国正在研制喷气发动机的情报，陆军航空兵

XP-59型"空中彗星"喷气式飞机

参谋长阿诺德（Henry Harley Arnold，1886—1950）写信给航空咨询委员会主席布什（Vannevar Bush，1890—1974），催促他建立发展涡轮喷气发动机的组织。在布什的主持下，航空咨询委员会建立了喷气推进委员会。英国在E28/39型喷气式飞机试飞成功后，邀请阿诺德前往观看表演。阿诺德与英国签订了仿制合同。这个任务由通用电器公司承担。1942年春，仿制型的I-A型发动机开始台架试验。1942年4月18日，发动机实现了首次持续运行，推力为5.56千牛。1942年10月2日，一架装有两台I-A型发动机的贝尔XP-59P型试验机在加利福尼亚州莫罗克干湖床上飞行了10分钟，这是美国的第一次喷气式飞机飞行。

李比希［德］提出并获得了变后掠翼飞机专利　飞机的起降性能是航空设计师们十分关注的问题。德国航空工程师李比希认为，变后掠翼能够提高飞机低速时的升阻比，改善起降性能。1942年，霍尔斯特［美］试制的装有不同变后掠装置的模型飞机进行了试飞。20世纪40年代中期，英国也开始了变后掠机翼的研究，但这项工作未能持续下去。二战后，有关人员将研究成果带到美国，为美国变后掠翼飞机的研制打下了基础。

德国研制成功惯性平台　德国研制并于1942年10月3日发射成功的V-2型导弹安装了世界第一个惯性导航系统。这个平台式惯导系统由两个双自由度陀螺和一个加速度计组成。经过几年的改进，到第二次世界大战末期，德国研制成功了由三个单自由度空气轴承陀螺仪组成的平台和一个加速度计组成的惯性制导系统。平台提供相对惯性空间的方位基准，加速度计测量加速度和引力作用，积分后得到速度。由于该系统只有两个简单的积分器，无法进行重力补偿，导航精度有限。

德国V-2型导弹

拉–5型战斗机研制成功〔苏〕 拉沃契金设计局在拉–3型战斗机的基础上，改进研制了拉–5型战斗机，安装了功率为1 268千瓦的发动机。经过进一步改进，减轻了结构质量并改善了气动外形，该设计局又研制出拉–7型战斗机。它的最大速度提高到每小时650千米。拉–5型战斗机装有2门机炮，拉–7型战斗机装有3门机炮。三种型号的拉式战斗机总产量达到22 000架。雅克夫列夫设计局于1942年研制出雅克–9型战斗机，在斯大林格勒前线投入战斗。装备不同的发动机时，它的飞行速度分别达到每小时505千米和700千米。这些先进战斗机的出现，使苏联的空中作战能力大大提高，超过了德国的水平，从而夺取了制空权。

1943年

英国第一种喷气式战斗机试飞成功 英国第一架喷气式飞机试飞后，在官方的支持下，一些飞机公司开始研制实用型喷气战斗机。格罗斯特公司研制的"流星"式喷气战斗机于1943年3月5日进行了首次试飞。它采用两台罗·罗公司

格罗斯特"流星"战斗机

的"德温特"喷气发动机，单台推力8.9千牛。飞机起飞质量为6 314千克，最大速度667千米，航程2 156千米。这是英国皇家空军装备的第一架喷气式战斗机，也是盟军在二战中唯一投入实战的喷气式战斗机。

英国研制成功轴流式喷气发动机 从1926年起，英国科学家、工程师格里菲斯等人制造了几种轴流式压气机并进行了试验研究。1936年后，他们与维克斯蒸汽轮机公司一起设计并制造了一台分为高低压两部分的双转子燃气轮机，利用从高压涡轮流出的燃气驱动一个单独的涡轮，再由涡轮带动螺旋桨。1939年，高压压气机效率达到了87%。随后，由皇家飞机研究院设计，维克斯公司制造的实用型轴流式燃气轮机进行了试验。其压气机为9级，涡轮为2级，燃烧室为环形，功率达到1 492千瓦。原计划以此研制涡轮螺旋桨发动

机，改为在燃气轮机后部装上喷管，定名为F2型发动机。1943年6月29日进行了试验，成为英国第一台试飞成功的轴流式喷气发动机。

克鲁格［德］提出的克鲁格襟翼　飞机襟翼系统一直在不断完善之中。早期的襟翼大都位于机翼后缘。德国工程师克鲁格（Werner Krüger，1910—2003）发明了前缘缝翼，后被命名为克鲁格襟翼。它位于机翼前缘根部，外形相当于机翼前缘的一部分，上

典型的前缘伸出的克鲁格襟翼

表面有重叠。使用时利用液压作动筒将克鲁格襟翼向前下方伸出，既改变了翼型，也增加了翼面积。它的构造简单，增升效果比较好，缺点是不能像缝翼那样具有推迟气流分离的功效。目前，大型飞机上多装有克鲁格襟翼。

雅克－3型战斗机问世　雅克夫列夫在雅克－1型战斗机的基础设计了雅克－3型战斗机。它是二战中苏联制造的质量最轻、机动性最好的战斗机。雅克－3型战斗机的起飞质量为2 650千克，气动外形有了很大改进，翼面积减小，阻力很低。装备不同发动机的雅克－3型战斗机的速度在每小时660千米至700千米。它的气动性好，翼载荷和功率载荷低，爬升率和速度很大，垂直机动性也很优越。雅克－3型战斗机装有两门机炮，或一门机炮和二挺机枪。它的产量很大。

中国航空博物馆馆藏图－2型轰炸机

图－2型前线俯冲式轰炸机开始成批生产　图－2型轰炸机由图波列夫设计局设计，装有两台功率为1 380千瓦的发动机。图－2型轰炸机正常起飞质量为10 380千克，最大平均飞行速度为每小时547千米。该机可载炸弹1 000千克，超载时可载3 000千克。机上安装了2门20毫米机炮和3挺12.7毫米机枪，正常航程2 100千米。图－2型轰炸机的产量是2 527架。

罗兰导航系统投入使用　罗兰导航系统是一种利用无线电网络实现远

距离导航的庞大系统。早在1940年，美国陆军情报部微波委员会主任洛米斯（Alfred Lee Loomis，1887—1975）建议建立双曲线导航系统，并预计该系统可为320千米~800千米范围内的高速飞机提供精度为300米的导航服务。洛米斯的建议导致陆军部制订了3号计划。经过几次试验，证明该系统可行，同时还联合加拿大和英国共同参加。到1943年，陆续在美国、加拿大以及格陵兰、冰岛、法罗岛、苏格兰、英格兰等海岸建立了大量基站，覆盖范围为整个北大西洋。罗兰导航系统基站由一个主台和两个副台组成，主、副台间基线长约300海里。主台和副台各辐射峰值功率为100千瓦并严格同步的脉冲信号。用户接收机接收信号后，在示波器上经过手调测出主台与一个副台的到达时差，以数字表示；再测出另一主、副台时差后可在印有罗兰格网的海图上找到交叉点，即用户位置。太平洋战争期间，美国又在太平洋相关沿岸建立基站，为美军飞机提供导航，为对日战争获胜提供了支援。到二战结束，整个罗兰导航系统共计有72个基站，军事用户达75 000个。二战后，罗兰系统继续扩大规模，到1965年该系统正式命名为罗兰A。1974年，罗兰A开始向民用用户开放服务。为进一步扩大导航范围并提高导航精度，罗兰导航系统经过天波同步罗兰、低频罗兰、西克兰（CYCLAN）和西塔克（CYTAC）等发展阶段，最终形成了罗兰C系统，于1980年升级完成。罗兰C系统在作用距离与定位准确度方面都优于罗兰A系统。罗兰C系统基站由1个主台和2~4个副台组成，主台和副台间基线长度为600~1 000海里。发射机峰值功率从几百千瓦至4兆瓦，天线高度为180~410米，天线辐射功率为165~1 800千瓦。地波海上作用距离一般可达1 200海里，夜间一次跳跃天波可达2 300海里。由于该系统在可靠性、准确度、造价及有效作用范围等方面的许多优势，用户数量迅速增加，并获得迅速发展。罗兰C系统拥有30多万海洋用户和50多万航空用户，并拥有数目可观的陆地用户。

罗兰A导航系统在金斯顿沙岛的台站

1944年

德国试飞第一种前掠翼飞机　前掠翼飞机与后掠翼飞机概念的提出均在二战前后。1943年，德国容克斯公司受命研制一种能够超越盟军任何战斗机的重型轰炸机。最初曾计划采用后掠翼方案，但由于喷气式飞机速度快，后掠翼方案存在低速不易操纵的缺点，因此改为前掠翼方案，这就是Ju-287。

Ju-287V1型飞机进行试飞前准备

它能兼顾高速和低速飞行的需要。不过，前掠翼存在气动发散问题，即当速度和仰角达到一定数值时，很难保证飞机的静稳定性。为此，在设计Ju-287型时对机翼结构进行了一些改进。为了加快研制进度，第一架原型机——Ju-287V1，机身采用He-177A型的现成部件，机尾沿用Ju-388型飞机，主起落架沿用Ju-352型飞机，前起落架则取自被击落的美军B-24型轰炸机。Ju-287型飞机装有4台Jumo004m涡轮喷气发动机，两台布置于前机身两侧，另两台吊装翼下。1944年8月16日，Ju-287V1首次试飞，结果十分令人满意。但在后续试飞中，当速度达到650千米/时时，气动发散问题开始出现，飞机不自主地趋于俯冲。经过将前机身侧向发动机改为翼下悬挂，问题得到解决。第二架原型机Ju-287V2使用4台Heinkel-Hirth011A喷气发动机，每侧翼下挂装两台。由于发动机生产厂被盟军炸毁，不得已改为使用6台BMW003A-1发动机，每侧翼下悬挂3台。该机空重11.93吨，最大起飞质量21.518吨，可装4 000吨炸弹。战争结束前，飞机仍然未能研制完成。1945

Ju-287V1型准备进行试飞

年，生产线上未装配好的第二架原型机被苏军俘获，带回苏联计划对Ju-287继续进行研究。1947年，Ju-287在苏联试飞，达到了1 150千米/时（M0.95）的速度。由于前掠翼的技术问题无法彻底解决，所以并未进一步发展。

洛克希德公司P-80型"流星"喷气式战斗机试飞 美国通用电器公司应用研制压气机的经验和成果，吸收了蒸汽轮机分公司研制轴流式发动机涡轮和燃烧室取得的经验，对I-A型发动机进行了改进，新研制的I-16型发动机于1943年4月首次试用，推力为7.1千牛，推重比

P-80型"流星"战斗机

为1.88。1943年初，在获悉德国正在研制的Me-262型战斗机后，美国陆军航空兵决定研制速度为800千米的战斗机，要求发动机推力达到17.6千牛。通用电器公司经过多次方案论证后，于1944年研制出I-40型发动机，推力为17.8千牛，生产型的I-40定名为J-33。洛克希德公司采用这种发动机研制了P-80（F-80）型喷气战斗机，于1944年1月9日进行首次试飞。它的最大速度达到每小时933千米，航程2 220千米。

亨克尔He-162V-1型喷气式战斗机首次试飞 亨克尔公司的He-280喷气式战斗机在德国空军的招标竞争中失败后，亨克尔设想研制一种小型喷气式战斗机。1944年9月，德国在二战中不断失败后，空军制定了"全民战斗机"

艾姆斯实验室的12.2×24.4米大型风洞

计划，选中了亨克尔公司的He-162型战斗机的设计方案。该机安装一台BMW003E型发动机，于1944年12月6日进行首次试飞。它的最大速度为每小时840千米，生产量约300架，但未发挥多大作用。

美国建成最大的风洞 为开展全尺寸飞机气动实验，尽可能模拟实际飞行环境，美国航空咨询委员

会的艾姆斯实验室建造了一座12.2×24.4米尺寸的大型风洞。它是当时世界最大的风洞。1982年美国对该风洞做了重大改进，增加了一个24.4×36.6米的新试验段。这座风洞直到今天仍是世界上尺寸最大的风洞。在增加实验段的同时，还增加了风洞驱动功率，更新了测控等系统，使风洞性有了较大提高。这项改进工作共投资1亿美元。

1945年

Me-262型喷气式战斗机在柏林空战中获重大战果　1944年6月，德国Me-262型喷气式战斗机首次参战，它因速度优势在空战中连连得胜。1945年4月10日，在柏林的空战中，Me-262型喷气式战斗机一天就击落盟军19架轰炸机和8架战斗机。由于它本身存在技术问题，加之主要作轰炸机使用，未能发挥更大作用，但显示了喷气式飞机的技术和性能优势。

"达特"涡轮螺旋桨发动机问世　1926年英国工程师格里菲斯曾提出涡轮螺旋桨发动机思想，此后他进行过一些试验，但未取得成功。而英国当时主要关注涡轮喷气发动机。20世纪40年代初，罗·罗公司为解决活塞发动机功率低的问题，进一步发展了涡

"达特"涡轮螺旋桨发动机

轮螺旋桨发动机。该公司通过引入多级涡轮，使涡轮吸收大部分燃气能量，从而不仅带动压气机工作，而且带动螺旋桨旋转，并以螺旋桨的功率为主，推动飞机飞行。1945年，罗·罗公司研制成功第一台实用型涡轮螺旋桨发动机——"达特"，功率达917.85千瓦。这台发动机装在"流星"式飞机上并于1945年9月进行了试飞。这是世界上第一架采用涡轮螺旋桨发动机的飞机。之后，涡轮螺旋桨发动机主要用在支线客机和通用飞机上。

德雷伯研制出液浮陀螺　由于陀螺转轴存在摩擦力矩，会使陀螺产生不期望的进动，从而引起漂移误差。探索新的支承形式早在20世纪40年代就已

德雷伯

经开始。在第二次世界大战期间，美国麻省理工学院仪表实验室的德雷伯（Charles Stark Draper，1901—1987）在为美军研制瞄准具时，就在为提高陀螺仪的精度而努力。进动轴存在摩擦力矩与阻尼不够是以前常规机电陀螺的两个主要误差源。德雷伯首先解决了阻尼问题，然后解决了液浮问题。液浮陀螺仪在相当长时间里是精度最高的陀螺仪，广泛用于惯性导航系统中。

罗·罗公司进行涡轮风扇发动机的可行性研究 柯安达设计的喷气发动机可看作是涡扇发动机的雏形，但后来相当一段时间未受到重视。英国罗·罗公司与国家燃气轮机研究院联合进行了风扇发动机的可行性研究，并于1946年提出了结构设计方案，后又进行了一系列改进。1948年，罗·罗公司设计了推力为41.2千牛的涡扇发动机原型机RB-80。在此基础上又设计了"康维"发动机。"康维"发动机为双轴形式，在低压压气机出口处，气流分成两个部分，一部分进入外涵道，一部分通过低压压气机进入燃烧室，形成了前风扇后双涵道发动机。"康维"发动机后来又经过多次改进，于20世纪50年代末被波音707等客机采用。在"康维"发动机的基础上，罗·罗公司又研制了经济性与安全性更好的"斯贝"发动机，被"三叉戟"等著名飞机采用。涡扇发动机经济性好、噪音低，目前广泛用于大型客机上。

罗·罗公司的"康维"涡扇发动机

1946年

英国提出动力调谐概念 动力调谐陀螺就是挠性陀螺。与常规机电陀螺不同，挠性陀螺虽有高速转子，但无轴承支承，因而消除了摩擦力。其挠性支承采用"虎克接头"、叉簧、片簧、柔性杆等。这种支承具有无磨损、无游移、无润滑等特点，因此结构简单、零件少，容易制造，对环境要求低，成本低，精度也能满足常规要求。1946年，英国首次提出动力调谐陀螺的概念。美国的辛格-基尔福特公司从1958年起投入大量精力进行研究，于1961年获得设计专利，1967年交付空军第一套挠性陀螺

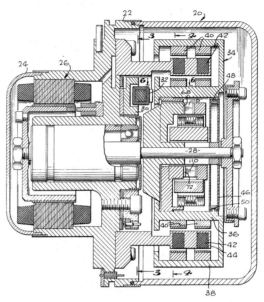

动力调谐陀螺结构图

惯导系统。20世纪70年代服役的飞机装备的惯导系统曾广泛采用干式挠性陀螺。

F-84型战斗机的原型机首次试飞　随着美国成功研制出喷气式飞机，多家公司进入喷气领域。共和公司研制出了F-84型喷气战斗机，1946年2月28日首次试飞。该机研制成功，与通用电气公司在发动机上取得的成果密不可分。从1941年起，通用电气公司蒸汽轮机分公司开始为海军研制涡轮螺旋桨发动机。由于在压气机和燃烧室方面缺乏经验，初期进展十分缓慢。后来在英国惠特尔型发动机的启发下，研制人员提出了复合筒形燃烧室的概念，研制了直流分管燃烧室。1943年，通用电气公司对发动机的燃气发生器部分进行了首次台架试验，输出功率为895千瓦。后来，研制人员将该发动机改进成轴流式喷气发动机，1944年进行首次试用，推力达到17.8千牛。共和公司在研制新型战斗机时，选中了这台性能优异的发动机。F-84型战斗机的最大速度为每小时1 059千米，航程2 640千米。它有多种改型，共生产了8 000架，曾大量用于美国及其盟国。它还是第一种能携带核武器的喷气式战斗机。

苏联第一种喷气式飞机试飞　苏联发动机专家留利卡（Архип Михайлович Люлька，1908—1984）从1936年开始研制涡轮喷气发动机。1941年，部件研

雅克-15型战斗机

米格-9型战斗机

制基本完成，正当准备整机装配和试验时，德国大举进攻使这一项目被迫中止。一年以后，研究活动又重新展开，但规模一直不大，直到战争结束前，苏联也没有研制出自己的喷气式发动机。二战结束后，苏联开始利用缴获的资料和设备，仿制成功德国尤莫004和BWM喷气发动机。1946年4月，这两种发动机被分别装在雅克-15和米格-9型战斗机上，于24日同一天试飞成功。苏联从仿制外国喷气发动机很快就过渡到自行研制阶段。

康维尔B-36型轰炸机的原型机试飞　二战结束后，美国继续发展大型轰炸机。康维尔公司研制的B-36型轰炸机是当时起飞质量最大的飞机，采用奇特的混合发动机，装有6台活塞式发动机和4台喷气式发动机。该机于1946年8月8日进行首次试飞。飞机翼展70.14米，机长49.4米，最大起飞质量186吨，最大载弹

康维尔B-36型轰炸机

量39吨，最大平飞速度每小时706千米，航程12 070千米。它还装有10门机炮。B-36型有多种改型，但总生产量不大，仅有380架。

苏联卡莫夫直升机设计局成立　二战后，苏联非常重视直升机的研制。卡莫夫设计局主要进行直升机研制，由卡莫夫（Николáй Ильич Кáмов，1902—1973）领导，其产品名称全都以Ka或卡字开头。与米里设计局主要研

苏联著名直升机设计师卡莫夫

制常规布局直升机不同，该设计局设计的直升机几乎全都采用同轴反转螺旋桨。首个产品是用一个摩托车的27马力发动机推动的Ka-8型直升机。Ka-8型是采用同轴反转螺旋桨直升机，好处是无需安装尾桨和尾减速器，可以节省在陆地上或军舰上的存放空间。卡莫夫设计的直升机一直是苏联（俄罗斯）武器直升机和海军多用途直升机的典型代表。

1947年

美国建成第一座开槽壁式高速风洞　高速气流的壅塞现象使近音速流难以达到。德国在二战时期建造了一座达到壅塞速度的高速风洞。1947年，美国兰利实验室科学家发明了带有开槽壁的跨音速风洞，可以消除壅塞现象，提高实验速度。

美国航空咨询委员会的高速风洞

航空咨询委员会据此研制成第一座试验性开槽壁式高速风洞，产生了近音速流，为发展跨音速风洞奠定了基础。该风洞共开了8条缝，开闭比为12.5%，能进行从高亚音速到低超音速整个跨音速段的试验。这是战后气动技术的一项重要进展。1950年，美国康乃尔航空实验室建造了一座开孔式跨音速风洞。随后，阿诺德中心用孔轴线斜于气流30°方向的斜孔壁代替了垂直于气流的直孔管，进一步提高了性能。目前，世界上最大的两座跨音速风

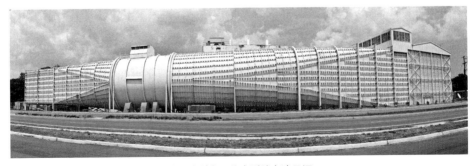

美国兰利中心的大型跨音速风洞

洞是美国兰利中心的4.88米缝壁式跨音速风洞和阿诺德中心的4.88米斜孔壁式跨音速风洞。这两座风洞消除了壁面上的自然激波，保证了试验段气流的均匀性。

理查德·扬［美］发明复合材料 1947年，美国科罗格公司（Kellogg Brown & Root）工程师理查德·扬（Richard Young）在一次实验中，偶然地将玻璃纤维与环氧树脂混合在一起，结果成功地得到一种奇特的材料，从此揭开了航空材料历史的新篇章。这种全新的材料具有玻璃纤维与环氧树脂单一组分所不具备的新性能，这令他惊奇不已。这一新发现当时无

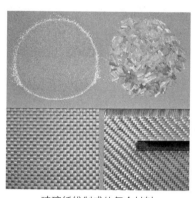

玻璃纤维制成的复合材料

法进行解释。直到1960年，美国宇航局刘易斯研究中心材料科学家麦克唐奈尔（David L. McDanels）、杰克（Robert W. Jech）、魏顿（John W. Weeton）等人发展了纤维增强理论，对这种新材料的性能和行为进行了圆满的说明，并把它称作复合材料。复合材料目前在各工业和工程领域都有极为重要的应用价值。

直升机开始广泛投入实际应用 直升机具有飞机所不具备的特殊能力，如悬停、垂直起飞、倒飞等，因此，它的应用潜力和价值十分明显。德国最先将直升机投入实际应用。20世纪40年代初，德国使用Fl-282型直升机在近海地区进行侦察。二战末期，德国还研制了最早装备武器系统的Fa-223型直升机，准备用于对地攻击任务。美国西科尔斯基公司在1942年研制出了第一种用于军事目的的直升机XR-4，用于执行观察和空中救护任务。1944年4月21日，美国利用这种直升机在缅甸丛林中成功地搜索营救出一名美国飞

美军装备的R-4型直升机

行员和三名英国伤员。1946年，美国开始用直升机进行航空邮政业务试验，取得了成功。1947年5月，洛杉矶航空公司获得了美国民航局颁发的临时许可证，允许其开办定期航空邮政业务，标志着直升机正式投入使用。英国最早则是尝试把直升机用于航空客运业务。1950年6月1日，英国欧洲航空公司用S-51型直升机正式运送第一批旅客。

冲压喷气发动机研制成功　空气喷气发动机方案出现后，工程实践上的一个关键问题是如何使空气增压后再进入燃烧室。20世纪20年代后期，有人设想可以预先使气流获得高速，然后再进入燃烧室，具体措施是先使燃烧室（飞行器）获得一定的速度，相当于涡轮喷气

勒杜克研制的冲压发动机飞机

发动机取消了增压涡轮。1929年，法国工程师勒内·勒杜克（René Leduc，1898—1968）较早开始进行冲压发动机试验，1947年研制成功冲压发动机。1949年冲压发动机进行飞机装机飞行试验，采用的母机是朗圭多克，由它携带升空后投放进行自主飞行。1942年，奥地利工程师桑格尔（Eugen Sänger，1905—1964）和德国福克-沃尔夫公司设计师帕伯斯特（Otto Pabst，1911—1998）［德］也开始研究冲压发动机，并在飞机上进行试验，未取得成功。20世纪40年代，冲压发动机的研制达到高潮。美国马夸特公司研制成功冲压发动机，于1947年在洛克希德公司的P-80型飞机上试验成功。

F-86型"佩刀"式战斗机原型机首次试飞　二战后，飞机气动设计技术趋于成熟 。1944年，北美航空公司开始研制F-86型战斗机，这是美国第一种实用型后掠翼喷气式战斗机，1947年10月1日进行了首次试飞。它采用下单翼布局，机翼和尾翼都有大后掠角；采用一台J-47型涡轮喷气发动机，推力26.5千牛；其最大允许时

F-86型"佩刀"式战斗机

速为1 100千米，巡航速度为850千米，作战半径为745千米。它在朝鲜战场上与同级别的米格-15型战斗机恰逢对手。它是生产量最大、应用最广的喷气式战斗机之一，各种改型共生产了11 400架。

波音公司制造的后掠翼轰炸机B-47型试飞　美国科学家琼斯在1945年提出后掠翼理论。当了解到德国在后掠翼飞机设计上的进展后，美国立即停止了大型平直机翼轰炸机的设计，提出后掠翼轰炸机设计方案，促使制订了研制B-47

B-47型后掠翼轰炸机

型中型轰炸机的计划。它由波音公司于1946年开始研制，1947年12月17日首次试飞。它是美国第一种后掠翼轰炸机，安装了6台J-47涡轮喷气发动机，单台推力26.7千牛。其最大起飞质量100吨，最大速度每小时965千米，航程8 500千米，载弹量10吨。到20世纪60年代退役时，B-47型各种改型共生产了2 300架。

米格-15型喷气式战斗机

苏联米格-15型喷气式战斗机的原型机试飞　1947年，苏联通过贸易谈判从英国购买了25台"尼恩"和30台"德温特"发动机，并立即着手进行仿制。经过一年多的努力，克里莫夫设计局仿制成功"尼恩"发动机，定名为РД-45。1949

年，发动机开始成批生产。苏联第一代后掠翼战斗机米格-15最初直接采用"尼恩"发动机，首次飞行时间是1947年12月30日。米格-15的生产型采用仿制的发动机。它的最大速度每小时1 080千米，作战半径300千米，转场航程1 920千米。各型米格-15是苏联等社会主义国家应用最广的喷气式战斗机之一，在朝鲜战场上有出色表现。各种改型共计生产了16 500架。

苏联第一种喷气式轰炸机伊尔-22试飞成功　图波列夫设计局1947年研制了苏联第一种投入生产的喷气轰炸机图-12，但应用不广。伊柳辛设计局则设计了苏联第一种喷气式轰炸机伊尔-22，并于1947年7月24日进行首次试飞，但由于存在设计问题而放弃。尔后又研制了伊尔-28轻型轰炸机，用于对前线目标和水面舰只进行战术轰炸。中国曾经较大批量地仿制过伊尔-28，定名为轰-5。

伊尔-28轻型喷气式轰炸机

1948年

德雷伯［美］领导研制出全惯性导航系统　为适应远程飞机导航的需要，德雷伯领导研制了"斯佩尔"（意为空间惯性参照装置）全惯性导航系统。该系统采用液浮陀螺，于1948年试制成功。1953年2月，该系统进行了首次横穿美国大陆的全惯性导航装机飞行，全程共4 000千米，误差仅16千米。这次飞行表明，惯性导航系统完全适用于飞机。1958年3月，性能好、尺寸小、质量轻的小"斯佩尔"系统做了一次横贯美国大陆的成功飞行。1958年，美国海军"鹦鹉螺"号潜艇依靠惯性导航系统在水下航行21天，成功穿越了北极，显示了惯导系统的巨大价值。后来，惯性导航系统广泛用于各种飞机、潜艇和航天器上。

德雷伯实验室研制的船用惯导系统

美国海军"鹦鹉螺"号潜艇

第一种实用型三角翼战斗机问世　后掠翼概念提出后，人们又认识到三角翼也具有提高临界马赫数的功效。美国通用动力公司的康维尔分公司根据

XF-92A型三角翼战斗机

三角翼设计思想，开始设计XF-92A型三角翼战斗机。它没有尾翼部件，结构简单。它在1948年6月9日试飞时，曾达到M0.95的最大速度。这是世界上第一种实用型三角翼战斗机。

苏联伊尔-28型轰炸机首飞　由于伊尔-22型轰炸机存在设计问题，伊柳辛设计局又研制了一种喷气式中型战术轰炸机伊尔-28（Il-28），于1948年7月8日进行了首次试飞。它也是苏联第一种大批量生产的轰炸机。由于其设计十分成功，除苏联外，中国也在取得许可证后大量制造，称为轰-5。该机为常规布局，两台克利莫夫喷气发动机（仿制的尼恩发动机）置于平直机翼的下方。投弹手位于玻璃机头内，在机尾装有两门机炮的自卫炮塔。与西方同期生产的轰炸机相比，苏联的这款设计比较保守，与二战时期轰炸机的设计相似，唯一较为新颖的设计是带后掠的水平尾翼以及水泡式座舱和弹射座椅。伊尔-28型轰炸机的总产量超过6 700架。

世界第一种涡轮螺旋桨客机首次试飞　英国在20世纪40年代初规划未来运输机方案时，维克斯公司提出了一种采用普通活塞发动机来制造飞机的方案。涡轮螺旋桨式发动机问世后，该公司修改方案，采用新型涡桨发

"子爵"号涡桨式客机

动机，生产出"子爵"号涡桨式客机，设有32个座位。"子爵"号涡桨式客机的原型机于1948年7月16日首次试飞。但是，航空公司却取消原来的订货，转而订购活塞式客机。于是，维克斯公司将"子爵"号加长，增加到64座。这种改型受到航空公司的欢迎。1950年，"子爵"号正式投入使用，取得很大成功。"子爵"号是世界上第一种实用型涡桨式客机，生产一直持续到1971年，订货量超过560架。

萨伯J-29型战斗机

瑞典萨伯J-29型后掠翼战斗机首次试飞 北欧的瑞典十分重视作战飞机的研制。萨伯公司研制的J-29型战斗机是欧洲第一种投入服役的后掠翼喷气式战斗机，其原型机于1948年9月1日首次试飞。该机机身短粗，装有一台涡喷发动机，最大起飞质量为8 375千克，最大飞行速度每小时1 060千米，转场航程2 700千米。J-29型战斗机于1951年开始服役，1957年停产，共生产了661架。

1949年

全冲压动力飞机研制成功 法国工程师勒杜克经过长时间对冲压发动机的设计与试验研究，取得了较为满意的成果。于是，他研制出第一架完全采用冲压发动机作动力的S.O.161型飞机，上面安装了他设计的冲压发动机——"勒杜克010"。该机于1949年4月12日进行了成功试飞。试飞方式是在母机携带升空后投放，再点燃冲压发动机，飞机飞行速度达到了每小时725千米，飞行时间12分钟。20世纪50年代初，冲压发动机发展成熟，但主要用于导弹和小型无人机上。

第一架喷气式客机——"彗星"号首飞成功 1942年12月，英国飞机生产部着手规划战后运输机的研制。1943年初形成了几种设计方案，其中一种是能飞越大西洋的喷气推进方案。1942底，德·哈维兰公司提出一种三发喷气式客机设计方案。1944年末，英国海外航空公司要求研制一种专门用于越洋飞行的客机，德·哈维兰公司将原方案修改，采用四台发动机，形成DH-106型"彗星"号客机设计方案。它采用后掠下单翼布局，设24个座位，后增加到36座。这是世界第

DH-106型"彗星"号喷气客机

一种喷气式客机。1949年7月27日，"彗星"号式客机进行了首次飞行。1952年5月，"彗星"号客机正式投入航线使用，它的速度达到每小时788千米。由于结构疲劳问题没有解决，它曾多次发生解体事故，引发人们怀疑喷气客机的实用性，直到波音707型客机问世才确立了喷气式客机的地位。

20世纪40年代

压气机"喘振"问题得到解决 高速飞机要求压气机能适应较大的工作范围，但当压气机偏离设计工作点时，就会发生振动，即"喘振"。20世纪40年代为了解决这一问题，先后采用过不少措施，主要有以下三种：一是后级放气，利用阀门根据气流的速度放掉一部分空气；二是在压气机进口设一个能按照工作状态进行调节的导流叶片；三是将压气机分为高低压两个或三个部分，用多个转子使之在不同的转速下有不同的转速比。气体动力学理论的发展和各种防喘振方法的运用，使压气机性能水平不断提高，增压比达到10左右，为提高发动机整体性能水平提供了保证。

通过安装防喘振阀门可以防止喘振

20世纪40年代末

叶栅三元流理论创立 喷气式发动机的发展使压气机全部采用了轴流式。这种形式的压气机迎风面积比较小，可达到较高的压缩比，战后成为各国研究和研制的重点。早期压气机发展中的一个困难是，当质量和尺寸进一步降低时，效率会明显下降。为此，人们开始采用尽可能大的叶型弯度和尽可能小的叶间距离，结果使环绕叶片的气流互相干扰，这说明原来的孤立叶型理论已不适用。为了解决这个问题，很多国家投入了大量人力物力开展气体动力学研究。经过大量系统的研究和实验，霍威尔（A.R. Howell）［美］、卡特（D.S. Carter）［英］和吴仲华（1917—1992）［中］于20世纪40年代末至

50年代初相继提出了叶栅二元和三元流理论。这些理论为高压缩比轴流式压气机的设计提供了重要的理论基础。

1950年

美国研制成功涡轮轴发动机　涡轮螺旋桨发动机的特点是涡轮吸收大部分燃气能量，它本身既通过螺旋桨产生推进力，也有一部分能量直接产生喷气推力。这种发动机的出现，使航空工程师产生了新的设想：能否把燃气能量全部通过螺旋桨输出？

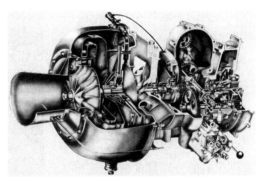

波音涡轮轴发动机剖面图

美国波音公司发动机部研究人员最先把这一设想变成现实，于1950年研制出第一台涡轮轴发动机。在涡轮轴发动机中，涡轮近乎吸收燃气的全部能量，以轴功率形式输出，带动螺旋桨（旋翼）工作，可以获得较大的推力。后来进一步研究发现，这种发动机对于速度较慢、各种力矩需要平衡的直升机来说非常适用。它的质量较轻，功率可以达到数百千瓦，因而成为直升机的主要动力。

克劳德和泰勒发明碳纤维　美国化学家克劳德和泰勒利用高温方法，制成了硼纤维。这项研究引起美国空军的极大兴趣。空军材料研究所与他们签订了研制轻质、高弹性模量硼纤维的合同。1961年，这种硼纤维研制成功。其性能比玻璃纤维优越得多，只是价格昂贵，几乎与黄金相近。除硼纤维外，另一个发展方向是碳纤维或石墨纤维。其动因是火箭和导弹技术的发展，迫切要求耐高温材料，于是，碳纤维受到材料专家的高度重视。玻璃纤维、硼纤维、碳纤维相继研制成功，为高温复合材料的研制和使用打下了坚实基础。

美国开始以人造丝制造碳纤维　1950年，美国联合碳公司工程师培根利用人造丝及其织物进行了碳纤维及碳织物的工业化生产。与此同时，美国的霍茨于1950年开始探索利用聚丙烯腈取代人造丝，制取碳纤维取得成功。这是一场碳纤维材料研制的革命。利用聚丙烯腈作原料，热处理工艺简单，质量控制也较容易，性能的重现性较好。此后，美国、英国、日本都沿着这个方向进行研究，取得了丰硕成果。随后又发展出碳–碳复合材料（碳纤维增强石墨），高温性能大幅度提高。

三维分离理论提出　英国空气动力学家罗特在1950年分析驻点附近的非定常流动时，观察到壁面剪切力为零的点与边界层脱体点并不一致。同年，美国空气动力学家西尔斯（William Rees Sears，1913—2002）在研究更普遍的分离模式时，提出一种设想：非定常分离的特征是，

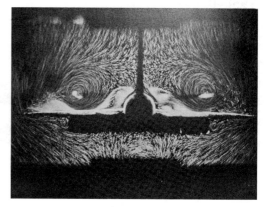

飞机机翼上的脱体涡

对于以分离速度运动的观察者来说，边界层内剪切应力和速度同时为零。1952—1953年，罗伊（Maurice Roy，1899—1985）［英］和勒让德（Robert Legendre，1921—1994）［法］分别开始从理论上认真研究三维分离问题。英国航空研究院的马斯克尔（Eric.C. Maskell，1913—1989）于1955年从理论上严格推理了三维流动分离问题。这些初步研究表明二维分离模式具有很大的局限性，且二者在某些方面截然不同。在大后掠角情况下，分离流完全敞开，主流空气充满整个空间，自由涡式分离占主导地位。这个锥形的螺旋旋涡已不在翼面上，而是以一定的高度悬在机翼上，因此它又有一个"脱体涡"的称号。脱体涡对产生升力和指导飞机设计有巨大的实践意义。利用脱体涡升力（即涡升力）是飞机气动设计的一次思想革命。它是有别于附着流型的一个产生升力的新流型——脱体流型。理论与实验成果运用于飞机上，英、法成功研制出了协和式超音速客机。

苏联米格–17型战斗机首飞　米格–17型战斗机是一款由苏联米高扬设计局研制和生产的战斗机，其原型机于1950年1月14日首次试飞。它是一架单发动机战斗机，基本型号只有一名飞行员。米格–17型战斗机是基于米格–15型战斗机的经验研制的。该机除了苏联生产外，还授权其他社会主义国家生产。由于其属于亚音速飞机，使用的时间并不长，后来被米格–19型超音速战

斗机所取代。中国仿制的米格–17称为歼–5。

1951年

美国贝尔公司研制的世界第一架可变后掠翼X–5型试验机首飞　可变后掠翼飞机能够改善飞机的起降性能，特别适合作为舰载机，因此得到各国的重视。贝尔公司依据大量的理论研究，试制了X–5型变后掠翼试验机，1951年6月20日首次试飞。7月27日在其第5次试飞中，成功地实现了首次机翼后掠偏转。美国航空咨询委员会利用第二架X–5型飞机进行了大

X–5型可变后掠翼试验机

量试验工作，所得到的成果被许多机种采用。此后，美国海军的XF–10F型变后掠翼飞机投入了试验。试飞表明，采用变后掠翼可增加航程35%，起飞着陆速度可降低20%。变后掠翼飞机通过改变机翼后掠角，从而改变了机翼面积，解决了高速飞机的低速性能差、升阻比低的问题。通用动力公司借鉴了变后掠翼试验机的技术成果，研制出世界上第一种实用型变后掠战斗/攻击机F/A–111。它于1964年12月21日首次试飞。1965年1月6日，F/A–111在试飞时实现了机翼后掠角由16°到72.5°的全范围偏转。

1952年

第一代实用型超音速战斗机问世　1948年9月26日，苏联研制的拉–176型试验机在俯冲状态下超过了音速。后来的拉–190型性能更好，在1951年3月11日飞行时实现了水平飞行超音速，速度达到M1.03。米高扬设计局研制的I–350型战斗机在1951年5月飞行时也实现了水平超音速飞行。在I–350型战斗机的基础上，苏联研制出第一代实用超音速战斗机米格–19，于1952年首次试飞，1954年开始装备部队。米格–19型战斗机的最大水平飞行速度约为每小时1 432千米~1 582千米（M1.35~M1.45）。美国第一代实用超音速战斗机是

F-100型"超级佩刀"式，1949年开始设计，原型机YF-100A型于1953年5月25日进行首次试飞，生产型F-100A型于1953年9月28日首次试飞，并于当年装备美国空军，成为世界上第一种服役的实用型超音速战斗机。该战斗机的最大速度达到每小时1 380千米（M1.3）。英国第一种超音速战斗机"闪电"的原型机于1954年8月4日进行了首次试飞。第一代超音速战斗机普遍采用后掠翼气动布局，并装备大推力喷气发动机。

米格-19型超音速战斗机

F-100型超音速战斗机

苏联图-16（Tu-16）轰炸机首飞　图-16型轰炸机是苏联图波列夫设计局在20世纪50年代设计与生产的一款双发喷气式轰炸机，最初定名为图-88，1952年4月27日首次试飞，当年12月开始生产，1954年进入前线空军服役，同时正式授予图-16的军方编号。除了担任投掷原子弹的任务以外，图-16也被改装成携带巡航导弹和反舰导弹，以及侦察和电子作战等任务的专用轰炸机。苏联还将该机改装成民航机，编号为图-104。中国在20世纪60年代末仿制图-16，国内命名为轰-6，长期以来是中国轰炸机的主力。

喷气式轰炸机

惠特科姆首次提出跨音速面积率　后掠翼可以降低跨音速波阻，使飞机进入超音速时代。受此启发，美国航空工程师惠特科姆（Richard Travis Whitcomb，1921—2009）提出了面积率思想。他把空气看作在飞机外部流动的一系列不变的流管，飞机必须把这些空气流管推到旁边才能飞行。正是由于反抗这种推动，在马赫数为1时，阻力大幅度增加。惠特科姆指出，解决这个问题的方法很简单，只要让出一些地方使空气通过就行，即缩小机身最大横截面积，使空气易于流过。具体是指：飞行器在马赫数接近1时，零升阻力是飞行器横截面积分布的函数，而且近似等于具有相同横截面积分布的旋成体的零升力波阻。因此，可根据最小波阻旋成体的截面积分布来调整飞行器的横截面积，以减小波阻。具体的应用是缩小机翼、尾翼与机身连接处的机身横截面积，使这部分机身四周向内凹，形成"可口可乐"瓶状的机身，亦称蜂腰机身。这一发现被斯塔克（John Stack，1906—1972）领导建设的跨音速风洞实验所证实。面积率对飞机顺利突破音障起到了重要作用，后来，许多作战飞机都采用面积率设计。

惠特科姆

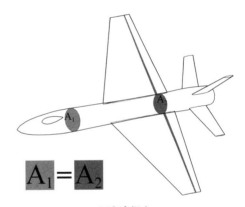

$$A_1 = A_2$$

面积率概念

1953年

英国海外航空公司的一架"彗星"号喷气式客机失事　1952年5月2日，英国海外航空公司的一架DH-106型"彗星"喷气式客机投入商业运行，这是世界上首架投入使用的喷气式客机。仅仅一年后，即1953年5月2日这架"彗星"客客机便发生了空难事故，造成43人死亡。当时人们对这场事故极为关注，在国际上产生强烈反响。这次事故带来两个后果：一是一些人开始对喷气式客机产生了强烈怀疑；二是引起航空界对结构疲劳破坏的重视。后来，因疲劳力学的建立以及机身结构的不断完善，喷气式客机才终于确立了在民航领域的地位。

X-14型垂直起飞研究机在试飞

贝尔公司试飞第一种喷管偏转式垂直起落试验机 直升机能够垂直起降，但飞行速度较低，因此探索研制能够垂直起降的普通飞机是西方各国努力的目标。美国贝尔公司研制的垂直起降试验机代号为ATV，它装有两台J-44涡轮喷气发动机和一台产生垂直升力的压气机。为减小吸入的影响，飞机从一个平台上起飞。虽然这架飞机从未过渡到常规的平飞状态，但它的设计和试验有效证明了可借助简单的垂直喷气系统进行起飞。试验结果促使该公司着手研制X-14型垂直起飞研究机。该机装有两台喷管可转向的涡喷发动机。1957年2月，X-14型垂直起飞研究机进行了悬停试飞，1958年5月实现了过渡飞行。该机在艾姆斯研究中心进行的研究性飞行试验对后来的垂直起落技术的发展起了很大作用。

苏联米格-19型战斗机首飞 苏联米高扬-古列维奇飞机设计局于20世纪50年代初在试验机的基础上，开始研制实用超音速战斗机米格-19，1953年9月18日进行了首次试飞。米格-19型战斗机上安装了两台图曼斯基设计局的RD-9B型和RD-9BF-811型带加力涡轮喷气发动机。米格-19装备部队后，成为20世纪六七十年代苏联国土防空的主要装备。中国仿制的米格-19称为歼-6。

1954年

F-104型战斗机的原型机首次试飞 F-104型战斗机是世界上第一种实用型二倍音速战斗机，也是第一种二代战斗机。它是美国空军根据朝鲜战争的经验提出研制的，突出强

F-104型战斗机

调轻便、高速。该机的飞行速度达到二倍音速。该机于1954年2月28日首次试飞，1958年装备美国空军，但未选为美国主力战斗机。西欧的许多国家和日本曾长期以它作为主力战斗机和教练机，因而生产量很大，达2 700多架，直到今天仍在使用。

波音707的原型机367-80

波音707型飞机的原型机367-80首次试飞　1947年，波音公司应美国空军轰炸机司令部的要求，成功研制了B-47型喷气式轰炸机。它是当时集先进技术于一身的轰炸机，对美国喷气推进事业产生了重大影响。其最直接的影响是B-52型轰炸机和波音707型客机的问世。1952年，波音公司自筹资金研制波音707原型机367-80，1954年首次试飞。该机装有4台喷气发动机，航程5 800千米，载客105人。由于没有订货，研制工作遇到困难。美国空军看中这项设计，把研制KC-135型加油机的任务交给波音公司。KC-135型加油机借用367-80的技术，很快就研制成功。1955年7月，波音公司得到美国空军的许可，在KC-135型加油机的基础上发展民用客机波音707。由于航空公司偏爱DC-8型客机，波音公司将波音707加宽加长，载客量得以提高，航程增加，最大可装载189名乘客，促使波音707-120和707-320问世。波音707投入航线后，大大缩短了越洋航班的飞行时间，还建立了第一条洲际航线，从而确立了波音707乃至喷气客机在民航领域的地位。

美国提出X-15型高超音速试验机计划　为开展高超音速研究，美国航空咨询委员会与空军、海军联合召开会议，提出研制一种试验飞行器并就总体方案提出初步设想。这项高超音速试验机方案得到军方的支持，愿意作为三方联合研

X-15型高超音速试验机

究计划。1954年12月23日，三方代表在协议备忘录上签字。1955年9月30日，合作三方选定了北美航空公司作为X-15的主承包商。1956年9月又选中反作用发动机公司的XLR-99型火箭发动机。这项计划取得了极大成就，将飞行纪录大大提高，同时在高超音速研究领域取得丰硕成果，为载人航天发展提供了宝贵经验。

F-102A型超音速战斗机

第一架按面积率设计的实用超音速战斗机问世 面积率的发现对飞机顺利突破音障起到了重要作用。美国在研制XF-93A型三角翼截击机时，发现性能良好。1950年，康维尔公司对该机修改放大，计划达到超音速。当时面积率还未发现，飞机仍采用柱形机身，结果飞机因波阻过大、发动机推力不足而未能实现超音速。第一架原型机YF-102在1953年10月24日试飞时，速度达到M0.9时即开始振动，到M0.93时出现失稳，在俯冲时才勉强达到M1.06的速度。另一架原型机也是如此。后来根据面积率对飞机机体进行了修改，并进行了风洞试验，成为世界上第一架按面积率设计的超音速战斗机，即F-102A。它在1954年12月20日试飞时，顺利地超过了音速，达到M1.25。F-102经过改进，制造出另一种超音速战斗机——F-106型"三角标枪"。

1955年

第一架倾转旋翼试验机试飞成功 直升机被誉为空中多面手，它在空中能自如地向前飞、倒飞、侧飞，甚至可以翻筋斗，能平稳地悬停在空中。它可以不需要专用的机场和跑道，只要有块小空地，便能起飞降落，适应能力极强。但直升机的缺点也很突出：速度低、航程短、可靠性差、操纵复杂。研制综合固定翼飞机和直升机的优点，克服各自缺点的新型飞行器，一直是人们探索的目标。1951年，美国贝尔公司在军方支持下开始研制XV-3型倾转旋翼机。1955年8月，第一架XV-3型倾转旋翼试验机以直升机模式进行了首次垂直起降飞行试验。1958年12月12日，XV-3第二架原型机试飞。同年12月18日，该机成功地完成了两副旋翼倾转90°的飞行试验，整个倾转过程只需10秒钟。这标志着倾转旋翼机技术取得了重大进展。倾转旋翼机有类似于普通固定翼飞机的结构布局，但安装在翼尖部的发动机短舱可以倾转90°，因而具有直升机和飞机两种模式：起飞和降落时是直升机模式，水平飞行时是飞机模式。在飞行试验中，XV-3以飞机模式飞行的最大速度为213千米/时。这个速度并不快，但为以后更为先进的倾转旋翼机研制打下了良好的基础。

贝尔XV-3型倾转旋翼试验机

XV-3型直升旋停模式

苏联第一架喷气式客机研制成功　　图波列夫设计局于20世纪40年代后期研制成功图-16中型喷气式轰炸机。在此基础上，该设计局研制了图-104型喷气式客机，1953年6月17日进行了首次试飞。该机装有4台喷气发动机。图-104改进型可载客40人，巡航速度为每小时800千米，航程3 100千米。1956年9月投入航线。1959年100座的图-104B首先运行在莫斯科至列宁格勒航线上，1960年达到了每天15个班次，单程飞行时间仅1小时。到20世纪60年代中期，苏联的各主要城市间已经由喷气式客机承担主要的空中运输任务了。

图-104型喷气客机

B-52型战略轰炸机

B-52型战略轰炸机开始服役 1946年1月，美国空军招标研制一种洲际轰炸机，波音公司提出了462方案，飞机起飞质量180吨，使用6台4 100千瓦的涡轮螺旋桨发动机。1948年7月，空军订购了两架原型机，使用涡桨发动机，20°后掠角机翼，但速度和航程难以同时达到要求。当时大推力涡轮喷气发动机逐渐成熟，于是重新设计了飞机方案：采用35°后掠翼，装8台J-57型涡喷发动机。1948年10月27日该方案得到空军批准，这就是B-52型轰炸机。1952年4月15日，第一架原型机进行了首次试飞，其最大起飞质量177吨，最大时速984千米，航程11 300千米。1955年6月29日，B-52型轰炸机正式投入服役。此后，该机不断进行改进，性能和适应性逐步提高，一直到21世纪仍在使用。

美国U-2型侦察机首次试飞 洛克希德公司的著名飞机设计师凯利·约翰逊（Clarence Leonard "Kelly" Johnson，1910—1990）［美］领导的"臭鼬"工厂于1954年开始研制U-2型侦察机。该机采用大翼展常规布局设计，全机涂有吸波涂层，具有一定的雷达隐身效果。其最大速度为M0.8，升限23 200米。侦察设备有

U-2型高空战略侦察机

HR-73B型相机、KA-80A型相机和电子侦察设备等。投入使用后一直到1989年才全部退役。该机曾有多架被苏联和中国的地空导弹击落。

X-2型试验机首次试飞 为开展超音速气动研究，尤其是气动加热特性的研究，美国航空咨询委员会与美国空军共同执行了X-2型火箭试验机计划。该计划的首要任务是突破热障。1944年12月14日，空军同贝尔公司签署合同，由该公司研制3架X-2型试验机，采用液体火箭发动机作为动力。1955

年10月，X-2型试验机进行首次动力飞行试验，因火箭发动机未能点火而只做了一次滑翔。1955年11月18日，该机进行首次动力飞行，速度达到M0.9。此后，它多次创造飞行速度新纪录。1956年9月7日，X-2型试验机创造了飞行高度38 500米的纪录；9月27日，其飞行速度突破3倍音速。

1956年

美国第一架超音速轰炸机的原型机（XB-58）试飞　1951年3月5日，美国空军提出研制新型轰炸机，康维尔公司提出了超音速方案，并于12月11日提交空军。这是一种无尾三角翼方案。参与竞争的还有波音公司。经过详细方案设计的评比后，空军于1952年10月选中了康维尔公司的方

超音速轰炸机的原型机（XB-58）

案，这就是B-58型超音速轰炸机。它采用四台J-79型涡喷发动机，最大起飞质量74吨，高空最大速度2 126.8千米（M2.1），转场航程4 850千米。1956年11月11日，B-58型超音速轰炸机的原型机（XB-58）进行了首次试飞。1960年该机正式装备部队。它的生产量很少，只有116架。

中国国务院制定《1956—1967年科学技术发展远景规划纲要》　这项规划是中国第一个有关科学技术远景发展的规划，由国务院主持制定，简称"十二年"规划，其中国防科学技术是规划的重点。在周恩来总理的建议下，1956年2月17日，钱学森向党中央递交了《建立我国国防航空工业的意见书》，为中国火箭和导弹技术的发展提出了符合国情的实施方案。周恩来在1956年3月14日主持召开了中央军委会议，会议决定由聂荣臻和钱学森等筹备组建航空与导弹事业的领导机构——航空工业委员会。1956年4月13日，国务院正式成立了以聂荣臻为主任的航空工业委员会。在钱学森的主持下，该委员会完成了导弹与航天领域的规划——《喷气和火箭技术的建立》，提出要在12年内使中国的导弹技术走上独立发展的道路。规划的说明书指出了发展中国导弹技术的预期任务、预期结果、基本途径、大致进度以及建立相应的

机构等。这项规划促使中国导弹研制机构——国防部五院的诞生，后发展成为中国导弹与航天技术的科研、设计与生产部门。

聂荣臻提出《关于建立我国导弹研究工作的初步意见》 根据《喷气和火箭技术的建立》的规划，聂荣臻向党中央提交这一意见书，建议在航空工业委员会下设立导弹管理局，建立导弹研究院。1956年5月26日，周恩来主持中央军委会议，讨论通过了这个意见，责成航空委员会负责组建导弹管理局（国防部第五局）和导弹研究院（国防部第五院），并指定钟夫翔（1911—1992）、钱学森为负责人。两个机构的建立，标志着中国导弹与航天技术发展的开始。钱学森担任了国防部五院的院长兼总工程师。

苏联米格-21型战斗机首飞 米格-21型战斗机是苏联米高扬·格列维奇设计局于20世纪50年代初期研制的一种单座单发轻型超音速第二代战斗机，于1956年6月14日进行了首次试飞。米格-21型（包含仿制、改良型）是20世纪产量最多的喷气式战斗机之一，包括苏联、中国

米格-21型战斗机

等国在内共计生产了11 496架。该机在越南战争中使用广泛，后来在中东地区跟以色列也是频频亮相，其他如南北也门战争、印巴战争也看得到米格-21型战斗机的身影。

中国试制成功歼-5型歼击机 歼-5型歼击机是中国生产的第一种喷气式战斗机，它是按照米格-17型战斗机仿制的。仿制工作由沈阳飞机制造厂承担。歼-5是一种单座单发高亚音速喷气式战斗机，采用头部进气、后掠式中单翼布局，安装一台涡喷-5离心式加力涡轮喷气发动机。原型机于1955年在沈阳飞机制造厂开始试制，技术负责人为该厂总工程师高方启（1915—1966），副总工艺师罗时大（1924—）。1956年7月19日歼-5型歼击机首次试飞成功。它的最大速度为每小时1 145千米，实用升限16.6千米，最大航程2 020千米。从开始试制到试飞完毕，共用了一年零四个月。

1957年

苏联安–12型运输机首飞　安–12型运输机是安东诺夫设计局研制的一种四发涡桨式军用运输机，由安–10型民用机发展而来。安–12的原型机于1957年3月首飞。定型生产超过900架，军用民用均有涉及，1973年停产。

安–12型运输机

安–12BP型运输机于1959年进入苏军服役。其规格、尺寸、性能与同时期美国的C–130型"大力神"运输机相当。

X–13型垂直起落试验机完成过渡飞行　从20世纪50年代初开始，研制垂直起落飞机在世界范围内形成了一股潮流。美国空军提出了一项研究计划，由瑞安公司负责研制垂直起落飞机的试验机（X–13）。1955年，该机进行了首次试飞。1956年11月28日，X–13型试验机首次完成由机身竖立垂直起飞到水平飞行状态的过渡。1957年4月11日，该机完成垂直起飞、水平飞行转换和机身竖立垂直降落的全过程飞行。由于技术和性能方面的原因，该计划后来放弃了。

霍尼韦尔公司研制出静电陀螺　美国伊利诺伊大学著名物理学家、计算机技术先驱诺德西克（Arnold Nordsieck，1911—1971）教授在1954年初建议用静电支承高速旋转球体，可以完全消除机械摩擦，从而大大提高陀螺仪的精度。从1952年起，他开始静电陀螺的研制工作。诺德西克的建议得到一些导航技术公司的注意。但在研制时遇到很大的困难，突出的有铍金属球加工、高电场和小间隙的实现、高真空度的保证等。霍尼韦尔公司于1957年研制出第一个研究型静电陀螺，获得成功，运转了10小时，1958年又运转了2 000小时，从而证明了静电陀螺的实用价值。到20世纪60年代中期，该公司研制的静电陀螺惯导系统取得成功。多次试

静电陀螺外形

验证明，这种惯导系统是当时最精密的机载惯性导航仪。

1958年

美国DC-8型喷气式客机首次试飞　自DC-3型飞机研制成功之后，道格拉斯公司研制了一系列活塞式客机，一直独霸民机市场，在美国名列第一。进入喷气时代以来，欧洲国家、苏联和美国波音公司都在为研制喷气客

DC-8型喷气式客机

机而努力，而道格拉斯公司仍抱着活塞式客机不放。直到航空公司一再催促下才开始研制第一种喷气式客机（DC-8）。虽然它也取得了很大成功，但在以后的各型号喷气式客机研制中，优势逐渐被波音公司夺得。

中国初教-6型教练机首飞　初教-6（CJ-6）型教练机是南昌飞机公司以苏联授权生产的初教-5（雅克-18）型教练机为蓝本，另行研制的新型初级教练机。1958年8月第一次试飞。该机虽然和初教-5外观相似，但实际上使用较先进的前三点起落架，而不是初教-5的后三点起落架。除了中国使用以外，初教-6还外销到美国、澳大利亚、英国、朝鲜、坦桑尼亚与津巴布韦等国家，不少私人收藏家也购入这架飞机作为私人用途。该机型因其优异的可靠性和易维护性，在美国业余飞行领域也获得了一定的市场。据统计，现在仍有超过200架的初教-6型飞机在美国正常飞行。

直-5型直升机

中国直-5型直升机首飞　直-5型直升机是中国批量生产的第一种直升机，由哈尔滨飞机制造厂根据苏联提供的米-4型直升机全套图纸仿制而成。研制初期代号为"旋风25"，后改为直-5。

直-5是一种多用途直升机，曾在中国军事和民用领域发挥了很大作用。该机于1979年停产，各种型号共计生产558架。

1959年

X-15型高超音速试验机开始动力飞行　X-15型飞机是美国研制的高超音速试验机，采用火箭发动机推进，由B-52型轰炸机携带升空后投放，然后启动自身的发动机加速、爬升。1959年9月17日，X-15进行

X-15型高超音速试验机

了首次动力飞行。自此以后在8年时间里，3架X-15不断创造新的有翼飞行器飞行纪录。在1960年5月12日的飞行中，X-15创造了飞行速度新纪录，达到M3.19；8月4日，X-15-1又将速度纪录提高到M3.31。1967年10月3日，X-15又创造了新速度纪录——达到音速的6.72倍（每小时7 255千米）。整个计划期间，X-15共计飞行了199次，创造的最高飞行纪录是：最大速度M6.72，最大高度107.9千米。多次达到"太空"高度，获得了大量高超音速空气动力学数据和成果。

中国歼-6型战斗机首飞成功　它由沈阳飞机厂以苏联米格-19型战斗机为原型仿制。歼-6型战斗机为中国自主生产的第一代超音速战机，1964年首架交付使用，1986年停产。2010年6月12日，国产歼-6飞机正式退出空军编

制序列。歼-6是中国人民空军20世纪六七十年代的主力战斗机，也是中国航空工业生产装备数量最多的机型，共生产了逾4 500架，远超该型飞机在苏联的产量。该机也出口到了许多国家。

中国歼-6型超音速战斗机

1960年

SC-1型垂直起落研究机试验成功　英国有多家飞机公司研制过垂直起落试验机。SC-1型试验机是肖特公司研制的，它采用复合动力装置，安装推进发动机和升力发动机。它在1960年10月成功地利用升力发动机进行了悬停试飞。SC-1作为一种研究机，为英国后

SC-1型垂直起落研究机

来垂直起落飞机的发展积累了大量数据。在SC-1的研制过程中，初步发现并解决了对垂直起落飞机至关重要的一些问题，如气动力吸入、燃气流吸入、地面侵蚀、上反效应等。

英国试飞成功试验型垂直起落飞机　20世纪50年代初，法国一位工程师提出了一种在机身中部安装4个可转动喷管发动机作为动力的垂直短距离起降飞机设计方案。1957年，英国霍克公司和布里斯托尔发动机公司看中了这项设计，开始研制垂直／短距起落试验机P-1127。该机于1960年11月做了首次悬停飞行，1961年9月进行了过渡飞行。P-1127装了1台飞马发动机，采用转向喷管提供升力。在初期的飞行试验时，暴露出了一些低速操纵品质和性能问题：飞机绕所有轴向的操纵性都很低，驾驶员负担很重。试验工作后来进行了很长时间，对垂直起落飞机的技术和问题有了许多新的认识，初步解决了升举、操纵、过渡以及稳定性方面的问题。

P-1127型垂直起落研究机

1961年

"南安普顿"号人力飞机

第一架人力飞机试飞 从古代到近代，由于没有适合的动力装置，飞机的探索几乎都以人力驱动的扑翼机为主。这些探索无一获得成功。载人动力飞机研制成功后，20世纪30年代，有人在轻型滑翔机上安装螺旋桨和类似自行车的脚踏传动装置，依靠人的双脚蹬踏带动螺旋桨旋转产生动力，实现了短距离平飞。但由于飞机轻型化工作难度很大，结构技术原始，因此人力飞机没有实现持续飞行。20世纪60年代以后，新型材料和结构技术使人力飞机总重只有30千克左右，再加上大面积机翼，使单位面积翼载荷减少到与一般鸟类相同的水平。这些成果为人力飞机取得成功奠定了技术基础。1961年，英国南安普敦大学学生设计制造了世界第一架人力飞机"南安普敦"号。飞机翼展24.4米，总重58千克，采用类似自行车的传动机构驱动螺旋桨。该机在1961年11月9日飞行时离地高度1.5米，飞行距离900米。

1962年

法国试飞垂直起落试验机 达索公司在原"幻影"Ⅲ型战斗机的基础上，研制了试验型"巴尔扎克"号垂直起落飞机，于1962年10月13日首次试飞。机上装有8台RB-108型涡喷升力发动机和1台"奥菲斯"号巡航涡喷发动机。由于存在燃气吸入、悬停扰动及上反效应问题，它的性能和稳定性不佳。在一次过渡飞行试验时，该机发生"落叶飘式"的机毁人亡事故。改进而来的"幻影"Ⅲ-V型尺寸稍大，发动

"巴尔扎克"号垂直起落飞机的试验机

机性能有所提高。它的操纵特性和阻尼效应有所改善，过渡飞行很快，但悬停及低速飞行问题仍没有得到很好的解决。由于死重大，有效载荷及航程受到很大影响，因而没有发展下去。

英国"海鸥一号"人力飞机

人力飞机创造新纪录 受南安普顿大学研制成功第一架人力飞机的激励，英国霍克·希德利公司设计人员研制了几种人力飞机，包括"海鸥一号"和"海鸥二号"。它们的翼展约28.4米，总质量约62千克。1962年试飞时，"海鸥一号"创造了直线飞行距离908米的纪录，这个纪录保持了10年之久。20世纪60年代日本也有人研制人力飞机，并取得一定成功。由于飞机材料仍然偏重，性能难以有大的提高。

1964年

米格-25型原型机首次试飞 米格-25型是苏联为对付美国B-70型超音速轰炸机研制的高空高速截击机。美国于1955年提出了B-70的研制计划后，要求最大速度达到音速的3倍。20世纪50年代末，苏联提出米格-25研制计划。后来B-70计划取消，米格-25计划仍继续进行，并于1964年进行了首次试飞，但侧重点转向执行侦察任务。该机采用了与米格式飞机不同的设计特点：两侧二元进气道、双垂尾布局、上单翼，机身多采用简单直线外形。生产型米格-25于1969年开始装备部队。该机曾创造飞行速度、飞行高度和爬升率的多项世界纪录。

米格-25型高空高速截击机

SR-71型3倍音速战略侦察机

美国SR-71型战略侦察机首次试飞 为弥补U-2型侦察机速度低的缺陷，美国空军提出研制高空高速侦察机，即SR-71型战略侦察机。它是在F-12型截击机的基础上研制的。为避免被敌方雷达探测到，它采取了一些隐身措施，主要有翼身融合体、内倾式双立尾气动布局，周身涂有吸波涂层。1964年12月22日，SR-71进行了首次试飞。它的高空最大速度达到音速的3.2倍，实用升限24 000米。主要侦察设备有战场侦察系统、多探测装置系统、战略侦察系统、照相和探测设备、合成孔径雷达。1966年交付使用，从未被击落过。

美国超音速轰炸机的原型机XB-70试飞 1955年，波音公司和北美航空公司研究规划新一代远程重型轰炸机，用于取代波音B-52型亚音速轰炸机，要求最大飞行速度达到音速的3倍。1957年12月23日，美国空军选定北美航空公司的方案，这就是XB-70型超音速轰炸机。它采用细长三角翼、鸭式布局，尾部机身内装6台YJ-93型涡喷发动机。起飞质量242.8吨，最大时速3 191千米（M3），航程12 230千米。1964年9月21日，XB-70的原型机进行首次试飞。由于美国战略思想的变化，1962年这项计划被取消，并决定只研制两架用于空气动力学研究。第一架共飞行了83次，第二架飞行中坠毁，整个计划耗资20亿美元。

3倍音速战略轰炸机的原型机XB-70

1965年

中国强-5型攻击机首飞 中国强-5型攻击机以苏联米格-19型战斗机为原型进行设计，但从气动外形到武器系统几乎完全不同。强-5是中国自制的第一代超音速攻击机（强击机），最大平飞时速为1 210千米，在11千米的高度可达1.112马赫，实用升限15 400米，航程1 630千米，拦截半径250千米，着陆滑跑距离1 000米。它的载弹量为1.5吨。强-5型攻击机机身为全金属半硬

中国强-5型强击机

壳式，后机身装两台与歼-6型歼击机相同的涡喷-6型涡轮喷气发动机，单台静推力25.5千牛，加力推力31.87千牛。机体结构以铝合金和高强度合金钢为主要材料。起落架为可收放前三点式，前轮和主轮都装有盘式刹车和刹车压力自动调节装置。强-5于1965年首次试飞，装备部队后长期以来是中国轻型攻击机的主力。

AH-1型"休伊眼镜蛇"武装直升机

第一架专门设计的武装直升机问世　直升机研制成功的初期，主要用于联络、救援、战场运输等。在作战试验基础上，贝尔公司研制了世界上第一种专门的武装直升机AH-1型"休伊眼镜蛇"直升机，主要用途是护航、火力支援、反坦克和战术对地攻击。它是在民用贝尔-214型直升机基础上研制的，于1965年3月开始研制，1965年9月首次试飞，1967年4月交付使用。它可携带8枚"陶"式或"海尔法"式反坦克导弹，或2个70毫米火箭发射筒，或2个20毫米机炮吊舱，或2枚"响尾蛇"导弹。它有多种型号，总产量很大，达3 630多架。

1966年

苏联米格-23型战斗机试制成功　米格-23型战斗机是苏联第一种实用型变后掠翼战斗机，是米格-21的后继机。它在设计上有许多重大突破：改头部进气为两侧进气；改变原来轻小型设计思想，强调质量大、航程远、设备

全、火力强。该机于1966年试制成功，1967年6月10日进行首次试飞。它是苏联典型的第二代超音速战斗机，长时间是空军的主力。该机改型较多，有战斗教练型、高机动型、舰载型、截击型和出口型。曾出口许多国家，总产量达5 047架。

米格–23型变后掠翼超音速战斗机

中国轰–5型轰炸机首飞　中国轰–5型轰炸机是中国哈尔滨飞机公司参照苏联的伊尔–28型轰炸机改进设计并试制生产的一种亚音速轻型轰炸机，可在

中国轰–5型轻型轰炸机

各种复杂的气象、地理条件下执行战术轰炸及攻击任务。该机采用两台涡轮喷气发动机，平直机翼，在当时是相当先进的一种前线轰炸机。机头的玻璃舱是领航员及轰炸手座舱，为导航和光学轰炸瞄准提供了良好视野。轰–5长期以来是中国轻型轰炸机的主力，共生产500余架。

1967年

欧洲第一架变后掠翼战斗机"幻影"G首次试飞　该机由法国达索公司研制，是在"幻影"5的基础上改制而成。它是一种试验机，1967年11月18日进行首次试飞。由于性能不佳，该项计划于1968年取消，没有得到进一步发展。

"幻影"G变后掠翼战斗机试验

惠特科姆首次提出超临界翼形　为了改善高速飞机的飞行性能和经济性能，20世纪50年代后针对高亚音速飞机和超音速飞机的翼型进行了大量研究。为了推迟激波的来临和减小波阻，采用后掠翼或减小机翼厚度可以提高临界马赫数。美国空气动力学家惠特科姆在大量试验的基础上，提出超临界翼型概念，该翼型的作用是可以推迟激波来临和降低波阻。与普通翼型相比，超临界翼形的特点是前缘钝圆，上表面平坦，下表面接近后缘处有反凹，且后缘较薄并向下弯曲。气流绕过这种翼型时速度增加较小，平坦的上表面使局部流速变化不大。这样，可将飞行马赫数提高到较高的水平，使上表面气流达到局部音速。在达到音速后，局部气流速度的增长较慢，形成的激波较弱，阻力增加也较缓慢。超临界机翼推迟激波来临、降低波阻的效果往往比后掠翼更佳。它能使飞机在马赫数为M0.95时无激波产生，且不会增加飞机质量，因而被广泛应用于大型飞机。

美国宇航局的超临界机翼试验机TF-8A

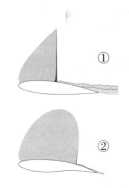

图②为超临界翼型，激波较弱

英国研制成功第一种实用型垂直起落飞机　1965年初，英国决定自行改进P-1127垂直短距离起落飞机，将其命名为"鹞"式，对各系统都做了重大改进，对进气道、机翼形状、头锥外形都进行了修改。其动力装置是一台推力为84.5千牛的"飞马"6MK101型发动机。发动机带有四个可旋转的喷管，分别沿机腹中心线两侧对称布置，它们可在0°到98.5°范围内

"鹞"式实用型垂直起落战斗机

偏转，提供垂直起降、过渡飞行和常规飞行各种飞行状态下所需的升力和推力。四个旋转喷管中，前一对排出风扇气流，后一对排出燃气气流。进气道外罩前缘后侧有8个自动吸气开启的辅助进气活门，用于补偿零速度或低速飞行时的进气量。机头、机尾和翼梢还装有从发动机引气的反作用操纵系统喷管，用以控制飞行姿态和改善失速状态的操纵性。"鹞"式飞机于1967年12月首次试飞，1969年4月正式开始服役，成为世界上第一种投入实用的垂直起降战斗机，用于对地攻击、空战和侦察。

路德维希［德］提出管风洞概念　提高风洞实验的雷诺数是空气动力学一直都在努力的目标。用增加气流密度的方式来提高雷诺数是风洞设计常用的方法，但气流密度的提高受到风洞结构、模型、天平应用以及模型变形的限制，而且所需的功率和造价也是很高的。这说明用常规的连续式或暂冲式风洞来实现高雷诺数是十分困难的。1967年，德国空气动力学家路德维希（Hubert Ludwieg，1886—1969）提出一种新型跨音速高雷诺数风洞（亦称管风洞）方案，此后10年间，美国、西欧一些国家和日本都建造了研究性的管风洞。由于这种风洞提高雷诺数不是很明显，后来各国纷纷放弃了此类方案，转而研制低温高雷诺数风洞。

1968年

中国轰-6型轰炸机首飞　中国轰-6中型轰炸机是中国西安飞机工业公司仿照苏联图-16型轰炸机而研制生产的一种喷气式轰炸机，于1968年12月24日首次试飞。最初，生产厂安排在哈尔滨飞机制造公司，以大部件组装的图-16在1958年

中国轰-6中型轰炸机

进行了试飞。转到西安后，轰-6进行了多种改进设计。该机最大起飞质量79吨，安装有2台涡喷-8发动机，单台推力93.2千牛，最大速度1 050千米/时，航程6 000千米，载弹量9 000千克。目前，轰-6仍然是中国空军战略轰炸力量的主力机种。

苏联图-144型超音速客机首次试飞

图-144型客机是苏联在得悉美国、西欧准备研制超音速客机后，仓促上马研制的超音速客机。图-144与"协和"号一样采用下单翼结构，细长三角翼，无平尾，可下垂的机头。四台发动机也分别下挂在机翼下侧。其巡航速度为M2.35，最大航程6 500千米，载客140人。1968年12月31日，图-144首次试飞。经过大约3年的试

图-144型超音速客机

飞，图-144进行了重大改动，并于1973年投入批量生产。1973年6月3日，一架图-144型超音速在巴黎航展飞行表演时，突然坠毁，机上人员全部遇难。这是超音速客机的第一次重大事故。这一事件使苏联推迟了图-144交付民航使用的时间表。1976年12月，图-144开始在苏联国内航线上使用，主要是用来进行货运和邮运。1977年11月，图-144开始客运飞行，后因发生事故而暂停了飞行。1979年，苏联生产出改进型图-144D，采用涡轮风扇发动机，经济性、噪音等方面有所改善，1981年投入航线使用。后因运行经济收益不佳，没有继续发展使用。

1969年

波音-747型宽体客机试飞成功

20世纪60年代中期，民航发展迅速。飞机生产厂商和航空公司预测民航客机需求量的增长率在15%以上。人们普遍认为，要适应这一发展必须制造一种大型宽体客机。1965年，波音公司投标军用C-5A型运输机失败。它是一种比当时任何运输机都大出一倍的飞机，但波音公司的要价太高，因此输给了洛克希德公司。波音公司开始把为C-5A准备的技术转移到民用领域，研制宽机身客机。波音公司研制波音

波音747型宽体客机的原型机

747的计划得到了泛美航空公司的支持。波音747的研制在厂房、设备、发动机等方面遇到极大困难。经过四年多的努力，1968年波音公司举行了波音747出厂典礼。1969年2月9日，波音747进行了首次试飞。由于发动机未过关，极大地影响到飞机的交付。20世纪70年代中期，普惠公司研制的发动机过关。1978年整个民航飞机市场前景好，对波音747的需求量大增。随着发动机效率的不断提高，各航空公司为波音747配套的设施也不断完善，这种飞机成为航线中效率最高、最可靠、最安全的客机。它在市场上的地位越来越稳固，售出的总数超过了DC-10和L-1101的总和。截止到2018年1月，各型波音747生产销售总数为1 543架，目前仍在改进之中。

最新型波音747-400型客机

波音747-8VIP型概念机

"协和"号超音速客机试飞成功　20世纪50年代后期，英国皇家航空研究院开始研究大型超音速客机设计问题。当时多家飞机公司提出了各种方案，包括后掠翼方案、可变后掠翼方案、小翼弦比梯形翼方案、细长三角翼方案和M形机翼方案。进一步分析表明，这些方案都不能满足航程、速度和载客量方面的要求。这期间，涡动力学初步建立。"协和"号总体设计最后应用了涡动力学成果，选择细长"S"机翼，解决了低速时升力特性差的问题，成为第一架应用脱体涡升力设计的实用飞机。1969年3月2日，"协和"号飞机比苏联图-144晚了3个

"协和"号超音速客机

月进行了首次试飞。1970年11月4日，"协和"号飞机试飞时达到M2的飞行速度。1975年9月1日，"协和"号飞机在1天内4次飞越大西洋，这在航空史上尚属首次。1976年1月21日，"协和"号飞机首次载客飞行。由于存在耗油高、噪音大、航程短等问题，它的使用受到很大限制。2003年，法国航空公司和英国航空公司的"协和"号飞机同时宣布退役。

中国歼-8型战斗机首飞　歼-8型战斗机是中国基于MiG-21（歼-7）型战斗机进行重大改进研发而成的高空高速歼击机，主要承担制空与拦截任务，于1969年7月5日首次试飞。歼-8基本型装备两台黎明航空发动机公司生产的涡喷-7A型发动机，最大马赫数为2.2。装有一门23毫米双管机炮，7个外挂点；可以使用霹雳-2、霹雳-5、霹雳-8短程空对空导弹、霹雳-11中程雷达制导空对空导弹及无制导航弹与火箭弹。1985年，采用两侧进气的歼-8Ⅱ型战斗机试飞成功。

中国直-6型直升机首飞　直-6（Z-6）型直升机是中国哈尔滨飞机制造公司在直-5型直升机的基础上进行改进研制的，是在中国直升机发动机从活塞式到涡轮式的过渡中研制出的产品。直-6于1969年12月15日首次试飞。该机是以空降为主的多用途直升机，计划用于代替直-5直升机。但由于发动机性能方面存在不足，加之盲目转产影响到它的改进和完善，1979年直-6的研制计划中止。该机曾于1978年获得全国科学大会科技成果奖。

1970年

空中客车公司成立　空中客车公司（Airbus）是欧洲一家民航飞机制造公司，于1970年在法国成立，由德国、法国、西班牙与英国共同创立。该公司成立后，主要致力于空中客车系列客机的研制和销售，并且取得了丰硕成

法国图鲁兹空中客车工业公司总部

果，逐步成为与美国波音公司平起平坐的干线客机生产商。1996年波音公司兼并麦道公司后，空中客车公司进行了彻底改组，由原来的非实体性公司转变成实体公司，并进入欧洲最大的军火供应制造商——欧洲航空防务航天公司（EADS）旗下。空中客车从A300型客机开始，先后研制了A320系列、A330/340系列、A380系列和A350系列，都取得了极大的成功。2005年投入使用的A380型客机超越波音747型客机成为世界上起飞质量最大、载客量最多的客机。

F-14A型舰载变后掠翼战斗机首次试飞　继第二代超音速客机广泛使用后，各国都在探索研制所谓的空中优势战斗机，强调机动性、大作战半径以及兼具对地攻击能力，这就是第三代超音速战斗机。F-14

F-14A型舰载变后掠翼战斗机

型战斗机是美国海军主力重型舰载战斗机，也是世界上第一种投入使用的第三代战斗机，主要用于执行护航、舰队防空、对地支援等任务。经过招标，格鲁曼公司的方案被选中，1969年初与美国海军签订研制合同。为适应舰载短距起降的要求，该机采用了可变后掠翼布局。F-14的原型机于1970年12月21日进行了首次试飞。经过两年试飞，于1972年10月装备美国海军。

中国运-7型运输机首飞　运-7（Y-7）型运输机是中国西安飞机工业公司在苏联安-24和安-26型运输机的基础上，仿制和研制生产的双发涡轮螺旋桨发动机支线运输机。1970年12月25日，运-7进行了首次试飞。经过不断改进，运-7于1986年5月1日正式投入航线运营。它的载客量为60人，生产数量超过100架。

1971年

苏联试飞垂直起落飞机　雅克-38型"铁匠"垂直起落飞机是雅克夫列夫设计局于1967年开始设计的。原型机于1971年试飞，1976年首次出现在"基辅"号航空母舰上。该机采用小面积下单翼，机翼后掠角为45°。主发

雅克-38型"铁匠"垂直起落飞机

动机为一台推力为80千牛的喷气发动机，进气道位于前机身两侧，可旋转的两个喷管位于后身两侧，为飞机悬停和低速飞行提供动力。升力发动机为两台推力为35千牛的喷气发动机，位于座舱下机身内。在垂直起飞时，主发动机可转动喷管向前下方偏转100°，与升力发动机构成"V"形矢量推力。

中国空警-1型预警机首飞　空警-1型（又称"空警一号"，KJ-1）预警机是中国研制的第一架预警机，以苏联图-4型轰炸机作为载机，搭载四台涡桨-6发动机，装备"843"雷达，雷达旋转天线罩直径7米，厚2米，中型目标探测高度1 500米，探测距离220千米；目标高度1 000米，探测距离208千米；目标高度500米，探测距离200千米。小型目标高度10 000米，探测距离269千米。该机于1971年首次试飞后，因种种原因未能继续发展下去。

中国"空警一号"预警机

美国国家跨音速实验设备内部

兰利中心研制成功低温高雷诺数风洞　从20世纪60年代起，风洞雷诺数不足的问题越来越暴露出来，使航空界承担了很高的代价。通过提高尺寸、增加驱动功率来提高雷诺数，风洞的造价和运行费用变得越来越高。美国宇航局兰利中心根据法国力学家马戈里的低温风洞思想，于1971年建造了一座0.28米×0.18米低温风洞，在此基础上于1973年又建造了一座0.3米低温跨音速风洞，为低温风洞研制积累了经验。早期的低温风洞采用注入氟利昂的技术使气流温度降低。后来又发展了注入液氮技术。目前，全世界已有20多座低温高雷诺数风洞，其中以美国国家跨音速实验设备（NTF）最大，性能也最高。NTF于1982年建成，1984年投入使用。它的试验段尺寸为2.5米×1.5米，采用开缝壁式，速度范围M0.2~M1.2，雷诺数高达12×10^7。这个雷诺数已经很接近实际飞行中的雷诺数了。

1972年

阿诺德中心［美］建成当时最大的高雷诺数跨音速风洞　20世纪60年代，美国发生多次因普通低雷诺数风洞实验数据不准，导致出现严重的飞机设计问题的事例。这些沉痛的教训使人们认识到建造高雷诺数风洞的重要性。美国对这些事故高度重视，1971年调查

美国空军阿诺德中心的4.88米跨音速风洞试验段

了各次事故，广泛征求意见，达成了建设高雷诺数风洞的共识。美国空军阿诺德中心建造的4.88米跨音速高雷诺数风洞是当时世界最大的，其雷诺数为9.6×10^6，功率为2.95×10^5千瓦，造价3亿美元。随着技术的发展，后来又出现了雷诺数更高的跨音速风洞。

美国总统尼克松（中）和宇航局局长弗莱彻（左二）及宇航员合影

美国政府批准实施航天飞机计划　"阿波罗"登月计划实施之后，美国宇航局开始研究未来载人航天发展计划，初步构思了可重复使用的航天飞机计划。经过几年的努力，美国宇航局终于说服了美国最高层的同意。1972年1月5日，尼克松（Richard Milhous Nixon，1913—1994）在

白宫新闻发布会上正式公布了研制航天飞机的决定。美国提出这项计划的主要目的是降低航天发射的成本，增强轨道救援、轨道搜索、轨道核查、卫星修理和回收的能力。航天飞机预计可重复使用100次，共制造了5架，发射成本可望降到火箭的十分之一。当时计划投资50亿美元，预计1978年实现首次载人轨道飞行。为降低研制成本，原计划采取两级均可重复使用的方案，后改为轨道器、固体助推器和外贮箱三位一体布局。美国航天飞机计划的提出标志着航天技术发展方向的转变，更加强调航天活动的经济性和应用性。

美国F-15型战斗机试飞　F-15型战斗机是美国第三代超音速战斗机。美国空军根据越南战争的经验，提出空中优势战斗机设计思想，即战斗机能同时执行空战格斗、夺取空中优势和对地攻击任务。1965年开始论证方案，通用动力公司设计方案中标。该设计采用常规后掠翼方案、双发双立尾布局。其载弹量可达7 260千克，突出特点是机动性好。1972年7月27日，F-15原型机首次试飞。该机自1975年服役后，一直是美国空军的主力重型战斗机。后

有多种改型，其中F-15E型在保持空战能力不变的情况下，突出强调纵深攻击能力，故称"双重任务战斗机"。该机的载弹量提高到10.6吨，于1986年首次试飞，1988年投入使用。

美国F-15型战斗机

1973年

现代无人机在以色列首飞成功　无人驾驶飞机出现于20世纪初，经过50余年的发展，它的主要功能是，战时限于遥控炸弹，和平时用于靶机和航空气动研究，均属于遥控飞机。20世纪50年代末，鉴于越南战争中飞行员的损失巨大，美国空军曾制订计划，研制用于战场的无人机。1960年，U-2型战斗机被苏联击落，飞行员被俘，进一步促使美国加大了战斗无人机研制的步伐。1964年，美国在越南投入了瑞安147型"火蜂"、瑞安AQM-91型"飞火"以及洛克希德D-21型无人机，主要用于执行远程侦察任务。20世纪60

年代后期，以色列也开始使用无
人机对阿拉伯国家进行侦察。
1973年，以色列在赎罪日战争
（第四次中东战争）中使用无人
机作为诱饵，使阿方浪费大量昂
贵的防空导弹防范以色列的无人
机。1973年，以色列的"马斯拉
夫"无人机首飞成功，它被认为
是第一个现代战场的无人机。该
机飞行控制与数据系统强大，能
够实现飞机与地面实时视频联
络。此外，以色列无人机能够配
合有人驾驶飞机执行多种任务，
包括侦察、通信、电子干扰、电
子欺骗、电子支援等，为其他国
家研制和使用现代无人机提供了
样板。以色列在1982年第五次中
东战争中，尝到大量使用无人机
的"甜头"。在著名的"贝卡谷
地"之战中，以色列使用无人机
扰乱叙利亚的防空雷达，随后加
以猛烈袭击，令叙利亚苦心经营

美国瑞安AQM-91型"飞火"无人机

洛克希德D-21型无人机

以色列"马斯拉夫"无人机

10年、耗资20亿美元才建立起来的19个防空导弹阵地变成了废墟。20世纪末
至21世纪，无人机得到了各国高度重视，而且发展出可以用于直接攻击的无
人机。

1974年

　　通用动力公司F-16型战斗机的原型机首次试飞　1972年初，美国空军
提出"轻型战斗机原型机计划"，发展和验证可在轻型战斗机上采用的新技

术，但当时并未要求研制新型战斗机。在提出技术和性能指标的同时，还规定采用新的设计方法和先进技术来提高空战能力。1972年，美国空军从投标的公司中选中通用动力公司的YF-16方案和诺斯罗普公司的YF-17方案。F-16的原型机（YF-16）

美国F-16型"战隼"式战斗机

首飞时间是1974年1月20日。在进行了大量对比试飞后，于1974年4月选定YF-16方案继续发展，使之成为与F-15型战斗机高低搭配的轻型战斗机。1976年12月，F-16预生产型首次试飞，1978年装备部队。该机总体设计先进，气动设计上采用了边条翼、翼身融合体、空战襟翼等新技术，大大提高了机动性。它首次大规模采用主动控制技术，包括电传操纵系统、放宽静稳定性、机动载荷控制、控制增稳技术等，是典型的第三代战斗机。它的生产量约4 400架，被许多国家用作主要制空战斗机。它还被广泛用作美国新技术试验平台。

B-1B型变后掠翼超音速战略轰炸机

变后掠翼超音速战略轰炸机（B-1）试飞 B-1型轰炸机计划源于20世纪60年代后期美国空军的"先进有人驾驶战略飞机计划"。B-1的设计与B-52不同，突出强调同时具有高空高速和低空突防轰炸能力。其改进型是以作为巡航导弹载机和低空高亚音速突防为主导思想设计而成。B-1型采用带边条可变后掠翼布局，改善了起降性能。1974年12月23日首次试飞。后来，由于战略作战思想的变化而不断变化。当20世纪80年代初它作为"三位一体"核战略的组成部分得以保留后，生产型B-1B于1984年10月18日首次试飞。它的重大改进是突出了隐身性能。美国空军订购了100架，1988年交付完毕。

欧洲第一架宽体客机"空中客车"A300B2投入航线 1964年，英国政府提出由欧洲国家合作振兴欧洲航空工业，同美国厂商抗衡。最初的合作是英法间进行的，之后原西德等国陆续加入，组成欧洲空中客车公司。1966年初，英国、法国和西德政

"空中客车"A300B2型客机

府官员举行第一次会议，通过了建立参加空中客车计划的三方伙伴公司。会议还提出第一架空中客车飞机的方案，这就是后来的A300的原型。1966年秋，A300尺寸又重新修改，直径提高到6.4米，超过了波音747飞机。其基本设计思想是安全、可靠、经济，主要用于最繁忙的中短途航线。1972年10月28日，原型机A300B1首次试飞，1974年交付并投入航线。最初A300的销路不好。1978年后，A300以其良好的经济性很快赢得大批订单。空中客车公司后来又推出系列新客机，逐渐形成美国波音、麦道和欧洲空中客车三足鼎立的局面。

直升机变弯度桨叶翼型出现 旋翼是直升机最关键的动力部件、升力部件和控制部件。以往桨叶翼型是不变的，不能满足各种条件下的性能要求。一些国家利用非定常空气动力学理论模型对旋翼后行桨叶气流分离和由气流诱发的颤振，以及超越颤振边界飞行速度下的前行桨叶的桨尖特性进行了研究，发展了一系列变弯度桨叶翼型，取代了过去普遍采用的对称桨叶翼型。根据后掠翼能有效推迟压缩效应这一原理，将旋翼桨叶外段后掠，改善了前行桨叶的桨尖特性。1974年后美国的S–76、UH–60、AH–64等直升机应用这些设计原理，不仅提高了飞行品质，同时也改善了直升机前飞时的速度稳定性和悬停性能。

中国运–8型运输机首飞 运–8型运输机是中国陕西飞机工业（集团）有限公司生产的中型运输机，源自对苏联制造的安–12型飞机的仿制，1969年初在西安飞机设计所（现在与上海飞机设计所联合组建了中国航空第一研究院）开始研制，1974年首次试飞，1980年2月被批准设计定型，并投入批量生产。1996年进行气密型改造，性能超过美国"大力神"运输机。运–8

中国运-8型运输机

装备了多种电子系统，用于电子对抗、电子侦察、海上巡逻、反潜、空中指挥、预警、航测等军用和民用任务。运-8还改装作为空中预警机系统平衡木（相控阵雷达）的测试工作。改装后的预警机称为空警-200，现已装备海军航空兵。

1975年

法国AS365"海豚Ⅱ"型直升机首飞　该直升机由法国宇航公司（现并入欧洲直升机公司）研制，属多用途中小型直升机。这种直升机的最大技术特征是采用了涵道式尾桨，能够减轻或消除常规尾桨所带来的安全性、维护性和占位空间大等问题。该直升机还大量使用复合材料，减轻了质量。该直升机的军用版是AS365N2。由于AS365"海豚Ⅱ"型直升机性能出色，因而生产量和出口量都较大。

AS365N3"海豚Ⅱ"型直升机

1976年

惠特科姆［美］提出翼梢小翼概念　飞机在飞行时，由于机翼展弦比有限，因而会产生诱导阻力。如何降低诱导阻力，是飞机设计师和空气动力学家始终关注的问题。通过增加展弦比可以降低诱导阻力，但会增加机翼质量，降低飞机机动性。受鸟的翅膀尖部小翅的启发，惠特科姆首次提出翼梢小翼概念。翼梢小翼是安装在机翼尖梢部的直立或斜置小翼面，有单上小翼、上下小翼等多种形式。这种简单的装置可以起到多种作用，包括降低诱导阻力、分散翼尖涡、改善分离特性、提高升阻比、改善稳定性。翼梢小翼能减小20%~35%的诱导阻力。美国宇航局根据惠特科姆的设想，首先在里尔

28/29型飞机上加装翼梢小翼进行了试验。KC-135型加油机加装翼梢小翼后，提高了承载能力并改善了经济性。此后，探索在干线和支线飞机上采用翼梢小翼的研究工作广泛展开，效果十分显著，证明翼梢小翼对高亚音速后掠翼大型运输机也有很大的应用价值。空中客车A310-200、A330/340系列、伊尔-96、MD-11和波音747-400都安装了翼梢小翼。

典型的翼梢小翼（波音747-400）

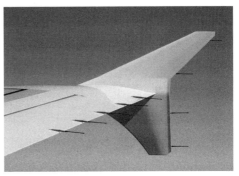
典型的翼梢小翼（空客A319）

瓦里和肖特希尔提出光纤陀螺原理　20世纪60年代末，美国海军研究实验室即开始光纤陀螺的原理探索工作。1976年，美国科学家瓦里（Victor Vali）和肖特希尔（Richard Shorthill，1928—2012）在《应用光学》上发表文章《纤维回路干涉测量仪》，明确阐述了光纤陀螺的基本原理和结构设想。他们认为，可以用光纤回路取代激光回路，研制光纤陀螺。该陀螺既有激光陀螺的优点，同时消除了闭锁现象，且质量可以大大减轻。光纤陀螺原理提出后，受到国际上的广泛关注。1981年在美国召开了第一次光纤陀螺学术会议。此后，各国包括中国都投入了大量人力、物力研究开发光纤陀螺。

典型的光纤陀螺

1977年

波音E-3A型预警机交付美国空军　20世纪50年代，美国的防空警戒体系是由地面雷达和预警机组成的。60年代初期，由于轰炸机速度的提高，低空突防方式的采用和远距离空地导弹的出现，原有防空警戒系统从预警距离、预警时间和低空搜索方面都不能满足需要。1962年，美国空军开始考虑新的预警系统，1963年提出空中警戒和控制系统的研究计划。E-3A型预警机就是波音公司根据"空中警戒和控制系统"计划研制的全天候远程空中预警和控制飞机，1966年签订研制合同，1970年选中设计方案。该机是在波音707的基础上研制的。原型机于1975年首次试飞，1977年开始交付美国空军使用。除美国外，它被许多国家所采用。

波音E-3A型预警机

苏-27型战斗机的原型机首次试飞　苏-27型战斗机是典型的第三代战斗机，由苏霍伊设计局研制，是双发重型制空战斗机，研制过程中强调具有

苏-27型战斗机

长续航能力。其主要任务是国土防空、为深入敌后进行攻击的飞机护航、海上巡逻和拦截，续航时间长达5小时。该机1969年开始研制，共造了12架原型机（T-10），第一架原型机1977年首次试飞。1981年4月生产型首次试飞，1984年服役。该机的设计

特点是：翼身融合体布局，充分利用边条翼提供高机动升力。发动机采用二元进气道，置于机身下。该机机动性极强，首创"普加乔夫眼镜蛇机动"，飞机在迎角为110°~120°时仍保持平稳飞行并可恢复水平状态。其技术水平和作战能力优于同期发展的米格-29。苏-27改型很多，包括陆上型和舰载型，出口多个国家。

人力飞机首次完成"8"字飞行　1961年1月，英国发明家、实业家克莱默（Henry Kremer，1907—1991）设立了一项奖金5 000英镑的奖项，奖给第一个完成"8"字飞行的人力飞机。到1967年，世界范围内已出现了20余架人力飞机，但没有一架能完成"8"字飞行。克莱默决定将奖金提高到10 000英

"蝉翼秃鹰"号人力飞机

镑，1973年又增加到50 000英镑。围绕这笔奖金，飞机设计师和飞行家们展开了竞争。1976年，美国工程师麦克里迪（Paul Beattie MacCready，1925—2007）制成一架人力飞机，取名"蝉翼秃鹰"号。这架飞机在设计上与以往人力飞机不同，它用一块挡板代替流线型座舱罩，前面伸出一根铝管装着鸭翼控制飞机。该机翼展27米，重仅32千克。1977年8月23日，布莱恩·埃伦（Bryan Lewis Allen，1952—）驾驶这架人力飞机在加利佛尼亚成功地进行了1.6千米的"8"字飞行，飞行总航程2 173米，因此获得了5万英镑的奖金。

米格-29型战斗机

米格-29型战斗机的原型机首次试飞　米格-29型战斗机是苏联20世纪70年代初提出研制的双发高机动性制空战斗机，可执行截击、护航、对地攻击和侦察多种任务。1972年制定的设计任务书明确要求米格-29在近距离作战和超视距作战性能上要超过美国的F-16和F/A-18型战斗机。1974年苏联开始详

细设计，1977年原型机首次试飞，1982年投入批量生产，1983年装备部队。该机的设计特点是：带有较宽的机翼前缘边条；装有计算机控制的全翼展前缘缝翼；机翼后缘装有简单襟翼和内插式副翼。米格-29是苏联第三代战斗机，生产量超过1 600架，出口很多。

1978年

法国幻影-2000型战斗机首次试飞 法国长期以来重视自主研制战斗机，但由于发动机性能不佳，其战斗机与同期美国战斗机相比存在一定差距。为了尽快追上美国并吸引国外客户，1975年底法国政府决定研制幻影-2000作为20世纪80年代中期以后的主

幻影-2000型战斗机

力战斗机，执行防空截击、制空战斗、近距支援、纵深攻击以及侦察等任务。设计上要求尽可能减轻结构质量，并用电传操纵系统，并用主动控制技术提高气动特性和飞行性能，采用新型发动机，提高续航能力等。1978年，幻影-2000的原型机进行了首次试飞。1978年~1980年，五架原型机进行了大量试飞，1983年生产型开始交付。它有多种改型，出口许多国家。

美国F/A-18型"大黄蜂"战斗攻击机首飞 为了与F-14型舰载战斗机搭配使用，美国海军主导进行F/A-18型战斗机的研制，由原麦道公司设计生产。这是一种舰载对空/对地全天候多功能战斗机，兼有战斗机与攻击机的能力。1978年11月18日，F/A-18原型机进行了首次试飞。该机的起飞质量低于F-14，但在许多性能包括机动性能上超过了F-14。它与F-14高低搭配，成为美国舰载

F/A-18型战斗机

战斗机的主力。

第一架太阳能飞机研制成
功 太阳能飞机是利用光电池将
太阳能转化为电能，通过电动机
驱动螺旋桨旋转产生飞行动力。
英国太阳能飞机研究小组设计制
造了第一架太阳能飞机——"太
阳一号"。飞机翼展20米，重仅
103千克。750块太阳能电池装在

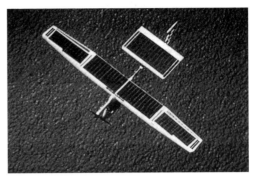

"太阳一号"太阳能飞机

机翼表面，并将转换的电能贮存在蓄电池里。1978年，"太阳一号"设计
师戴维·威廉（Britons David William，1921—2012）驾驶它进行了一次
跳跃飞行。1979年6月13日，该机在英国汉普郡进行了飞行表演，飞行员
是肯·斯泰沃（Ken Stewart，1943—），速度达到每小时65千米，飞行距
离1 200米。

气球飞越大西洋取得成功 气球高空和远距离飞行探险早在18世纪就已
经开始，能够长距离飞越大西洋则是在20世纪后50年才实现的。1978年8月11
日，美国探险家阿布鲁佐（Benjamin Abruzzo，1930—1985）、安德森（Max
Leroy Anderson，1934—1983）和纽曼（Larry Newman，1947—2010）乘坐
"双鹰2号"气球从美国缅因州佛里斯科岛起飞，经过6天共137小时的飞行，
于11月17日到达法国诺曼底，首次完成了横跨大西洋的飞行。为准备这次飞
行，他们花费了几千小时研究资料和掌握飞行技术。"双鹰2号"是一只氦气
球，用尼龙和轻质人造橡胶制成，直径20米，高30米。球体上部涂成白色，
在白天反射太阳光，以免把气球内的氦气烤得过热；下半部涂成黑色，夜晚
可以从海洋中吸收热量，以保持气球内的温度。气球的吊舱底部做成双船身
结构，一旦坠海也可以在海面上漂浮。这次飞行实现了人类乘气球飞越大西
洋的梦想，创造了载人气球飞行距离最远、留空时间最长的纪录。

1979年

倾转旋翼机问世 普通定翼机和直升机在飞行原理和性能上差别明显。

贝尔XV-15型倾转旋翼机

美国贝尔公司在20世纪40年代末开始研究倾转旋翼技术，其特点是将定翼机和直升机结合起来，使之具有垂直起降和高速度的特点。该机是在固定的机翼尖上各安装一台涡轴发动机和旋翼组件。在起飞和悬停时，旋翼组件处于垂直位置，起到普通直升机旋翼的作用。当转换到水平飞行状态时，旋翼组件倾转到水平位置，起到固定翼飞机螺旋桨的作用。1953年，贝尔公司制造了XV-3型倾转旋翼机，并于1955年进行首次试飞。由于发生事故，飞行计划停止。1973年，贝尔公司根据美国陆军和宇航局的要求，开始研制倾转旋翼试验机XV-15（贝尔301）。其第一架原型机于1977年进行了首次悬停飞行，1979年首次完成了由直升机方式到定翼机方式的转换飞行，标志着倾转旋翼机问世。XV-15研制成果对于后来发展实用型倾转旋翼机V-22型"鱼鹰"起到至关重要的作用。

人力飞机首次飞越英吉利海峡 1978年，英国实业家克莱默宣布设立有10万英镑巨额奖金的奖项，奖给能够驾驶人力飞机成功飞越英吉利海峡的第一人。美国发明家麦克里迪对以前的"蝉翼秃鹰"号进行了改进，增加了机翼面积，从结构和材料上进一步减轻质量，研制出"蝉翼信天翁"号人力飞机。该机翼展近30米，最大起飞质量97.5千克。1979年6月2日，埃伦驾驶这架飞机完成了横越英吉利海峡的飞行，用时2小时49分，平均时速12.7千米，航程37千米，创新人力飞机新的纪录并赢得了这项10万英镑大奖。

"蝉翼信天翁"号人力飞机

1980年

中国运–10大型喷气式客机

中国研制的运–10型客机首次试飞 20世纪70年代初，中国决定在工业基础比较好的上海开展航空航天产品的研制工作，运–10型飞机就是以上海地区为主导研制，航空工业部门进行技术支持的成果，总体研制单位是上海飞机制造厂。运–10是中国第一架自行设计制造的大型喷气式客机。主要设计指标是：航程大于7 000千米，时速900千米以上，升限12 000米，载客100人左右，并要求安全性、舒适性好。研制过程中采用了10项国内领先的技术。1980年9月26日，运–10进行了首次试飞。此后，该机先后转场北京、合肥、哈尔滨、广州、乌鲁木齐、昆明、成都，并7次飞抵拉萨。运–10是中国研制的大型喷气式客机的首次尝试，后来由于种种原因，该研制工作未能继续下去。

1981年

F–117型隐身攻击机预生产型首次试飞 为实现对纵深战略目标进行攻击，减少被敌方探测到并击落的可能性，美国国防部于1975年要求诺斯罗普公司和通用动力公司投标研制一种隐身攻击机。未被邀请的洛克希德公司"臭鼬工厂"也提出一种方案参加竞争，并于1976年赢得研制合同。最初的技术验证机YF–117于1977年12月进行了首飞。预生产型共生产了5架，第一架于1981年6月18日进行了首次试飞。1981—1983年间，该机进行了大量试飞，表明设

F–117型隐身攻击机

计方案是可行的，雷达隐身截面积只有常规飞机的十分之一。1982年F-117型隐身攻击机开始交付美国空军，成为第一种全隐身攻击机。它通过多面体外形设计、精心安排气动面位置和采用吸波涂层等方法来降低雷达散射截面积（RCS）。由于强调隐身性能，气动特性不佳，使之只能以亚音速飞行。2006年，美国空军宣布F-117退役。

太阳能飞机首次飞越英吉利海峡　自英国人设计出第一架太阳能飞机后，许多人开始设计新型太阳能飞机。1981年4月29日，美国超轻型飞机制造商摩罗（Larry Mauro）设计的"太阳升空者"持续飞行1.5分钟，飞行距离2 420米，飞行高度9.15米~12.2米。麦克里迪〔美〕在设计出人力飞机后，也尝试研制太阳能飞机。他研究了已有的太阳能飞机，认为可以省去蓄电池，利用太阳能电池的电能直接通过电动机驱动螺旋桨，完成起飞、爬升和水平飞行。他重新设计了"伞翼企鹅号"人力飞机，在机翼和尾翼上贴上16 128块硅光电池，在理想光照射下能输出3千瓦电能。为保证有效接收太阳光线，垂直尾翼在水平尾翼之后，机翼和水平尾翼均向上倾斜15°。采用大量杜邦公司的新型复合材料，结构质量大大减轻。这架太阳能飞机被称为"太阳挑战者"号。其翼展14.3米，长10米，空重56千克，连同太阳电池总质量为97千克。1980年秋，该机飞行高度达1 000米，距离24千米。1981年7月7日，"太阳挑战者"号由普特塞克（Stephen Ptacek, 1951—）驾驶，首次成功地飞越了英吉利海峡，起止点是巴黎附近到英国肯特郡曼斯顿机场，飞行时间5小时23分，飞行距离262千米，平均时速54千米。

"伞翼企鹅号"试验机

"太阳挑战者"号太阳能飞机

中国国际航空公司使用的波音767-300ER型客机

波音767型客机首次试飞 波音767型客机是波音公司研制的双发半宽机身中远程客机，用于替换波音707、DC-8、波音727等即将退役的200座级客机。波音公司1972年提出研制计划，经过广泛的市场调查和方案论证，于1978年初正式宣布波音767的研制计划。该机采用了当时最先进的电子系统、先进的复合材料和先进的技术机翼，机翼下方吊挂两台高涵道比涡扇发动机。1981年9月26日，波音767首次试飞，1982年2月获适航证，8月即交付使用。它有多种改型，已被许多航空公司所采用。它的技术性和经济性较高，属于第四代喷气式客机。

1982年

中国运-12型运输机首飞 运-12型运输机是哈尔滨飞机制造公司在运-11的基础上进行重大改进后研制的小型涡桨式多用途运输机。运-12采用上单翼双发动机布局，安装加拿大普惠公司的PT6A-27型涡轮螺旋桨发动机，可载客17~19人，或1 700千克~1 900千克货物。运-12于20世纪80年代开始研制，1982年7月14日首次试飞，1985年取得中国民航总局颁发的型号合格证，1986年又获得民用飞机生产许可证。后分别获得英国CAA（1990年）和美国联邦航空局FAA（1995年）适航证，这是中国首架获得英美权威适航证的飞机。由于其拥有用途多样、结构可靠、安全耐用、造价低廉的优点，运-12先后出口了20余个国家，出口数量达102架（截至2000年）。运-12可广泛用于专机、客运、货运、森林防护、空中测量、海上巡逻、地质勘探、救护和跳伞等任务。

中国运-12小型多用途飞机

空中客车A310型客机试飞成功 为适应中等繁忙程度航线的需求，降低运营成本，空中客车公司于1978年开始研制A310型客机。它在A300的基础上，缩短机身长度，采用新技术机翼，减少机翼和尾翼面积，并重新设计发动机挂架和选择新型发动机。它的载客量略有减少。1982年4月3日，A310型的原型机进行首次试飞，并于1983年正式交付使用。该机受到航空公司欢迎。A310是一个过渡型号，产量并不大，只有255架。

1984年

中国歼-8II型战斗机首次试飞成功 1964年5月，中国航空技术研究院提出在米格-21的基础上，设计一种性能更好的歼击机。同年10月，新机设计方案开始论证，当时提出单发和双发两种方案，后选定双发方案，这就是歼-8型歼击机。1969年7月5日，歼-8首次试

中国歼-8II型战斗机

飞，1979年12月31日正式批准定型。在此基础上，沈阳飞机制造公司又研制了歼-8I型全天候歼击机，1981年4月24日首试成功。通过改进武器、火力控制系统、机载电子设备和动力装置，采用两侧进气布局，增加外挂等，又研制了歼-8II型歼击机。它是兼有全天候拦截能力、对地攻击能力的高空高速歼击机。该机1980年确定战术技术要求，1981年进行方案论证，确定总体方案，1984年6月12日首次试飞。歼-8II属于第二代高空高速战斗机。

1985年

中国直-8型直升机

中国直-8型直升机首飞 直-8型直升机是中国参考法国SA-321型"超黄蜂"直升机研制的中型多用途直升机，由中国直升机设计研究所、昌河机械厂（现为昌河飞机工业公司）等单位共同研制。1985年12月11日，直-8首次试飞成功。

1989年，首架生产型直-8交付中国海军航空兵使用。直-8型直升机的用途虽然很广，但生产量不大。

1986年

法国"阵风"战斗机的原型机首次试飞　该机是达索公司为法国空军研制的新一代战斗机。研制计划分两阶段进行：第一阶段研制试验战斗机，验证新战斗机将采用的先进气动外形和各种新技术；第二阶段研制实用战斗机。试验型"阵风"A于1983年3月开始设计，1986

法国"阵风"战斗机

年7月4日首次试飞。实用型战斗机"阵风"C比试验型稍小，于1991年4月进行了首次试飞。"阵风"采用复合后掠三角翼，高位近耦合鸭翼和单垂尾布局，发动机采用两侧下方进气。全机内设系统先进，代表了20世纪90年代的技术水平。从总体性能指标上看，它属于第三代半超音速战斗机。设计时没有考虑超音速巡航和隐身等第四代战斗机的典型性能指标。面对美国F-35等四代机的强大竞争力，"阵风"出口表现不佳，总产量仅122架。

全复合材料飞机"旅行者"完成不着陆环球飞行。1981年，美国飞行家乔安娜·耶格尔（Jeana Yeager，1952—）、轻型飞机制造商理查德·鲁坦

全复合材料飞机"旅行者"

（Richard Glenn Rutan，1938—）和埃伯特·鲁坦（Elbert Leander Rutan，1943—）共同构思研制出一种全复合材料飞机，并命名为"旅行者"号（Rutan Voyager）。这架飞机的机身全部采用玻璃纤维、碳纤维和凯芙拉纤维制成，质量仅426千克，连同2台发动机在内共重1 020.6千克。飞机采用

两台莱康明0-235型发动机，分别驱动位于机头和机尾的两副螺旋桨。1984年6月22日，该机进行了首次试飞。首次进行环球飞行时，它的机身内装满了燃油，起飞质量达4 397千克。1986年12月14-23日，由鲁坦和耶格尔驾驶，"旅行者"号完成了首次不着陆、不加油环球飞行，航程42 434千米，历时9天3分44秒。这个距离打破了B-52于1962年创造的20 117千米的不着陆飞行距离纪录。

1987年

上海飞机制造公司组装MD-82型客机首飞成功　20世纪80年代初，为满足民航需要，提高大型民航机的生产能力，中国有关部门一直在研究引进生产外国大型客机的问题。1985年4月，上海航空工业公司与美国麦·道飞机公司达成协议，用MD-82型飞机的散装件装配25架飞机，供中国民航使用。MD-82是干线客机，可载旅客147人，装有两台普·惠公司生产的JT8D-217A型涡轮风扇发动机，可以在不同气候条件下飞行。1987年7月第一架飞机试飞成功后，月底便交付民航使用。25架完成后，又组装生产了10架，也全部完成，其中有5架返销美国。

1988年

美国B-2A型隐身轰炸机出厂　B-2A的研制始于1978年，原定是一种高空突防轰炸机。1981年10月，诺斯罗普公司获得研制合同。1983年研制计划修改，使之成为可进行低空突防的轰炸机。它采用翼身融合体无尾飞翼结构布局，发动机采用背置埋入式。全机各边均呈平行状，使雷达波向两个非雷达方向散射。机身结构采用复合材料和吸波材料，并涂有吸波涂层。外部没有武器挂架，全部武器均装在机体内。这些措施使之成为第一种全隐身轰炸机。B-2A原型机于1988年出

B-2A型隐身轰炸机（后为F-117）

厂，1989年7月17日进行了2小时20分的试飞。它计划代替B-1B成为20世纪90年代以后美国战略轰炸的中坚力量。

中国国际航空公司使用的波音747-400型客机

波音747-400型客机首次试飞　鉴于国际民航运输业务的急剧增长，波音公司于1985年7月开始对波音747进行重大改型设计，目的是增加载客量和提高航程，同时降低客座运营成本。由此产生了该系列最新、也是最大的型号波音747-400。气动设计上最大的改进是机翼加长，并加装了长1.83米的翼梢小翼，降低了诱导阻力。它广泛采用曾用于波音757和767上的先进铝合金和先进起落架，使全机质量降低，燃油量增加。内设系统数量减少，功能增强。它的最大航程达13 398千米，最大载客量超过500人。1988年4月29日，波音747-400首次试飞，次年投入使用。

F-15S型推力矢量控制试验机首次飞行　在传统飞机设计中，推进与气动是两个互不相关的因素。为了解决传统飞机存在的问题，如失速与尾旋、机动性差等，空气动力学家很早就提出利用部分发动机推力控制飞行姿态的设想，并一直在进行试验研究，逐步形成推力矢量控制设计思想。美国从20世纪80年代后期开始进行试飞验证，利用F-15型战斗机作试验平台。它利用可偏转的二元喷管，产生与主推力方向成各种角度的推力矢量，产生需要的控制力矩。1988年9月7日F-15S首次试飞。20世纪90年代这类试验一直在进行，获得的成果已用于第四代F-22型战斗机中。推力矢量控制对提高飞机的机敏性、改善失速与尾旋特性、省去某些操纵面从而降低飞机质量具有重要意义，是未

F-15S型推力矢量控制试验机

来先进战斗机的发展方向。

中国歼轰-7型"飞豹"战斗轰炸机

中国歼轰-7型"飞豹"轰炸机首飞 "飞豹"是由中国西安飞机工业公司与603研究所合作设计制造的一种战斗轰炸机,主要用于进行战役纵深攻击以及海上和地面目标攻击,可进行超音速飞行。它是双发、双座型,具有低空、超低空贴地飞行进入目标区实施轰炸的能力,还可以携带空空导弹自卫。气动外形为后掠上单翼、单垂尾、全动水平尾翼的常规布局。装备有多用途脉冲多普勒雷达,对空探测距离75千米,对海探测距离175千米。1988年12月14日,"飞豹"进行了首次试飞。

1989年

V-22型"鱼鹰"倾转旋翼机首次试飞 该机是贝尔公司与波音公司根据美国政府1981年底提出的"多军种先进垂直起落飞机"计划要求共同研制的。1983年开始初步设计。经过较长时间的研究,发现许多问题以当时的技术无法解决,特别是稳定性问题,还有由悬停到前飞等转变过程中的控制与操纵问题。20世纪80年代中期,由于主动控制技术的使用,这些问题得到了一定程度的解决。1989年3月V-22成功完成首次试飞。同年9月完成了由直升机飞行方式到定翼机飞行方式的转换。由于技术难度大,困难多,V-22在试飞过程中多次发生事故。在停飞了几年后,V-22原型机于1993年4月恢复试飞。它的综合水平超过了直升机和支线客机。V-22是新概念直升机成功的范例,对未来直升机的设计有借鉴意义。

V-22型"鱼鹰"倾转旋翼机

1990年

YF-22型试验机

F-22型战斗机的原型机YF-22首次试飞 F-22型战斗机是美国空军招标研制的第四代超音速战斗机，计划取代F-15等第三代战斗机。1982—1985年，洛克希德公司"臭鼬工程"组对未来先进战斗机进行概念设计。YF-22方案大量采用先进技术，包括翼身融合体、修形菱形机翼、切角双垂尾、全动式截短菱形平尾、二元矢量喷管、飞行控制一体化以及主动控制技术。它利用特殊气动外形设计和关键部位采用吸波涂层的办法满足隐身要求，同时具有良好的气动和隐身性能。1990年9月29日，YF-22进行了首次试飞，11月3日作了超音速巡航飞行表演。F-22与其原型机相比，翼展增加，机长缩短，机翼后掠角减小，起落架降低，其他改变不大。F-22由于价格昂贵，性能不稳定，生产量很小，不足200架。

1991年

空中客车A340型远程宽体客机首次试飞 A340型客机是欧洲空中客车公司分析世界主要航空公司20世纪90年代的需求后，于1986宣布研制的四发远程客机。这种客机的研制也标志着欧洲可在短程、中程和远程干线客机上全面同波音公司竞争。A340采用先进的可变弯度机翼和机梢小翼，可使升阻比比A300系列提高40%。先进的高涵道比发动机进一步改善了经济性。A340的航程可达12 500千米以上，达

空中客车A340型远程宽体客机

到波音747的量级。A340于1991年10月25日首次试飞，1993年投入航线运营。由于超远程航线需求不大，它的生产量不高。

1992年

中国自行制造的直-9型直升机试飞成功　直-9型直升机是由哈尔滨飞机制造公司经根据法国"海豚"号直升机（SN365N）来生产的多用途直升机。1980年10月15日，中法双方签约，法国授权中国方面生产SA-365N1型直升机。1982年，哈尔滨飞机公司完成首架直升机的装配和

中国直-9直升机

试飞。1983年，直-9型直升机正式进入部队服役。至1990年，原法国授权的50架直升机均已完成生产组装，其中28架为基本型直-9，20架为直-9A型（相当于AS365N2）。哈尔滨飞机公司另外生产了两架直-9A-100型直升机，开始尝试自行生产制造。1992年1月16日，中国自行制造的直-9型直升机试飞成功。1993年9月，中法双方再度签约生产22架直-9型直升机，另外还有8架民用型直-9。1994年10月23日，直-9B试飞成功。经过多年的努力，直-9衍生出数种不同功能的直升机。

DC-X型"三角快帆"

1993年

DC-X型"三角快帆"首次试飞　"三角快帆"是美国用于验证单级入轨、垂直起降运载器设计的缩比模型。它呈四棱锥体，装有一台发动机。试验时它垂直起飞，然后进行一次翻转机动，最后垂直降落。1993年8月18日，"三角快帆"首次试飞，历时一分钟，完成了垂直起飞、悬停、翻转和降落飞行。1993年共试飞了5次。

第四代涡轴发动机出现 20世纪80年代中期欧美开始研制第四代涡轴发动机。其特点是组成单元更少，可靠性更高，质量更轻，耗油率更小，无故障时间更长。代表性型号有美国的T800和西欧三国联合研制的MTR390。T800型进气道装有粒子分离器，增强了防砂能力；单元体设计，由四个单元体组成，可靠性、适应性和维护性都大大提高；压气机为双级离心式，转子稳定性好，零件数少，便于维修，耐腐蚀性和抗外来物损伤的能力强；采用气冷单晶叶片，提高了涡轮前温度；全数字电子控制系统保证了发动机在高空能自动启动，并且与直升机飞行性能达到最佳匹配。该发动机于1988年开始进行飞行试验，1993年获美国陆军的合格证，1994年正式在RAH-66型直升机上进行飞行试验。欧洲德、法、英三国合作的MTR390型涡轮轴发动机从1986年开始研制，1993年取得了合格证。

欧洲"虎"式武装直升机安装了MTR390型涡轮轴发动机

1994年

欧洲战斗机EF-2000（"台风"号）试飞成功 在欧洲，除法国和瑞典外，英国、德国、意大利和西班牙长期以来都以合作的形式来研制战斗机，第四代战斗机EF-2000也是如此。1983年，英国、德国和意大利为研究下一代战斗机而联合提出EAP试验机计划。在此基础上，1984年7月，法国、德国、英国、意大利和西班牙达成协议，联合发展一种20世纪90年代使用的先进战斗机，当时称EFA（欧洲战斗机），其假想作战对象是苏联米格-29和苏-27。1986年EFA完成概念研究，1987年12月完成概念细化

欧洲EF-2000"台风"号战斗机

工作。20世纪90年代初为降低成本，又对方案进行调整，改为EF-2000，着眼于21世纪使用。该机采用全动式鸭翼、三角翼布局，机翼前缘有自动调节的缝翼。飞机主要用于空战，也兼顾对地攻击。EF-2000战斗机1994年3月27日首次试飞。该机是世界最先进的战斗机之一，技术和性能上居于第三代与第四代超音速战斗机之间。虽然性能不如美国的F-22，但价格适中，所以它主要装备西欧一些国家，已生产600余架。

波音777型客机

波音公司推出波音777型新客机　波音777型客机是波音公司研制的双发远程客机，最初称波音767-X，1989年公布其主要设计特点。其设计思想是改善波音747运营的经济性，提高波音767的航程，属于第五代喷气式客机。在技术上，除增加载客量、提高适应性和航程外，强调降低耗油率，提高经济性。采用的技术措施有：安装耗油率更低、排污更小、噪声更低、涵道比更高、推力更大、维护性更好的涡扇发动机；加大复合材料的用量；进一步加大展弦比来提高气动效率，采用高效亚音速翼型。另一大特点是完全采用计算机设计，没有一张图纸。波音777的原型机于1994年6月12日首次试飞，1995年交付使用。波音777-200的典型数据为：机长63.73米，机高18.44米，翼展60.9米，最大起飞质量230吨~263吨，巡航速度达M0.83，最大航程约7 500千米~12 400千米，载客量最大可达400人。

1996年

美国"科曼奇"号直升机试飞成功　RAH-66型"科曼奇"号直升机由波音公司和西科尔斯基公司研制，用于侦察和攻击，是美国最先进的武装直升机，也是第一种具有隐身性能的武装直升机。它的最大速度为328千米/时，转场航程2 335千米。该机装有机炮，可带14枚"海尔法"导弹或28枚"毒刺"导弹，主要用于空战、战场支援和反坦克。其原型机于1996年1月

4日首次试飞。在进行大量试飞后，该直升机于2006年交付使用，美国陆军订购数为1 296架。由于研制进度多次推延、费用大大超标，加之美国战略战术的调整，美国国防部于2004年宣布取消该研制项目。因此只生产了2架原型机，未投入使用。

RAH-66型"科曼奇"号直升机

中国歼-8ⅡM试飞成功　歼-8ⅡM型战斗机与歼-8Ⅱ型相比，换装了改进的发动机，加装了先进的电子设备，具有较强的电子战能力、上视/下视能力、空对空和空对地作战能力。配备了功能齐全、性能优良的脉冲多普勒火控雷达，能对空中多个目标进行精确定位和跟踪，可制导中程拦射导弹，实现单目标或双目标攻击；并具有精确的对地、对海攻击能力，可制导空对舰导弹、激光制导炸弹等多种武器，提高了飞机的综合作战能力。1996年3月31日歼-8ⅡM首次试飞。

苏-37型战斗机

俄罗斯第四代战斗机苏-37首次试飞　苏-37型战斗机由俄罗斯苏霍伊设计局研制，是在苏-27M的基础上发展起来的第四代战斗机，但性能指标远远超过了苏-27M。苏-37是一种单座、多用途、全天候空中优势大的战斗机，突出的性能是具有超常的机动能力。这得益于它的发动机采用矢量推进技术，推力大，且喷管可以转向，因而可实现超常的机动飞行。另外，苏-37的电子设备也全面更新，更加增强了它的飞行性能和作战能力。1996年4月2日苏-37首次试飞。同年9月，该机在英国范堡罗进行了高机动性的表演，引起人们的高度关注。

美国波音公司和麦道公司合并　波音公司是世界最大的民用飞机生产集团，但军用飞机生产地位不高，在美国国防承包商中排名第3、4位。麦道公司的民用飞机生产一直走下坡路。为了提高在美国国防承包商中的地位，同时牢牢占据民用飞机市场的头把交椅，两家公司终于走上合并的道路，实际上是波音吞并了麦道。波音和麦道两家公司在1994年开始对话合并事宜。1996年12月，两家公司终于达成协议，正式宣布合并。合并后的新公司仍称波音公司，麦道公司则成为新波音公司的一个分部。这项合并计划引起人们的极大关注，尤其受到欧洲各国的激烈反对。新的波音公司的总雇员达23万人，下设商用飞机集团；信息、空间与防御系统部；麦克唐纳飞机与导弹系统部；宇航系统部。麦道的加入使公司的销售额大幅度提高，年销售额达到480亿美元，客户遍布世界145个国家，超过洛克希德·马丁公司而重新成为全球头号航宇公司。

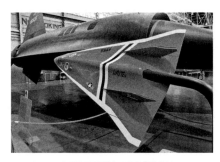
LOFLYTE乘波飞机试验机

首架乘波飞机LOFLYTE试飞成功　早在20世纪50年代，空气动力学家们就提出过乘波飞机（Waverider）的设想，认为这种飞机可以利用激波的致密特性使飞机产生很大的升力，其速度可望达到高超音速。相关试验工作随后展开。美国宇航局和空军莱特试验室研制的高超音速飞行器的模型LOFLYTE采用乘波外形，利用激波产生升力使飞机飞行。该模型长2.54米，总重36千克，装有一台涡轮喷气发动机，由精确自动化公司制造。1996年12月16日，该机进行首次飞行，持续了34秒，飞行高度45米，并进行了180°转弯。在1997年的试飞中，最大速度达到音速的5.5倍。

1997年

波音777型客机创大型客机航速和航程纪录　1997年，波音公司利用波音777型客机进行全球展示性飞行。一架波音777型客机从美国西雅图波音公司机场起飞，直飞马莱西亚吉隆坡，后返回西雅图，历时41小时59分，航程达20 044.2千米，平均速度达到889千米/时，创长途飞行速度纪录。此前的两个纪录是由空中客车A340保持的，速度是789.86千米/时。

美国X-36型试验机首次试飞　X-36型试验机是美国宇航局为研制未来

X-36型试验机

无尾先进战斗机服务的技术验证机。其翼展3.15米，机长5.5米，最大起飞质量580千克，装有一台F112型涡扇发动机。它有一副前翼和一副主机翼，均呈上弯形。1997年5月17日首次试飞时，由于后机身部件过热，只飞了6分钟，高度1 500米。第二次飞行在22日进行，飞行时间17分钟。以后逐步提高飞行时间、速度、高度和迎角。该项计划旨在为未来战斗机设计积累技术。

F-22型战斗机首次试飞　F-22型战斗机是YF-22试验机的实用改型，比原型机略小，主要任务是取得并确保战区的制空权，额外任务包括对地攻击、电子战和信号情报。1997年9月7日首次飞行达到了预期目标。此次试飞持续58分钟。主要任务是检查F-119型发动机的操纵性能，试验F-22操纵系统的灵敏性和精确性。飞行高度达到4 500米~6 000米；飞行速度达到420千米，最大迎角14°。1997年9月14日又进行了第二次试飞。经过近一年的试飞，F-22于1998年10月首次进行了超音速飞行。F-22配备了AN/APG-77型主动相控阵雷达、AIM-9X红外制导空对空导弹、AIM-120C/D中程空对空导弹、二维F119-PW-100推力矢量发动机、先进整合航电与人机界面等。在设计上具备超音速巡航（不需使用加力燃烧室）、超视距作战、高机动性、对雷达与红外线隐形等特性。据估计其作战能力为F-15的2~4倍。

F-22型战斗机

波音777-300出厂　波音777型客机是最大的双发喷气客机，777-300又是该型机最大的改型，是777-200的增长增重型，总长73.9米，比777-200型长10米，比波音747还长3.3米，起飞质量近300吨。它典型的三级布局可载客328~349名，两级布局可载客400~479名，单级布局（全经济舱）载客达550

名。其航程可达10 370千米，达到波音747的量级。该机主要用于中远程航线，用以替换波音747-200和300等早期型号，但经济性大大提高。

俄罗斯S-47型前掠翼试验机试

飞 S-47型试验机是俄罗斯苏霍伊航空集团研发的超音速试验机，设计与试飞阶段曾经给予S-32和S-37的编号。该机最大的特点是前掠翼的设计。自2002年以后编号改为苏-47。它大量使用了苏-27的结构和部件，尺寸也相似。它的设计很有特色：带

S-47型前掠翼试验机

有一副鸭翼，一副前掠主翼和常规尾翼，翼身融合体布局，采用了大后掠角双垂直尾翼和水平尾翼。前掠翼布局能保证该机在亚音速飞行时具有最好的气动性能；提高飞机在大迎角飞行时的可控性。此外，前掠翼布局与推力矢量技术结合，能保证在空战中的绝对优势。

波音公司高速民航机设计方案

波音公司提出高速民用客机设计方案 20世纪90年代，国际上兴起了研制第二超音速客机的热潮，为此许多国家都提出了设计方案。波音公司的方案是：机长97.5米，翼展39.6米，起飞质量340吨，巡航速度M2.4，巡航高度18 300米。装备4台涡扇发动机。估计它可载客300名，

航程9 250千米。它的机翼呈准"S"形，分三段后掠。机身细长，尾部有一个菱形尾翼组件。这架飞机是计算机设计的，只是初步方案，未进入工程发展阶段。

1998年

中国FBC-1型"飞豹"号歼击轰炸机首次亮相 在1998年中国珠海航展上，"飞豹"号歼击轰炸机首次进行了空中飞行表演。该机由西安飞机工

业公司研制，是双座、双发、全天候超音速歼击轰炸机，主要用于执行对地、对海攻击任务，也有一定的歼击护航能力。该机采用两台"秦岭"涡扇发动机，单台推力122.1千牛。它的最大速度为M1.6~1.7，航程2 850千米，作战半径850千米。机上有7个外挂点，载弹6.5吨。另装有一门23毫米双管机炮。

中国歼-10型战斗机首飞 歼-10型战斗机是中国成都飞机工业集团为空军研制、生产的单发、全天候、多功能、采用鸭式气动布局的第三代战斗

机。1998年3月23日进行了首次试飞。歼-10于1986年开始研制，广泛采用第三代战斗机的先进设备。首次试飞成功后，经过多年试验考核，2004年装备部队，2008年首次对外亮相。该机后来又作为"八一"特技飞行表演队装备的表演飞机。

中国歼-10第三代战斗机

中国研制成功地效飞行器 由宏图飞机制造厂研制生产的DXF100型

中国DXF100型地效飞行器

地（水）效飞行器于1998年试飞成功，首次试飞时间为30分钟，飞行高度90米，最大速度为140千米/时。它采用船身式布局，"T"形尾翼，全金属铝合金结构。飞机空重3.8吨，载荷1.2吨，最大飞行速度200千米/时，航程400千米。地效飞行器具有广泛的应用价值。

1999年

第一次气球不着陆环球飞行完成 1999年3月1日，瑞士著名探险家伯特兰·皮卡德（Bertrand Piccard，1958—）和英国飞行家布赖恩·琼斯（Brian Jones，1947—）驾驶"布雷特林轨道器3号"气球从瑞士出发，经过与地面气

象观测小组的密切配合，不断寻找顺风气流，1999年于3月20日在埃及降落，完成了首次载人气球不着陆环球飞行，飞行总时间为19天21小时55分，距离为45 755千米。

皮卡德（右）和琼斯（左）

首次环球飞行所用的气球

亚洲最大的2.4米跨音速风洞建成　1999年12月22日，中国自行设计建造的2.4米跨音速风洞在中国空气动力研究与发展中心通过国家验收，这是亚洲尺寸最大的跨音速风洞。风洞根据试验段风速的不同，分成低速风洞、亚音速风洞、跨音速风洞、超音速风洞以及高超音速风洞等多种类型，其中大尺寸跨音速是建造技术要求很高、难度很大的一种。该风洞的建成，对于空气动力学研究与飞行器设计都具有十分重要的意义。

中国2.4米跨音速风洞

2000年

"协和"号超音速客机失事　2000年7月25日，法国航空公司AF4590航班一架"协和"号超音速客机在巴黎国际机场起飞后不久坠毁。机上110名乘客全部遇难。这是自该机型1973年投入运营27年以来，发生的首次机毁人亡事故，在国际上引起强烈反响。在事故查清及问题得到解决之前，英航和法航的所有"协和"号飞机全部停飞。初步调查表明，此次事故是由飞机起落架的轮胎爆裂造成的。轮胎碎片高速射向机翼的油缸，造成的震荡波导致油箱盖受压并打开，大量燃油泄漏；另外一块较小的轮胎碎片割断起落架的电缆线，导致火花引燃漏油起火。飞机最后失控坠毁在1千米外的地方。事故共造成113人死亡。

法航"协和"号飞机

法航"协和"号飞机起火情形

欧洲航空防务及航天公司成立　为应对1996年波音公司兼并麦道公司而形成的垄断压力，1997年12月，英、法、德三国政府出于欧洲合作成功的经验、民用领域的强大优势和来自美国威胁三方面的考虑，号召各自国家的大型企业进行整合，并于1998年3月宣布了成立欧洲航空防务及航天公司（EADC）的第一份报告。1998年7月9日，六国（英、法、德、西班牙、瑞典、意大利）工业部长都要求尽快解决整合相关事宜。EADC的核心业务包括：民用及军用运输机、作战及军用飞机、直升机、空间发射装备及轨道设施、卫星及卫星运行、制导武器及防务和航空航天系统。政治、经济、财务等问题导致合并过程一波三折。1999年10月14日，法国与德国联合宣布建立了第一个跨国家航空航天及防务公司——EADS公司。当年12月，西班牙宇航公司（CASA）签署加入EADS协议。2000年7月10日，欧洲航空防务及航天公司（European Aeronautic Defense and Space Company，缩写EADS）正式宣布成立。它是由法国宇航、德国多尼尔公司和德国戴姆勒–克莱斯勒宇航公司（DASA）、西班牙宇航公司组成的联合体，是欧洲的大型航空航天工业公司。EADS雇员超过11万人，分布在全世界的70个地方。EADS公司是继波音之后世界上第二大航空航天公司，主要从事军民用飞机、导弹、航天火箭和相关系统的开发。

EADS子公司——空客公司生产的全球最大的喷气客机A380

参考文献

［1］冯·卡门.空气动力学的发展［M］.江可宗，译.上海：上海科技出版社，1958.

［2］中国大百科全书总编辑委员会《航空航天》编辑委员会.中国大百科全书：航空航天［M］.北京：中国大百科全书出版社，1985.

［3］姜长英.中国航空史［M］.西安：西北工业大学出版社，1987.

［4］《当代中国》丛书编辑部.当代中国的航空工业［M］.北京：中国社会科学出版社，1988.

［5］《世界航空科学技术发展述评》编辑委员会.世界航空科学技术发展述评［M］.北京：航空工业出版社，1989.

［6］辛格 C，霍姆亚德 E J，霍尔 A R，等.技术史：第五卷［M］.陈凡，等译.沈阳：东北工学院出版社，1993.

［7］美国不列颠百科全书公司.不列颠百科全书：国际中文版［M］.中国大百科全书出版社《不列颠百科全书》国际中文版编辑部，编译.北京：中国大百科全书出版社，1994.

［8］顾诵芬，史超礼.世界航空发展史［M］.郑州：河南科学技术出版社，1998.

［9］威廉斯.技术史：第七卷［M］.刘则渊，孙希忠，译.上海：上海科技教育出版社，2004.

［10］HODGSON J E. The History of Aeronautics in Great Britain［M］. Oxford: Oxford University Press, 1924.

［11］SMITH G G. Gas Turbines and Jet Propulsion［M］. London: Iliffe & Sons Ltd., 1950.

［12］PRITCHARD J L. The Dawn of Aerodynamics［J］. JRAS, 1957, 61.

［13］GIBBS-SMITH. The Aeroplane: An Historical Survey［M］. London: Her Majesty's Stationery Office, 1960.

［14］GIBBS-SMITH. The Invention of the Aeroplane, 1799—1909［M］. New York: Taplinger Publishing Company, 1966.

［15］EMME E M. Two Hundred Years of Flight in America: A Bicentennial Survey［M］//AAS History Series,Vol.1.San Diego: Univelt Inc., 1977.

［16］JOHN, TAYLOR, MUNSON, et al. History of Aviation［M］. London: New English Library. 1972.

［17］GUNSTON B. Aviation: The Complete Story of Man's Conquest of the Air［M］. London: Octopus Books Corp., 1978.

［18］BOTTING D. The Giant Airships［M］. Alexandria Virginia: Time-Life Books Inc., 1981.

［19］TAYLOR M J H. Jet Fighters［M］. London: Biston Publishing Co., 1982.

［20］ANGELUCCI E. L'encyclopedie des Avions Militaires du Monde［M］. Paris: Hermé, 1982.

［21］TAYLOR M J. The Illustrated Encyclopedia of Helicopters [M]. New York: Exeter Books, 1984.

［22］HART C. The Prehistory of Flight［M］. Berkeley: University of California Press, 1985.

［23］GUNSTON B. Airbus: The European Triumph［M］. London: Osprey Publishing. Ltd Co., 1988.

［24］TAYLOR M J H. The Aerospace Chronology［M］. London: New English Library, 1991.

［25］BAKER D. Flight and Flying: A Chronology［M］. New York: Facts On File Inc., 1994.

［26］ANDERSON J D. A History of Aerodynamics: and Its Impact on Flying Machines［M］. New York: Cambridge University Press, 1997.

事项索引

人名索引

贝尔森 Berson，A.［德］1901

贝林纳 Berliner，E.［美］1907，1909

贝隆 Belon，P.［法］1555

贝内特 Bennett Jr，J.G.［美］1880

贝内特 Bennett，F.［美］1926

贝诺 Penaud，C.A.［法］1870，1871，1876

贝切莱欧 Bechereau，L.［法］1912

贝斯尼尔 Besnier，S.［法］1678

比纳恩 Beenan，B.R.［德］1897

比希 Büchi，A.［瑞］1905

比西尼 Busignies，H.G.［法］1926

毕晓普 Bishop，R.E.［英］1940

波波夫 Popov，A.S.［俄］1904

波莱里 Borelli，G.A.［意］1680

波音 Boeing，W.E.［美］1917

伯德 Byrd，R.E.［美］1926，1929

伯努利 Bernoulli，D.［瑞］1738

博绍罗 Bossoutrot，L.［法］1919

布拉修斯 Blasius，P.R.H.［德］1904

布莱特 Bright，H.［英］1859，1866

布兰德 Brand，C.J.Q.［南非］1920

布朗 Brown，A.W.［英］1919

布朗夏尔 Blanchard，J-P-F.［法］1785，1793

布劳恩 Braun，W.von［德］1935，1939

布雷盖 Breguet，L.C.［法］1907

布雷利 Brearey，F.W.［英］1866

布里多 Bridou，A.［法］1914

布里斯 Bris，J.M.L.［法］1857

布什 Bush，V.［美］1942

布斯曼 Busemann，A.［德］1923，1928，1935

C

查姆 Zahm，A.F.［美］1914

查纽特 Chanute，O.［美］1881，1891，1894

陈浠［中］B.C.2世纪

D

达尔朗德 d'Arlandes，M.［法］1783

达米科 d'Amécourt，G.P.［法］1861

达温波特 Davenport，A.［英］1929

戴姆勒 Daimler，G.W.［德］1896，1905

德雷伯 Draper，C.S.［美］1945，1948

德·罗齐尔 Rozier，J-F.P.de［法］1783，1785

狄塞尔 Diesel，R.［法］1905

迪根 Degen，J.［奥］1809

迪特默 Dittmar，H.［德］1941

笛卡儿 Descartes，R.［法］1640

蒂泽德 Tizard，H.T.［英］1935

杜诺夫 Duruof，J.［法］1870

多茨 Doetsch，K.H.［德］1939

F

法布尔 Fabre，H.［法］1910，1911，1912

法布里修斯 Fabricius，G.［意］公元17世纪

法尔芒 Farman，H.［法］1907

凡斯勒 Fansler，P.E.［美］1914

菲利普斯 Phillips，H.F.［英］1884，1893

菲利普斯 Phillips，W.H.［英］1842

腓特烈大帝 Friedrich II［普］1764

菲尔纳斯 Firnas，A.I.［西］875

冯如［中］1909

弗拉尼尼 Forlanini，E.［意］1877

弗尔纳斯 Furnas，C.［美］1908

弗莱特纳 Flettner，A.［德］1942

弗兰斯 France S.J.de［美］1931

弗朗茨 Frantz，J.［法］1914

弗朗茨 Franz，A.［奥］1942

弗朗西斯 Francis，D.E.［美］公元15世纪

伏瓦辛 Voisin，C.［法］1907

伏瓦辛 Voisin，G.［法］1907

福尔曼 Forman，E.S.［美］1936

福克 Focke，H.［德］1936，1940

福特尼 Fordney，C.L.［美］1933

傅科 Foucault，L.［法］1901

富兰克林 Franklin，B.［美］1752，1784

富勒 Fowler，H.D.［美］1931

G

伽利略 Galileo，G.［意］公元18世纪

盖里克 Guericke，O.von［德］公元18世纪

盖伦 Galenus，C.［罗马］B.C.1世纪

甘伯塔 Gambetta，L.［法］1870

高承［中］B.C.2世纪

高方启［中］1956

高祖（刘邦）［中］B.C.2世纪

戈德斯坦 Goldstein，S.［英］1937

格莱舍 Glaisher，J.［英］1862，1871，
　1875

格劳特 Glauert，H.［英］1928，1939

格里菲斯 Griffith，A.A.［英］1926，
　1943，1944

格瑞 Gray，H.C.［美］1927

葛洪［中］公元15世纪

公输班［中］B.C.5世纪

古列维奇 Гурéвич，М.И.［苏］1939

古斯芒 Gusmão，B.de［葡］1709

谷一郎［日］1939

H

哈格雷夫 Hargrave，L.［澳］1893

哈里斯 Harris，J.H.［英］1929，1940

海尔–肖 Hele-Shaw，H.S.［英］1923

亥姆霍兹 Helmholz，H.von［德］1896，
　1902

韩非子［中］B.C.5世纪

韩信［中］B.C.2世纪

汉森 Henson，W.S.［英］1843，1894

赫兹 Hertz，H.［德］1904

亨克尔 Heinkel，E.［德］1935，1936，
　1939

胡佛 Hoover，H.C.［美］1928

华蘅芳［中］1887

华盛顿 Washington，G.［美］1784，1893

惠更斯 Huygens，C.［荷］1647

惠特科姆 Whitcomb，R.T.［美］1952，1967

霍茨 Houtz，R.C.［美］1950

霍尔斯特 Holst，E.von［德］1939

J

基弗 Kipfer，P.［瑞］1931

吉法尔 Giffard，H.［法］1852，1900，
　1901

吉洪米罗夫 Tikhomirov，N.I.［苏］1921

加罗斯 Garros，R.［法］1915

加沃蒂 Gavotti，G.［意］1911

姜长英［中］公元1世纪

杰弗利斯 Jeffries，J.［美］1785

杰弗逊 Jefferson，T.［美］1893

杰克 Jech，R.W.［美］1947

K

卡门 Kármán，T.von［匈］1781，1928，
　1936，1939

卡莫夫 Кáмов，Н.И.［苏］1946

卡尼斯 Carnes，P.［美］1784

开尔文 Kelvin，W.T.B.［英］1901，1902

坎皮尼 Campini，S.［意］1940，1941

考克斯韦尔 Coxwell，H.T.［英］1862，
　1875

科尔尼 Cornu，P.［法］1907

克莱格 Craig，J.［英］1889

克莱默 Kremer，H.［英］1977，1979

克雷布斯 Krebs，A.C.［法］1884，1901

克鲁格 Krüger，W.［德］1943

克罗克 Crocco，G.A.［意］1906

克洛威尔 Crowell，L.C.［美］1862

寇蒂斯 Curtiss，G.H.［美］1910，1911，
　1912，1914，1928

库塔 Kutta，M.W.［德］1902

奎诺 Quénault，L.C.［法］1914

奎因比 Quinby，W.F.［美］1879

L

拉夫希德 Loughead，A.H.［美］1912

拉夫希德 Loughead，M.［美］1912

拉格朗日 Lagrange，J–L.［法］1738

拉赫曼 Lachmann，G.V.［德］1921

拉塔姆 Latham，A.C.H.［法］1909

拉图 Rateau，A.［法］1903，1918

拉瓦瓦索欧 Levavasseur，L.［法］1904，
　1911

莱斯纳 Reissner，H.J.［德］1912

莱特 Wright，O.［美］1908，1909

莱特 Wright，W.［美］1908，1909

莱特希尔 Lighthill，M.J.［英］1937

兰彻斯特 Lanchester，F.W.［英］1891，
　1907，1918

劳里 Lowry，H.［奥］1926

劳诺瓦 Launoy，C.de［法］1784，1871

勒杜克 Leduc，R.［法］1947，1949

勒内维尔德 Ryneveld，H.A.van［南非］
　1920

勒努瓦 Lenoir，J.J.E.［法］1860

勒让德 Legendre，R.［法］1950

勒图尔 Letur，L.C.［法］1853

雷纳德 Renard，C.［法］1884，1901，
　1904，1919

雷诺 Reynolds，O.［法］1908

李比希 Lippisch，A.M.［德］1931，1941，
　1942

李林塔尔 Lilienthal，G.［德］1889

李约瑟 Needham，J.T.M.［英］公元15世纪

里希特 Richter，J.P.［美］1923

里歇 Richet，C.R.［法］1907

梁武帝［中］B.C.2世纪

列克瓦内 Lecointe，S.［法］1914

列宁 Ленин，В.И.［俄］1918

林白 Lindbergh，C.A.［美］1927

刘安［中］B.C.2世纪

留利卡 Люлька，А.М.［苏］1946

卢克莱修 Titus Lucretius，C.［罗马］B.C.1
　世纪

鲁班［中］B.C.5世纪

鲁赫奈 Ruchonnet，E.［瑞］1912

斯科特 Scott, R.F.［英］1926

斯梅尔特 Smelt, R.［英］1920

斯佩里 Sperry, E.A.［美］1909, 1914

斯塔克 Stack, J.［美］1952

斯泰沃 Stewart, K.［英］1978

斯坦顿 Stanton, T.E.［英］1928

斯特林费罗 Stringfellow, J.［英］1848, 1868

斯威登伯格 Swedenborg, E.［瑞］1716

苏霍伊 Сухой, П.О.［苏］1939

苏瑞 Suering, R.［德］1901

苏轼［中］B.C.2世纪

T

塔丁 Tatin, V.［法］1879

泰尔 Terzi, F.L.de［意］1670

泰勒 Taylor, A.H.［美］1935, 1950

泰勒 Taylor, C.E.［美］1903, 1908

泰森蒂尔 Tissandier, G.［法］1875

泰沃斯 Thwaites, B.［英］1937

坦卜尔 Temple, F.du［法］1874

汤普森 Thompson［英］1853

唐克 Tank, K.W.［德］1939

特恩布尔 Turnbull, W.R.［加］1923

特伦查德 Trenchard, H.M.［英］1918

特斯拉 Тесла, H.［俄-美］1904, 1935

图波列夫 Туполев, A.H.［苏］1922, 1924

托尔勒 Towler, H.F.［英］1915

托里拆利 Torricelli, E.［意］公元18世纪

托马斯 Thomas, G.S.［英］1916

W

瓦尔克 Walker, C.J.［英］1892

瓦尔特 Walter, H.［德］1939

瓦里 Vali, V.［美］1976

瓦特富尔 Waterfall, V.［英］1914

瓦西茨 Warsitz, E.［德］1936, 1939

王莽［中］B.C.1世纪

威廉 William, D.［英］1978

威廉二世 Wilhelm II［德］1896

威廉姆斯 Williams, D.H.［美］1937

威斯特费尔特 Westervelt, G.C.［美］1917

韦纳姆 Wenham, F.H.［英］1866, 1871, 1884, 1901

维恩采尔 Wiencziers, E.H.［德］1911

魏顿 Weeton, J.W.［美］1947

温德姆 Windham, W.G.［英］1911

温特根斯 Wintgens, K.［德］1915

沃伦 Warren, E.［美］1784

沃森-瓦特 Watson-Watt, R.A.［英］1935

乌德特 Udet, E.［德］1935

X

西尔斯 Sears, W.R.［美］1950

西门子 Siemens, W.von［德］1901

西蒙 Simons, D.G.［美］1933

夏尔 Charles, J.A.C.［法］1783, 1784

项羽［中］B.C.2世纪

肖特 Short, E.［英］1913

肖特 Short, O.［英］1913

肖特希尔 Shorthill, R.［美］1976

肖特兄弟 Short Brothers［英］1913

谢尔瓦 Cierva, J.de la［西］1904, 1919, 1920, 1928

谢缵泰［中］1899

莘七娘［中］B.C.2世纪

许尔斯迈尔 Hülsmeyer，C.［德］1904

Y

雅克布 Jacobs，E.［美］1939

雅克夫列夫 Яковлев，А.С.［苏］1940，
  1943

亚当斯 Adams，J.Q.［美］1893

亚诺 Jahnow，R.［德］1914

扬 Young，R.［美］1947

杨 Young，L.C.［美］1935

耶格尔 Yeager，J.［美］1986

伊梅尔曼 Immelmann，M.［德］1915

尤里耶夫 Юрьев，Б.Н.［俄］1911

约翰逊 Johnson，C.L.［美］1955

Z

詹尼斯 Jannus，T.［美］1914

张良［中］B.C.2世纪

赵昕［中］B.C.2世纪

钟夫翔［中］1956

周恩来［中］1956

编后记

　　航空部分收录自远古至2000年为止的航空技术发展的重要事项，并将全部事项分为两大部分：远古至1900年、1901至2000年。除技术事件以及飞机、直升机等航空器的试验试飞事件外，适当罗列了有关航空技术应用以及科研机构、探险活动、研究设备等方面的事件。每部分之前设有概述，将这一时期航空技术发展的状况进行全景式的简单描述。所有的航空发展事项均按时间顺序排列。航空技术部分后附有事项索引和人名索引，每个事项和人名后标注其出现的年代。

　　航空部分的插图主要选自航空发展史的一些专业书籍：Taylor and Munson：*History of Aviation. London: New English Library*，1978；B.Gunston：*Aviation: The Complete Story of Man's Conquest of the Air*.London：Octopus Books Corp.，1978；Michael J.H. Taylor：*Jane's Encyclopedia of Aviation*，London：Random House Value Publishing，1993；David Baker：*Flight and Flying: A Chronology*. New York：Facts On File Inc，1994。有些历史资料图片、人物图片和飞行器图片来源于美国国家航空航天局网站、维基百科网站、维基媒体共享网站、民航飞机网站等。编者对所有参考文献以及图片资源的编者和出版者表示衷心的感谢。

　　李朋禹在本部分的编写过程中，做了校对、编排等工作。山东教育出版社的韩义华先生、李广军主任以及各位编辑为本书的编辑、出版做了大量工作。在此对他们一并表示感谢。

由于年代跨度很大，内容十分广泛，航空新技术以及重要事件又层出不穷，因此编写过程中的不足和疏漏之处在所难免，恭请读者批评指正。

航 天

概述

面对深邃而神秘的宇宙星空，人类从未停止过对于飞行的幻想与探索的脚步。从中国古代流传的嫦娥奔月、牛郎织女、孙悟空腾云驾雾到希腊神话代达罗斯父子借翅膀飞行、众神在宇宙间的自由通行，一系列丰富多彩的神话故事和引人遐想的美丽传说，是人类对于飞行最早的印记。

这些故事经过千百年的广泛传播和演变，对后世的人们产生了极大的激励作用，因而出现了众多享誉史册的科幻作家和伟大的科学家。他们不畏艰辛，勇于探索与创造，伴随着一次次科学与技术的革命，使人类的活动领域从陆地、海洋、大气层逐步拓展到深邃而未知、神秘而独特的宇宙星空——太空。

所谓太空，即地球大气层以外的宇宙空间，又称外层空间，具有高真空、强辐射、微重力等特点，为人类的发展带来了独特的潜力和开发前景。人类对于太空执着不懈的探索，拉近了地球与宇宙的距离，也拉近了人类与未来的距离。

太空让地球这一人类唯一的家园充满更多的可能性，让人类的医疗、食品、工业有了前所未有的革新，更让人类怀疑在遥远的时空尽头，是否也有文明的曙光普照另一片大地。太空因未知而充满神秘，而航天技术确是人类探索未知、求解奥秘、开发资源的有力工具。

航天，是20世纪人类最富伟大创举的科学探索活动之一，成为科学技术发展史上的一座里程碑。所谓航天，即是指进入、探索、开发和利用太空以及地球以外天体各种活动的总称。自1903年俄国科学家康斯坦丁·齐奥尔科夫斯基创立火箭运动和航天学理论，到1957年10月4日苏联发射的世界上第一颗人造地球卫星——人造地球卫星1号升空，人类开始离开地球这个自身长期生息的家园进入太空活动，开创了航天新纪元。

按航天器探索、开发和利用的对象划分，航天包括环绕地球的运行、飞往月球的航行、飞往行星及其卫星的航行、星际航行；按航天器与探索、开发和利用对象的关系或位置划分，航天飞行方式包括飞越（即从天体近旁飞过）、绕飞（即环绕天体飞行）、着陆（即降落在天体表面）、返回（即脱离天体，重返地球）。航天系统是指由航天器、航天运输系统、航天发射场、航天测控网、应用系统组成的完成特定航天任务的工程系统。其中，应用系统指航天器的用户系统，一般是地面应用系统，如各类卫星的地面应用系统、载人航天器的地面应用系统、空间探测器的地面应用系统。航天系统按是否可载人可分为无人航天系统、载人航天系统；按用途可分为民用航天系统和军事航天系统；按航天器种类可分为多种，如卫星航天系统、载人飞船航天系统、月球卫星航天系统等。

航天活动划分众多：执行军事任务的航天活动，称为军用航天；执行科学研究、经济开发、工业生产等民用任务的航天活动，称为民用航天；执行商业合同任务，以营利为目的的航天活动，称为商业航天。有人驾驶航天器的航天活动，称为载人航天；没有人驾驶航天器的航天活动，称为不载人航天。航天的主要目的是太空探索，其商业用途主要是卫星通信，也有近来兴起的太空旅游。其他非商业的用途包括星空观测、间谍卫星和地球观测。航天活动包括航天技术（又称空间技术）、空间应用和空间科学三大部分。

所谓技术，即人类改变或控制其周围环境的手段或活动，是人类活动的一个专门领域。《史记·货殖列传》中就出现了"技术"一词，意为"技艺方术"。直到宋朝之前，中国的技术水平曾长期处于世界的前列。英文中的技术一词technology由希腊文techne和logos构成，前者代表工艺与技能，后者代表讲话与表达，合意为对工艺、技能的论述。这个词最早出现在英文中是17世纪，当时仅指各种应用工艺。到20世纪初，技术的含义逐渐扩大，涉及工具、机器及其使用方法，直到20世纪后半期，技术的定义才同目前的内容。

从人类的早期起，技术就和宇宙、自然、社会一起，构成人类生活的四个环境因素。几千年来，它在很大程度上改变了社会的面貌。而航天技术则是指为航天活动提供技术手段和保障条件的综合性工程技术。

1879年爱迪生进行电照明实验，标志着现代技术研究的诞生。技术发展的速度越来越快，航天技术的科学化发展也受益其中。从1939年1月发现铀核裂变到1945年7月第一颗原子弹爆炸，仅有六年半时间。电子计算机的出现，引起人类社会生活各领域的变化则更为深刻。这些技术上的突破所引起的生产力飞跃可以称为技术革命。技术的进步促进了人类物质文明的发展，推动了人类社会的进步。但是，技术进步也带来某些不良的影响，如环境污染问题日益严重，这一点正越来越引起全人类的关注。

航天系统是现代典型的复杂工程大系统，具有规模庞大、系统复杂、技术密集、综合性强，以及投资大、周期长、风险大、应用广泛和社会经济效益十分可观等特点，是国家级大型工程系统。组织管理航天系统的设计、制造、试验、发射、运行和应用，要采用系统工程方法。在航天工程实践中形成了航天系统工程，进一步丰富和发展了系统工程的理论和方法。完善的航天系统是一个国家航天实力和综合国力的重要标志。目前，世界上只有为数不多的国家拥有这种实力。

我国的航天事业起步于20世纪50年代，虽较德、美、俄等发达国家晚，但瞄准世界航天科技发展的前沿，跟踪航天发展先进水平，时至今日，已取得了举世瞩目的成就，并已跻身于世界先进行列。如今，航天不再是仅仅与军事、政治、工程具有直接联系的重要事业，它已经与现代社会生活息息相关，渗透到了各行各业和千家万户，给人类带来了无尽的恩惠和效益，有力地促进了社会生产力的发展。

航天事业是一项科技密集、技术尖端的综合事业，它体现了人类现代科学成就下全部高技术成果的结晶。人类进军宇宙的每一步是如此艰辛，而开发宇宙的前景又是那么美好灿烂。在航天技术的每一步艰辛发展中，一些人的名字和重要技术对于航天领域取得的突破功不可没，最应该值得我们祭奠、关注与反思，理应记录与收藏。正因如此，人们渴望认识和了解世界航天的状况和进展。随着航天技术的不断发展，航天领域出现了革新性的概念、知识、方法。对此，不但从事航天的工作者要及时更新与掌握，而且各行各业中具有使命感、责任感的人们，也应对时代变革中的重要科技有所了解。

B.C.360年

希腊人发明飞鸽玩具 B.C.360年，希腊人已能利用热空气喷射的原理制造简单的飞鸽玩具。用绳子把一只空心的鸽子吊在火焰上方，利用火焰加热模型中的空气，使之喷出而产生推力，从而使鸽子转动。

62年

希罗发明汽转球揭示了火箭发动机的工作原理 希腊工程师和数学家希罗（Hero，10—70）发明了一种应用喷气原理的机械汽转球。汽转球主要由一个空心的球和一个装有水的密闭锅子以两个空心管子连接在一起，空心球内充以水，两侧用轴支撑。在垂直方向相对各有一支弯向切线方向的喷管。加热这个装置，水产生的蒸汽就会沿管喷出，使此装置绕轴旋转。这是一个像玩具一样的实验仪器，科学家们利用它论证了作用力与反作用力原理。这一原理正是所有火箭发动机工作原理的理论基础。

汽转球原理图

12世纪末

中国最早发明火箭 在中国古代的记载中，火箭的含义比较广泛，比如箭头点燃靠弓弩发射的竹箭也称为火箭，而真正的火箭是在火药出现后才发明的。从唐末到宋初，火药武器开始使用，但由于其配方和制作方法还处于初级阶段，所以不足以作为推进的燃料。

随着火药配方和制造技术的进步，12世纪初研制成功了固体火药，并把它用于制造火器和焰火烟花。在使用这些火器和烟花特别是手持使用时，人们感觉到火药燃烧会产生很强的后坐力，于是有心人在这种启示下发明了新的火药玩具。12世纪末13世纪初出现的玩具"窜天猴"，可以说是真正意义上利用反作用原理的火箭。将利用这种原理制作的火箭作为武器使用具有相当的杀伤力，所以在战争中开始频繁地使用。

1232年

第一次记载在战争中使用火箭　1232年，中国金朝的军队在开封府战役中使用可燃烧的箭头，即在箭头上带有火药的火箭雏形，将蒙古军队击退。这是人类发展史上第一次在战争中使用火箭的记载。

1429年

法国军队开始使用火药制火箭　在奥尔良保卫战中，法国军队使用火药制火箭。在这期间，欧洲的军工厂也陆续开始进行试验，看看是否可以用各种类型的火药制火箭来代替早期的机关炮。

1500年左右

中国的万户自制火箭　根据人类对火箭进行研究的一些早期成果的记载，万户是世界上第一个希望借助火箭实现飞天愿望的人。在公元1500年左右，一位人称万户的中国官员试着装配了一个经过改进的靠火箭进行助推的动力装置，并让它带动自己在天空中飞行。万户自制了两个大风筝，安装在一把椅子的两边，并把买来的47支火药（黑火药）制火箭绑在椅子背后，自己坐在椅子上，然后命仆人按口令点燃火箭，火箭随即发出轰鸣，喷出火焰。不幸的是，随着一道刺眼的亮光和爆炸声，这位早期的火箭试验者在烟雾中消失了，首次进行的火箭飞行尝试也以失败告终。

1621年

茅元仪编著的《武备志》中记录了火箭的发展　茅元仪（1594—1644），归安（今浙江吴兴）人，自幼喜"兵农之道"，曾任经略辽东的兵部右侍郎杨镐的幕僚，并受到兵部尚书孙承宗重用。1629年因战功升任副总兵。以后又获罪遣福建，郁郁而死。他多次上书朝廷，阐述富强大计，先后汇集兵书两千余种，历时15年，终于完成了《武备志》这一著作。《武备志》

是中国古代字数最多的一部综合性兵书，全书240卷，约200万字，附图730余幅，被当代人称为"军事学的百科全书"。

书中对当时中国火箭的发展进行了详细总结，记述了明代出现的很多种类的火箭，除了单级火箭，还有各种集束火箭、火箭弹和原始的多级火箭，并且对各种火箭的制造、应用、配备和发射剂原料配比及加工制造等都作了详尽的叙述。《武备志》中所记载的火箭名称及射程有五虎出穴箭（500步）、七星箭（不详）、九龙箭（不详）、火弩流星箭（不详）、火龙箭（不详）、长蛇破阵箭（200步）、一窝蜂箭（300步）、群豹横奔箭（400步）、百虎齐奔箭（300步）等。

明代的火箭虽然种类繁多，但发展主要体现在火箭样式的更新上，有关火箭的尺寸、规格、装药剂量、发射距离、精度方面却少有讨论。一方面是因为长时间的和平以及受封建君主所推行的封闭政策影响，但从技术的发展来看主要还是缺少相应的科学知识的指导。

1657年

切拉诺·德·贝尔热拉发表小说《月球之旅》天才地预言了利用焰火登月飞行的可能性　切拉诺·德·贝尔热拉（Cyrano de Bergerac，1619—1655）是17世纪法国著名作家、冒险家、剑客，1657年发表太空幻想小说《月球之旅》。在书中，切拉诺以十分有趣且近似科学的态度讨论了太空旅行中的各种飞行方法，其推理也有一定的逻辑性。例如，可以利用磁铁的吸引力实现升空：把双脚都绑上磁铁，然后用手将一块大磁铁抛向空中。受磁铁的吸引，整个人就会上升。当升到与磁铁同样高度时，用手抓住这块磁铁再向上抛，又会将身体吸上更高的高度。不断重复上述过程就可以一直飞到月球上去了。

这部小说不但情节扣人心弦，而且想象之丰富也令人拍案叫绝。他所描述的失重的感觉真是栩栩如生。更为重要的是，他想到用焰火爆竹作为推进的动力，而且正是这种动力使得飞行取得了成功。德国早期火箭专家威利李这样评价说："切拉诺偶然地……当然他并没认识到……猜测到这种适合的原理：反作用原理，这正是航天飞机中所用的反作用推进方式，牛顿直到半个世纪之后才阐述了这个原理的真正含义。"

1680年

彼得·阿列克谢耶维奇·罗曼诺夫在莫斯科建立第一座火箭工厂　彼得·阿列克谢耶维奇·罗曼诺夫（Пётр Алексеевич Романов，1672—1725）即彼得一世，被后世尊称为彼得大帝。彼得大帝是沙皇阿列克谢·米哈伊洛维奇·罗曼诺夫之子，著名统帅，1682年即位，1689年掌握实权。作为罗曼诺夫朝仅有的两位"大帝"之一，彼得大帝一般被认为是俄国最杰出的沙皇。

1680年，他在莫斯科建立了一个制造火箭的机构，该机构后来被迁至圣彼得堡。它主要为沙皇军队提供各式火药制火箭，这些火箭可以被用来对指定目标实施轰炸、对信号进行传输及对夜间的战场进行照明。

彼得·阿列克谢耶维奇·罗曼诺夫

1687年

艾萨克·牛顿发表《自然哲学的数学原理》，完整阐述了火箭工作的基本原理　艾萨克·牛顿（Isaac Newton，1643—1727），英国皇家学会会长，

英国著名的物理学家、天文学家、化学家和数学家，百科全书式的"全才"，著有《自然哲学的数学原理》《光学》，被誉为"物理学之父"。在力学上，牛顿阐明了动量和角动量守恒的原理。在光学上，他发明了反射望远镜，并基于对三棱镜将白光发散成可见光谱的观察，发展出了颜色理论。他还系统地表述了冷却定律，并研究了音速。在数学上，他与戈特弗里德·威廉·莱布尼茨分享了发展出微积分

艾萨克·牛顿

学的荣誉。他也证明了广义二项式定理，提出了"牛顿法"以趋近函数的零点，并为幂级数的研究做出了贡献。在经济学上，牛顿提出金本位制度。

1687年，他的旷世之作——《自然哲学的数学原理》出版，开辟了大科学时代。此书为人类理解几乎所有宇宙天体的运动奠定了数学基础，还帮助人们理解了与行星的轨道运动和火箭助推航天器的运行轨道有关的知识。他对万有引力和三大运动定律的描述奠定了此后三个世纪里物理世界的科学观点，并成为现代工程学的基础。他的万有引力定律和哥白尼的日心说奠定了现代天文学的理论基础。直到今天，人造地球卫星、火箭、宇宙飞船的发射升空和运行轨道的计算，都仍以此作为理论根据。

1805年

威廉·康格里夫发明"康格里夫火箭"　　英国人威廉·康格里夫（William Congreve，1772—1828）1793年毕业于剑桥大学文科专业，受其父经管英国皇家兵工厂的影响，他对兵工机械怀有浓厚兴趣，因此后来便弃文习武，进入这家兵工厂。1799年，他开始在英国士兵从印度带回的火箭资料的基础上，研究改进火箭的速度和射程。1804年，他发表著作《火箭系统的起源和发展简述》，记载了英军在印度的作战经历。经过几年的探索，1805年，康格里夫采用新型火药制造出了一种实用的火箭，重14.5千克，长1.06米，直径0.1米，并且装了一根4.6米长的平衡杆，射程可达1 800米，大约为印度火箭射程的2倍。"康格里夫火箭"的圆形弹头射出卡宾式子弹。子弹的导向尖端有许多小孔。当子弹击中并刺入木船或建筑物时，便从小孔中挤出燃烧剂而引起大火。因为该火箭无后坐力，康格里夫认为从船上或陆地上均可发射。

1806年，"康格里夫火箭"在反拿破仑战争中立下了卓著战功。1807年"康格里夫火箭"攻击了哥本哈根市，使城区大部分起火。1814年，英国人使用"康格里夫火箭"进攻了美国巴尔的摩的麦克亨利要塞。

由于康格里夫在火箭方面做出的贡献，英国政府于1814年授予他爵位荣誉，他还在1817年当选为议会议员。康格里夫研制的火箭在射程、精度及稳定方式上都做了改进，其性能已经近乎达到了火药火箭的极限。由于其巨大的杀伤力，各国纷纷开始重视火箭的研究和使用。"康格里夫火箭"对欧洲近代火箭技术的发展产生了巨大影响。

1844年

威廉·黑尔研制成自旋稳定的火箭　"康格里夫火箭"之后，战争火箭的另一个重大进步就是稳定性的提高。1844年，英国发明家威廉·黑尔（William Hale）发明了无导向杆的旋转火箭并申请了专利。黑尔在火箭尾部的排气孔处安装了3块倾斜的稳定螺旋板，当火箭发射时，火箭尾部喷射出来的火药气体由于空气动力的作用使火箭在飞行中自旋从而达到稳定，这一发明不但使火箭的外貌摆脱了笨拙的棒状结构，而且准确性和命中率大为提高。黑尔火箭的诞生使以黑火药为动力的近代火箭武器的历史又延续了近半个世纪。

到第二次世界大战为止，火药火箭的发展已臻于完善。它的基本结构是装有火药的火箭筒，中间装有发射药作为推进剂，头部装有高爆炸药和引信，尾部为喷口，另外采用尾部稳定翼起稳定作用，在发射装置上采用发射架或发射筒。

1861年

美国创办马萨诸塞理工学院，即麻省理工学院　麻省理工学院（Massachusetts Institute of Technology）校址在美国马萨诸塞州剑桥市，建于1861年，是世界著名的高等学府之一。拥有学生约8 000人，其中研究生约5 000人，学生来自70多个国家。该校设有建筑和城市规划、工程、理科、管理、人文学和社会科学等5个分院和24个系。其中，工程、理科分院设有航空航天系、地球和行星学科学系、大气和行星学系、材料科学和工程系、核工程系、气象学系、生物系、物理系以及天文和天体物理学系。该校拥有人工智能研究室、国家磁学实验室、宇宙空间研究中心等研究机构。设立的航天研究中心，主要从事理论天文学、X射线天文学、重力学、宇宙学、空间等离子体物理学、人对航天的适应能力等方面的研究工作。

该校的航空航天系多次被评为该专业全美第一。该系下设力学和流体物理学教学分部、航空及航天系统分部、仪器制导和控制分部、推进和能量转换分部、人机实验室、林肯实验室等6个教学分部和若干实验室。

1871年

F.H.韦纳姆设计并建造世界上第一座风洞 F.H.韦纳姆（F.H. Wenham，1824—1908），1824年生于英国伦敦，从小就对机械问题着迷。少年时代，他对螺旋桨产生了极大兴趣，并于1862年开始致力于螺旋桨推动轮船和航空器的研究。1866年，世界上第一个航空研究团体——英国航空学会成立，标志着重于空气飞行器发展进入一个新时代。韦纳姆加入航空学会后，在第一届理事会上当选为理事，负责制定学会章程。他的名望和从事工程研究的背景使他很快成为学会航空学研究与实验的领导人物。他认为学会的首要工作是积累与飞行有关的知识和科学事实，开展基础性的试验研究。为此，1871年，他设计并建造了世界上第一座风洞。这是个四周封闭的矩形框，一端有一架鼓风机，提供试验用的气流，中间的一个支杆上安装试验件，用弹簧秤测量气动升力。这个风洞虽然简单，而且存在不少问题，但它开创了空气动力学试验研究设备的新时代。

1891年

美国创办加利福尼亚理工学院 加利福尼亚理工学院（California Institute of Technology）位于加利福尼亚州西南部的帕萨迪纳，是美国一所著名的私立大学。该校的31个实验室均有较强的设备和科研力量。现有学生2 000人，其中硕士、博士研究生将近1 000人。该校为本科生开设的专业有40多个，与航天科研有关的系主要有航空系、应用机械系、计算机科学系、机械系、机械工程系等。该校的研究生院下设生物科学、化学及化学工程、工程及应用科学、地质和行星科学人文和社会科学、物理数学及天文学6个分部。该校的里尔天文台是由5个天文站组成的庞大的天文中心，可供天文学、天文物理学、太阳物理学、行星物理学、射电天文学和天文仪器方面进行广泛的多学科研究和教学活动。该校的喷气推进实验室建于1944年，由航空航天局提供经费，从研究火箭与导弹的小规模实验发展成为专门从事载人月球和行星研究的重要基地。

1901年

埃菲尔建造成功开口式回流风洞 自从1871年韦纳姆建立了第一座风洞以来，风洞和风洞实验技术得到了长足发展。早期风洞采用开路式，容易受到干扰。埃菲尔（Alexandre Gustave Eiffel，1832—1923）将直流式风洞首尾相连，形成封闭回路。气流在风洞中循环回流，既节省能量，又不受外界干扰。普朗特进一步做了改进，建造了闭口式回流风洞。

1903年

康斯坦丁·齐奥尔科夫斯基创立火箭运动和航天学理论 康斯坦丁·齐奥尔科夫斯基（Константин Эдуардович Циолковский，1857—1935）是俄国科学家，航天理论的开创者，被誉为"宇航之父"。1857年9月17日，他出生在梁赞州的伊热夫斯基镇。8岁失聪，靠勤奋自学成才。1879年，他任中学教员，并致力于研究宇航学说，1935年9月19日在卡卢加镇病逝。

受凡尔纳科幻小说的影响和激励，齐奥尔科夫斯基从1883年开始思考航天飞行问题，想象了多种高空飞行的方式。后来他受中国古代火箭的启发，认识到反作用原理是航天飞机唯一可行的推进方式。1896年，他研究喷气飞行器的运动原理，提出了远程火箭和行星际火箭示意图。1897年，他推导出在真空中火箭运动的方程式，即齐奥尔科夫斯基公式。

1903年，他发表《利用喷气工具研究宇宙空间》，首次论证了将火箭用于星际航行的现实可能性，包括火箭运动方程、火箭发动机、推进剂、质量比、宇宙飞船设计、失重、超重以及与载人航天飞行有关的问题，奠定了火箭和液体火箭发动机的理论基础，这是航天学诞生的标志。1911年，齐奥尔科夫斯基又发表《利用喷气工具研究宇宙空间》的另一部分，连同1903

康斯坦丁·齐奥尔科夫斯基

年发表的文章在内，齐奥尔科夫斯基建立了较系统的航天学理论。

1924年，他提出多级火箭理论，第一个研究了从火箭到人造地球卫星的问题、关于建立近地空间站和星际航行的中间基地问题、在长时间宇宙飞行中的医学生物学问题，在火箭技术和宇航理论领域做出了开创性的贡献。

1909年

罗伯特·哈金斯·戈达德提出液体推进剂火箭设想　罗伯特·哈金斯·戈达德（Robert Hutchings Goddard，1882—1945），现代航天学的奠基人之一，被誉为"美国火箭之父"。1882年10月5日生于美国马萨诸塞州伍斯特。1908年毕业于伍斯特理工学院。1909年，戈达德根据理论分析，认识到火药火箭的局限性，提出利用液体推进剂火箭实现星际航行的设想。接着，他开始研究最佳推进剂组合问题，认为液氢液氧组合是性能最高的推进剂。1912年，戈达德开始试验火药火箭，研究改进和提高火箭性能的措施。1914年，开始利用小型固体火箭发动机从事火箭理论和实验研究。1918年，戈达德受命研制新型火箭武器。同年11月7日，他在马里兰州试验了发射筒式火箭弹，取得了成功。这种武器在二战时改进成巴祖卡火箭弹。

1919年，他发表《到达极大高度的方法》，阐明了火箭运动的基本数学原

罗伯特·哈金斯·戈达德

理，论证了用火箭把载荷送上月球的可能方案。1926年，他研制出世界上第一枚液体火箭且试飞成功。1929年在新墨西哥州罗斯维尔兴建火箭研究试验场。1931年使用现代程序系统发射火箭。1932年首次用试验陀螺控制的燃气舵操纵火箭的飞行。1936年，他出版《液体推进剂火箭的发展》。1942—1945年任美国海军航空研究局局长，继续主持研制液体火箭，在火箭技术领域共取得212项专利，对美国液体火箭的发展起到了开拓性的先导作用。1945年8月10日，戈

达德在马里兰州巴尔的摩病逝。

1911年

西奥多·冯·卡门提出"卡门涡街"理论　西奥多·冯·卡门（Theodore von Kármán，1881—1963）是20世纪最伟大的美国工程力学大师，航天技术理论的开拓者，开创了数学和基础科学在航空航天和其他技术领域的应用，被誉为"航空航天时代的科学奇才"。1881年5月11日，冯·卡门出生于匈牙利布达佩斯。1902年毕业于约瑟夫皇家工业大学。1904年到德国哥廷根大学深造，1908年获博士学位。1936年加入美国籍。他是喷气推进实验室（JPL）的创建人、首位主任，也是钱学森、胡宁、郭永怀、林家翘在加州理工学院时的导师。

1911年，在空气动力学之父普朗特的指导下，冯·卡门完成空气动力实验，研究边界层分离现象，提出了著名的"卡门涡街"理论。1926年阐明并建立"湍流"概念。1938年指导钱学森等人成立火箭研究小组，这个小组后来发展成为闻名于世的加州理工学院喷气推进实验室。1944年，他牵头组成科学顾问团，为研究火箭技术创造条件。二战后，他被派往德国考察火箭，提出研制导弹的计划。尤其他对振动空气动力学的发展做出了杰出贡献。1963年2月18日，美国政府向他颁发"国家科学勋章"。1963年5月6日逝世。

德国火箭科学家冯·布劳恩曾说："冯·卡门是航空和航天领域最杰出的一位元老，远见卓识、敏于创造、精于组织……正是他独具的特色。"鉴于冯·卡门在科学、技术及教育事业等方面的卓越贡献，美国国会授予他美国历史上的第一枚"国家科学勋章"。

西奥多·冯·卡门

1914年

罗伯特·哈金斯·戈达德获得多级火箭设计专利　这种火箭是两级结构，采用固体推进剂。多级火箭的价值是能大大提高火箭质量比，从而能达到更大的飞行速度。

1917年

美国波音公司成立　波音（Boeing）公司是美国最大的综合性航空航天公司之一，总部设在华盛顿州西雅图。该公司主要生产民用和军用飞机、导弹、航天器及其他相关产品，共有5个生产经营集团。导弹、航天产品的生产集中在防务与航天集团，其承担的项目有空射巡航导弹、近程攻击导弹、"民兵"导弹、国际空间站、空间站转运飞行器、月球车等。波音公司是空射巡航导弹、近程攻击导弹、"民兵"地地洲际导弹的主承包商，还是国际空间站第一工作舱的主承包商。1996年8月，罗克韦尔国际公司的航天和防务分部被波音公司兼并，改名为波音北美公司，成为波音防务与航天集团的一部分，增强了波音公司航天飞机操作和卫星制造的能力。1996年12月，波音公司斥资133亿美元并购麦道公司，组建新的信息、空间和防务系统集团。

1919年

罗伯特·哈金斯·戈达德发表《到达极大高度的方法》　1914年，戈达德开始基于理论计算进行火箭研究。1915年，戈达德获得史密森研究院资助，进一步研究火箭运动理论。他考虑到了火箭在飞行过程中的变质量问题和火箭的质量比问题，通过推导计算出火箭达到期望高度所需的初始质量，又计算出了火箭的逃逸速度为11千米/秒，指出只有液体多级火箭才能达到此目的。这些研究成果形成了递交史密森研究院的报告，题为《到达极大高度的方法》。1919年年底，该院将其作为研究院论文发表。论文共分为四章：简化运动方程至最简单形式；常规火箭的效率；把一磅载荷送到大气层各个高度所需最小质量的计算；把一磅载荷发射到无限高度所需的最小火箭质量。戈达德在论文中建立了火箭运动基本原理，指出火箭必须达到8 000米/秒的速度才能克服地球的引力。他还讨论了固体火箭以及利用固体火箭进行高空科学研究的问题。这篇论文是航天学的奠基著作之一。

1920年

中国创办哈尔滨中俄工业学校，现哈尔滨工业大学　1920年，哈尔滨中俄工业学校（即哈尔滨工业大学的前身）成立。学校按俄国教育模式办学，成为中国近代培养工程师的摇篮。中华人民共和国成立后，哈尔滨工业大学（Harbin Institute of Technology）成为全国学习苏联高等教育办学模式的两所大学之一，此后一直得到国家的重点建设：1954年进入国家首批重点建设的6所高校行列，1984年为国家重点建设的15所院校之一，1996年为首批进入"211工程"的院校之一。2000年同根同源的哈尔滨工业大学、哈尔滨建筑大学合并组建新的哈尔滨工业大学。如今，该校是工业和信息化部直属的一所理工类全国重点大学。

在长期的办学过程中，该校形成了由重点学科、新兴学科和支撑学科构成的较为完善的学科体系，涵盖了理学、工学、管理学、文学、经济学、法学、艺术学等多个门类。截至2019年，哈尔滨工业大学（本部）设有19个学院，在86个本科专业招生，另设有威海校区及深圳校区，形成了"一校三区"的办学格局。截至2019年，学校有国家重点学科一级学科9个，二级学科6个；有博士学位授权一级学科28个，硕士学位授权一级学科42个，博士后科研流动站24个；有国家重点实验室7个，国家工程研究中心6个，省部级重点实验室79个。在教育部第三轮学科评估中，学校有10个一级学科排名位居全国前五位，其中力学学科排名全国第一。在全国第四轮学科评估中，哈工大共有17个学科位列A类，学科优秀率（A类学科占授权学科的比例）位列全国第六位，A类学科数量位列全国第八位，工科A类数量位列全国第二位。材料科学、工程学、物理学、化学、计算机科学、环境与生态学、数学、生物学与生物化学、农业科学、临床医学、社会科学总论11个学科领域进入ESI全球前1%的研究机构行列，其中材料科学进入全球前1‰行列。

学校坚持自主创新，先后成功抓总研制并发射"试验一号""试验三号""快舟一号"卫星，先进微小卫星平台技术研究、空间机械臂技术、星地激光链路试验等入选中国高校十大科技进展。在"神舟"号系列飞船研制过程中，攻克了返回舱焊接变形矫形技术、三轴仿真实验转台、航天员出舱用反光镜体等多项技术难关。在"天宫一号"目标飞行器与"神舟"号系列飞船交会对接任务中，提供了20多项技术支撑，为此获得"中国载人航天工程突出贡献集体"荣誉称号。2012年荣获"天宫一号与神舟九号载人交会对接任务成功纪念奖牌"。2013年牵头组建的"宇航科学与技术协同创新中心"成为"2011计划"首批启动的14个中心之一。

1921年

苏联建立研究固体火箭的国家实验室　火箭武器在19世纪初曾盛极一时，后来被远程大炮所取代。20世纪初，由于航天先驱者们的不断努力，火箭武器再次受到重视。吉洪米洛夫为研制新型火箭武器创立了固体火箭国家实验室。他们最重要的成果是20世纪30年代研制成功并在二战时期得到使用的"喀秋莎"火箭弹。

1923年

赫尔曼·奥伯特发表《飞往星际空间的火箭》　赫尔曼·奥伯特（Hermann Oberth，1894—1989），德国火箭专家，现代航天学奠基人之一，被誉为"欧洲火箭之父"。1894年6月25日，奥伯特出生于奥匈帝国特兰西瓦亚。1913年到慕尼黑学医学，在第一次世界大战中被征召入奥匈帝国军队当兵，中断了医学学习，但他专注于宇宙航行的基础理论研究。

他阅读了所有他能找到的关于火箭和宇宙航行的著作，于1923年6月发表了92页的经典著作《飞往星际空间的火箭》。这部著作研究的问题极其广泛，包括了基本理论和有关太空飞行的各个方面。他提出：1. 以目前的科学知识水平，能够制造出一种机器，它可以飞到地球大气层以外的高度；2. 经过进一步改进，这种机器能够达到这样一种速度，使它不受阻碍地进入太空而不返回地球，甚至能够摆脱地球的引力；3. 这种机器可以制造成载人的形式，而不会危及他们的安全；4. 在一定条件下，制造这样的机器是有用的。这样的条件可望在几十年内发展成熟。论文分三部分，第一部分讨论火箭运动的一般问题，包括火箭的运动方程、火箭的逃逸速度、火箭的速度可以达到发动机的喷气速度等等。第二部分描述了他构想的高空火箭，包括火箭的设计细节。他特别强调采用液体燃料作为火箭的推进剂，指出用液氧和酒精作为火箭推进剂的优点，讨论了利用火箭进行高层大气研究的可能性。第三部分描述了理论上的宇宙飞船，研究了飞船飞往月球、火星和金星的问题。《飞往星际空间的火箭》是一部相当全面的关于火箭和航天的奠基性著作。

赫尔曼·奥伯特

1938年，他在维也纳工程学院从事火箭研究，后又在德累斯顿大学研制液体火箭的燃料泵，但他的主要兴趣在固体火箭方面。奥伯特于1940年加入德国籍，1941年到佩内明德研究中心参与V-2火箭的研制工作。1951年，他离开德国到美国与冯·布劳恩合作，共同为美国空间规划努力。1955—1958年在美国任陆军红石兵工厂的顾问。1958年退休回德国后被选为联邦德国空间研究学会的名誉会长，但其大部分时间用来思考哲学问题。1989年12月去世。

1924年

康斯坦丁·齐奥尔科夫斯基提出多级火箭理论　他在发表的《太空火箭列车》一文中，分析了单级火箭质量比低，难以达到第一宇宙速度。为了提高质量比，使火箭达到更高的速度，必须采用多级火箭。他阐述了多级火箭的原理和应用，多级火箭的实用价值和设计方法。按他的计算，要达到第一宇宙速度需要采用6~8级火箭。在同一年发表的《宇宙飞船》一文中，齐奥尔科夫斯基提出利用大气层使再入宇宙飞船减速的思想。

弗里德里希·灿德尔发起成立星际交通协会　弗里德里希·灿德尔（Фридрих Артурович Цандер，1887—1933），苏联航天学家，生于里加，小时候爱好天文学和航天，中学时就曾亲自验证齐奥尔科夫斯基的一些计算。1905年10月里加工学院因革命而停课，他转往但泽高等技术学校求学，1907年回到里加工学院，1908年发表《实现星际飞行的宇宙飞船》，1910年发表了对哈雷彗星的观测计算结果。工作以后开始研究宇宙温室，探讨密闭生活的可能性。1909年设想将结构材料用于火箭燃料，1917年开始设计飞船，他计算了能够平衡考虑时间和能量消耗的宇宙空间轨道。整个20世纪20年代，他致力于为火箭技术奠定基础。1924年倡议建立星际交通协会。

因受齐奥尔科夫斯基的影响，灿德尔很早就致力于火箭研究。他发表了多篇关于火箭和飞船的论文。他的一个重要思想是：当火箭推进剂使用完后，燃烧金属壳体继续飞行，可大大提高质量比。为开展火箭研制，他发起成立了星际交通协会，并邀请齐奥尔科夫斯基加入。但由于经费问题，该组织成立不久就解散了。它是世界上最早的火箭和航天研究团体之一。

1930年调到中央航空发动机制造研究所后，他研制了OP-1型发动机，启发了后来的宇宙飞船液体火箭动力装置。1932年4月成为喷气推进研究室第一课题组负责人，在喷气推进研究室，灿德尔领导了OP-2型发动机、гирд-09和гирд-X型火箭的设计。晚年于莫斯科航空学院授课，1933年因伤寒逝世。

1925年

瓦尔特·霍曼提出星际航行转移轨道概念　瓦尔特·霍曼（Walter Hohmann，1880—1945）发表《天体的可达性》，研究了火箭在太空中运动的原理。他指出，为了节省能量，发射更大的星际载荷，火箭应当沿一种特殊轨道飞行。这个轨道在起点与地球轨道相切，终点与目标星轨道相切。这个轨道后来被称为霍曼转移轨道。后来发射的许多星际探测器都采用了这一轨道。

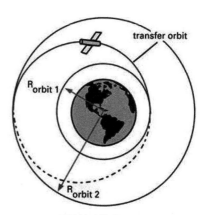

霍曼转移轨道原理图

1926年

罗伯特·哈金斯·戈达德研制成功世界上第一枚液体火箭　在发表《到达极大高度的方法》后，戈达德集中于液体火箭的研制。他研究了液体燃料和液体氧化剂的贮存和运送方法，通过对丙烷、乙醚、汽油等燃料的逐一试验，最后选择汽油为主要燃料。1921年12月，戈达德完成了第一台液体火箭发动机的研制。1922年，这台发动机进行了静态试验，结果并不令人满意。经过改进后，虽有所提高，但燃料输送效果仍不理想。1925年，他又试制出第三台发动机。1926年春，发动机连同火箭都已准备就绪。火箭总长约3米，顶部是0.6米长的发动机，它连接了两个推进剂贮箱，两个长约1.6米的细管将液氧和汽油输送到燃烧室。3月26日，戈达德与妻子及两名助手在沃德农场进行了世界上第一枚液体火箭的发射试验，取得了很大成功。经过2.5秒后，火箭上升12米高，飞行距离达56米。这枚火箭打开了液体火箭技术的大门，揭开了航天的一个新时代。

1927年

德国星际航行协会成立　受奥伯特著作的影响，德国一些年轻人自发组织，于1927年6月5日成立了德国星际航行协会。温克勒担任第一任主席。成立大会在布莱斯劳的一家旅馆里举行。会议确定协会的宗旨是：验证并应用奥伯特的理论，进行火箭与太空飞机的理论和试验研究。

1928年

爱斯诺–贝尔特利设立航天学奖　爱斯诺–贝尔特利（Robert Esnault-Pelterie，1881—1957）是航天先驱者，出生于巴黎。他的父亲是一位纺织机械制造商，受到父亲的影响，他在孩提时代就对机械问题产生了浓厚的兴趣。大约在1907年，他开始进行航天学理论研究，为广泛传播航天学思想，于1912年2月和11月分别在俄国的彼得堡和法国巴黎物理学会发表演讲，宣传他的航天学理论。他的演讲定性地描述了火箭的工作和飞行原理，推导出了火箭在真空中运动的方程，求出了火箭的逃逸速度——11.28千米/秒。他又研究了月球火箭、火星火箭和金星火箭。由于研制大型火箭武器的建议未被法国军方采纳，使他意识到航天研究必须得到支持，并引起足够的重视。为此，他与法国银行家赫尔什共同创设了"REP-Hirsch"大奖。1929年，第一届大奖授给了奥伯特，以表彰他发表的著作《通向宇宙之路》。

康拉德·朗格拍摄航天科幻影片《月球女郎》 康拉德·朗格（Konrad Lange，1890—1976），德国艺术史家、美学家，著名电影导演、编剧。1890年12月5日生于维也纳，1976年8月2日卒于洛杉矶。1918年进入德克拉影片公司任编剧，也曾从事剪辑工作，后升为导演。由于20世纪末德国掀起了一股火箭和太空飞行热，因此，朗格拍摄了这部电影。他邀请奥伯特担任技术顾问。在电影拍摄过程中，奥伯特设计了逼真的火箭和飞船模型。他还制造了一枚小火箭，其发动机可产生24.5牛的推力，但火箭未能离开地面。1930年7月23日，奥伯特试验了新的液体火箭发动机，工作时间90秒，产生推力66.7牛。

1929年

罗伯特·哈金斯·戈达德首次在火箭上安装仪表 1929年7月17日，为了研究利用火箭进行高空科学探测的可行性，戈达德发射了一枚试验液体火箭，火箭头锥部带有气球、温度计、照相机和降落伞。火箭飞行到最高处时，照相机开动快门，拍下温度计的度数，降落伞同时打开并回收这些测量仪器，这次试验获得了初步成功。

1930年

康斯坦丁·齐奥尔科夫斯基对航天的发展进行预测 他在发表的论文《致未来航天学家》中，展望了航天学发展的未来，并把航天的可能发展趋势分成14个阶段。它们包括火箭汽车、火箭飞机、人造卫星、宇宙飞船、空间站、太空工厂、太空基础、太空移民等。

爱斯诺-贝尔特利发表《航天学》 1912年，爱斯诺-贝尔特利发表了有关火箭和太空飞行的论文。1927年，爱斯诺-贝尔特利发表《星际航行的可能性》，《航天学》是在此基础上撰写的著作。他对火箭运动理论、太空飞行等问题进行了系统阐述，特别是对核能用于太空飞行作了乐观展望。

美国星际航行协会成立　在彭德利等人的倡导下，一些喜爱科学幻想的作家于1930年4月4日组织成立了这个协会。最初该协会的活动主要是漫无边际的讨论和展望。在德国星际航行协会液体火箭研制活动的影响下，该协会也开始成立试验部，进行液体火箭研制。1934年协会正式更名为美国火箭学会。

德国官方火箭武器计划开始　1930年12月17日，在贝克将军的支持下，陆军部召开火箭武器研制会议。多恩伯格受命领导这项计划。最初的研制地点设在柏林附近库莫斯道夫陆军炮兵试验场，主要技术骨干是德国星际航行协会中挑选的冯·布劳恩、鲁道夫·内贝尔、克劳斯·里德尔以及瓦尔特·里德尔。

罗伯特·哈金斯·戈达德试验第5枚液体火箭　这枚火箭长3.3米，重15千克，推进剂是液氧和汽油，气体挤压输入方式。这枚火箭在试验时取得很大成功，飞行高度600米，最大飞行时速805千米。

1931年

欧洲第一枚液体火箭试验成功　温克勒从1925年即开始研究火箭推进问题，开始主要研究火药火箭，后来又转向液体火箭。他和助手设计了一枚火箭"HW-1"号。它的三只直立的管子分别装有高压氮气、液氧和液化气。上端连接了一个燃烧室。高压氮气用于将推进剂注入燃烧室。这枚火箭于1931年2月12日首次发射，但仅仅上升了大约2米。经修改后于1931年3月14日进行第二次试验，成功地飞行到300多米的高度。这是欧洲第一枚试验成功的液体火箭。

德国星际航行协会试验液体火箭发动机　克劳斯·里德尔和鲁道夫·内贝尔研制的液体火箭发动机推力为9.8牛。1931年4月，推力达到313.9牛。4月11日，鲁道夫·内贝尔等人试验了液体火箭发动机，推力达到1 568牛，工作时间达几分钟。发动机的初步成功为研制液体火箭打下了基础。

德国星际航行协会试验成功第一枚液体火箭　这枚火箭的设计者是鲁道夫·内贝尔、威利·李、冯·布劳恩和克劳斯·里德尔。首次试验时，上升高度为18.3米。1932年7月，试验了小火箭2号，飞行高度61米。1933年5月23日，他们研制的"推进器"2号火箭飞行了5 400米的距离。后来，协会成员又研制了"推进器"3号。在一次试验中，它上升了1 600多米。后期研究的"单杆推进器"也取得了很大成功。德国星际航行协会在液体火箭方面做了大量开拓性工作。在短短的5年内，德国星际航行协会共举办了23次火箭和太空飞行展览，进行了270次火箭发动机点火试验，进行了87次火箭发射试验。这些工作对德国火箭武器研制产生了重大影响。

美国火箭学会开始液体火箭研制　第一枚火箭由彭德利和佩尔斯设计，命名为ARS1号。ARS1火箭长约1.68米，头部呈弹丸形，其下部是发动机。支撑头部发动机的是两根管子，分别充当推进剂贮箱，推进剂采用液氧和高挥发性汽油。火箭的尾部装有大面积翼面，以使火箭在飞行过程中保持稳定。火箭的头锥部有一个小型伞舱。1932年11月12日，ARS1在纽约城外一处荒野进行了静态试验。ARS1号经过重新设计后改名为ARS2号。1933年5月4日，ARS2号在试验发射时上升了76米。

德国星际航行协会发射"推进器"火箭　这是该协会研制的最好的液体火箭之一。1931年5月发射的"推进器"1号飞行高度约60米，"推进器"2号上升了约600米，6月发射的"推进器"3号也上升至600米。后来发射的"推进器"4号采用降落伞回收，飞行高度达1 006米。

苏联成立火箭研究组织　1924年苏联曾出现过液体火箭研究组织，后解散。在灿德尔的努力下，一些火箭和航天爱好者又成立了莫斯科喷气推进研究小组。1931年11月13日，在列宁格勒成立反作用推进研究会。这几个组织都是民间性的。

1932年

尼古拉斯·雷宁出版航天学著作《星际旅行》　1928—1932年间，尼古拉斯·雷宁（Nicholas Leinen）收集并整理编辑出版了9卷本的航天学著作《星际旅行》，这套丛书的内容包括天文学、科学幻想作品、航天先驱者的著作以及关于火箭和太空飞行的通俗读物，其中齐奥尔科夫斯基的著作单成一卷。这套丛书可以说是一部航天学百科全书。

罗伯特·哈金斯·戈达德发射了一枚陀螺控制的液体火箭　这枚火箭长3.5米，空重8.9千克。它安装了一枚陀螺，操纵燃气舵偏转控制火箭的飞行。这次试验飞行高度41米，空中飞行时间5秒。

德国陆军开始火箭发动机试验　德国陆军在研制火箭武器的过程中，采用逐步试验、着重解决技术问题的方针。其试验的一台火箭发动机发生了爆炸。1933年1月，冯·布劳恩试验了一台水冷式火箭发动机，产生了1 372牛的推力，工作时间1分钟。他又主持设计了A–1火箭发动机，它可产生2 940牛的推力。

1933年

英国星际航行协会成立　英国星际航行协会是英国研究太空飞行的民间组织，发起人是克里特。该协会主要从事液体火箭和航天飞行的理论研究和宣传。1939年，英国星际航行协会开始研究登月飞行的可能性问题，设计了大型固体火箭作动力的登月火箭。二次大战后，协会成员发表人造卫星的用途和可能性报告，克拉克提出静止轨道设想，这些成就在世界范围内产生了重大影响。

苏联成立官方火箭研制组织　苏联政府批准将几个民间火箭研究团体联合起来，成立"喷气推进科学研究所"。克莱门诺夫被任命为研究所所长，科罗廖夫担任副所长。这是苏联火箭研究走向正规化的标志。在第二次世界大战前，苏联火箭研制取得了一些重大成就，如研制出世界上第一台电火箭发动机，研制了推力达6.66千牛的液体发动机，进行了飞机助推起飞试验研究，研制并试飞成功火箭飞机，研制成功飞行高度达5 000米的液体火箭，开展了多种新型液体火箭包括二级火箭的设计工作。科罗廖夫等人还进行了载人航天方面的研究。

德国陆军试验第一枚液体火箭　这枚试验火箭是A–1，由冯·布劳恩主持研制。它采用的发动机是新研制的2.65千牛推力的再生冷却式发动机，液氧和酒精作推进剂。A–1长约1.4米，直径0.31米，重150千克。A–1火箭在1933年进行多次试验，都以爆炸而告终。

美国启用穆罗克陆军机场　即今天的爱德华兹空军基地，它是美国空军进行试验、鉴定有人和无人驾驶飞机、飞行控制的航空电子设备、武器系

美国爱德华兹空军基地俯瞰图

统、航天飞机轨道器的飞行性能以及支援军内外和外国的试验活动的重要基地，也是美国航天飞机轨道器主要着陆场之一。

它位于加利福尼亚州南部，地理坐标在西经117度52分、北纬34度54分，占地1 220平方千米，1933年启用，原称穆罗克陆军机场，1948年6月改用现名。该基地现驻有空军系统司令部领导的飞行试验中心及其管理的空军试飞员学校、空军宇宙航行实验室、陆军航空工程飞行中心、国家航空航天局的艾姆斯—德赖特飞行研究中心和喷气推进实验室的试验站等单位。

桑格尔发表《火箭推进技术》　桑格尔（Sänger）这部著作研究了火箭发动机和大气层高速飞行问题，还讨论了跨大气层飞行器的设计，对用于洲际轰炸的火箭飞机进行了详细研究。这部书对火箭专家们产生了很大影响，是火箭技术的经典著作。

1934年

德国陆军试验成功第二枚火箭　A-1火箭试验失败后，冯·布劳恩对其进行了重大改进：一是把头部起稳定作用的大型陀螺仪移至重心处，解决了重心太高问题；二是解决了发动机点火延迟问题；三是对发动机进行了改进，推力达到15千牛，工作时间45秒。由于发动机性能大幅度提高，A-2火箭取得了很大成功。两枚A-2火箭在北海岛进行了发射试验，飞行高度达2 400米。它为研制更大的液体火箭打下了基础。

1935年

罗伯特·哈金斯·戈达德试验的火箭达到音速　这枚火箭采用摆稳定，带有降落伞，飞行时间12秒，速度达到超音速，飞行距离2 730米。3月28日，他又试验了一枚用陀螺稳定的火箭，长4.2米。火箭飞行高度大约为1 460米，飞行距离4 200米，时速885千米。

1936年

美国加州理工学院喷气推进实验室成立　随着飞行速度的加快，螺旋桨效果迅速降低。为了解决这一难题，人们提出采用喷气发动机。为了开展火箭和喷气发动机的研究，在加州理工学院航空实验室内成立火箭研究小组，主要成员有马林纳、玻雷、帕森斯、福尔曼和钱学森。后改名为喷气推进实验室。

目前该实验室是美国国家航空航天局所辖的航天研究机构之一，负责为美国国家航空航天局开发和管理无人空间探测任务。它主要负责建设和管理深宇宙测控网，进行深空科学探测、跟踪、数据搜集、数据处理与分析，并研制先进航天器的推进、制导与控制系统，包括研制旅行者号、麦哲伦号、伽利略号和火星观测器等。它还负责国际合作的尤利西斯太阳探测器中的项目和美法合作的海神海洋卫星中的项目，同时，为空间望远镜研制广角大视场及行星数据系统。

1937年

德国陆军在佩内明德基地试验A-3火箭　A-3仍是一种试验火箭，与A-2相比有较大改进。火箭长7.6米，总重750千克，发动机推力达到15千牛，装有陀螺控制的燃气舵。A-3进行了三次飞行试验，在将它的尾部稳定翼进行修改后，A-3取得了很大成功。

1938年

德国陆军部试验A-5火箭　A-5是在A-3的基础上改进而来的，火箭长7.6米，总重750千克，安装一台推力为15千牛、工作时间为45秒的火箭发动机。首次试飞试验取得初步成功。1938年9月，A-5进行了机载空中发射试验。1939年秋，第一枚装备全制导系统和降落伞的A-5成功进行了试验。它采用了3种不同的制导方式，飞行高度可达13千米。1939—1940年，A-5进行了25次发射，获得了大量试验数据，为研制A-4实用导弹奠定了技术基础。

1939年

苏联研制成"喀秋莎"多管火箭炮　BM-13型火箭炮，俗称"喀秋莎"火箭炮。这种火箭炮采用多轨式定向器，一次齐射可发射16枚132毫米弹径的火箭弹，该弹离轨速度70米/秒，最大速度355米/秒，最大射程8.5千米，能在7~10秒内将16枚火箭弹全部发射出去，再装填一次需5~10分钟。一个由18门BM-I3型火箭炮组成的炮兵营，一次齐射，便可发射288枚火箭弹，能有效地杀伤敌人。1941年7月14日，苏军首次在战场上使用了这种大威力杀伤性武器。

喀秋莎多管火箭炮是第一种被苏联于第二次世界大战期间大规模生产、投入使用的自行火箭炮。相较于其他的火炮，这些多管火箭炮能迅速地将大量的炸药倾泻于目标地，但其准确度较低且装弹时间较长。它们虽比其他火炮脆弱，但价格低廉、易于生产。二战中，喀秋莎成为第一种苏联大量生产的自行火炮，并常将其装载于卡车上。与其他自行火炮相比，这样的机动性为喀秋莎带来其他的优势：能一次投注大量火力，并在遭到反攻炮火前迅速离开。其火箭发射车为美援的雪佛兰G7100及福特–马蒙·夏灵顿HH6-COE4和苏联自己生产的吉斯6、吉斯151等。

苏联BM-13型火箭炮

　　钱学森和西奥多·冯·卡门提出卡门–钱公式　瑞士空气动力学家阿科莱特于1925年提出了无限翼展的二元线化理论。对待可压缩的空气动力学问题，葛劳渥于1928年、普朗特于1930年分别独立地提出了联系不可压缩和可压缩流中当地压力系数的关系式（普朗特–葛劳渥法则），并由此求总的升力与力矩。但这一修正公式不适用于接近音速时的情况。1939年，钱学森（1911—2009）和西奥多·冯·卡门（Theodore von Kármán，1881—1963）对机翼上的压缩作用提出了普遍适用的修正公式（卡门–钱公式），用这个公式可以比较精确地估算出翼型上的压力分布，同时还可估算出该翼型的临界马赫数。这个公式对亚音速可压缩流的计算非常实用。

1941年

　　美国火箭学会成立发动机股份公司　美国参加二次大战后，火箭学会从事火箭研制的只剩下维尔德、谢斯塔、佩尔斯和劳伦斯四人。美国海军当时希望试验用火箭发动机作为重型飞机的辅助起飞动力，同维尔德签订了价值5 000美元、研制一台液体火箭发动机的合同。这项合同促使他们于1941年12月18日成立了反作用发动机公司。1943年，他们设计并制造出推力为13.3千牛的发动机。1946年，制造出推力达26.5千牛的发动机。贝尔公司的X–1试验机采用这种发动机于1947年首次突破了音障。

1942年

　　德国首次试验成功实用弹道导弹　在A系列试验火箭的基础上，德国陆军研制出实用型A–4火箭。在研制过程上，集中解决了高速空气动力学设计、大推力发动机设计、制动设计和燃烧控制、推进剂控制、喷注器设计、弹道控制等一系列技术问题。它的外形呈流线型细长体，长14.03米，最大直径1.66米。头部安装的锥形弹头长2.01米，弹头重976千克。弹头与贮箱之间是控制设备舱。发动机采用液氧和酒精推进剂，推力265千牛，最大射程320千米。

1942年6月13日，第一枚A-4火箭在发射时失败。第二枚在发射时取得部分成功。10月3日的第三次试验取得高度成功。火箭上升最大高度85千米，飞行距离190千米，离目标距离4 000米。1943年5月，德国在波兰进行A-4（作战时称V-2）作战发射试验。1944年9月6日，德国用V-2导弹首次袭击英国，9月7日开始袭击伦敦。它在战争中发挥了巨大作用，对世界导弹和航天事业产生了巨大影响。苏、美、中、英等国在发展导弹事业的过程中都充分吸收了它的技术。

德国V-2导弹

1944年

德国发射V-1导弹攻击法国境内英军　第二次世界大战期间德国研制的巡航导弹。亦称飞机型（嗡嗡）飞弹。早期也称飞航式导弹，是世界上最先用于实战的巡航导弹。弹长7.7米，机身下部装有一台脉动式空气喷气发动机，以汽油作推进剂，推力2.94千牛。最大直径0.82米，翼展5.3米，弹重2.2吨，战斗部装炸药700千克。最大时速740千米，射程约370千米，空中飞行时间约25分钟，飞行高度2 000米。

V-1导弹采用弹射器在地面发射，也有的装在运载机上从空中发射。导弹使用自主式磁陀螺飞行控制系统，即由一个磁罗盘控制方位，一个气压高度计控制高度，一个空中里程计测定导弹与目标间的距离，到达预定里程时向目标俯冲轰炸。1944年6月13日，德国第一次从设在法国北部的发射装置上对英国南部目标实施打击。该导弹飞行速度低，噪声大，易被侦察发现，命中精度差，性能低下，在发射的10 500多枚导弹中，只有2 500枚命中目标。战后，美、苏两国在V-1导弹的基础上研制成不同类型、性能更加先进的巡航导弹。

1945年

美国兴建白沙试验场　白沙试验场即今天的白沙导弹靶场，是美国的大型内陆靶场，美国建场最早的一个导弹试验基地，也是美国国家和美国国防部的重点靶场之一。白沙试验场由陆军管辖，供美国三军和从事导弹、火箭、航天器研制的政府部门和工业界制造商使用。它位于新墨西哥州中南部图拉罗萨盆地，地理坐标为西经106度20分、北纬

美国白沙导弹靶场

32度23分。该靶场基础设施完备，试验内容广泛，发射活动频繁，被称作美国"最繁忙"的试验场。这里曾降落过航天飞机，曾试飞过美国首枚火箭，曾做过首次原子弹试验，特里尼蒂原子基地就在该靶场的北部。

　　该靶场建于1945年7月，最初称白沙试验场，1952年定为国家靶场，1958年改现名。1946年4月首次发射了缴获的V–2火箭，以后又发射过多种探空火箭。在20世纪50年代，这里被人们认为是探空火箭的研究中心。此后，该靶场以试验战术导弹为主，也承担战略导弹试验、航天器分系统单项试验、预先研究试验、各种模拟试验，以及靶场测量设备的研制试验。它现在仍是探空火箭的主要发射基地，还是航天飞机备用着陆场。该靶场研制性和预研性的试验，包括地地、地空、空地、空空和巡航导弹等武器系统试验，反弹道导弹试验，拦截弹试验，大气层外轻型射弹亚轨道飞行试验，高空探测器试验，运载火箭重返大气层试验，核效应模拟试验，激光破坏效应试验，模拟战术环境试验等。

　　苏联第一设计局成立　苏联第一设计局即科罗廖夫设计局，是俄罗斯导弹与运载火箭的主要研究机构之一，又称实验机器制造中心设计局或第一设计局。设计局成立于第二次世界大战后，设于加里宁格勒。该设计局主要研制不可贮液体推进剂导弹和运载火箭，曾按V–2仿制成功了P–1导弹及其改进型P–2导弹。1950年研制成苏联第一种自行设计的弹道导弹SS–3。1957年研制成苏联第一种洲际弹道导弹P–7，并于同年8月21日成功试射。该导弹经改

进成为苏联主要航天运载火箭，曾用于发射世界上第一颗人造地球卫星。该设计局还研制了SS-8和SS-10洲际弹道导弹，设计了月球号、东方号、电子号、金星号、火星号、上升号等卫星及空间探测器。

亚瑟·查尔斯·克拉克提出地球静止轨道概念　亚瑟·查尔斯·克拉克（Arthur Charles Clarke，1917—2008），是英国及斯里兰卡著名科幻作家、科普作家，同时也是一位科学家，以及国际通信卫星的奠基人。1917年生于英格兰，1941年进入部队服役，从事与雷达有关的技术工作。作为一名航天飞行爱好者，他在1936年加入了"英国星际航行协会"，并且成为骨干分子。二战结束后，克拉克进入大学深造，攻读物理学和数学。自1950年起，克拉克开始创作科幻作品。他以

亚瑟·查尔斯·克拉克

"太阳风"为题材的科幻作品《太阳帆船》曾引起美国宇航局的注意，并因此而关注这一领域的研究。20世纪60年代以后，一直居住在岛国斯里兰卡，期间创作了90余部科幻作品，其中1968年的《2001：太空漫游》更是世界最佳科幻作品之一。

1945年5月，克拉克给英国星际航行协会寄出了一份备忘录，题为《地球外的中继——卫星能给出全球范围的无线电覆盖吗？》。克拉克为人类的通信技术描绘了一幅宏伟的蓝图，他在备忘录中指出，距离地球表面约36 000千米的高度具有24小时的周期，在这样的轨道上，如果一个物体的轨道平面与地球赤道平面重合，那么它将随着地球运行，就好像静止地停在地球上空的某一点。作者还说，让我们想象在这样的轨道上有那么一颗卫星，它装有接收和发射设备，这样卫星就能作为一个转发器为地球上任意两点之间传输信息。如果将3颗卫星等距离地分布在这条轨道上，那么就能实现除南北两极以外的全球通信。1945年10月出版的《无线电世界》杂志以《地球外的转播》为题，刊载了这份备忘录。

至此，克拉克因提出了卫星通信的设想从此誉满全球，并将永远载入人类进步的史册。亚瑟·克拉克提出的那条卫星轨道就是现在我们常说的地球静止轨道，也叫"克拉克轨道"。它是一种特殊的地球同步轨道。时至今日，地球静止轨道上已经部署了大量的通信卫星、气象卫星，日日夜夜为人类通信、电视直播、信息传输、气象观测而默默工作着。克拉克的预言终于变成了现实。

1946年

法国国家航空研究院创建 法国国家航空研究院即今天的法国国家航空航天研究院，是法国航空航天领域中规模最大的科研机构。研究院坐落在夏蒂荣，其主要任务是促进航空航天方面的技术进步，对航空航天工业实施技术支援，研究成果评价和研究人员培训。全院设有系统部、气动力部、能量学部、材料部、结构部、物理部、大型试验设备部、计算机科学部、图卢兹研究中心、里尔流体力学院10个研究分部和夏蒂荣、夏莱—默东、帕累佐、丰特内和莫当5个试验基地。各类研究所占比重分别是：基础研究20%，应用研究60%，技术支援20%。该院还有各种不同用途的风洞30多座和各种模拟实验室、电子加速器、高频疲劳试验台等。

谢尔盖·帕夫洛维奇·科罗廖夫主持制定苏联火箭技术发展规划 谢尔盖·帕夫洛维奇·科罗廖夫（Cергéй Пáвлович Королёв，1907—1966），苏联航天技术的奠基者和开创人，著名的火箭和航天系统总设计师，苏联科学院院士。1907年1月12日出生在乌克兰的瑞特来尔。1924年进入基辅工业学院。1926年转学到著名的莫斯科包曼高等工业学校。1931年组建喷气推进研究小组。1933年任世界上第一个喷气推进科学研究所副所长，研制了几种型号的液体火箭。1946年担任第一枚液体弹道火箭总设计师，主持制定苏联火箭技术发展规划。

谢尔盖·帕夫洛维奇·科罗廖夫

1947年10月领导研制的第一枚弹道火箭首次发射成功。1957年8月主持研制发射成功第一枚洲际导弹，同年10月，借助两级运载火箭把第一颗人造地球卫星发射上天，开辟了航天新纪元。接着，他组织研制月球探测器、火星探测器和载人航天工程，为实现人类进入太空飞行做出了重大贡献。在他的领导下，苏联技术人员先后研制成功东方号、联盟号运载火箭，并发射成功东方号、上升号飞船及质子号、闪电号等人造卫星。还解决了航天器空间对接技术问题，为载人进入空间站长期活动开辟了道路。1966年1月14日病逝。

美国制订并执行洲际导弹计划　1945年阿诺德将军组建由冯·卡门等专家组成的空军顾问团，研究战后空军装备的发展动向。冯·卡门和马林纳等人经过研究认为10年内可生产出射程在10 000千米的弹道导弹。阿诺德将军便指示有关部门立即着手进行可行性研究和设计。1946年4月19日，陆军航空兵制订MX-774计划，研究火箭武器的能力并朝研制洲际弹道导弹的目标努力。MX-774计划是美国第一种洲际导弹"宇宙神"的前身。1947年美国空军成立后，MX-774计划在7月1日被取消了。康维尔公司自筹资金继续研制。1948年中后期，MX-774进行了3次发射试验，均未获得很大成功。

兰德小组提交人造卫星研究报告　二战结束后，许多科学家提出为了科学目的研制和发射人造卫星。道格拉斯飞机公司组建的科学小组（兰德小组，后改为兰德公司）也对这些问题进行了大量研究。1946年5月12日，该小组提交的第一篇报告《实验性环地宇宙飞船的最初设计》论述了人造卫星的战略价值：1. 带有某些适当仪器的卫星装置将成为20世纪最有价值的科学工具之一；2. 美国制造人造卫星的成就将极大地唤起人们的想象力，能够在世界范围内产生不亚于第一颗原子弹爆炸的影响。报告指出："第一个在太空航行方面做出重大成就的国家将被看作是世界科学技术以及军事领域的领袖。" 1946年年底，兰德小组完成人造卫星可行性研究报告，报告分析计算了卫星运载工具的性能和方案，认为利用液氢液氧推进剂，只需三级火箭便可把人造卫星送入轨道。这样的运载火箭初始质量约为37吨，可把小型卫星送入560千米轨道上。研制和发射这样一个卫星的总成本约为8 200美元。

美国海军和陆军制订人造卫星计划　在冯·布劳恩的建议下，美国海军研究实验室和陆军弹道导弹局联合召开会议，形成了研制和发射人造卫星的"轨道器"计划。陆军方面负责运载火箭研制，海军方面负责卫星研制。运载火箭由"红石"导弹改进而成。这项计划后被美国国防部取消。在苏联发射成功后，计划得以恢复，并发射成功美国第一颗卫星。

苏联改进V-2导弹取得成功　战后，苏联发展弹道导弹采取了从仿制到改进的步骤。最初直接组装德国的V-2导弹，进行了飞行试验。后来又对其进行仿制，研制了P-1近程导弹。在此基础上，又通过改进研制了P-2近程导弹。P-2导弹是把V-2的箭体加长，发动机推力由245千牛提高到314千牛，工作时间也有所延长。它的射程提高到590千米。

1948年

王大珩归国参与祖国航天国防事业建设　王大珩（1915—2011），中国光学家，中国科学院院士，中国工程院院士。1915年2月生。1936年毕业于清华大学物理系。1938年留学英国，获伦敦大学帝国学院应用光学专业硕士学位。1948年回国。历任大连大学应用物理系主任、中科院仪器馆馆长、长春光学精密机械研究所所长、中科院长春分院院长。中国现代航天光学技术的开拓者，领导研制成功大型电影经纬仪及其他光学测量设备，广泛用于火箭、导弹、航天器发射。

王大珩

1949年

任新民归国参与祖国航天国防事业建设　任新民（1915—2017），中国航天技术专家和液体火箭发动机专家，中国导弹与航天事业的开创者之一，中国科学院院士，国际宇航科学院院士。1915年12月生。1937年于南京中央大学肄业，1940年，重庆兵工学校大学部毕业。1946年2月入美国密歇根大学研究生院，先后获机械工程硕士、工程力学博士学位。1949年6月回国。1952年任哈尔滨军事工程学院教授、系副主任。1956年8月参加国防部五院筹建

任新民

工作，致力于导弹和航天技术的研制发展，担任多种型号和工程的总设计师和技术领导职务；负责组织研制液体火箭发动机和战略导弹，领导研制和发射中国第一颗人造卫星的运载火箭，参与组织远程导弹的全程飞行试验和通信卫星的发射，负责多种运载火箭和卫星工程的研制和技术协调，为中国导弹和航天事业的发展做出了突出贡献。他曾任国防部五院一分院副院长兼液体火箭发动机设计部主任、第七机械工业部副部长、航天工业部科技委主任、航空航天部和航天总公司高级技术顾问。

兰德公司提交新的卫星报告　1948年11月4日，美国空军宣布在兰德小组的基础上，正式组建兰德公司，意在为空军的重大决策作研究，提供咨询报告。1949年春，空军要求兰德公司继续进行人造卫星应用和其潜在影响的研究。同时，兰德公司又提交了几篇关于卫星应用的报告。这些报告论述了人造卫星的特点和作用：（1）它能够携带小型有效载荷；（2）与现有的方法相比，卫星的破坏作用并不出色；（3）它的运行轨道可根据需要选择在某一区域上空；（4）现有的武器系统不可能将卫星击落；（5）人造卫星可根据需要让人们用裸眼能看见或看不见；（6）卫星可以中继无线电信号或声音信号；（7）卫星可装备照相机或电视摄像机；（8）人造卫星的发展将是高成本的。人造卫星具有五大战略意义：（1）人造卫星可产生轰动效应；（2）人造卫星可显示美国技术的优越性；（3）人造卫星可作为通信工具；（4）人造卫星可作为一种侦察、对地观测系统；（5）人造卫星可作为政治战略工具。这些报告对美国政府的决策产生了一定影响。

1950年

美国启用卡纳维拉尔角发射场　卡纳维拉尔角发射场是美国国家航空航天局的载人与不载人航天器进行飞行前试验、测试、总装和实施发射的重要基地。它包括美国空军的东靶场和肯尼迪航天中心，设在美国东海岸佛罗里达州的卡纳维拉尔角，位于杰克逊维尔和迈阿密之间，地理坐标为西经81度、北纬28度5分。

该发射场自然条件优越，纬度较低，向东发射火箭，可利用地球自转的速度，有助于卫星入轨。沿东南方向的海空运输几乎不受任何影响，附近的海岛还可用作跟踪站。该发射场于1950年7月首次发射一枚A-4/WAC下士火箭。此后，这里进行过多次运载火箭的发射工作，包括宇宙神火箭、大力神火箭、宇宙神—阿金纳火箭、侦察兵火箭、土星5火箭、土星1B火箭等。包括了美国所有向地球同步轨道发射的任务和NASA的头17次载人飞行发射任务；还发射过阿波罗飞船、天空实验室、不载人行星和行星际探测器，以及科学、气象、通信卫星等，已进行了400多次航天发射。

美国启用东部试验靶场 这是美国规模最大、最重要的国家和国防部的重点靶场，也是美国主要的航天发射基地之一，为空军管辖，简称东靶场，又称卡纳维拉尔角空军站。靶场位于佛罗里达州东海岸卡纳维拉尔角，地理坐标为西经80度34分、北纬28度28分。该靶场不仅用于战略导弹研制性试验和发射倾角为0~60度的各种航天器，也可进行各种战术导弹的试验。1950年7月启用，发射一枚以V-2为第一级、女兵—下士为第二级的火箭。在这里试验过的导弹有宇宙神、大力神和民兵系列的洲际弹道导弹，红石、丘比特、雷神和潘兴等系列的中程弹道导弹，北极星、海神和三叉戟系列的潜地导弹，斗牛士、鲨蛇和马斯等飞航式导弹，纳瓦霍、云雀和公鹅等战术导弹。自1958年1月31日发射美国第一颗人造地球卫星后，这里又发射了水星计划和双子星座计划的载人飞船。这里主要用宇宙神、大力神和德尔塔运载火箭发射以民用为主的各种航天器，以及部分军用卫星，同时支援肯尼迪航天中心发射航天飞机，另外，也承担"弹道导弹防御"计划中的一些试验任务。

该靶场由行政管理区、发射试验区、跟踪测量站和落区组成。行政管理区设在帕特里克空军基地，与北面的发射试验区相距约40千米，靶场司令部、工程技术部和后勤部门都设在这里。技术实验室是工程技术部门设在这里的最重要的单位，它全面负责靶场的数据处理工作。

庄逢甘归国参与祖国航天国防事业建设　庄
逢甘（1925—2010），中国航天技术和空气动
力学专家，中国科学院院士，国际宇航科学院
院士。1925年2月生。1946年毕业于上海交通大
学。1947年赴美国加州理工学院留学，1948年和
1950年先后获航空工程硕士和博士学位。1950年
回国，先后在上海交通大学、中国科学院数学
所、哈尔滨军事工程学院工作。1956年8月调国
防部五院，筹建空气动力研究所，主持空气动
力试验研究基地和风洞试验设备建设，组织运载

庄逢甘

火箭和弹道导弹气动研究和设计，发展风洞实验技术，为多种运载火箭和导
弹研制成功做出了贡献。他历任国防部五院空气动力研究所所长、国防部五
院三分院副院长，七机部一院副院长，七机部、航天部总工程师，航空航天
部、航天总公司科技委副主任。

第一届国际宇航代表大会在巴黎召开　二战结束后，世界各国有许多
科学家关注利用火箭和卫星进行科学研究，发表了大量有关人造卫星、空间
站和载人飞行的文章和著作。这种热潮使人们感受到召开国际性会议的必要
性。第一届国际宇航大会在这种情况下于1950年9月30日召开，这次会议为国
际宇航联合会成立做好了准备。

1951年

国际宇航联合会成立　在伦敦召开的第二届国际宇航代表大会上，国际
宇航联合会宣布成立，会议推举奥地利火箭专家桑格尔担任联合会第一任主
席。这是航天事业开始的重要标志。会议中，有许多专家呼吁为和平目的的研
制和发射人造卫星。会议还决定以国际合作方式进行飞往月球和其他行星的
研究，并预言在10年内可以将50吨的卫星送入450千米的地球轨道。

国际宇航联合会现已成为宇航界的国际性学术组织，因在国际学术界有
较大的影响而被联合国和平利用外层空间委员会聘为技术咨询机构。1980年
9月20日，全体成员会议接纳中国宇航学会为国际宇航联合会成员，并获投票

权。现有会员单位143个，该组织总部和秘书处位于法国巴黎。

中国创办北京工业学院，现北京理工大学　北京理工大学（Beijing Institute of Technology）校址在北京，前身是北京工业学院，是一所以工为主，工、理、管、文相结合的高等学校。北京工业学院的前身是1940年创建的延安自然科学院，曾设有坦克、飞行器、雷达、军用光学等20余个军工专业，为国防建设培养了大批人才。截至2019年，北京理工大学设有宇航学院、机电学院、机械与车辆学院、光电学院、信息与电子学院、自动化学院、计算机学院、材料学院、化学与化工学院、生命学院、数学与统计学院、物理学院等18个学院，博士学位授权一级学科27个，硕士学位授权一级学科30个，博士后流动站18个。工程、材料科学、化学、物理、数学、计算机科学、社会科学先后进入ESI国际学科排名前1%，其中，工程学科进入前1‰。

1952年

中国组建南京航空工业专科学校，现南京航空航天大学　南京航空航天大学（Nanjing University of Aeronautics and Astronautics）校址在江苏省南京市，创建于1952年10月，历经南京航空工业专科学校（1952—1956年）、南京航空学院（1956—1993年），1993年改为现名，是一所以工为主，理工结合，工、理、经、管、文等多学科协调发展，具有航空航天民航特色的研究型大学。

截至2019年，学校设有航空学院、自动化学院、机电学院、民航学院、经济与管理学院、艺术学院、航天学院、能源与动力学院等16个学院和174个科研机构，建有国家级重点实验室3个、省部共建协同创新中心1个、国家地方联合工程实验室1个、国防科技工业技术研究应用中心1个、国家文化产业研究中心1个、国家工科基础课程教学基地2个、国家级实验教学示范中心4个。

中国创办北京航空学院，现北京航空航天大学　1952年国家决定集中清华大学、北洋大学等8所院校的航空系成立北京航空学院，1988年改用北京航空航天大学（Beihang University）。

学校学科繁荣，特色鲜明。有工、理、管、文、法、经、哲、教育、医和艺术10个学科门类。有8个一级学科国家重点学科（并列全国高校第7

名），28个二级学科国家重点学科，10个北京市重点学科，10个国防特色学科，14个A类学科，其中航空宇航科学与技术、仪器科学与技术、材料科学与工程、软件工程为A+学科。有60个本科专业，23个博士学位授权一级学科点，40个硕士学位授权一级学科点，20个博士后科研流动站。学校突出学科基础地位，构建空天信融合、理工文交叉、医工结合的一流学科体系，形成珠峰引领、高峰集群、高原拓展的良性学科生态。在航空、航天、动力、信息、材料、仪器、制造、管理等学科领域具有明显的比较优势，形成了航空航天与信息技术两大优势学科群，国防科技主干学科达到国内一流水平，工程学、材料科学、物理学、计算机科学、化学五个学科领域的ESI排名进入全球前1%，工程学进入全球前1‰，具备了建设世界一流学科的基础。在2018年"软科世界一流学科排名"中，航空航天工程学科为世界第一。

韦纳·冯·布劳恩

韦纳·冯·布劳恩提出自旋轮胎形空间站概念　韦纳·冯·布劳恩（Wernher von Braun，1912—1977）1912年出生于德国。第二次世界大战期间，他是德国著名的火箭专家，对V-1和V-2火箭的研制起了关键性作用。大战结束之际，冯·布劳恩及其科研班子投降美国。1955年，他加入美国国籍，继续在美国从事火箭、导弹和航天研究，曾获得一系列勋章、奖章和荣誉头衔。1969年，他领导研制的土星号运载火箭，将第一艘载人飞船"阿波罗11号"送上了月球。1981年4月首次试飞成功的航天飞机，当初也是在冯·布劳恩手里发端的。因此，他被称誉为"现代航天之父"。1977年6月，冯·布劳恩病逝于华盛顿。

　　冯·布劳恩在美国一直担负导弹研制的任务，由于他主持提出的人造卫星计划得不到批准，他便对航天发展进行探索与展望。他曾发表多篇关于卫星和载人航天的文章。他提出的空间站概念就是对未来航天的预言。这种空间站直径76.2米，轨道高度1 730千米，可通过自旋产生人工重力。

1953年

查克·耶格尔让星际探索成为可能 查克·耶格尔（Chuck Jaeger，1923—），王牌飞行员，在第二次世界大战中击落12.5架敌机，是第一个突破音速的人，并于1953年创造了2.44马赫的纪录。因为没有大学文凭，耶格尔没能成为一名宇航员。然而，他的超音速试飞对于航天技术的开拓与发展却有着深远的影响，打破了人们认为星际探索不可能的断言。

1954年

猎鹰导弹开始装备美国部队 AIM-4猎鹰（Falcon）导弹，美国的系列空空导弹，也是世界上服役最早的导弹，有多种。AIM-4导弹射程8千米，使用高度15千米，速度马赫数2.8，弹长1.97米，弹径0.163米，翼展0.508米，发射质量50千克，高能炸药战斗部质量9千克。1947年开始研制，1954年交付使用。AIM-4A导弹，是在AIM-4基础上研制的，射程9.7千米，使用高度14千米，速度马赫数3，弹长1.98米，发射质量53千克，1956年交付使用。AIM-4B导弹，是在AIM-4A基础上改进的，使用高度15千米，弹长2.02米，发射质量59千克，1956年服役。AIM-4C导弹，是在AIM-4B基础上改进的，发射质量61千克。AIM-4D导弹为全向攻击型，射程9.7千米，使用高度15千米，速度马赫数4，弹长2.02米，弹径0.163米，翼展0.508米，发射质量61千克，1956年服役。AIM-4H导弹，是在AIM-4D基础上改进的，射程11.3千米，弹长2.03米，弹径0.168米，翼展0.61千米，发射质量73千克。1973年该导弹计划取消。

国际科学界作出发射卫星决议 1954年夏天，国际无线电协会和国际地理学及地球物理学协会通过决议，要求在国际地球物理年内发射一颗人造卫星，观察研究地球磁场、海洋、潮汐、气象、冰山、太阳黑子、宇宙线等。10月4日，国际地球物理年委员会一个特别委员会在罗马开会，提议有关国家发射一个不载人的科学卫星。与会的苏联和美国代表同时接受了这一建议。这个决议促成苏联和美国正式制订卫星计划。

1955年

钱学森归国参与祖国航天国防事业建设 钱学森（1911—2009），中国

钱学森

科学家，世界著名火箭和航天专家，中国航天的奠基者和开拓者之一，中国科学院院士，中国工程院院士。1911年12月生。1934年毕业于上海交通大学，1935年8月入美国麻省理工学院航空系，1936年转学到加州理工学院。1939年获加州理工学院航空和数学博士学位。在美国参加过原始型下士导弹的设计理论工作。1955年回国，参与组建和领导航天技术研制机构，提出发展火箭导弹科学技术的方案，组织实施战略、战术导弹和人造卫星的研制发射工作，对中国导弹与航天事业的发展做出了卓越贡献。他长期担任航天科学技术工业部门的技术领导职务，曾任国防部五院院长、第七机械工业部副部长、国防科学技术委员会副主任、国防科学技术工业委员会科技委副主任。著有《星际航行概论》《工程控制论》等。

苏联兴建拜科努尔航天发射场 拜科努尔航天发射场是苏联最大的航天器发射场和导弹试验基地，西方称其为丘拉塔姆试验靶场，1957年1月建成，现属哈萨克斯坦，俄罗斯长期租用，由俄罗斯航天部队管理。它位于中亚哈萨克斯坦境内，咸海以东约150千米，拜科努尔镇西南288千米处，东西长约80千米，南北宽约30千米，面积约1 560平方千米，中心坐标为东经63.4度、北纬45.6度，海拔90米左右。这里属大陆性气候，为半沙漠草原地区，地势开阔平坦，夏天炎热、干燥，冬天寒冷，有暴风雪。该发射场的工作重点是发射载人飞船、卫星、月球探测器和行星探测器，进行各种导弹和运载火箭的飞行试验，另外，还进行拦截卫星和部分轨道轰炸系统的试验。

该发射场拥有13个发射台，其中用于发射联盟号运载火箭的2个、质子号的4个、天顶号的2个、能源号的3个、旋风号的1个以及1个新的商用火箭发射台。该发射场的测试厂房和发射工位虽然较多，但大致可分为载人航天器发射区、大型运载火箭发射区和航天飞机发射区三个部分。

1956年

杨嘉墀归国参与祖国航天国防事业建

设 杨嘉墀（1919—2006），中国卫星和自动控制专家，中国科学院院士，国际宇航科学院院士。1919年7月生。1941年毕业于上海交通大学。1947年入美国哈佛大学物理系，先后获硕士、博士学位。1956年回国，先后在中国科学院自动化研究所、北京控制工程研究所从事科研工作。1968年调国防科委五院，致力于航天自动化技术的研究，参与制定空间技术发展规划，领导多种人造卫星姿态测量系统和控制系统的方案论证和技术研

杨嘉墀

究，担任实践系列卫星总设计师，保证了科学实验卫星和返回式卫星发射和回收获得成功。他倡导航天高技术的持续发展，提出跟踪世界高科技前沿的意见，列入国家计划。他历任国防科委五院502所副所长，七机部五院副院长兼502所所长，航天部总工程师，航空航天部、航天总公司科技委顾问。

响尾蛇导弹开始装备美国部队

响尾蛇（Sidewinder）导弹是美国的空空导弹，也是世界上第一种被动式红外制导空空导弹，最大的空空导弹系列。AIM-9B导弹是该系列中的第一代，射程11千米，使用高度15千米，速度马赫数2，弹长2.84米，弹径0.127米，翼展0.609米，发射质量75千克，破片式杀伤战斗部，质量11.4千克，杀伤半径11米，1948年开始研制，1956年装备部队。AIM-9C、AIM-9D、AIM-9G、AIM-9H导弹是该系列中的第二代，射程18.53千米，使用高度大于15千米，速度马赫数2.5，弹长2.87米，弹径0.127米，翼展0.63米，发射质量84~88千克，连续杆式杀伤战斗部，质量11.4千克。20世纪50年代中期开始研制，1956年装备部队。AIM-9E导弹，射程4.2千米，弹长3米，翼展0.559米，发射质量74.5千克，破片式战斗部，其他不变。AIM-9F导弹，射程3.7千米，弹长2.91米，翼展0.609米，发射质量75.8千克，破片式高能炸药战斗部，质量11.4千克，杀伤半径11米，其他不

变。AIM-9G导弹，射程17.7千米，弹长2.87米，翼展0.63米，发射质量86.6千克，其他不变。AIM-9L导弹是该系列中的第三代，射程18.53千米，使用高度大于15千米，速度马赫数2.5，发射质量86.2千克，弹长2.87米，弹径0.127米，翼展0.63米，环形破片式战斗部，质量11.3千克，装药4.8千克，杀伤半径10米，1971年开始研制，1978年装备部队。1981年在地中海上空击落两架利比亚的"苏22"飞机，在福克兰岛战争中几次命中阿根廷飞机。此外，还有AIM-9M、AIM-9J、AIM-9N、AIM-9P、AIM9R、AIM-9S导弹等型号。

苏联研制成功中程导弹　苏联在V-2基础上改进设计了P-2导弹，仍采用酒精和液氧作为推进剂，其射程为590千米。与此同时，格鲁什科开始设计RD-1/RD-3系列液体火箭发动机，而后又研制出RD-101火箭发动机。这种发动机装在改进的P-2导弹上，研制出SS-3中程导弹，射程达1 800千米。1952—1953年间，格鲁什科又领导设计了RD-103火箭发动机，它采用煤油和液氧作为推进剂，真空推力为490千牛。RD-214火箭发动机具有4个燃烧室，推力为725千牛。以它为动力研制的SS-4中程导弹，射程达2 000千米。

中国导弹研究院成立　根据《喷气和火箭技术的建立》的规划，聂荣臻向党中央提交《关于建立我国导弹研究工作的初步意见》，建议在航空工业委员会下设立导弹管理局，建议建立导弹研究院。1956年5月26日，周恩来主持中央军委会议，讨论通过了这一提议，于1956年8月6日成立了国防部五局。10月8日，中国第一个导弹研究机构——国防部第五院正式宣布成立。在成立大会上，聂荣臻发表讲话，对我国导弹研究院的成立表示热烈祝贺，并勉励大家以自力更生、奋发图强的精神进行学习研究，毕生致力于我国的导弹事业。聂荣臻还宣布了周恩来总理的任命书：任命钟夫翔为国防部五局局长，钱学森为国防部五局副局长、总工程师兼五院院长。国防部五院的成立标志着中国导弹与航天事业的开始。

1957年

苏联试射成功世界上第一枚洲际导弹　这枚导弹为两级液体火箭，由中央芯级和4个配置在四周的助推级捆绑而成，代号P7，西方称"蛙足"。导弹全长29米，最大宽度10.3米，起飞质量267吨，最大起飞推力4 763千牛。P7首次全程发射试验取得了成功，射程达到8 000千米。这是世界上第一枚洲际弹道导弹。它的成功使苏联在美国之前初步具备了洲际核打击力量，同时，为苏联率先跨入航天时代奠定了技术基础。在它的基础上，苏联略加改进研制了第一种运载火箭。

苏联发射成功世界上第一颗人造地球卫星（Спутник –1）　苏联发射的世界上第一颗人造地球卫星——人造地球卫星1号，于1957年10月4日升空，开创了人类航天的新纪元。卫星呈球形，外径0.58米，重83.6千克，由壳体、卫星设备和天线组成。卫星的初始轨道参数近地点215千米，远地点947千米，轨道倾角65度，运行周期96.2分。主要任务包括测量200~500千

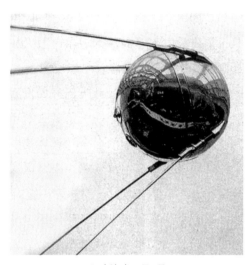

人造地球卫星1号

米高度的大气密度、压力、磁场、紫外线和X射线等数据。卫星共运行92天，绕地球飞行约1 400圈，于1958年1月4日再入大气层时烧毁。

发射卫星用的运载火箭是在洲际导弹基础上研制的"卫星"号运载火箭。它是一级半结构，第一级周围捆绑4枚液体助推器。科罗廖夫为火箭总体设计师。卫星由吉洪拉沃夫领导研制。

卫星的成功发射具有巨大的政治、社会和历史意义。在人类历史上，这颗卫星是人类跨入航天时代永恒的标志。卫星入轨后不久，莫斯科电台向全世界公布了苏联第一颗人造地球卫星已成功发射的消息。塔斯社报道说："人造地球卫星开辟了星际航行的道路。"在科学技术和人类文明的进程中，它标志着航天时代真正到来了。

苏联卫星号运载火箭首次发射成功　卫星号（Sputnik）是苏联东方号运载火箭系列中的第一种型号，是苏联在P-7（SS-6）洲际弹道导弹基础上改进而来的，其基础级是世界上迄今为止发射次数最多的一种运载火箭。其由基础级（芯级）加4台侧挂助推器构成。火箭全长为29.167米，芯级最大直径

10.3米，运载能力在近地轨道时为1 327千克。卫星号运载火箭于1957年10月4日成功地发射了世界上第一颗人造地球卫星，截至1958年5月15日共发射3颗人造地球卫星，全部成功。卫星号也是苏联用得最广泛的标准运载火箭，火箭的基本结构一直沿用下来。以卫星号运载火箭为基础，加上不同的上面级（三、四级），就构成了东方号、闪电号、联盟号运载火箭。苏联用这些运载火箭先后发射了大量的卫星，载人或不载人飞船及月球、金星和火星探测器以及其他空间探测器。

苏联东方号系列运载火箭开始发射　东方号系列（Vostok Family）是苏联研制的世界上第一个航天运载火箭系列。它开创了人类航天的新纪元，为苏联创造了航天史上的多个"世界第一"。东方号系列运载火箭发射了世界上第一颗人造地球卫星、第一个月球探测器、第一个金星探测器、第一个火星探测器、第一艘载人飞船、第一艘3名乘员的载人飞船、第一艘无人货运飞船。东方号系列运载火箭主要包括卫星号、月球号、东方号、上升号、联盟号、进步号、闪电号等火箭型号。后四种火箭又构成了联盟号子系列，其中上升号火箭是联盟号的初始型，进步号是联盟号用于发射无人货运飞船的基本型。闪电号是三级联盟号火箭的别名。东方号是目前世界上发射次数最多的一个运载火箭系列。

黄纬禄开始从事中国的战略导弹研制工作　黄纬禄（1916—2011），中国火箭技术专家，中国导弹和航天事业的开创者之一，中国科学院院士，国际宇航科学院院士。1916年12月生。1940年毕业于中央大学电机系，1943年赴英国实习，1945年入伦敦大学帝国学院攻读无线电专业，获硕士学位。1947年回国从事研究工作。1957年调入国防部五院二分院，从事战略导弹制导和控制系统的研究设计工作。他曾担任固体战略导弹总设计师，组织潜艇水下发射固体导弹，探索出固体战略导弹研制的规律，为中国

黄纬禄

导弹事业的发展做出了突出贡献。他曾任国防部五院二分院设计部主任、所长，七机部二院副院长、科技委主任，航天工业部总工程师，航空航天部和航天总公司高级技术顾问。

中国创办西北工学院，现西北工业大学 西北工业大学（Northwestern Polytechnical University）校址在陕西省西安市，是一所以发展航空、航天、航海等领域人才培养和科学研究为特色的多科性、研究型、开放式大学。学校成立于1957年10月，其前身是西北工学院和西安航空学院。1970年，哈尔滨工程学院航空工程系并入该校。

该校设有航空学院、航天学院、航海学院、材料学院、机电学院等21个专业学院和国际教育学院、教育实验学院、西北工业大学伦敦玛丽女王大学工程学院。拥有66个本科专业，35个硕士学位一级授权学科，22个博士学位一级授权学科，17个博士后流动站。其中，材料科学、工程学、化学、计算机科学等4个学科群进入ESI国际学科排名前1%，形成了以三航学科群为引领，3M（材料、机电、力学）学科群、3C（计算机、通信、控制）学科群、理科学科群和人文社科学科群协调发展的学科体系。该校建有4个国家级实验教学示范中心，2个国家级虚拟仿真实验教学中心，3个国家级人才培养模式创新实验区；是欧盟QB50项目（注：欧盟大气层探测计划）亚洲区唯一发起单位与亚洲区总协调单位，建有该项目亚洲区最大卫星测控地面站。全国第一架小型无人机、第一台地效飞行器、第一型50千克级水下无人智能航行器和第一台航空机载计算机均诞生在该校。该校重点参与了大飞机、载人航天与探月等10个重大专项的论证及科研攻关，深度参与了两机专项论证、神舟系列飞船研制，是"为中国首次载人航天飞行作出贡献单位"的两所高校之一。该校开我国无人机研制之先河，实现了我国第一个无人机技术与整条生产线出口，拥有我国唯一的无人机特种技术国家重点实验室和无人机系统国家工程中心。

中国长峰机电技术研究设计院成立 该院是中国防空导弹和固体战略导弹的研究机构，又名中国航天科工集团有限公司第二研究院，成立于1957年。先后完成了多种飞行器和大型系统工程的总体设计及其控制、制导、探测跟踪、地面设备、测量设备的研制生产任务，形成了战略导弹和战术导弹两大体系四个系列。其中，包括潜艇水下发射和陆基机动发射战略导弹的成功，第二代防空导弹武器系统的研制成功。

中国运载火箭技术研究院成立　该院是中国运载火箭研制基地，又名中国航天科技集团有限公司第一研究院。其前身为国防部第五研究院一分院，建于1957年。

作为中国航天第一个研制基地，该院诞生了我国第一枚导弹"1059"，完成了我国首次"两弹"结合任务，发射了我国首颗人造地球卫星，为我国"两弹一星"事业做出了突出贡献。该院成功研制了系列导弹武器，奠定了国家战略安全基石。成功研制了12种长征系列运载火箭，具备发射近地轨道、太阳同步轨道、地球静止轨道等多种轨道载荷的能力。成功实施了以载人航天工程、探月工程、北斗工程等为代表的国家重大工程的运载火箭发射任务，为实现中国航天三大里程碑跨越做出了突出贡献。

1958年

美国空军接管库克空军基地　库克空军基地即今天的范登堡空军基地（西部试验靶场），是美国的战略导弹和军用航天器发射试验基地，也是美国国家靶场和国防部重点靶场之一，简称西靶场。靶场位于美国加利福尼亚州西海岸，距洛杉矶市220千米，地理坐标为西经120度32分、北纬34度38分，平均海拔110米，是个气候干燥、人烟稀少、长满灌木和橡树林的丘陵区。整个靶场占地面积400多平方千米。靶场主要用于和平卫士、民兵3固体洲际弹道导弹和"弹道导弹防御"计划的试验以及供国防部和航空航天局发射卫星。

该靶场的前身是库克空军基地，1958年1月改为范登堡空军基地。当年7月海军太平洋导弹靶场成立时，在范登堡空军基地南部的阿圭洛角地区建立发射设施，进行中程、洲际导弹试验和发射极轨卫星。随着各种战略导弹作战基地的陆续建成，范登堡空军基地作为作战基地的职能逐渐消失，而成为各种战略导弹飞行试验、发射操作人员训练和军用航天器发射的基地。国防部为统一航天发射活动和支援国家航空航天局，于1964年5月成立西靶场，将范登堡空军基地的发射设施与阿圭洛角地区的发射设施合并，分别称为北、南范登堡空军基地，1991年归第30航天联队管理。

中国酒泉卫星发射中心开始创建 酒泉卫星发射中心始建于1958年，占地面积约2 800平方千米，地势平坦，人烟稀少，干燥少雨，每年约有300天可进行发射试验，是发射航天器的理想场所。是中国创建最早、规模最大的综合型导弹、卫星发射中心，也是中国目前唯一的载人航天发射场。1960年11月5日，这里成功地发射了中国制造的第一枚地地导弹。1966年10月27日，中国第一次导弹核武器试验也在这里试验成功。1970年4月24日，这里发射了中国第一颗人造地球卫星。1975年11月26日，中国第一颗返回式卫星在这里发射成功。1980年5月18日，中国第一枚远程运载火箭也在这里发射成功。

1987年8月，酒泉卫星发射中心为法国马特拉公司提供了发射搭载服务，使中国的航天技术从此开始走向世界。

孙家栋归国参与祖国航天国防事业建设 孙家栋（1929—），中国航天技术专家，中国科学院院士，国际宇航科学院院士。1929年5月生。1958年毕业于苏联茹科夫斯基空军工程学院，到国防部五院一分院从事火箭研制工作。参与领导中国第一枚中近程、中程导弹的总体设计和研制试验，参与组织中国第一颗人造卫星、返回式卫星的研制。作为总设计师，他领导了中国第一颗通信卫星的研制

孙家栋

试验。担任大容量通信卫星、风云2号气象卫星和资源一号卫星工程的总设计师，主持多种卫星的总体技术方案制订和研制试验工作。他历任七机部五院副院长、院长，七机部总工程师，航天部、航空航天部副部长，航天工业部、航空航天部、航天总公司科技委主任。

飞毛腿导弹装备苏联部队 飞毛腿导弹（Scud Missile），苏联的单级液体地地战术弹道导弹，代号SS-1（P-11，P-17，P-300）等，有多种。A型导弹中，P-11，射程80~150千米，命中精度4千米，弹长10.2米，弹径0.85米，翼展1.5米，起飞质量4.5吨，常规弹头，质量1吨；P-11M，射程80~180千米，命中精度3千米，弹长10.7米，弹径0.88米，起飞质量4.4吨，其他不

飞毛腿导弹装备发射车

变。1955年开始服役，20世纪50年代末退役。B型导弹中，P-17，射程50~300千米，命中精度600米，弹长11.16米，弹径0.88米，翼展1.81米，起飞质量5.86吨，有常规、核、化学等多种弹头，质量989千克；P-300，射程300千米，命中精度900米，弹长11.25米，起飞质量6.37吨，弹头质量985千克，其他不变。1958年开始研制，1962年开始装备。C型导弹，射程550千米，命中精度700米，弹长12米，起飞质量7吨，弹头质量600千克，其他不变。D型导弹，射程300千米，命中精度50米，弹长11.25米，起飞质量6.35吨，弹头质量985千克，其他不变。世界上20多个国家装备过，在两伊战争和海湾战争中都使用过。

美国宇宙神系列运载火箭开始发射 宇宙神系列（Atlas Family）是美国空军在宇宙神洲际弹道导弹的基础上发展起来的运载火箭系列。早期研制了宇宙神B（又称LV-3A）、D、E、F、G、H、LV-3B、LV-3C、SLV-3、SLV-3A、SLV-3C、SLV-3D共计12种基础型号，其中，宇宙神B（又称LV-3A）、D及LV-3B为单级运载火箭。宇宙神的10种基础级与不同的上面级组成了14种多级运载火箭，即宇宙神LV-3A-艾布尔，宇宙神LV-3A-阿金纳A、B，宇宙神LV-3C-半人马座D，宇宙神E、F与固体和液体上面级，宇宙神SLV-3-阿金纳B，宇宙神SLV-3-阿金纳D，宇宙神SLV-3A-博纳Ⅱ，宇宙神SLV-3C-半人马座D，宇宙神SLV-3D-半人马座D-1、D-1A，宇宙神G-半人马座D-1A，宇宙神H固体上面级等及后期新研制的宇宙神Ⅰ、Ⅱ、ⅡA、ⅡAS与半人马座上面级，形成了宇宙神系列运载火箭。从1958年至1994年12月，宇宙神系列运载火箭共计发射291次，其中失败48次，发射成功率为83.45%。

美国国家航空航天局成立 1958年，美国成立了管理民用航天活动的专门机构——国家航空航天局（NASA），它的任务是引导未来太空探索、科学研发和航空航天技术研究。通过早期的"水星"计划、"双子星"计划，美国航空航天局开发了大量技术。之后的美国航空航天局又实施了"阿波罗"计划、航天飞机计划、空间站计划等太空探索计划，在致力于人造卫星、运载火箭、载人航天活动的同时，还向宇宙空间发射了大量的行星探测器。2006年，美国又推出了"人类重返月球计划"，未来20年中，美国航空航天局将把人类送到比地球轨道更远的地方。美国航空航天局通过航空任务理事会、探测系统任务理事会、科学任务理事会、太空任务理事会等4个任务理事会管理工作。美国航空航天局的目标：理解并保护我们赖以生存的行星；探索宇宙，找到地球外的生命；启示我们的下一代去探索宇宙。

1959年

美国戈达德空间飞行中心成立　这是美国国家航空航天局在美国东部的大型研究中心。创立于1959年，设在马里兰州格林贝尔特。该中心在航天科学及其应用方面从事广泛的活动，负责管理航天飞行器的发展工作，包括从系统工程到研制、总装和试验；管理跟踪和数据搜集设施的研制与操作；管理科学研究，包括理论研究和在卫星上开展重要的科学试验；它在国际空间站计划中负责设计、建造、试验、鉴定自由飞行极轨平台和共轨平台；它还作为美国国立航天数据中心，管理美国国家航空航天局全部空间飞行的跟踪网；它指导德尔塔运载火箭的发射活动；它也是泰罗斯气象卫星、哈勃空间望远镜的管理者。

美国兴建夸贾林环礁导弹试验靶场　该靶场是美国国家靶场和美国国防部重点靶场之一，属美国陆军，建于1959年。该靶场位于太平洋中部马绍尔群岛夸贾林环礁，夏威夷西南约3 890千米处，地理坐标为东经167度20分、北纬9度5分。

该靶场主要用于反弹道导弹试验和再入、突防、反突防研究。它是美国唯一进行反导武器系统综合试验和进行反导武器系统作战训练的基地，也是美国外层空间防御前线的前哨基地，美国空军西部试验靶场使用的洲际弹道导弹的弹着区之一，还是西方国家唯一能适应洲际弹道导弹按战术配置方式进行发射的靶场。其任务是对进攻性导弹和防御性反导弹武器系统及其分系统、部件的性能和靶场测量设备的性能进行试验和鉴定，为改进武器系统和靶场测量设备的性能，收集各种数据，以及为研究再入现象提供资料。

该靶场原叫夸贾林海军站，1959年为支持奈基—宙斯发展计划，模拟实战条件下的反导武器系统试验，扩建为反导试验场。1964年夸贾林成为独立靶场，从海军转到陆军，并命名为夸贾林试验场。此后为满足奈基—X、哨兵、卫兵和硬场防御系统诸反导计划的试验要求，试验场的发射、测量和地面支援等设施和设备不断增加和完善，1968年重新命名为夸贾林导弹靶场。1986年改为现名。

宇宙神导弹开始装备美国部队　宇宙神（Atlas）导弹是美国的第一种液体洲际地地弹道导弹，代号SM-65（HGM-16F）。射程12 070千米，命中精度2.77千米。弹长25.15米，弹径3.05米，起飞质量121吨，单个核弹头，威力500万吨TNT当量，1955年开始研制，1959年定型并装备部队。1965年开始退役，以后用作运载火箭。

1960年

霍克导弹开始装备美国军队　霍克（Hawk）是美国的全天候超音速中低空地空导弹，代号MIM-23，有两种：

A型导弹，作战距离：高空目标时2~32千米，低空目标时3.5~16千米，作战高度60米~13.7千米，杀伤概率80%，

美国霍克导弹

弹长5.08米，弹径0.37米，翼展1.19米，发射质量584千克，最大速度马赫数2.5，常规战斗部，质量50千克。1954年开始研制，1960年开始装备部队。

B型导弹为改进型，作战距离：高空目标时1.5~40千米，低空目标时2.5~20千米，作战高度60米~17.7千米，杀伤概率大于80%，发射质量627千克，最大速度马赫数2.7，有常规战斗部和核战斗部，质量75千克。1964年开始研制，1972年开始装备部队，是目前世界上影响最大的导弹之一。

美国德尔塔系列运载火箭开始发射　德尔塔系列（Delta Family）运载火

箭是美国在雷神中程弹道导弹基础上发展起来的运载火箭。它是世界上型号最多、改型最快的火箭系列。其发射次数居美国之首，已经研制了近40种火箭型号，承担了美国近18％的卫星发射任务。它发射了世界上第一颗地球同步轨道卫星。德尔塔系列运载火箭因具有较强的适应性而得到广泛应用，已将200多项不同用途的卫星和试验物送入轨道。在这些卫星中有近地、极地和高椭圆轨道卫星，也有地球同步、太阳同步、日心和月心轨道卫星；有通信、导航、气象卫星，也有科学、对地观测和各种特殊用途的卫星。它不仅是美国使用最多的运载火箭，而且已多次为英国、加拿大、日本、印度尼西亚、印度等国以及国际通信卫星组织、北大西洋公约组织、欧洲航天局等发射卫星。

美国德尔塔DM-19运载火箭第二次发射成功　德尔塔DM-19（Delta DM-19）是美国德尔塔系列运载火箭的基础型，由经过改型的雷神DM-19导弹作为基础级与先锋号的第二、三级组合而成。火箭全长28.06米，芯级最大直径2.44米，运载能力在圆轨道370千米时为271.8千克，在地球同步转移轨道时为43.3千克。1960年5月13日首次发射回声I号卫星失败，1960年8月12日第二次发射取得成功，截至1962年9月共计发射12次，其中失败1次。

苏联东方号运载火箭首次成功发射飞船　东方号（Vostok），苏联研制的世界上第一种载人航天运载火箭。它由卫星号和月球号运载火箭发展而来，主要是提高了第一级的推进剂质量和第二级的性能。火箭全长38.36米，芯级最大直径10.3米，运载能力在近地轨道时为4 730千克，在太阳同步轨道650千米时为1 840千克（倾角98度），在920千米时为1 150千克（倾角99度）。1960年5月15日，东方号运载火箭首次成功地进行了不载人卫星式飞船的发射，至1961年3月25日共进行7次不载人卫星式飞船的发射，其中失败2次。1961年4月12日发射第一艘东方号载人飞船，将世界上第一位宇航员尤里·加加林送入近地点181千米、远地点327千米的轨道，使其成为绕地球飞行的世界第一人。截至1963年6月16日，东方号运载火箭共发射6艘东方号载人飞船。其后，东方号运载火箭主要用于发射照相侦察卫星、电子卫星、流星气象卫星、地球资源卫星以及宇宙号系列卫星中的电子侦察卫星等。截至1988年12月共计发射149次，其中失败3次。东方号运载火箭曾发生两次严重的爆炸事故，造成215人丧生的惨剧。

美国马歇尔航天飞行中心成立 这是美国国家航空航天局最大的研制中心之一。该中心成立于1960年，位于陆军在亚拉巴马州亨茨维尔的红石兵工厂内。其前身是冯·布劳恩领导的陆军弹道导弹设计局，曾负责第一颗美国卫星的发射和大型火箭土星系列的研制。

该中心的主要任务是设计、研制大型运载系统，研制、试验航天器载运的各种有效载荷，研制空间运输系统、轨道器系统以及空间探测用的各种系统，包括火箭推进系统、载人航天器系统、专用的大型复杂航天器等。该中心代表航宇局负责管理航天飞行器上面级、轨道机动飞行器、轨道转换飞行器和太空实验室的研制与空间活动。另外，它还负责发展和管理空间站、空间望远镜和高能天文观测台。

1961年

中国航天科工飞航技术研究院成立 飞航技术研究院是中国研究、设计、试验和生产飞航式导弹的科研生产基地，又名中国航天科工集团有限公司第三研究院，创建于1961年。先后研制了若干系列、数十种型号的飞航导弹，形成了海鹰2号系列导弹、C601系列导弹和C801系列导弹。

中国上海航天技术研究院成立 该院是中国运载火箭、人造卫星、战术导弹的设计、研制和生产单位之一，又名中国航天科技集团有限公司第八研究院。1961年作为中国研制生产地空导弹的基地而创立。20世纪60年代初期，首次仿制成功中国首批地空导弹红旗一号，以后又研制了红旗二号、红旗三号、红旗四号、红旗六十一号、红缨五号等多种型号、多种系列的地空导弹。1970年开始研制大型运载火箭，先后研制成功风暴一号、长征三号、长征四号、长征二号丁等型号，其中，长征三号是与中国运载火箭技术研究院共同研制的。该院从事卫星应用和应用卫星研究的主要项目有卫星总体、姿态控制、空间电源、测控通信、云图传输、远地点发动机和卫星地面接收站。

苏联开始发射东方号飞船 它是苏联最早的载人飞船系列，是世界上第一个载人进入外层空间的航天器。1961年4月至1963年6月共发射6艘。飞船由球形密封座舱和圆柱形仪器舱组成，重约4.73吨，在轨道上飞行时与圆柱形的末级运载火箭连在一起，总长7.35米。球形座舱直径2.3米，能乘坐1名航天员。该飞船系列以单艘和编队载人飞行，既可自动控制，也可由航天员手控。在空间进行了科学、医学和生物学研究以及技术试验后，全部安全返回地面。

自由7号水星太空船发射成功 1961年5月5日，美国人艾伦·谢巴德乘坐自由7号水星太空船进行了15分钟的绕地球小轨迹飞行，成为第一个上太空的美国人。自由7号水星允许一些人为操作，这是它不同于东方1号的地方。不过，在飞船成功降落在大西洋之前，谢巴德不能弹出座舱，他只能等待飞机的救援。第二次飞行在着陆后，紧急救生舱发生爆炸，然后沉入海底。还好第三次时约翰·格伦绕地球轨道飞行相当成功，让美国在太空竞争中赶上了苏联。

美国发射水星号飞船 水星号（Mercury）飞船是美国第一个载人飞船系列。1961年5月至1963年5月共发射6艘。前两次是绕地球不到一圈的亚轨道运行，后四次是载人轨道飞行。飞船总长约2.9米，最大直径1.8米，重约1.3~1.8吨，由圆台形座舱和圆柱形伞舱组成，发射时飞船顶端装有一个高约5米的救生塔。座舱内可乘坐1名航天员，设计最长飞行时间为2天。主要目的是试验飞船各种工程系统的性能，考察失重环境对人体的影响、人在失重环境中的工作能力，以及在发射和返回过程中的超重忍耐力等。

美国水星号飞船

韦纳·冯·布劳恩主持实施阿波罗计划 冯·布劳恩，著名火箭专家，德国V-2火箭和美国阿波罗登月计划的开创者。1912年3月23日生于德国威尔锡茨。1932年毕业于柏林工学院，并受聘于德国陆军军械部从事火箭研究。1934年完成《推力为140千克和300千克火箭发动机的理论和实验研究》论文，获物理学博士学位。同年，研制A-2火箭并在康默斯多夫附近的试验场发射成功。1937年担任佩内明德研究中心技术部主任，领导设计V-2导弹，1942年10月3日首次发射成功。二战后被俘到美国陆军装备设计局，1950年转到红石兵工厂研制弹道导弹。1956年后研制成功红石、丘比特、潘兴等导弹，1958年1月31日由他主持设计研制的丘诺1号火箭成功地发射美国第一颗人造卫星。1958年10月成为美国国家航空航天局领导成员，1960—1970年担任马歇尔航天中心主任。1961年后主持实施阿波罗载人登月计划，领导设计土星系列火箭。1969年7月，由他主持研制的土星5号运载火箭把人送上月球，实现了航天技术上的一大飞跃。1976年担任美国国家航空航天局副局长，主管计划和技术工作，对推动美国航天技术的发展发挥了重要作用。1977年6月16日病逝。

尤里·阿列克谢耶维奇·加加林完成人类历史上首次太空飞行　尤里·阿列克谢耶维奇·加加林（Юрий Алексе́евич Гага́рин，1934—1968），苏联航天员，世界上第一位航天员，1934年3月9日生于格扎茨克区克卢希诺镇。1957年自奇卡洛夫第一军事飞行员学校毕业后参军，成为歼击机驾驶员。1959年年底被选入航天员队伍。

尤里·阿列克谢耶维奇·加加林

1961年4月12日乘东方1号自动驾驶太空船从拜科努尔航天发射场起飞，进入太空轨道绕地球飞行一圈历时108分钟，完成人类历史上首次太空飞行，开创了载人航天的新纪元。1968年3月27日进行驾机训练飞行时，因飞机失事不幸遇难。

美国土星系列运载火箭开始发射　土星系列（Saturn Famliy）运载火箭是美国为阿波罗登月计划研制的大型运载火箭，先后发展出土星I、土星IB、土星V等3种型号，形成了土星系列运载火箭。自1961年10月27日土星I火箭成功发射阿波罗实体模型后，截至1973年5月14日土星V火箭成功发射天空实验室1号，共计发射33次。

美国土星I运载火箭首次发射成功　美国为实现阿波罗登月计划而研制的第一种两级大型液体运载火箭，土星I（Saturn I）是一种试验性火箭。为阿波罗载人登月做准备，主要发射了阿波罗实体模型和飞马座号卫星。火箭全长68.63米，芯级最大直径68米，运载能力在圆轨道185千米时为18 000千克。

1961年10月27日首次发射成功。截至1965年7月共计发射10次，全部成功。

1962年

苏联开始发射宇宙号卫星　它是苏联研制和发射的卫星混编系列，是世界上发射数量最多、功能最全、成果最大的一种卫星系列。1962年3月16日首颗发射成功。宇宙号系列卫星广泛用于空间研究计划、空间生物与科学技术试验，包括照相侦察、军用通信、电子侦察、海洋监测、预警、导航、试验通信、生物、空间物理探测、天文、地球资源勘测等。这些卫星轨道有圆形和椭圆形，轨道倾角在0.1~98度之间，运行周期在87.3分~24小时2分之间。

民兵导弹开始装备美国部队　民兵导弹（Minuteman）是美国的三级固体洲际弹道导弹，共有4种。民兵1A导弹，代号LGM-30A，射程8 000千米，命中精度1.8千米，弹长16.45米，弹径1.67米，起飞质量29.5吨，单个核弹头，威力60万吨TNT当量。1958年开始研制，1962年服役，1969年退役。民兵1B导弹，代号LGM-30B，射程10 140千米，命中精度1.6千米，弹长17米，起飞质量31.7吨，单个核弹头，威力100万吨TNT当量，其他与1A相同。1963年开始服役，1974年退役。民兵2导弹，代号LGM-30F，射程11 260千米，命中精度560米，弹长17.55米，弹径1.67米，起飞质量31.75吨，单个核弹头，威力120万吨TNT当量。1962年开始研制，1965年开始部署，1997年以前全部销毁。民兵3导弹，代号LGM-30G，射程9 800~13 000千米，命中精度185~450米，弹长18.26米，弹径1.67米，起飞质量34.5吨，3个分导式子弹头，威力3×17.5万吨TNT当量。1966年开始研制，1970年开始服役。

大力神导弹开始装备美国军队　大力神导弹（Titan Missile），美国的两级液体洲际地地弹道导弹，有2种：

大力神1导弹，代号HGM-25A，射程10 140千米，命中精度2千米，弹长29.9米，一级弹径3.05米，二级弹径2.40米，起飞质量99.79吨，单个核弹头，威力500万吨TNT当量。1955年开始研制，1962年装备部队，1965年开始退役。

大力神2导弹，代号SN-68C（LGM-25C），为第二代战略导弹，射程11 700千米，命中精度930米，弹长33.52米，弹径3.05米，起飞质量149.7吨，单个核弹头，威力1 000万吨TNT当量。1960年开始研制，1963年开始装备部队，1984年开始退役，到1987年全部退役完毕。

我国开始自行设计制造空空导弹　"霹雳3"空空导弹是中国自行设计制造的第一个空空导弹，其设计思想是突出高空高速性能、增大射程、提高精度和杀伤威力，满足新一代战斗机歼8（J–8）的作战使用要求。以航空工业部所属第六一二所（现为洛阳光电技术发展中心）和株洲航空发动机厂为主，于1962年6月开始研制，1968年6月开始进行首批20枚样弹的地面和飞行试验。1969年12月完成第二批30枚样弹的地面试验。1970年开始在国家靶场进行定型试验，直到1974年11月才基本完成试验项目。此后为进一步考核导弹性能，还进行了多次地面和空中试验，到1980年4月正式定型。1981年生产出50枚导弹，1982年发射8枚导弹用于定型补充试验。1983年在航空工业型号调整中停止研制生产。

法国航天研究中心（法国航天局）成立　该中心是法国国家航天管理和研究机构，1962年建于巴黎。它负责统一协调和集中管理法国的航天活动，制订和实施法国所有的航天计划，既负责管理航天科研与工业，又负责大型航天试验与发射操作。同时，代表法国参加欧洲航天局的航天项目，以及国内和双边合作的项目。在与欧洲的合作中，代表欧洲航天局管理最大的航天运输系统计划，并参加欧洲航天局的应用和科学研制计划。

法国航天研究中心的主要任务范围包括：分析未来国际航天活动的发展方向，并提出法国及欧洲应采取的行动方案；贯彻政府的航天政策，负责落实法国或欧洲航天局的航天计划；提高法国航天企业的技术水平，通过将航天合同授予这些企业，使这些企业担当主承包商的角色；负责卫星轨道运行期间的轨道控制操作，并经营库鲁发射场，主要发射欧洲的阿里安火箭。法国航天研究中心设有3个航天中心，图卢兹航天中心是其最主要的航天研究中心，专门从事技术项目管理、试验、轨道控制和操作、计算机中心业务。

美国兴建肯尼迪航天中心　肯尼迪航天中心，美国国家航空航天局最大的发射指挥中心，建于1962年6月。它位于佛罗里达州东海岸的梅里特岛—卡纳维拉尔角地区，中心坐标为西经80度36分、北纬28度30分，其边缘连着空军的卡纳维拉尔角基地，总占地面积达560平方千米，地理条件优越：接近赤道，可借助地球自转提高火箭飞行速度；在东南方向8 000多平方千米的直线上布满岛屿，是理想的跟踪监测站址；画临大海，火箭坠落不会造成很多安全问题；气候宜人，严冬酷暑也不影响发射试验工作。它的主要任务是载人飞船、航天飞机、各类探测器和卫星的维修、装配、发射、跟踪和控制。主要用于发射小轨道倾角的航天器，向东和东南方向发射，可把航天器送入轨道倾角为28度30分~52度24分的轨道。从该中心发射过双子星座号飞船、阿波罗号飞船和哥伦比亚号等航天飞机。

1963年

苏联联盟号运载火箭首次发射成功　联盟号（Soyuz）是在东方号的基础上发展起来的一种多用途两级运载火箭。火箭全长49.52米，芯级最大直径10.3米，运载能力在近地轨道时为7 200千克。联盟号自1963年11月16日首次将宇宙22号照相侦察卫星成功地送入轨道后，截至1994年12月29日共发射1 023次，其中失败12次。联盟号运载火箭使用频繁，每年大约发射40次，其中主要用于发射军用侦察卫星、载人或不载人的联盟号飞船、进步号无人货运飞船（即为礼炮号、和平号空间站补充燃料、生活给养和试验仪器等）。1967年4月23日首次发射联盟1号载人飞船时，宇航员弗拉基米尔·米哈伊洛维奇·科马罗夫在返回时因降落伞未打开而不幸遇难。

瓦莲京娜·弗拉基米罗夫娜·捷列什科娃完成首次女航天员太空飞行　瓦莲京娜·弗拉基米罗夫娜·捷列什科娃（Валенти́на Влади́мировна Терешко́ва，1937—），世界上第一位女航天员，1937年3月6日出生于莫斯科东北的雅罗斯拉夫尔州。1955年成为纺织工人。1960年毕业于轻工业函授技术学校。1962年被选为航天员。

1963年6月16日，捷列什科娃乘东方6号飞船上天，绕地球飞行48圈，航程20万千米，历时70小时41分钟，6月19日返回地面，完成与东方5号飞船的编队飞行和科学考察任务。这次飞行是捷列什科娃一生中唯

瓦莲京娜·弗拉基米罗夫娜·捷列什科娃

一的太空之旅。迄今为止，她仍是世界上唯一一位在太空单独飞行3天的女性。捷列什科娃现任俄罗斯联邦政府国家科学文化合作中心主席，是俄罗斯著名的社会活动家。2000年10月9日，英国"年度妇女"国际学会授予捷列什科娃"二十世纪女性"荣誉称号。

1964年

百舌鸟导弹开始装备美国军队　百舌鸟导弹（Skrike Missile）是美国的第一代反雷达导弹，代号AGM-45。射程45千米，发射高度1.5~10千米，马赫数2，弹长3.05米，弹径0.203米，翼展0.914米，发射质量177千克，破片式杀伤战斗部，质量66千克，装药25千克，有效破坏半径15米。1961年研制，1964年装备，1981年停产，参加过中东战争、越南战争、马岛战争、美国攻击利比亚等多次实战。

美国大力神系列运载火箭开始发射　这是美国在大力神2洲际弹道导弹的基础上发展起来的一种运载火箭。自1961年以来，美国先后研制了大力神2、大力神2SLV、大力神3、大力神34、大力神4及商业大力神Ⅲ等多种型号，形成了大力神系列运载火箭。自1964年4月8日首次发射大力神2火箭成功后，截至1994年年底共计发射184次，其中失败14次，发射成功率为92.4%。

美国德尔塔D运载火箭首发成功　德尔塔D（Delta D）运载火箭是美国为满足发射100千克以上的地球同步转移轨道卫星的需要，经对德尔塔C改型而成的三级运载火箭。火箭全长28.3米，芯级最大直径4.11米，运载能力在圆轨道370千米时为575.3千克，在地球同步转移轨道时为104千克。1964年8月19日首次成功地发射了美国第一颗地球同步定点卫星辛康3号，1965年4月6日又成功地将美国第一颗国际商业通信卫星晨鸟号送入轨道。德尔塔D火箭共发射2次，全部成功。

苏联开始发射上升号飞船　上升号飞船是苏联的载人飞船系列。1964—1965年共发射2颗。飞船呈球—圆柱体，长约6米，直径2.4米，重5.32吨。上升1号飞船1964年10月发射，首次载科学家绕地球飞行，进行了天体物理学、航天医学、生物学的研究和技术试验；1965年3月上升2号飞船发射，它增设了气闸舱、操作气闸工作程序和宇航员出舱进入外空的控制系统，装备了自主式生命保障系统的航天服。在轨道期间，宇航员进行了舱外活动。

1965年

中国航天推进技术研究院（中国航天科技集团有限公司第六研究院）成立 六院是中国的大型液体火箭发动机研制单位，也是惯性器件研究、设计、生产基地。六院研制成功大型运载火箭配套常规推进剂、大型液体火箭发动机、上面级发动机、单组元姿控发动机、双组元姿控发动机、低温高性能推进剂上面级发动机及各种发动机502余种，提供各种液浮、气浮惯性器件十余种。

苏联质子号系列运载火箭开始发射 质子号（Proton Family）是苏联第一种专为发射地球同步卫星和为大型航天运载器研制的系列运载火箭。该系列共有3个型号：质子号Ⅱ（SL-9）、质子号Ⅲ（SL-13）和质子号Ⅳ（SL-12）。西方将这种火箭称作D系列运载火箭。在能源号重型运载火箭于1987年投入使用前，质子号是苏联最大的运载火箭。从1965年至1994年年底，质子号共计发射224次，其中失败25次，发射成功率为84%。相比之下，质子号是苏联所使用火箭中成功率最低的一种运载火箭。

美国大力神3C运载火箭首发成功 大力神3C（Titan 3C）是美国大力神3运载火箭系列中的一种，是以大力神3A为芯级并捆绑两台固体助推器的三级运载火箭。火箭全长50.6米，芯级最大直径9.7米，运载能力在圆轨道185千米时为13 410千克，在地球同步轨道时为1630千克。主要用于发射军用同步卫星，其可向同一轨道或不同轨道进行多星发射，最多一次可发射8颗卫星。1965年6月18日首次发射成功后，截至1982年3月共计发射36次，其中失败4次。

美国开始发射双子星座号飞船 双子星座号（Gemini），美国的载人飞船系列。1965年3月至1966年11月共进行10次载人飞行。飞船重3.2~3.8吨，最大直径3米，由座舱和设备舱两个舱段组成，可乘坐2名航天员。主要目的是在轨道上进行机动飞行、交会、对接和航天员试做舱外活动等，为阿波罗号飞船载人登月作技术准备。

1966年

美国土星IB运载火箭首次发射成功 土星IB（Saturn IB）是美国土星I运

载火箭的改进型，是第二代土星系列运载火箭，主要用于载人和不载人的阿波罗飞船的近地轨道发射，并为土星V把阿波罗飞船送到月球的任务积累经验，还用于发射天空实验室等任务。火箭全长68.63米，芯级最大直径6.6米，运载能力在圆轨道185千米时为18 000千克。1966年2月26日首次发射就将阿波罗1号成功地送入轨道，截至1975年7月共计发射10次，全部成功。

美国发射双子星座号飞船

东风2号导弹装备中国军队　东风2号短程弹道导弹是中国自行研制的第一代短程地地战略导弹，代号DF-2，20世纪60年代初期开始研制，1964年6月29日试射成功，1966年装备部队，现已全部退役。导弹全长20.9米，弹径1.65米，起飞质量29.8吨，采用单级液体燃料火箭发动机，最大射程1 300千米、1 500千米（东风-2A）。可携带1 500千克高爆弹头，或1枚1 290千克的威力为2万吨TNT当量的核弹头（东风-2A）。东风2号短程弹道导弹是东风-1的改进型，推进方式不变，射程增加到1 300千米，可载一枚2万吨TNT当量核弹头。

法国兴建圭亚那航天中心　圭亚那航天中心，法国的航天器试验发射基地，又称库鲁发射场。由法国国家航天中心领导，与欧洲航天局共用，它不仅是法国运载火箭的发射中心，也是西欧各国重要的航天活动基地，位于南美洲法属圭亚那库鲁地区，地理坐标为西经52度46分、北纬5度14分，长约60千米，宽约20千米，占地面积约1 000平方千米。

该发射场是赤道发射场，拥有良好的海洋性气候，且在飓风区以外，向北、向东的海面上有一个很宽的发射弧度，方位角从−100.5度到+361.5度，是理想的发射场址。主要任务是负责科学卫星、应用卫星和探空火箭的发射以及与此有关的运载火箭的试验和发射，已进行了500多次航天发射活动，现主要用于发射各种阿里安运载火箭。随着阿里安运载火箭发射频率的加快，它已跻身世界最先进的航天发射场之列。

该发射中心于1966年动工兴建，1968年4月部分投入使用，4月9日首次发射了一枚探空火箭，1971年年底建成，1978年12月24日发射了第一枚阿里安运载火箭。该中心因靠近赤道，所以对发射地球同步轨道飞行器非常有利，射向向大西洋延伸，进行赤道轨道、极轨道和太阳同步轨道发射时，均无须采取专门的安全保障措施。

1967年

中国太原卫星发射中心开始创建　太原卫星发射中心是中国试验卫星、应用卫星和运载火箭发射试验基地之一。它位于山西省太原市西北的高原地区，具备多射向、多轨道、远射程和高精度测量的能力，担负太阳同步轨道气象、资源、通信等多种型号的中、低轨道卫星和运载火箭的发射任务。发射中心始建于1967年。1968年12月18日，中国自己设计制造的第一枚中程运载火箭发射成功。1988年9月7日和1990年9月3日，该中心用长征4号运载火箭成功地将中国第一颗和第二颗风云1号气象卫星送入太阳同步轨道。此外，它还进行过一系列运载火箭试验。1997年12月8日，该中心第一次执行国际商业发射，成功地将美国摩托罗拉公司制造的两颗铱星送入预定轨道。1999年5月10日，该中心用长征4号乙运载火箭成功地将一颗风云1号气象卫星和一颗实践五号科学实验卫星送入轨道高度为870千米的太阳同步轨道。这是该中心连续第七次成功地以一箭双星方式进行的航天发射。

西安卫星测控中心开始创建　西安卫星测控中心，中国的航天测控中心，也是世界著名航天测控网之一。主要任务是对卫星和运载火箭实施跟踪测量、遥测数据接收、数据处理和监控，在轨卫星的长期管理，在大型火箭飞行试验任务中负责信息交换并参加测控，承担外星发射任务的测控支持等。

该中心的前身是渭南控制计算中心。1967年创建，20世纪80年代中期迁进西安，并正式定名为中国西安卫星测控中心，现已发展成中国航天测控网系统操作控制的总枢纽。该中心的测控技术得到长足的发展，不仅装备了性能优良的测控、通信和数据处理设备，而且采用了先进的通信和指挥控制手段；逐步完善了轨道确定、数据处理和卫星控制方案；开发了具有国际先进水平的测控应用软件。

该中心建立以来，圆满完成了中国诸多近地、极地卫星和地球同步卫星的测控任务，也为多颗商用外星提供了测控支持。技术构成具有多学科、高技术的特点。1970年4月24日中国发射第一颗人造卫星以来，已对中国发射的80多次卫星发射进行了跟踪观测、遥测遥控、运行管理、信息交换以及数据处理和轨道姿态控制等。同时，还多次承担了中国运载火箭飞行试验的测控，参加了部分外空目标的搜索跟踪。此外，该中心还首创了国际上一流的"一网管多星"的卫星管理模式。1992年该中心正式对外开放。

美国麦克唐纳·道格拉斯公司正式合并成立　公司曾是美国最大的综合性航空航天公司之一，简称麦道公司，位于密苏里州圣路易斯。公司创立人是詹姆斯·史密斯·麦克唐纳和唐纳德·威尔士·道格拉斯。两人都是麻省理工学院的毕业生，都曾在马丁飞机公司工作。该公司辖7个生产经营公司，其中麦道导弹系统公司、麦道航天系统公司、麦道电子系统公司生产导弹、航天产品。德尔塔运载火箭、有效载荷辅助舱是麦道公司主要的航天产品。该公司不仅是先进巡航导弹的主承包商之一和战斧巡航导弹的第二家生产厂商，还是美国空间站计划和航天飞机计划的重要承包商。在空间站计划中，麦道公司是第二工作包的主承包商；在国家航天飞机计划中，麦道公司与通用动力公司、罗克韦尔公司同为X-30试验航天器的承包商。1997年，麦道公司被波音公司并购。

美国土星Ⅴ运载火箭首次发射成功　土星Ⅴ（Saturn Ⅴ）是美国土星ⅠB运载火箭的改进型，主要改进是在土星ⅠB的基础上增加了第三级，是土星系列运载火箭的最后一种型号。其主要任务是将阿波罗载人飞船送入月球轨道。火箭全长110.64米，芯级最大直径10.06米，运载能力在逃逸轨道时为50 000千克。1967年11月9日首次发射不载人的阿波罗4号成功后，于1968年12

美国土星Ⅴ运载火箭发射

月21日进行首次载人飞行发射,将阿波罗8号成功送入绕月球运行轨道。截至1973年5月将天空实验室1号送入太空,共计发射13次,全部成功。

美国约翰逊航天中心成立 约翰逊航天中心是美国负责设计、研制和试验载人航天器的机构。它领导航天飞机项目和阿尔法国际空间站的研制工作。该中心于1967年成立,位于得克萨斯州的休斯敦。它负责结构、对接系统、姿控、舱外活动、遥控器、密封舱和资源节点舱等研制任务,管理位于新墨西哥州的白沙试验场,用以进行航天飞机推进系统、电源系统和材料的试验。自1965年双子星座4号飞船飞行起,约翰逊航天中心开始负责国家航空航天局的载人飞行管理。

弗拉基米尔·米哈伊洛维奇·科马罗夫乘联盟号飞船返回地面时罹难 弗拉基米尔·米哈伊洛维奇·科马罗夫(Владимир Михайлович Комаров,1927—1967),苏联航天员,1927年3月16日生于莫斯科。1945年参军,1949年毕业于军事飞行员学校,1959年毕业于茹科夫斯基空军工程学院。1960年进入航天员队伍。

1964年10月12日至13日,科马罗夫首次乘上升号飞船参加航天飞行,考察了航天员在太空的工作能力和相互配合情况,进行了医学生物学实验,研究了太空因素对人体的影响。

弗拉基米尔·米哈伊洛维奇·科马罗夫

1967年4月23日,科马罗夫乘联盟1号飞船升空飞行。在24日返回地面的途中,由于降落伞缠绕故障而致飞船坠毁遇难,成为第一位在太空飞行中牺牲的航天员。

苏联开始发射联盟号飞船 联盟号，苏联的载人飞船系列，1967年4月至1981年5月共发射40艘，其中22艘与礼炮号航天站对接。该飞船既能自主长期飞行，为载人航天站接送航天员，在对接后又可作为航天站的构件舱和它一起联合飞行。它的最大直径约2.7米，总长7.5米，重约6.8吨，由近似球形的轨道舱、钟形返回座舱和圆柱形服务舱组成。该飞船在轨道上曾做过编队飞行、对接和交会试验以及材料焊接、对地观测、天文观测、地球资源勘测和生物学试验等。

1968年

中国空间技术研究院成立 中国的空间技术及其产品的研制机构，又名中国航天科技集团有限公司第五研究院，组建于1968年。其业务范围包括：研究探索开发、利用外层空间的技术途径；参与制定国家空间技术产业发展规划；承担各类航天飞行器及其地面支撑设备和卫星应用设备的研制生产；承担空间技术成果的推广应用及空间领域对外技术交流与合作。

该院所涉及的专业范围包括：航天器系统、结构、温度控制、姿态控制、轨道控制、电子设备、遥测、遥控和跟踪、航天通信、航天遥感、航天器返回技术、计算机技术以及各种地面支撑设备等。截至2019年，中国空间技术研究院抓总研制和发射了近200个航天器，百余颗航天器在轨稳定运行。

阿波罗飞船首次进行载人轨道飞行 参加这次飞行的宇航员是坎宁安、埃斯利和斯奇拉。这次试验考察了宇航员在阿波罗飞船中的适应性，指令服务舱的生命保障和任务支持系统的性能，宇航员在飞船中长时间生活和工作的表现和生物医学检查，同时还检验了指令服务舱在轨道中的机动、调姿、交会能力。他们乘阿波罗7号飞船绕地球飞行260小时，飞行过程中进行了宇航员生活和工作的电视转播。此次飞行获得成功。

标准导弹开始装备美国军队 标准导弹（Standard Missile）是美国的全天候中远程舰空系列导弹，有多种，是世界上性能最先进、装备数量最多的舰对空导弹。标准1导弹，代号RIM-66A/B，作战距离38千米，作战高度19.8千米，弹长4.48米，弹径0.343米，翼展1.06米，马赫数2，发射质量642.3千克，烈性炸药破片式杀伤战斗部。1964年开始研制，1968年开始装备。标准2

导弹，代号RIM-66C/D，作战距离70千米，弹长4.72米，马赫数2.5，发射质量706.7千克，破片式杀伤战斗部。1972年开始研制，1982年具备作战能力。标准2导弹（增程），代号RIM-67B/C，作战距离达到150千米，发射质量1 398千克，2000年前后形成作战能力。

1969年

美国宇航员尼尔·奥尔登·阿姆斯特朗登上月球　尼尔·奥尔登·阿姆斯特朗（Neil Alden Armstrong，1930—2012），美国第一位登上月球的航天员。1930年8月5日出生于俄亥俄州沃帕科内塔市。1946年获飞行员证书。1949年成为海军飞行员。1953年入普渡大学深造，毕业后在爱德华兹空军基地任试飞员。1962年入选航天员。

尼尔·奥尔登·阿姆斯特朗

尼尔·奥尔登·阿姆斯特朗登上月球

1966年3月6日担任双子星座8号飞船指令长进入太空飞行，但由于小型反推发动机出现故障，计划与阿金纳号飞行器的对接失败，提前返回地面，仅在太空飞行10小时42分钟。1969年7月20日，身为阿波罗11号飞船任务指挥官的他成为第一个踏上月球的人，他和搭档奥尔德林在月面

阿波罗号飞船登陆月球

活动了2小时31分钟，采样22千克月球土壤和岩石标本，于7月24日返回地面。被授予"美国总统自由勋章"。

阿波罗号飞船登陆月球 阿波罗11号飞船于1969年7月16日发射升空，7月21日登月舱首次登上月球，指令长阿姆斯特朗第一个踏上月球表面，成为人类登上月球的第一人。此后至1972年12月，美国相继6次发射阿波罗号载人飞船，5次成功，共计12名宇航员相继登上月球。

此外，在1973年5月至1974年2月间，阿波罗号飞船（Apollo Spacecraft）还先后把三批9名宇航员送至天空实验室、空间站上活动；1975年7月，另一艘阿波罗号飞船载3名宇航员与苏联联盟19号载人飞船对接，进行了一次太空联合飞行。阿波罗登月计划于1963年开始执行，1968年阿波罗7号飞船首次载人绕地球飞行，费时4年，1969年阿波罗11号飞船首次实现人类登月成功，花时5年，共耗资240亿美元。

飞船由哥伦比亚指挥舱、服务舱和老鹰登月舱3个部分组成。指挥舱为圆锥形，高3.2米，底面直径3.1米，重约6吨；服务舱前端与指挥舱对接，舱体呈圆筒形，高6.7米，直径4米，重约25吨；登月舱由下降级和上升级组成，地面起飞时重14.7吨，宽4.3米，最大高度约7米。至今，美国史密森尼博物院内的国家太空博物馆内依然保存着返回地球的哥伦比亚指挥舱。

德国航空航天研究试验院组建 该院是德国航空航天领域中最大的工程科学研究机构。1969年由哥廷根空气动力试验研究院、德国航空航天试验院以及德国航空航天研究院3个独立的研究机构合并而成。该院有5个研究中心，下设约40个研究所，总部设在科隆—波尔茨。该院的任务是：从事航空航天领域的理论研究和应用研究；建造和使用大型试验设备和地面设备；协助制订并参与实施航空航天工程计划和大型项目的管理；向政府主管部门和各州政府提供咨询和建议；与高校协作培养科技力量。

该院的最高权力机关是会员大会，下面是参议会和理事会。参议会是该院的监督机构，它的任务是任命试验院的理事会成员，并监督其工作，决定研究规划、经济计划及重要人事等。理事会的职责是主持全院日常工作，负责计划的制订、协调和检查以及资金的使用，理事会设有办事机构——办公厅。

中国三江航天集团成立 该集团是中国航天科技工业的科研生产基地

之一，隶属于中国航天科工集团有限公司。1969年8月，经周恩来总理亲自批准成立；1993年4月10日，改组为符合现代企业制度的大型企业集团。它由核心企业中国三江航天工业集团公司、15家紧密层企事业组成，并在湖北孝感市、宜昌市建立了两个航天工业科研生产基地。该集团在精密机械、电子技术、计算机及其应用、自动控制、雷达技术等方面有较强的技术实力和优势。研制成功了多种与导弹、航天工程配套的产品，开展了导弹型号的设计、研制、生产工作。该集团总部位于湖北省武汉市。

中国四川航天工业总公司成立　该公司是中国航天工业的科研生产基地之一，创建于20世纪60年代后期。辖有设计院、研究所、大中型工厂、计量检测站、大中专学校和专业公司等30多个企事业单位。制造成功了战略导弹，拥有金相物理试验，化学分析，高温、低温、潮湿、振动等多种环境试验手段、设施和设备，还有长度、力学、热学、电学、无线电、微波等计量测试设备。

1970年

法国航空航天工业公司组建　该公司是法国航空航天领域中最大的制造企业，简称法国航宇公司。1970年由法国南方航空公司、北方航空公司和弹道导弹研制公司合并而成。总部设在巴黎。该公司下设航天与防御、飞机、直升机和战术导弹4个分部和1个技术中心。分部下属有工厂，还有15个子公司，其中国内9个，国外6个。在国外设有18个办事处，握有24家公司的部分股份。承担法国飞机、直升机、各种战术导弹、战术核导弹、战略导弹、卫星、运载火箭以及航天飞机的研制与生产任务。在西欧的整个导弹与航天工业中占有重要地位。1997年10月，法国政府宣布将法国航宇公司的卫星业务部分与汤姆逊—CSF公司以及阿尔卡特公司的空间电子和防务电子部分合并。1998年7月，法国航宇公司与法国马特拉公司签署了合并协议。

国家组建长沙工学院，现国防科技大学　校址在湖南省长沙市，是为中国军队和国防现代化建设服务的理工科高等学校。其前身是1953年成立的哈尔滨军事工程学院。1970年学校主体南迁长沙并改名为长沙工学院，1978年改建为国防科技大学（National University of Defense Technology）。

学校以教学、科研为中心设有研究生院和空天科学学院、电子对抗学院、智能科学学院、电子科学学院、前沿交叉学科学院等12个学院和1个研究所。建校以来，已完成科研任务1 200多项，1978年以来取得了"天河"系列超级计算机系统、"北斗"卫星导航定位系统关键技术、"天拓"系列微纳卫星、激光陀螺、超精加工、磁浮列车等为代表的一大批自主创新成果，为我国"两弹一星"和载人航天等重大工程做出了重要贡献。

中国长征一号运载火箭首发成功　长征一号，中国研制的第一种三级运载火箭，代号为CZ-1，主要用于发射近地轨道的小型有效载荷。火箭全长29.86米，芯级最大直径2.25米，运载能力在圆轨道440千米时为300千克（倾角70度）。1970年4月24日首次发射，成

中国第一颗人造地球卫星东方红一号

功地将中国的第一颗质量为173千克的东方红一号人造地球卫星送入轨道。1971年3月3日又将中国制造的实践1号科学试验卫星送入轨道。共计发射2次，全部成功。

中国成功发射东方红1号卫星　东方红1号是中国第一颗人造地球卫星，1970年4月24日由长征一号运载火箭在酒泉卫星发射中心发射成功。卫星外形为直径约1米的近似球体的多面体，重173千克，顶部装有超短波鞭状天线，腰部装有短波交叉振子天线和微波雷达天线。星载仪器和设备主要有发射机、遥测装置、音乐发生器、雷达应答机、雷达信标机、科学实验仪器和工程参数测量传感器等。它的任务是进行卫星技术试验，探测电离层和大气密度。卫星以20.009兆赫频率发射《东方红》乐音、工程遥测参数和科学探测数据。同年5月14日卫星停止发送信号。

中国西昌卫星发射中心开始创建　西昌卫星发射中心是以发射地球静止轨道卫星为主的航天发射基地，担负通信、广播、气象卫星等试验发射和应用发射任务。发射中心总部设在四川省西昌市，发射区位于该市西北约60千

米处。发射中心始建于1970年，1983年建成，这里每年10月至次年5月是最佳发射季节。西昌卫星发射中心是中国对外开放最早、承担卫星发射任务最多、自动化程度较高、综合发射能力较强的航天发射场，发射活动已突破100次。1984年以来发射过中国第一颗试验通信卫星、实用通信广播卫星及实用通信卫星，1990年又将美国制造的"亚洲1号"通信卫星送入地球同步转移轨道。2004年4月，"试验卫星一号"和"纳星一号"在西昌卫星发射中心顺利升空，是这个中心首次发射太阳同步轨道卫星，标志着这个中心的航天发射能力有了进一步提高，可以进行多射向、多轨道卫星的发射。截至2004年4月，中心拥有2个自成系统的发射工位，可以发射不同类型的长征运载火箭，既能将大吨位的卫星送入同步转移轨道，也能将小卫星送入太阳同步轨道。2007年10月24日，我国的首颗绕月人造卫星——嫦娥一号在西昌卫星发射中心升空。

1971年

苏联开始发射礼炮号空间站　礼炮号是苏联第一个载人空间站系列。1971年4月19日至1983年年底共发射7个，空间站由对接舱、轨道舱和服务舱3部分组成，总质量约18吨，总长约14米。对接舱有供联盟号飞船对接的舱口，供航天员进出空间站；轨道舱由直径各为3米和4米的两个圆筒组成，为生活和工作场所；服务舱内装有机动变轨发动机和推进剂。空间站一般在200~250千米高轨道上运行，主要任务是完成天体物理学、航天医学、生物学等科研计划，考察地球自然资源和进行长期失重条件下的技术实验。

苏联火星3号探测器首次在火星上软着陆　1971年5月19日苏联发射了火星2号探测器。它于11月27日在最接近火星时弹出一个下降舱，坠落在火星上。轨道舱在1 380×25 000千米的轨道上绕火星运行，向地球发回探测数据。5月28日，苏联又发射了火星3号探测器。它弹出的下降舱最后于12月2日成功地降落在火星表面上。正当它准备发回电视图像时，无线电信号中断了。轨道舱在火星轨道上发回了一些数据。这两个探测器完全相同，重约4 650千克。

美国发射水手9号探测器　该探测器重约1 030千克，带有机动发动机。主要仪器有红外干涉分光计、紫外分光计、窄角和广角电视摄像机、红外辐射计。11月13日，它先于苏联火星2号探测器进入火星轨道，成为第一颗人造火星卫星。它进入了一条周期大约为14小时的火星轨道。这个探测器获得了大量关于火星的资料，一共拍摄并发回了7 000多张火星及其卫星的照片。在火星尘暴过去之后，探测器的电视摄像机发现了火星的一条大峡谷，比亚利桑那大峡谷大得多，还观察到火山以及类似干涸河床的特征。

1972年

中国风暴一号运载火箭首次发射试验成功　风暴一号是中国最早的两级液体运载火箭。火箭全长32.57米，芯级最大直径3.35米，运载能力在近地轨道190千米时为1 500千克（倾角69度）。主要用于发射低轨道科学试验卫星，1972年8月10日首次发射试验成功。1981年9月20日成功地进行了中国首次用一枚火箭同时发射3颗卫星的试验。共计发射11次，其中失败4次。

飞鱼导弹开始装备法国部队　飞鱼，法国导弹，有多种。全天候舰舰导弹：MM38型为近程亚音速掠海飞行型导弹，射程4~42千米，巡航速度马赫数0.82，巡航高度2.5~15米，命中概率95%，弹长5.21米，弹径0.35米，翼展1米，发射质量735千克，半穿甲延时爆破式战斗部，质量165千克。1967年开始研制，1972年开始装备，1986年停产。MM40型为高亚音速掠海飞行超视距型导弹，射程70千米，巡航速度马赫数0.93，巡航高度3~15米，命中概率95%，弹长5.78米，弹径0.35米，翼展1.135米，发射质量855千克，半穿甲延时爆破式战斗部，质量165千克。1973年开始研制，1981年开始装备。除法国装备外，还出口到其他国家。1982年马岛战争中，阿根廷用该导弹击中英国的巡洋舰。飞航式近程亚音速潜舰导弹，代号SM39，射程5~50千米，巡航速度马赫数0.93，巡航高度3~15米，命中概率90%，弹长4.9米，弹径0.35米，翼展0.98米，发射质量652千克，常规战斗部，质量150千克。1977年开始研制，1985年开始装备。全天候超低空掠海飞行空舰导弹，代号AM·39，射程50~70千米，巡航速度马赫数0.93，巡航高度15米，弹长4.69米，弹径0.35米，翼展约1米，发射质量652千克，半穿甲爆破式战斗部，质量165千克。1972年开始研制，1980年装备部队。

1973年

美国天空实验室发射入轨　这是美国第一个试验性空间站。1973年5月14日由土星Ⅴ运载火箭发射升空，进入离地面435千米的近圆轨道。天空实验室（Skylab）由轨道舱、过渡舱、多用途对接舱、太阳望远镜和阿波罗号飞船5个部分组成，全长36米，直径6.7米，重82吨。在轨期间，它共接待三批航天

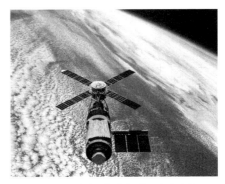

美国第一个试验性空间站天空实验室

员，每批3人，分别工作和生活了28天、59天和84天，用58种仪器进行了270多项天文、地理、遥感、宇宙生物学和航天医学试验研究。1979年7月11日，天空实验室进入大气层而烧毁。

美国发射先驱者11号探测器　它的性能和大小基本与先驱者10号相当。它于1974年12月掠过木星，最近距离只有4.3万千米。它利用木星引力场的反冲轨道，进入了一条大弧线轨道，朝土星方向飞去。1979年9月1日，先驱者11号从距离土星约3.4万千米处飞过，发回了关于土星两个巨大光环的资料。由于所走过的路线不同，它很晚才离开太阳系，时间是1990年2月。

1974年

苏联能源科研生产联合体组建　它是苏联载人航天计划的主要实施机构，是载人及与载人有关的航天器如联盟号、进步号、和平号、航天飞机和能源号运载火箭的总部。1974年5月由科罗廖夫设计局和格鲁什科设计局的气体动力学研究所组建而成。位于莫斯科加里宁格勒。1994年，俄罗斯政府批准其分两步实现私有化，形成的股份公司名为能源空间火箭公司，它包括能源科研生产联合公司在莫斯科加里宁格勒的设施以及圣彼得堡地区的一座发动机试验场。该公司的主要业务是：空间站及空间站保障用的飞船的研制和使用，以及推进系统和通信卫星的研制工作。该公司还负责外国宇航员参加和平号空间站联合飞行的组织和管理工作。

礼炮3号空间站发射　1974年，礼炮3号进入一条219×270千米的轨道。专用设备包括4架摄影机、太阳望远镜、摄谱仪、电视摄像机。7月13日，联盟14号飞船载着波波维奇和阿尔丘金进入轨道，一天后与空间站对接成功。两位宇航员进入空间站工作。他们进行的科学研究包括天文和太阳观测、血样分析、微流星研究。它在运行期间还执行了侦察等军事任务。7月19日，宇航员离开礼炮3号，乘联盟14号飞船返回地面。1975年1月24日，礼炮3号按指令点燃反推发动机，再入大气层烧毁。

1975年

欧洲航天局正式成立　欧洲航天局是欧洲14个国家联合进行航天活动的行政管理机构，简称欧空局。它是在原欧洲空间研究组织和欧洲运载火箭发展组织的基础上于1975年5月正式成立的。旨在促进欧洲国家之间在航天研究、技术领域以及航天应用方面的合作。主要任务是：制订和执行长期的航天科研计划，向成员国介绍航天科研目标；协调成员国相对于其他国家和国际性机构的政策；协调欧洲航天科研计划和国家计划，逐渐并尽可能完全地将国家计划纳入欧洲航天计划；制定并实施适合于欧空局计划的工业政策，并向成员国介绍相关的工业政策。该局总部设在巴黎，下设欧洲空间技术研究中心、欧洲航天控制中心和欧洲航天情报资料中心。

欧空局的职责范围包括提出方针政策、制定措施、确定任务等。欧空局成立以来，重点发展了各种应用卫星、阿里安火箭、哥伦布舱，还与其他国家合作研制了国际空间站及载人空间实验室。

中国长征二号运载火箭第二次发射成功　长征二号，中国研制的两级运载火箭，代号为CZ-2。火箭全长31.17米，芯级最大直径3.35米。运载能力在近地轨道时为1800千克。1974年11月5日首次发射，因控制系统的一根导线破裂而失败。1975年11月26日进行的第二次发射，成功地将中国第一颗返回式卫星准确地送入轨道。截至1978年1月共发射4次，其中失败1次。在长征二号的技术基础上，中国发展研制了长征二号系列、长征三号系列运载火箭。

中国首次成功发射返回式遥感卫星　1975年11月26日中国长征二号运载火箭首次发射成功返回式遥感卫星，使中国成为世界上第三个能从地球轨道上回收卫星的国家。第一颗卫星质量约1 800千克，携带一台全景扫描相机，拍摄胶片采用返回舱回收，卫星近地点高度173千米，远地点高度493千米，周期91分钟，轨道倾角55.9度，空间运行时间5天。中国于20世纪90年代初研制成功了新一代返回式遥感卫星，卫星质量为2 800~3 100千克，空间运行时间15天。截至1996年11月4日，中国已成功实现了17次返回式遥感卫星飞行，16次回收成功。中国返回式遥感卫星在完成了对地观测主任务的同时，还以搭载的形式完成了多项空间科学和技术试验任务。

1976年

礼炮5号空间站发射　它是一座军事空间站，运行期间只接纳了两批宇航员。他们进行了大量研究和实验活动，试验了许多新技术和新设备。科学研究项目包括：金属冶炼熔融实验、晶体生长实验、天文观测、气象、森林及海洋观测、植物生长实验和其他生物医学实验，取得的成就相当突出。军用型空间站主要执行侦察任务。1977年2月26日，礼炮5号的回收舱分离并安全回收。之后，礼炮5号又进行了多次轨道调整，最后于1977年8月28日再入大气层烧毁。

美国发射第二代国防支援计划预警卫星　第一颗卫星是DSP6，于1976年6月26日发射，到1987年11月29日发射DSP13，第二代导弹预警卫星正式部署完毕。这一代预警卫星长2.78米，直径1.91米，质量1 670千克。它安装了4个太阳电池板，并贴有太阳电池，电能输出达680瓦。它的主要探测设备是一台长3.63米、口径0.92米的施密特红外望远镜。它的敏感器有了很大改进，探测元件阵列达6 000个。其设计寿命为3年，后提高到5年。

1977年

美国发射旅行者2号探测器　旅行者2号是一艘于1977年8月20日发射的美国宇航局无人星际航天器。它与其姊妹船旅行者1号基本上设计相同。不同的是旅行者2号循一个较慢的飞行轨迹，使它能够保持在黄道（即太阳系众行星的轨道水平面）之中，借此在1981年的时候透过土星的引力加速飞往天王星和海王星。它成为第一艘造访天王星和海王星的航天器。旅行者2号被认为是从地球发射的航天器中最有价值的一艘航天器。

美国发射旅行者1号探测器　旅行者1号是一艘无人外太阳系太空探测器，重815千克，在1977年9月5日于佛罗里达州的卡纳维拉尔角，被搭载在一枚泰坦3号E半人马座火箭上发射升空。它早期的主要目标是探测木星、土星与土星环及其卫星。它是第一个提供了木星、土星以及其卫星详细照片的探测器，也是第一个提供了其卫星高解像清晰照片的航天器。进入太阳系最外层边界后，其任务变为探测太阳风，以及对太阳风进行粒子测量。2012年6月17日，美国宇航局宣布，经过35年的飞行，旅行者1号已经离开太阳系，成为首个离开太阳系的人造物体。

1978年

中国台湾开始装备雄风导弹　中国台湾的雄风导弹有多种：

机动岸舰导弹，有2种，雄风1导弹射程35千米，飞行速度马赫数0.65，飞行高度1~100米，弹长3.42米，弹径0.34米，翼展1.4米，发射质量522千克，常规战斗部，1978年以后装备；雄风2导弹，射程130千米，飞行速度马赫数0.85，弹长4.6米，弹径0.34米，翼展0.9米，发射质量685千克。1988年开始研制，1993年开始装备。

舰舰导弹，有2种，雄风1导弹，射程35千米，飞行速度马赫数0.65，弹长3.42米，弹径0.34米，翼展1.4米，发射质量522千克，半穿甲爆破式战斗部，质量180千克；雄风2导弹，射程80千米，飞行速度马赫数0.85，弹长4.6米，弹径0.34米，翼展0.9米，发射质量685千克，半穿甲爆破式战斗部，质量225千克。1983年开始研制，1988年开始装备。

空舰导弹，射程130千米，飞行速度马赫数0.85，弹长3.9米，弹径0.34米，翼展0.9米，发射质量520千克，半穿甲爆破式战斗部，质量225千克。20世纪80年代研制，估计1993~1995年间服役。

苏联开始发射进步号飞船　进步号是苏联的无人驾驶货运飞船。1978年开始，苏联将联盟号的返回舱进行改装，借由联合号运载火箭发射进入太空，专门运送推进剂以及空间站所需要的各种补给品。它与空间站对接完成装卸任务后即自行进入大气层烧毁。1978至1989年，进步号共发射42艘，均成功与空间站对接。

苏联发射金星11和12号探测器　这两个探测器重约4 500千克，除装有电视摄像机、粒子与磁场探测器、大气成分监测仪外，还首次携带监测雷暴的仪器。它们于1978年12月底实现在金星表面软着陆。它们记录到上千次闪电，其中一次雷鸣长达15分钟。探测表明，金星大气几乎没有水分，含硫量很高。它们还发回了其他重要数据和资料。

1979年

欧洲阿里安系列运载火箭开始发射　阿里安系列火箭是欧洲航天局11个成员国联合研制的大型液体运载火箭，又译为阿丽亚娜。阿里安火箭的发射场地位于南美洲法属圭亚那境内圭亚那航天中心。截至1998年已发展了5种型号，主要用于商业发射。自1979年12月24日阿里安Ⅰ火箭首

欧洲阿里安系列运载火箭

次试验发射成功后，到1999年2月26日共计发射116次，其中失败12次。2007年5月4日一枚阿里安五号ECA运载火箭携带合计9.4吨的两颗卫星进入轨道，创造了新的商业载荷纪录。

欧洲阿里安Ⅰ运载火箭首次发射成功　阿里安Ⅰ（ArianeⅠ）是欧洲航天局在欧洲号和法国的钻石号火箭基础上研制的三级液体运载火箭。火箭全长47.7米，芯级最大直径3.8米，运载能力在地球同步转移轨道时为1 850千克，在太阳同步轨道790千米时为2 500千克。1979年12月24日首次发射成功，截至1986年5月共计发射11次，其中失败2次。

中国开始启用远望号航天测量船　中国航天测控网的海上机动综合测量船，共有3艘，建成于1979年。它们可以根据航天器及运载火箭的飞行轨道和

测控要求配置在海域的适宜位置上。其任务是在航天器飞行控制中心的指挥下跟踪测量航天器的飞行轨迹，接收遥测信息、发送遥控指令、与宇航员通信，以及营救返回坠落在海上的宇航员。1980年5月开始执行测量任务，完成了中国自行设计研制的试验通信卫星及其运载火箭第三级的测量任务。前两艘测量船自建立以来，已圆满完成国家重大试验任务10多次，多次远离国土到南太平洋海域执行任务，经受过12级阵风的恶劣海况的严峻考验。它们结构合理，测量设备工作可靠，测量精度高，各种勤务保障齐全，像两座海上科学城。

1986年，前两艘测量船经过技术改造，使测控通信系统的总体技术性能有了明显提高，船姿、船位精度提高了一个数量级；实现了海上标校全自动化；岸船通信话、报容量增大了3倍，数据传输速率提高了7倍，误码率降低了2个量级；系统的可靠性、稳定性、协调性、实时性、快速性和自动化程度有了显著提高；实现了标准化、系列化，提高了国内与国际的兼容能力，为完成后续发射任务奠定了良好的技术基础。

美国三叉戟导弹发射

三叉戟导弹开始装备美国部队 三叉戟，美国的三级固体潜地弹道导弹，有2种：1C-4型导弹，代号UGM-96A，射程7 400千米，命中精度500米，弹长10.4米，弹径1.88米，起飞质量29.5吨，分导多弹头，威力8×10万吨TNT当量。1971年开始研制，1979年开始部署。2D-5型导弹，代号UGM-133A，射程11 100千米，命中精度90米，弹长13.42米，弹径2.108米，起飞质量59.1吨，分导多弹头，威力8×47.5万吨TNT当量。1984年开始研制，1990年开始部署。

1980年

海鹰2号导弹开始装备中国部队 海鹰2号导弹是中国研制的攻击大中型舰艇的岸舰导弹，代号HY-2，有4种。射程20~95千米，飞行速度马赫数

0.9，飞行高度30~300米，命中概率90%，弹长7.308~7.36米，弹径0.76米，翼展2.4米，起飞质量约3吨，聚能穿甲战斗部。海鹰2号岸舰导弹是基于苏联544导弹进行改型，增加了射程，弹上成件与海鹰1号通用。1966年被命名为海鹰2号导弹。海鹰2号的设计比海鹰1号成熟。为加大燃料装载量，重新设计了导弹弹体中段，采用承力箱结构。这样能够在增加燃料容量的同时，加大弹体结构强度。在设计中使用了从苏联进口的"乌拉尔"计算机。海鹰2号岸舰导弹系统由跟踪雷达站天线车、跟踪雷达站显示车、移动电站、指挥仪车、射前检查车、发射架车和发射架牵引车组成。海鹰2号岸舰、舰舰导弹于1974年设计定型，原为岸对舰导弹，后改为岸舰通用。

苏联开始发射联盟T型飞船　联盟T型飞船是在联盟号飞船的基础上改进而成的，研制了新的航天服，安装了新的太阳能电池组，新的通信、导航系统，和新的计算机控制系统，恢复乘坐3名宇航员。1980年6月5日第一次载人飞行，并与礼炮6号空间站对接成功。

印度发射成功第一颗卫星　20世纪70年代印度才正式制订运载火箭计划。第一代运载火箭SLV-3于1973年开始研制。它是一种四级全固体火箭，低轨道运载能力约40千克。1980年7月18日，SLV-3火箭在发射时，成功地将35千克重的罗西尼试验卫星送入轨道，使印度成为第七个进入航天时代的国家。

1981年

美国企业号航天飞机开始飞行试验　企业号是美国航天飞机试验机，人类历史上第一架航天飞机，1976年9月完成总装。企业号航天飞机长37.2米，宽23.8米，高17.4米，空重72.6吨，载荷舱长18.2米，宽4.6米，能将29.5吨重载荷送上370~1 110千米高的空间轨道，并可从空中带回1.45吨重载荷。在具有辅助电源的前提下，可在太空停留30天，并可执行各种太空使命。1981年4月

美国企业号航天飞机飞行

开始飞行试验，原计划试验飞行6次，而实际在第四次飞行时已携带国防部卫星执行任务，至1994年年底共试验发射66次，成功率为98.48%。尽管企业号航天飞机从未飞上太空，但在它身上得到的宝贵的试验数据，为其后的第一架实用航天飞机哥伦比亚号航天飞机的顺利升空奠定了基础。

美国哥伦比亚号航天飞机首航成功　哥伦比亚号，美国第一架航天飞机。1981年4月12日，哥伦比亚号航天飞机首航飞行成功。哥伦比亚号机长37米，高17米，最大翼展24米，自重68吨。此次飞行历时54小时20分钟，绕地球飞行36圈，航程160.9万千米。此次飞

美国哥伦比亚号航天飞机7名罹难宇航员

行的主要任务是微重力研究、斯巴坦卫星的营救和国际空间站的技术验证。2003年2月1日，美国东部时间上午9时，美国哥伦比亚号航天飞机在得克萨斯州北部上空解体坠毁，7名宇航员全部遇难。哥伦比亚号共进行了28次太空飞行任务。

1982年

中国西昌卫星发射中心交付使用　西昌卫星发射中心是以发射地球静止轨道卫星为主的中国低纬度航天器发射场，位于四川省西昌地区，地理坐标在东经102度、北纬28度10分。这里高山多，平地少，气候温和，寒冷期短，冬旱夏湿，暴雨频繁。川滇公路和成昆铁路通过该区，有铁路专用线直通技术中心和发射中心，还有大型飞机场。

该中心于1982年完工并交付使用，1984年1月发射长征三号火箭，同年4月发射中国第一颗试验通信卫星，至1998年年底共发射8颗中国通信卫星，其中包括1997年5月12日用长征三号甲发射的东方红3号通信卫星。这里还发射过中国的风云2号气象卫星和实践4号科学探测卫星、亚洲1号和2号通信卫星、巴基斯坦科学试验卫星、澳星B1和B3通信卫星、艾科斯达通信卫星1

号、亚太1号和亚太1号A通信卫星、中星7号通信卫星、香港亚太2R通信卫星等，特别是1997年8月20日和10月17日，用中国新研制的大型运载火箭长征三号乙把美国劳拉公司研制的菲律宾马步海通信卫星和亚太2R通信卫星送入了地球同步转移轨道。

中国长征二号丙运载火箭首发成功　这是中国在长征二号运载火箭的基础上改进的一种新型两级运载火箭。因增加有搭载舱，也称为长征二号的加长型，代号为CZ-2C。火箭全长35.151米，芯级最大直径3.35米，运载能力在近地轨道时为2 400千克。主要用于我国的返回式卫星的发射。1982年9月9日首次发射成功后，截至1993年10月共计发射11次，全部成功。

苏联发射第一颗第五代侦察卫星　这颗卫星编号为宇宙1426，进入了一条近地点202千米、远地点356千米、倾角50度的轨道上。它在轨道上运行了67天。第五代照相侦察卫星的特点是采用了光电成像的CCD相机，因而卫星运行轨道较高，大大提高了使用寿命。它的缺点是成像分辨率较低，远不如第四代侦察卫星。这种卫星是利用联盟号载人飞船的硬件改装的，质量约为6 700千克。在运行期间，它主要通过数字传输发回侦察信息。

1983年

战斧导弹开始装备美国军队　战斧导弹（Tomahawk），美国研制的兼有战略战术能力的多用途巡航导弹，有陆射、海射、空射等10多种型号，代号BGM-109/AGM-109。射程465~2 775千米，巡航速度从马赫数0.6~0.85，巡航高度7.62~250千米，命中精度6~80米，弹长5.563~6.24米，弹径0.527米，翼展2.65米，发射质量约1.4吨，有核弹头、常规弹头、子母弹头等多种战斗部，实战中可靠性达88.5%。1972年开始研制，1983年开始陆续装备部队。1991年在海湾战争中参战。

美国战斧导弹发射图

美国发射第一颗"跟踪及数据中继卫星" 为满足航天器之间及航天器与地面间的通信和数据传输，美国制订了"跟踪与数据中继卫星"（TDS）研制计划。它是当时最大的通信卫星，重约2吨，同时采用S、C、Ku 3个通信波段。卫星上有7副天线，其中两副直径达4.9米。第一颗由挑战者号航天飞机发射，到1995年7月13日发射第7颗，成为美国大部分卫星与航天飞机在轨与地面通信的主要工具，同时关闭了地面的通信中继站。

美国挑战者号航天飞机首航成功 挑战者号（Challenger Space Shuttle），美国的第二架航天飞机。1983年4月4日首航成功，历时5天，绕地球飞行80圈，航程330万千米。在轨期间，第一位医生航天员完成了4小时的太空行走，检验了航天服的灵活性和可靠性。1986年1月28日，挑战者号航天飞机开始第11次飞行，但发射升空74秒时突然发生爆炸，机毁人亡。

美国挑战者号航天飞机爆炸

美国挑战者号航天飞机7名罹难宇航员

1984年

中国长征三号运载火箭首发基本成功 长征三号是中国在长征二号的基础上研制的三级液体运载火箭，代号为CZ-3。其与长征二号火箭的主要区别是：增加了第三级，第三级采用液氧液氢作为推进剂，并可多次启动，直接将有效载荷送入地球同步轨道。火箭全长44.86米，芯级最大直径3.35米，运载能力在地球同步转移轨道时为1 600千克。1984年1月29日首次发射因第三级二次起动后未能正常工作而未进入转移轨道，仅进行了通信试验，获基本成功。截至1997年6月共计发射12次，其中失败2次。火箭主要用于发射中国的东方红2号和东方红2号甲通信卫星。1990年4月7日首次成功地将美国休斯公司制造的亚洲1号通信卫星送入地球同步转移轨道，标志着中国开始进入国际航天发射市场。

中国成功发射东方红2号卫星　这是中国自行研制的第一颗地球同步通信卫星，由中国空间技术研究院研制，采用地球同步轨道，1984年4月8日由长征三号运载火箭从西昌卫星发射中心发射成功，4月16日成功定点于东经125度赤道上空，通信试验效果良好。卫星主体呈圆柱形，高3.1米，直径2.1米，起飞质量900千克，进入同步轨道后重约460千克，采用自旋稳定方式。卫星上装有4个C波段转发器，通信容量为200~300路电话及两路彩色电视。它可转发电视、广播、电话、电报、数据、传真等各种模拟和数字通信信息。1986—1990年，中国又成功发射了5颗东方红2号地球静止轨道通信卫星。

欧洲阿里安Ⅲ运载火箭首次发射成功　这是欧洲航天局研制的阿里安I火箭的改进型。阿里安Ⅱ和Ⅲ的基础级属同一种技术状态，其差别主要在于阿里安Ⅲ（Ariane Ⅲ）是在阿里安Ⅱ的基础上捆绑了两台固体助推器。阿里安Ⅱ和Ⅲ可以执行多种任务，主要是向地球同步轨道发射各种商业卫星，阿里安Ⅱ主要用于单星发射，阿里安Ⅲ用于双星发射。这两种火箭的长度和芯级最大直径相同，均为49.5米和3.8米。其运载能力在地球同步轨道时分别为2 175千克和2 854千克。阿里安Ⅱ于1986年5月31日首次发射失败，截至1989年4月共计发射6次，失败1次。阿里安Ⅲ于1984年8月4日首次发射成功，截至1989年7月共计发射11次，失败1次。

发现号航天飞机首次飞行　发现号是美国第三架航天飞机。这次飞行释放了3颗通信卫星：SBS4、租赁卫星4号和电信星3号。宇航员还对大型太阳电池板的灵活性和耐久性进行了试验，用电泳装置从蛋白质中分离出一种激素，制成一种治疗糖尿病的药物。11月7日~15日发现号进行第二次飞行，回收了两颗失效卫星并发射了两颗通信卫星。

1985年

美国亚特兰蒂斯号航天飞机首航成功　亚特兰蒂斯号航天飞机是美国的第四架航天飞机。1985年10月3日从肯尼迪航天中心发射升空，首航成功。此次飞行是执行军事任务。飞行期间，在轨道上施放了两颗防御通信卫星，为美国战略防御服务。截至1997年10月，共进行了20次飞行任务。2011年7月8日，亚特兰蒂斯号航天飞机在佛罗里达州肯尼迪航天中心点火升空，开始它以及整个航天飞机团队的最后一次飞行，于美国东部时间21日晨5时57分在佛罗里达州肯尼迪航天中心安全着陆，结束其"谢幕之旅"，这寓意着美国30年的航天飞机时代宣告终结。

苏联天顶号运载火箭首次发射

苏联天顶号运载火箭首次发射成功　天顶号（Zenit）运载火箭是苏联第二个利用全自动发射系统实施发射的运载火箭。天顶号有两种型号：天顶II和天顶III，其中天顶II为一种两级运载火箭，西方代号为SL-16，主要用于发射轨道在1 500千米以下的军用或民用卫星；天顶III主要是在天顶II的基础上，增加了一个远地点发动机构成，目前仍处于研制中。天顶II全长为57米，芯级最大直径3.9米，运载能力在近地轨道200千米时为13 800千克（倾角51度）。1985年4月13日首次发射成功。截至1994年12月共计发射25次，其中失败3次。天顶II最近的一次发射是于1998年9月10日发射美国的12颗全球星，在火箭升空272秒后发生爆炸，火箭和12颗全球星同时烧毁，直接经济损失约为5.5亿美元。

天顶III全长为61.4米，芯级最大直径3.9米，运载能力在地球同步转移轨道时为6 000千克（近地点200千米、远地点35 800千米），在地球同步轨道36 000千米时为2 400千克（倾角0度）。

美国航天司令部正式成立　航天司令部是美国统管陆、海、空三军航天活动的联合司令部，1984年由前总统里根授权，1985年9月23日成立，由来自空军航天司令部、海军航天司令部和陆军航天司令部的代表组成。总部设在科罗拉多州的彼得森空军基地。主要任务是：统一协调管理美国的军事航天系统；参与拟定战略防御系统的规划与要求；负责导弹预警与空间监视等作战任务，确保美国连续地进入和利用空间，操作世界范围内的导弹预警系统，把导弹预警系统与专用的空间监视系统联在一起，构成空间监视网络，对空间物体和事件进行及时、精确的探测、跟踪和识别。该网络由设在夏延山的美国航天司令部空间控制中心控制。

美国航天司令部的分支机构空军航天司令部、海军航天司令部、陆军航天司令部，分别成立于1982年、1983年和1986年。

1986年

挑战者号航天飞机失事　这是挑战者号航天飞机的第10次发射，也是航天飞机的第25次飞行。在挑战者号发射后73秒钟，伴随着巨大爆炸声，轨道器被炸成碎片，宇航员斯科比、史密斯、雷斯尼克、奥尼佐卡（鬼冢承二）、麦克奈尔、杰维斯和麦考利芙全部遇难。这是航天史上最大的灾难性事故，震惊了全世界。美国航天事业陷入了最黑暗、最悲惨的危机局面。事故调查和航天飞机重新审查花了两年多时间。罗杰斯委员会经过全面调查，提交了关于事故和航天飞机研制过程存在问题的报告。这次事故的直接原因是：由于环境温度低，固体助推器段体O形密封圈变形、密封不良，导致气体泄漏引起爆炸。调查报告还指出航天飞机在安全性设计、质量控制、运行保障和管理方面存在大量问题。

日本H–I运载火箭一箭三星首发成功　这是日本研制的一种运载火箭，有二级和三级两种型号。H–I主要是由N–II火箭改型而成。三级型全长40.3米，芯级最大直径4.02米，其运载能力可完成近地轨道、中高度轨道、大椭圆轨道、太阳同步轨道、地球同步轨道、地球同步转移轨道和逃逸轨道等多种发射任务，主要用于发射地球同步轨道卫星，其地球同步转移轨道运载能力为1 100千克，地球同步轨道运载能力为550千克。二级型除可发射近地轨道卫星外，还可完成太阳同步轨道和中高度轨道的运载任务，并具有发射一箭多星的能力。火箭于1986年8月13日首次成功地进行了一箭三星的发射，截至1992年2月共计发射9次，全部成功。

苏联和平号空间站发射入轨　和平号是苏联第3代载人空间站。1986年2月20日发射进入轨道。和平号是一个基础舱，由工作舱、过渡舱和服务舱3部

苏联和平号空间站

分组成，有6个对接口，可同时接待6艘载人或不载人飞船，形成空间站的6个组合舱。与和平号对接过的主要科研舱体有：进行天体物理观测的量子1号、进行对地观测和试验新的舱外活动装置的量子2号、进行微重力科学与应用试验的晶体舱、用于大气层研究的光谱舱和进行陆地、海洋和大气的地球环境研究的自然舱。各组合舱之间的科研用途有工艺实验和生产工具车间、天体物理实验室、生物学科研实验室、医药试制车间等，而且各舱可互换专业设备，以接受新的科研任务。

自1995年到1998年，和平号空间站与美国航天飞机进行了8次对接飞行。和平号已在太空连续飞行了13年半，是世界上第一次也是迄今在太空长期运行的唯一一个载人宇宙轨道站。和平号空间站的3名宇航员已于1999年8月28日晨返回地面。自此，和平号处于无人状态运行。

中国台湾开始装备天弓导弹　中国台湾的天弓导弹是全天候地空系列导弹，有多种。天弓1号为中低空中近程导弹，作战距离60千米，作战高度30米~23千米，最大速度马赫数3.5，弹长5.3米，弹径0.41米，发射质量0.9吨，破片杀伤式战斗部，质量90千克。1982年开始研制，1986年装备部队。天弓2号为中高空中远程导弹，作战距离80千米，作战高度25千米，最大速度马赫数4.5，弹长9.1米，二级弹径0.41米，一级弹径0.57米，发射质量1.1吨，破片杀伤式战斗部，质量90千克。1985年开始研制，1989年研制成功。

1987年

红缨5号甲导弹装备中国军队　红缨5号甲是中国的单兵肩射便携式超低空防空导弹，代号HN-5A。作战距离4.4米~0.8千米，作战高度2.5米~0.05千米，杀伤概率53%，弹长1.46米，弹径0.072米，导弹质量10.2千克，破片杀伤式战斗部，质量1.22千克。1979年开始研制，1987年装备部队。

红旗2号乙导弹装备中国部队 红旗2号乙导弹是中国的全向制导全天候全空域高杀伤率高机动性的地空导弹，代号HQ-2B。作战距离35米~7千米，作战高度27米~1千米，弹长10.80米，弹径0.65~0.5米，发射质量2.622吨，最大飞行速度每秒1 250米，常规战斗部。红旗2号乙于1979年开始研制，1986年定型，次年服役，采用了56项新技术。

ABM-3导弹开始装备苏联部队 ABM-3导弹（ABM-3 Missile）是苏联的第二代莫斯科防区反弹道导弹防御系统。其要求进行两个层次的拦截。第一层为外大气层拦截，使用SH-11反导弹，其为ABM-I导弹的改型，拦截距离大于350千米，拦截高度为外大气层，弹长19.8米，弹径2.57米，发射质量33吨，核战斗部，威力100万吨TNT当量。第二层为大气层内拦截，使用SH-8反导弹，拦截距离80千米，拦截高度为内大气层，弹长10米，弹径1米，发射质量10吨，核战斗部，威力1万吨TNT当量。1987年正式装备。

苏联能源号运载火箭首次试验发射成功 能源号（Energia）运载火箭是苏联的一种重型两级运载火箭，也是目前世界上起飞质量和起飞推力最大的火箭，西方代号为SL-17。苏联为实现载人登月计划从20世纪50年代末开始研制H-1重型运载火箭，西方代号为SL-15，但由于屡受挫折，于1974年终止H-1计划，开始能源号的研制。能源号的主要任务是发射多次使用的轨道飞行器，向近地空间发射大型飞行器、大型空间站的舱段、大型太阳能装置，向月球、火星或深空发射大型有效载荷，以及向近地轨道和地球同步轨道发射军用和民用卫星等。火箭的基本型全长60米、最大宽度20米，运载能力在近地轨道200千米时为105 000千克。1987年5月15日首次试验发射成功，在1988年11月15日进行了首次正式发射，将暴风雪号轨道飞行器发射入轨。

能源号与苏联其他的运载火箭不同，其有效载荷并不配置在火箭的头部，而是安装在芯级的一侧；不将有效载荷直接送入轨道，而是仅将其加速到亚轨道速度，在预定的轨道高度（通常为110千米）与有效载荷分离。有效载荷在分离后需依靠自身的发动机提供推力，进入目标轨道。采用这种工作模式既可使芯级在与有效载荷分离后自毁时所产生的碎片不会对近地空间造成污染，又可使运载火箭具有较大的使用灵活性，以满足多种用途的运载要求。

苏联开始发射联盟TM型飞船　苏联的联盟TM型飞船是在联盟T型飞船的基础上修改而成的，主要用于为和平号空间站运送航天员。它采用了新的对接系统和降落伞，改进了通信和导航系统，采用了新的航天服，增加了飞船的可利用性和安全性。1987年2月6日，联盟TM型飞船第一次载人飞行成功。

1988年

　　红旗61号导弹完成研制　红旗61号是中国的全天候全方位高精度中低空防空导弹，有2种。舰空导弹，代号HQ-61。地空导弹，代号HQ-61A。可同时打击两个目标，作战距离10千米，作战高度8千米，弹长3.99米，弹径0.286米，翼展1.166米，最大速度马赫数3，导弹质量300千克，常规战斗部。1988年完成研制。

　　中国成功发射风云1号卫星　风云1号卫星是中国的极地轨道气象卫星，共发射了4颗，即FY-1A卫星、FY-1B卫星、FY-1C卫星和FY-1D卫星。1988年9月7日，第一颗风云1号卫星即FY-1A卫星由长征4号运载火箭从太原卫星发射中心发射成功。卫星本体呈六面体，星体外侧装有6块太阳电池帆板，展开后卫星总长8.6米。其主要任务是获取全球气象资料，向气象地面站发送气象信息，同时可获取海洋资料，为海洋部门服务。FY-1B卫星于1990年9月3日用长征四号火箭发射成功；FY-1C卫星于1999年5月10日发射成功；FY-1D卫星于2002年5月15日在太原卫星发射中心用长征四号乙火箭发射升空。

　　中国长征四号甲运载火箭首发成功　长征四号甲是中国发射第一颗气象卫星的运载火箭，代号为CZ-4A。它是在风暴1号基础上增加第三级发动机研制而成的，火箭全长41.901米，芯级最大直径3.35米，运载能力在太阳同步轨道901千米时为1 500千克（倾角99度）。1988年9月7日首次发射，成功地将中国第一颗气象卫星风云1号送入太阳同步轨道。1990年9月3日第二次成功地发射中国的第二颗风云1号气象卫星。共计发射2次，全部成功。

　　欧洲阿里安Ⅳ（Ariane Ⅳ）运载火箭首次发射成功　欧洲航天局在阿里安Ⅲ的基础上捆绑不同数量的固体或液体助推器而成的大型运载火箭。火箭全长59.8米，芯级最大直径约9米，最大运载能力在地球同步转移轨道时为4 200千克，在地球同步轨道时为3 650千克。自1988年6月15日首次发射成功后，即投入商业卫星发射。截至1999年2月26日共计发射88次，其中失败7次，将近百颗卫星成功地送入轨道。

苏联暴风雪号航天飞机完成首次无人驾驶试验飞行　暴风雪号是苏联第一架航天飞机。1988年11月15日从拜科努尔发射场由能源号运载火箭发射升空。机翼呈三角形，长36米，高16米，翼展4米，机身直径5.6米，起飞质量105吨，绕地球飞行2圈，历时3小时，完成了首次无人驾驶的太空试验飞行。暴风雪

苏联暴风雪号航天飞机立于发射架

号航天飞机只在1988年执行过一次轨道飞行任务，2002年因拜科努尔的厂房坍塌而被摧毁。

美国大力神2SLV运载火箭首发成功　大力神2SLV（Titan 2SLV）是美国1961年为发射双子星座飞船由洲际弹道导弹大力神2导弹改型的两级火箭，又称为大力神2G，属于大力神2型号系列。火箭全长42.9米，芯级最大直径3.05米，运载能力在极地轨道185千米时为1 903千克。大力神2SLV与不同上面级组合，可将3 028千克的有效载荷送入546千米的太阳同步轨道；或将1 043千克的有效载荷送入地球同步转移轨道。大力神2SLV主要用于发射电子侦察卫星和军事气象卫星。自1988年9月5日首次发射成功后，截至1994年1月共计发射5次，全部成功。

美国发现号航天飞机首航成功　发现号航天飞机是美国的第三架航天飞机。1988年9月29日首次发射成功，在轨道上运行64圈，行程274万千米。这次成功飞行为美国航天计划打下了新的基础，即在此基础上美国将重新发展载人飞行并且继续发射大型科研和国防有效载荷。截至1997年12月底，发现号共进行了24次飞行，第24次飞行主要进行了有效载荷的科学试验，是美国载人航天携带有效载荷最多的一次飞行任务。发现号航天飞机于2011年3月9日执行完STS-133任务后退役。

| 美国发现号航天飞机俯视图 | 美国发现号航天飞机发射 |

法国航天委员会成立　1988年，法国航天委员会——法国航天政策的最高决策机构成立，负责法国航天政策的制定。委员会以政府总理为首，由来自政府部门的有关部长、指定的航天专家和法国航天研究中心推举的代表三个方面的人员组成。

1989年

德国戴姆勒·奔驰航空航天公司组建　该公司是德国的航天工业企业之一，隶属于奔驰汽车公司，总部设在慕尼黑。该公司是1989年前后，在联邦德国政府的帮助下，由戴姆勒–奔驰公司通过购买MBB、道尼尔、MTU和TST四家航空航天公司组成的。1993年德国航空航天公司在改组的基础上，重新组建航天系统集团，其中包括航天基础设施部即ERNO航天技术公司和卫星系统部即道尼尔公司。

ERNO航天技术公司是哥伦布空间舱、空间实验室、尤里卡航天器的主承包商。业务领域包括：通信卫星分系统、运载火箭、航天器、科学和应用卫星分系统、空间站部件、在轨基础设施、新型高超音速航天运输系统、遥感观测仪器、载人实验室和不载人平台、推进系统和地面站。

道尼尔公司是卫星、星上设备、地面站等的主承包商，负责通信、地球观测、科学及微重力试验等卫星的研制和利用。业务领域包括：科学卫星、地球观测卫星、通信和导航卫星、地面站、通信网络、卫星通信服务以及军用卫星系统。

加拿大航天局成立　该局是加拿大航天活动的统一管理和协调机构，成立于1989年3月。主要任务是制订、管理、实施加拿大的航天计划，制定航天政策，协调政府各部门的航天活动，管理和使用加拿大的航天经费等。该局的主要机构有加拿大遥感中心、大卫·弗洛里达实验室、电信卫星公司和全球电信公司等。其中，加拿大遥感中心具有接收遥感卫星数据的完备能力，拥有许多接收、处理、修正和分析这些数据的现代化设施设备。该航天局最重要的设施是位于渥太华的大卫·弗洛里达实验室，该实验室的设施可以再现高温高压环境，如太空或飞行火箭中用于实验或装配航天飞机的环境。

加拿大航天局管理的主要航天项目有空间站移动服务系统、雷达卫星、地球观测地面设备、空间科学、宇航员计划、航天技术发展，与欧洲航天局合作项目及其他合作项目等。

美国德尔塔II运载火箭首发成功　德尔塔II（Delta II）火箭是美国在德尔塔3920-PAM基础上改型而成的一种商用大型运载火箭，由美国麦道公司研制。1986年挑战者号航天飞机失事后美国重新恢复了一次性使用运载器的生产，在激烈的竞争中，德尔塔II被选中作为全球定位系统卫星的运载工具，这也是德尔塔运载火箭正式进入商业领域。火箭根据其第一级所用9台助推器的发动机型号的不同又分为两种型号，即德尔塔II6925火箭和德尔塔II7925火箭。两种型号的火箭长度均为37.16米，芯级最大直径分别为4.57米和4.59米，运载能力分别为地球同步转移轨道1 447千克和1 819千克。德尔塔II6925运载火箭于1989年2月14日首次发射成功，截至1994年3月共计发射31次，全部成功。德尔塔II7925运载火箭于1991年4月13日首次发射，成功地将一颗覆盖全美的商业通信卫星ASC-2号送入轨道。截至1994年11月初共计发射7次，全部成功。

美国发射麦哲伦号金星探测器　麦哲伦号探测器由航天飞机亚特兰蒂斯号带入轨道后，利用自身发动机推动进入飞往金星的轨道。1990年8月10日，麦哲伦号进入金星轨道，9月15日开始对金星表面进行雷达测绘。这个探测器重3.37吨，由一般卫星的各种必要的分系统和探测器组成。它的使命非常简单：只进行金星表面地理面貌的全面测绘工作，因此其最主要的探测器是一部合成孔径雷达。美国宇航局已经根据它发回的资料，绘制出第一张完整的金星地形图。这个探测器还做了其他一些工作：绘制金星表面立体的图像、

美国爱国者导弹发射

金星表面重力测定、金星表面详查等。

爱国者导弹PAC-2型开始装备美国部队　爱国者导弹（Patriot Missile）PAC-2型是美国雷神公司制造的中程地对空导弹系统，代号MIM-104，有多种。作为第三代全天候全空域型导弹，其作战距离100米~3千米，作战高度24米~0.3千米，杀伤概率80%，弹长5.3米，弹径0.41米，翼展0.87米，发射质量1吨，最大速度马赫数5~马赫数6，常规战斗部或核战斗部。用于对付现代装备的高性能飞机，并能在电子干扰环境下击毁近程导弹，拦截战术弹道导弹和潜射巡航导弹。1965年开始研制，1985年开始装备，参加了1991年的海湾战争。爱国者导弹PAC-2型是具有一定反导能力的中高空型导弹，作战距离100千来，作战高度25千米，弹长5.2米，弹径0.41米，发射质量914千克。1989年开始装备，破片式杀伤战斗部，质量90千克，在海湾战争中成功地拦截了伊位克发射的飞毛腿导弹，是美国目前唯一部署的战区导弹防御系统。爱国者导弹目前最新型号为PAC-3型。

苏联开始发射进步M号飞船　进步M号飞船是苏联的第二代货运飞船，1989年8月改装自进步号，其载货量比进步号多100千克，进步M5号可带回一个再入小舱，运回和平号空间站上生产的材料、样品及其他科学资料。飞船返回过程是：飞船在自动与空间站分离之后，在一定高度上飞行，回收舱从飞船弹射出来，返回地面，而飞船则在大气层中烧毁。至1993年4月底，进步M号飞船共发射了17艘。

1990年

美国飞马座号空射运载火箭首次发射　飞马座号（Pegasus）是美国第一种由私人企业投资、研制的小型商用惯性制导的三级运载火箭，它还是美国第一种由飞机载送到高空并从空中发射的运载火箭，因此不需要地面发射场。飞马座号主要用于将小型卫星送入近地轨道，进行微重力试验、材料试验、通信、定位和地球资源探测等任务。火箭全长15.5米，芯级最大直径6.7米，运载能力在极地轨道时为272千克或在近地轨道时为408千克。火箭的首次

美国飞马座号空射运载火箭

发射是1990年4月5日由B-52飞机载着，在距加利福尼亚州蒙特雷西南约96千米、高度13千米的投放点投放并发射的，首次将小飞马座号卫星准确地送入了预定的近地轨道。截至2016年1月共计发射了42次，成功37次。

美国大力神Ⅲ运载火箭首发成功 美国为适应挑战者号航天飞机失事后发射商业卫星的需求，经过对大力神34D进行改型而研制的一种既可作为两级发射、又可实现三级发射的商用运载火箭，故又称为商业大力神Ⅲ（Titan Ⅲ），共有A、B、C、D、E 5种型号。火箭全长48.2米，芯级最大直径9.82米，运载能力在近地轨道259千米时为14 740千克（两级），火箭的各种整流罩可适用于目前各种商业有效载荷；在地球同步转移轨道时为4 990千克（三级）。1990年1月1日首次发射成功。

美国哈勃空间望远镜发射入轨 1990年4月25日，哈勃空间望远镜由发现号航天飞机发射进入轨道。它由光学系统、科学仪器和辅助系统组成。辅助系统包括2个太阳能电池板和2个与地面通信用的抛物面天线。哈勃空间望远镜外形呈圆筒状，对称装有2块巨型太阳能电池板，长13.3米，最大直径4.3米，重11.6吨，在高度为600千米的圆轨道上运行。哈勃望远镜接收地面控制中心的指令并将各种观测数据通过无线电传输回地球。它的观测能力相当于从华盛顿看到1.6万千米外悉尼的一只萤火虫，等于在地球上看清月球上两个手电筒的闪光。它使科学家

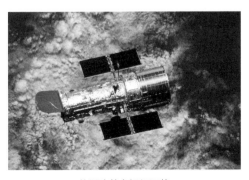

美国哈勃空间望远镜

能看到距地球140亿光年远的星系。1993年12月2日至13日由奋进号航天飞机携带宇航员对哈勃空间望远镜进行了第一次修复，截至2009年5月19日，哈勃望远镜共经历了5次维修。

中国长征二号捆绑式运载火箭首发成功 长征二号捆绑式运载火箭是中国以加长型的长征二号丙运载火箭为芯级，捆绑4台液体助推器而构成的一种低轨道两级液体运载火箭，代号为CZ-2E。火箭全长49.686米，芯级最大直径11.45米，运载能力在近地轨道200千米

中国长征二号捆绑式运载火箭发射

时为9 200千克（倾角28.5度），如配以不同的上面级，可把近3 000千克的有效载荷送入地球同步转移轨道。长征二号捆绑式火箭主要用于发射近地轨道（LEO）有效载荷，配以合适的上面级，可进行中高低轨道、地球同步转移轨道等卫星的发射。自1990年7月16日首次发射模拟星和巴基斯坦的BADR-A星成功后，截至1995年12月28日共计发射7次，其中失败2次。在此期间，发射澳大利亚第二代通信卫星5次，全部成功。

1991年

飞马座号空射运载火箭空中一次发射7颗卫星 20世纪80年代末，制造廉价的小卫星受到各国重视。为降低这类卫星的发射成本，美国轨道科学公司和赫克勒斯公司联合研制了飞马座小型运载火箭，它由B-52轰炸机机载空中发射。研制工作始于1987年。其外形类似带翼的飞机型三级固体火箭，运载能力为200~400千克。首次发射于1990年4月5日。此次发射是一箭七星，每颗卫星只有22千克重，属于国防部战术通信卫星。

美国发射高层大气研究卫星 这是地球行星使命计划的第一颗环境探测卫星。这颗卫星重达6.75吨，是已发射的最大环境卫星，由航天飞机送入轨道。它带有9种探测仪器，位于600千米轨道上，可以对风、大气化学组成和能量进行探测，研究自然过程和人类污染是怎样破坏臭氧层的。它发回的数

据表明，人类排放的含氯氟烃类化合物是导致臭氧破坏的主要原因。这个结论否定了一直有人坚持的所谓火山活动导致臭氧层破坏的观点。

1992年

中国长征二号丁运载火箭首发成功 这是中国长征二号系列中的一种两级运载火箭，代号为CZ-2D，由中国航天科技集团有限公司所属上海航天技术研究院研制。它是在长征二号基础上采用增加推进剂加注量和增大起飞推力方法，从而实现运载能力的进一步提高。火箭全长为33.667米（不含整流罩），芯级最大直径3.35米，运载能力在椭圆轨道时约为3 100千克。火箭主要用于中国返回式卫星的发射，1992年8月9日首次发射并将中国新型返回式科学试验卫星送入预定的轨道，截至1996年10月共计发射3次，全部成功。

美国奋进号航天飞机首航成功 奋进号是美国国家航空航天局（NASA）肯尼迪航天中心（KSC）旗下第五架实际执行太空飞行任务的航天飞机。1992年5月7日从肯尼迪航天中心首次发射升空，开始首次轨道飞行，机长37.24米，高12.27米，最大

美国奋进号航天飞机俯视图

翼展23.79米，质量100吨，绕地球飞行141圈，航程595万千米。它主要执行拯救国际通信卫星6号的任务。到2011年5月为止，奋进号航天飞机有26次飞行记录，在太空度过280.40日，绕行地球4 429圈。2012年9月21日，奋进号航天飞机抵达加利福尼亚州洛杉矶市洛杉矶国际机场，完成最后一次空中飞行。

俄罗斯联邦航天局成立 联邦航天局是俄罗斯负责管理航天活动的政府机构。该局于1992年2月成立于莫斯科，原名为俄罗斯航天局。其职能有：执行国家和平探索和利用外层空间的政策；制订联邦的航天计划并提交政府审议；组织完成为发展科学和国民经济所需要的航天技术的订货和分配任务，其中包括国际航天工程及与国防部合作的军民两用项目；负责与国防部和其

他有关部门一起完成对航天地面设施的研究、开发和利用；保障航天技术装备的安全使用；颁发航天活动许可证；组织进行航天技术装备的鉴定；与外国和国际组织共同完成商业航天工程项目；与科学院、有关部局和组织机构共同工作，协调商用航天项目并促其落实；在空间研究和利用方面，与其他国家进行合作。

俄罗斯航天局还包括一些科学研究和试验组织，以保证完成航天和火箭技术发展前景的研究任务，研制和试验一系列航天和火箭技术产品。

中国开始实施载人航天计划　1992年9月21日，中央政治局常委扩大会议正式批准了《中央专委关于开展我国载人飞船工程研制的请示》，批准了载人航天工程及其"三步走"战略，我国载人航天工程就此正式立项实施，这是我国航天史上规模最大、系统最复杂、技术难度最高的工程，代号"921"。

工程由航天员、空间应用、载人飞船、运载火箭、发射场、测控通信、着陆场和空间实验室八大系统组成。其中，载人飞船系统和空间实验室系统由航天科技集团公司第五、第八研究院为主负责研制，运载火箭系统由航天科技集团公司第一研究院负责研制；空间应用系统由中国科学院有关研究所为主负责研制；航天员、发射场、测控通信及着陆场系统由相关研究单位负责研制建设；测控通信设备主要由电子科技集团公司有关厂所负责研制。前后共有110个研究院、研究所和工厂直接承担了研制任务，还有3 000多个单位承担了协作研制任务。参与这项中国航天史上最庞大工程的科技人员总人数逾万。

1993年

首颗国际通信卫星7号发射成功　国际通信卫星7号是国际通信卫星组织招标研制的第七代通信卫星，是为代替国际通信卫星5A而研制的，由美国福特宇航公司总承包。它的通信能力、使用寿命都有所提高，租用费用却有所降低。它采用了许多新技术，最大的改进是卫星转发器和通信天线的灵活可塑性分配。卫星的主要业务有商业卫星业务、宽带链路卫星业务、综合数字通信网业务、高清晰度电视业务、多路电视新闻采集业务和VSAT卫星通信业务。这颗卫星由阿里安火箭发射后，不久即投入使用。

　　美国发射第一颗商用电视直播卫星　大功率转发器技术的进步和VSAT技术的成熟，使电视直播卫星投入实用成为可能。电视直播卫星把电视信号直接送到用户接收机上，无须经过地面台站的转发，这对于提高接收质量、方便移动用户和边远地区用户十分有利。美国在1974年发射成功ATS-6通信卫星，首次实现了直接电视广播和双向视频通信。20世纪80年代中期，欧洲和日本也开始发展电视直播卫星和建立直播卫星电视系统。90年代，美国发展出数字视频压缩技术。利用这一技术，电视图像可以经数字化处理、压缩，原来一个转发器只能转发一套电视节目，经压缩后可以转发4套电视节目或8套电影节目。这一技术使人们通过直播卫星看到上百套电视电影节目成为可能。1993年12月18日，美国发射了第一颗商用电视直播卫星，1994年又发射了第二颗。这两颗卫星可以为用户提供175套电视节目。

1994年

　　日本H-II运载火箭一箭双星首发成功　H-II是日本在H-I基础上研制的一种捆绑有2台助推器的二级运载火箭。该型号具有双星发射能力，其地球同步轨道运载系数分别高于欧空局的阿里安IV火箭、苏联的质子号火箭和美国的航天飞机。H-II火箭全长50米，芯级最大直径7.6米，运载能力在近地轨道时为10 000千克，在地球同步转移轨道时为3 800千克，在太阳同步轨道804千米时为4 000千克，在月球轨道时为3 000千

日本H-II运载火箭一箭双星发射

克。1994年2月4日首次成功地进行了一箭双星的发射。在1994—1999年间发射了7次，成功5次。后由于可靠性和成本问题而被H-IIA取代。

　　美国导航星全球定位系统正式投入运行　这是美国的国防导航卫星系统。它由空间导航星座、地面台站和用户设备三大部分组成。空间导航星座由24颗导航星卫星组成，其中21颗为工作星，3颗为备用星，每颗卫星重845

千克，采用2万千米的中高度圆形轨道，运行周期11小时56分，倾角55度。GPS全球定位系统自1967年开始研制，1994年正式投入运行，历时27年，耗资130亿美元。

中国台湾开始装备天剑导弹　天剑是中国台湾中山科学技术研究院研制的导弹，有数种，包括天剑1空空导弹、天剑2空空导弹、天剑增程型导弹、天剑2垂直发射型导弹等等。空空导弹，有2种，天剑1为红外制导中近距导弹，射程约18千米，

中国台湾装备天剑导弹

速度马赫数2.5，弹长2.84米，弹径0.127米，翼展0.609米，爆破杀伤式战斗部，20世纪80年代初开始研制，1986年试射成功，属第三代武器。天剑2为中距主动雷达制导导弹，射程30~40千米，速度马赫数4，弹长3.6米，弹径0.203米，翼展0.75米，发射质量190千克，破片式高能炸药战斗部，1980年开始研制，1994年服役。

中国长征三号甲运载火箭首发成功　这是中国在长征三号基础上研制的

中国长征三号甲运载火箭发射

一种大型三级液体运载火箭，主要是第三级采用了新的氢氧发动机，代号为CZ-3A。火箭全长52米，芯级最大直径3.35米，运载能力在地球同步转移轨道时为2 600千克。火箭主要用于发射地球同步卫星，1994年2月8日首次发射，成功地用一枚火箭将两颗卫星送入轨道；1994年11月30日成功地将中国的东方红3号通信卫星送入轨道。截至2012年1月，长征三号甲运载火箭的所有发射完全成功，发射成功率达到100%。

中国成功发射东方红3号卫星　这是中国自行研制的大容量同步通信卫星。星载24个C波段转发器，有6个电视传输通道和18个通信传输通道。第一颗卫星于1994年11月30日由中国长征三号甲运载火箭从西昌卫星发射中心发射成功，但由于燃料耗尽而未能定点。第二颗卫星于1997年5月12日发射成功，并于5月20日定点成功。这颗卫星的发射缓解了中国电视、广播和通信的急需，主要用于电视、电话、电报、传真、广播和数据传输等业务。

1995年

俄罗斯格洛纳斯全球导航卫星系统完成组网　1982年10月12日格洛纳斯开始部署，1995年9月完成组网，为一个中高轨道、军民合用的导航卫星系统，由21颗工作星和3颗备用星组成，分布于3个轨道平面，每颗星重约1 400千克，轨道高度为2万千米，轨道倾角为65度。该系统主要为海上舰船、空中飞机、地面用户和航天器提供三维定位，精度可达100米，具有极高的军用价值和民用前景。

加拿大发射雷达卫星　1995年11月4日，该卫星由美国德尔塔运载火箭发射成功，进入太阳同步轨道。这是第一颗具有全球覆盖能力的雷达卫星，将对全球环境和生态变化的监测发挥重要作用。该卫星研制始于1990年。它采用合成孔径雷达，进行全天候、全天时对地观测。它可用于气象预报、海冰监测、海洋科学、农业、林业、生态和环境监测。

欧空局"红外空间天文台"发射　红外天文卫星具有极其广泛的用途，可对宇宙红外辐射源、恒星、电离氢云、分子云、行星状星云、银河系核、星系、类星体和太阳系进行系统研究，但由于红外观测仪器必须冷却到接近绝对零度，因而技术难度极大，在已经发射的天文卫星中，红外天文卫星数量极少。"红外天文观测台"是欧空局于1979年提出的。1983年开始第一阶段的详细研究设计。1986年12月法国宇航公司进行了第二阶段研究。由于技术、资金等原因，研制工作花了很长时间。1995年11月17日，它由阿里安-44P运载火箭发射入轨，进入远地点为71 000千米的大椭圆轨道，以避开地球辐射带和其他干扰。它在轨道上进行了75天测试，到1996年年初结束。

1997年

中国长征二号丙改进型运载火箭首发成功　中国为发射美国摩托罗拉铱系统卫星而在CZ-2C基础上专门研制的一种大型运载火箭，代号为CZ-2C/SD。主要改进是新研制了卫星分配器，加长了推进剂贮箱，从而提高了火箭的运载能力，火箭全长40米，芯级最大直径3.35米，运载能力在圆轨道时为2 000千克。1997年9月1日首次进行一箭双星的发射，成功地将铱系统的两颗模拟星送入轨道。截至2013年7月，长征二号丙系列火箭已连续进行了37次发射，长征二号丙改进型火箭运载能力已成功达到4 000千克。

长征三号乙运载火箭第二次发射成功　长征三号乙是中国运载能力最大的一种捆绑式三级液体运载火箭，代号为CZ-3B。它是在长征三号甲火箭和长征二号捆绑式火箭基础上研制的新型号，即将长征三号甲火箭作为芯级，以长征二号捆绑式火箭的结构形式捆绑4台液体助推器。火箭全长54.8米，芯级最大直径8.45米，运载能力在地球同步转移轨道时为5 000千克。火箭主要用于发射地球同步卫星，可单星或多星发射。1996年2月15日首次发射国际708通信卫星失败，1997年8月20日成功地发射了菲律宾马部海卫星。长征三号乙运载火箭已成功地发射了多颗大型卫星，包括马部海卫星（Mabuhay）、亚太二号R卫星（APT-ⅡR）、中卫一号卫星（ChinaStar-1）、鑫诺一号卫星（SinoSat-1）等。

中国成功发射风云2号卫星A星　该星是中国自行研制的地球同步轨道气象卫星，1997年6月10日用长征三号运载火箭从西昌卫星发射中心首次发射成功。卫星是直径2.1米、高1.6米的圆柱体，重约600千克，设计寿命为3年。主要任务是获取白天可见光云图、昼夜红外云图和水汽分布图；从分布广泛的气象、海洋、水文数据收集平台获取观测数据；播发展宽数字图像广播、低分辨率云图广播和S波段天气图广播资料；收集空间环境监测数据；将所获得的资料发回地面，可覆盖1/3地球表面。卫星云图资料在监测台风和海洋天气、暴雨预报、为防汛服务、进行青藏高原上空天气系统分析、航空气象保障及气候变化等方面已发挥出重要作用。

欧洲阿里安Ⅴ运载火箭第二次发射成功　阿里安Ⅴ（Ariane Ⅴ）火箭是根据商业发射市场和近地轨道开发利用的需要研制的，是欧洲航天局研制的

欧洲阿里安V运载火箭

一种两级运载火箭，主要用于向地球同步轨道和太阳同步轨道发射各类卫星、向近地轨道发射哥伦布号无人的自由飞行平台和为支援国际空间站舱和自由飞行平台的正常运行而定期发射载人的使神号航天飞机。火箭全长54米，最大直径12.2米，运载能力在地球同步转移轨道时为6 920千克，在近地轨道时为18 000千克。1996年6月4日首次发射4颗克勒斯特号太阳风观测卫星失败后，1997年10月30日的第二次发射成功，将一颗模拟通信卫星和一个工程试验有效载荷送入轨道。1998年10月22日进行了第三次发射，把一颗模拟通信卫星和一个测试空间返回技术的返回舱成功地送入太空。这次鉴定试验的发射成功为1999年投入商业发射服务签发了"许可证"。

白杨-M导弹开始装备俄罗斯部队　白杨-M导弹（Topol-M Missile）是俄罗斯的三级固体洲际弹道导弹，1997年年末开始服役，有固定和机动两种发射方式。射程20 000千米，弹长22.7米，弹径1.95米，单个核弹头，威力55万吨TNT当量。白杨-M导弹系统的研制工作始于20世纪80年代后期，是白杨导弹（SS-25）的改进型。俄罗斯于1997年12月首批部署了井基白杨-M导弹。1999年12月白杨-M导弹正式开始作战值班。白杨-M导弹是确保俄罗斯国家安全的战略武器的骨干力量。

俄罗斯白杨-M导弹装车

1998年

"铱"系统全部建成　"铱"系统卫星用美国、俄罗斯和中国的运载火箭多星发射。继首次发射后，用俄罗斯质子-K火箭发射了第二组7颗"铱"系统卫星。此后，利用德尔塔Ⅱ火箭5星发射和质子火箭7星发射，每隔半个月到一个月发射一组，到1997年11月9日共发射42颗。中国的长征二号丙改型于1997年9月1日首先进行了一次试验发射，取得了成功。尔后，长征二号丙分别于1997年12月8日、1998年3月25日和1998年5月2日以一箭双星的形式，成功地发射了6颗"铱"系统卫星。到1998年5月17日，经过15次发射，共有77颗卫星入轨，其中包括备用星。此时，"铱"系统全部建成。

阿尔法号国际空间站

阿尔法号国际空间站开始组建　阿尔法号国际空间站由俄罗斯、美国、加拿大、日本、巴西和11个欧空局成员国等16个国家联合研制。1993年，在美国建造的自由号空间站基础上，结合俄罗斯研制的和平2号空间站，16国共同提出设计建造阿尔法号国际空间站的方案，经过几年的筹备、研制、协调，1998年11月20日，俄罗斯研制的第一个组件曙光号功能舱成功地发射到空间轨道。同年12月4日，美国研制的第二个节点舱团结号发射入轨，两舱对接后成为国际空间站的雏形。从1998年11月20日国际空间站第一个组件曙光号功能舱发射升空到2010年6月，空间站已经在轨道上环绕地球运转了66 000圈。国际空间站原计划在2020年后结束使命，脱离轨道，直接坠入大海。

中国国防科技工业委员会成立　该委员会是中国主管国防科技工业的政府部门，承担国防科技工业（包括航天科技工业）的建设、管理职能。主要职责有：制定国防科技工业（包括航天科技工业）发展的计划、方针、政策和法律、法规；制定国防科技工业及行业管理规章；组织协调国防科技工业的研发、生产与建设，以确保军备供应的需求；组织实施国防科技工业体制改革和工业结构、布局、能力的调整等。该委员会是经中华人民共和国第九届全国人民代表大会批准设立的政府机构。

1999年

中国神舟一号载人飞船任务圆满成功　神舟飞船是中国为其载人航天计划（921工程）研制的载人宇宙飞船系列，其原型机神舟一号于1999年11月20日成功发射，而其发展型号神舟五号于2003年10月15日第一次完成载人飞行。2011年11月1日发射的神舟八号为其正式定型型号。神舟系列飞船与俄罗斯的联盟号飞船外貌相似，但具备全新的结构和更大的尺寸，是全世界目前正在运用的空间最大的载人飞船。神舟号由推进舱、返回舱、轨道舱和附加段构成，总长约9米，总重约8吨。神舟系列载人飞船由专门为其研制的长征二号F火箭发射升空，发射基地是酒泉卫星发射中心，回收地点在内蒙古中部的草原上。

神舟一号试验飞船是中国载人航天工程的首次飞行，它的成功发射与回收，标志着中国在载人航天飞行技术上有了重大突破，是中国航天史上的一座里程碑。

中国航天科技集团有限公司正式组建　中国航天科技集团有限公司是根据国务院深化国防科技工业管理体制改革的战略部署，经国务院批准，于1999年7月1日在原中国航天工业总公司所属部分企事业单位基础上组建的国有特大型高科技企业，是国家授权投资的机构，由中央直接管理。前身为1956年成立的国防部第五研究院，曾历经第七机械工业部、航天工业部、航空航天工业部、中国航天工业总公司、中国航天科技集团公司等发展阶段。

中国航天科技集团有限公司承担着我国全部的运载火箭、应用卫星、载人飞船、空间站、深空探测飞行器等宇航产品及全部战略导弹和部分战术导弹等武器系统的研制、生产和发射试验任务；同时，着力发展卫星应用设备及产品、信息技术产品、新能源与新材料产品、航天特种技术应用产品、特种车辆及汽车零部件、空间生物产品等航天技术应用产业；大力开拓以卫星及其地面运营服务、国际宇航商业服务、航天金融投资服务、软件与信息服务等为主的航天服务业，是我国境内唯一的广播通信卫星运营服务商；是我国影像信息记录产业中规模最大、技术最强的产品提供商。作为我国航天科技工业的主导力量，该公司是国家首批创新型企业，创造了以载人航天和月球探测两大里程碑为标志的一系列辉煌成就，在推进国防现代化建设和国民经济发展中做出了重要贡献。

中国航天科工集团有限公司正式组建　中国航天科工集团有限公司是中央直接管理的国有特大型高科技企业，前身为1956年10月成立的国防部第五研究院，先后经历了第七机械工业部（1981年第八机械工业部并入）、航天工业部、航空航天工业部、中国航天工业总公司、中国航天机电集团公司、中国航天科工集团公司的历史沿革。2017年11月正式更名为中国航天科工集团有限公司。该公司拥有多个国家重点实验室、国家工程技术研究中心、国防科技重点实验室、技术创新中心、成果孵化中心以及专业门类配套齐全的科研生产体系。航天科工建立了完整的防空导弹武器系统、飞航导弹武器系统、弹道导弹武器系统、固体运载火箭及空间技术产品等技术开发与研制生产体系，所研制的国防产品涉及陆、海、空、天、电磁等多个领域，形成了"生产一代、研制一代、预研一代、探索一代"的协调发展格局。导弹武器装备整体水平国内领先，部分专业技术达到国际先进水平。

中国长征四号乙运载火箭首发成功　长征四号乙是中国在长征四号甲基础上研制的一种运载能力更大的三级液体运载火箭，代号为CZ-4B。火箭全长45.576米，芯级最大直径3.35米，运载能力在轨道倾角98度、高度748千米时为2 200千克。长征四号乙主要用于发射太阳同步轨道的对地观察应用卫星，1999年5月10日，长征四号乙火箭首次发射，成功地将风云1号C和实践五号卫星准确送入轨道；截至2002年，长征四号乙火箭共发射6次，将10颗国内外卫星送入预定轨道，其中我国和巴西合作的地球资源卫星均由该火箭发射。

2000年

美国德尔塔III运载火箭第三次发射成功　德尔塔III（Delta III）是在德尔塔II火箭的基础上，由私人投资研制的一种由德尔塔II向德尔塔IV过渡的运载火箭。火箭全长39.3米，基础芯级的燃料贮箱直径为4米，捆绑有9台固体助推器，起飞质量为300吨，起飞推力达4 520千牛，可将3 856千克的有效载荷送入地球同步转移轨道。火箭于1998年8月26日在美国的卡纳维拉尔角进行首次发射，但升空不久即发生爆炸，箭上携带的银河10卫星同时被毁。1999年5月4日在卡纳维拉尔角的第二次发射仍旧失败，猎户座（Orion）3卫星（休兹HS601型）被送至无用的轨道。2000年8月23日搭载模拟有效载荷卫星进行第三次发射，获得基本成功。但各项综合因素也结束了德尔塔Ⅲ号运载火箭的商业火箭市场，多数客户对于连续两次失败没有信心，德尔塔Ⅳ号运载火箭的出现也确定此次为德尔塔Ⅲ号运载火箭的最后一次发射。

2001年

神舟二号宇宙飞船飞行试验获圆满成功　新世纪升空的第一个航天器是2001年1月10日中国发射的神舟二号宇宙飞船，也是中国第一艘按载人要求系统配置的正样飞船，即虽未载人，但其技术状态与载人飞船基本一致。2001年1月16日，经过近7天飞行，在绕地球108圈后，神舟二号宇宙飞船顺利地在内蒙古中部地区准确返回。至此，中国载人航天工程第二次飞行试验获圆满成功。

阿里安Ⅳ火箭将通信卫星送入太空　2001年6月19日和8月30日，阿里安Ⅳ火箭分别把头两颗第9代国际通信卫星成功送入太空（之后还将发射5颗这种卫星），与目前使用的国际通信卫星—8相比，国际通信卫星—9能提供更大的覆盖率和更强的信号，可满足全球对数字业务和特定通信业务日益增长的需求，为全球提供增强的语音、视频和数据业务。值得一提的是，7月18日，作为全球第一个商业通信卫星提供者——国际通信卫星组织宣布，它已完成由一个条约组织到一个私有公司的历史性变革。此前的7月2日，欧洲通信卫星组织已率先变为私营公司。

欧盟批准伽利略导航卫星计划　2001年，欧洲航天界有一项重大举措，即在2001年4月5日举行的欧盟交通部长会上，批准了伽利略导航卫星计划，这标志着该计划正式启动。

欧空局在2001年11月15日举行的部长级成员国会议上，通过了为2002—2006年欧洲航天计划拨款87亿美元的预算方案。

俄罗斯成功坠毁和平号空间站并将首位旅客送入空间站　俄罗斯在2001年的惊人之举是于3月23日成功坠毁了运行15年的和平号空间站，它在全球产生了巨大反响，标志着航天史上一个时代的结束。4月28日，俄罗斯用联盟号飞船把世界首位太空旅客蒂托送上国际空间站，再次在世界上掀起轩然大波，开创了宇宙观光的先河。

美国发射奥德赛火星探测器　火星探测是当今的热点，在经历了前两年的两次失败后，美国于2001年4月7日成功发射了奥德赛火星探测器，它于10月23日进入火星轨道，并在10月30日拍摄了第一张火星照片。

印度成功发射GSLV，成为第六个能独立发射地球静止轨道卫星的国家　尽管2001年3月28日其新型运载火箭静止轨道卫星运载火箭（GSLV）点火后因故障未升空，但4月18日，印度再次发射GSLV火箭时获得了成功，它使印度成为继苏联、美国、法国、日本和中国之后，第六个能独立发射地球静止轨道卫星的国家。10月22日，印度又用极轨卫星运载火箭（PSLV）把3颗卫星送入轨道，其中一颗是印度第一颗照相侦察卫星，分辨率达1米，这标志着印度已跨入世界航天大国行列。

日本成功发射新型运载火箭H–ⅡA　在经历近两年的多次失败之后，日本航天界终于在2001年看到了新的希望，8月29日，日本新型运载火箭H–ⅡA首射成功，它标志着日本航天技术将结束两年来的停滞状态，重新踏上发展之路，比起H–Ⅱ火箭，H–ⅡA简单可靠、成本低、使用灵活，因而前途远大。

2002年

美国宇宙神系列火箭的发射大获成功　美国2002年共发射了5架次航天飞机，12枚一次性使用运载火箭。参加发射的运载火箭包括宇宙神、德尔塔、空射飞马座和大力神火箭等。17次发射全部获得成功。

洛马公司研制的宇宙神火箭共发射了5次，其中宇宙神–ⅡA为2次，宇宙神–ⅡAS为1次，宇宙神–ⅢB为1次，宇宙神–Ⅴ为1次。两枚宇宙神–ⅡA火箭为美国航空航天局（NASA）发射了2颗跟踪与数据中继卫星（TDRS），这是宇宙神–ⅡA的最后两次发射。另外，宇宙神–ⅡAS火箭在2002年9月18

日完成了一次商业发射任务，为西班牙卫星公司发射了一颗西班牙卫星-1D（Hispasat-1D）通信卫星。

宇宙神-Ⅲ是洛马公司在2000年推出的新型运载火箭，包括宇宙神-ⅢA、ⅢB。2000年5月24日，宇宙神-ⅢA首次发射成功。2002年2月21日，宇宙神-ⅢB为美国回声星公司发射了一颗回声星-7（EchoStar-7）广播卫星。与宇宙神-ⅢA不同的是，宇宙神-ⅢB采用加长的"半人马座"上面级，该上面级可以使用1台或2台RL10A-4-2低温发动机。宇宙神-Ⅴ系列火箭也直接应用了这种上面级，但其发动机喷管有所延长。

1996年，洛马公司与美国空军签署合同，研制"改进型一次性使用运载火箭"（EELV）。2002年8月21日，第一枚EELV-宇宙神-Ⅴ-401火箭为欧洲通信卫星公司成功发射了热鸟-6（HotBird-6）通信卫星。宇宙神-Ⅴ系列火箭包括400和500两个子系列，它们采用与宇宙神-Ⅲ火箭类似的两级结构，但宇宙神-Ⅴ使用4.2米直径整流罩，最多可捆绑3个固体助推器，宇宙神-Ⅲ使用5.4米直径整流罩，最多可以捆绑5个固体助推器。宇宙神-Ⅴ-401是宇宙神-Ⅴ系列中最小的型号，它的地球静止转移轨道运载能力达到5吨。除已确定的几种型号外，洛马公司还计划研制运载能力超过10吨的大推力宇宙神-ⅤH火箭。

美国成功发射德尔塔系列运载火箭　2002年，波音公司发射了3枚德尔塔Ⅱ和1枚德尔塔Ⅳ。德尔塔Ⅱ分别把5颗铱星、1颗水（Aqua）卫星和1个彗星探测器送入了预定轨道。首枚升空的德尔塔Ⅳ的型号为德尔塔ⅣM+（4，2），是波音公司继宇宙神-Ⅴ后发射的第二枚EELV。它采用"公用芯级/2个固体捆绑助推器+低温上面级"的二级结构。地球静止转移轨道运载能力为5.8吨，是目前波音公司运载能力最大的运载火箭。该火箭把欧洲通信卫星-W5（Eutelsat-W5）送入了预定轨道。此外，德尔塔Ⅳ系列火箭中还包括德尔塔ⅣM、ⅣM+（5，2）、ⅣM+（5，4）和ⅣH几种型号。每种德尔塔Ⅳ运载火箭均采用"公用芯级+低温上面级"的基本结构，但可以使用不同的助推器和整流罩。这些火箭不仅可以发射1~23吨的近地轨道有效载荷，还可以发射1~13吨的地球静止转移轨道有效载荷，具有同时发射2颗大型地球静止转移轨道卫星的能力。

德尔塔Ⅲ火箭是波音公司研制的另一种"德尔塔"火箭,其地球静止转移轨道运载能力达到3.8吨,原计划1998年投入使用,但1998年和1999年连续两次发射失败,直到2000年8月才发射成功并投入使用。连续的发射失败使火箭用户的置信度大大降低,并且还推迟了使用时间。德尔塔ⅣM的运载能力与德尔塔Ⅲ接近,为了避免型号重叠,波音公司已经拆卸了4枚德尔塔Ⅲ火箭,拆卸下来的零部件将用来组装德尔塔Ⅱ火箭,而另外6枚德尔塔Ⅲ火箭的零部件很可能采取同样的办法,应用于新的德尔塔Ⅳ火箭。这样,在未来几年里,波音公司将主要以德尔塔Ⅱ和德尔塔Ⅳ系列火箭执行各种政府及商业发射任务。

在2002年末,波音公司与NASA续签了德尔塔Ⅱ火箭的发射合同。根据合同,波音公司要为NASA提供12枚德尔塔Ⅱ火箭,另外还有7次备选发射项目,潜在的合同价值达到12亿美元。

俄罗斯发射质子号 2002年,俄罗斯和乌克兰一共发射了25枚运载火箭,其中2次失败,成功率不如2001年(2001年俄、乌两国共发射了23枚运载火箭,成功率高达100%)。参加发射任务的运载火箭有质子号、联盟号、隆声号、闪电号、宇宙号和第聂伯号。

2002年质子号运载火箭共发射了9次,其中质子-K为8次,质子-M为1次。在9枚质子号火箭中,有7枚是由国际发射服务公司经销的商用运载火箭发射,而另外2枚则由俄罗斯政府直接采购用于军事卫星发射的运载火箭。2002年11月25日,质子-K/DM-3火箭进行2002年度第8次发射时,由于DM-3上面级出现故障(发动机第一次点火成功,但未能实现第二次点火),导致阿尔卡特公司制造的世界上最大的商业通信卫星阿斯特拉-1K(Astra-1K)未能进入预定轨道。由于故障出自DM上面级,因而负责研制质子号火箭的俄罗斯赫鲁尼切夫航天科研生产中心立即取消了2002年最后一枚质子-K火箭的发射计划,而另外一枚使用微风-M上面级的质子-M火箭的发射未受影响。2002年12月29日,质子-M火箭发射成功。这是该火箭继2001年4月18日第一次发射成功后,完成的第一次商业发射任务。

韩国成功试射了一枚液体火箭韩国探空火箭-3(KSR-3) 2002年11月28日,韩国在距离汉城西南160千米的发射场进行了一次亚轨道试验发射任务。KSR-3由韩国宇航研究所研制，首次发射，火箭起飞大约4分钟后成功坠落在发射场西部海上的预定地点。

KSR-3作为韩国科技部特定的研发项目之一，从1997年12月开始研制，计划总投资6 400万美元。该火箭为三级火箭，是韩国首次独立开发研制的液体燃料火箭。此前，韩国宇航研究所曾分别在1993年和1997年发射了2枚自行研制的固体燃料火箭KSR-1，2。

2003年

美国哥伦比亚号航天飞机失事 2003年2月1日，美国哥伦比亚号航天飞机在完成试验任务重返地面的过程中因机身左侧温度陡升，旋即发生解体，机上7名宇航员全部遇难。事故调查委员会在2003年8月26日公布的最终调查报告中指出，造成机毁人亡的具体原因是起飞后81.7秒从外贮箱左侧双脚架掉下的一块隔热泡沫材料砸到左翼增强碳/碳面板下半部附近区域，在再入过程中热空气透过破损处的防热系统，并使机翼铝合金结构逐渐熔化、强度减弱，直

哥伦比亚号航天飞机

到气动力引起失控、机翼破坏和机体解体。报告最后指出，长期以来美国航空航天局一味追求发射进度，安全管理日益松懈，加上资金短缺，结果导致悲剧发生。哥伦比亚号航天飞机的失事给美国以至世界航天事业的发展带来了巨大的影响。首当其冲的是航天飞机长期停飞，从而使国际空间站的建设和工作几乎陷于停顿状态，计划推迟；同时，凸显了俄罗斯的重要作用。虽然这次事故给美国造成了灾难，但引起了政府和公众对航天的重视，从而将会改善管理，加大投资，并可能会加速重复使用运载器的研制进程。各国在发展航天事业上将会吸取经验教训，更加注意安全，采取更为稳健、渐进、实际而不是求快、冒险、浮躁的步伐。

中国神舟五号飞船载人航天成功反响强烈 继2003年1月5日中国神舟四号飞船成功返回后，同年10月15日9时神舟五号飞船载着中国第一位太空飞行航天员杨利伟发射升空，10月16日6时飞船返回舱顺利着陆，标志着中国首次载人航天飞行获得圆满成功，中国成为世界上第三个独立自主实现载人航天的国家。航天员杨利伟在太空中进行了航天服气密性检查，与地面进行了实时通话联系，并展示了中国国旗和联合国国旗。飞船搭载了中国国旗、北京2008年奥运会会旗、联合国国旗、人民币票样及纪念邮品等。神舟五号载人飞行的成功使中国成为世界关注的焦点，国际社会反应热烈，联合国和各国政要纷纷致电祝贺。

火星探测成为举世瞩目的焦点 2003年和2004年是火星几万年来离地球最近的时期，适于进行火星探测，因此各国纷纷发射火星探测器。欧空局的火星探测器火星快车于2003年12月25日到达火星，美国发射的火星探测器勇气号和机遇号也于2004年1月抵达。火星探测进入一个新的活跃期。

欧洲首次发射火星探测器得失参半。2003年6月2日，欧空局第一个火星探测器火星快车轨道器及猎兔犬2着陆器由俄罗斯的联盟号—弗雷盖特火箭发射升空，其任务是在火星轨道上对火星亚表面、表面、大气和电离层进行测绘，以及在火星表面上开展观测和实验。12月19日，猎兔犬2成功与火星快车脱离并向火星进发。12月25日，猎兔犬2在火星着陆，但此后地面再未能接收到猎兔犬2的信号，欧空局已认定与猎兔犬2失去联系。火星快车运行正常并取得一定收获。

火星探测器成功着陆火星

美国成功发射两个火星探测器寻找水资源新线索。2003年6月10日和7月8日，美国用德尔塔Ⅱ火箭分别将勇气号和机遇号火星探测器发射升空，它们已于2004年1月在火星着陆，分布于火星的相反两侧，寻找关于火星上水资源的新线索。

中国启动探月工程论证 2003年2月28日，中国国防科工委宣布探月工程论证正式启动。该工程将分为三期工程实施，目标分别为"绕、落、回"，即发射绕月球飞行的月球探测卫星、月球探测器在月面软着陆和完成月面巡视勘察及采样工作后返回地面。2004年，中国正式启动月球探测工程，并命名为"嫦娥工程"。嫦娥工程分为"无人月球探测""载人登月"和"建立月球基地"三个阶段。2007年10月24日18时05分，嫦娥一号成功发射升空，在圆满完成各项使命后，于2009年按预定计划受控撞月。2010年10月1日18时59分57秒嫦娥二号顺利发射，也已圆满并超额完成各项既定任务。2013年12月2日1时30分，搭载着嫦娥三号的长征三号乙运载火箭在西昌卫星发射中心发射升空。12月14日，嫦娥三号成功软着陆于月球正面的虹湾地区。2018年12月8日2时23分，嫦娥四号发射成功，并软着陆于月球背面。

美国军事通信卫星取得较大进展 2003年8月29日，波音公司的德尔塔Ⅳ火箭成功地将美国空军的国防通信卫星3-B6送入地球同步转移轨道。该卫星通信系统可以为国防官员和战场指挥员提供安全的语音服务以及高速的数据通信，同时可将太空作战数据和预警数据传送给不同的系统和用户。目前，空军航天司令部拥有10颗该型卫星，这颗卫星是该系统中的最后一颗。之后国防通信卫星将逐步退出历史舞台。

2003年12月15日，美国海军的一颗通信卫星特高频后继星F11由宇宙神—ⅢB火箭发射升空。这颗卫星由波音公司制造，是在波音601型卫星的基础上设计的。它是自1993年以来，由宇宙神火箭发射的特高频卫星系列中的第11颗卫星，将取代更老的海军中继通信卫星。此外，美国将在未来两年内建成新型宽带填缝卫星通信系统，作为美军联合信息战的重要内容。该系统将采用X和Ka频段，频带宽度相当于16颗国防通信卫星，数据传输速率2.4~3.6吉比/秒，设计寿命14年。

美国全球定位系统（GPS）用于美伊战争 GPS在2003年美伊战争中的大规模运用，极大地提高了美军的战斗力。GPS是精确制导武器的关键和保证，战争中使用的武器有80%以上使用了GPS制导，地面部队单兵也广泛装备了GPS接收机。为进一步提高精度，2003年1月29日美军发射GPS 2R-8卫星；4月1日又再度了发射了GPS 2R-9卫星，并且仅11天后就开始导航服务。此外，美国防部还计划推广使用以卫星为基础的部队定位系统——"21世纪部队旅及旅以下作战指挥"（FBCB2）系统。

2003年11月18日，波音公司宣布美空军已授予该公司1.425亿美元合同，再建造3颗改进型GPS卫星，即编号4~6的GPS2F国防与民用导航卫星。完全现代化的GPS2F卫星将确保最新技术在GPS星座中的实现。该系列卫星可提供新的能力，其中包括增强抗干扰能力、提高精确性和数据完整性、确保军用代码的操作安全。此外，2003年7月10日，GPS广域增强系统投入运营。该系统可以大大提高民用GPS用户的系统精度。

2004年

美国发射4颗通信卫星　美国SES Americom公司在2004年发射了4颗直播通信卫星——AMC-10，11，15，16。2月5日，AMC-10由宇宙神-ⅡAS发射到地球同步转移轨道，5月4日定轨在西经135度，接替Satcom-C4卫星投入运营。5月19日，AMC-11由宇宙神-ⅡAS发射升空。它定点在西经131度，接替Satcom-C3卫星投入服务。它们为美国各地有线电视系统分配、传输高清晰和标准清晰电视节目。AMC-15在10月14日由质子-M从拜科努尔发射，发射质量4 200千克。它是Ku、Ka混合波段卫星，运行在西经105度。12月17日，AMC-16由宇宙神-Ⅴ发射，为美国提供电视、宽带和其他业务。

中国发射遥感卫星　2004年4月18日，长征二号丙运载火箭成功将试验卫星-1和搭载的纳星-1科学实验小卫星送入太空。试验卫星-1是我国第一颗传输型立体测绘小卫星，主要用于国土资源摄影测量、地理环境监测和测图科学试验。11月18日，试验卫星-2也由长征二号丙火箭成功发射，卫星质量为300多千克，具有高精度控制、快速侧摆和偏航机动能力，用于对国土资源、地理环境进行试验性测量和监测。

11月6日，长征四号乙火箭将资源-2的03星准确送入太阳同步轨道。它是传输型遥感卫星，主要用于国土资源勘查、环境监测与保护和空间科学试验等领域。

中国成功发射探测-2卫星　2004年7月25日，探测-2卫星由长征二号丙火箭发射。卫星运行在极轨道，主要进行太阳活动、行星际扰动触发磁层空间暴和灾害性地球空间天气的物理过程等科学研究。探测–2发射成功、实现"双星探测"计划被评为"2004年中国十大科技进展新闻"之一。

9月9日，长征四号乙火箭同时将实践–6A、6B空间环境探测卫星发射成功。两颗卫星主要进行空间环境探测、空间辐射环境及其效应探测、空间物理环境参数探测，以及其他相关的空间试验。

2005年

美国航天飞机复飞　2005年7月26日，美国发现号航天飞机从肯尼迪航天中心成功升空，并于8月9日平安返回。为了此次复飞，美国航空航天局投入了近15亿美元，对航天飞机进行了约50项、300多处改进。发现号复飞引起了全世界的广泛关注，因为它的成败不仅关系到航天员的安全，而且也直接影响到国际空间站的建造。

此次发现号的主要任务是：评估改进后的航天飞机的安全性；为国际空间站输送给养和设备；带回空间站上存放的大量垃圾。值得一提的是，航天员第一次到航天飞机"腹部"进行了实地修复。

神舟六号飞船圆满完成任务　2005年10月12日，中国第二艘载人飞船——神舟六号把费俊龙、聂海胜两名航天员送入太空，并于10月17日安全返回地面，成功完成了"2人5天"的太空飞行任务。神舟六号飞船搭载了任务试验设备和科学试验设备，全面验证了载人飞船的生命保障功能、结构与机构系统以及制导、导航与控制系统等系统。它首次实现了"真正有人参与的空间飞行试验"，具有承上启下的重要意义。

作为神舟五号飞船的后续产品，神舟六号在设计上优化了全船配置，减轻了结构质量，合理安排了新增设备在轨飞行工作模式，保证了飞船的能量平衡，进一步提高了飞船的可靠性和安全性。神舟六号具备搭载3名航天员在太空飞行7天的能力，有13项关键技术达到国际先进水平，为后来掌握太空行走和空间对接技术奠定了基础。神舟六号载人飞船的发射是我国2005年最具影响和战略意义的航天任务，标志着我国载人航天工程第二步的开始。

深度撞击探测器撞击彗星　2005年1月12日，价值3.3亿美元的深度撞击探测器发射升空。它的首要科学目标是探测彗核内部与其表面的不同。深度撞击由轨道器和撞击器组成，它们各自带有仪器，用于完成不同的科学任务，并独立接收和发送信息。撞击器于7月4日被释放，在脱离轨道器后实施独自操作，通过自身导航和动力装置撞向彗星。轨道器则于7月20日改变飞行方向，飞向一颗名叫"波星"的彗星。

深度撞击轨道器于7月4日传回了第一张由中分辨率成像仪拍摄的撞击照片。深度撞击的探测结果表明：彗核表面是松散物质，内部有较坚硬的物质；彗核碎屑中含有水、二氧化碳和简单的有机物。深度撞击除了解答彗星和太阳系的形成，甚至生命的起源等问题外，还为研究如何使彗星和流星改变方向，为地球免遭小天体撞击尽可能地积累一些研究数据。

火星勘测轨道器升空　2005年8月12日，宇宙神－V－401火箭从卡纳维拉尔角空军基地发射了美国的火星勘测轨道器。该轨道器在2006年3月10日进入环绕火星轨道，对火星表面进行高分辨率的探测，并为未来航天器在火星表面着陆选择合适的地点。轨道器也承担凤凰着陆器和火星科学实验室的通信中继工作。火星勘测轨道器装载了摄像机、光谱仪、辐射计和雷达4种科学仪器，主要任务是寻找火星上曾经存在水的证据，表征火星气候和地质特征。

金星快车探测器上天　2005年11月9日发射的金星快车探测器是欧洲航天局的第一个金星探测器，也是世界上第一个对金星大气和等离子环境进行全球研究的探测器。它在2006年4月进入金星轨道，对金星进行了为期8年的科学观测，创下了多项探测纪录。金星快车的有效载荷包括分光计、光谱成像仪、等离子分析仪和磁力计。其主要科学任务是研究金星等离子环境、大气环流和温室效应、云层的物理和化学特性、低层大气的组成以及表面红外地形学等。

美国提出新的登月计划　2005年9月14日，美国航空航天局向白宫递交了重返月球计划。根据该计划，美国将建造新型载人航天器和运载火箭，在2018年把4名航天员重新送上月球，并在月球上停留7天。重返月球是实现美国总统2004年1月14日提出的"太空探索新构想"的关键一步。美国想通过更广泛的载人月球探测，把月球建成一个载人火星（或更远）飞行的中转站。实现这一目标的关键是建造"乘员探索飞行器"及其新型运载工具。整个重返月球项目将耗资1 040亿美元。到2011年，美国航空航天局每年用于太空探索的费用将为70亿美元；2018年以后，每年的费用将超过150亿美元。按照该计划，美国在2018年实现重新登月后，每年至少要完成两次登月活动，并最终在月球南极建造一个航天员常驻月球基地。该基地能为未来载人登火星计划积累经验和进行相关的技术准备。

在美国重返月球计划出台后，日本积极响应，宣布愿意参与该计划。欧洲航天局对这一消息也表示欢迎。但该计划未能按计划实施。2019年2月14日，美国航空航天局举行月球探索计划企业论坛，重新发布了其未来登月的计划。

2006年

美国载人航天取得巨大成功　2006年，航天飞机的三次飞行都获得了成功，使美国士气大振，对国际空间站的建成充满希望。7月4日，发现号航天飞机搭载7名航天员升空，并于7月17日平安返航，任务代号为STS-121。发现号原定飞行12天，进行两次太空行走，后因燃料有余而延长一天，并增加了一次太空行走。美国航空航天局对此次上天的发现号又实施了多项技术改进，取得了明显的成果，使这次飞行成为航天飞机发射以来出现问题最少的一次。9月9日，亚特兰蒂斯号航天飞机顺利发射，并于9月21日返航，任务代号为STS-115。这是自2003年哥伦比亚号失事以来，航天飞机首次执行国际空间站的建造任务。12月9日，发现号航天飞机搭载7名航天员升空，并于12月22日返回地面，任务代号为STS-116。这是航天飞机4年来首次进行夜间发射，也是有史以来难度最大的一次。

私人火箭无法达到航天发射要求　虽然起源-1私人航天器发射获得了成功，但美国的私人火箭在2006年却连遭噩运。3月24日，太空探索技术公司的首枚猎鹰-1火箭在发射猎鹰-2卫星时失败。其第一级火箭发动机在点火时出现故障，星箭一起坠入太平洋。9月25日，美国一枚私人低成本商业火箭从新墨西哥州的"美国太空港"沙漠发射场发射时失败。这些失败表明，私营企业可能还无法达到航天发射严格的质量要求。

中国发射世界上首颗育种卫星实践-8　2006年9月9日，世界上首颗育种卫星实践-8由长征二号丙火箭送入太空。卫星在轨运行15天后在四川遂宁回收，并由其留轨舱进行3天留轨试验。同月13日，中星-22A通信卫星由长征三号甲火箭送入预定轨道。该卫星的设计寿命为8年，它在20日准确定点于东经98度，实现了与中星-22的双星共位。

我国成功发射第二颗业务静止轨道气象卫星——风云2号D　12月8日，我国第二颗业务静止轨道气象卫星——风云2号D由长征三号甲成功发射，最终定点于东经86.5度。该卫星具有双重使命：既能在固定位置维持业务观测，又能与风云2号C构成"双星"观测系统。与风云2号C相比，风云2号D在性能、可靠性和在轨状态上都有很大的改进。其使用寿命大约为3年，每天能传送28张卫星云图，在主汛期每天能传送48张卫星云图，并可对卫星用户做到实时转播。在风云2号D投入使用后，我国气象卫星的观测预报能力由原来的30分钟/次提高到15分钟/次。

以色列航天重整旗鼓　2006年4月25日，以色列地球资源观测系统–B（又名爱神–B）卫星，由俄罗斯起飞–1改进型火箭发射成功。它是军民两用光学成像卫星，分辨率约为0.7米，设计寿命为6年。

哈萨克斯坦一炮打响　2006年6月16日，哈萨克斯坦首颗卫星——哈萨克斯坦卫星–1由俄罗斯质子–K火箭成功送入太空。这使该朝加入太空探索国家行列迈出了重要的一步，也使目前拥有航天能力的国家达到31个。哈萨克斯坦卫星–1属于通信卫星，由俄罗斯赫鲁尼切夫航天中心建造。

韩国双喜临门　韩国在2006年发射了两颗军民两用卫星，都获得了成功。7月28日，韩国多用途卫星–2由俄罗斯轰鸣号火箭成功送入太阳同步轨道。这颗卫星可提供光谱图像和分辨率达1米的彩色图像。8月22日，韩国卫星–5由天顶–ⅢSL火箭发射上天。它是韩国发射的第四颗通信卫星，也是首颗军民两用通信卫星。

2007年

美国成功发射西弥斯微型卫星　2月17日，美国5颗相同的西弥斯（THEMIS，又译作"磁亚暴事件历史进程与大规模交互作用"）微型卫星由德尔塔Ⅱ（7925）火箭成功发射。这组卫星用于全方位研究磁层亚暴下的动态北极光，并由此深入了解地球大气层中强大的磁层亚暴活动。

西弥斯微型卫星

全球星在轨通信卫星数量达到60颗　5月30日，4颗美国全球星通信卫星由俄罗斯联盟号–FG火箭成功发射。10月21日，俄罗斯联盟号–FG火箭又成功将4颗美国全球星备份通信卫星送入预定轨道。至此，全球星在轨通信卫星数量达到60颗。

成功发射世界上唯一一颗分辨率达0.5米的商业遥感卫星　2007年9月18日，德尔塔Ⅱ火箭成功发射谷歌地球地图服务提供商——数字地球公司的全球观测–1卫星。该卫星能提供商业化的高清地球图像，并成为世界上唯一一颗分辨率达0.5米的商业遥感卫星。

全球观测–1卫星　　　　　　　　　　凤凰号火星探测器

美国空间探测取得两项成就　2007年8月4日，德尔塔Ⅱ火箭成功发射美国宇航局的凤凰号火星探测器，它于2008年5月25日在火星北极成功着陆，利用机械臂收集并分析土壤样本，以确定火星北极附近的结冰土壤是否曾有生命存在。凤凰号火星探测器是第一个在火星北极地区着陆的探测器。

9月27日，美国黎明号小行星探测器由德尔塔Ⅱ火箭发射升空，开始它历时8年的星际探索之旅。黎明号远赴火星和木星之间的小行星带，分别在2011年7月16日和2015年3月6日先后抵达灶神星和谷神星这两颗人类以前从未尝试接触的著名小行星。

欧洲阿里安ⅤECA成功发射英国天网–5A军用通信卫星　2007年3月11日，欧洲阿里安ⅤECA成功发射英国天网–5A军用通信卫星和印度卫星–4B直播卫星。卫星上装备的4个可控先进接收天线具有极强的定位功能，允许卫星有选择地收听信号，并过滤掉"干扰"信号。另外，该卫星载有超高频通信转发器，具有强抗毁、抗干扰和抗窃听能力，可提供覆盖从美国东海岸到澳大利亚西海岸的数据通信、视频会议以及其他通信服务，将英国陆、海、空三军指挥系统的通信容量和速度大大提高，通信容量是天网–4卫星的5倍，是迄今英国乃至欧洲最先进的同类卫星，是英国军队向电子时代迈出的重要一步，能为英国军队、北约军队以及荷兰、加拿大、比利时等国家的军队提供服务。

英国天网–5A军用通信卫星

11月14日，欧洲阿里安VECA成功发射天网–5B和巴西的"星1C1"民用通信卫星。这次升空的两颗卫星总质量超过9.5吨，从而再次刷新了火箭发射卫星的负载质量的纪录。

意大利首颗卫星由印度极轨卫星运载火箭成功送入太空　2007年4月23日，意大利敏捷卫星由印度极轨卫星运载火箭成功送入太空，这是高能天体物理领域中开发的最紧密、功率最低的科学载荷，用于收集与宇宙起源相关的信息。

北斗–1导航试验卫星发射成功　2007年2月3日，中国成功用长征三号甲火箭发射第4颗北斗–1导航试验卫星。这是中国航天2007年第一次卫星发射。这次发射的卫星，进一步提高了北斗–1导航试验系统的性能和可靠性。此外，还进行了北斗–2导航卫星系统的有关试验。

中国首颗整星出口尼日利亚　2007年5月13日，长征三号乙火箭成功发射尼日利亚通信卫星–1。该星采用中国新研制的东方红4号平台，星上装有4台C频段、18台Ku频段、4台Ka频段和2台L频段转发器，定点于东经42.5度，为整个非洲和南部欧洲用户提供声音、图像和数据链接服务。该星于7月6日正式交付用户使用，从而证明了中国有制造大平台通信卫星的能力。

嫦娥一号月球探测卫星由长征三号甲火箭发射上天　2007年10月24日，我国自行研制的第一个月球探测器——嫦娥一号月球探测卫星由长征三号甲火箭发射上天。经过8次变轨，于11月7日成功进入周期127分钟、高度200千米的极月圆轨道，并于11月20日开始传回所拍摄的月面图像。这标志着中国首次月球探测工程取得圆满成功。它也是中国第一个空间

嫦娥一号月球探测卫星

探测器，成为继人造卫星、载人航天之后，中国航天的第三个里程碑。此举还使我国成为世界第五个发射月球探测器暨空间探测器的国家，因而引起全世界的广泛关注。

2008年

国际空间站重开建造之门　2008年，在载人航天方面，美国航天飞机完成了多项国际空间站建造任务。

2月7日，亚特兰蒂斯号升空，为国际空间站送去并安装了欧洲花10年时间建造的哥伦布号实验舱，大大提升了空间站的科研能力。

3月11日凌晨，奋进号升空，为国际空间站送去并安装了希望号日本实验的后勤舱—加压段和一个加拿大研发的"德克斯特"双臂机器手。

5月31日，发现号入轨，为国际空间站送去并安装了日本希望号实验舱的加压舱及其遥操作机械臂系统，还维修了站内厕所。

2008年4月19日，载有韩国女航天员李素妍、美国航天员惠特森和俄罗斯航天员马连琴科的联盟号TMA-11飞船返回时出现重大故障，飞船的着陆点偏离预定地点约420千米，并且着陆时带来的冲击使地面出现了一个30厘米深的坑，还产生了部分火焰，使返回舱内的3名航天员一度面临极度危险的状况。事故原因为设备舱未能按时与返回舱分离，导致飞船按弹道轨迹着陆，李素妍因伤住院。

美国反卫星武器激起千重浪　2008年2月20日，美国伊利湖号巡洋舰发

射标准-3舰对空导弹"直接命中"一颗失控的雷达成像侦察卫星，引起了全球的广泛注意。美国自称此举的主要目的是降低该卫星剧毒燃料可能给人类造成伤害的风险。但俄罗斯等国认为美国用导弹打卫星是为了测试反卫星武器，避免卫星携带的尖端设备和先进技术落入他人手里。

日本希望号实验舱进入轨道　日本在2008年最出彩的航天活动是把为国际空间站研制多年的希望号实验舱送上了轨道。2月23日，质量约为4 850千克的超高速因特网卫星（发射后称"纽带"）由H−ⅡA火箭送入预定轨道。该卫星装有3个能够覆盖包括日本在内的亚太地区的高性能天线，普通家庭只需安装直径45厘米左右的小型天线，就可获得每秒最高55兆比特的数据接收速率和6兆比特的上传速率。

3月11日，希望号实验舱的后勤舱—加压段和加压舱的内部支架搭乘奋进号航天飞机飞抵国际空间站。它主要用来储存和供给实验样品、各种气体和液体以及日本实验舱的备件，还可作为加压舱的附加实验室或安全救生容器。

伽利略计划启动基础建设　伽利略卫星导航系统（Galileo Satellite Navigation System），是由欧盟研制和建立的全球卫星导航定位系统，该计划于1999年2月由欧洲委员会公布，欧洲委员会和欧空局共同负责。系统由轨道高度为23 616千米的30颗卫星组成，其中27颗工作星，3颗备份星。卫星轨道高度约2.4万千米，位于3个倾角为56度的轨道平面内。

2008年4月23日，欧盟立法机构——欧洲议会通过了伽利略全球卫星导航系统的最终部署方案，这标志着为期6年的伽利略计划基础设施建设阶段正式启动。紧接着，4月26日，欧洲伽利略计划的第二颗导航试验卫星GIOVE−B由俄罗斯联盟号−FG火箭发射。

2014年8月，伽利略全球卫星导航系统第二批中的一颗卫星成功发射升空。这样，太空中已有的6颗正式的伽利略系统卫星，可以组成网络，初步发挥地面精确定位的功能。

与美国的GPS系统相比，伽利略系统更先进，也更可靠。美国GPS向别国提供的卫星信号，只能发现地面大约10米长的物体，而伽利略的卫星则能发现1米长的目标。一位军事专家形象地比喻说，GPS系统只能找到街道，而伽利略则可找到家门。

伽利略计划对欧盟具有关键意义，它不仅能使人们的生活更加方便，还将为欧盟的工业和商业带来可观的经济效益。更重要的是，欧盟将从此拥有自己的全球卫星导航系统，有助于打破美国GPS导航系统的垄断地位，从而在全球高科技竞争浪潮中获取有利位置，并为将来建设欧洲独立防务创造条件。

作为欧盟主导项目，伽利略并没有排斥外国的参与，中国、韩国、日本、阿根廷、澳大利亚、俄罗斯等国也在参与该计划，并向其提供资金和技术支持。伽利略卫星导航系统建成后，将和美国GPS、俄罗斯格洛纳斯、中国北斗卫星导航系统共同构成全球四大卫星导航系统，为用户提供更加高效和精确的服务。

中国首颗数据中继卫星发射升空　2008年4月25日，中国首颗数据中继卫星——天链–1的01星由首枚长征三号丙火箭成功发射。经过4次变轨，该星于5月1日成功定点于东经77度的赤道上空，这标志着中国航天器首座天基数据"中转站"正式建成。它不仅可以使中国航天测控网覆盖率大幅提升，同时还能增强航天器测控及星地数据传输的实时性，这对未来降低航天器运行风险、提高地面测控指挥决策效率，尤其是对航天器出现异常情况下及时实施故障分析和太空抢救具有重要意义。

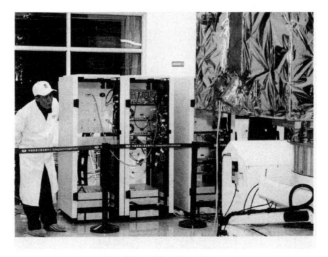

中国首颗中继卫星天链–1号

凤凰号成功登陆火星北极发现水冰 在空间探测方面，美国也取得了一项惊人的成就。2008年5月25日，凤凰号火星探测器在火星北极成功着陆，并发现火星北极确实存在水冰；火星土壤同地球极为类似，其中含有一些生命所需的矿物质。

10月19日，机载飞马座-XL火箭发射了世界第一颗专门探测太阳系边界地带的天文卫星——星际边界探测器。它使用两台高能中性原子相机拍摄太阳风与星际介质的相互作用，收集来自太阳系边界地带的太阳风等信息，以更加深入地了解太阳与星系的相互作用。同时，通过研究保护人类免受宇宙射线辐射的区域解决未来载人探测所面临的严峻挑战。

神舟七号太空迈出第一步 2008年9月25日，神舟七号把翟志刚、刘伯明、景海鹏3名航天员送入太空，并于9月28日安全返回地面。此次任务实现了准确入轨、正常运行、出舱圆满、健康返回的4个目标。

神舟七号飞船此行实现三大突破：一是成功实施了我国航天员的首次空间出舱活动，我国自主研制的用于保障航天员完成出舱活动任务的气闸舱和舱外航天服这两项关键技术经受住了实践的考验。二是神舟七号飞船首次满载3名航天员，进行了3人3天的飞行试验。三是在飞行期间释放了一颗质量为40千克的伴飞小卫星，并进行了卫星通信链路的新技术试验，这是我国第一次从一个航天器上释放另一个航天器，验证了在轨释放技术。

印度第一个月球探测卫星送入月球轨道 印度航天活动在2008年也很耀眼，不仅进行了"一箭十星"的发射，还把印度第一个月球探测卫星送入月球轨道。

4月28日，印度使用极轨卫星运载火箭首次成功发射了合计质量为824千克的10颗卫星，创下印度航天史纪录。其中的制图卫星-2A最为引人注目，分辨率为0.7~1米，可能是印度的首颗国产照相侦察卫星。

10月22日，印度用极轨卫星运载火箭-XL发射了其首颗探月卫星——月球初航1号。它运行在100千米高的环月轨道上，装有11台科学探测仪器，其中5台是印度建造的，另外6台是其他国家研制的。

2009年

轨道碳观测卫星发射失败　2009年2月24日，轨道碳观测卫星由金牛座–XL火箭发射时，由于火箭整流罩分离失败，卫星未能进入预定轨道，而是坠落在南极洲附近洋面。这是美国航空航天局自2001年9月以来首次遭遇重大发射失败。

开普勒太空望远镜成功发射　2009年3月6日，开普勒太空望远镜（Kepler Mission）由德尔塔Ⅱ火箭成功发射。它是世界上第一个专用于寻找类地行星的空间望远镜，预计可发现50颗以上的类地行星。2010年1月4日，美国科学家宣布，开普勒已找到5颗太阳系外行星，并发现了两个神秘天体。

开普勒太空望远镜是美国航空航天局（NASA）设计用来发现环绕着其他恒星之类地行星的太空望远镜。使用美国航空航天局特别研制的太空光度计，预计将花3.5年的时间，在绕行太阳的轨道上，观测10万颗恒星的光度，检测是否有行星凌星的现象（以凌日的方法检测行星）。为了尊崇德国天文学家约翰内斯·开普勒，这个任务被称为开普勒太空望远镜。开普勒是美国航空航天局低成本的发现计划聚焦在科学上的任务。美国航空航天局的艾美斯研究中心是这个任务的主管机关，提供主要的研究人员并负责地面系统的开发、任务的执行和科学资料的分析。

2013年5月，开普勒太空望远镜的反应轮发生重大故障，无法设定望远镜方向，正常的观测工作基本停止。在经过数个月的努力后，美国航空航天局于8月15日宣布放弃修复开普勒。开普勒由此结束搜寻太阳系外类地行星的主要任务，但它仍可能被用于其他科研工作。

2016年4月6日，开普勒的微透镜观测暂时无法启动，除非工程师们能够让探测器重新开始工作。望远镜如今距离地球约1.2亿千米，这意味着每一次往返通信需要13分钟。

美国卫星与俄罗斯废弃卫星相撞　在2009年发生了一件举世瞩目的重大航天事件。2月10日，美国铱星公司铱—33通信卫星与俄罗斯废弃的宇宙—2251通信卫星在轨相撞。卫星相撞事件发生后，关于制定太空交通管理规则的呼声越来越高。

嫦娥一号受控撞击月球表面 为了给探月二期"探路"，嫦娥一号月球探测器在2009年3月1日受控撞击月球丰富海区域。嫦娥一号累计飞行494天，其中环月482天，比原计划多飞117天，获取了全月球影像、月表化学元素分布、月表矿物含量、月壤分布和近月空间环境等科学研究数据。

2010年

日本隼鸟号探测器携带小行星的土壤样本返回地球 2010年6月13日，日本隼鸟号探测器的回收舱顺利地落到澳大利亚武麦拉靶场附近。5个月后，专家经研究证明，送回地球的大部分物质的确是小行星丝川的土壤样本。这样，隼鸟号探测器成为首个把小行星土壤样本带回地球的航天器，也是继月球16、月球20、月球24、起源号和星尘号之后，第六个带回地外土壤样本的自动深空探测器。

私营公司研制的猎鹰9重型火箭成功发射，并将该公司研制的龙飞船送入太空 在2010年，美国的私营公司太空探索技术公司取得了两项成就：重型运载火箭猎鹰9首次发射成功，并顺利把龙飞船送入太空。今后，猎鹰9火箭将会进入商业发射市场，而龙飞船也将在完成试验飞行后执行国际空间站的货运和客运任务。如果太空探索技术公司达成夙愿，那么其他私营企业者也将紧随其后进入太空领域。要知道，宇宙空间被某些大公司而非国家所控制，这在不久前还只是科幻电影里的故事情节。

美国发射X-37B小型军用航天器 2010年，美国的军用航天器X-37B在近地轨道飞行了224个昼夜。在此期间，X-37B进行了多次机动，并于12月初在美

美国X-37B

国加利福尼亚州的范登堡空军基地着陆。

X-37B空天战机是由美国波音公司研制的无人且可重复使用的太空飞机，由火箭发射进入太空，是第一架既能在地球卫星轨道上飞行、又能进入大气层的航空器，同时结束任务后还能自动返回地面，被认为是未来太空战斗机的雏形。其最高速度能达到音速的25倍以上，常规军用雷达技术无法捕捉。X-37B（OTV-3）于2014年10月17日完成连续飞行超过674天。

项目发展至今，X-37B的存在价值一直备受争议，而且美国军方一直甚少透露它的任务与行踪，令外界一直对它有诸多猜测，其中不乏认为X-37B实质是一个太空战斗机的意见。

中国发射嫦娥二号月球探测器 嫦娥二号是中国第二颗探月卫星、第二颗人造太阳系小行星，也是中国探月工程二期的技术先导星。嫦娥二号卫星由中国空间技术研究院研制，是中国第一颗探月卫星嫦娥一号卫星的备份星，沿用东方红3号卫星平台，造价约6亿元人民币。

嫦娥二号卫星于2010年10月1日18时59分57秒在西昌卫星发射中心由长征三号丙运载火箭成功发射升空并顺利进入地月转移轨道。

嫦娥二号完成了一系列工程与科学目标，获得了分辨率优于10米月球表面三维影像、月球物质成分分布图等资料。2011年4月1日嫦娥二号拓展试验展开，完成进入日地拉格朗日L2点环绕轨道进行深空探测等试验。此后嫦娥二号飞越小行星4179（图塔蒂斯）成功进行再拓展试验，嫦娥二号工程随之收官。

2011年

航天飞机完成谢幕飞行 7月21日，美国亚特兰蒂斯号航天飞机在肯尼迪航天中心安全着陆，标志着部分重复使用的航天飞机时代的终结。

自1981年投入使用以来，航天飞机共执行了135次飞行任务，在近地轨道载人航天活动中发挥了不可或缺的作用。尽管由于安全风险大、运行成本高等因素，特别是挑战者号和哥伦比亚号两次灾难性事故，使美国决定在完成国际空间站建设后退役所有航天飞机，但是航天飞机作为一个时代标志，极大地推动了先进航天运输技术的进步，对人类载人航天事业发展产生了深刻的影响。在后航天飞机时代，美国将利用俄罗斯的联盟号发射系统和本国的商业轨道运输系统执行国际空间站运输任务。

美国重型运载火箭方案敲定　经过几轮推迟，美国航空航天局最终于2011年9月14日正式对外公布了美国新一代重型运载火箭——航天发射系统（SLS）方案。SLS的研制采取了一种渐进式发展模式，其初始方案的近地轨道运载能力为70吨，改进后将达到130吨，以实现"月球以远"深空探测的任务需求。

美国新型重型运载火箭由航天飞机衍生而来，采用两级结构，芯级直径8.38米，采用5台航天飞机主发动机RS-25D/E（初始方案重型火箭用3台，改进方案重型火箭用5台），上面级采用由土星5火箭上面级改进而来的J-2X低温发动机，初始方案火箭采用固体火箭助推器，改进方案火箭采用固体或液体助推器。

俄罗斯遭遇多次航天重大事故　2011年，俄罗斯经历了4次火箭失败和1次重大航天器故障，共损失5个有效载荷：

2月1日，隆声号运载火箭由于微风KM上面级故障，将俄罗斯军事研究卫星GEO-IK 2送入错误轨道。

8月18日，质子号M火箭/微风M上面级发射快船-AM4通信卫星失败，用于将陀螺平台操纵到位的时间间隔设定过短是导致此次失败的主要原因。

8月24日，搭载着进步号M-12M货运飞船的联盟号U运载火箭，在升空后约325秒，由于上面级推进系统燃气发生器故障，导致发射失败。

11月9日，福布斯-土壤探测器搭载中国萤火1号，由天顶Ⅱ SLB从拜科努尔发射场升空，在与运载火箭顺利分离后，福布斯-土壤探测器的主发动机未能按预定程序实施两次点火启动，导致该探测器停留在距地球200 300千米的轨道上，无法飞向火星。

12月23日，最新型号联盟2号-1b发射子午线通信卫星时，由于二子级P-0124发动机出现故障，导致发射失败。

一连串的发射失败令俄罗斯航天工业的发展阴影重重，也使其遭受了数百亿卢布的损失。有分析认为，事故频发的原因主要有两个方面：一是资金投入不足。从数字上看，最近11年，俄罗斯对民用航天领域的拨款增加了17

倍，但其投资量仍落后于美国、欧洲、日本等航天大国；二是管理不善。俄罗斯联邦审计署署长9月曾表示，航天企业内部存在着大量的资金违规操作现象，如私自提高造价、给部门领导乱发奖金等情况。事故发生后，俄罗斯总统称不排除就一连串的航天事故追究相关人员刑事责任的可能性。

联盟号中型火箭从法属圭亚那成功首飞 2011年10月21日，联盟号ST运载火箭搭载欧洲伽利略全球卫星导航系统的首批2颗卫星，首次从法属圭亚那航天中心发射升空。这次成功首飞，标志着双方长达40年的航天合作达到了顶峰，同时，该火箭的加入使欧洲离建立较为完整的航天运输系统的目标更近一步，待织女星小型运载火箭投入使用后，欧洲将完全具备大、中、小型有效载荷的发射能力，增强其在国际商业发射市场中的竞争力。

联盟号ST火箭即联盟2号火箭的三级型。联盟2号是俄罗斯联盟号火箭下一代型号的统称，分为二级型（基本型）和三级型。二级型包括联盟2号-1a和联盟2号-1b，三级型是基本型与上面级的组合，斯达塞姆（Starsem）公司又将使用了ST型整流罩（长11.4 m，直径4.1 m）的三级型联盟2号火箭命名为联盟号ST火箭。

联盟号ST火箭专门用于商业发射，于2001年开始研制，发射价格为6 000万欧元。从法属圭亚那发射联盟号火箭项目是基于2003年11月俄、法两国签署的协议。根据协议，俄罗斯负责技术系统组装与联盟号火箭的生产，欧洲公司提供发射基础设施。从法属圭亚那航天中心发射可使火箭运载能力从1.7吨提高至3.15吨。

日本决定改进H–ⅡA系列 增强商业竞争力火箭改进计划分两个阶段进行。第1阶段计划从2011年4月开始，已获资金约1亿美元，用于改进H–ⅡA和H–ⅡB火箭的上面级，以提高其地球静止转移轨道运载能力。此外，第1阶段的改进还涉及：（1）在火箭延长操作期间采取燃料蒸发量控制措施，包括使用新型外部涂层和火箭慢匀速滚转；（2）改进电子设备和其他箭上设备的热防护系统，增强无线电通信和导航传感器功能；（3）使用新型有效载荷释放机构使卫星能够稳定入轨。

第2阶段计划使用改进型LE-X发动机替换目前H–ⅡA和H–ⅡB火箭上的LE-7A主发动机，以提高火箭的性能和可靠性。

H-ⅡA改进计划是2009年6月日本制定的航天政策中基本计划的一部分。该政策用于指导日本未来5~10年的发展，并要求日本政府为提高H-ⅡA的性能和安全性、提高火箭商业竞争力给予财政支持。

H-ⅡA火箭的改进型于2013年8月4日首次发射成功。

日本制定载人航天发展路线图　日本进一步推进载人航天发展战略，制订了载人航天三步走的计划：第1步，将货物运送至国际空间站；第2步，将货物运送至国际空间站并返回；第3步，载人航天实施并返回。

随着日本宇宙航空研究开发机构（JAXA）利用H-ⅡB火箭在2009年和2011年成功发射无人货运飞船HTV1和HTV2，日本已成功迈出第一步，并开始筹划实施下两步，将首次载人航天飞行任务锁定在2025年。

目前，JAXA与三菱重工业公司正在开展新型三级载人运载火箭H-Ⅲ的研究工作，计划在2020年前实现首飞。该火箭将使用更为先进的技术和发动机，可发射质量较大的空间探索航天器，能够将6吨的载人飞船送入国际空间站。该方案能够将H-ⅡA发射价格降低20%~30%，降至1亿~1.4亿美元之间。

此外，JAXA的技术人员正在研发一种与美国SpaceX公司天龙座飞船尺寸相当的太空舱——HRV，它将作为未来日本可返回货运飞船HTV-R的一部分。目前，HRV的初步研究工作已经完成，热防护材料的研制以及制导控制技术还需进一步攻关。

2012年

美国谋求建立"多重威慑"体系以确保空间的安全与稳定　2012年，美国国防部出台新的《国防部航天政策》，这项新政策根据美国《国家航天政策》和《国家安全空间战略》，对国防部原有航天政策和航天职责进行了更新，提出了国家安全空间的三个目标；阐述了军事航天活动的基本原则：重申有意干扰美国的空间系统，不论是和平时期还是危机时期，都将被视为对美国权益的侵犯；制定了慑止攻击美国空间系统的四项策略；明确了需要发展的五种空间任务能力；强调国际航天合作，统筹规划航天力量建设，旨在应对日益拥挤、对抗和竞争的空间环境带来的挑战，谋求建立"多重威慑"体系以确保空间的安全与稳定。

中国成功完成首次载人交会对接任务　2012年6月16日，神舟九号飞船承载着3名航天员在酒泉卫星发射中心，由长征二号F运载火箭成功发射，准确入轨。神舟九号飞船入轨后，经地面远距离导引和自主控制飞行，于18日和24日，分别实现了自动和手动控制交会对接。组合体飞行期间，3名航天员在轨正常工作和生活，开展了一系列空间科学实验和技术试验。6月29日，神舟九号飞船返回舱顺利降落在内蒙古中部主着陆场。

中国成功完成首次载人交会对接任务，标志着载人航天技术取得新的重大突破。

中国北斗卫星导航系统提供区域服务，扩展全球服务系统所需的关键技术获突破性进展　2012年中国共进行4次、包括2次一箭双星的北斗导航卫星发射活动，将6颗卫星送入不同轨位，创造历年发射之最。为鼓励国内外相关企业参与北斗卫星应用终端研发，推动北斗卫星导航的广泛应用，12月27日，中国卫星导航系统管理办公室公布了《北斗卫星导航系统空间信号接口控制文件——公开服务信号B1I（1.0版）》，并宣布自当日起北斗卫星导航系统开始向亚太地区提供区域服务。截至2012年底，北斗卫星导航系统区域服务由5颗地球静止轨道（GEO）、5颗倾斜地球同步轨道（IGSO）和4颗中圆地球轨道（MEO）共14颗卫星组成，可提供优于10米的定位精度，优于0.2米/秒测速精度和50ns授时精度。目前，北斗芯片研制已取得重要进展，具有自主知识产权的北斗/CPS双模芯片已经在车载终端中得到了实际应用，区域示范项目在稳步推进。这表明中国已掌握了建设卫星导航系统所必需的、具有自主知识产权的核心技术，并已突破了发展北斗系统全球服务所需的许多关键技术，尤其是高精度星载原子钟技术。为此，北斗卫星团队荣获"2012中国经济年度人物"创新奖殊荣。

北斗卫星导航系统既是中国的，也是世界的，预计到2020年中国将建成由55颗卫星组网并服务全球，造福全人类的全球导航卫星系统。

美国龙飞船执行首次国际空间站货运任务，开启载人航天商业化时代　2012年5月，美国完成首艘商业货运飞船——龙飞船的试验飞行任务。5月22日，美国空间探索技术（SpaceX）公司的龙飞船搭乘猎鹰-9（Falcon-9）火箭从卡纳维拉尔角发射升空，与国际空间站（ISS）对接飞行

18天，而后重返地球大气层并溅落在太平洋海域。

SpaceX公司的龙飞船

10月，美国龙飞船正式执行国际空间站首次货运任务。10月8日，龙飞船搭乘猎鹰-9火箭升空，为国际空间站运送了重约760千克的物资。

美国航空航天局局长博尔登表示，此次成功标志着美国创新型商业轨道运输服务模式取得新进展，使美国航空航天局可以减少近地轨道任务的开支，以便集中资源完成月球往返、登陆小行星甚至火星等更多深空探索任务。

俄罗斯制定未来航天发展战略，巩固其世界航天强国地位 2012年4月28日，俄罗斯联邦航天局发布《2030年前及未来俄罗斯航天发展战略（草案）》。在此项战略计划中，航天局向政府提出分4阶段完成9大航天发展任务，以确保实现"俄罗斯航天技术处于世界先进水平，巩固俄罗斯在航天领域领先地位"的战略目标，旨在重振俄罗斯的航天辉煌，巩固俄罗斯的航天强国地位。为了实现这一目标，俄罗斯将在未来18年以及更长的时间里，力图在载人航天、深空探测、运载火箭研制、发射场建设等领域实现突破性发展。

新航天战略还明确了未来航天活动三大优先方向：一是发展航天通信、对地观测、卫星导航等系统，以及用于基础研究的航天设备和技术；二是建造用于载人、载货的飞船和行星着陆设备，以及可重复使用的航天发射系统；三是实施载人探测火星的国际合作，为建造新一代空间站而建立科学技术储备。

美国好奇号漫游车成功登陆火星 2012年8月6日，美国好奇号火星漫游车成功着陆于火星赤道以南的"盖尔"陨坑，执行两年的考察任务，探索火星过去或现在是否存在适宜生命的环境。好奇号作为迄今耗资最大、性能最先进的火星漫游车，不仅采用了许多已有的成熟技术，更重要的是验证了多项创新性的深空探测技术，为后续的载人深空探测任务提供了重要支撑。在好奇号成功登陆火星后，美国时任总统奥巴马发表声明称，这是美国的非凡成就和骄傲。

朝鲜银河3号运载火箭发射卫星成功 2012年12月12日，朝鲜从位于平安北道铁山郡东仓里的西海卫星发射场，用银河3号运载火箭将光明星3号卫星送入预定轨道。此前，朝鲜分别于1998年、2009年和2012年4月进行了三次发射，均遭遇失败。

此次发射使用的银河3号为三级运载火箭，高30米，直径2.4米，起飞质量90吨。朝鲜宣称发射入轨的光明星3号卫星主要有两项任务：一是对地观测并在卫星经过朝鲜上空时进行科学数据传输试验；二是播放《金日成之歌》和《金正日之歌》。该卫星是一个0.75米×0.75米×1.1米的长方体，质量约100千克，设计寿命2年。朝中社公布的卫星轨道参数为：倾角97.4度，近地点499.7千米，远地点584.18千米，周期95分29秒。

2013年

神舟十号飞船飞行 2013年6月11日，中国神舟十号飞船从酒泉卫星发射中心升空。中国人民解放军航天大队航天员聂海胜、张晓光、王亚平组成飞行航班，执行与天宫一号载人交会对接任务。神舟十号飞船与天宫一号进行了两次交会对接，第一次为自动交会对接，第二次为绕飞交会对接。

到2013年年底，世界航天共进行298次载人飞行。神舟十号是第293次载人飞行，历时14天14小时29分钟，围绕地球飞行229圈，创造中国太空飞行单次最长时间纪录。中国航天创造了首次太空授课的纪录。中国将第二位女宇航员送上了太空。

这次是聂海胜第二次飞上太空，加上第一次共飞行19天10小时01分，环绕地球飞行305圈。张晓光、王亚平成为世界航天史上第530、531位进入太空的宇航员。王亚平是世界第57名进入太空的女宇航员。

世界上第一颗高中生卫星升空 在美国弗吉尼亚州亚历山大市有一个托马斯·杰弗逊中学。杰弗逊高中的学生准备建造世界上第一颗高中生卫星。在3年时间里，大约30名高中学生从高二年级学生会脱颖而出，研究、设计和制造一个1U立方体卫星。卫星项目完全按照航天工程的方式进行研制。卫星项目被分解成各个子系统，分配到每一个小组，每个小组负责研制一个子系统。每个小组由一名导师和几名学生组成。

2013年11月20日，托马斯·杰弗逊立方体卫星终于进入太空。它真的成为世界上第一颗高中生卫星。托马斯·杰弗逊立方体卫星运行在低轨道，传输基本遥测数据，如电压、温度、CPU的状态等。特别有趣的是，主机语音合成器将语音上传用眼睛讲述宇宙发展史的英国剑桥大学教授史提芬·霍金的短信。托马斯·杰弗逊立方体卫星的主要目标是作为一个资源和教育推广工具，希望能鼓励其他教育机构探索太空的奇迹。托马斯·杰弗逊立方体卫星将作为在世界范围内中小学教育的榜样。

嫦娥三号发射成功，玉兔登月 嫦娥三号探测器是中国嫦娥工程二期中的一个探测器，是中国第一个月球软着陆的无人登月探测器。嫦娥三号探测器由月球软着陆探测器和月面巡视探测器组成。

嫦娥三号探测器于2013年12月2日在中国西昌卫星发射中心由长征三号乙运载火箭送入太空，当月14日成功软着陆于月球雨海西北部，15日完成着陆器、巡视器分离，并陆续开展了"观天、看地、测月"的科学探测和其他预定任务，取得一定成果。2013年12月16日，中国官方宣布嫦娥三号任务获得成功。

2014年12月14日21时14分，嫦娥三号登陆月球已满一周年，北京航天飞控中心也实现了精心护航嫦娥三号着陆器月面安全工作一年的预定工程目标。

2016年1月5日上午，国防科工局正式发布国际天文学联合会批准的嫦娥三号探测器着陆点周边区域命名为"广寒宫"，附近三个撞击坑分别命名为

"紫微""天市""太微"。此次成功命名，使以中国元素命名的月球地理实体达到22个。

自2013年12月14日月面软着陆以来，我国嫦娥三号月球探测器创造了全世界在月工作最长纪录。其拍摄的月面照片是人类时隔40多年首获最清晰月面照片，其中包含大量科学信息，照片和数据向全球免费开放共享。

2016年8月4日，嫦娥三号正式退役。

2014年

俄罗斯发布空间政策　2014年2月，俄罗斯总统普京签署了《2030年前使用航天成果服务俄联邦经济现代化及区域发展的国家政策总则》。《总则》明确了各阶段航天应用任务目标，计划2020年前，部署包括第一阶段的地球遥感数据终端用户服务系统、各类区域信息分析系统在内的航天成果应用基础设施；2030年前，进一步发展航天成果应用国家基础设施，推进有前景的项目开发，创新航天服务方式，采取多重机制促进航天成果应用，广泛吸引私营资金来保证预算外资金，发展国家与私营企业的伙伴合作关系，与曾是苏联成员国的各国建立长久、稳定的合作关系，与其他国家共同开发大规模航天成果应用项目，并制定符合国际标准的航天成果应用国际法律。

美国发布新版《出口管制条例》，放宽与管控并举　2014年5月13日，美国国务院和商务部发布了最新修订版《出口管制条例》。修订的主要内容：一是将大部分商业、科学、民用卫星及相关组件从军品管制清单转移到商业管制清单，适度放松出口管制。二是细化军品管制清单。对继续保留在清单中的关键航天物项，如带有秘密组件的通信卫星、参数在特定范围的遥感卫星、大多数抗辐射微电子器件等，在清单中逐条列出，内容更加具体详细，便于相关机构强化对这些关键物项的管控。三是在商业管制清单中设立新的类别号，专门管控从军品管制清单中转出的航天物项，结合运用美国出口管制的国别政策，这些物项的管控措施较商业管制清单原有物项更为严格。

长征火箭新成就　2014年，中国长征运载火箭后发制人，上半年发射1次，8月起连续发射13次，每次都成功。2014年12月31日，长征三号甲运载火箭将风云2号08气象卫星成功送入轨道。

猎户座飞船首飞成功 猎户座多用途载人飞船承载多达6名宇航员。它高度约3.3米，直径5米，加压体积19.56立方米，居住体积8.95立方米，返回舱质量8 913千克，服务舱质量12 337千克，总质量21 250千克，其中推进剂质量7 907千克。

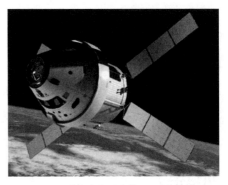

猎户座多用途载人飞船

12月5日，猎户座飞船发射，3小时后飞到距地球约5 800千米的最高点，环绕地球飞行两圈后，以每小时3.2万千米高速重新进入地球大气层，降落在太平洋上。这标志着人类第一艘以深空探索为目标的载人飞船首次试飞取得成功。美国航空航天局说，这是火星探索之旅的"重大里程碑"。

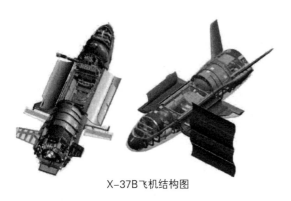

X-37B飞机结构图

X-37B太空飞机归来 美国航天飞机退役，X-37B是今天世界上唯一在太空飞行的飞机。2012年12月11日，美国第3架X-37B飞机从卡纳维拉尔角空军基地第SLC-41发射台升空，飞行在近地点343千米，远地点360千米，倾角43.5度的近地轨道，太空任务不详。

2014年10月17日，第3架X-37B飞机降落在范登堡空军基地。它在太空飞行了超过674天。它是目前世界上在太空飞行时间最长的太空飞机。

2015年

美国大力扶持商业航天，以强化空间领导地位 继2014年5月美国修订《出口管制条例》放松卫星出口管制后，2015年又发布多项法案，积极营造促进商业航天发展的法律氛围。

9月，美国国家海洋与大气管理局（NOAA）发布《商业航天政策（草案）》，为采购商业天基气象数据提供政策基础。在该政策草案中，美国国家海洋与大气管理局提出要利用商业天基资源，增加数据采购的多样性，主要包括：购买商业天基气象数据，在商业卫星上寄宿有效载荷，与商业或其他卫星共同发射，利用商业发射服务等，并明确了美国国家海洋与大气管理局各部门在利用商业航天能力方面的职责。

10月，美国地理空间情报局（NGA）发布《商业地理空间战略》，目标是"借力传统、新兴和未来的地理空间情报供应商，向用户交付地理空间情报商业产品和服务"。该战略指出商业地理空间情报的目标是：

（1）通过提供愈发多样的图像、情报产品和服务，使用户能在战时作出明智决策；

（2）通过向所有区域用户提供能立即使用且及时准确的商业图像、信息和知识，使战术用户能减少不确定性，降低人员伤亡，提升任务成功率；

（3）通过提供愈发持久且多样的商业数据、基础产品和服务，使按需提供"容纳地理空间情报的世界地图"成为可能，为地理空间情报用户提高态势感知能力、观察和理解能力。值得关注的是，美国地理空间情报局拟将新兴小企业的小卫星遥感数据与服务纳入采购范围，并安排资金验证商业小卫星图像产品的可用性。

11月，美国通过《商业航天竞争力法》议案，为支持和监管商业载人航天飞行和商业航天发射活动提供法律依据，赋予美国公民利用太空资源的合法权益。主要内容包括：（1）将商业载人航天飞行的"管制学习期"从2016年延长至2023年。（2）将政府为商业发射企业提供第三方赔偿的期限从2016年延长至2025年。（3）赋予美国企业和公民利用太空资源的合法权益。

俄罗斯成立国家航天集团公司以强化航天组织管理　2010年之后，俄罗斯航天发射事故不断，从2010年到2014年，俄罗斯航天发射任务有12次未获成功。2015年，俄罗斯航天发射任务再遭3次失败。

2015年1月，俄罗斯总统普京批准了俄罗斯联邦航天局（Roscosmos）与俄罗斯联合火箭航天集团（URSC）合并，成立"俄罗斯国家航天集团公司"的提案。新公司仍沿用"俄罗斯联邦航天局"这一名称。2015年7月，俄罗斯联邦会议上议院（联邦委员会）和下议院（俄罗斯国家杜马）通过该提案，计划用10年时间完成俄罗斯航天领域改革。

日本规划未来10年航天发展，试图助力"国家正常化" 2015年1月9日，日本政府负责空间政策制定的最高机构宇宙开发战略本部通过新版《宇宙基本计划》，取代2013年1月制订的《宇宙基本计划》。新版《宇宙基本计划》确立三大发展目标：

一是确保宇宙空间的安全，包括确保宇宙空间的稳定利用，扩展宇宙空间在安全保障领域的利用，通过宇宙空间合作加强日美同盟；

二是推进在民生领域内的宇宙空间利用，包括利用宇宙空间解决全球性问题及构建安全、安心、富足的社会，打造相关新产业；

三是维持与强化宇宙空间产业和科学技术的基础。

2015年12月8日，在1月发布《宇宙基本计划工程表》的基础上，日本内阁宇宙政策委员会通过修订版《宇宙基本计划工程表》。主要内容包括：

（1）在侦察卫星方面，将"情报搜集系统"（ICS）配置从"2颗光学+2颗雷达"扩展为"4颗光学+4颗雷达+2颗数据中继"卫星；

（2）在预警卫星方面，启动用于导弹预警的红外传感器研制，建立早期导弹预警能力；

（3）在导航卫星方面，完成"准天顶！"系统4星组网的一期建设，而后将星座扩展至7颗，2020年后形成全面自主的高精度卫星导航系统；

（4）在通信卫星方面，构建由2颗卫星构成的X波段军事通信卫星系统，下一步将该系统扩展至3星，形成抗攻击、高保密的卫星通信网；

（5）在海洋监视方面，构筑由卫星、无人机和地基雷达组成的海洋监视体制，提高海洋监视能力，特别是对日本周边和亚太海域的监视能力；

（6）在运载火箭方面，研制新一代H−Ⅲ火箭，满足日本2020年后军、民、商航天发射的各种需求。

新兴航天企业探索发展运载火箭关键部件的可重复性使用 美国蓝源公司在2015年完成新谢帕德航天器助推火箭回收。2015年4月，新谢帕德航天器完成首次亚轨道飞行试验。11月，蓝源公司再次发射新谢帕德飞行器。发射后，在距地表100千米的高度，助推火箭与太空舱分离，而后自由飞行并下落，最终降落在预定地点。此次试验验证了发动机推力调节、空气动力稳定性布局、制动与着陆等技术。此次助推火箭的成功回收，使得蓝源公司抢在

SpaceX公司之前，成为全球第一家将火箭发射至卡门线（距地表高度约100千米）后又顺利回收的航天公司。

美国SpaceX公司为进一步降低猎鹰9火箭的发射成本，在2015年着手尝试进行火箭第一子级的回收再利用，经历了3次失败后终获成功。

2016年

中国成功发射白俄罗斯通信卫星　2016年1月16日，中国长征三号乙改二运载火箭成功发射了白俄罗斯通信卫星1（Belintersat—I）。该卫星由中国空间技术研究院研制，设计寿命15年，计划定点于51.5度（E）的地球同步轨道，主要用于白俄罗斯及覆盖地区的广播、电视、通信、远程教育和宽带多媒体服务等。该卫星采用东方红4号卫星平台，具有20台C频段和18台Ku频段转发器。白俄罗斯通信卫星–1是白俄罗斯共和国首颗通信卫星，也是中国首次向欧洲用户提供卫星在轨交付服务。

美国猎鹰–9火箭将美国贾森–3卫星成功送入轨道　1月17日，美国猎鹰–9（Falcon–9）火箭将美国贾森–3（Jason–3）卫星成功送入轨道。贾森–3是一颗海洋观测卫星，能够收集海洋变化数据，并预测飓风强度。该卫星质量553千克，采用可重构的观测、通信与科学平台（Proteus），装载有波塞冬–3B（Poseidon–3B）高度计，主要载荷包括星载多普勒无线电定轨定位系统（DORIS）、先进的微波辐射计（AMR）、全球定位系统有效载荷（NavstarP），以及激光反射器阵列（LRA），设计寿命3年。

欧洲阿里安V火箭成功发射国际通信卫星　2016年1月27日，欧洲阿里安V火箭成功发射了国际通信卫星–29E（Intelsat–29E）。该卫星质量约6 550千克，采用BSS–702卫星平台，具有高吞吐量C频段和Ku频段的有效载荷，是国际通信卫星史诗级系统，能为在北美、南美和北大西洋海上及空中航线的固定和移动用户提供25～35太比特/秒的带宽。

参考文献

［1］中国大百科全书总编辑委员会《航空航天》编辑委员会. 中国大百科全书：航空航天［M］. 北京：中国大百科全书出版社，1985.

［2］犯剑锋. 空间站工程概论［M］. 哈尔滨：哈尔滨工业大学出版社，1990.

［3］史超礼，李成智. 人类飞行的历程［M］. 北京：中国劳动出版社，1995.

［4］顾诵芬. 世界航天发展史［M］. 郑州：河南科学技术出版社，2000.

［5］李成智. 航空航天技术［M］. 广州：广东人民出版社，2000.

［6］金永德. 导弹与航天技术概论［M］. 哈尔滨：哈尔滨工业大学出版社，2002.

［7］褚桂柏. 航天技术概论［M］. 北京：宇航出版社，2002.

［8］栾恩杰. 国防科技名词大典：航天［M］. 北京：航空工业出版社，兵器工业出版社，原子能出版社，2002.

［9］吴沅. 航天技术［M］. 江西：江西教育出版社，2003.

［10］刘宝善. 飞天史话［M］. 北京：中国闵行出版社，2003.

［11］宋晗. 神舟：载人航天的故事［M］. 北京：科学普及出版社，2003.

［12］邱乃庸. 航天百科［M］. 郑州：海燕出版社，2004.

［13］李成智. 中国航天技术发展史稿［M］. 济南：山东教育出版社，2006.

［14］宋笔锋. 航空航天技术概论［M］. 北京：国防工业出版社，2006.

［15］基谢列夫，梅德韦杰夫，梅尼希科夫. 跨越千年：世界航天回顾与展望［M］. 西安：西北工业大学出版社，2007.

［16］杨炳渊. 航天技术导论［M］. 北京：中国宇航出版社，2009.

［17］王云. 航空航天概论［M］. 北京：北京航空航天大学出版社，2009.

［18］李成智，李建华. 阿波罗登月计划研究［M］. 北京：北京航空航天大学出版社，2010.

［19］LASSER D. The Conquest of Space［M］. New York：Penguin Press，1931.

［20］GARIN I M. War and Peace in the Space Age［M］. New York：Harper，1958.

［21］CHAPMAN J L. Atlas：The Story of a Missile［M］. New York：Harper & Brothers，1960.

［22］FAGET M A. Preliminary Studies of Manned Satellites［M］. Washington：GPO Press，1962.

［23］TSIOLKOVSKY K E. Collected Works of Tsiolkovsky［M］. Washington：GPO Press，1965.

［24］EMME E M. The History of Rocket Technology［M］. Detroit：Wayne State University Press，1965.

［25］EMME E M. A History of Space Flight［M］. New York：Holt，1965.

［26］CLARKE A C. The Coming of the Space Age［M］. London：Victor Gollanez Ltd.，1967.

［27］EMME E M. Historical Perspectives on Apollo［J］. Journal of Spacecraft and Rockets，1968.

［28］SEAMANS R C. The Space Programm and the Needs of the Nation［J］. Astronautics & Aeronautics，1969.

［29］LOGSDON J M. The Decision to go to the Moon：Project Apollo and the National Interest［M］. Chambridge：MIT Press，1970.

［30］GLUSHKO V P. Development of the Rocketry and Space Technology in the USSR［M］. Moscow：Novosti Press，1973.

［31］BAKER D. The Rocket：The History and Development of Rocket and Missile Technology［M］. London：New Cavendish Books，1978.

［32］WINICK L E. Birth of the Russian Rocket Programme［J］. Spaceflight，1978.

［33］JOHNSON N L. Handbook of Soviet Manned Space Flight：Volume 48：Science and Technology Series［M］. San Diego：Univelt Inc.，1980.

［34］EMME E M. Science Fiction and Space Futures，Past and Present［M］//AAS History Series. San Diego：Univelt Inc.，1982.

［35］MAXWELL W R. The Early History of Rocketry［J］. JBIS，1982.

［36］KOPPES B R. JPL and the American Space Program：A History of the Jet Propulsion

Laboratory [M] . New Haven: Yale University Press, 1982.

[37] OSMAN T. Space History [M] . London: Michael Joseph, 1983.

[38] LEWIS R S. Space in the 21st Century [M] . New York: Columbia University Press, 1990.

[39] ROBERTSON D F. Survival Space Station [J] . Space, 1994.

[40] BLUETHMANN W, AMBROSE R, DIFTLER M, et al. Robonaut: A Robot Designed to Work with Humans in Space [J] . Autonomous Robots, 2003.

事项索引

人名索引

克拉克 Clarke，A.C.［英］1945

L

朗格 Lange，K.［德］1928
雷宁 Leinen，N.［苏］1932
雷斯尼克 Resnik，J.A.［美］1986
罗曼诺夫 Романов，П.А.［俄］1680

M

麦考利英 McAuliffe，C.［美］1986
麦克奈尔 McNair，R.［美］1986
茅元仪［中］1621

N

牛顿 Newton，I.［英］1687

P

普朗特 Prandtl，L.［德］1901，1911

Q

齐奥尔科夫斯基 Циолковский，К.Э.
　［俄］1903，1924，1930
钱学森［中］1939，1955

R

任新民［中］1949

S

桑格尔 Sänger［奥］1933，1951
史密斯 Smith，M.J.［美］1986
斯科比 Scobee，F.R.［美］1986
孙家栋［中］1958

W

王大珩［中］1948
韦纳姆 Wenham，F.H.［英］1871

X

希罗 Hero［希］62
谢巴德 Shepard，A.［美］1961

Y

杨嘉墀［中］1956
耶格尔 Jaeger，C.［美］1953

Z

庄逢甘［中］1950

军事兵工

概述

（远古—1900年）

1. 漫长的冷兵器时代（远古至17世纪末）

军事技术与民用技术的区分，并非依据技术本身的特性，而是依据技术的应用目标与应用领域。一般而言，一项技术，如果是因民用目标发展起来的，并且始终只应用于民用领域，就被看作民用技术；如果它被应用于军事领域，就被视为军事技术。一项技术，如果最初是为了军事的目标而发展的，其后虽然因没有发展成熟、成本过高、操作过于复杂等原因没有或尚未在军事领域应用，通常也被视为军事技术。有时，那些因军事应用而发展的技术在军事领域没有或很少应用，反而在民用领域大量应用，也会被看作民用技术。

原始时代是否已经出现战争，尚无定论，但确凿无疑的是存在着部落冲突。因此，当人们谈到远古的军事技术知识，长矛、弓箭、飞石索可用于攻击人类的工具常常也被视为军用武器，而不管它们实际上是否被用于战争。

从远古时代到17世纪末，人类军事技术的最显著特点就是冷兵器的出现和使用。尽管最迟在10世纪中国人就已经发明了火药，最晚在11世纪宋代的中国人就已经将火药应用于军事领域，但是，直到17世纪末18世纪初，火药武器才率先在欧洲完全淘汰了弓、弩等远射兵器，长矛兵退出战争舞台，火枪兵才可以离开长矛兵的支持遂行作战任务。

从材料演进看，冷兵器主要经历了石器、铜器和铁器三个发展阶段。

从原始时代直到人类文明的早期，人类普遍使用石器。此后，人类才逐渐掌握金属冶炼技术。B.C.3500年，美索不达米亚南部的苏美尔人就已经学会使用铜器。到B.C.3000年，铜器的使用已经相当普遍，大部分磨制的石凿、石斧被青铜器所取代。埃及人对铜器的使用要晚于苏美尔人，第三王朝（约B.C.2600年）以后，埃及人开采了许多地方的铜矿，他们的金属知识或许来自苏美尔人。中国人则是在商代（约B.C.1600—约B.C.1046年）掌握了成熟的青铜冶炼和青铜器制造技术。美洲大陆的印第安人、玛雅人等，要到16世纪西方殖民者大规模入侵美洲之后，才逐步掌握金属冶炼技术。B.C.15世纪末至B.C.13世纪中期，处于极盛时期的赫梯人可能已经拥有一支以铁制武器装备为主的军队。真正的铁器时代约始于B.C.1200年，那时近东地区的人们已经普遍使用铁器。中国人大量使用铁器是在战国（B.C.475—B.C.221年）时代，经过数百年的铜铁兵器混用，东汉（25—220年）时期铁制武器完全淘汰了青铜武器。

冷兵器种类繁多，一般分为用于进攻的武器和用于防护的防具两大类。防具主要有甲、胄、盾三种。甲、胄多为铜制或铁制，也有纸甲、棉甲等，二者具有一定的防护能力，能够有效抵挡流矢。盾牌多为木制，也有竹制、皮制的，偶有金属制作的小圆盾。武器可分为近战武器与远射兵器两类。近战武器又分为短兵器与长兵器两类。实战中普遍装备的短兵器主要为刀和剑，如罗马军队中后期的主要装备是短剑，虽然中国史书和文学作品对剑有大量的记载和描写，但古代中国军队从未以剑为主要兵器。长兵器主要包括戈、矛、戟、钺、长柄刀（如唐代的陌刀）等。训练有素的步兵装备长兵器后，在正面对抗使用近战武器的重骑兵的突击之时拥有优势。远射武器主要包括弓、弩和抛石机，其中弓和弩既可用于野战，也可用于城池攻防。抛石机因为比较笨重、难以命中移动目标，一般用于城池攻防，用于野战的情况比较少。

冷兵器时代军队的攻坚能力普遍不足，在要地筑城设防成为各农耕民族的普遍策略。延续千年的拜占庭帝国，依赖遍布帝国的城池防御体系与游牧军队长期作战。古代中国王朝、罗马帝国，在国力强盛之时，甚至沿边境修筑长城。虽然古代世界各地大都发展出复杂的筑城和城池攻防技术，但一般而言，据城而守的一方拥有相对优势。所以古代战争中，也经常采用突然掩袭、长期围困、水淹等方法攻破城池。火炮技术发展起来之后，旧式城池已不足以抵挡火炮的轰击，棱堡防御体系应运而生。

　　骑兵出现之后，迅速成为冷兵器时代战场的主宰。马匹驯化和骑兵出现的确凿时间至今仍然模糊不清，至迟在亚述帝国（B.C.935—B.C.612年）时已出现"双骑士"骑兵。B.C.690年，西米里安人（Cimmerrians）的骑兵攻破小亚细亚大部，蹂躏弗利吉亚（Phrygia）王国。B.C.612年，斯基泰人（Scythians）派遣大批骑兵侵略中东，并参与洗劫尼尼微（Nineveh，底格里斯河上游东岸今伊拉克摩苏尔附近，亚述帝国都城）。B.C.771年，西周的灭亡也可能是斯基泰骑兵从阿尔泰地区入侵所致。B.C.4世纪，中国出现骑兵入寇的明确记载。B.C.6世纪至B.C.1世纪在伊朗培育成功的伊朗战马，体大力壮（可负铠甲骑兵及自身金属甲罩），食用紫花苜蓿等人工种植的饲料（饲养成本较低），成为后世铠甲骑兵的基础。中国在汉武帝时期的远征中引进过伊朗战马，但一直未居重要地位。在哈德良（117—138年在位）时代，罗马开始试验铠甲骑兵。732年，查理·马特将铠甲骑兵引进欧洲西部。在骑兵发展史上，马镫的发明是一项重大事件，其具体发明时间同样不甚清楚。最初的马镫可能是软马镫，后来发展出硬质单马镫。至迟在4—5世纪，出现了硬质双马镫。

2. 火药的发明与火器革命（晚唐到17世纪末）

　　火药的发明和火器的出现，不仅是军事技术发展史上划时代的重大事件，使得战争从漫长的冷兵器时代逐步过渡到火器时代，而且摧毁了欧洲中世纪的城堡与封建制度，推动了近代文明的诞生。

　　火药由中国古代的炼丹家发明。炼丹常用的"药石"（即炼丹材料）主要包括五金（金、银、铜、铁、锡）、八石（丹砂、雄黄、雌黄、空青、硫黄、云母、戎盐、硝石）、木炭、松脂、各种草本药物。炼丹家不断尝试这些"药石"的不同配方，进行水法炼丹和火法炼丹，企图制造出长生不老药。经过许多世纪的尝试，炼丹家在无意中发明了黑火药。成书时间不晚于10世纪的《真元妙道要略》（托名晋人郑隐撰）记载了某炼丹家将硫黄、雄黄、硝石和蜜（不完全燃烧时成为木炭）合在一起烧炼，导致失火，烧伤其手部、面部，并烧掉其"室舍"。

火药应用于军事活动的早期历史缺乏清楚的记载，北宋庆历四年（1044年）年成书的《武经总要》（曾公亮、丁度等编）记载了火炮火药、蒺藜火球火药、毒药烟球火药三个军用火药配方，表明至迟在11世纪，火药已经在战争中得到大量应用。火药用于军事活动后，人类大致沿着四个不同的方向探索和发展火器。燃烧性火器以火药作为引火，燃料为原油，有火箭、火炮、火药鞭箭、竹火鹞、铁嘴火鹞、蒺藜火球、霹雳火球、毒药烟球、陶火罐、猛火油柜等。爆炸性火器，有霹雳炮、铁火炮、震天雷、火炮、火蒺藜等。火箭，有起火、霹雳炮等。这些火器，多数在12世纪就已经发明出来。作为20世纪中期之前数个世纪里支配战场的管形火器，其最早的出现时间争议较多，不同的研究分别认为重庆大足宋代石窟北山第149窟天神持瓶状铳炮造像（1128年）、陈规火枪（1132年）、火筒（南宋，《行军须知》简略记载，不可考）、突火筒（南宋，《行军须知》简略记载，不可考）、突火枪（1259年）等是最早的管形火器。其中，《宋史》卷197《兵十一·器甲之制》所载突火枪"以巨竹为筒，内安子窠，如烧放，焰绝然后子窠发出，如炮声，远闻百五十余步"，是最为明确的早期管形火器记载。目前的出土文物中，最早的管形火器实物可能是元代的阿城铳，1970年7月出土于黑龙江省阿城县阿什河畔的半拉城子，可能为1287—1290年忽必烈平定乃颜部期间，蒙军在丁撒儿都鲁（今贝尔湖东南沙尔吐勒）的作战遗物。

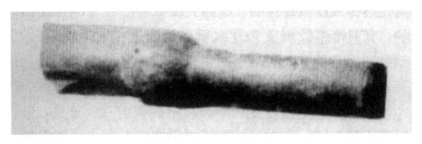

阿城铳（可能为1287—1290年蒙军作战遗物）

尽管未来主宰战场的管形火器至迟在13世纪中叶就已经发明，但由于早期火器长期存在命中精度低、设计速度慢、易受不良天气（大风、雨雪等）影响、操作程序复杂、手工制造废品率高等缺陷，直到4个半世纪之后的17世纪末18世纪初，欧洲军队才率先淘汰冷兵器。T. N. 杜普伊所著《武器和战争的演变》一书，综合考虑武器的攻击距离（射程）、命中精度、破坏力、打击效率等参数，计算出兵器杀伤力的理论指数（TLI）（见下表）。由表可见，18世纪之前的火器，并不足以取代长弓和十字弓。

兵器杀伤力理论指数（部分）

兵器名称	TLI
白刃战兵器	23
标枪	19
普通弓	21
长弓	36
十字弓	33
火绳枪	10
17世纪的滑膛枪	19
18世纪的滑膛枪	43
19世纪早期的来复枪	36
19世纪中叶的来复枪	102

3. 战争的工业化（18—19世纪）

18世纪，随着纽可门蒸汽机（1712年）、飞梭（1733年）、珍妮纺纱机（1765年）、瓦特蒸汽机（单动式蒸汽机，1765年；联动式蒸汽机，1782年）、动力织机（1785年）、螺丝切削机床（1797年）等的发明和应用，工场手工业逐步被机器大工业所取代，人类文明从农业时代进入工业时代，战争也开始工业化。工业时代的武器装备制造，由机器大批量、高精度、高效率、标准化地完成，一个国家军队的战斗力从此高度依赖于其工业实力。

　　18世纪和19世纪的武器技术进步，主要包括枪械技术、火炮技术与高爆炸药三个方面的内容。

　　枪械技术方面，首先是线膛枪取代了滑膛枪。尽管早在1525年，膛线枪管就已经出现，但由于手工切割膛线非常困难，在精度、可靠性、产量等方面都不能满足战争的需要，19世纪之前的大多数火器仍然是滑膛的。1776年，英国人弗格森（P. Ferguson, 1744—1780）研制了一种射程可达180米的弗格森步枪（当时一般步枪的射程仅80米），这是一种后装线膛枪。最初，线膛枪的射击速度比滑膛枪要慢。19世纪初，英国军队采用次口径子弹，有效地提高了线膛枪的射击速度。19世纪线膛武器的发展还得益于机械加工技术的进步。美国纽约的雷明顿枪炮厂首先使用镗床加工枪管，制造出高精度的线膛枪。在19世纪，1823年，英国人诺顿（C. Norton）发明圆锥形子弹。1849年，法国米尼（M. Minie，一译米涅）发明米尼子弹。1860年，出现了使用圆锥形子弹的弹仓步枪。现代机枪的发明，是19世纪枪械技术的又一项重大进步。1717年，英国律师帕克尔（F. Puchle, ？—1724），取得了帕克尔式单管手摇机枪的专利，但这种机枪过于笨重，装弹又比较困难，并未引起重视。1862年，美国人R. J. 加特林（R. J. Gatling, 1818—1903）发明6管手摇机枪，每分钟可发射200发子弹。1884年，英籍美国人马克沁（H. Maxim, 1840—1916）取得了马克沁机枪的专利，这是一种采用后坐自动原理的机枪，理论射速可达600发/分。马克沁确立的后坐原理至今仍然是自动武器的理论基础。

　　火炮技术的发展相对迟缓，直到19世纪中叶以后才取得巨大突破。18世纪初，法国人瓦利叶（Valliere？—1776）开始用炮称呼那些不够轻便的管形火器。虽然后装炮和线膛炮早已为人所知，但直到1845年，才出现了后装线膛炮，但成本过高，难以装备部队。1879年前后，法国人莫阿（Mohi）发明最早的制退复进机，但未能解决根本问题。1897年，法国人德维尔–里马尔霍（Deviel-Limalhe）发明液压气体制退式复进机，并于次年制造出76毫米口径管退炮，射速每分钟20发，射程6~8千米。精度高、射程远、射速快的火炮的出现，使炮兵成为战场的支配力量。

　　随着化学革命与化学工业的兴起，19世纪出现了无烟火药和高爆炸药，取代了已经沿用9个世纪的黑火药。化学的进步首先造就了带火帽的子弹。1798年，布朗哈特里（L. G. Branhutly）发现了雷酸汞。次年，E. C. 霍华德制造出雷汞。1816年，肖（Th. Shaw）在美国费城发明了黄铜火帽。19世纪50~60年代，出现预先压上底火的黄铜整体金属弹壳。也是在19世纪60年代，出现了实用的无烟火药。1832年，法国化学家H.布拉克诺（Blacnor）在做实验时生成过硝化棉，但并未继续研究。1846年，德国化学家C. H. 雄拜因（Schönbein，1791—1868，一说瑞士人）制成硝化棉，仔细研究后发现它的爆炸威力比普通火药大2~3倍。1863年，意大利人F. 阿贝尔（Abel）找到了比较实用的制造和提纯硝化棉的方法，其后又改进了硝化棉的处理方法，使之能用作枪炮的发射火药。1887年，诺贝尔制成颗粒状无烟火药。到了19世纪90年代初，欧洲国家的步枪子弹已基本上使用无烟火药。19世纪20年代，随着化学工业的发展，人们已经能够从煤焦油中分离出苯、甲苯、萘等。1847年，意大利都灵人梭勃莱罗（Sobrero，1812—1888）发现硝化甘油基三硝酸甘油酯。这些技术进步和化学进展奠定了高爆炸药的研制基础。1875年，瑞典人诺贝尔（Alfred Bernhard Nobel，1833—1896）将硝化甘油与火棉混合，制成比较稳定而又具有强大爆炸力的炸药。1863年，德国化学家J.维尔布兰德（J. Wilbrand）制成TNT。1891年，德国实现了TNT的工业化生产。此外苦味酸（黄色炸药）、硝胺炸药、黑索金等都出现于19世纪中后期。

约3万年前

中国人发明弓箭 弓箭是古代以弓发射的具有锋刃的一种远射兵器。最初的弓仅用单片木材或竹材弯曲而成，缚上动物筋、皮条或麻质的弦。最初的箭只是削尖了的细木棍或细竹棍。后来衍生而成的复合弓由三部分组成：木、角及腱。1963年，在对旧石器时代晚期的文化遗址的考古挖掘中，考古人员在山西省朔县附近的旧石器遗址发现了一支早期人类制造的石镞。该石镞由长片薄燧石制成，长2.8厘米，镞尖锋利，这表明当时制作的镞尖已非常精致。经放射性碳同位素测定，其制作时间大约在28945年前，这是中国迄今为止出土年代最久远的石镞。未上弦线的复合弓向外弯曲，弓背（面向目标的一面）为木制。弓背亦包括三部分：一对弓臂及一个弓弝。木制部分大多采用槭树（枫树）、山茱萸或桑树，或同时采用多种木材。弓箭的发明和改进使得人们能够在较远的距离准确而有效地杀伤猎物，而且携带、使用方便，可以预备许多箭连续射击。而《易·系辞下》中"弦木为弧，剡木为矢，弧矢之利以威天下"的记载，亦是从文字层面印证了上古时期中国人制造和使用弓箭的情况。山西朔县旧石器遗址的出土发现，说明华夏民族的祖先在距今约3万年前便已经进入研制和使用弓箭的时代。恩格斯说："弓箭对于蒙昧时代，正如铁剑对于野蛮时代和火器对于文明时代一样，乃是决定性的武器。"如此评价弓箭，仍嫌不足，因为即使在"野蛮时代"，也没有任何一种青铜或钢铁兵器（包括铁剑）能与弓箭的作用相匹敌。可以说，直至火器诞生，弓箭都是决定性的武器。

约26400年前

中国人发明飞石索 飞石索是把石球与绳索或皮带结绑在一起制成的复合远射器具。在距今约26400年的丁村文化遗址中，考古人员发现了数以千计、质量从90到2 000克不等的用石英岩、火成岩或石灰岩制作的石球。从考古鉴定来看，这种石制球形弹丸是原始人的抛射武器——飞石索。此外，距今75万—100万年前的蓝田人，已经懂得打制和使用石球；距今50万年前的北京猿人，也有打制和使用石球的历史。根据现有的考古发现，原始人主要使用三种形式的飞石索：单股索绳飞石索、双股索绳飞石索和带柄飞石索。其中，单股索绳飞石索的操作如下：由抛射者紧握

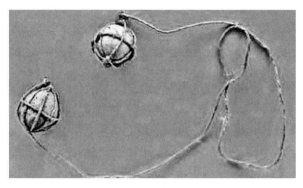

飞石索

一根皮制或麻制索绳的一端，索绳另一端拴系一个弹丸，将索绳的另一端绕头顶急速旋转后突然松手释索，依靠惯性离心力将索绳所拴系的弹丸掷向远方的目标，石球引索而出飞向野兽，可以将它击伤或打倒。双股飞石索则是用两根索绳分别系在一个盛放石球筐兜的两侧，其中一根索绳的端头有一个环，供盛石球之用。具体操作：抛射者将一只手套在有环的索绳上，另一只手抓住另一根索绳，在急速甩动中突然松开无环的索绳，筐兜中的石球借助惯性离心力而甩向远方的目标。用这种飞石索，既可以投掷出一个大石球，也可以同时掷出几个小石球。带柄飞石索则是将带环的索绳和筐兜用一根短棒代替，其抛射的原理和方法与双股飞石索相同。作为远古中国人使用的早期武器，飞石索具有强大的生命力，直至新石器时代晚期才逐渐为专用的抛射兵器所取代。飞石索的出现，与旧石器时代晚期出现的石制箭头狩猎工具相比，更具有划时代的意义。

约10000年前

欧洲人使用投矛器 投矛器（spear-thrower）是一种由投掷板、矛两部分构成的装置，用于加大矛或投枪的投掷距离、打击力量及准确程度。从外形上看，投掷板是一条扁平、狭长的木板或骨板（长0.3~1.5米），形制各有不同，但大体由牵掣机构、矛杆托架及握把组成，握把上有指槽，牵掣机构可以是挂钩、卡槽或是皮绳。在使用投矛器前，使用者将矛尾端置于牵掣机构处（投矛器所使用的矛长度为1.2~2.7米，一般装有尾羽，从而提高稳定性与飞行距离，与一般的标枪不同），将矛身放置于光滑的矛杆托架上，使用

投矛器使用示意图

投矛器时，使用者握住投矛器的握把，手臂用力向前上方挥动，此时投矛器成为手臂这一杠杆的延伸，矛的初速度与投掷距离皆得到了大幅度提升（速度可达150千米/时），杀伤力也相应得到增强。投矛器的发明至少可以追溯到旧石器时代，其发明时间要早于弓箭。考古学家曾在欧洲马格德林（Magdalenian）遗址和B.C.1万多年的地层中发掘出各种投矛器。澳洲土著居民、因纽特人、太平洋西南部美拉尼西亚（Melanesians）人、美洲（巴西）印第安人以及其他一些部族也曾把投矛器作为狩猎武器，中国古代尚未发现过类似的装置。

中国人发明斧、钺 斧是一种由一根木棍把手接着一块梯形刀片构成的一种武器或者伐木工具。石斧的历史可追溯到几十万年以前。那时人们用磨制粗糙的石斧砍斫器物、捕猎禽兽，可谓是当时不可缺少的劳动工具之一。考古工作者在多处新石器时代晚期的遗迹中均发现石斧，从出土石斧的情况看，其长度约10厘米，少数超过20厘米，斧身多为梯形或长方形，横截面呈长方形或准椭圆形，其中部分斧身存在穿孔的情况。依据考古鉴定，石斧在安装过程中，需要将斧头安入木柄的卯眼内，与木柄垂直正交，而构成横柄状斧形，柄头则呈现前粗后细，便于握持和操作。斧、钺通常被联称，二者的形制相似，都是用来劈砍的长兵器。二者的区别：钺是一种大斧，刃部宽阔呈半月形，更多地用作礼器或兵器；斧则是一种用途极广的实用工具。伴随人类对自然界材料的认识和利用水平的提升，铜斧、铁斧相继出现。斧舞动起来，姿势优美，风格粗犷、豪放，可

铁斧

以显出劈山开岭的威武雄姿。斧的主要用法有劈、砍、剁、抹、砸、搂、截等。斧、钺在上古不仅是作战的兵器，更是军权和国家统治权的象征。

钺

钺为中国古代武器及礼器的一种，为一长柄斧头，质量也较斧更大。从考古的情况看，在河姆渡、仰韶、大汶口等新石器时代的文化遗址中均发现有石钺。从形状上来看，石钺与石斧有很多相似之处，但略显扁薄，在形体上则呈长方形、梯形、圆盘形、内形、亚腰形和胆形等多种样式。从发掘出土的样品来看，在钺身的上部存在有穿孔的情况，一般是一个穿孔，但也有上下并列的两个穿孔或呈三角形排列的三个穿孔的情况，钺刃部分则普遍呈现半圆形，弧度较大。伴随人类对自然界材料的认识和利用水平的提升，玉钺、铜钺、铁钺相继出现。钺作为一种象征意义，只在祭祀等特定的场合还有所保留，或者作为一种刑具仍在少量使用。

约B.C.4200年

原始人发明骨匕首　骨匕首是一种比剑更短小的适合近距离搏斗的刺砍两用兵器。考古工作者在大汶口文化遗址发掘了一件短柄骨匕首，它长约18厘米，大致呈现扁平或三角形状，匕首的两侧磨成利刃，收聚成锋，后部则有一个大方形孔，便于使用者操持。一般说来它的长度介于小刀（knife）与短剑（short sword）之间，但其实很难明确地区分三者。匕首长度短，几乎只能对近身的敌人使用，但危急时也可以作投掷攻击。在中国古代历史上，匕首短小锋利、携带方便而成为近距离刺杀的重要武器。《战国策》记载荆轲刺秦王的故事中"图穷匕

骨匕首

见"的"匕"指的就是匕首。作为杀敌的利器,匕首历来为兵家和情报人员所重。西方至今用"斗篷与匕首"式的人物来形容间谍。美国特种部队的徽记就是两支交叉的箭,中间一把匕首。

约B.C.3500年

中国人发明矛 矛是中国古代一种用于直刺和扎挑的长柄格斗兵器。在殷墟侯家庄曾出土成捆的青铜矛,由此推测出其制造量在当时相当大。殷王的禁卫兵多装备这种铜矛。商代,青铜矛不仅量多而且制作工艺水平已相当高,当时所

石 矛

制的矛形体宽大,双面有刃,且雕镂精致,式样美观,不仅是实战的兵器,也堪称艺术珍品。到了周代,矛的刃部加长,锋部更为厚实,骹部减短,两侧的环被去掉,形式简化,实战性增强。从商朝到战国时期,一直沿用青铜铸造的矛头,只是在形制上,由商朝的阔叶铜矛发展成为战国时的窄叶铜矛。伴随人类对自然界材料的认识和利用水平的提升,骨矛、石矛、金属矛相继出现。古人根据矛的长度和形态将矛分为蛇矛和长矛。B.C.484年(周敬王三十六年,鲁哀公十一年),齐军侵犯鲁国,鲁季孙氏家臣冉求帅三百徒卒参加战斗,"用矛于齐师,故能入其军",可见矛已是步兵同车兵战斗的有效兵器。

B.C.3000年前

苏美尔人使用驴战车 驴战车是在B.C.3000年前由两河流域的苏美尔人使用的战车,多为两轮车。苏美尔人驯养中亚野驴(Equus Onager Pallas)的时间要早于驯养马匹,因而中亚野驴也比马匹更早应用于战争当中。苏美尔人用轭牛的方式使用中亚野驴来牵引战车与客车,而中亚野驴的体型及力量较弱,战车往往需要四头野驴来牵引。从特勒·阿格拉布(Tell Agrab)遗

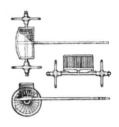

苏美尔人使用的驴战车

址中发掘出的铜车上可以大致看出驴战车的基本形制，车体为连接辕杆的一个中心板，驾驶者两脚分开站立，脚置于车轴前的一个架子上，车轮为实心轮，直径约1米，在操作与机动性上与后期战车相比较为笨重。除单人驾驶的战车以外，在被发掘出的石碑上还记载了乘有一名驾驶者及一名武士的双人战车。该车为四驴并驱的四轮战车，车厢主体据推测为树枝的编织物，车厢后有敞口，前部有挡泥板防护，挡泥板上还配有放置长矛的容器，辕杆水平横穿过车厢底板并上弯至车轭处，这一设计同后来的古埃及双轮战车类似。

B.C.2600年前

中国商代工匠发明甲　甲是一种用于防护人或马的躯干的防具，又叫作介或函。甲作为一种古老的防具，它的历史可以追溯到新石器时代由皮革、藤木等原材料所制作的简甲。据说可以称为"甲"的防护装具是夏朝的第六代国君抒发明的。甲主要用皮革制作，披戴在前胸后背、腰腹等部位，既不影响四肢的格斗活动，又能使身体主要部位免受兵器的损害。先秦时期的古书中以甲、介、函等名称冠之。据《三国演义》描述，曾经被诸葛亮七擒七纵的南蛮首领孟获，在作战时，"身穿犀牛甲，头顶朱红盔，左手挽牌，右手执刀，骑一头赤毛牛……"从考古发掘的材料来看，自商代起，中国就开始使用皮甲做防护装备。这一时期的皮甲，已经不再是原始的整片皮甲，而是根据防护部位的不同，从整片皮甲中选取合适的部分制成形状大小各异的皮甲片。为了加强保护效果，一般将多层皮革片叠合在一起。同时，皮革片表面还经过了涂漆处理，多片皮革片通过穿孔并用绳编联在一起，以达到美观、耐用的效果。伴随人类对自然界材料的认识和利用水平的提升，到西汉时期，铁铠甲逐渐取代了皮甲和青铜甲。在车战中，甲是主要的防护装具，几乎每名武士都配套铠甲，所以军中兵员实力又往往以铠甲数目表示，如"披练三千""带甲十万"等。铁甲出现以后，皮甲、藤甲仍是少数民族军队的主要防护用具。

约B.C.19世纪

夏代工匠发明了戈、刀 戈是我国古代特有的一种主要用于勾、啄格斗的曲头兵器。最早发现的青铜铸戈头，出土于河南省偃师县二里头遗址，距今约4000年。在广东地区新石器时代晚期的文化遗址中，考古工作者发现了以千层岩和

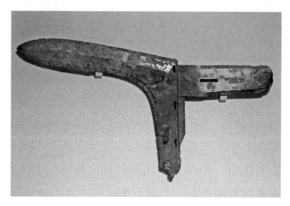

戈

灰岩为材质制作的石戈头，形状类似于鸟喙或兽角。这些石戈头的后部装有长柄，方便安装木棍而作为啄击或钩割敌方的武器。一般而言，戈作为一种制式装备在军队普遍使用，但从距今4000年前的二里头文化和凌家滩文化中出土的玉戈来看，它也可作为一种特殊的仪仗器具使用。戈一般分为三种类型：直内戈、曲内戈和銎内戈。戈头分为援、内、胡三部分。直内戈出现在商周时期，初期其援和内之间没有明显的界线，但为了防止戈头掉落，在商以后加添了阑和胡。曲内戈是中国商周时期的一种戈，其援和内之间没有明显的分界，没有阑，装上柄以后容易脱落，商以后被淘汰。不过有些曲内戈具有一定的美学价值。銎内戈的制造方法比曲内戈和直内戈复杂，是在"内"部铸成圆套，把柄装在銎内防止脱落，使用时安柄方便，直接把上端穿入銎中即可。西周早期曾有一段时间出现短胡一穿式的銎戈，是以缚绳辅之。其间形制虽有变化，但几个基本部位仍大致相同，分为戈头、柲、柲冒和柲末的镈。商代及西周时的柲冒大多为木质，青铜铸造的极少。镈是东周时才发展起来的。战国晚期，铁兵器的使用渐多，铁戟逐渐取代了青铜戟，同时也逐渐淘汰了青铜戈。在古代历史上，戈与战争的密切关系已经超出了兵器的

意义，而上升至文化的层面，作为一个重要的部首，"戈"字构成了与战争有关的"战""伐""武"等文字，繁体的国字甚至将"戈"包含其中。

　　刀为单面长刃的短兵器。作为一种古代常用的切割工具，刀在新石器时代的仰韶文化、龙山文化等多处遗址中普遍存在。在远古时代，刀的形状有较大的变化，仰韶文化的刀呈长方形，龙山文化时期的刀呈直刃弧背的半月形。山东省日照市各文化遗址中出土的石刀则呈长方形或船底形，刀口有单面或双

刀

面、微呈弧形或平直形。北京昌平区白浮西周木椁墓出土两把青铜刀：一把刀身长41厘米，刀背微弓；另一把长24厘米，类似冰刀形。刀由刀身和刀柄构成，刀身较长，脊厚刃薄，适于劈砍。伴随骑兵的发展，利于劈砍的刀逐渐取代了剑的地位，到两汉时期，刀已经成为中国军队的制式装备之一。刀不仅用于战场上，而且在官场上地位同样尊贵。汉朝时，自天子至百官无不佩刀。这种佩带用刀，从外形上要求精致美观，刀身通体雕刻花纹，刀环铸有各种形态的鸟兽图案。

约B.C.17世纪

　　迈锡尼人发明了迈锡尼青铜匕首　匕首是一种比剑更短小的刺砍两用兵器。其外形与剑相似。由于它短小易藏，多用于近身格斗、贴身防卫或暗杀。迈锡尼是位于希腊伯罗奔尼撒半岛东北阿尔戈斯平原上的一座爱琴文明的城市遗址，位于科林斯和阿尔戈斯之间。它是《荷马史诗》传说中亚该亚人的都城，由珀耳修斯所建，在特洛伊战争时期由阿伽门农所统治。迈锡尼的青铜匕首在希腊特别引人注意，不仅因为它独特的基本构造，还因其拥有上好的锥形刀身，镀金的铆钉连接着角制或象牙握柄。刀身上镶嵌着各种精美的金银装饰，其中一些展示了航海生活，另外一些则

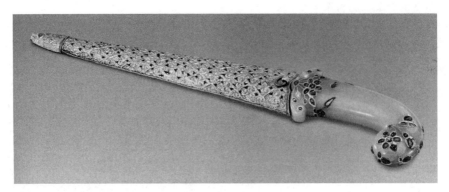

迈锡尼青铜匕首

描绘狩猎或战争的场景。迈锡尼在公元前第二个千年中是希腊大陆最重要的城市，统治着爱琴海南部广大的地区，迈锡尼青铜匕首代表了当时希腊文明的军事技术发展水平。

商代工匠采用了版筑法 版筑法是中国人发明的一种古老筑城方法。打夯的动作名筑，进而打夯的工具（夯杵、夯头）亦名筑。所谓版筑，就是筑墙时用两块木板（版）相夹，两板之间的宽度等于墙的厚度，板外用木柱支撑住，然后在两板之间填满泥土，用杵筑（捣）紧，筑毕拆去木板木柱，即成一堵墙。《孟子·告子下》中便有"傅说举于版筑之间"的记载。直到今天，有的地区仍然使用这种办法筑墙。考古工作者在对郑州商城遗址的考察中推测，商代已经开始采用版筑法建筑城墙了。版筑施工，须先立挡土版。两侧的挡土版名榦，又名栽；前端的挡土版名桢，在汉代又名牏。古代为了防止挡土版发生移动，在版的外部立有桩，并用绳绕过桩而将版缚紧，再将桢、榦等物缚植完毕后，即可填土打夯。夯杵多为木制，夯头有石质、铁质。夯完后，砍断缩绳，拆去墙板，这道工序称为斩板。夯筑高墙时，须搭脚手架，要在夯层中安置插竿。施工完毕，拆去脚手架，压在夯土中的插竿还能起到加固作用。郑州商城的城墙，在主墙与各夯层之

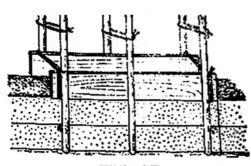

版筑法示意图

间采用一种"榫卯式结合"的方法，使较深的两层夯窝互相嵌接，以增强主城墙的坚实度。我国战国时期发明了砖，但直到秦汉，砖是用来砌筑墓室和铺地面的，不用于造房。用砖来砌墙造房是比较后来的事，而且应用范围有限，一般百姓民居仍用版筑技术建造。直到今天，有的地区仍然使用这种办法筑墙。

商代工匠发明了青铜戚 青铜戚是一种在形制上小于钺的武器，因此又称为"小钺"。其引申义为亲属，这是由于古代氏族组织既是军事组织又是血缘组织，氏族首领也是军事首领。在河南省偃师县二里头早商遗址中，考古工作者曾

青铜戚

发掘出青铜戚。商代后期和西周前期出土的青铜戚一般重为0.25~1千克，长为10~20厘米，部分青铜戚表面雕刻有花纹。戚属于体形比较窄小的钺；其体窄长，钺刃略呈弧形，后有方形的柄，比钺体略窄，在钺体与钺内之间有微凸的阑（横挡），因其刃较长而常用于做斩首的刑具，有时做仪仗用，但它在格斗中的效果不如戈、矛。在古代氏族社会中，戚与斧钺一样被氏族首领视作军权的象征。大氏族的首领用大号斧钺，小氏族的首领用小号斧钺，也就是戚，因此"戚"也就衍生成兄弟亲族的意思。"戚"的引申义，表明了古代氏族组织军事与血缘合一的特点。

商代工匠发明了盾 盾是古时抵御对方用刀、剑和矛等兵器来攻击自己而使用的防御性武器。盾可以掩蔽身体，防备敌人的兵刃矢石的杀伤，通常和刺杀格斗类兵器，如刀、剑等配合使用。原始的盾牌由新石器时代晚期的简易藤牌、木牌和蒙有兽皮的皮牌演变而来。根据考古发现，商代的盾高度不超过1米，宽60~80厘米，盾身呈现梯形，盾面微凸，内以木框为骨干，表面有漆绘纹，并蒙覆多层织物和皮革。西周时期的盾比商盾稍大，上缘宽约0.5米，上底宽约0.7米，高约1.1米，盾面有黑褐色漆。古代的盾种类很多，

形体各异。从形体上分有长方形、梯形、圆形、燕尾形，背后都装有握持的

把手。按制作材料的不同又可分为
木牌、竹牌、藤牌、革牌、铜牌、
铁牌等。其中用木和革制作盾牌的
历史最长，应用也最普遍。盾通常
用单手握住，挡住身体避免敌人的
兵刃矢石的杀伤。在中国古代文献
中，盾也称为"干"，与攻击性兵
器"戈"并称"干戈"，成为战争的
代名词。

盾

约B.C.1600年

商朝军队使用战车　战车是青铜时代用以乘载将士作战的木质车辆，
以畜力（多为战马）牵引，由新石器时代晚期的简易有轮运输车演化而来。
据《吕氏春秋·仲秋纪·简选》记载，商汤在郕之战中用战车七十乘大败夏
军，此为关于战车作战的最早记载："殷汤良车七十乘，必死六千人，以戊
子战于郕，遂禽推移、大牺，登自鸣条，乃入巢门，遂有夏。"从殷商至春
秋时期，战车成为战争的主力，也成为国家实力的一个标准，在此期间战
车的基本结构也处于演变与发展之中。商朝战车从形制构造上由独辀（车
辕）、两轮、方形车舆（车厢）、长毂等部分组成，车辕后端压制在车舆后
端的车轴之上，辕尾露出车舆后，
车辕前端安置一根横木，在横木上
缚上马具用以驾驭辕马。车厢门开
在后部，有的车厢内置有皮质矢箙
（盛箭器具），两侧插有戈、矛等
兵器，箱身不高，便于士兵立于车
上持械作战。车前一般驾有两匹或
四匹马，中间两匹称为"两服"，
左右两边称为"两骖"，四匹马合

战　车

称为"驷"。战车车轮轮径在130~140厘米之间,安辐条18~24根,车厢宽130~160厘米,进深80~100厘米,车毂长约40厘米,轴头铜𫐒13.5厘米,总长度达53.5厘米。从历史发展来看,战车两轮之间的轨宽逐渐减小,车辕与车轴也呈现逐渐缩短的趋势,车轮上的辐条数量则逐渐增多,这种演变提高了战车的行进速度以及在战场上的灵活性。一乘战车通常编有三名乘员,按照左、中、右依次排列,具有明显的等级差别:左方甲士持弓主射,为一车之首,又名"甲首",所配备的兵器铠甲品级较高;右方甲士执戈或矛负责击刺,又名"车右""参乘"等,其所持的长柄武器长度往往三倍于人的身高(计2.8米以上);居中者负责驾驭战车,仅配备普通卫体兵器。除三名乘员外,每乘战车还配有一定数量的步卒进行协同作战,一般情况下,一乘革车配备步卒75人,一乘轻车配步卒25人。战车在实战中一般使用横队冲击的战术,由于每乘战车需有步卒协同且需为第二列战车留出冲击空间,两横列战车往往呈"品"字形排列。由于战车车体高大且笨重,其机动性受到地形的道路条件的限制,在战国初期,步骑协同逐步取代了步战车协同,不过这一取代过程较为缓慢,直至汉武帝时期骑兵在战场上才完全替代了战车的作用。

商代工匠创制青铜剑 青铜剑是青铜时代制造的用于近战刺劈的直身尖锋两刃兵器。它由剑身和剑柄组成,剑身修长,两侧出刃,至顶端收聚成锋,后装短柄,常配有剑鞘。我国青铜剑的制造,可以追溯到商代。考古部门曾在河北省青龙抄道沟、山西石楼后蓝家沟、山西保德县林遮峪等地,发掘出晚商的青铜剑。这些剑的剑身向一侧微曲,剑首铸成兽头或铃形。西周时期,中原地区开始制剑用剑,大多作卫体之用。春秋早期,出现了圆形首、柱形茎的柱脊剑。它们的长度为30~40厘米,只能直刺,不便劈砍,因而被称

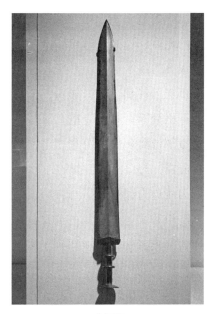

青铜剑

为"直刺兵器"，大多也作为卫体之用。古史传说对西周时人们制剑之事也多有记载。据《列子·汤问》称：周穆王征犬戎时，"西戎献锟铻（昆吾）之剑、火浣之布，其剑长尺有咫，炼钢（铜）赤刃，用之切玉如切泥焉。"《山海经·中山经》也说："此山出名铜，色赤如火，以之作刀，切玉如割泥也。周穆王时，西戎献之，《尸子》所谓昆吾之剑也。"春秋中期至战国中期，吴越两国在江南迅速崛起，它们根据水网地区的特点，大力发展步兵和水军，制造步战兵器、水战兵器和战船，把青铜剑的制造和使用技术推向了新的发展阶段。《吴越春秋》和《越绝书》传颂了欧冶子、风胡子、干将、莫邪等一批铸剑大师，冶铸出许多"陆斩犀兕，水截蛟龙"的名剑。干将、莫邪的铸剑故事，至今仍传颂不衰。近年来出土的许多吴越青铜剑，表明人们对铸剑大师和吴越青铜宝剑的赞美之词是恰如其分的。这些宝剑中，不但有军队使用的一般青铜剑，而且有吴王和越王铭号的青铜剑，诸如山西原平峙峪、安徽庐江与南陵各自出土的一把吴王光剑，山东沂水出土的工卢王剑，湖北襄阳蔡坡十二号墓与河南辉县各自出土的一把吴王夫差剑，安徽淮南市蔡墓出土的一把吴王夫差太子"姑发间返"剑，湖北江陵望山1号墓出土的一把越王勾践剑，湖北江陵藤店出土的一把越王州句剑，河南淮阳平粮台出土的越王剑，以及淮阳征集到的其他两把越王剑等。这些剑的长度，大多已超过50厘米，适合步战兵的需要。它们制作精美，大多刻有铭文，达到了很高的技术水平。尤其是湖北望山的越王勾践（B.C.496—B.C.465）剑，至今仍锋刃锐利，完好如新，全长55.7厘米，剑格宽5厘米，嵌有蓝垂色琉，正面近格处有两行错金的鸟篆体铭文——钺王鸠浅自乍用鐱（剑）。此剑刃部最宽部位距剑格三分之二，而后呈弧线内收，近剑锋时再次外凸，而后再内收成锋，刃口两度弧曲的外形利于直刺。经质子、X射线、荧光非真空分析，剑刃成分为铜80.3%、锡18.8%、铅0.4%，剑身纹饰精美，镂刻最细处仅0.1毫米，堪称吴越青铜剑的典型制品。随着车战的衰落、步战和骑战的兴起，中原各诸侯国的铸剑业得到了发展，青铜剑也就随之成为步兵和水军的装备。至战国晚期和秦初，剑的长度已达94.8厘米，剑脊和剑刃含锡量不同的锡青铜复合剑已经广泛使用，表面防锈蚀技术已经达到很高的水平。

B.C.1600年

　　希克索斯人将双轮战车引入埃及　埃及的双轮战车是一种双马双人的轻型战车，可于行进间或静止状态下发射或投掷武器，主要作为弓箭手与梭镖手的机动平台来使用，在实战中主要用于战场上的快速机动并引导步兵进攻。在B.C.17世纪，居于亚洲西部的希克索斯人（Hyksos）推翻了埃及的第十三王朝，同时也将马匹、双轮战车及青铜武器引入埃及。埃及人在希克索斯人的双轮战车基础上对其进行了改进，将车轴移至车体后部，继而提高了战车的稳定性。经改良后的双轮战车在质量上大幅降低，战车的车体由轻便且柔软的木材制作，这种质地的木材能够使车轮达到类似于轮胎的减震效果，能够使战车在不平整的路面上驰骋；车体为一个覆有帆布的轻木框，辕杆在穿过车体后向上弯曲并通过皮带绑在轮轴之上，从背面以鸽尾形式楔入插槽中；车轮上配备了辐条，辐条往往呈十字状，而从图坦卡蒙墓中发掘出的战车则有六根辐条。经改良后的战车机动性大大增强，这使得埃及人在将希克索斯人驱逐出国境后依旧能保持追击态势。双轮战车的出现使得埃及的军事实力大大增强，一方面战车的出现要求士兵具有更高的训练水平与专业化程度，另一方面战车的高机动性配合弓箭的使用能使得埃及军队在实战中迅速掌握战场控制权。在B.C.1479年埃及法老图特摩斯三世（Thutmose Ⅲ）镇压卡迪什（Kadesh）叛乱的战役中，图特摩斯三世借助战车的高机动性向卡迪什国王的部队发起冲锋，并顺利攻下了卡迪什军占领的美吉多（Megiddo）要塞。借助战车的威力，图特摩斯三世使埃及的版图迅速扩张，他本人也被后世誉为"埃及的拿破仑"。

埃及战车

埃及双轮战车

约B.C.14世纪

中国人发明弩　弩是一种利用机械力量射出箭头的弓，是从弓直接发展而来的一种射远兵器。弩弓一般使用多层竹、木片胶制的复合弓，形似扁担，所以俗称"弩担"。《吴越春秋》中有"弩生于弓……横弓着臂，施机设枢"的记载。依据《太甲》中记载的"若虞机张，往省括于厥，度则释"，可以推知早在商代太甲时期，就已经有人开始使用弩了。弩由弓、弩臂和弩机三部分组成。其前部有一横贯的容弓孔，以便固定弓，使弩弓不会左右移动。木臂正面有一个放置箭镞的沟形矢道，使发射的箭能直线前进。木臂的后部有一个匣，称为弩机；匣内前面有挂弦的钩，称为"牙"；牙的后面装有瞄准器，称为"望山"；牙的下面连接有扳机，称为"悬刀"。弓横安于弩臂前端，弩臂用以承弓、撑弦，并供发射者操持，弩机安于弩臂后部，可以控弦、发射。按张弦的方法不同，可分为臂张、蹶张（足踏）和腰张等，欧洲人更是使用各种拉弦器来上弦。使用过程中，发射者只需要张弦安箭和释弦射箭两个动作，就可以完成发射动作，且命中精度和射程都较弓箭有所提高。弩在发射时无声无光无高热，既可隐蔽射杀目标，又能避免引爆周围易燃易爆物品，这些特性使弩在现代反恐与特种作战场合得以扮演一个重要角色。在北美、亚洲、澳洲和非洲的一些地区，弩仍被原住民用作狩猎工具。

商代工匠发明了青铜胄　青铜胄是古代一种用来防护头颈的装具。战国时称为"兜鍪"，北宋时称为"头鍪"，宋以后则多称作"盔"。在新石器时代，胄多用藤条或兽皮粗制而成，进入青铜时代后，除继续使用皮胄外，已渐渐开始使用青铜铸造的胄。目前我国已发现的最早的青铜胄是河南安阳出土的殷代制品。晚商的胄高约20厘米、重约2~3千克，胄表面光滑，截面呈椭圆形，胄身用合范铸造，铸缝将其均分为二，左右及后部向下伸展，用以保护双耳与颈部。胄面上铸

青铜胄

有虎纹、牛纹及其他图案，胄顶竖有装缨的铜管。西周时期的青铜胄，在北京有实物出土。春秋战国时期的皮胄，以湖北省随州市曾侯乙墓出土的为典型代表，上有脊梁，下有垂缘护颈。战国时期，铁制的护头装具随着铁兵器的发展应运而生，由于它的外形很像当时的饭锅——鍪，所以开始时被称作"兜鍪"。铁质的护头装具，时代最早的是河北省易县燕下都出土的战国晚期制品。从秦汉时期开始，军中普遍装备铁兜鍪。在兜鍪后部，常垂有护颈的部分，称为顿项。唐朝以后，顿项常用轻软牢固的环锁铠制成。宋朝以后，兜鍪又多称为盔。直到清末，铁盔仍是军队中装备的护头装具。在我国古代，人们通常把护卫头部装具的胄与护卫身体其他部位的装具甲合称为"甲胄"，并成为中国古代防护装具的概称。到清代末年，西式钢盔传入中国，成为步兵通用的防护器具，但其形制已与古代兜鍪大不相同了。今天我们所见到的步兵作战装束是迷彩服和钢盔，古老的铁甲已列为历史遗迹，胄却以另一种崭新的面貌在现代战争中发挥效用。

B.C.13世纪

商代工匠发明了青铜戟　青铜戟是戈和矛的合成体。作为一种中国独有的古代兵器，它是一种具有勾啄和刺击双重功能的格斗兵器，既有直刃又有横刃，呈"十"字或"卜"字形，具有钩、啄、刺、割等多种用途，其杀伤能力超过戈和矛。在北京近郊发掘的周初（约B.C.1120年）木椁墓中，出土的青铜兵器中有"戟"九支，证明了"戟"这种中国特有的兵器至少已有3000年以上的历史。青铜戟在商代即已出现，由戟头与竹柄或木柄组成。至今已发现的制作年代最早的戟，是由考古工作者在河北省藁城市台西村商代遗址（约B.C.16—B.C.13世纪）所挖掘出土的青铜戟样品，为当时适合步兵格斗的短兵器。戟头由戈和矛简易联装而成，柄长约为85厘米。西周时已经出现将戈的援、内、胡与矛的直刺合铸成整体

古代画像石中人物所持青铜戟

的戟，与前述台西商戟不同之处在于其不再用木柄联装戈、矛而成。到春秋时期，戟已成为作战常用兵器之一，特别是作为车兵的主要格斗兵器。战国时期的青铜戟广泛装备步骑兵使用，构造上也有所改进，戈援由直变曲、由宽变窄，并使矛、戈联装后的优越性得到了充分的发挥。戟在古代不仅是军队的主要兵器，而且往往以它的装备数量来象征一个国家的武装力量。它不仅用于车战，被列为车战"五兵"之一，而且用于骑兵和步兵战斗。《战国策·赵策》记载，毛遂分析当时的军事形势劝楚怀王联赵抗秦，他说："今楚地方五千里，持戟百万，此霸王之资也。"所谓"持戟百万"，说明楚国当时有强大的军队，足以联合他国与秦国抗衡。

B.C.1200年

古希腊人使用投枪　投枪又名标枪、梭镖等，起源于旧石器时期人们狩猎时所使用的尖利棍棒。古希腊时期，投枪在军事领域得到广泛应用。从古希腊彩绘陶瓶上能够看到手持投枪的武士和投掷标枪的竞技者的形象，比如B.C.6世纪中后期的著名陶瓶画《阿喀琉斯和埃亚斯玩骰子》就描绘了两位英雄各手持两件投枪的形象。在古希腊时期，投枪是轻型步兵的基本武器，多用于在狭小地域作战，步兵在作战前都要向敌方投掷投枪。古希腊的投枪长度不一，长1.8~2.7米。投枪的缺陷在于射程较近，且携带数量远少于弓箭、石块等同时期投射武器。但是，投枪的制作成本低廉且能够重复使用，在战场上远比那些小且易折的羽箭或微小的投射弹丸要容易回收得多。在古代罗马，投枪是军队装备的主要兵器之一。罗马投枪有重型投枪和轻型投枪两种。重型投枪的矛头长约70厘米，木柄直径约7.5厘米、长为

古希腊陶瓶画《阿喀琉斯和埃亚斯玩骰子》中英雄使用的投枪

1.4~2米，外部有金属包裹，矛头下部还装有可调配的装置；轻型投枪的矛头和木柄的长度与重型投枪相同，但木柄的直径只有3厘米，可以投掷到较远距离。为了防止投枪掷出后再被对方反投回来，罗马人对投枪进行了巧妙的改进：一种是将固定矛头和木柄的销钉改换成木质的铰钉，使投枪击中对方的盾或其他硬物时立即折断铰钉，令矛头即与木柄松脱，无法再用；另一种是采用较软的金属将矛头的中间部位做得很细，使其被投出后碰到硬物容易弯折报废，但矛头的尖部仍采用坚硬的金属，因此不影响直接杀伤力。中国古代步骑兵较少使用投枪。北宋庆历年间刊印的《武经总要》载有对"梭枪"的描述，梭枪长数尺，与盾牌相配合，用于投掷，"以其如梭之掷，故云梭枪，亦曰飞梭枪"。在中国古代的水军中投枪也是重要的水战兵器之一。据《武备志》记载，水战使用的投枪共有两种：一种称"小标"，长7尺，枪头用金属制成，枪柄用竹子或木材制成，"船内兵俱习"，"掷之如雨"；另一种称"犁头镖"，长7尺，枪头较重，体积较大，用于从椃斗上向下方投掷，"中舟必洞，中人必碎"。

约B.C.9世纪

周代工匠发明了殳　殳是由新石器时代晚期的棍棒演变而来的一种兼有砸击和刺杀两种功能的长柄打击兵器，又作杸、祋。殳在东周时期使用普遍，有的史书上称作"杵"或"杖"等，不但用来防身自卫，还是装备军队的重要实战兵器。1978年，在湖北随县曾侯乙墓，考古人员发掘出土用于实战的殳。湖北随县曾侯乙基出土的殳分有尖锋和无尖锋两种类型，一般长约为3.3米，使用积竹柄或木质柄，大多呈八棱形，其前端安有一个铜制殳头，称为"首"，柄尾端装有一个镈。秦俑三号坑出土了30件青铜殳。2008年10月14日，考古人员展示了刚刚出土的战国铜殳，该铜殳是在位于襄阳市一小型战国竖穴土坑墓葬内发现的，据襄阳市文物考古研究所专家介绍，这是襄阳市首次发现的战国铜殳。殳本为先秦时代战车上必备的"五兵"之一，到战国末期，由于步兵、骑兵地位的上升，弓弩、戟、矛、戈等逐渐成为作战的主要兵器，殳则更多用来作为一种仪卫的守备兵器，去掉了实战用殳前端锐利的锋刃，形制也更趋于简约。《司马法》言"执羽从杸"，说明殳还同旗役旆并用，成为军事指挥的一种象征。汉代以后，殳便退出兵器的行列。

周代工匠发明了攻城器械临和冲　临和冲是古代的攻城武器。"冲"又名冲车，它依靠其攻城槌的动能来撞开、撞破城门或毁坏城墙。一般的攻城车为木制，总体结构就像一个尖顶木屋，异常坚固，下面装有四轮或六轮，外蒙牛皮或羊皮，甚至有用金属板加强的，以防备守军的矢石破坏。攻城车的主要武器，是它内部用绳或铁链悬挂在横梁上的一根粗大的圆木，原木后端有金属帽，前端有金属头，多制成羊头形，称为攻城槌。为了防止火攻，还常常浇上泥浆。攻城时，依靠攻城车中的士兵合力抓住攻城槌向后运动后猛烈撞向城门，依靠惯性和动能来破坏城门或者门后的门闩结构。高层攻城车称"临"，其高与城等。冲击型攻城车当时称"冲"或"冲车"。通常在车前安有一个尖形铁撞头。

B.C.800年前

战国工匠发明檑石　檑石是对用圆木和石块制成的两种守城器具的合称，俗称滚木檑石。"檑"即大而重的圆木，或称滚木；"石"，即大的石块，又称礌石。守城者从城上往下抛掷圆木和巨石，以打击攻城敌军。《左传·襄公十年》记晋军攻偪阳，将帅"亲受矢石"。孔颖达正义引《兵法》说："守城用礌石，以击攻者。"《墨子·备城门》介绍守城之法时也说，城上"皆积（礌）石"。从出土汉简可知，汉代守城常用"羊头石"，即有三棱尖刃的大石块，如居延汉简记载守御器的竹简中常有"羊头石二百五十""羊头石五百"等描述。唐代杜佑《通典·兵典》记载："檑木，长五尺，径一尺，小至六七寸。"北宋庆历年间刊印的《武经总要》记载，宋代的檑有多种：一为木檑，它在圆木表面植有钉刺，增强了杀伤力；二为夜叉檑，在圆木表面装置逆须钉，并于两端施轮，以铁素绞车放下、收回；此外，还有些特殊的檑，如用

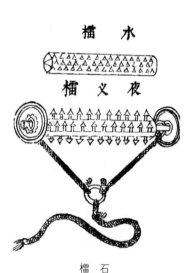

檑　石

烧砖制成的砖榍，用泥土调和猪鬃毛、马尾毛制成的泥榍等。

约B.C.8世纪

东周工匠构建了城郭防御体系 城郭在古代包括内城和外城，泛指城或城市。最早的城墙遗址发现于河南淮阳平粮台和登封王城岗，属龙山文化，当时可能已进入了奴隶社会。以后直到封建社会结束，各地城市绝大多数都建有城墙。东周的城郭，有的已经出现了俾倪和角楼，这进一步增强了城

城墙

郭建筑的军事特色。俾倪筑于城郭的外侧，守军在它的遮蔽之下，可减少城下所射矢石的杀伤。角楼建在接墙的拐角处，在通常情况下，它被建成高台形，用以增强守城能力。城门是进入城郭的通道，也是城郭的薄弱部位和设防的重点，守城者便建筑悬门、城楼和吊桥等多种设施，形成综合配套的工程体系。古代城墙多为土筑，仅在城台、城角表面包砖，宋元时由于火炮的应用，才逐渐在全部城垣外表包砖。明代各大小城市的城墙普遍包砖。城楼构筑在城门的正上方，通过城门一侧修建的登城兵马道可登上城楼，指挥官可在其上察看敌情和指挥守城战。据《越绝书·记吴地》记载，当时吴国的大城有"陆门八，其二有楼"，吴国的小城有"门三，皆有楼"等。可见春秋时的城门，大多已建有城楼。吊桥是通过城壕进出城门的一种活动桥梁，利用辘轳和滑轮等简单机械装置控制桥面板的起落，达到阻止或放行人马车辆通过的目的。

约B.C.800年

春秋时期出现斗舰 斗舰指中国古代水战中用于接舷战的主力战船，又称槛、舰、战舰等。在四川成都百花潭出土的战国水陆攻战纹铜壶上有这类战船的形象。船上建板棚，分上、下两层，上层用于士兵作战，下层用于桨

四川成都百花潭出土的水陆攻战纹铜壶上的图纹

手划桨。汉代斗舰趋于完备。战船舱面上亦建板棚，成"上下重板"，上层以下四周均安装木板，形似牢，可以防护（《释名·释船》）。三国两晋南北朝时期，斗舰数量增多。《三国志·周瑜传》记载，"刘表治水军，蒙冲、斗舰，乃以千数"。《晋书·杨佺期传》记载，东晋隆安三年（399年）杨佺期"率殷道护等精锐万人乘舰出战"。唐代以后，斗舰更趋完善。据《通典》《武经总要》可知，斗舰船舷上建有3尺高的女墙，以防护两侧桨手、船尾舵手和船头作战的士兵；女墙上设有箭孔，下方则开掣棹孔，用于穿桨划船；离船舷内侧5尺处又建棚，供士兵休息和作战之用；棚上又建女墙，可以列重兵作战，并于前后左右"树牙旗幡帜金鼓"，供指挥作战之用。作战时，交战双方船舷相接，士兵们使用各种兵器奋力拼杀，以图强行登上并占领敌船。

B.C.7世纪

工匠发明了青铜铍　青铜铍是古代用于直刺的长柄兵器。从外观上看，青铜铍是一种将短剑装于长柄之上，使之成为长兵器的武器。《说文解字》这样解释铍的概念——"铍者，剑刀装也"。从文献资料看，铍可能起源于殷周之际，盛行于战国秦汉。战国时期，除齐国外，韩、魏、赵、楚、燕、秦等诸侯国都有制造。西汉初期出现了铁铍头，中期以后，铍在战场上逐渐消失。秦俑坑出土的青铜铍，铍之木柄

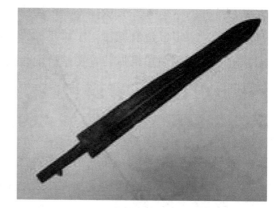

青铜铍

多已腐烂残损，铍身刻有"十五年寺工工"之类铭文，茎上刻有"十六"等字。"十五年"为秦始皇纪年，"寺工"是中央主造兵器的官署机构。铍上还刻有实际生产工匠的名字。根据已发现的铜铍实物，铍柄有积竹柄、木柄两类。铍最早被称为"夷矛"，春秋战国时期名称又演变为镁、铍、钛等，东周时代的宋、吴、秦、赵、燕等国长铍盛行，应用很广。铍的外形极似短剑，铍之锋和短剑相同，平脊两刃，铍身断面为六边形，后端为扁形或矩形的茎，用以装柄，一般在茎的近端处开有圆孔，以便穿钉固定在长柄上。铍由铍头、格和长柄组成，柄末安有鐏。铍头与折肩的扁茎短剑相似而又有差异。铍的扁茎较长，若以格为界，扁茎与铍身的比例为1：2。镀格呈一字形，扁茎在格后，是镀头的尾部，有1~2个孔；铍身在格前，是铍头的身部。铍身中部有平脊，两侧刃部呈直线形，向前收聚，形成锋刃，其横截面呈扁六棱形。铍头以扁茎插积竹柄中，深度约15厘米，通过圆孔固于柄上。

B.C.6世纪

周代工匠发明了悬版夯筑法　悬版夯筑法是中国古代建造房屋基础、墙和台基的主要技术。《诗经》中的"其绳则直，缩版以载"，说的便是这种方法。周代在建筑洛邑玉城时，已能采用悬版夯筑法。用此法构筑城墙时，先用木棍穿过城墙内外两面的夹版，用绳固定，向中间填土夯实，再将木版升高，用木棍固定，依法再筑至规定的高度。使用此法筑城时，不再以护城坡护墙。此外还创造了预制土块夯筑法。用这种方法筑成的土城墙，既坚实牢固，又进一步减小了城墙外侧的坡度，增加了攻城之敌攀城的难度。当时有的城墙还采用土坯垒砌，上下交错叠压，以此提高墙体的密度和强度。悬版夯筑法构筑的城墙容易修补。为保险起见，在高大厚实的城墙外，与城墙平行的还有人工挖掘的宽深壕堑（也可以引注河水，成为护城河）。大的都城，城外环周设护沟壕。

春秋时期工匠发明了侦查瞭望器械巢车（楼车）　巢车（楼车）是中国古代一种设有望楼、用以登高观察敌情的车辆。车上高悬望楼，"如鸟之巢"，故名巢车，又名楼车。巢车是一种专供观察敌情用的瞭望车，可以推动，车上用坚木竖起两根长柱，柱子顶端设一辘轳轴（滑车），用绳索系一小板屋于辘轳上，板屋高9尺、方4尺，四面开有12个瞭望孔，外面蒙有生牛皮，以防敌人矢石破坏。宋官方编修的《武经总要·攻城法》同时收录了巢车与楼车两种，二者构造基本相同，并称楼车为"望楼车"。使用时，转动辘轳将木屋升至杆端，人在屋中，通过望孔观察城中动静。B.C.575年鄢陵之战时，楚共王曾在太宰伯州犁的陪同下，亲自登上巢车察看敌情。23年王莽军围攻昆阳时，造高10余丈的大型巢车，用来观察城内守军动态，称为云车。

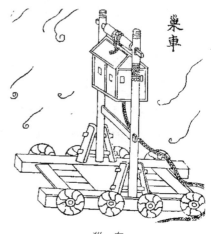

巢 车

B.C.563年

鲁国工匠狄虒弥发明了防御器械修橹 修橹是一种大型盾牌。狄虒弥，原名姬狄，是春秋时期鲁国的著名将领，与孔子之父叔梁纥、孟氏家臣秦堇父合称为"鲁国三虎将"。鲁襄公十年农历四月初，晋悼公召集鲁襄公、宋公、卫侯、曹伯、莒子、邾子、滕子、薛伯、杞伯、小邾子、齐世子光，共同商讨联盟伐楚。晋国大将荀偃、士匄以偪阳国亲楚国为由，请求攻占偪阳国，并将其赠予宋国大夫向戌作封邑，以图打开伐楚通道。鲁襄公十年农历四月九日，联军兵临城下，包围了偪阳国。狄虒弥建大车之轮而蒙之以甲以为橹，左执之，右拔戟，上前挑战，守军无人敢应。后将狄虒弥左手所执之物称为修橹，并发展为一种大型盾牌，牌面蒙有生牛皮。攻城时，既可用于单兵护体，又可用多面盾牌排列成临时挡盾，掩护士兵向城上仰射。可见大盾已成为当时一种掩护士兵攻城的重要遮挡器械。《孙子·谋攻》亦有"修橹轒辒"

修 橹

的记载，杜牧注："轒辒，四轮车，排大木为之，上蒙以生牛皮，下可容十人，往来运土填堑，木石所不能伤。今所谓木驴是也。"可见，修橹轒辒是古代一种重要的攻城工具。

约B.C.509年

凯尔特人发明了法卡塔弯刀　法卡塔弯刀由凯尔特人发明。凯尔特人为B.C.2000年活动在中欧的一些有着共同的文化和语言特质、有亲缘关系的民族的统称。这个古老的族群集中居住在被他们的祖先称为"不列颠尼亚"的群岛。早在罗马时期，法卡塔弯刀就出现在战场上。法卡塔弯刀刀身是铁制的宽大单刃弯状刀身。法卡塔弯刀最大的特点是极具破坏力，有相当强大的击打能力，类似于同时代斧头的打击力，可以劈开盾牌和头盔。由于骑兵在马战的实战中发现造型符合流体力学的弯刀更适合于劈砍，于是弯形的刀刃开始逐渐广为流传开来。与一般武器制作大有不同，在制作法卡塔弯刀时，首先需要将锻造钢板埋入地下，三年后将钢板挖掘出来，发生锈蚀的不合格金属都将被淘汰，剩下的优质钢材才会通过凯尔特模具以锻焊方法制作成法卡塔弯刀。

约B.C.5世纪

春秋末期工匠鲁班发明了水战兵器钩拒　钩拒是用来舟战的一种工具。鲁班，姓公输，名般，又称公输子、公输盘、班输、鲁般，东周鲁国人。"般"和"班"同音，古时通用，故人们常称他为鲁班。钩拒杆长而轻，刃弯而利，退者钩之，进者强之，是根据位居长江上游的楚国舟师，同位于长江下游的吴国舟师作战的特殊需要制作的。《墨子·鲁问》："公输子自鲁南游楚，焉始为舟战之器，作为钩拒之备，退者钩之，进者强（拒）之。"如果在水战中，吴国舟师战败后沿江水顺流快速而退，楚国舟师便用长钩将其钩住，阻止其

钩拒

后退，并将其俘获或钩沉，是谓"退者钩之"。如果吴国舟师溯江而上，进攻得势并乘势追击时，楚国舟师便用长拒拒挡进逼的敌船，是谓"进者强之"。可见钩拒是一种既可用于进攻又可用于防守的一种水战兵器。

春秋末期工匠鲁班发明了攻城器械云梯　云梯在古代属于战争器械，用于攀越城墙攻城的用具。古代的云梯，有的带有轮子，可以推动行驶，故也被称为"云梯车"，配备有防盾、绞车、抓钩等器具，有的带有用滑轮升降的设备。云梯安在用大木制成的框架上，框架下安六轮，梯身长与城墙高相

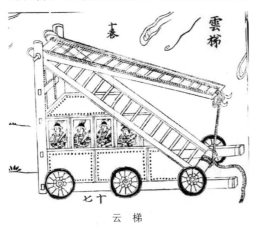

云　梯

等，梯首安有辘轳。攻城时，将梯首附着城墙，士兵攀梯而上。《墨子·公输》记载公输般在春秋末年曾为楚王造云梯攻宋，但其所造云梯的形制现已无考。古代的云梯用起来比较笨重，安全保障较差。明朝以后，这种笨重的巨大云梯，因无法抵御火器的攻击，遂逐渐废弃。

春秋时期工匠发明了远距离攻城器械檐　檐是一种发石车。《说文解字·（方人）部·檐》称"檐，建大木，置石其上，发以机，以磕敌也"。张晏曾援引《范蠡兵法》说："飞石重十二斤，为机发，行二百步。"攻城器械是用来越过城墙和城堡的其他防卫者，让攻击部队的优越兵力可以在最小的伤亡情况下攻击防卫者。这种发石机的构造比较简单：在一根直立于地面的大木柱上设一横轴，用一根韧性的长木杆作为抛射杠杆，抛射大石，击毁城上各种守备设施。《三国志·魏志·袁绍传》记载："太祖乃为发石车，击绍楼，皆破，绍众号曰'霹雳车'。"

檐

欧洲人发明了攻城锤 攻城锤又称破城锤、撞城车、破城机，古代一种由绳子、木头、金属块组成的利用撞击力捣毁城墙或城门，从而达到攻城胜利的钝器。攻城锤主要有两种类型，一种是在车上悬挂撞城用的槌木，另一种是将槌木装置在巨大的"门"字形、三角形或房架结构的支架上。最简单的攻城锤由一根大木梁制成，前端以金属包头，靠士兵抬着直接撞击敌城。槌头一般有尖头状、羊头状、喇叭状等形制。为了靠近城墙，槌车上一般设置有坚固的廊房，有的则安装在活动的攻城塔下部。攻城锤有小型和大型多种形制，大者需若干人运送。攻城锤在古代亚、非、欧洲各国都有广泛使用。早在B.C.8世纪，今伊拉克境内两河流域的亚述帝国出征攻打其他城邦时就已经掌握用攻城锤突破敌人城堡的方法。鉴于当时的生产条件，他们所使用的攻城槌结构简单，作用不大，没有确切的历史记录。攻城锤首次作为重要的攻城利器载入战争史册是在B.C.4世纪前后，腓力二世和亚历山大大帝建立马其顿帝国的征战过程中将它作为攻城利器，并取得了良好的效果。后来，罗马人利用从希腊人处学到的先进的建筑技术，结合实际战争需要，对原有的攻城锤不断做出改进，设计出了"运动自如、攻防兼备、功能齐全"的攻城车和攻城塔。考古发现，在亚述国王萨尔贡二世王宫的一个武器库里有近两百吨的铁制武器，其中就有攻城锤。在一幅描绘了亚述军队攻打一座城池的情形的浮雕上，我们可以看到一辆装有攻城锤的战车撞击着敌方的土坯城墙，这个攻城槌就有西方攻城槌的典型特征——公羊头。随着火器时代的到来，这种古老笨重的攻城器械也随之失去其原来的威力，而不再使用。

约B.C.500年

《孙子兵法》总结了先秦的火攻技术 在《孙子兵法·火攻篇》中，孙子对先秦火攻技术进行了总结，论述了将火攻技术应用于战争的种类、条件、方法及火攻后的应变措施等，包含了孙子"慎战"的思想。火攻的方式有五种："一曰火人，二曰火积，三曰火辎，四曰火库，五曰火队。"大意为：火烧敌军人马，火烧敌军粮草，火烧敌军辎重，火烧敌军仓库，火烧敌军粮道。实施火攻必须具备一定的条件，烟火器材必须常备，放火要看天时，起火要选准日子，还要按照5种火攻所引起的不同敌情的变化，灵活机动地部署兵力进行应对，以发挥火攻的威力。用火攻来辅助进攻，效果是十分显著的。军队的将帅对此应有充分的了解和掌握。孙子的火攻思想，在东汉末年的赤壁之战中得到了充分体现。

约B.C.400年

古希腊人发明了腹弓　B.C.400年前后，古希腊的一些民族在弓箭方面做出了突破性尝试，其基本手段为将臂力开弓改为腰力开弓，这是因为腰力比臂力大数倍，以腰力开弓可极大增加拉力，而且因为人体躯干的运动距离大于手臂，也能够有效增大拉距。色诺芬（Xenophon）所著的《长征记》（*Anabasis*）中留下了这类远程机械武器的最早线索。希腊远征军在卡杜奇亚（Carduchia）山区遭遇了当地山民大型弓箭的袭击，"他们（卡杜奇亚人）的弓箭手极为优秀。他们的弓长约三肘尺（约140厘米），箭的长度超过两肘尺（约90厘米）。他们射击张弦时以左脚抵住弓的底端。他们发射的箭能直接穿透盾牌和胸甲"。B.C.399年，西西里岛城邦叙拉古（Syracuse）的僭主狄奥尼修斯（Dionysius）在备战迦太基时开始大规模研制远程机械兵器——"腹弓"（拉丁语"gastraphetes"，希腊语"γαστραφετηζ"）。作为一种利用腰力和操作者自身体重开弓的复杂弩机，腹弓被大部分学者视为西方远程机械兵器的肇始，其操作及机械原理详细体现在亚历山大城的希隆（Heron of Alexandria）的论著《弓箭制造》（*Belopoeica*）中，其具体操作分四步，即搭弦、开弓、装箭、瞄准并发射。通过基座与滑块的机械转向原理，腹弓使"拉弓"过程转变为"推弓"，这一转变不仅可以更有效利用腰力，还能额外利用操作者自身的体重增大推力。与传统弓箭相比，腹弓在机械设计上的优势可使其更易于保持运动和神经系统的稳定性，而且更节省体力。其机械设计思想主要体现在两方面：其一，尽可能以机械部件承担人体的功能，从而降低操作难度；其二，将整个操作分离为搭弦、开弓、装箭、瞄准与发射等多个相互分离的步骤，每一步骤仅调用有限的肌肉群，从而使操作的力量与协调性要求大大降低。腹弓的出现对西方远程机械武器影响深远，其基本机械结构拥有巨大的发展与扩充潜力，非常适合大型的弩炮类机械。在其发明后的很短时间里，古希腊人就依照腹弓的结构设计制造出威力更大、精确度更高的远程机械武器，并广泛用于战场，开始是利用杠杆绞盘拉弦的大型腹弓与弩炮，之后是使用扭力簧蓄能的大型弹弩，这些远程机械武器除了拉力和蓄能原理异于腹弓，基本上承袭了腹弓的机械构造。

撒克逊人发明了撒克逊剑　撒克逊剑是由撒克逊人在约B.C.400年发明的。5世纪早期撒克逊人开始在德意志北部以及沿高卢和不列颠的海岸迅速扩张，扩展过程中与法兰克人发生冲突。772年，查理曼大帝开始对其进行征服战争，战争时断时续进行了32年，终于把撒克逊人并入法兰克帝国。撒克逊剑长约90厘米，典型的撒克逊剑的剑身呈较长的、直的双刃状。撒克逊剑并非传统意义上的战斗用剑，而是象征权利和地位的剑。在英格兰境内考古挖掘出大量的撒克逊武器和盔甲，里面就有撒克逊剑，并且这些盔甲和武器通常与其使用者埋在一起，制作精美，拥有很高的艺术性，可以证明死者生前的社会地位。在那个时期，制作一把耐用且精良的武器需要花费大量的金钱，用以彰显使用者的富有和地位。

欧洲人使用锁子甲　锁子甲是一种由多个金属环套扣相连，并依照人体形状连缀如衣的铠甲形制。它通过改变金属环环组数目及套扣方法，可形成不同的外观肌理，在为穿着者提供保护的同时还能使其保持较高的灵活性，主要用于防护刀剑劈砍造成的开放性损伤，在中世纪中期以前，锁子甲对长矛、弓箭带来的穿刺性伤害也有一定的防护效果，在板甲出现前，锁甲是欧洲地区最普遍的护甲形制。锁子甲的具体起源尚不明晰，学者们普遍认为凯尔特人至少于B.C.5世纪就已开始使用锁子甲，而在波西米亚地区B.C.8世纪凯尔特人坟墓中发掘出了一种将金属环贯串于网状绳索上的护甲样式，可以视为锁子甲的源流之一。在一件锁子甲中，每一枚金属环与另外四枚金属环相连，组成一件环组，各环组以相互重叠的方式交错连接，从而使每个部位都能受到两层金属环的防护。有的锁子甲采用一枚金属环同三枚金属环相连接的形制，这类锁子甲的

锁子甲

身着锁子甲的骑士

防护能力要逊于前者。大多数锁子甲的每枚金属环以铆接的方式闭合，从而使每枚金属环都能成为一个整体，若不铆接则锁子甲的防护能力将大打折扣。也有部分锁子甲采用焊接的方式来闭合金属环，使用焊接技术能够大幅缩短锁子甲的制作工期。自罗马共和国时期开始，锁子甲就作为步兵的基本护具被广泛使用。起初锁子甲主要用于上半身及部分手臂的防护，到了11世纪，锁子甲所保护的部位逐渐增多，长度也逐渐增加，在1070年左右织成的贝叶挂毯（Bayeux Tapestry）上就出现了身着锁子甲长袍的诺曼骑士，12世纪后更是出现了专门用于防护腿部的锁子甲，到了13世纪则产生了可防护全身部位的锁子甲。随着重骑兵冲锋战术的广泛应用及十字弩等远程武器威力的提升，锁子甲的地位逐渐让位于板甲，起初出现了板甲与锁子甲相结合的板链复合甲，到了14世纪，锁子甲已逐渐同板甲合为一体，锁子甲主要覆盖于板甲下方及一些金属板难以遮蔽的部位，如臂弯、臂窝等。在中国，锁子甲属于西域一代常见的铠甲形制，最早出现于前秦讨伐西域的战争中。《晋书·吕光载记》记载，前秦大将吕光于384年遭遇了"便弓马，善矛槊，铠如连锁，射不可入"的桧胡骑兵。到了唐代，锁子甲正式经由吐蕃传入中国，唐将郭知运在开元六年（718年）破袭吐蕃时获得锁子甲，《通典》记载，吐蕃军队"人马俱披锁子甲，其制甚精，周体皆遍，唯开两眼，非劲弓利刃之所能伤也"。中国古代铠甲有其自身的发展脉络，锁子甲在中国无法像在欧洲那样盛行，锁子甲在唐宋时期属于稀有铠甲，一般作为社会上层人士的赏玩之物或是朝廷对功臣的赏赐之物，《宋史·马知节传》便有"上（宋真宗）以为然，因命制铜铁锁子甲以赐焉"的记载，《武经总要前集》也有"贵者铁，则有锁甲；次则锦，绣缘缯里"的记载。元代之后，锁子甲的使用逐渐增多，元朝的宫廷仪仗已将锁子甲作为制式装备使用。到了明代，锁子甲在军队中得到了广泛使用，朝廷也开始对锁子甲进行大规模生产，仅洪武二十六年（1393年）便制造了"锁子头盔六千副",《武编》记载:"各边军士役战,身荷锁甲战裙,臂遮等物,共重45斤。"《武备志》对锁子甲(钢丝连环甲)也有着详尽描述,并对其防护能力极为推崇:"环炼如贯串,型如衫样,上凿领口如穿,自上套下,枪箭极难透伤。"

战国工匠发明铁蒺藜 铁蒺藜是中国古代用于撒布的小型铁质蒺藜状障碍物,又称蒺藜、渠答。铁蒺藜有4根沿三维方向伸出的铁刺,长数寸,凡着地均有一刺朝上,形如草本植物"蒺藜",故得其名。将其撒布在地,用以迟滞敌军前进。有的铁蒺藜中心有孔,可用绳串联,以便携带、敷设和收取。战国时期已使用铁蒺藜,《墨子·备城门》记载,守城作战中"皆积累石、蒺藜"。《六韬·虎韬·军用》记载:"狭路微径,张铁蒺藜,芒高四寸,广八寸。"秦汉以后,铁蒺藜成为军队中常用的防守障碍物。除在道路、城池四周布设外,部队驻营时也在营区周围布设。宋代以后,为适应作战的需要,铁蒺藜的种类逐渐增多,如布设在水中的"铁菱角",连缀于木板上的"地涩",拦马用的"搁蹄"等。《宋史·扈再兴传》记载,南宋嘉定十二年(1219年),金兵攻枣阳,宋将扈再兴"夜以铁蒺藜密布地,黎明佯遁,金人驰中蒺藜者十蹄七八"。明代军队广泛使用铁蒺藜。在戚继光的军队中,每名藤牌手、挨牌手"各带蒺藜十串,每串六个接连"(《纪效新书》卷一),便于野战部营。明军战船上也载有大量铁蒺藜,交战时向敌船投掷,使敌人在船上难于行走和作战,铁蒺藜制作简单,使用方便,是中国古代战争中的常用障碍物。

铁蒺藜

撒克逊人发明了撒克逊矛　撒克逊矛包括矛头和矛杆两个部分，矛头由铁制成，矛身由木头制成，一般长1.5~2.5米。在已经发掘出的撒克逊兵器之中，最为常见的是撒克逊矛，它是撒克逊士兵最主要的武器。如果说剑的使用还有社会地位区别的话，那么撒克逊矛的使用适用于所有阶层。从农民到国王，每个人都会携带长矛。撒克逊士兵作战时通常会一手持盾牌，一手持矛。

持撒古逊矛的战士

撒克逊人发明了撒克逊战斧　撒克逊战斧由长约1.2米的战斧握柄和长约30厘米的大型斧头组成，是由早期丹麦的维京海盗所用战斧发展过来的。撒克逊战斧是用来破坏对手盾牌的最佳武器，打击力强大是其最大特征。战斧的心理作用同样不可忽视，虽然士兵将战斧举过头顶用力劈下时会将自己暴露在敌人的剑和长矛之下，但当他挥舞着战斧攻向敌方阵营时，敌方的恐惧心理就已经产生了。

约B.C.359年

马其顿人发明了马其顿长矛　马其顿长矛，短的为2米左右，长的有6~7米，矛杆用坚硬的山莱英木制成，矛头多为金属（铜、青铜、铁等）制成。长矛是古马其顿重装步兵配备的主要武器之一，在重装步兵组成的马其顿方

马其顿长矛

阵中，长矛的威力发挥到古代战争的顶点。在马其顿方阵中，前6排战士平持长短不同（2~7米）的长矛，使6排矛头均露在最前方，像一面带刺的墙向敌人冲击。

约B.C.300年前

罗马人发明扭力抛石机 扭力抛石机是一种依靠扭力簧驱动的大型攻城武器，最早记载于4世纪古典史家马塞里努斯（Marcellinus）的《历史》一书中，在此书中马塞里努斯用catapult一词指代扭力抛石机。扭力抛石机的形制大体如下："砍下两根橡木或圣栎木树干，使它们微微弯曲竖立在前面。这两根木柱被连接在一起，其连接方式跟机械锯相似。两侧木柱上各钻一个很大的洞，以非常强劲的绳索穿过孔洞，将木柱牢牢连接，使它们不至于散架。在这些绳索的中部倾斜竖立着一根弹射杆，其竖立的方式有如车轭。由于承受绞绳的巨大力量，它能够大幅度上下旋转。弹射杆顶部有一具抛绳式或铁锅式的抛石装置，并连有一个铁钩。这根旋臂前方用粗壮绳索绑着很厚的缓冲织垫，垫子内部实以谷壳。"在战斗中，使用者先用绞车将弹射杆拉至水平位置，再将石弹装入抛石装置中，松开绞车的绳索，弹射杆便能以极大力量恢复至垂直位置，并撞击缓冲垫，由此产生的惯性力便可将石弹以弧形轨道射向目标。由于该武器高高竖立的弹射杆有如蝎子的刺尾，因此扭力抛石机又被称为"蝎子炮"（scorpio），又因为弹射杆撞击缓冲垫后抛石机底座会受力弹起，因此也被称为"野驴炮"（onager）。扭力抛石机主要用于攻城作战，马塞里努斯称扭力抛石机发射石弹时所带来的冲量十分巨大，

"如果部署在石墙上，它们可能会震垮身下的建筑"（图为现代人仿制的扭力抛石机，在体积与力量上皆逊于马塞里努斯书中的记载），该武器经推测能够将18~27千克的石弹射出约411.48米的距离。

抛石机

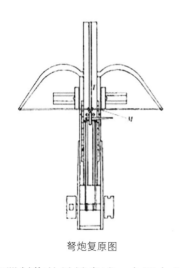

弩炮复原图

欧洲人发明弩炮（弹弩） 弩炮（ballista）与弹弩（catapult）是由腹弓（gastraphetes）演化而来的弹射型武器，根据不同尺寸可用于野战、攻城或守城作战。B.C.399年，叙拉古（Syracuse）僭主狄奥尼修斯（Dionysius）在大规模制造腹弓的同时也为野战及攻城战制造了各式远程兵器，其中包括需由多人操作的大型腹弓，此次军备制造可以算作弹射型武器制作的最早尝试。在历史上，弩炮与弹弩所指代的武器并不固定，由于二者基本性能相近，因此二者在名称上长期处于混用状态，国内相关研究中则出现了弩炮、弹弩、弹射器、抛石机等不同译名。一般而言，弩炮与弹弩的区别主要在于发射动力不同，因此也有学者将其区分为"非扭力射石机"（non-torsion catapult）与"扭力射石机"（torsion catapult）。弩炮在结构上承袭了腹弓，在发射动力上也同腹弓一样依赖复合弓体弯曲时产生的张力，不过由于弩炮在体积上要远大于腹弓，因此在操作时需要使用绞车辅助才能拉开弓弦。弩炮一般用于平射，在发展初期主要用于发射石弹，后经发展也可发射长箭等武器，主要用于野战中对敌方士兵的杀伤，也可用于守城作战中对敌方攻城武器的反击。由于弩炮的弓体式结构蓄能有限，到了弩炮发展的后期，扭力簧取代了复合弓，弩炮的发射动力逐渐由张力转向由绞索、皮绳或动物纤维产生的扭力，由此产生了后来的弹弩，主要用于抛射石块进行攻城作战。弹弩（扭力射石机）由炮架、弹射装置、弹射槽、底座等基本部分构成。炮架由两根水平横杆组成，两根横杆被四根垂直木条隔开，由此形成了三个"窗

"尤塞托能"直型弩

口"，弹射槽穿过中间窗口，而旁边两侧的窗口各有一束扭力簧，在扭力簧中扭绞着两根弓臂，弓臂的另一端分别同弓弦绑在一起，在使用时需用绞车将弓弦打开，然后拨动扳机将弹射槽中的石弹（或箭矢）弹出。根据扭力簧与弓臂衔接方式的不同，弹弩在历史发展中共出现了两种设计方式："尤塞托能"（Euthytonon，直型弩）及"排林托能"（Pailintonon，V型弩）。尤塞

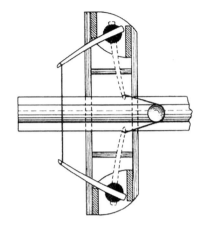

"排林托能" V型弩

托能的弓臂向外张开，其基座与弩炮类似，主要用于发射箭矢。排林托能的弓臂则是向内的，这种设计加大了弓臂的旋转角度，也增加了弓弦的拉动距离，同尤塞托能相比拥有更高的发射效率，杀伤力更强。在体积上，排林托能较大（后期也出现了使用该设计方式的小型弩机），主要用于发射石弹。在B.C.356—346年的"第三次神圣战争"中，欧诺马库斯（Onomarchus）凭借弩炮两度击败马其顿的腓力二世，腓力二世在此之后将该类武器引入马其顿军中，腓力二世与他的儿子亚历山大大帝皆对弩炮（弹弩）进行过改良，减轻其质量并简化其结构，改良的弩机的主要部件可随时拆卸并可用畜力驮运，在与敌方交战前可以就地组装，使其更加适合穿山渡水的野战环境。

约B.C.225年

凯尔特人制造了凯尔特长剑　凯尔特长剑剑身长约70厘米，由钢铁制造而成。剑柄通常由木头、兽骨和钢铁制成。剑鞘由钢板制成，并悬挂着一条铁链。在凯尔特人的战争中，骑兵变得越来越重要，再加上后来双轮战车的问世，凯尔特人对于武器的长度要求越来越高，要求能在最短的距离上杀伤敌人，凯尔特长剑的出现刚好解决了这样的问题。这种剑不仅拥有良好的剑平衡感、更长的剑身，而且拥有良好的弹性，杀伤力巨大。

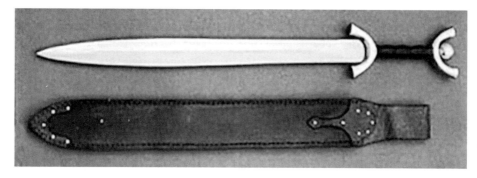

凯尔特长剑

约B.C.218年

罗马人制造了罗马短剑　罗马短剑是用于劈刺的短兵器，是一般剑的短刃版。罗马士兵主要战斗用剑就是罗马短剑，罗马剑的剑身长50~60厘米，

剑柄呈圆柱状，一般有四个指槽，让士兵能够紧握住罗马短剑。罗马短剑的剑鞘由木头制成，外层使用铁制的框架加固。古代长兵器与短兵器的划分没有严格的尺寸标准，一般将不及身长、多以单手操持格斗的冷兵器列为短兵器。至今唯一一把被确认的罗马短剑是在德国被发现的，而不是在意大利。罗马短剑在近身攻击时的效用十分明显。罗马士兵在战斗时，左手持罗马巨盾，右手持罗马短剑，以强大的战阵作战。

罗马短剑

约B.C.206年

秦代的工匠发明马甲　马甲是一种用于保护战马的专用装具，又称马铠，用皮革制作。早在殷周时期，车战是主要的作战方式，马铠主要用来保护驾车的辕马。它可分为两类，一类用于保护驾战车的辕马，另一类用于保

护骑兵的乘马。秦以后开始使用保护战马的马甲。自东晋至南北朝时期，重甲骑兵装备比较完备的马甲"甲骑具装"，又称"具装铠"。具装铠有铁质的，也有皮质的，一般由保护马头的"面帘"、保护马颈的"鸡颈"、保护马胸的"当胸"、保护躯

马　甲

干的"马身甲"、保护马臀的"搭后"以及竖在尾上的"寄生"六部分组成，使战马除耳、目、口、鼻以及四肢、尾巴外露以外，全身都有铠甲的保护。这种具装铠在隋唐时期仍在使用。隋代以后，重甲骑兵日渐减少，但马铠仍是军队使用的一种防护装具。在宋、辽、金之间的战争中，交战各方都使用过装备马铠的骑兵。甲胄虽然是重要的防护装具，但也有它的弱点。从皮甲到铁铠，随着甲胄防护力量的加强，甲胄的质量也大大增加。

B.C.205年

韩信使用木罂船作战　木罂最初是一种木制的盛流质容器。《墨子·备城门》记载："用瓦木罂容十升以上者，五十步而十，盛水且用之。"古书记载："罂，或瓦或木，皆可以盛水也。"宋沈括则认为木罂是将木制的口小腹大的缶缚在竹木制的筏上，以便运载物品。《汉书·韩信传》记载，汉王二年（B.C.205年）八月，韩信奉命攻魏。魏王豹料定汉军将从临晋（今陕西大荔东）渡过黄河，便亲率主力扼守河东蒲板（今山西永济西），阻击汉军。韩信将计就计，故意调集船只于临晋渡口，佯示必渡，暗中自率主力从上游百余里处的夏阳（今陕西韩城南），以木罂偷

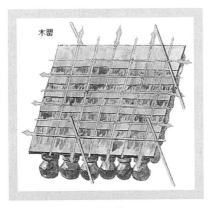

木　罂

渡，直捣魏军后方重镇安邑（今山西夏县西北），向魏军侧后逼近，大败魏军，俘虏了魏王豹。这是运用简易运渡器材、夺取重大胜利的一个著名战例。《梦溪笔谈·杂志二》记载："刁约使契丹，戏为四句诗曰：'押燕移离毕，看房贺跋支。饯行三匹裂，密赐十貔狸。'……匹裂小木罌，以色绫木为之，如黄漆。"

B.C.2世纪

中国人建造了长城 长城又称"万里长城"，是古代中国在不同时期为抵御塞北游牧部落联盟侵袭而修筑的规模浩大的军事工程的统称。长城始建于春秋战国时期，有2 000多年的历史。今天所指的万里长城多指明代修建的长城。秦朝修筑了西起临洮、东至辽东的万里长城，汉朝修筑了西起河西走廊、东至辽东的万里长城。这些长城的遗址分布在我国今天的北京、甘肃、宁夏、陕西、山西、内蒙古、河北、新疆、天津、辽宁、黑龙江、湖北、湖南和山东等10多个省、自治区、市。自春秋时期诸侯之间的边地界城发展形成，至秦始皇统一六国后在北方修建成万里长城，经明代两次大规模的改建和扩建后，大体形成遗存至今长6 350千米（12 700多里）的规模。国家文物局2012年6月5日在北京居庸关长城宣布，历经近5年的调查认定，中国历代长城总长度为21 196.18千米，包括长城墙体、壕堑、单体建筑、关堡和相关设施等长城遗产43 721处。万里长城是中国古代最伟大的军事防御工程，至今仍被各国称为古代世界的奇迹之一。长城融汇了古人的智慧、意志、毅力以及承受力，尤其是，长城扼住了燕山和太行山北支各个交通要道，当时游牧民族的骑兵纵然破关而入，也只能对内地实施骚扰，而他们的后勤物资根本无法通过关口输送进来，故而无法在内地立足而动摇中原王朝的根基。故此，长城是一座稀世珍宝，也是艺术非凡的

万里长城

文物古迹，同时也是中华民族伟大力量与智慧的结晶。

罗马人制造了木柄骑枪 木柄骑枪为罗马人发明的一种骑马时所用的枪械。骑枪2米左右的长杆头上装有尖锐的金属锥体。一般而言，此类枪械都小而轻，结构简单，基本上是作为一次性的武器使用。木柄骑枪具有典型的罗马地方风格，是骑兵用的一种木质长矛。木柄骑枪长4~5米。由于木柄骑枪较长，骑兵必须双手使用，并用双腿夹住战马来作战。因此这种长枪使用者必须经过长期并且严苛的训练。

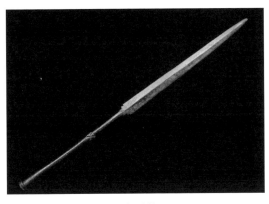

木柄骑枪

春秋时期吴国工匠发明了青铜钩 青铜钩是一种曲刃短柄格斗兵器。所谓青铜钩，意思是指刀刃为曲线形的吴国刀。这种刀刃呈曲线状的曲刀，是春秋时代由吴王（相传为阖闾）下令制造的。因其锋利无比，所以留下这个美称。据《吴越春秋·阖闾内传》记载，吴王阖闾曾赏百金在国内寻求善于作钩的人，一时间"吴作钩者甚众"，时人称吴国制造的钩为吴钩。据说，曲刀在青铜时代就已经出现了。由此可见，曲刀的历史悠久，很早以前就在中国的南方广为使用，这是南方的特殊环境所决定的。由于钩的杀伤力不大，所以并没有发展成军队的制式兵器。青铜钩是春秋时期流行的一种弯刀，它以青铜铸成，是冷兵器里的典范，充满传奇色彩，后又被历代文人写入诗篇，成为驰骋疆场、励志报国的精神象征。在众多文学作品中，吴国的利器已经超越刀剑本身，上升为一种骁勇善战、刚毅顽强的精神符号。正如李贺在《南园十三首·其五》中所述："男儿何不带吴钩，收取关山五十州。请君暂上凌烟阁，若个书生万户侯？"

青铜钩

B.C.200年

汉代工匠创制手戟　手戟是一种可单手握持的短戟，约出现于汉代。刘熙《释名·释兵》记："手戟，手所持之戟也。"手戟是一种防身护体的兵器，可刺可击，因可双手各持，同时并用，故又称双戟。手戟约出现于汉代。从有关画像石看，汉代的手戟与"卜"字形戟相似，只是没有长柄。

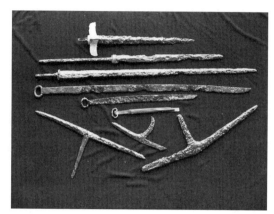

手　戟

手戟又可掷击，《三国志·魏书·吕布传》记，董卓一次发怒，曾"拔手戟掷布，布拳捷避之"。明代的铁手戟形如宋代的戟刀，刺如矛，月牙刃，唯与刃相对的柄侧有小枝，因而具有刺、钩、割、挡几种功能，销底浑圆如球，便于手握持而不脱，名为双手带，长80.5厘米。清代的铁手戟称为月牙短戟，柄端尖利，并有上翘的钩，长1.06米。

约B.C.1世纪

战国工匠发明了复合剑　复合剑是指剑脊和剑刃用不同成分配比的青铜合金分别浇铸的青铜剑，是古代铜剑的精品。其剑脊采用含锡量较低的青铜合金，韧性强，不易断折；剑刃采用含锡量较高的青铜合金，硬度高，特别锋利。复合剑的脊部含铜多，故呈黄色；刃部含锡多，故泛白色。剑脊和剑刃判然异色，所以有人称之为"两色剑"。其铸造方法也与普通铜剑有别。普通剑之剑身系一次浇铸

复合剑

完毕，复合剑则是二次浇铸：先以专门的剑脊范浇铸剑脊，在剑脊两侧预留出嵌合的沟槽，再把铸成的剑脊置于另一范中浇铸剑刃，剑刃和剑脊相嵌合构成整剑。

战国时期齐国人撰写了《考工记》　《考工记》是春秋时期专门记载官营手工业各工种规范和制造工艺的专著，也是战国时齐国的官书之一。这部著作详细记载了齐国当时手工业各个工种的设计规范和制造工艺，保留着先秦时期大量的手工业生产技术和工艺美术资料，记载着一系列的生产管理及营建制度，一定程度上反映了当时的思想观念。该书在中国科技史、工艺美术史和文化史上都占有极其重要地位。现存《考工记》有些内容是后人增写的，其书写年代不晚于战国。今所传《周礼》即包括《考工记》在内之书。《考工记》全文有7 000多字，记述了当时官营手工业的木工、金工、皮革、染色、刮磨、陶瓷等六大类30个工种，以及数学、地理学、力学、声学、建筑学等多方面的知识和经验总结。今传本仅有25个工种，集中反映了这些工种的技术和工艺概况。其中涉及兵器构造的内容主要有青铜兵器的含金配比技术和冶铸技术、材料的精选、设计和制造方法的创新、设计和制造蕴含的科学知识、工艺的规范、成品的检验、兵器配发和使用的原则等方面。《考工记》是齐国官书，即齐国政府制定用于指导、监督和考核官府手工业、工匠劳动制度的书，其主体内容于春秋末至战国初编纂，部分内容补于战国中晚期，其作者为齐稷下学宫的学者。进入20世纪，由于西方科学技术的传入，科学考古的开展，对《考工记》的研究进入了一个新阶段。利用科学的手段和思维方法以及考古实物和模拟实验资料，研究者对《考工记》所涉及的古代技术、科学知识以及社会科学中的问题分别进行专题研究，并发表多篇论文，整体上把《考工记》的研究提升到了一个新水平。

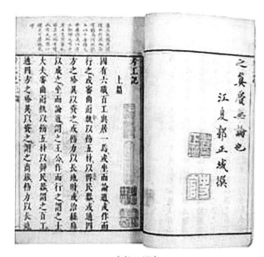

《考工记》

汉代工匠发明了远程射击武器汉弩　与战国时期的弩相比，汉弩有两大特点。一是加装了一个铜铸的机匣郭在青铜扳机（牙、悬刀和牛）的外面。牙、悬刀和牛都用铜枢联装在郭内，再把铜郭嵌进木弩臂上的机槽中。这样，连贯弩

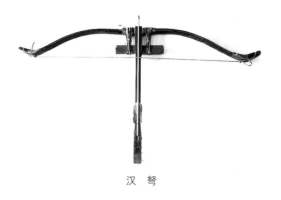

汉　弩

机各构件的栓塞，就不仅穿在弩臂之槽的边框上，也穿在铜郭的孔中，使其能承受更大的张力。二是汉代的弩机在望山上刻有分度。河北省满城县刘胜墓出土的弩机就是这样的，是迄今发现最早刻有分度的望山。望山作为弩上用作瞄准的构件，根据目标的情况，当射手的眼睛、望山刻度、缺尖、目标在同一直线上时射弩，即可提高命中精度。这如同现代步枪设置表尺一样，用来瞄准射击。《汉书·艺文志》载有《远望连弩射法》15篇，很可能是弩的一种射表，可惜此书已经失传。另外，汉弩末端还装有与步枪柄相似的把手。在汉朝凭借强弩的优势战胜的战例屡有所见。天汉二年（B.C.99年），骑都尉李陵（李广之孙）在濬稽山用5 000步兵抗击6倍于己的匈奴骑兵时，下令千弩齐发，击退匈奴，并追杀匈奴数千人。东汉永平十八年（B.C.75年），匈奴进攻汉军的金藩城时，汉将阚恭凭城坚守，并下令守城汉军用强弩发射毒箭，击退了攻城的匈奴兵。

约B.C.100年

战国时期工匠发明了瓮城防御建筑　瓮城又称月城、曲池，是古代城池中依附于城门、与城墙连为一体的附属建筑，多呈半圆形，少数呈方形或矩形。它是为了加强城堡或关隘的防守，在城门之外又筑一座小型城围和城门，属于中国古代城市城墙的一部分。西汉昭宣时期甘肃居延甲渠侯官治所坞门门外，有类似瓮城的曲壁，可能是瓮城的雏形。目前发现较早的是高句丽国内城6个城门口所置瓮城。瓮城的设置兴盛于五代和北宋时期。在曾公亮所著的《武经总要》中，第一次出现关于瓮城的记述："其城外瓮城，或

圆或方。视地形为之，高厚与城等，惟偏开一门，左右各随其便。"北宋东京城依照这一原则设置了瓮城。《东京梦华录·卷一》记载"……城门皆瓮城三层，屈曲开门，唯南薰门、新郑门、新宋门、封丘门皆直门两重，盖此系四正门，皆留御路故也。"北宋州府城市也多有瓮城之设，其代表如

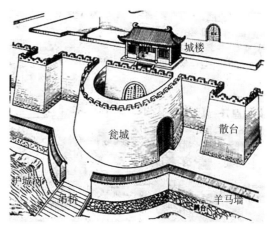

瓮　城

平江府（苏州）和襄阳城池。瓮城通常旁开一门或两门，平时既不妨碍城内外交通，又不使城外人直窥城内虚实，战时便于军队的集结和机动，也增强了城门的防御。瓮城两侧与城墙连在一起建立，设有箭楼、门闸、雉堞等防御设施。瓮城城门通常与所保护的城门不在同一直线上，以防攻城槌等武器的进攻。当敌人攻入瓮城时，如将主城门和瓮城门关闭，守军即可对敌形成"瓮中捉鳖"之势。在中国长期的奴隶社会和封建社会中，城池筑城体系曾发挥过很大作用。如四川合州的钓鱼城，它上控三江交汇的扇形地区，下屏战略要地重庆，是攻必夺、防必守的军事要地。南宋的余玠、王坚、张珏等将领，从1243年起，先后利用这里有利的地理条件和险要地形，顺着山的自然地势筑城，又在城外据险构筑了一些外围据点，形成了以钓鱼城为中心的坚固的城池防御体系。宋军依托它从1259年开始，抗击蒙古军队和元军多次进攻，坚持20年之久。又如明朝初年，明政府为防倭寇对沿海的侵扰，在沿海地区修建了海岛、海岸、海口筑城体系。这些筑城体系的共同点是以卫、所的城池为主体，与堡寨、墩台、烽堠相结合而构成城池筑城体系，在历史上曾有效地保障明军阻止和打击了倭寇的多次入侵，取得了抗倭战争的最后胜利。

约200年

曹操使用霹雳车　霹雳车是文献记载最早的一种车载抛石机，上装机枢，弹发石块，依靠人力或马拉。官渡之战中，曹操使用"霹雳车"攻击袁

绍军用于进攻的箭楼（高橹）。《三国志·魏志·袁绍传》记载："太祖（曹操）乃为发石车，击（袁）绍楼，皆破。绍众号曰霹雳车。"《资治通鉴》记载："曹操出兵与袁绍战，不胜、复还、坚壁。绍为高橹，起土山，射营中，营中皆蒙楯而行。操乃为霹雳车，发石以击绍楼，皆破。"

霹雳车

约3世纪

建造蒙冲　蒙冲是中国古代一种双层多桨、轻型快速且有良好防护的进攻性快艇，又作艨艟，用于水面上的快速机动作战，不用于正面交锋。东汉刘熙《释名·释船》载："外狭而长曰蒙冲，以冲突敌船也。"可见蒙冲船形狭而长，航速快，专用以突击敌方船只。因其顶棚外蒙有生牛皮，以御矢石，利于冲击敌军船阵，故有其名。唐《神机制敌太白阴经》载："蒙冲：以犀革蒙覆其背，两相开掣棹孔，前后左右开弩窗、矛穴。敌不能近，矢石不能败。北不用大船，务于速进速退，以乘人之不备，非战船也。"蒙冲有三个特点：一是以生牛皮蒙背，使其具有良好的防御性能，二是开弩窗、矛穴，使其具有出击和还击敌船的作战能力；三是以桨为动力，使其具有快速航行的性能。唐朝的蒙冲，已经在舱面上两层战棚的外侧开了掣棹孔，从而便于士兵把桨从棹孔伸入水中，划棹前进。战棚的前后左右都开有弩窗、矛穴，士兵可以向四面发射箭镞，并以长矛、长枪刺敌。蒙冲船体狭长轻便，在水战中常乘敌不备之时实施快速冲击，充分发挥其以速制胜的特点。蒙冲整个船舱与船板由牛皮包覆，用于防火；两舷各开数个桨孔以供橹手插桨划船；在甲板以上有三层船舱，同样用生牛皮包裹以防止敌人火攻；每层船舱四面都开有弩窗、矛孔用作攻击各方向敌人。据《三国志》记载，吴军的将领黄盖在江夏攻打黄祖时，曾以蒙冲封锁黄氏退却的路线。东汉建安十三年（208年）赤壁之战中，东吴大都督周瑜以"蒙冲斗舰数十艘，实以薪草，膏油灌其中"，点火后突入曹军船阵，一举烧毁了曹军舰队。这是中国军事史上以蒙冲突击的一个典型战例。

415年之前

中国出现马镫　马镫是悬系在马鞍两侧，以方便骑马者上马和在骑乘时支持骑马者双脚的马具。马镫由镫环（让骑手踏脚的部分）与镫柄（将马镫悬系在马鞍上的部分，又称镫穿、镫鼻）组成，一般采用硬质地材料制作，如木、骨角或金属等。马镫的出现时间在4—5世纪，其中北

马　镫

票市冯素弗墓出土的鎏金木芯马镫是迄今为止唯一一对有明确年代（415年）可考的完整马镫。马镫能够使骑手最大限度地发挥骑马的优势，做到"人马合一"，同时又能为骑手提供一个稳定的机动平台，有效地保证作战时的安全。马镫的源起可追溯至B.C.2世纪就已经出现的马脚扣、趾镫以及单马镫，但这些装置主要用来辅助骑手上马，只能提供相对有限的稳定性，并非严格意义上的马镫。在8世纪，马镫通过中亚地区正式进入西欧，马镫的出现极大改变了世界军事史的面貌。在马镫出现之前，骑兵已经作为一支重要的作战力量活跃于战场上：在中国，从赵武灵王胡服骑射开始，骑兵就已经作为一个专门的兵种开始逐步取代战车在战场上的作用；在西方，早在B.C.10世纪，亚述帝国就出现了未配备马镫的骑兵。但是，未装备马镫的骑兵稳定性很差，骑兵一般是坐在鞍毯上或是直接骑在马的背脊上，一只手控制马匹，另一只手使用长矛朝斜下方挥刺，骑手只能通过两腿对马腹部的夹力来控制身体的平衡，在没有马镫的情况下，马上的直刺动作很容易使骑手重心不稳而跌落，因此早期骑兵对骑手的骑术要求很高，这些骑兵在战场上的主要作用是配合步兵方阵进行掩护、侦察、侧翼袭扰等任务，仅有少数精锐骑兵承担正面冲锋的职责。马镫的出现大大增强了骑兵的作战能力，使骑手原本控制马匹的那只手获得了解放，进而能够自如地在马背上使用双手武器而不必

担心失去重心，骑射也变得更加简便，同时，骑兵的训练成本与训练周期也大幅降低。马镫使骑兵在马上能够用手臂与身体将长矛夹于身侧进行冲锋，进而使骑兵能够在战场上承担正面迎敌的任务。查理·马特（"铁锤"查理，Charles Martel，688—741）在8世纪实施军事改革，创建了骑兵与采邑制度相结合的骑士部队，这一军事制度随着法兰克王国的发展而向外传播，使骑兵取代了原有的步兵方阵成为主导中世纪战场的决定性力量。

449年

北魏军队使用钩车 钩车是利用长杆铁钩爪钩毁城墙的轮式攻城器械，又称钩𬮿车，唐代后又称搭车。钩车由木车和大铁钩爪两部分构成。木车外侧装有四轮运行；车上立四木，设置前梁和后滚轴以支撑、摆放钩爪；车前系有绳索牵引。巨大的铁钩爪头上有数个弯钩状铁爪，并安装了很长的木柄，用以钩毁城堞。使用时，将车推拉至城下，令人握住长木柄后部，使其依滚轴向上搭钩住城堞，然后向下向后猛拉，毁坏城墙。《宋书·文九王·南平穆王铄列传》记

搭车

载，南北朝宋文帝元嘉二十六年（449年），北魏太武帝拓跋焘（408—452）率军围攻宋汝南悬瓠（今河南汝南），"毁佛浮图，取金像以为大钩，施之冲车端，以牵楼堞"；二十八年（451年），拓跋焘又攻宋盱眙（今江苏盱眙东北），"魏以钩车钩垣楼"，城中"数百人叫呼引之，车不能退"，钩车自身沉重，搭钩牢固。南朝梁太清二年（548年），梁豫州牧侯景叛乱，率军攻打东府城（今南京东南），"设百尺楼车，钩城堞尽落，城遂陷"，可见钩车十分高大（《梁书·侯景列传》）。

约6世纪

发明重城 重城是为了加强城郭前御的重要措施。唐于邺《扬州梦记》

载："牧供职之外，唯以宴游为事，扬州，胜地也。每重城向夕，娟楼之上，常有绛纱灯万数，辉罗耀列空中。"宋王安石《示元度》诗："思君携手安能得，上尽重城更上楼。"重城在盛唐以前主要出现在一些纯军事性的城郭中，至隋唐时期已开始在都

重城

城中建筑重城。当时东都洛阳的宫城位于城的西北角，墙宽14~18米、高14米以上，西有皇城、外城和禁苑，北有曜仪、圆璧和外城，东有皇城、东城和外城，南有皇城、洛河和外城。这种布局，使宫城四面都有三四道防线，处于城防的纵深之处，加强了平时的守备和战时的防御。除这种形式的重城外，还有中小型城郭中回字形的重城，即由外城包内城的套城。自古以来，城池的建立大多与军事有关，而重城的建立在当时具有同样的作用。

中国人发明了弩台　弩台指弩箭发射台。唐皮日休《馆娃宫怀古》诗云："弩台雨坏逢金镞，香径泥销露玉钗。"宋乐史《太平寰宇记·江南东道六·湖州》载："昔乌程豪族严白虎于山下垒石为城，与吕蒙战所。今山上有弩台、烽火楼之迹犹存焉。"清赵翼《书绵州牧刘荫萱守城事》诗："弩台毂机括，战格列椸枑。"中国人发明了弩台，因台顶安置大弩而得名，始于隋唐以前，至隋唐已成制式建筑。《神机制敌太白阴经·筑城篇》记载，弩台一般建于距离城墙150米左右处，台基为正方形，每边长14.4米，顶端每边长7.2米、高约15.5米，周围筑有夯土围墙；台身下部开有一门，中心有竖井状通道至台顶，有梯上下；台顶备有毡幕，供士兵息居；每台编弩手5人，贮有一定数量的弩箭、石块和干粮、饮水等。

588年

隋朝大将杨素建造五牙船　五牙船是隋文帝杨坚为进攻灭陈战争时，命大将杨素在承安建造的一种大型战船。舱罩上起接五层，船高百余尺，可载

士兵800余人，船上安有6座新式大型操毁性装置——拍杆，杆高50尺，用以击拍陈军战船。在荆门之延州与陈吕仲惠所率水军遭遇，依仗大舰楼高、拍长的优势，陈军战船被毁者甚多。

约600年

中国人使用拒马枪 拒马枪是防守作战中用以拦阻敌军前进的可移动障碍物，又称拒马、拒马鹿角枪等。中国在商周时期已经使用拒马枪，最初用于阻塞门户、阻止行人，以后逐步用于作战。唐代称"拒马枪"，用周长2尺的长圆木作主杆，平放，上

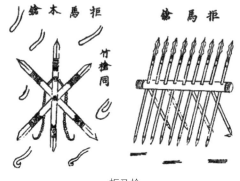

拒马枪

面按相互垂直的角度凿有若干组穿孔，都插进1丈长的圆木条，并削尖上端，构成障碍物，将它设置在城门口、巷口、要道口，以阻止人马强行通过。唐以后又分为近守拒马鹿角枪和远驮固营拒马枪两种类型。近守拒马鹿角枪，一般较大，多根据需要决定长短；上面凿有9~10个穿孔，并各安一根铁枪；前面向下斜安若干支撑木脚，使铁枪头指向前方，以阻挡敌军冲锋。远驮固营拒马枪，通常较小，便于随军携带。它由许多长7尺、两端均装铁枪头的粗木杆铁枪组成；枪身中间穿孔，由一根铁轴贯穿连接，并且三根成组相交，用铁索勾连。设置时，将其展开放置，用于列阵、立营、守险及堵塞缺口等。行军时，则可解开铁索折叠运输。

中国人使用车弩 车弩是一种利用车轴引弓的大型弩机，主要用于攻城作战。一般而言，大型弩机由于体积巨大，在使用时往往需要借助绞车完成引弓动作。车弩的特点在于将弩机的弓弦同位于底座的车轴相连，利用车轴的旋转完成引弓动作，在简化使用流程的同时又增加了武器的机动性。唐代李荃在《神机制敌太白阴经》中记载："车上定十二石弩弓，以铁钩绳连轴。车行轴转，引弩持满，弦挂牙上。"车弩一次可以同时发射七支弩箭，七支箭并排而放，中间的弩箭形制略大："一镞长七寸，围五寸，箭长三

尺，围五寸，以铁叶为羽"，其他六支弩箭在形制上则略小于该箭，击发扳机后七支箭同时发射，射程约为七百步，"所中城堡无不崩溃，楼橹亦颠坠"。

674年

拜占庭人使用"希腊火"　希腊火（Υγρόυρ）是拜占庭帝国（东罗马帝国）使用的一种可以在水上燃烧的液态燃烧剂，主要用于海战。希腊火是阿拉伯人对它的称呼，拜占庭人则将其称为"海洋之火"（Sea-Fire）。希腊火的具体发明者已不可考，据传由一名叫加里尼克斯（Kallenikos）的叙利亚工匠于668年带入君士坦丁堡。希腊火的配方一直被拜占庭帝国视为机密，君士坦丁七世（Porphyrogenitus，905—909）曾告谕其子不得向外透露希腊火的配方，并让其对外称希腊火为"天使降临给君士坦丁帝国的神迹"。利奥六世（Leo the Six，886—912）在其所著《战术学》（*Tactics*）中对希腊火进行过描述。该书称这种"人造火"从由铜包裹的木质虹吸管中喷出，置于战船的前端。该书也记载了希腊火的另一种用法，即士兵以铁盾为掩护，通过小手筒（hand-tubes）从铁盾后向敌军喷射希腊火。除上述两种使用方式外，希腊火也可用于攻城作战中，使用者将希腊火装在陶罐中以人力或抛石机投射出去。希腊火在历史上曾多次拯救拜占庭帝国于危难，以至于有学者感叹："炼金术竟可让君士坦丁堡屹立千年之久。"希腊火的首次使用是在674年击败撒拉逊舰队的战争中。在717—718年苏莱曼围攻君士坦丁堡的

用于海战的"希腊烟火"

战役中，利奥三世在博斯普鲁斯与达达尼尔两个海峡被封锁的情况下，使用希腊火焚烧了大量敌船，此战在保卫了君士坦丁堡的同时也阻止了伊斯兰文明的西进，在客观上为法兰克王国的扩张提供了条件。由于拜占庭人对希腊火的配方讳莫如深，现今关于希腊火的配方往往存在于阿拉伯人以及其他国家对希腊火的仿制工作中。拜占庭公主安娜·科穆宁娜（Anna Commena，1083—1153）在其所著《阿历克塞》（*Alexiad*）中曾透露了关于希腊火的部分配方：树脂胶与硫黄。在第一次十字军东征中，十字军对希腊火进行了仿制，其配方为硫黄、沥青、树脂胶、石脑油。在14世纪由"希腊人马克"（Marcus Greaecus，实为阿拉伯人）撰写的《焚敌火攻书》（*Liber ignium ad comburendos hostes*）记载了关于希腊火的详细配方：活性硫、酒石、树脂胶、沥青、煮过的食盐、石油以及普通的油。而希腊火的真正配方却由于拜占庭帝国内部的管理不善而失传，1200年，拜占庭海军将领迈克尔·斯特里弗诺斯（Michael Stryphnos）贩卖了大量海军储备以中饱私囊，据推测希腊火的配方在此期间遗失。在随后的第四次十字军东征中，希腊火未能展现其应有的威力，曾让阿拉伯人闻风丧胆的拜占庭舰队败在了威尼斯人的手中。

约8世纪

晚唐李筌著《神机制敌太白阴经》 《神机制敌太白阴经》是中国古代的一部综合性的军事著作。《神机制敌太白阴经》又称《太白阴经》。中国古人认为太白星主杀伐，因此多用来比喻军事，《太白阴经》的名称由此而来。作者李筌是唐代后期著名兵学家，号少室山达观子，籍贯不详，生卒年不见记载，约为玄宗至代宗时人。从这些记载中可以知道，李筌是精通文墨、任过军政要职、有政治和军事经验、著有多种兵书的官员，老年后入嵩山隐居，不知所终。在李筌所著的兵书中，以《太白阴经》的学术价值为最高。此书在《新唐书·艺文志》已有著录。今存有

《太白阴经》书影

明清古阁抄本、《四库全书》本、《墨海金壶》本、《守山阁丛书》本、《长恩书室丛书》本等各种刊本。该书博采道、儒、兵等各家军事理论之所长，又具有某些独到的见解。《太白阴经》的最大特点是在编纂体例上进行了创新，它对战争和军事的研究侧重于理论的综合研究，分解为诸多专题，从而进行分门别类的研究，为军事百科性兵书和专题兵书著述开辟了新的途径。《太白阴经》还对军典礼仪、各种攻防战具、宿营行军、战阵队形、公文程式、屯田、人马医护等一系列问题进行分门别类的论述。其中尤为突出的是对于各种兵器、攻守城器械、城防设施、水军战船的论述，其内容占全书篇幅的10%左右，反映了唐代以前我国军事在这些方面所取得的成果。这些成果，大多被宋代《武经总要》所转录。此书内容丰富，李筌在进书表中称："人谋、筹策、攻城、器械、屯田、战马、营垒、阵图，囊括无遗，秋毫毕录。其阴阳天道，风云向背，虽远人事，亦存而不忘。"后人对此书非常重视。

维京人使用维京剑　维京剑又称"维京时代剑"（Viking Age sword），是中世纪早期一款由罗马剑（spatha）演化而来的武器形制。维京剑的护手与柄头多由钢铁制成（尚未出现后期骑士剑上常见的十字状护手）；同罗马剑相比，维京剑的剑头更为尖锐，这一设计使其在对抗锁子甲时能够获得更好的击刺效果；剑身呈宽叶双刃状，宽度在3.81~5.84cm之间，同时，剑身上有明显的凹槽，凹槽起到了"工字钢"的作用，既加强了剑身强度，又在一定程度上减轻了剑身质量；剑柄握把上宽下窄，底部有剑柄圆头，主要用于增加剑柄配重进而提高持剑者挥剑时的灵活性，同时也有防止持剑者脱手的功能，剑柄圆头一般呈三瓣或五瓣状，上面镀有铜、银等金属，纹路颇为精美。维京剑较短，在60.96~91.44cm之间，在实战中往往同盾牌配合使用。维京剑的源起至今尚无定论，该剑之所以被称为"维京剑"是因为其主要出土于8—11世纪斯堪的纳维亚地区的维京墓葬中，但是维京剑的具体起源似乎又与法兰克王国的加洛林王朝密不可分，查理曼大帝

维京剑

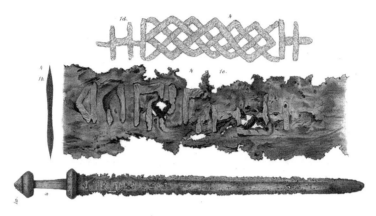

出土的"沃伯剑"

（Charles the Great，742—814）在圣诞节使用的仪式长剑，在形制上就与维京剑十分相似。同时，在出土的诸多维京剑中，有百余柄质量上乘、剑身上镌刻着"沃伯"字样铭文的"沃伯剑"（Ulfberht swords），而"沃伯"一词为法兰克语，因此有学者推测维京剑的制造实际上同法兰克王国的天主教教廷密切相关，但由于天主教廷长期同维京人保持敌对关系，双方也并无贸易往来，因此维京剑很有可能是以走私的方式进入斯堪的纳维亚地区的。中世纪早期，由于缺乏整块的金属原料，剑的锻造原料大多采用"旋焊"（pattern-welding）法制作的钢材（又称假大马士革钢、焊接大马士革钢），由这种方法炼成的大块金属是由多种小块金属焊合而成的，因此这种"假大马士革钢"杂质较多，在质地上也比较脆弱。维京剑从原料到锻造工艺上皆异于同时期武器，比如沃伯剑就由含碳量为1%的坩埚钢锻造，这些坩埚钢大多来自印度海得拉巴地区，经由中亚输送至欧洲，原料选择上的纯粹使得维京剑所包含的杂质远低于同时期武器，但随之带来的高昂成本决定了维京剑无法配备于每一名普通士兵，而往往成为贵族阶级的专属武器作为一种权力与地位的象征而存在。10世纪后，欧洲的冶金工艺水平大幅提升，剑的锻造成本也随之降低，而维京剑的一些特征也被欧洲其他地区借鉴吸收，进而演化成为中世纪中期欧洲普遍使用的骑士剑（武装剑）。

约800年

中国出现鹅鹘车 鹅鹘车是中国古代装有长杆铁铲用以铲毁城墙的轮式攻城器械，又称鹅车、锇鹘车、饿鹘车。它由木车和大铁铲两部分构成。木车安有四轮，上置横梁、滚轴，用于运载及支撑大铁铲。大铁铲装有长木柄，前端安装了巨大的铁铲头，架在滚轴上，用于破坏城墙。使用时，先将鹅鹘车推抵城下，再握住大铁铲长柄后端，使其依

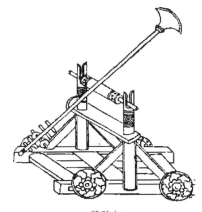

鹅鹘车

托在滚轴上并以铁铲头猛烈铲掘城墙。《旧唐书·吐蕃列传》记载，唐元和十四年（819年），吐蕃节度论三摩及宰相尚塔藏、中书令尚绮心儿率领15万大军将唐朝盐州（今陕西定边）城团团包围，并"以飞梯、鹅车、木驴等四面齐攻，城欲陷者数四"，并使"城穿坏不可守"。唐刺史李文悦率领士兵竭力抵抗，"撤屋版以御之，昼夜防拒，保城未失"。

维京人制造了维京矛枪 维京矛枪由阔叶状的纯铁尖枪头和由木头制成的矛杆组成，长1~2米，用于远距离作战。维京矛枪的枪头附近附有侧翼，也叫钩矛枪。维京矛枪的杀伤力巨大，矛头较小的矛枪用于刺杀和投掷，而矛头较大的矛枪用于砍杀。维京矛枪可以用于投掷，所以不像普通的矛枪一样需要用双手来使用。维京矛枪的使用者需要经过严苛的训练，技巧高超的使用者不但能用双手来投掷矛枪，而且可以接住对手投掷过来的矛枪并朝对方扔回去。

维京战斧

维京人制造了维京战斧 维京战斧由巨大的新月形或凸圆形的头部和木质剑柄组成，长1~2米，是由维京时期家用劈木斧经改良以使用于战斗发展而来的。当维京人挥舞起维京战斧时，这种兵器的杀伤力是可想而知的。根据需要的不

同，维京战斧的制造也会有所不同。斧身既可以制成坚硬的双刃斧身，又可以制成更为轻巧、更易操作的薄刃斧身。

808年

中国人清虚子发明火药 火药，又称为黑火药，是在适当的外界能量作用下，自身能进行迅速而有规律地燃烧，同时生成大量高温燃气的物质。火药的研究开始于古代道家炼丹术，古人为求长生不老而炼制丹药。炼丹术的目的和动机都是荒谬和可笑的，但它的实验方法有可取之处，最后导致了火药的发明。由于火药的发明来自制丹配药的过程中，火药被发明之后，曾被当作药类。《本草纲目》就提到火药能治疮癣、杀虫，辟湿气、瘟疫。火药不能解决长生不老的问题，又容易着火，炼丹家对他并不感兴趣。明朝宋应星在《天工开物·火药》中说道："凡火药以硝石硫黄为主，草木灰为辅。硝性至阴，硫性至阳，阴阳两神物相遇于无隙可容之中，其出也，人物膺之，魂散惊而魄虀粉。"清朝和邦额在《夜谭随录·烽子》中说道："乃取火枪火药下铅子，向妇人发之。"火药是一种黑色或棕色的炸药，由硝酸钾、木炭和硫黄机械混合而成，最初均制成粉末状，后制成大小不同的颗粒状，可供不同用途之需，在采用无烟火药以前，一直用作唯一的军用发射药。火药受热或撞击后立即引起爆炸。火药是武器发射弹丸的能源，按用途可分为点火药、发射药、固体推进剂。发射药又分为枪用发射药、炮用发射药、弹射座椅发射药等。固体推进剂又分为火箭用固体推进剂、导弹用固体推进剂。火药的配方由炼丹家转到军事家手里，就成为中国古代四大发明之一的黑色火药，成为枪弹、炮弹的发射药，火箭、导弹的推进剂，以及其他驱动装置的能源。

约900年

西欧人改进十字弩 十字弩（crossbow，又译十字弓、手弩）是中世纪中期在西欧地区广泛使用的单兵远程武器，并随着十字军东征传播至东欧地区。虽然在1—4世纪时期罗马步兵已然配备了单兵十字弩，但在5世纪后，欧洲战场上鲜有关于十字弩的记载，直至10世纪十字弩才作为单兵远程武器重新出现在历史记载中。10—14世纪的十字弩由角（horn）、肌腱（sinew）与木质构件组成。十字弩前部装有脚蹬，在拉弦时，弩手先弯腰将弓弦挂在自己皮带的金属钩上，在踩脚蹬的同时利用挺直身体的力量将弓弦拉至发箭扳机的槽口，便可将弩提起向目标射击。14世纪后，十字弩的弓片逐渐转为

手持十字弩的骑士

钢制，这类十字弩的弓弦需要利用羊角杠杆或是绞盘才能拉动。十字弩有效射程在137m左右，使用的弩箭多为方镞箭，在有效射程内拥有良好的穿甲效果，能够贯穿骑士的板甲及锁子甲。虽然在射程与威力上弱于同时期的英国长弓，但十字弩的优势在于操作的简易性，十字弩手的训练周期远短于长弓手，十字弩也可作为骑兵武器在马背上使用，这使得十字弩成为中世纪时期除长弓以外威力最大的单兵远程武器，除英国以外，欧洲大多数地区都将十字弩作为单兵远程武器使用。1139年，第二次教廷会议严令禁止基督教徒内部使用十字弩，只在攻击异教徒时方可以使用。直至16世纪，滑膛枪的大量使用才使得十字弩逐步退出了军事领域，仅作为狩猎工具为人们所使用。

海鹘战船

约10世纪

中国工匠发明了海鹘战船　海鹘战船是唐朝创建的一种性能优良的中国古代战船。船形头低尾高，前大后小，体型不大，是仿照海鹘的外形而设计建造的，如鹘之影，船名因此而得。其特点是"虽风浪涨天无有倾侧"，因而许多专家学者称它为全天候战船，是水师中著名战斗舰之一。两舷侧外安置浮板4~8具，形如海鹘翅膀（今称拔水，或

称撬头），起稳定作用，在使船能平稳航行于惊涛骇浪之中，并有排水以增加速度之功，同时可消减横向风对船体的推力，使战船尽量避免横向漂流，保持船体稳定航行，即使遇到狂风怒涛，也没有倾覆的危险。海鹘船是可以在恶劣天气作战的攻击舰。船舱左右都以生牛皮围覆成城墙状，以防止巨浪打碎木制的船体，并可防火攻。牛皮墙上亦加搭半人高的女墙，墙上有弩窗舰孔以便攻击。甲板上遍插各类牙旗，并置战鼓，以壮声势。

约960年

北宋政府设立了造船务　造船务是北宋在开封设立的最大战船建造场，不但可以造船，还可练习水战。从赵匡胤于建隆二年（961年）正月亲临"造船务习水战"可知，它至迟不晚于建隆元年就已建成。乾德元年（963年），又"凿大池与汴梁之南，引蔡水以注之，造楼船百艘，选精兵号'水虎捷'习战水中"。楼船是大型战船，一个造船务既能造百艘楼船，又有水军常在其中习战，可见其规模之大，设备之齐全。

975年

北宋政府建立兵器研发机构南北作坊和弓弩院　南北作坊和弓弩院是北宋设立的兵器研发机构。自开宝八年（975年）起，北宋建立了从东京开封到地方各州的兵器管理及制造系统，这个系统在开封设有南北作坊和弓弩院，在各州设有作、院。开封的弓弩院有兵匠1 024人，弓弩造箭院有工匠1 071人。他们的分工很细密，生产有定额，在通常情况下，每7人9日造弓8张，8人6日造刀5副，3人2日造箭150支，还根据工匠人数规定总的生产定额：南北作坊每年要造各种铠甲、马具装、剑、枪、刀、床子弩等3.1万件，弓弩院每年要造各种弓、弩、箭、弦等1 650多万件。

1000年

中国人发明了盘铁槊　盘铁槊为古代兵器。槊即长杆矛，同"稍"。类似于红缨枪、斧头的攻击武器。硬木制成，分槊柄和槊头两部分。槊柄一般长2米。槊头呈圆锤状，有的头上装有铁钉若干。有的槊柄尾端装有鐏。其主要技法有劈、盖、截、拦、撩、冲、带、挑等。铁槊与枪盾类的还有矛、槊，但使用不多。《宋史·兵十一》还记载了骑兵使用的两种刺杀兵器：其一是北宋咸平三年（1000年）四月，神骑副兵马使焦幅创制的盘铁槊，重7.5千克"马上往复如飞"；其二是相国寺一个还俗和尚法山创制的铁轮拨，重16.5千克，首尾有刃。

欧洲人创制骑士剑 骑士剑是对中世纪中期由维京剑演化而来的单手剑样式的统称，也被称作"武装剑"（arming sword）。在形制上，骑士剑同维京剑相比剑锋更加尖锐，突出了击刺能力，剑身朝着锥体形方向发展。骑士剑的另一特征是十字护手（crossguard）的加入，延展而出的"护手翼"能够对持剑者的手部提供更多保护（一说是为了体现持剑者的天主教信仰），剑的重心同维京剑相比更加靠近握把，进而使持剑者的灵活性进一步增强，便于单手使用。骑士剑的其他特征基本承袭了维京剑，宽叶双刃，长度为71.12~88.9厘米。骑士剑加固剑身的方式已不再局限于打制凹槽一种，有的骑士剑（如亨利五世剑）已经开始使用上凸的"剑脊"来代替剑身凹槽，剑身横截面呈菱形。骑士剑主要用于单手持握，早期一般配合盾牌使用，也可用于骑兵作战。11世纪后，欧洲冶金技术大幅发展，土法吹炼炉得到了改进，铁匠们开始使用高炉炼钢，水力被用来驱动风箱，同时也出现了靠水力驱动的铁锤。在原料上，金属贸易在中世纪中叶也遍及欧洲各地，优质金属不再成为垄断资源，这些变化使剑取代了战斧成为欧洲最受青睐的武器之一，骑士剑也不再像维京剑那样充满了神秘气息而是成为中世纪骑士用剑的基本形制，并在中世纪后期逐渐衍生出双手长剑、手半剑等多种形制。

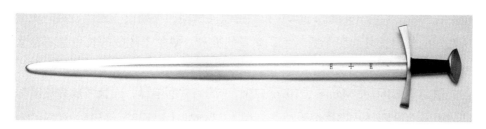

骑士剑

英国人使用英国长弓 英国长弓是中世纪在英格兰与威尔士地区使用的一种威力极大的弓箭，是百年战争时期（1337—1453年）英国军队的主要武器。长弓长约1.8米，箭长约0.9米，射程是同时期十字弓的2倍，最远可达365.76米，有效射程可达228.6米，命中率与发射速率也远超十字弓，每分钟可发射10~12箭，一名娴熟的长弓手能够使两支箭同时在空中飞行，这使长弓

英国长弓

在实战中能够实现"弹幕"的效果。长弓在拉弓时的拉力为40.8千克左右，箭矢的穿透力极强，在有效射程内能够贯穿板甲、锁子甲、皮革等防护物，这种巨大的威力对中世纪重装骑士的地位构成了极大挑战。自1066年诺曼征服以来，英国十分重视弓箭的练习，自由农民在六七岁的时候就开始了射箭训练，而英国军队又主要从各郡县的自由农民中征募而来，这为英军在百年战争初期拥有充足的长弓手创造了前提。英国长弓由榆木、榛木和罗勒木制成，后期则主要使用紫杉木，弓身为一根完整的木材，长宽比十分接近，这一点同弓身宽且扁的早期单体弓有很大不同，中部手握处宽约3.8厘米，两端用角料镶包。由于长弓依托木材本身的张力为箭矢提供动力，在制作弓身时也需要依托木材本身的纤维走向，制作者不得破坏木材本身的纤维结构。英国长弓的确切起源难以考证，但可以肯定，英国长弓同北欧人于10世纪前就开始使用的长弓有着千丝万缕的联系。在丹麦的尼达姆沼泽中就发掘出了4世纪左右的紫衫长弓（nydam bow），其形制同后期的英国长弓近似。我们现在所熟知的英国长弓起源于威尔士，学者们推测，威尔士地区的长弓是随着北欧海盗的侵略引入此地的。1055年，威尔士地区的居民就使用长弓抗击了拉尔夫伯爵（Ralph de Mantes，1026—1057）的骑兵探险队，而长弓成为英国军队的中坚力量则是从13世纪爱德华一世（Edward Ⅰ，1272—1307）对威尔士的征服开始的，爱德华一世在征服了威尔士地区后正式将威尔士的长弓手征

召进自己的军队中。到了爱德华三世（Edward Ⅲ，1312—1377）时期，英国已围绕长弓手形成了一套完整的作战体系。百年战争时期，英格兰军队的基本战术紧紧围绕发挥长弓手的威力展开，具体为：长弓兵呈V字形占领高地、河川、村落等有利地形并设置堑壕、木栅等障碍物，并将箭矢从箭囊中取出插在地上，骑士下马作为重步兵列于阵前，少量上马骑士作为机动部队，在交战时，由于长弓手受到了良好的保护，敌军往往会主动向下马骑士冲锋，此时两侧的长弓手一齐放箭以打击敌军。同时，英军往往选择长弓兵背向阳光时开战，这种交战时机的选择为最大限度发挥长弓威力创造了有利条件。在1346年的克雷西会战中，英军依靠长弓的优势击败了数量3倍于己的法军，英国长弓手不仅在热那亚十字弩手面前表现出了压倒性优势，更击溃了法国骑士的多次冲锋。1356年，黑太子爱德华（Edward the Black Prince，1330—1376）在普瓦捷会战中更是凭借长弓的威力大败法军并俘虏了法国国王约翰二世（John Ⅱ，1319—1364）。在百年战争后期，法军对火炮的应用大大压制了长弓兵在战场上的作用，同时由于长弓兵的训练周期过长，英国在战争后期也难以为前线提供足够的兵员，长弓在英国军队中的地位也逐步衰落。

约11世纪

北宋工匠创制抛石机　抛石机是利用配重物（counter-weight）的重力抛射的古代兵器。它们是人类最早懂得运用机械能和释放能发明创造的冷兵器，以达到远距离杀伤敌人的目的。抛石机出现于中世纪初期，使用至15世纪，主要用于围攻和防守要塞。抛石机最早出现于战国时期，是纯利用人力的人力抛石机，是用人力在远离投石器的地方一齐牵拉连在横杆上的梢（炮梢）来操作。唐朝与高句丽作战时使用的抛车能抛出150多千克的石料，对高句丽的木制城栅造成重创。抛石机在宋代时期有了很大的发展，各方势力都在使用，不但数量、品种多，而且使用范围也有拓展。《武经总要》前集卷十二刊有16种抛石机图式，都以"炮"字命名，分别是炮车、单梢炮、双梢炮、五梢炮、七梢炮、旋风炮、虎蹲炮、拄腹炮、独脚旋风炮、卧车炮、车行炮、旋风五炮、合炮、火炮、炮楼。就其构造而言，其组成部分有炮架、炮梢（即抛射杠杆）、搜索、安置大石与火球用的甩兜。炮架是基座，有多种形式，通常用粗长的圆木或方木制作而成。炮架的上部一般都安装有能在轴座上自由转动的横轴，横轴的中央有一个圆孔，便于炮梢从中通过。炮梢用一根十分坚硬的大木制作，与横轴构成"十"字形，其头

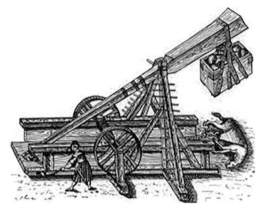

抛石机

部较短，后部较长，分别组成了抛射杠杆的短臂和长臂。搜索系于炮梢的头部，数目从十几根至上百根。炮梢的尾端安装有铁制的两个分叉尖刺，形状像毒蝎的尾巴。甩兜的一端通过两根绳索系于炮梢的尾部，可以放置石块或火球。甩兜的另一端也系扣两根绳索，绳索的末端各有一个铁环，分别套在两个铁蝎尾上，从而便于将甩兜中的石块或火球悬吊起来。抛射时，众多士兵猛拉炮梢的头部，两个小铁环同铁蝎尾脱离，甩兜中的石块或火球因受突发力的作用而做离心抛射运动，当短臂重锤完全落下时，投射物从弹袋中沿约45°角飞出。30千克的石弹射程为140~210米，100千克的石弹射程为40~70米。恩格斯曾经把弓箭的发明看作人类进入蒙昧时代高级阶段的重要标志。他指出："弓、弦、箭已经是复杂的工具。发明这些工具要有长期积累的经验和较发达的智力，因而也要同时熟悉其他许多发明。"他还说："弓箭对于蒙昧时代，正如铁剑对于野蛮时代和火器对于文明时代一样，乃是决定性的武器。"（《家庭、私有制和国家的起源》）抛射兵器在冷兵器时代是较先进的一种兵器。它能在较远的距离发射并击中目标，具有其他冷兵器无法比拟的杀伤威力，因而在火器未问世之前，尤为历代兵家所重视。

1004年

北宋军队在澶渊之战中使用床弩　床弩又称床子弩，是在唐代绞车弩的基础上发展而来的中国古代一种威力较大的弩。床弩有一种特殊的功能，即在攻打敌方城堡时，将粗大的三弓弩箭射向敌方城墙，使弩箭的前端深深插

入墙内，只留半截粗大的箭杆和尾羽露在墙外，这种巨大的弩箭就成了攻城者攀登的踏橛，攻城的士兵在己方的掩护下可攀着这些射插在墙上的巨大箭杆登上城墙，攻陷城池，因此这些箭又有了"踏橛箭"的名称。它将两张或三张弓结合在一起，大大加强了弩的张力和强度。床弩最早出现于春秋战国时代，由绞盘上线，射程可达1 000米，但是精准度不佳，一般采用大规模齐射的战术。床弩种类很多，仅《武经总要·器图》就记有双弓床弩、大合蝉弩、小合蝉弩、手射弩、三弓弩、次三弓弩等。它们的共同之处是在一张坚实的四脚大木弩床上，安置2~4张复合弓，由数名士兵绞轴张弦后，用锤猛击扳机，从而将箭射出。发射的箭有大凿头箭、小凿头箭、一枪三剑箭、踏橛箭等。这些箭矢都以木为杆，以铁为羽，如同带翎的小枪，具有较强的杀伤力。次三弓床弩射出的踏橛箭，能成排地钉在夯土城墙上，攻城者可以此为基础攀援上城。床弩还可发射火药箭。由于床弩的威力大，可用于攻守城战和野战，所以宋太祖"尝令试床子弩于郊外，矢及七百步，又令到选千步弩试之，矢及三里"。多弓床弩张弦时绞轴的人数，小型的用5~7人，大型的如"八牛弩"需用100人以上。瞄准和以锤击牙发射都有专人司其事。在历史书籍中，多处记载床弩的应用。《后汉书·陈球传》记载，在一次战争中，陈球曾"弦大木为弓，羽矛为矢，引机发之，远射千余步，多所杀伤"。这种大弩仅用手擘、足踏之力难以张开，故应是床弩。1960年，在江苏省南京市秦淮河出土一件南朝（420—589年）的大型铜弩机，长39厘米，宽9.2厘米，通高30厘米，复原后其弩臂长当在2米以上，无疑也属于床弩一类。与之相对

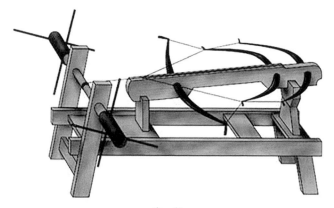

床　弩

应，当时北朝也使用床弩，《北史·源贺传》记载，北魏文成帝时，源贺都督三道诸军屯守漠南，"城置万人，给强弩十二床"。在此之后，唐朝杜佑撰的《通典》中，将这种弩称作"车弩"。床弩在宋朝得到较大的发展。北宋时期，利用复合弓的床弩成为北宋步兵的制式武器。景德元年（1004年），宋军在澶渊之战中，曾使用床弩射杀契丹大将萧挞，使契丹军士气大丧。床弩的射程在南宋时期又得到进一步发展，《宋史·魏丕传》说："旧床子弩射止七百步，令丕增造至千步。"

1041年

杨偕发明了铁链锤 《宋史》列传第五十九记载：杨偕（980—1048），字次公，左仆射杨于陵六世孙，坊州中部人，少年时就跟随种放学在终南山做事，举进士，脱去布衣，在坊州任军事推官、知开源县，再调任汉州军事判官。庆历元年（1041年），时任北宋知并州的杨偕创制了一种铁链锤，实为以铁链扣系骨朵头部的流星槌。铁链锤的骨朵用铁或硬木制成，像长棍子，顶端瓜形，是在长柄的一端安有一个铁制球形头的击砸型兵器。《武经总要·器图》记

铁链锤

载：骨朵本名为胍肫，谓其形如大腹，似胍而大。后来人们将其误读为骨朵。书中记载的制品有蒺藜、蒜头两种，头部用铁力木制作，分别与带刺的蒺藜和多瓣的蒜头相似，故而有其名。骨朵与传统的锤有区别：锤的头大柄短，头重柄轻；骨朵则头小柄长，头的质量比柄的质量轻。

1044年

曾公亮等人编撰刊行《武经总要》 《武经总要》是我国古代北宋官修的第一部军事百科性著作，由天章阁待制曾公亮（998—1078）、参知政事丁度编撰。全书40卷，分前、后两集，每集20卷。前半部分介绍古今战例，将军事制度、军事组织、选将用兵、阵法、山川地理等军事理论和规则；后半部分介绍阴阳占卜。除军事学中的其他门类外，它包容了宋代以前的军事

技术。现存有宋抄本，元、明刊本，四库全书本，中华书局影印明刊前集20卷本。本书记载了三种火药配方和三种火药的制造技术，是我国古代劳动人民、炼丹家、药物学家和统兵将领，经过了几百年甚至上千年的艰辛努力探索所取得的丰硕成果。它的正式刊布，标志着我国军用火药技术的发明阶段进入尾声。在经过了药物学家对硝、硫、炭特性的研究，炼丹家对硝、硫、炭混合物进行的燃烧试验等过程后，火药的研究进入了新的时期。军事家把火药制成火器并用于作战，这在军事技术史上具有开创性的意义。迄今为止，所有可能得到的与火药史相关的资料都说明《武经总要》所记载的三种火药配方是世界上最早公布的火药配方。《武经总要》详尽地记述和介绍了北宋时期军队所使用的各种冷兵器、火器、战船等器械，并附有大量兵器和营阵方面的图像。该书包括军事理论与军事技术两大部分，具有较高的学术价值。其后又将《孙子》等七部兵书汇编为《武经七书》，作为武学的必修课程。特别是第10至第13卷，如《攻城法》《水攻》《水战》《守城》等攻战篇，不但记录了与这几种战法有关的兵器装备，还记录了防御工事和战舰等的相关情况。第10卷《器图》，集中了当时军队使用的各种武器装备，每一件都附有清晰的插图。仅第10至第13卷的四卷中，就附有各式插图250幅以上。此外，图上还以楷书注有详尽的器物名称、使用方法等文字说明，是研究中国古代兵器史的极为重要的资料之一。《武经总要》很注重人在战争中的作用，主张"兵家用人，贵随其长短用之"；注重军队的训练，认为并没有胆怯的士兵和疲惰的战马，只是因训练不严而使其然；重视和强调古代《孙子》等兵书中用兵"贵知变""不以冥冥决事"的思想，这在宋代军事史上是难能可贵的。总体而言，该书是中国第一部规模宏大的官修综合性军事著作，对于研究宋朝以前的军事思想非常重要。

约1073年

北宋政府设立军器监　军器监是由北宋政府设立的兵器制造机构。北宋熙宁六年（1073年），王安石变法，仿唐制设立军器监，职掌中央和地方的兵器制造。军器监一般设有：监一人，正四品上；丞一人，正七品上。掌缮甲弩，以时输武库。军器监制定了一套严格的制度，归纳起来大致有以下几点：其一，在开封的兵器制造作、院，要根据军器监所定的样式，交给专业工匠制造；其二，工匠按制造的数量领取材料；其三，各作、院每十天要派官员统计兵器的制造数量，并以检查、考核的结果实施赏罚；其四，检查、考核的内容有领料与成品的数量是否得当，作业是否勤劳，技能优劣的程度如何等；其五，抽样呈送便殿等待检查，检查合格后送交库存；其六，选择精良的制品作样本，颁发各州都作院进行仿制；其七，各地都作院的官员不得验收不合格成品；其八，对泄露所造兵器式样者，以违制论处。

约1075年

李定发明神臂弓　神臂弓又称神臂弩，一种用脚踏张的弩。神臂弓创制于熙宁年间（1066—1075年），前端安有镫。熙宁中，李定献偏架弩，似弓而施以鞍镫。以镫距地而张之，射三百步，能洞重扎，谓之"神臂弓"，最为利器。李定本党项羌酋，自投归朝廷，官至防团而死，诸子皆以骁勇雄

神臂弓

于西边。神臂弓弓身长1.1米，弦长0.83米，射程远达240多步，号称其他器械都及不上，成为宋军弩手的标准配置兵器之一。神臂弓的箭很短，为19~25厘米。沈括的《梦溪笔谈》卷十九、《宋史·兵十一》《宋会要辑稿·兵二十六之二十八》《文献通考·兵考·军器》等典籍，都对神臂弓有不同程度的记载，虽有一些差异，但基本内容十分相近。神臂弓系由西夏党项族李定归附宋朝之后所创，其以坚韧的山桑作弓身，以坚实的檀木为弰，以铁为镫子枪头，而且安有铜制的发机，用麻绳扎系为弦；单兵可以操射，发射数寸长的木羽箭，箭的穿透力之大为所有弓弩之最。神臂弩并非是脚张弩，而是利用前方的钩子作为支点，下方支臂作为支撑，来完成上弦的，所以其拉力可能较通常脚张弩略大。宋神宗观看试射演习后大加赞赏，下令按其样式大量制造并部署部队使用。金兀术称神臂弓是宋军最好的兵器之一。神臂弓在长期使用中不断得到改进。高宋抗金名将韩世忠，将其改制成克敌弓，由一人张

射，可远及360步。蒙古人在灭金以后，也开始制造和使用神臂弓。

12世纪

北宋方腊起义军发明了镋　镋亦称镋钯、镋叉，中国武术器械之一。镋是一种长柄兵器，形似叉，中间有类似于枪尖的利刃（称"正峰"或"中叉锋"），坚锐如枪，用以刺敌。长0.5米，两侧分出两股，有三齿、五齿之分，齿为月牙形，向上弯翘，可用于架格敌人的兵器。下接镋柄，柄长2~2.3米。用法有拍、砸、拿、滑、压、横、挑、扎等。浙江省湾安县出土的1件铁制三齿镋，长66厘米，横刃阔28厘米，柄已朽，系为北宋宣和年间（1119—1125年）方腊起义军所用，可见镋早在宋代时期已被用作兵器。

镋

1115年

西夏工匠发明铁浮图　铁浮图又称为铁浮屠引，指身披重甲的兵士，是金国铁骑的一种，极其类似欧洲十字军。《宋史·刘琦传》："兀术被白袍，乘甲马，以牙兵三千督战。兵皆重铠甲，号'铁浮图'。"铁浮图的一种是铁甲骑兵，与金国的拐子马不一样。拐子马是轻骑兵，人马不穿盔甲，以射箭为主，采用两翼包抄战术。铁浮图是重装骑兵，人马穿着盔甲，采用列阵中间突破战术。清朝的乾隆皇帝令其臣僚以他的名字编纂《御批通鉴辑览》时，认为《宋史·岳飞传》中"三人为联，贯以韦索，号拐子马，又号铁浮图"之说不通，因而写了一条"御批"，对之进行驳斥，说道："北人使马，惟以控纵便捷为主。若三马联络，马力既有参差，势必此前彼却；而三人相连，或勇怯不齐，勇者且为怯者所累，此理之易明者。"拐子马之说，《金史·本纪·兵志》及兀术等传皆不载，唯见于《宋史·岳飞传》《刘锜传》，本不足为确据。况兀术战阵素娴，必知得进则进、得退则退之道，岂

铁浮图

肯羁绊己马以受制于人？此或彼时列队齐进，所向披靡，宋人见其势不可当，遂从而妄加之名耳目。1140年，金兀术再次南下，势如破竹地杀到长江天险，遭遇宋军的顽强抵抗，铁浮图与拐子马损失过半，半路遭遇岳家军的拦截，全军覆没。宋、辽、西夏、金、元时期的战马都披有马甲。《辽史·兵卫志》记载："辽国兵志，凡民年十五以上，五十以下隶兵籍，每正军一名，马三匹……"西夏军的战马也都配备了铁制的马甲。女真族在进攻中原的战争中，就是以善于驰突的重装骑兵见长。

1122年

北宋舰队首次使用指南针　指南针是一种判别方位的简单仪器。指南针主要组成部分是一根装在轴上可以自由转动的磁针，磁针在地磁场作用下能保持在磁子午线的切线方向上，磁针的北极指向地理的北极。指南针的前身是中国古代四大发明之一的司南。古代中国人利用这一性能可以辨别方向，指南针也就常用于航海、大地测量、旅行及军事等方面。指南针的创制虽然经历了一个较长的历史过程，但是其在北宋末期已用于舟师导航，是确凿无疑的事实。朱彧在《萍洲可谈》卷二中所说的"舟师识地理，夜则观星，昼则观日，晦阴观指南针，或以十丈绳钩，取海底泥嗅之，便知所至。海中无雨，凡有雨则近山矣。……"便雄辩地证明了这一点。之后，类似的文献层出不穷，这表明在航海活动中，指南针普及得相当快。这一发明后来经阿拉伯传入欧洲，对欧洲的航海业乃至整个人类社会的文明进程都产生了巨大影响。到宣和四年（1122年），徽宗遣使出使高丽时，船在航行中，夜间则"维视思斗前迈，若晦暝则用指南浮针，已接南北"。从而可知，此时在航海中指南针的使用已经十分普遍了。北宋的沈括在《梦溪笔谈》中提

指南针

到另一种人工磁化的方法："方家以磁石摩针锋，则能指南。"按照沈括的说法，当时的技术人员通过磁石摩擦缝衣针的方法，使针带上磁性。从现在物理学的观点来看，这种方法利用天然磁石的磁场作用，使钢针内部磁场的排列趋于某一方向，从而使钢针显示出磁性。这种方法比地磁法更为简单，而且磁化效果比地磁法好，摩擦法的发明不但世界最早，而且为有实用价值的磁指向器的出现创造了条件。司南由青铜盘和天然磁体制成的磁勺组成，青铜盘上刻有二十四向，置磁勺于盘中心圆面上，静止时勺尾指向为南。中国古代的典籍中多次出现关于指南针的记载。沈括的《梦溪笔谈》介绍了四种磁针的装置方法，曾公亮成书于1044年的《武经总要》前集卷十五中就有关于水浮指南鱼的记载：若遇天景曀霾，夜色螟黑，又不能辨方向，则当纵老马前行，令识道路，或出指南车或指南鱼以辨所向。

1126年

中国人发明铁锏　铁锏亦作"简"，古兵器，鞭类。铁锏长而无刃，有四棱，上端略小，下端有柄。锏为铜或铁制，长1.33米。锏由锏把和锏身组成。锏把有圆柱形和剑把形二种。锏把末端有吞口，如钻形。吞口上系一环，环扣上丝弦或牛筋可悬于手腕。锏身为正方四棱形，有棱而无刃，棱角突出，每距20厘米左右有节。锏粗约7厘米，其后粗，越向其端越细，逐步呈方锥形。锏把与锏身连接处有铜护手，锏身顶端尖利可作刺击之用。铁锏

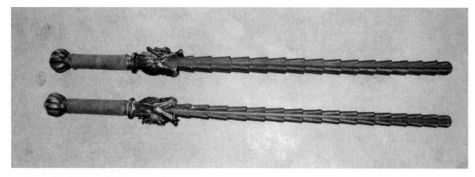

铁 锏

在宋代使用较多，锏因其外形为方形有四棱，形状类似竹筒，因得其名，步兵、骑兵都可使用。近年来在福建发掘出土了李纲监制的铁锏，长90厘米，锏身错金篆书"靖康元年李纲制"等字，是现存年代最早的铁锏实物。《宋史·任福传》记载，在康定二年（1041年），宋军与西夏军战于好水川（今宁夏隆德至西吉两县间）时，任福曾"挥四刃铁简，挺身决斗"。除单锏之外，还有双锏，在金军当中，锏多双锏而用。《金史·乌廷查刺传》称"查刺左右手持两大铁简，简重数十斤，人号为'铁简万户'"。锏属于短兵器，利于步兵作战。锏的分量重，同鞭以及西方中世纪的战锤一样，属于破甲武器，在使用技法上与刀法剑法接近。出现于晋唐之间，以铜或铁制成，形似硬鞭，但锏身无节，锏端无尖。锏体的断面成方形，有槽，故有"凹面锏"之称。锏的大小长短，可因人而异（一般在65~80厘米之间）。其主要击法有击、枭、刺、点、拦、格、劈、架、截、吹、扫、撩、盖、滚、压等。

北宋军队使用火球　火球指内部填有火药或其他易燃物的投射武器。火球出现于宋代初年（1000年前后），宋靖康元年（1126年）金军进攻宋都汴京（今河南省开封市）时双方曾大量使用。其制作方法：将含硝量低、燃烧性能好的黑火药团和成球状，有时还掺入有毒或发烟物质及预制杀伤元件，用纸或麻包缚数层，然后外敷松脂，以防潮和助燃。火球主要用于攻守城池作战。在《武经总要·前集》卷十一和卷十二中记载有8种，它们是火球、引火球、蒺藜火球、霹雳火球、烟球、毒药烟球、铁嘴火鹞、竹火鹞等。前6种火球的制法大致相似：首先将火药用铁片一类的杀伤物或致毒物拌和，其次用多层纸裹上封好，糊成球形硬壳，最后涂敷沥青、松脂、黄蜡等可燃性保

铁火球

护层，待其干涸后使用。作战时，先将火球放置于抛石机中，再用烧红的烙锥将球壳烙透点着，然后将其抛至敌军阵地上，借助球体内部的火药发火。蒺藜火球是通过球壳碎裂后，将铁蒺藜布撒地上，以阻滞敌军人马的行动。烟球是通过球体内物质燃烧后产生烟雾，以遮障或迷惑敌军。毒药烟球是通过球体所喷散的毒气，使敌军人马中毒。霹雳火球则是通过球体内物质燃烧后产生的烟焰熏灼敌军，大多使用于城池防守战斗中。当敌军挖掘地道攻城时，守城者便在城内相应的地方，同样向下挖掘洞穴，对准地道，然后用火锥把霹雳火球的球壳烙开，掷向地道内烧裂，使其产生霹雳声响，并用竹扇扇动其烟焰，熏灼敌人。火球在使用时有一个特点，即它要借助抛石机、弓、弩、弹射装置等冷兵器的机械力，把战斗部即火球火药包，抛射或运载至敌方烧裂，达到烧杀、障碍、毒杀、熏灼等作战目的。北宋初的兵器研制者，已经巧妙地把轻重型射远冷兵器的射远作用同火器的燃烧作用结合在一起，创制出一种既能增强射远冷兵器的杀伤、焚毁威力，又能增加火器作战距离的新式兵器，运用在水陆各种样式的作战中，这也是冷兵器与火器并用时代的特点。火器的使用，标志着我们的祖先已经开始迈出了把火药用于军事的第一步，使传统的作战方式逐渐发生新的变化，为古代兵器划时代的发展做出了杰出的贡献。

约1127年

《守城录》问世　《守城录》是宋孝宗乾道八年（1172年）刊行的一部城邑防御专著，系陈规和汤璹所著。陈规，字元则，密州安丘（今属山东）

人，北宋熙宁五年（1072年）生。汤
璹，字君宝，浏阳（今属湖南）人。
《守城录》全书分为三个部分，共4
卷：第一部分为卷一，系陈规于南宋
绍兴十年（1140年）守顺昌时所撰写的
《靖康朝野佥言后序》；第二部分为卷
二，系陈规在守德安时所撰写的《守城
机要》；第三部分为卷三和卷四，系汤
璹任德安府教授时所撰写的《建炎德安
守御录》上、下卷。这三部分内容原本
各自独成一体，在宋宁宗（1194—1224

《守城录》书影

年）后才合编为一书。《守城录》系城防专著，其主要内容大多集中在城池建
筑、守城器械的制造与使用、守城战法等方面。《守城录》对后世具有深远的
影响，其所记载"以火炮药造下长竹竿火枪二十余条"的历史事实，向世人证
明中国是管形火器的发源地，而管形火器的鼻祖是陈规。

1129年

南宋设立御前军器所 御前军器所是南宋政府设立的武器管理与制造
机构。宋室南渡后，将军器监及其下属的51个作坊南迁至临安（今浙江杭
州）。建炎三年（1129年），朝廷下令对军器监及其相关部分进行调整，将
军器监隶归工部，由工部的虞部管辖，同时将东西作坊和都作院并入在北宋
后期已设立的御前军器所。后又下令将御前军器所隶属工部，分掌工部兵器
制造相关事宜。至此，御前军器所既是管理机构，又辖有规模巨大的兵器制
造之事，平时有固定工匠2 000余人，杂役兵500余人，最多时全所有5 000余
人。他们主要来自浙江、福建等省份，每年制造各种军器300多万件。

1132年

陈规发明了长竹竿火枪 陈规是宋代力主抗金的地方官员和创制管形火
器的军事技术家。他担任德安知府后，全力加强城防，准备抗金。然而在此

期间，却有一股被金军战败转而为匪的宋军屡犯德安。宋绍兴二年（1132年）八月初四日，乱军首领李横造成大型攻城掩体天桥，用其攻城。坚守德安的陈规，在此期间，又用"火炮药造下长竹竿火枪二十余条"，并筹措了干竹、柴草及300头火牛，准备焚烧乱军的天桥。守城战

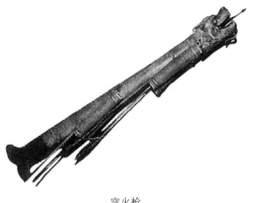

突火枪

激烈进行时，陈规趁天桥倾陷之机，一面指挥士兵推柴草至天桥下焚烧，一面又组织一支长竹竿火枪队"六十人，持火枪自西门出，焚天桥，以火牛助之，须臾皆尽，横拔砦去"，取得了守城战的胜利。虽然长竹竿火枪的形制构造如何，史书未做介绍，但是依据对守城战的记载可知，长竹竿枪的枪身较长大，需三人使用一支，一人点放，一人持枪，一人辅助。枪内装填的火炮药，已距北宋初所用的火炮药150多年，其性能当有较大的改进，较之《武经总要》所记载的火药燃速快、火力大，所以能在其他火攻方式配合下，将大型天桥烧毁。陈规发明的用大竹筒装填火药、临阵交锋时喷射火焰的火枪，应用于攻、守城作战之中，首开世界上制造管形射击火器之先河。

1134年

北宋工匠发明了步人甲 步人甲是宋军步兵用铠甲。中国宋代的步人甲是中国历史上最重的铠甲。《武经总要》记载，北宋步人甲由铁质甲叶用皮条或甲钉连缀而成，属于典型的札甲。其防护范围包括全身，以防护范围而言，是最接近欧洲重甲的中国铠甲，但是也没达到欧洲重甲那种密不透风般的防护程度。依据宋绍兴四年（1134年）的规定，步人甲由1825枚甲叶组成，总质量达29千克，同时可通过增加甲叶数量来提高防护力，但是质量会进一步增加。《武经总要·器图》记载，步人甲"有甲身，上缀披搏，下属吊腿，首则兜鍪，顿项"。书中以布人甲为例，显示出全甲的各个部分。甲身由十二列小长方形甲叶并列组成，上面的部分可以保护胸和背，通过带子从

肩上将前后相连，腰部用带子从后向前束扎，腰下垂有左右两片膝裙。此外，甲身上缀披搏，左右两片披搏，在颈背后连成一体，通过带子纽结在颈下。兜鍪的形状如同覆盖着的钵，后面垂缀着较长的顿项，项部插着三朵漂亮的缨。河南巩县宋陵前的石雕披甲武士像所穿着的兜鍪和铠甲，同《武经总要》所绘图形相符，说明当时的铠甲是按统一式样制作的。宋代历史上，名将岳飞、韩世忠等人，率领以步人甲为主要防具的重装步兵，以密集阵型屡屡击败金朝骑兵。虽然步人甲的防御能力卓越，但是质量太重，包括兵器在内，当时宋军重步兵的负荷高达50千克，由于装备过重，机动性受到影响。如绍兴十一年（1141年）的柘

步人甲

皋战役，以步兵为主力的宋军，由于身被重甲，加上过于长大的兵器，负荷过重，因此未能全歼已溃不成军的金朝骑兵。

1156年

张仲彦发明了战船滑道下水法　张仲彦是固原张易堡人。史书《金史·张仲彦传》如此记载："正隆时，金于汴京营造新宫，仲彦采运关中材木……开六盘山水洛之路，遂通汴梁。"金正隆年间（1156—1161年），张仲彦主管船只制造相关事宜，并在黄河上架浮桥。当巨舰造成后，有人便要征发邻近都民拖舰下水。而张仲彦觉得此法过于笨拙，发明了战船滑道下水法。史书有云："召役夫数十人，治地势顺下，倾泻于河，取新秫秸密布于地，复以大木限其旁，凌晨督众乘霜滑曳之，殊不劳力而致诸水。"

1189年

铁李发明铁火炮的雏形——火药罐　火药罐创制于南宋时期。淳熙十六年（1189年），山西阳曲（今山西太原）北郑村，捕狐猎人铁李为了能捕捉

更多的狐狸，便在一个口小腹大的陶罐内装填许多火药，将火捻通出罐外，尔后将火药罐埋于群狐出没之处，等到狐狸接近埋罐处时，便点火爆罐，发出巨大声响，狐狸受惊后四处乱逃，结果纷纷投入铁李预设的罗网之中，铁李持斧前往，将它们全部

火药罐

砍杀。金人受此启发后，对铁李的火药罐进行了改进，从而创制了用铁火罐装填火药的铁火炮。嘉定十四年（1221年），金军携铁火炮进攻蕲州。金军在城外摆出抛石车阵，向城内抛射铁火炮。若击中城墙，墙上守军大半被炸死，"头目面霹碎，不晃一半"；若击中城楼，城楼亦被撞毁；打中居民住户，则造成居民伤亡。经过25天的围攻，金军占领了蕲州。

约1200年

欧洲人创制战锤　战锤（war hammer，又称钉头锤）是中世纪中期常用的一种近身破甲武器，外观上近似于现代羊角锤。在形制上，战锤分步兵战锤与骑兵战锤两种：步兵战锤属于长柄武器，锤柄较长且多为木质，约为2.13米；骑兵战锤较短，略短于骑士剑，长度在68.5厘米左右，锤柄多为木质，部分为金属锤柄，往往由全身披覆板甲的骑士使用，因而锤柄处一般不设置护手。战锤由锤头与锤柄构成，锤头一侧为锤面、另一侧为长钉，部分战锤的锤面、顶部及两侧也有略微凸起的尖刺。锤面尖刺能够避免锤面从敌

战　锤

方铠甲表面划过，可嵌入敌方铠甲中以提高锤击时的压强。步兵战锤的顶部尖刺较为明显，近似于长矛，可以用来刺击敌方马匹。锤头另一侧的长钉略微向下弯曲，长度在10.16~12.7厘米之间，能够在使用者砸击敌人时穿透敌方铠甲，起到破甲效果。到了中世纪中期，板甲的大规模使用使刀剑的劈砍难以对全身覆甲的骑士造成损伤，若想对敌人造成伤害就必须解决其盔甲的防护，而钝击却可以在不破坏铠甲的基础上最大限度地将武器带来的动能施加于敌方，造成对手骨骼甚至内脏的损伤。

欧洲人创制费舍尔砍刀（Falchion）　费舍尔砍刀是13世纪后在欧洲地区广泛使用的单手武器形制。费舍尔砍刀从外形上看同现代的砍刀十分类似，长度同骑士剑类似，宽叶单刃，护手两端较短且向上弯曲，刀柄一般为木质，一部分费舍尔砍刀有着骑士剑"十字护手"的设计，但大多数并不明显。与带有贵族标签的骑士剑不同，由于费舍尔砍刀的制作要求低于骑士剑，大多数费舍尔砍刀造价低廉，因此成了大多数普通士兵以及农民阶层的主要武器。但优质的费舍尔砍刀破甲效果优于骑士剑且操作简便，因此也被贵族阶级所接纳，在描绘1314年班纳克战役的绘画中便能看到费舍尔砍刀与骑士剑被骑士们交织使用的情形。

费舍尔砍刀

约13世纪

亚洲人发明了克力士剑　克力士剑又名马来克力士（"克力士"是马来语中"刀剑"的意思），是世界三大名剑之一。克力士剑兴盛于13世纪的满者伯夷王国，它的糙面陨铁焊接花纹刃，精美绝伦，制造工艺精细，光是反复锤锻入火就要500次左右，其刃上的夹层钢就有600层之多。这种武器发源于爪哇，之后传播到东南亚各地。清朝乾隆四年（1739年），荷兰人攻占爪哇，从马来人手中抢夺刀剑，带

克力士剑

回自己的国家，并以拥有一把克力士剑作为荣耀。克力士剑的剑身狭长，大多为波纹型。其剑身是花纹焊接工艺的结晶，由铁和钢反复折叠锻打而成。成型后，克力士剑的剑身会被放入水、硫酸和盐的混合液中仔细打擦亮并且煮沸，然后用酸橙汁涂抹，形成剑身上的花纹。克力士剑看似大都相同，实际上，依据尺寸、外形及工艺特征可以分成上百个品种，不同地区的克力士剑也各有特点。最标准的是爪哇的克力士剑，该剑全长通常是30~50厘米。其剑身主要有直形和曲形两大类，直形代表静，曲形代表动。对于曲形剑，其弯曲的次数也相当有讲究，一般是3~13次，也有个别剑竟弯曲29次之多。在战斗中，克力士剑主要作为刺杀武器。克力士剑握柄的位置与手枪并无不同，剑身与前臂向同一水平向前伸。使用者常双手各持一把克力士剑。克力士剑的刀鞘造型独特，也可用来格挡对手的攻击。克力士剑在世界匕首史上占有独特的文化地位。克力士剑有三用，首先是一件兵器，其次是个人配饰物，最后是祭祀时避邪的仪杖。在爪哇，克力士剑还是男性的象征，当一个男孩成人时，他的父亲必须为他佩上一把克力士剑，此后，这个男孩就会被看作一个真正的男人。对于爪哇人来说，如果没有克力士，就会觉得自己的人格不完整，并感到自信不足，所以克力士剑是他们精神上的守护神。而且，爪哇人认为从祖上继承的克力士剑经过了岁月磨砺，有着神秘的魔力，能在最危急的时刻让剑的主人化险为夷。

宋代工匠发明了攻城器械头车　头车由三部分组成：屏风牌、头车和绪棚。屏风牌，一种木质遮挡牌，开有箭窗，两旁有侧板和掩手，外蒙生牛皮，以抵御守城之敌射来的矢石。屏风牌兼备攻守能力，守可掩护士兵进行

掘城作业，攻可箭窗射箭，还击守城之敌。头车后接绪棚，其构造与头车类似，形同小方屋，可掩护作业人员换班、运土和输送器材。绪棚之后的器蔽处有"找车"，通过大绳索和绪棚相连，便于绞动头车和绪棚。攻城时，将这种组合车推至城下，撤去屏风牌，使头车贴近城墙，士兵在其掩护下挖掘攻城地道。

撞　车

宋代工匠发明了守城器械撞车　撞车是古时攻城或守城的器械。《旧唐书·窦建德传》有云：建德纵撞车抛石，机巧绝妙，四面攻城，陷之。建德入城，先谒隋萧皇后，与语称臣。明王圻《图会·器用五·撞车图说》有云："撞车：上设撞木，以铁叶裹其首，逐便移徙，伺飞梯临城，则撞之。"撞车是在木制长方形车座下安装四个车轮，车框的中央竖立两根宽厚结实的木柱，木柱两端通过一根转轴相连，轴上缠绕一根粗大的绳索，绳索下端系一根安装有尖铁头的大撞木，可以用于撞毁攻城敌军的云梯、对楼等高层攀登器械。

宋代工匠发明了守城器械绞车　绞车是用卷筒缠绕钢丝绳或链条提升或牵引重物的轻小型起重设备，又称卷扬机。它是在长方形车座下安装四个车轮，车座上用4根大木建成叉手形的柱架，架端通过横轴相连，横轴中央缠绕两根系有铁钩的粗大绳索，两端安有绞木，用以钩毁攻城敌军的飞梯、木幔、尖头木驴等攻城器械。在现代社会，绞车被广泛应用于建筑、水利工程、林业、矿山、码头等的物料升降或平拖，还可作现代化电控自动作业线的配套设备。

绞　车

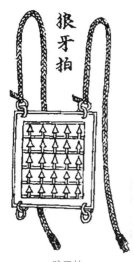

狼牙拍

宋代工匠发明了守城器械狼牙拍 狼牙拍为古代守城武器。明茅元仪《武备志·器式》有云："狼牙拍，用榆槐木枋造，长五尺，阔四尺五寸，厚三寸。以狼牙铁钉数百个，皆长五寸，重六两，布钉于拍上，出木三寸，四面嵌一刃刀，四角钉环，以绳滑绞于滑车，钩于城上。敌人蚁附攻城，扯起拍落下，自难攻也。"狼牙拍的主身为一个长1.66米、宽1.5米、厚10厘米的拍面，其上安装有2 200个长17厘米、重300克的狼牙铁钉，钉刺穿出木面10厘米；四面各安一个入木1.7厘米的刀刃；拍的前后分别固定两个大铁环，环上扣系两条粗长的麻绳，钩系于城上。当敌兵攀城时，守军即松开麻绳，使狼牙拍自由落下，拍击敌兵，敌兵多被击死。

宋代工匠发明了守城器械夜叉擂 夜叉擂又称留客住，一种主要用于击砸攻城敌军的擂木。其构造较为特殊。擂身为一根长3.32米、直径0.33米多的湿榆木，表面植有许多逆须钉，两端安有直径0.66米的脚轮。使用时，守城士兵通过绞动绞车，将其急速放下，击砸攻城者。用后以绞车将其收回。

夜叉擂

宋代工匠发明了守城器械猛火油柜 猛火油柜是中国古代发明的世界上最早的火焰喷射器。早在2000年前，我国劳动人民就发现并使用了石油。石油的称谓经历了古代的"石漆"、唐代的"石脂水"、五代时的"猛火油"，直到宋代沈括首次提出"石油"这一命名。早在南北朝以后，石油便被用于战争中的火攻。913年，后梁王李霸在山东杨刘发动叛乱，曾用长竿缚布浇油，焚烧杨刘城的建国门，所用的纵火材料即是石油，这成为石油用于火攻的最早记录。后晋李存勖曾先后两次利用石油纵火剂对敌军进行焚烧，以此

猛火油柜

打退后梁军的进攻，最后转败为胜。到了宋代，火药用于军事后，中国军事科学家发明了世界上最早的可以连续喷火的火焰喷射器——猛火油柜，并装备于军队。"猛火油柜"的构造及其原理与现代火焰喷射器相似，其实质上是一个以液压油缸作为主体机构组成的火焰泵。猛火油柜以猛油（即石油）为燃抖，用熟铜为柜，下有4脚，上有4个铜管，管上横置唧筒，与油柜相通，每次注油1.5千克左右。唧筒前部装有"火楼"，内盛引火药。这种"猛火油柜"形制较大，很笨重，多置于城上。后来出现了一种小型喷火器具，用铜葫芦代替沉重的油柜，便于携带和移动，用于守城战和水战。喷射时，用烧红的烙锥点燃"火楼"中的引火药，然后用力抽拉唧筒，向油柜中压缩空气，使猛火油经"火楼"喷出时产生烈焰，烧灼敌军。这种武器在古代城邑攻防作战中显示了巨大威力。《吴越备史》记载，后梁贞明五年（919年），在后梁与后唐作战中出现了以铁筒喷发火油的喷火器。到了宋代时期，"猛火油柜"成为城守战和水战中的利器。如"敌来攻城，在大壕内及傅城上颇众"或者"以冲车等进"时，守军可于踏空板放猛火油，中人皆糜烂，水不能灭，杀伤力较大；水战时则可烧浮桥和战舰。

西夏工匠发明了夏人剑 夏人剑，时人称为"天下第一剑"，是西夏人发明制作的一种剑器。剑制作精细，锋利异常。北宋钦宗皇帝赵桓也曾佩用。《宋史·王伦传》有以下记载，"钦宗御宣德门，都人喧呼不已，伦乘势径造御前曰：'臣能弹压之。'钦宗解所佩夏国宝剑以赐"。由此可以证明西夏人冶炼技术十分发达，夏人剑在当时也极其珍贵。

夏人剑

　　蒙古军队穿绸长袍作战　12世纪末至13世纪初，在中国北部的蒙古族，由成吉思汗（铁木真）创建并由他的子孙们继承了一支与众不同的骑兵部队，具备了强大的攻击能力和机动能力，摆脱了传统军事思想的束缚，建立了世界上规模空前的宏伟帝国。这支军队的光辉业绩在一定程度上应归功于它所配置的武器装备，而绸长袍正是其中最具特色的一种防御装备。史书记载，蒙古士兵在战斗开始前要披一件绸长袍。此种绸用来自中国内地的优质生丝制成，编织得十分细密，所以弓箭很难完全穿透这种绸衣，只会连箭带绸布一同插入身体，这样就可以将弓箭对蒙古士兵的伤害降低到最小的限度。在战斗结束后，蒙古军中的金国外科医生只需将绸子拉出便可将箭头从伤口中拔出，从而免除了不必要的附带伤害。

1203年

　　秦世辅发明尖底战船——铁壁铧咀平面海鹘船　铁壁铧咀平面海鹘船由秦世辅所发明。1203年宋朝的战船设计者建造了适于特定海域航行的尖底阔面船。铁壁铧咀平面海鹘船长33.3米，宽6米，10橹，水手42人，载战士108人。由于我国杭州湾以南沿海海水深、海湾狭长、岛屿众多，

铁壁铧咀平面海鹘船

这种船尖首尖底，阻力小，利于乘风破浪，而且吃水深，稳定性好，机动性强，易于转舵改向，便于在狭窄多礁的航道上航行和作战。

1204年

　　金国设立兵器研发机构军器署　军器署是金国政府设立的兵器研发机构。北宋靖康元年（1126年），金军大举进攻北宋国都开封，金军使用了大量的冷兵器和攻城器械，并且在战场上学会了宋军的火器制造与使用技术，并占领了开封。为与宋军逐鹿江南，金国进一步扩大兵器制造的规模，于承

安二年（1197年）设立军器监，职掌兵器制造之事。泰和四年（1204年），撤销军器监，并将甲坊署与利器署合并为军器署，直隶兵部。至宁元年（1213年），重新设立军器监，下辖军器库与利器署，掌修邦国戎器之事。这些机构的调整和设置，使得金国更好、更有条理地对兵器制造的事宜进行管理，并规定将监造官的姓名年月刻在所制兵器上，若兵器有所损害，或有误使用，即将监造官吏依法施刑，断不轻恕，故所造"器具一一如法"。12世纪末至13世纪初，金军为军事技术的发展做出了重要的贡献，主要体现在：一是以宋军的火毬为模式，创制了铁壳火毬、铁火炮并把它发展为威力更大的一种铁火炮震天雷；二是创制了单兵使用的飞火枪。

约1227年

西夏工匠研发瘊子甲　瘊子甲是利用冷锻技术制造的甲。沈括（1031—1095）在《梦溪笔谈》卷十九中有记载："青堂羌善锻甲，铁色青黑，莹彻可鉴毛发，以麝皮为綶旅之，柔薄而韧。镇戎军有一铁甲，椟藏之，相传以为宝器。韩魏公帅泾、原，曾取试之。去之五十步，强弩射之，不能入。"其中提到曾有一支箭射穿了铠甲，但是此箭的威力并没有穿透甲片，只是射中了铠甲中穿带子的小孔，由于钻孔的巨大阻力，箭头上的铁都反卷起来，由此可以看出瘊子甲的坚固程度。对于瘊子甲的制作工艺，《梦溪笔谈》记载："凡锻甲之法，其始甚厚，不用火，冷锻之，比元厚三分减二乃成。其末留箸头许不锻，隐然如瘊子，欲以验未锻时厚薄，如浚河留土笋也，谓之'瘊子甲'。出火退烧后，频加冷锤坚性，用锉开齿。"瘊子甲制作时所采取的冷锻技术，充分说明了早在北宋时期，中国已经掌握了利用冷变形提高金属的硬度和韧性的方法，并将其作为提升金属武器装备性能的重要方法之一。（《梦溪笔谈》所载）利用冷变形的方法提高金属的硬度和韧性，是强化金属的重要方法。明代宋应星（1587—1666）著《天工开物》中有冷锻锯条的记载，用"熟铁锻成薄片，不钢，亦不淬"。通过采用留"瘊子"的方式来测量装备的加工程度，是当时简而易行的好办法。文中所说的"三分减二"的冷加工所采用的变形量，与现代金属冷加工常用变形量60%~70%相比，极为近似。

1232年

金军在开封保卫战中使用震天雷 震天雷为北宋后期发展的火药武器。
北宋政府在建康府（今江苏南京）、江陵府（今湖北江陵）等城市建立了火
药制坊，制造了火药箭、火炮等以燃烧性能为主的武器。宋敏求（1019—
1079）在《东京记》中曾有记载，京城开封有制造火药的工厂，叫"火药窑
子作"。这时的弹丸已可爆炸，声如霹雳，故称之"霹雳雷"。金军在铁火炮
的基础上进行改良，研制出了震天雷。金军于绍定五年（1232年）用其守开
封。是年五月，蒙军进逼开封，除了使用一般的攻城器械外，还采用了大型
活动的掩护性攻城器械牛皮洞子进行攻城。金军为破牛皮洞子，便采用从城
上用铁索悬吊震天雷的方法，点燃火捻后，沿城壁下吊至蒙军掘城处爆炸，
使蒙军人与牛皮皆碎迸无迹。震天雷身粗口小内盛火药，外壳以生铁包裹，
上安引信，使用时根据目标远近决定引线的长短，引爆能将生铁外壳炸成碎
片并打穿铁甲。震天雷根据爆炸方式的不同可以分为两类：一类是用火点
燃，由投石机发射，射至远处爆炸；另一种是用火点燃，就地爆炸，比如守
城时从城墙上向下面投掷，效果相当于今日之手榴弹。《金史·赤盏合喜传》
详细地记载了震天雷的威力，说它用"铁罐盛药，以火点之，炮起火发，其
声如雷，闻百里外"。蒙军虽然也使用了火球攻城，但是其威力远不知金人
的震天雷。蒙军因城久攻不下，遂四月撤兵。靖康元年（1126年），金人围
攻汴京，李纲在守城时曾用霹雳炮击退金兵，"夜发霹雳炮以击贼，军皆惊
呼"。铁火炮的创制和使用，表明了爆炸性的火器已经从纸壳发展成为铁壳，

震天雷

也从一个侧面反映了火药的性能与制造技术有了较大的提高，它也成为后世所创铁壳爆炸弹的先声，这是我国南宋时期金政权对于火器发展做出的一个突出贡献。

1233年

金国忠孝军首领蒲察官奴在对蒙古作战中使用飞火枪　飞火枪系金人所创，《金史·浦察官奴传》记载：飞火枪"以敕黄纸（一种质地较好的纸）十六重为筒，长二尺许，实柳炭、铁滓、硫黄、砒霜（疑为硝石之误）之属，以系绳端。军士各悬小铁罐藏火，临阵烧之，焰出枪前丈余，药尽而筒不损"。《金史·赤盏合喜传》亦有记载："飞火枪，注药以火发之，辄前数十余步，人亦不敢近。"之所以飞火枪能够成为金军单兵作战的利器，主要是由于这种枪能喷射火焰烧灼敌兵。其能将火烟喷出枪口，飞出十余步远，因此而得名飞火枪。金军使用的飞火枪，小而轻，便于单兵携带，既可喷火烧灼敌兵，又可用枪头刺敌。作为我国第一次装备集群士兵作战的单兵火器，最早的两用兵器——飞火枪的创制和使用，标志着我国单兵火枪的正式诞生。

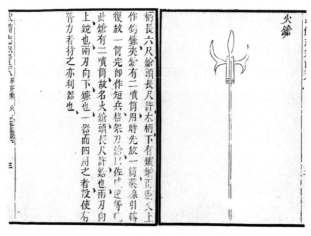

飞火枪

约1250—1300年

元代工匠创制手铳　手铳是中国元明时期制造的一种手持单管火铳，

又称手把铜铳、手把铁铳、无敌手铳、单眼铳等，由前膛、药室和尾銎构成。前膛呈直圆筒形；药室部隆起，室四壁；开有火门；尾銎中空，可安木柄，便于使用者操持。从铳口装填火药，发射石制或铁制弹丸，有的也发射箭镞。元代早期铜手铳工艺较粗糙，1970年

手 铳

黑龙江省阿城县出土一款元代铜手铳，口径2.8厘米，长34.5厘米，重3.55千克，据推测为13世纪末元军平定乃颜之乱时的遗存。现存至正十一年（1351年）制造的铜手铳，工艺精致，口径3厘米，全长43.5厘米，铳身有6道加强箍，镌有"至正辛卯"等字。明代洪武时期制造的手铳规格相对统一，铳身大多刻有制造地点、制造单位、监造官员、制造工匠、质量、制造年月等内容，反映了手铳生产的基本情况。永乐时期制造的手铳又有较大改进：火门外安有一个活动盖，以保持药室内火药的干燥洁净；增配一个能装填定量火药的小药匙，以保证火铳的发射威力和安全；外形也与洪武时期的手铳有所不同。永乐型手铳做工考究，表面光滑，铳身刻有以天、奇、英、武、功等字为首的编号和制造年月。其中，天字铳已出土数十件，规格基本统一，口径在1.5厘米左右，铳长在36厘米左右，相差甚微，反映了当时军工部门统一制造和管理手铳的状况。所刻制造年月从永乐七年至正统元年（1409—1436年），最大的天字铳号为98612号，再加上其他各字铳的编号，累计16万多号，可见手铳生产的规模之大。永乐型手铳使用年代较长，直到嘉靖年间鸟铳大量使用后才逐渐减少。

1259年

南宋工匠发明了突火枪　突火枪指直接击杀敌军的单兵火枪。宋理宗开庆元年（1259年），宋军发明了这种管形火器。突火枪以巨竹筒为枪身，内部装填火药与子弹，点燃引线后，火药喷发，驱动子弹向外射出，射程远

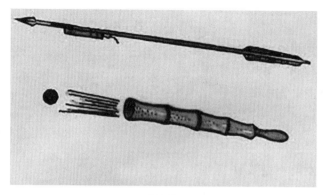

突火枪

达约230米。这是世界第一种发射子弹的步枪。据记载：突火枪"以巨竹为筒，内安子窠，如烧放，焰绝，然后子窠发出，如炮声，远闻百五十余步"。至于突火枪的具体形制，虽因记载过简而不能确知，但可以知道的是它已经具备了管形射击火器的三个基本要素：一是身管，二是火药，三是弹丸（子窠）。其基本形状：前段是一根粗竹管；中段膨胀的部分是火药室，外壁上有一点火小孔；后段是手持的木棍。突火枪发射时，以木棍拄地，左手扶住铁管，右手点火，随着一声巨响，石块或者弹丸从枪管中射出，弹丸最大射程可达300米，有效射程达100米。由于突火枪以巨竹为筒，所以可在其中装填火药和子窠。由于筒中装填了火药，火药在筒中燃烧后产生了大量气体作为推力，能将子窠沿着枪的轴线方向射出，从而产生击杀作用。子窠的构造虽尚待研究，但从"子窠发出"一句可以知道它是一种具有一定几何形状的较大颗粒，而不是粉末状。冯家昇先生判断它是一种最初的子弹，是有一定道理的。突火枪的出现无疑是火器发展中的又一重大进步，这种火器中的子窠大约用瓷片、碎铁、石子之类组成，是后世各种管状类火器中弹丸的先导。它不但在南宋末期发挥了良好的作战效果，也是元代时期创制金属管形射击火器——火铳的基础。突火枪的创制，受到了后世各国火器史研究者的重视，它被公认为是世界上最早运用射击原理形成的管形射击火器，堪称世界枪炮的鼻祖。1260年元世祖的军队在与叙利亚作战中被击溃，阿拉伯人缴获了火箭、毒火罐、火炮、震天雷等火药武器，从而掌握火药武器的制造和使用。随后在阿拉伯人与欧洲的一些国家进行了长期的战争中阿拉伯人使用了火药兵器，例如阿拉伯人进攻西班牙的八沙城时就使用过火药兵器。在与阿拉伯国家的战争中，制造火药和火药兵器的技术进一步传入欧洲。

1268年

元朝设立军事研发机构军器监　军器监是元朝设立的军事研发机构。1260年，忽必烈（1215—1294）继承蒙古汗位。至元五年（1268年），在大都设立军器监掌缮戎器，并任用俘获的工匠为蒙古军制造兵器。到至元十六年（南宋祥兴二年，1279年）南宋灭亡时，元朝的兵器管理和制造系统已经涵盖了大都到地方各路。当年三月，元朝朝廷便将在两淮地区俘获的600个回族制造工匠，以及蒙古族、汉族等擅长造炮的人，一律送到京师，对他们进行集中的控制和管理，并使其承担新型兵器的研制任务。之后又经过不断地调整、发展和完善，元朝的兵器制造进入一个新的发展时期。

1273年

蒙古工匠制作西域炮　西域炮又名"襄阳炮"，是一种源于中亚地区的平衡配重式投石机，最先被元朝军队运用于统一南宋的战争中，后运用于对外作战。与宋金时代的投石机相比，西域炮在射程与装弹质量上皆有大幅提升，在设计上主要用抛杆前端的配重取代人力拉动，即在抛杆前端放置大型配重，并用活铁钩钩住抛杆后端，在使用时将抛物装于抛杆后端，松开铁钩后抛杆前端的配重自然下坠，抛杆后端的抛物通过杠杆作用被抛射出去。《博物志补》记载："襄阳炮，用大木约二丈作柱，相距丈许，竖植之。乃于竖木下端，复用一木横贯为转机，使其势必向前也。上端用生牛皮作圆斗，置大石于内，以大綑系木上端，力挽之，使弯倒下就，若坐地弓然。别为机以发之，其竖木划起，则炮石奋迅若流星弹丸，可以飞击十数里外。昔攻襄阳者，用已成功，故名之"。相比之下，宋金时代投石机在抛石质量与射程上均逊于西域炮。《武经总要》记载的宋朝16种投石机中，仅就威力较大的"七梢炮"而言，其在使用时拽手人数多至250人，而抛石的质量也不过45千克，射程也只有50步。在1267—1273年的宋元襄樊之战中，元军久攻襄、樊二城不下，故而忽必烈于至元八年（1271年）遣使臣入波斯请伊利汗

配重　抛杆　轴　木架　活钩　底座　抛物

西域炮

阿八哈遣发炮匠以支援元军，1272年旭烈（赫拉特）人亦思马因和木发里人阿老瓦丁驰驿至元大都，并奉旨制造西域炮，并凭借此炮于1273年顺利攻下襄、樊二城。《元史·亦思马因传》记载，至元十年（1273年），亦思马因"从国兵攻襄阳未下，亦思马因相地势，置炮于城东南隅，重一百五十斤，机发，声震天地，所击无不摧陷，入地七尺。宋安抚吕文焕惧，以城降"。其后，西域炮又被元军运用于统一南宋的其他战争中。南宋郑思肖《心史》记载："德祐元年十月，虏复攻常州，时步帅刘公守之……至十一月，元虏大势合围。月余，……炮甚猛于常炮，用之打入城，寺观楼阁，尽为之碎。"在至元十九年（1282年）、至元二十年（1283年）元军两次攻打占城（今越南南部）的作战中，元军均凭借西域炮将其攻陷。西域炮在战争中一直活跃至明朝初期，徐达在攻打姑苏城时也利用了西域炮："有所谓襄阳炮者，止姑苏一用，余不复事。其制以木为架，圆石为炮，重百余斤。发机用数十人，激而上之，入土七尺。"不过在战争中大量应用火炮之后，投石机的作用逐步被火炮取代，自明初之后，史书上就再未发现关于西域炮的记载。

1287年

元代工匠发明阿城铳　阿城铳是中国的早期火铳之一。1970年7月，黑龙江省阿城县阿什河畔的半拉城子，出土了一件忽必烈平定东道宗王叛乱之战中的铜手铳（简称阿城铳）。其铳身长34厘米，口径2.6厘米，重3.55千克，由前膛、药室和尾銎三个部分构成。前膛长17.5厘米，装填弹丸，铳口铸固箍，以防弹丸射出时炸裂。药室呈灯笼罩式隆起，与前膛相通，装填火药，外凸呈椭圆状，可耐较大膛压，上有小孔为火门，用火绳经此点燃火药。尾銎中空，装上木柄可供手持，故又称手铳，是一种轻型火器。铳身刻"×"

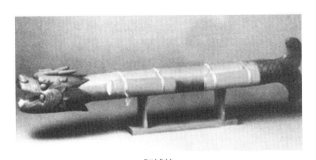

阿城铳

字记号，无铭。与此铳同出器物有三足小铜锅、铜镜、铜瓶嘴等，均具有金元时期的风格。出土地点距金上京会宁府遗址4千米，据史载，金末元初时这里曾经历了3次战争，

最后一次是1287年开始的元平定乃颜叛乱的战争。根据此铳的形制特点、同出器物以及上述文献记载，此铳可能是13世纪末时的战场遗物。根据出土实物的基本情况及《元史·李庭传》关于忽必烈平定乃颜之战的记载，认为阿城铳很可能是元军在至元二十四年至二十七年（1287—1290年）之间，于撒儿都鲁（今贝尔湖东南沙尔吐勒）同乃颜部作战的遗物。火铳是一种管形射击火器，是现代枪炮的祖先。

1298年

元代工匠发明了碗口炮　碗口炮（碗口铳）亦称盏口铳，是中国军队最早使用的小型火炮。1987年7月，在元上都开平府遗址东北特漳之东的牧民家中发现了一个一体锅碗口铳。铳身有铸痕，全长34.7厘米，口径9.3厘米，壁厚0.5厘米，重6 210克，由碗口部、铳膛、药室、尾銎四部构成，与中国国家博物馆所藏"至顺三年铳"（1332年）的形状相类似。碗口部长6.2厘米，因此类火铳与大碗（或酒盏）相似，故称之为碗口铳（或盏口铳）。自碗口底部至药室前，呈灯笼罩式隆起的部分称为铳膛（又称前膛），长17.5厘米，药室长4.5厘米，用于装填火药。药室壁有一个小孔（称火门），可从室内火药中通出火捻，供点燃火药用。尾銎为自药室底部至铳尾段，长6.5厘米，尾銎中空，呈倒碗口形，銎壁两侧

碗口炮

各开一个对称的小平圆孔，可将一根圆轴穿于两孔之间，通过圆轴支撑可将铳身安放于炮架之上，从而便于铳身转动，并且通过圆轴可以调整铳身的俯仰角（即射角），射角的大小由铳身前部下方衬垫木块的多少而定。铳身铸有八思巴文（系忽必烈即位后被尊为国师的八思巴创造的文字）"大德二年"（1298年）等字，是目前出土的历史最为久远的碗口铳（比"至顺三年"盏口铳早34年），铳身至今保存完好，应是当年蒙军的遗物。它的制造似与至元二十六年至大德八年元廷平定西道宗王叛乱的作战有关。元至正二十三年（1363年），朱元璋在鄱阳湖与陈友谅的舟师交战中使用了碗口铳，击毁了陈友谅的众多战船，碗口铳也自此成为历史上最早被使用的舰炮。

13世纪末

阿拉伯人撰写了《焚敌火攻书》 《焚敌火攻书》简称《火攻书》，为一名阿拉伯人所著，托名为希腊人"马克"（Marcus Greae-cus），它的阿拉伯文本迄今未见。现存有三种抄写年代各不相同且保存较为完整的写本：其一，约写于13世纪末，内有35个配方，共16页，现藏于巴黎国家图书馆；其二，约写于1438年，内有22个配方，现藏于德国慕尼黑图书馆；其三，约写于1400年，内有25个配方，现藏于德国纽伦堡图书馆。此外，还有其他不完整的写本，文句长短和抄写年代各不相同。巴黎馆藏本的编号为7156和7158，内容比较完整，成稿年代也较早。1804年，法国学者杜泰尔（Du Theil，1742—1815）奉拿破仑一世之命，校订并出版了巴黎馆藏本。1893年，将其译成法文〔此项工作由法国化学史家贝特罗（Marcelin Bethelot，1827年）完成〕。1895年，将其转译成德文（德国火器史研究者拉毛基）。1960年，又译成了英文（帕廷顿）。

约1300年

欧洲出现迫击炮 迫击炮（mortar）是一种以底座承受后坐力、炮管短、初速低、炮口装填的曲射滑膛火炮，用于压制、歼灭敌方有生力量的武器。自火炮应用于战争伊始，人们就发现加农炮弹在空中飞行的抛物线轨迹，也发现一定的发射仰角能够为火炮带来更远的射程，迫击炮便在这一背景下应运而生。部分学者认为，早期迫击炮外观上形似研钵（mortar）而得名，又因其外观形似石臼，故中文又译为"臼炮"。迫击炮通过侧面的点火口点燃，早期迫击炮可发射燃烧弹、石弹、中空铁弹等，到了15世纪晚期也能够发射炸裂弹。由于射击角度一

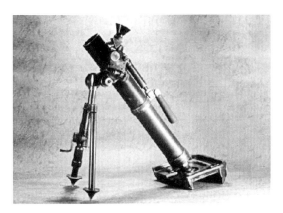

迫击炮

般大于45°，它的抛物线弹道能使炮弹越过城墙之类的防御物，进而击中弹药库、兵营以及后备队等目标，因此在攻城作战中变得十分重要。迫击炮的主要优点是炮管短，炮管的管壁较薄，因此质量轻，机动性强，缺点则是射程短、准确度较低。早期迫击炮的制作方法与火炮相同，首先锻造熟铁，接着加入含铁或含铜的金属。通过炮耳架设炮身，把它们连接在靠近炮上部的地方，架设在结实的无轮木架上，再放在稳固的平台上。炮口下面的楔形物可以改变火炮仰角。17世纪后期，迫击炮也被装在小的炮船上，用于从海上轰击港口设施和防御工事。1904—1905年日俄战争中，俄军使用了舰炮改制的迫击炮。第一次世界大战末期，英国W.斯托克斯研制成口径为76.2毫米的"斯托克斯"迫击炮，发射弹底带发射药的类似机载炸弹的尾翼稳定弹丸，1917年装备协约国部队。1927年法国H.勃兰特在"斯托克斯"迫击炮的炮身与炮架之间装上缓冲机，使该炮的射击稳定性进一步提高，是为"斯托克斯-勃兰特"迫击炮，该炮基本确立了现代迫击炮的基本结构。现代迫击炮由炮身、炮架、座板和瞄准具组成。其中，炮身尾端由装有击针的炮尾密闭。有的击针是固定的，有的击针在弹簧作用下可以伸缩。可伸缩的击针使迫击炮可以迫发，也可以拉发。炮弹不发火时，可使击针缩回，炮手可以安全地取出炮弹。不装反后坐装置的迫击炮，炮身与座板构成刚性连接。炮身后端的球状炮杆装到座板驻臼内，发射时的包身后坐力通过驻臼和座板传到地面，由座的弹性变形和土壤的变形吸收后坐能量。有反后坐装置的迫击炮，炮身通过反后坐装置同座板连接，反后坐装置吸收后坐能量，减小作用于地面上

或车辆底盘上的力，使火炮具有良好的射击稳定性。座板通常为圆形、矩形、三角形或梯形。炮架由托架、缓冲机、螺杆式瞄准机和脚架组成。脚架多为双脚架，也有K形脚架、三脚架和单脚架。脚架上端通过高低机和方向机与托架呈铰链状连接，下端也有的用卡环装在炮身上。为了减轻后坐力对脚架的直接作用，提高射击稳定性，在炮架上装有弹簧缓冲机，使炮身与炮架构成弹性连接。中小口径轻型迫击炮多为滑膛式。滑膛式迫击炮通常使用带尾翼的迫击炮弹。弹丸在空中飞行的稳定性靠尾翼保证。一般从炮口装填，炮弹自炮口下滑，靠炮弹底火撞击击针而发火。线膛式迫击炮通常使用旋转式炮弹，弹丸飞行稳定性靠弹丸高速旋转来实现。旋转式炮弹较尾翼式炮弹的射击密集度高。线膛式迫击炮通常从炮尾装填，靠拉火机的击锤撞击击针，击发底火。有的迫击炮身管分为前后两节，可在身管中部开闩，装填炮弹，靠滑动套筒对身管进行锁定和密封，有利于提高射速。有的轻型迫击炮战斗全重仅几千克，人便可携带；有的可分解成几个部件，由几名炮手分别携带；有的把身管拆成两截，便于伞降兵携带。迫击炮靠变换装药和改变射角调控射程，最小的仅46米，最大可达8千米，发射增程弹的迫击炮射程可达15千米。迫击炮多用于高射界射击，有较大的落角，炮弹的杀伤范围较大。有的使用高破片率杀伤弹，一发炮弹的杀伤范围可达1 385平方米。使用时间引信进行空炸射击，能有效地杀伤堑壕内有生力量。

欧洲人创制双手长剑　双手长剑（longsword）是在中世纪末期由骑士剑衍生出的武器形制，主要被全身覆甲的骑士用来进行马上或徒步的近距离白刃战，后期被用于贵族阶级在穿甲或无甲状态下的决斗、比武中。在13世纪末，板甲的应用使得全身覆甲的骑士几乎可以抵御一切刀剑劈砍的伤害，盔甲防护性能的提升使盾牌不再成为骑士的必要护具，而原本用来持盾的另一只手随即得到解放，双手长剑也在这一背景下应运而生。由于并非所有参战人员都能承担起板甲的昂贵费用，使得双手长剑在板甲盛行的年代依旧能在战场上扮演着不可替代的作用。"双手长剑"是对这类形制武器的统称，一般而言，双手长剑长99.06~129.54厘米，握把长约25.4厘米，握把中部有凸起环，防止使用者在单手持剑时手部下滑。双手长剑的剑身虽然依旧为宽叶双刃，但在突出击刺能力上较骑士剑更进一步，剑身愈发朝着圆锥状发展，

使用"双手巨剑"作战的骑士

加固剑身的方式也有单凹槽、双凹槽、剑脊等多重方式，剑身横截面形状多样。双手长剑依然保留了十字护手的设计，但同骑士剑相比，双手长剑的"护手翼"更加宽大，边缘处也更加锋利，剑柄圆头较骑士剑比也更尖利，这种设计上的变化同中世纪后期单兵作战时的破甲方式密切相关。在对阵全身披覆板甲的骑士时，往往只有钝击和刺进盔甲缝隙才能对敌人造成伤害，这便使得在双手长剑的对决中出现了一手持剑柄、一手持剑刃，将剑尖扎入对手盔甲缝隙的格斗技巧，同时也出现了双手持剑刃、利用十字护手与剑柄圆头砸击对手盔甲的战斗方式。在15世纪后，双手长剑广泛使用的同时又衍生出了两种形制：一种是长度介于双手长剑与骑士剑之间，既可单手持握又可双手持握的手半剑（hand-and-a-half-sword，又称"杂种剑"），手半剑的使用方式比双手长剑更加灵活，被市民阶层广泛采用，该剑也是后世文学、影视作品中描绘次数最多的长剑形制；另外一种是在瑞士与德国佣兵中广泛使用的双手巨剑（great sword，又称"日耳曼双手剑"），双手巨剑长度在1.397~2.15米之间，剑身下端有专门用来手持的无刃剑锋（ricasso）。双手巨剑多用于步兵作战，在冲击敌军步兵方阵时十分有效，可用来砍断敌军步兵方阵中的矛、戟等长柄武器，为己方步兵开通进攻缺口。

14世纪

印度人发明了拳剑　拳剑是印度的回教徒所特有的一种武器。拳剑的基本样式：刀身短且宽，自其底部两侧各伸出一条长长的金属条，二者之间的距离因使用者的手宽而异。两根金属条之间横着一对杆。当持刀者将构成拳剑的握柄握于手中时，其刀身和持刀者的手臂成一条直线，这样出击的动作和出拳就会一致，所以如果手法正确，持刀者能够将整个身体的力量集中在匕首上。由于拳剑出击的力量巨大，许多拳剑都特别加厚了刀尖，以避免弯曲或断裂。拳剑同时也是一种

拳 剑

重要的地位象征。许多现存的拳剑带有样式独特且迥异的装饰：在刀柄上会镶嵌珐琅、宝石和错金，刀身上凿有复杂的花纹、场景和抽象的装饰，而刀鞘上包着丝绸或天鹅绒。

明代工匠发明了二级火箭 二级火箭是明代火箭技术发展的一大成就，堪称现代多级火箭的先导。其最具代表性的作品有两种：火龙出水和飞空沙筒。

火龙出水是一种运载火箭加战斗火箭模式的二级火箭。箭身用1.7米长的毛竹制成龙腹式箭筒，去节刮薄，两头安上木雕的龙头龙尾，内装多支火箭，龙口昂张，利于喷射腹内火箭。头尾下部两侧各安750克重的起飞火箭1支，箭镞后部绑附一个火药筒，箭尾有平衡翎。在进行装配时，首先并联4支起飞箭火药筒的火线，再串联龙腹内火箭所附火药筒的火线。这种火箭多用于水战。作战时，在离水面1~1.3米高处点燃4支起飞火箭的药线，利用火药燃气反冲力推进火龙出水飞行，可远至1~1.5千米。在起飞火箭的火药燃尽的同时，龙腹内火箭的火线恰好被点燃，腹内火箭借助火药燃气的反冲力脱口而出，进一步飞向目标，击杀敌船官兵。

飞空沙筒是一种返回式火箭。箭身用薄竹片制成，连火药筒共长2.3米。供起飞和返回用的两个火药筒，颠倒绑附于箭身前端的两侧。起飞用的火药筒喷口向后，然后在其上面连接另一个火药筒（长23厘米、直径2.3厘米），火药筒内装燃烧性火药与火龙出水特制的毒沙，其战斗部由筒顶上安装的几根薄型倒须栓构成。返回用的火药筒喷口向前。三个火药筒的火线依次相连，放在"火箭溜"上进行发射。作战时，先点燃起飞火箭的火线，对准敌

船发射，用倒须枪刺在篷帆上。接着作为战斗部的火药筒喷射火焰与毒沙，焚烧敌船船具。当敌人救火时，因毒沙迷目，难以入手。在火焰与毒沙喷完时，返回火箭的火线被点燃，引着筒内火药，借助产生的火药燃气反冲力，将飞空沙筒反向推进，使火箭返回。在《武编》一书中，飞空沙筒被称为"飞空神沙火"。作为单级火箭发展的必然趋势，二级火箭的创制是我国明代火箭技术发展的一大成就，它是现代多级火箭的先导，充分反映我们祖先对火箭发射原理最初的运用，其在火箭发展史上影响深远。

明代工匠发明火攻战车类火器　战车类火器以车为运载工具，车内载有各种火药与火器，由士兵推车攻击敌阵。其机动性能好，所以能充分发挥火攻的威力。最主要的两种为木火兽和火攻战车。木火兽身以轻便木材为框架，安上兽形头尾，四足安上木轮，里外用纸糊上，涂成彩色虎豹等形象，再涂以白矾。两耳内安两个发烟瓶，口中置一个喷筒，左右胸旁各拴一个火铳，都用火线联络在一起。在作战时，由一名士兵将其推至敌阵，然后从两面点火，使本火兽两耳喷烟，口中吐焰，两胸旁火铳自动发射，用以冲锋破阵，将敌击溃。《武备志·军资乘》记载，火攻战车种类有喷射致毒剂和引起燃烧的火龙卷地飞车、能发射40支火箭的冲虏藏轮车、内装各种燃烧性火器的万全车等。

明代工匠发明了爆炸性火器　爆炸性火器由宋、金、元时期的霹雳炮和震天雷等发展演变而来。其制品有爆炸弹、地雷、水雷等，其壳有石壳、木壳、铁壳、泥壳和陶瓷壳等，其引爆方式有火绳点火，以及触发、绊发、定时爆炸、钢轮发火等。爆炸性火器是管射火炮以外的大威力摧毁和杀伤火器，在各种样式的作战中都能发挥作用。发展到明代中期，爆炸性火器已经拥有三种不同类型的自动发火装置：一是采用燃烧有时限的香火，定时点燃火器中火药，发生爆炸；二是在爆炸性火器中预先藏好火种，待敌人触动机关，火种便落入火药中点火引爆；三是钢轮发火装置，即一种利用机械制

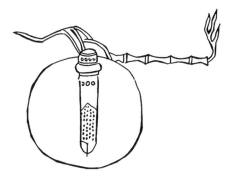

爆炸性火器

动的发火装置，其基本原理是用钢片敲击或急剧摩擦火石取火，引爆地雷，使用这种发火装置的地雷有炸炮、石炸炮、自犯炮、万弹地雷炮等。

明代的工匠发明了车载炮 车载炮是为了提升重型火炮的机动性而研制出来的。明代前期，由于军队装备的火炮较轻，行军时只需骡马驮载便可。而到明代中期，由于作战的需要，超过百斤的火炮大量铸造，行军时已非强马所能驮载，故需要制造专运火炮的车辆，以便机动。这些载炮车，每辆一般可载运1~3门炮，用骡马或编制炮手拖运。炮手既可推拉炮车，又可临敌发射。骡马运送的火炮，运抵战场后，还要经历卸炮、安炮、调整射角等过程，这样就会严重地拖延时间，贻误战机。车载炮则克服了这些缺陷，如灭虏炮用车运至战场后，即可在车上发射，还可转换方向射击敌军人马，比用人力搬运大为省时方便。车载炮兼有挡敌和击敌之用。发展到明代中期，炮车不但具有一般战车阻挡北方骑兵快速冲击的作用，还可组成车营，使用火器和叠阵有效击杀敌骑。故兵部尚书孙承宗在《车营扣答合编》中指出：要使军队"动如雷，不动若山，莫如用车。其用车在火（器），其火在叠阵"。孙承宗把装备火炮的战车看成强攻坚守的取胜条件，而要发挥火炮的威力，又必须将车、步、骑混合编成，协同作战，这样才能在不同距离上多层次地配置火炮和冷兵器，先后逐次减杀敌军有生力量和摧毁敌军各种战具，并最终夺取战争的胜利。这就是孙承宗所说叠阵战术的真谛。由于车载炮便于机动，所以使用增多，在战场上的毁杀威力加强，从而提高了火炮在作战中的地位和作用，受到了统兵将领的欢迎。

欧洲工匠发明了铁条箍合炮的制造技术 铁条箍合炮的制造技术是于14世纪由欧洲工匠发明的。在14世纪使用的射石炮，大多是通过铁箍将多根纵向铁条箍合成锥桶形炮筒，这样就可以将大于炮尾口径和小于炮口直径的任意大小的球形石弹放入炮筒中而能与筒壁相贴合。如果石弹很小，则放入锥体后部的火药量也会很少，石弹渐大则放入锥体后部的火药也随之增多，这样就能始终保持装填至炮筒后部的火药量同石弹直径的增大成正比。后来炮管筒越来越粗大，以至能发射500千克重的石弹。在当时的条件下，采用这种制造锥桶形炮和磨制石弹的方法，就避免了采用直膛炮筒需要发射同一直径的石弹所带来的麻烦与不便，受当时技术因素的约束，磨制同一直径的石弹或铸造同一直径的金属弹几乎是难以做到或者根本做不到的。

欧洲工匠发明了短管相接式的炮筒制造技术　短管相接式的炮筒制造技术是于14世纪由欧洲工匠发明的。除了可以通过铁条箍合成炮筒外，还可以使用短管相接法接成炮筒。其法是按照事先设计好的炮筒长度，分造成几节短管，短管的端部有唇沿，通过唇沿将各短管依次首尾连接成炮筒，并通过罩具套在连接管唇的宽箍上，以保持铁管相互间的位置，从而使制造的炮筒笔直无斜。

1311年

元政府设立了武器研发和管理机构武备寺　武备寺是元官署名，主要负责掌管制造、修理兵器。至元五年（1268年）始置军器监，二十年置卫尉院，改军器监为武备监，属卫尉院，次年改监为寺并与卫尉院并立，大德十一年（1307年）升为院，至大四年（1311年）复为寺。有卿、少卿、同判等主管官员及辨验弓官、辨验筋角翎毛等官。元朝建立后，为了巩固自身的统治和继续进行对外战争，十分重视军事技术的发展。为此，朝廷把大都（今北京）设立的兵器管理机构多次进行升格，到至大四年（1311年）定为武备寺，由三品卿掌管，隶属工部，管理全国的兵器制造。同时，元朝政府将中外工匠都集中到大都进行管理，并对其采取了保护措施，使其进行新武器的研制，并最终制造出了我国第一代金属管形射击火器"火铳"。

约1324年

欧洲出现早期加农炮　加农炮（cannon）是欧洲地区最早使用的火炮形制，其中的大型加农炮也被称为射石炮（bombard）。起初火炮并无具体分类，到了16世纪，人们开始将炮身长为16~22倍口径的火炮称为加农炮。关于欧洲火炮的最早记载出现在1324年围攻法国梅兹城（Metz）的战役中。早期火炮体积较小，一般在9~18千克之间，部分小型火炮也被安置在长木杆上，形成了最早的手持式火器。早期火炮由多根平行铁棒环绕制成，铁棒围绕中央芯条排列，而后焊在一起，在焊接后再将芯条去除，最后将炮管的一端堵上并用铁条对炮管进行加固，外围用金属环固定，外表结构与木桶类似。这种利用铁条与铁环铸造炮身的方式带来的结果，便是铸造出的炮身是前后贯通的，因而这些早期的加农炮多为后膛装填，火炮也被分为炮膛与药室两个部分。在构造上大致分为两种：一种的药室直径小于炮膛，在使用时将火药装于药室中并旋入炮尾，药室与炮膛之间往往需要铆钉固定，

加农炮

英国爱丁堡的蒙斯–梅格巨炮（mons meg）以及穆罕默德二世（Fatih Sultan Mehmet，1432—1481）围攻君士坦丁堡时所用的攻城火炮皆采用了这一设计；另外一种后膛炮的炮膛一端被堵死，药室作为一个单独的炮膛置于主炮膛尾部的弹仓中，早期回旋炮（swivel gun）便是这一设计的代表，同时这一设计实际上便是"佛郎机"的早期形制，整个炮管则被固定在一个木架上，在对敌前需调整好射击角度。后膛装填虽然呈现出了先进的设计理念，但是14—16世纪的筑炮与金属加工水平尚不能与这一设计相匹配，由于铁条之间的缝隙极易产生火药泄露，铁条又十分容易生锈，因此极易引发炸膛事故。1460年，苏格兰国王詹姆斯二世（James Ⅱ of Scotland，1430—1460）在罗格斯堡的攻城战中正由于本方的一门大炮突然爆裂而被炸死。由于上述不足，从14世纪中期开始，人们开始将铸钟的方法应用到铸炮过程中，从而铸造出前膛装填的加农炮。这种火炮的铸造方法：将金属液倒入已经制好的黏土模具中，模具由模芯和壳构成，黏土模具放在一个凹坑里，以便金属液灌入，当铸件浇铸完成后便将模具打碎，取出炮身，再对炮身进行一次镗孔，即使用专门的机械带动钻头拉孔，使内膛面圆整、光滑，进而提高发射能力。这类加农炮多为铜制，虽然制作成本远高于用铁条箍起的早期加农炮，但其安全性大幅度提升，到了15世纪末期，这种前膛装填的铸铜炮在适用范围上大幅超过了用铁条箍起的加农炮。早期加农炮的出现并未立刻取代冷兵器在战场上的地位，由于射程短、精度差、杀伤力低，因此早期的加农炮主要用于震慑敌军。在15世纪30年代以前，火炮在攻城战中的作用通常只

是向城里发射炮弹来破坏房屋和教堂，以促使守军投降。比如1415年的瑟堡（Cherbourg）围攻战、1418—1419年的鲁昂（Rouen）围攻战、1420年的梅伦（Melun）围攻战以及1424—1425年的吉斯（Gulse）围攻战都持续了相当长的时间，在这些战例中，被围困者最后出来投降，并不是因为攻城者的火炮对他们的防御工事造成了决定性破坏而是其他原因。到了1453年，穆罕默德二世围攻君士坦丁堡的战役使得火炮成了决定胜负的关键。穆罕默德二世任命了一名名为乌尔班的技师制造了60余门长5.18米重17吨的巨大火炮，后世称其为"乌尔班火炮"或"土耳其火炮"，该炮使用铁条箍合的方法锻造而成，炮管分12片，每片宽0.2米，总圆周长2.44米，其射出的石弹达660千克。火炮需要60头牛来拉曳，并且需要数百人在两侧为其开路，这些火炮在实战中所表现出来的巨大威力是整个欧洲从未见过的。经过长达数十天的不断轰击，屹立千年的君士坦丁堡城墙最终在这些火炮的轰击下坍塌。不过，乌尔班所设计的火炮依旧没有摆脱同时期火炮所共有的缺陷，由于该炮使用了药室与炮膛分离的设计方式，因此发射频率极为缓慢，每次的装弹时间近两小时，一天也只能发射6~8次，同时火药外泄的问题也未得到解决，乌尔班本人便是死在了自己所筑火炮的一次炸膛事故中。

1338年

日本人发明了薙刀　薙刀是日本武士使用的一种常见长柄武器，与镰仓时代和室町时代有很密切的关系，又名长刀、眉尖刀。刀刃长30~60厘米，但约90厘米长的刀也有。钅呈和羽附带大体上做成冠落造或菖蒲造的剑身形状。在刀身的中段有短血槽。通常，柄长约90~180厘米，刀身在平时被刀鞘盖住。薙刀上有一个长约2米的清漆木制刀柄，其上安装着一把略弯的锻造刀身，它与传统武士刀刀身非常类似。"大薙刀"长约2.1米，也存在3.6米长度的薙刀。实际上，许多薙刀都安装了可回收的武士刀刀身，

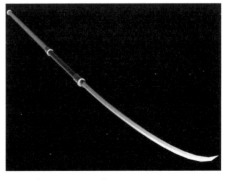

薙　刀

薙刀的刀身或茎是通过一个单桩或木钉安装在刀柄上的。奈良时代到平安时代，作为僧兵守护寺院所用的武器，有出色表现。而镰仓时代末到室町时代成为战场的主要武器，因其不适应密集型战斗，所以在应仁之乱的时候被枪替代。到了江户时代，曾有一段时间在江户幕府的日本武士禁止携带薙刀，薙刀的武术传承遇到困难，但禁令的对象只是"大薙刀"而已，因此薙刀作为"武家的女子必修的武术"生存下来了。

1347年

塔塔尔人在与热那亚人的战斗中使用生物战剂　生物战剂是指能在人员或动植物机体内繁殖并引起大规模疾病的微生物。生物战剂可分为致死剂、失能剂、接触剂（在接触过程中传染）和非接触剂。应用生物武器来达到其军事目的的作战称为生物战。从发源来看，生物武器产生于14世纪中期。当时，鞑靼人（蒙古大军）正在围攻黑海港口城市。1346年，鞑靼人围攻克米半岛卡发城的热那亚人时，久攻不下，而且染上鼠疫，但鞑靼人并没有因此退兵，而是使用了鼠疫生物病毒，将染有鼠疫病毒的老鼠投入克米半岛卡发城中，用笨重的弹射机将感染病菌的尸体投入敌人的阵营中，使守城的热那亚人也感染上了这种黑死病，结果使全城鼠疫流行，导致热那亚人大量死亡。疯狂的鼠疫随着热那亚人的逃亡蔓延整个欧洲达8年之久，造成高达2 500万人感染鼠疫而死亡，约占当时欧洲人口的1/3。近代以来，生物武器作为一种特殊形态的大规模杀伤破坏性武器，它在战争中影响敌我胜败结局的同时，也给人类的生存安全造成了严重威胁，其巨大危害的传染性可造成大规模作战和非作战人员的伤亡。在后来的第一次世界大战，生物武器开始大规模应用于战争。

1354年

元代工匠发明元火铳　火铳是中国古代第一代金属材质管形射击火器，它的出现标志着军事战争的发展进入一个崭新的阶段。在有关元朝的文献中，火铳之名最早见于《元史·达礼麻识理传》。达礼麻识理在至正二十四年（1364年），已经指挥"火铳什伍相联"的部队，此史料说明火铳在此以前就已创制成功。元火铳是元代创制的火铳，从形制构造的特点和管形火器发展的连续性来看，它当是根据南宋的火枪尤其是突火枪的发射原理改良制造而成的。二者在构造上有许多的相似之处：突火枪的枪筒可以大致分为尾端、装药部、安放子窠的枪膛部，元火铳在外形构造上可明显地区分为尾銎、药室和铳膛三个部分；二者的尾端都可安上适合的手柄，便于发射者挟持；二者的点火和发射方式相同，都是用点火物点燃筒（铳）中通出的火捻引燃火

使用火铳的士兵

药，利用火药燃烧后所产生的气体膨胀力将弹丸射出，击杀敌人；突火枪以天然巨竹为枪筒，元火铳以金属为铳筒，同属于管形射击火器；突火枪是最早自发运用发射原理的管形射击火器，元火铳也是自发运用发射原理的较为先进的管形射击火器。当然，元火铳与竹火枪相比，具有明显的优越性：元火铳的制造规格易于统一；元火铳的构造合理，在外形上已经明显区分出铳膛、药室和尾銎三个部分，各部分的横截面都呈圆环形，口径、铳长、铳膛长、药室长之间，虽无准确的数量比值，但其外形结构已反映出适合发射需要的粗略的数量关系；元火铳的内壁较光滑，发射后残存于铳膛内的药渣清除较易，费时较少，因而提高了射速；金属制元火铳铳壁的熔点高，耐烧蚀性好，抗压力强，不易炸裂，因此元火铳的使用寿命较长。

1361年

明政府设立火器研发机构宝源局　宝源局，明朝钱币铸造局名。元至正二十一年（1361年）二月，朱元璋设立了造币机构，专司钱币铸造，主要制造大中通宝钱，由于战争的需要也兼造火铳。迄今为止，已搜集到宝源局所造火铳的铭文实物共7件，此7件出土的洪武火铳实物中，制造年代最早的大型碗口铳是两门莱州卫使用的大炮筒。莱州卫建于洪武二年（1369年），濒临莱州湾，东邻登州卫，是明初沿海防御倭寇扰袭的要地。当时，为抗击屡屡犯境的倭寇，明朝政府采取了防剿兼施的方针，主要措施：增加沿海卫

所，添造海上战船，加强沿海地区的防御能力，并竭力打造水陆结合的防御体系，"陆具步兵，水具战舰"。这两门大炮筒就是在这样的时代背景下，由宝源局为莱州卫制造的。筒身的刻字表明，我国至迟在洪武八年已经用大型火铳守卫要塞。两门莱州卫所用的大炮筒编号分别为7号和29号，两号码之间相差22。如果这种编号是当时莱州卫实有大炮筒的编号，那么该卫所装备的大炮筒就不会少于22门。若以此推理，沿海其他要塞也具有相当数量的大炮筒，则大炮筒的装备总数便极为可观。沿海各卫所装备大炮筒之事，在史书和兵书中没有任何记载，因此，这两门大炮筒的出土，对研究明初的火铳制造与沿海的设防情况具有特殊重要的意义。迄今为止出土实物中，并没有发现洪武八年以后所制造的火铳，因此可以推测之后该局不再兼造火铳了。

约1367年

明廷建立了龙江造船厂　龙江造船厂又称龙江船厂、宝船厂。因地处当时南京的龙江关（今下关）附近，故名。龙江造船厂创于洪武初年。《龙江船厂志·建置》记载："洪武初，即都城西北隅空地开厂造船。其他东抵城壕，西抵秦淮街军民塘池；西北抵仪凤门第一厢民住官廊房基地（阔一百三十八丈）；南抵右守卫军营基地；北抵南京兵部菖宿地及彭城伯张骐团，深二百五十四丈。"龙江宝船厂位于今南京市西北三汊河附近的中保村一带，西接长江，东邻秦淮河。该厂相当于南京市汉中门和提江门之间的一带地区，靠近长江边，据计算共占地48 852平方丈，约合1.1平方千米。船厂后因承平日久，至弘治时遂分为前厂和后厂。两厂各有通往龙江的溪口，并设有可以启闭的石闸，用以控制水量。厂的行政机构为龙江提举司，前设提举一人、副提举两人，提举专掌战船、巡船之政令，副提举协助提举工作。其办事机构为帮工指挥厅，厅设带工指挥千户、百户各一人，主要督率驾船官军在厂协助工匠造船。除位居五品的工部郎中外，还有员外郎、主事、提举、帮工指挥等人员。仅下设的厢长、作头等低级班头就将近百名。造船制舶的船户工匠大部分来自浙江、江西、湖广、福建及江苏等省，并且分工细致，下编四厢，每厢分为十甲，每甲设甲长，统管十户。一厢分为船木、梭、橹、索匠，二厢分为船木、铁、缆匠，三厢为艌匠，四厢分为棕、篷匠。另外，还有内官监匠、御马监匠、看料匠、更夫、轿夫等人员。战船建成后，要同时统计上报工部都水清吏司和中军都督府操江都察院，听候验收和调拨。厂中对于进料、管料、用料、成品检验及财务等，都有严格的制度、明细的规定，违者要受到处罚。上述这些情况说明，龙江造船厂规模宏大、机构健全、指挥畅通、分工明确、制度严密、要求严格，是我国14世纪末叶典型的作坊式大型战船建造厂。该厂创办后，即由明廷工部直接掌握。到永乐年间，因郑和下西洋所乘宝船在该厂建造，故其又称为宝船厂。永乐十九年（1421年），朱棣因奉天等三大殿发生火灾，内心惶恐不安，故下令停造宝船。郑和第六次下西洋结束后，即留在南京。朱棣死后，朱高炽即位，重申停造宝船之令。此后船厂便遂付一般的造船任务。龙江宝船厂自从明朝以后，逐渐废弃，整个遗址多已成为农田及水塘。当年的船坞，当地人称之为"作塘"。遗址中尚有第一作至第七作的具体方位可以辨识。每作均呈长方形，东西方向并排分布。其中，四、五、六作保存尚好，而四作保存最好，是如今所能见到的当年遗留下来的最大的船坞，现长约300米，宽约30米，水深1米，水下积有很厚的淤泥，由此可见当年船坞之规模，足可建造郑和船队的大小船舶。

1375年

中国人发明了海岸炮　海岸炮指布置在陆上，主要射击海上目标的火炮，又称岸防炮或要塞炮。中国在明洪武八年（1375年）就设置碗口炮作海岸炮，是世界最早使用海岸炮的国家。直到18世纪，海岸炮与一般火炮的差别很小。它的主要作用是用来射击各种水面目标，有些火炮部署的位置也能够对附近的地面目标进行射击。它具有投入战斗快、战斗持久力强、不易干扰、射击死角小、命中率高、穿甲破坏力强等特点，是海岸防御作战中的有效武器。海岸炮用于保卫海军基地、港口、沿海重要地段及海岸线，或支援近海舰艇作战。在反舰导弹出现之前它是沿海地区唯一的防御系统，有些火炮被特别设计作为海岸防卫，有些则是改良自陆军使用的火炮。海岸炮的部署方式可以分为固定炮塔、固定阵地与移动阵地三大类。固定炮塔类似军舰和战车上的炮塔形态，炮塔可以旋转。固定阵地则是火炮平常放置在旁边的

海岸炮

掩体当中，使用时将火炮以人力或者是机械方式移动至开阔的射击阵地上。移动阵地使用的火炮与陆军一般的拖曳或者自走式火炮极为类似，在需要的时候才进入某一处预先规划好的射击阵地。岛国和濒海国家，为了防御海上入侵之敌，都要在海岸重要地段、沿海岛屿和水道翼侧配置海岸炮。

朝鲜工匠研发了胜字号手铳　　胜字号手铳是1375年由朝鲜工匠研发的。中国明朝时期的洪武手铳与永乐手铳于高丽恭愍二十二年（明洪武五年，1373年）之后相继传入高丽，高丽的火器研制者将其作为样本，对其进行了仿制并做了进一步的改进，最终出现了以胜字号手铳为代表的一系列火器。胜字手铳共分六种型号，虽为仿制明朝初期子铳的制品，但是改进颇多：铳管增长而箍多，提高了铳管的抗压力和杀伤力；药室的形状亦有所改变，从原来的扁鼓形改为长鼓形，从而增强了火药沿铳管轴线的纵向发射力；有的手铳还规定在装填定量火药后，发射大小弹丸的数量不同，弹丸大的数量少，弹丸小的数量多。为有效地保证火器的制造质量，大多数手铳都铭刻有

手　铳

制造工匠的姓名。而且这些手铳都以"胜"字冠名，这说明当时制造的手铳，在形制构造和规格上基本是按规定的标准范围设计制造的。

明代洪武朝工匠发明了大型铜铁铳炮　铜铁铳炮指古代金属管形射击火器的概称。中国古代铳炮肇始于元，而以清末为其下限，它的发展经历了两个大的阶段：第一阶段为从元代至明正德时期，这一时期为中国传统铳炮的发生、发展期，青铜铳炮占据主流；第二阶段为从明嘉靖时期至清末，这一时期主要仿造欧洲传来的铳炮，另外由于铁制铳炮的发展，青铜铳炮渐趋衰落，最终被淘汰。大型铳炮可分为两种类型。一种是1988年4月1日在山东省蓬莱马格庄乡营子里村出土的一对洪武八年（1375年）制造的大铜炮。蓬莱县文管所在1988年5月6日《中国文物报》第18期发表的消息报道称：在这对大铜炮出土后，专家们初步鉴定，认定它们属于碗口铳构造系列的大型铳炮；其全长630毫米，口径230毫米，实测质量73.5千克，是已经出土洪武铳中唯一的一对碗口铳型大铜炮。另一种是山西省博物馆收藏的洪武十年制造的3门大铁炮。它们出土于明初的山西平阳卫所在地，形制构造类似，炮身自前至后有四五道箍，管壁较厚，后部两侧各横出两根提柄，便于提运炮身，尾部封闭如半球面。经过实际测量，炮身全长为1 000毫米，口径210毫米，尾长100毫米，两侧提柄各长160毫米。铜铁大型铳炮的问世，说明了洪武时期的造铳能力和技术设备、水平等方面已有很大的提高，在当时的世界上是首屈一指的。

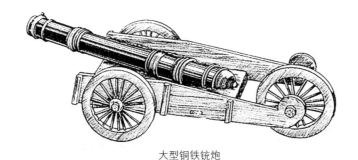

大型铜铁铳炮

1377年

朝鲜国设立火桶都监　火桶都监是于1377年朝鲜国所设立的火药与火器

监管机构。明洪武十年（1377年）十月，时任军器监判事的崔茂宣向朝鲜国王上书表奏，请求设立火桶都监来监管火药与火器的制造事宜。朝鲜国王随即下令建置火桶都监，命崔茂宣主持其事。此事在高丽的文献中多有记载。如《高丽史·兵志》有云："辛祸三年十月，始置火桶都监，以崔茂宣主持其事，制造火药与火桶（即仿制中国之火铳）等火器。"同书列传卷133亦有记载："十月，从（军器监）判事崔茂宣之言，始置火桶都监。茂宣与元之焰硝匠李元善遇之，窃问其术，家童数人习试，遂建置之。"《李朝实录》太祖四年（1395年）条记事中如此记载："有检校参赞、门下府事崔茂宣于是年卒，并附有其小传：茂宣从江南客商习得火药法，试之皆验。又造大将军、二将军、三将军火炮，火桶与火箭，蒺藜炮与铁弹丸等。"

1378年

德国工匠发明了奥格斯堡铜炮 奥格斯堡铜炮，因首先制造于奥格斯堡而得名。史料记载，在1378年，在德意志巴伐利亚州的奥格斯堡，有一位造炮匠师制造了3门火炮，发射炮弹质量分别达54千克、32千克和23千克，射程达1 000步（约为1 555.7米）。这在当时已经是很远了。同年，奥格斯堡造炮工场的匠师们用钢和锡合冶的锡青铜制造了13门青铜炮。

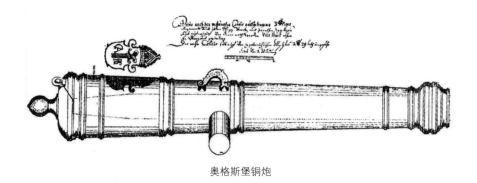

奥格斯堡铜炮

1380年

明廷设立了军器局 军器局，中国古代设置的兵器制造机构，明代武器研制的重要机构之一。明洪武十八年（1386年），朝廷设置军器局，制造鞍辔和各种兵器。至洪武二十六年（1394年），鞍辔独立成局，军器局专造弓箭、刀枪、盔甲、碗口铳、手把铳等火器与冷兵器。至永乐年间，朝廷又进一步在北京增设军器局，至此，明廷在南京和北京都设置了军器局。史料《明会典》对其进行了详细的记载，军器局在明弘治元年（1488年）以前，要按照规定数额制造火器：要造武器以每三年为计，碗口铜铳3 000门、手把铜铳3 000把、铳箭头9万个、信炮3 000门，以及附件若干。这些数字真实地反映了军器局生产规模之庞大。

1388年

明廷在山东莱州修筑了岛上寨城　寨城，一种建于海岛上的守备工程，为防止敌人对沿海附近岛屿的侵犯而不被敌人据为巢穴而建造。洪武二十一年（1388年）十一月，为防止倭寇的不断入侵，朱元璋采纳山东都指挥捷周房（《续文献通考》卷一百二十二作周彦）的建议，在出东莱州卫建立总寨8个，下辖48个小寨，并在宁海卫建立总寨5个。寨城的主要构成有水寨、城寨、瞭望台、烽堠台、官兵营、练兵场、船坞、码头等建筑。此外，环岛的周围还筑有陡坝、岸堤、石墙和碉堡，使全岛成为一座具有环形防御体系的海上城堡和海岸防御体系的前哨阵地。寨城的建立，将沿海的防御前线向近海进一步推进，有效改善了防御态势，迟滞了敌人对海岸的进攻，消耗了敌军的有生力量，在一定程度上减轻了岸上防御的压力。这些建筑设施，使万里海疆形成一个点线结合、以点为主、重点设防的防御体系，为沿海守备部队坚守阵地、出海巡捕和进行海上行动作战创造了有利的条件。

德意志工匠制成了纽伦堡重炮　纽伦堡重炮是在14世纪由德意志的工匠制成的。该市1388年的一份文书记载，为了搬运火炮，厂里动用众多的运输工具与马匹，为搬运克里姆希特大炮筒动用了12匹马，为运载3门发射百磅重石弹的铁炮动用了12匹马，为运载用于制作杠杆吊装架的大粗木用了16匹马，为运载卷扬机动用了4匹马，运载石弹用了15辆车，还有四轮炮车与两轮炮车随行。同年，该市的一支炮兵小分队，编有射手、装填手及年轻力壮的士兵。从炮兵小分队编成人员的数量与分工可以看出，这支炮兵小分队已经相当于一个炮兵排了。

1395年

明廷设立了兵仗局 兵仗局为宦官署名。兵仗局建置于洪武二十八年，属于明代内府八局（兵仗局，银作局，浣衣局，巾帽局，针工局，内织染局，酒醋面局，司苑局）之一，由专门的掌印太监执掌，管理、佥书、掌司、监工无定员。除了负责制造刀、枪、剑、戟、鞭、斧、盔、甲、弓、矢等冷兵器，根据《明会典》中相关记载，兵仗局每三年要造大将军、二将军、三将军、夺门将军、神铳、斩马铳、手把铜铳、手把铁铳、碗口铳、盏口炮等火器若干。

约1399年

朝鲜政府设立了火器研发与管理机构司炮局 司炮局是由朝鲜政府设立的火器研发与管理机构。1392年，高丽辛褐王朝被抗倭成名的大将军李成桂推翻，李自立为王，受明洪武帝册封，改国号为朝鲜，仍奉明朝年号，史称朝鲜李朝（1392—1910）。王氏高丽在建置火桶都监时，将其从军器都监中划出，出三品官专掌火药与火器制造之事。到李朝太祖（1392—1399）时期，改火桶都监为司炮局，出李朝内官职掌其事，后又统帅军器寺。军器寺兼造火器与冷兵器。太宗李芳远（1400—1417）继位后，即于1400年废除私人拥兵制度，军权集于中央，不久又编成法典《经国大典》，分吏、户、礼、兵、刑、工六典。随着全国的典章制度的统一，火器制造的重点放在了火桶（朝鲜称"火桶"，中国明朝称"火铳"）上。1415年初，太宗下令收亡寺钟熔铜铸造火桶；四月，又增编火桶军400名，与原有的600名火桶军一起，扩建成1 000人的火桶军，编成专业队兵，包括队长、副队长统领；七月，军器寺已造成火桶、火铳近万支，仍不敷使用。可见，当时朝鲜火铳制造已有较大的发展，技术也已相当成熟。为了保卫朝鲜的安全与抗击倭寇的劫掠，朝鲜李朝的最初诸王，都十分重视火器的制造，并利用恭愍王时期发达的造船事业建造战船，整治水军，使水军的规模大为扩充。世宗李掏（1418—1449）在位期间，曾率朝廷文武官员驾临江面，观看水军的试炮演习，进而又指挥水军进攻日本的对马岛，摧毁倭寇的巢穴。此后，李氏朝廷频发火药与火器研制的指令，史官勤奋落笔，记录在案。

约1400年

欧洲人使用手榴弹　手榴弹是一种近距离使用的小型爆破、化学或毒气弹，用于在近距离杀伤敌人有生力量及毁伤敌方军事技术装备。手榴弹源起于古代战争中使用的燃烧罐。7世纪时，拜占庭人便将"希腊火"置于陶罐中作为对攻城者实施反击的利器，有的陶罐也加入了类似"铁蒺藜"式的金属钉，能够伴随着火焰对敌军造成杀伤。中世纪时期，燃烧罐在战场上得到了广泛使用，这些燃烧罐多为陶制，有的也用树皮、玻璃等材料制成，在外观上有球形、圆柱形等多种样式，有的燃烧罐外

手榴弹

部还设有长钉。到了15世纪，黑火药的使用使人们对原有的燃烧罐进行了改进，人们将黑火药及大小不一的弹丸装入陶罐中，制成了可爆破的手榴弹。16—17世纪的手榴弹多为球形，重约1.13千克，直径约为7厘米，球面上有盖有木塞的狭槽，槽内置有慢燃导火索，导火索与手榴弹内的黑火药相连，在使用手榴弹时需将导火索点燃后掷出，由于导火索的燃烧速度快慢不一，因此需要使用者有较强的心理素质与身体素质。17世纪欧洲各国的掷弹兵部队都需经过严格选拔，1667年时，在法国每一个步兵连只有4名士兵能够被选拔成为掷弹兵，英国还曾出现过掷弹骑兵，掷弹兵在实战中可以对敌人整个士兵整列进行杀伤，从而打乱敌军阵型，同时会在敌军后排士兵中造成惊恐甚至全线崩溃。手榴弹在诞生之初大量应用于攻守要塞的作战中，但在18世纪后期，步枪与火炮射程及精准度的提升使得手榴弹的使用频率大不如前，但"掷弹兵"这一兵种依旧保留了下来，成为各国精锐步兵的代表。到了19世纪中叶，堑壕战的出现使得手榴弹再次受到了重视，美国南北战争以及克里米亚战争中交战双方都大量使用了手榴弹。美国南北战争期间，北军所用的手榴弹的弹头前端置有压力板形状的引信，在压力板与地面接触时会引爆弹内火药，压力板的另一侧装有尾翼，从而保证有压力板的一端能够顺利触

地,不过由于实战中地形环境的复杂性,手榴弹往往难以引爆,未引爆的手榴弹还会被敌方直接掷回,故实战效果不佳;南军也有一种配有纸质引信的球形手榴弹,约2.72千克重,引爆时间为5秒。在克里米亚战争中,沙俄军队与法军在围攻塞瓦斯托波尔时都使用了手榴弹,由于沙俄缺乏铸铁,沙俄军队在此次围攻中还使用了大量玻璃制手榴弹。在1904—1905的日俄战争以及后来的第一次世界大战,堑壕战的全面兴起使得手榴弹成为每名步兵的必备武器,其中英军的米尔斯手榴弹与德军的木柄手榴弹皆在实战中表现出了良好的效能。第二次世界大战前后,随着装甲车与坦克等新型目标的出现,反坦克手榴弹等具有特殊功能的手榴弹不断涌现,到了20世纪50年代末,手榴弹已发展成为种类繁多的单兵近战武器。手榴弹按用途可分为主用手榴弹、特种手榴弹和辅助手榴弹,主用手榴弹又可分为进攻型手榴弹、防御型手榴弹、攻防两用型手榴弹和破甲型手弹,特种手榴弹可分为发烟手榴弹、照明手榴弹、干扰手榴弹和防暴手榴弹等,辅助手榴弹有教练手榴弹、演习训练手榴弹和演习手榴弹等,使用最多的是主用手榴弹。① 进攻型手榴弹,又称爆破手榴弹。壳体用薄铁皮、塑料、硬纸板或胶木等材料制成。爆炸时产生较大爆轰波和少量破片,震慑和杀伤敌人。安全距离一般小于15米,使用者投掷后可以继续前进,而不会伤及自己,适于进攻作战。② 防御型手榴弹,又称破片手榴弹。主要依靠破片的动能杀伤有生目标,杀伤半径5~15米,安全距离为20~30米。单个破片重0.10~0.4克,有效破片数一般为100~4 000片,有的多达6 000片,破片初速一般为1 500~1 800米/秒。③ 攻防两用型手榴弹。有的进攻手榴弹外可加装破片套,作为防御手榴弹使用;有的采用高速小破片,投掷后不影响冲锋动作,适用于进攻战斗。④ 破甲型手榴弹。采用聚能装药和触发引信,质量较大,全弹重一般为0.5~1千克,投掷距离为1 525米,穿透装甲钢板的厚度一般为70~200毫米。

15世纪

明代工匠发明了旋风炮　旋风炮是利用离心力将石块投出的古代武器,由三国时代马均发明。它外形类似风车,实际上就是一个离心抛石车。如果离心投石车有四个旋臂,它叫作"十字炮"。如果有四个以上的旋臂,则叫作旋风炮。《明会典·火器》记载，兵仗局曾在弘治年前制造过这种便于机动的火炮，《流传》刊有此炮的出土资料：其炮身粗而短，药室微微鼓起，火门外有一个长方形的火门盖；炮口处有一40毫米宽的带形箍，其他4条窄形箍分布于药室前后、炮膛中后部和尾端，全长388毫米，膛长290毫米，尾部长70毫米，口径60毫米，尾部刻有"旋风炮叁千伍百伍拾肆号嘉靖庚子年兵仗局造"等字。当时中国的冶炼技术决定了，如果旋转轴采用金属材质，则整个旋风炮的重心过于上移。如果旋转轴不采用金属

旋风炮

材质，则没有任何木材能够经受住六只抛石臂来回施加的反作用力。因此，真实的旋风炮只能是一种理论上的乌托邦。

欧洲工匠发明钩式手持枪 钩式手持枪是在手持枪枪筒的前部下面，突出一个钩形件，这样就可以消减手持枪在发射后所产生的反冲力。其中最具代表性的是日耳曼博物馆藏钩式手持枪。此枪用熟铁制造，枪身与坦奈堡手持枪相似，枪口沿有箍唇，枪身有垂钩，外形稍似中国的戈。其制造时间为1400—1420年之间，枪身长330毫米，柄长9 067毫米，全长1 000毫米，口径为20毫米，重4.65千克，火门位于枪筒后部。钩式手持枪的名称——Hakenüchse一词在1432年纽伦堡的文献中第一次出现，并注明钩式手持枪是奥尔缪兹（Olmurz）的教会监督在1423年和1430年设计的新式手持枪。1524—1525年，钩式手持枪曾用于德意志农民战争中。

明朝工匠发明了火门盖 火门盖是约15世纪由明朝工匠发明的。相比于洪武火铳，永乐至正德年间的火铳又有了进一步的改进，其中以手铳尤为突出，而手铳构造上的另一个重要改进就是发明了火门盖。早期火器使用容易受天气影响，其主要原因是火药容易受潮变质。为了解决这一问题，这一时期的火器研发人员在药室的火门外增加了一个长方形的曲面活动盖，盖的一端固链于铳上，可以翻旋。装填火药后，盖上活动盖，可以保持药室内的火药不受风雨灰沙的侵蚀，始终处于干燥洁净和良好的待发状态。

明朝工匠发明装药匙　装药匙是专门用来为手铳装填火药的。装药匙的长度一般为155毫米，匙部长84毫米，横幅宽28毫米，两侧内凹，前端口部幅宽为5毫米，可插入火铳口内，可使匙内火药直接装入膛内，而不致散落在外。装药匙的柄长为71毫米，最粗处的截面为20平方毫米。从匙柄上所刻的质量相同和匙部的规格一致可知，它们向子铳内装填的火药量也没有差异，这样既不会发生因装药量过少而发射无力的弊病，也不会出现因装药量过多而发生手铳爆裂的危险，保证了发射的威力和安全。装药匙柄端开有一个小孔，其上可系绳环，士兵可将其系在腰间。装药匙的使用，本身也说明当时所用的火药是优质粉状或粒状发射火药。

约1411年

欧洲人创制火绳枪　火绳枪（matchlock）是使用火绳枪机点火发射的前装枪，由火门枪改进而来。火绳枪由枪管、枪托和火绳枪机组成。火绳枪机是最早的机械点火装置，包括蛇形杆和扳机。蛇形杆前端夹有引燃的火绳，多用麻绳浸泡硝酸钾或其他化学溶液制成。发射时，扣动扳机，通过杠杆或弹簧作用将蛇形杆推向下，使火绳接触枪管尾部的火药池，点燃火药；火焰通过火门传入枪膛内，引燃发射药。火绳枪的枪管较细长，铸有准星和照门，用于瞄准；枪托多为弯形木托，可抵肩射击，减小射击时的后坐力；弹丸为圆形铅弹，与枪膛口径同大，使火药气体不易外泄。因此，火绳枪比火门枪进一步简化了射击动作，提高了射速和射击精度，增大了射程，从而迅速取代火门枪并得到广泛应用。火绳枪还配备有通条、火药壶、铅弹模等附件。通条置于枪管下方的木托中，兼有装填弹药和擦拭枪膛两个作用。关于火绳枪的记载，最早可以追溯到1411年，在奥地利维也纳国家图书馆收藏的一件德文抄本中，绘有一幅简易火绳枪机的插图。15世纪，欧洲国家对火绳枪进行了一些技术改进：

火绳枪

在枪机上加设弹簧，使蛇形杆起落更加迅捷；在火药池上加盖，以保持火药的干燥；将封闭的枪管底端改用一个大螺栓堵住，以便于制造和保养；改进枪管与枪托的结合方式等。其中尤为明显的是枪托的改进，到1470年左右弯形枪托取代了直形枪托。15世纪末还出现了线膛火绳枪。膛线为直线，目的是减小

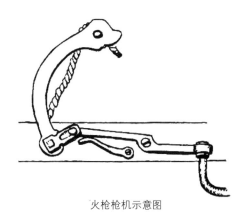

火枪枪机示意图

装弹时弹丸和膛壁的摩擦。装弹时，将弹丸外包一层浸油的毛麻织物，使其不太困难地塞入枪膛，射击效果要优于滑膛枪。15世纪流行于欧洲的火绳枪，有法国的库列夫林那枪、西班牙的阿奎伯斯枪、俄国的皮夏利枪。库列夫林那枪的口径为12.5~22毫米，长1.2~2.4米，重5~28千克，枪管为铁制或青铜制。到16世纪，火绳枪仍是欧洲国家装备军队的主要轻型火器，在构造上又有些改进，如为了防止走火而在扳机周围安装金属护圈。当时最为流行的火绳枪是西班牙的穆什克特枪，口径在23毫米以内，重8~10千克，弹丸重约50克，射程达250米。为便于瞄准射击，它的身管架在特制的枪架上。这种枪具有很强的穿透能力，在战场上取得了惊人效果。由于火绳枪的性能逐步提高，它除被用于作战外，还成为贵族的猎枪，因此它的装饰格外讲究起来。雕刻、彩绘、金属部件镀金等技术被大量用于枪支制造，有时还使用珍贵的黑檀木制作枪托。1543年火绳枪传入日本，其后传入中国，被称为鸟铳，在16世纪末撞击式燧发枪发明后，火绳枪就逐渐被淘汰了。

1411年

欧洲工匠制造法乌尔·迈特巨炮 法乌尔·迈特巨炮是于1411年由欧洲工匠制造的。在15世纪，欧洲的火炮制造技术取得的一个重大突破性的进展，就是在一些国家的通都大邑和陆海要塞制成并装备了前所未有的巨型火炮。法乌尔·迈特巨炮是1411年造于布伦斯威克（Braunshweig）的巨型青铜巨炮，人们称它为"法乌尔·迈特炮"，而可惜的是此炮已无实物存世，只有

一幅由J. 施密特（Johann Geo Schmit）于1728年制作的铜版画，才使人们有幸得知此炮的模样。哥尔克在其相关著作中介绍了此炮的构造要素：炮身长2.9米，口径76厘米，炮重8 228千克，弹丸重409千克，装药量30.8千克。日本火器研究者有马成甫认为，这些数据也是按照铜版画尺寸的比例推算出来，并不一定准确。欧洲在15世纪出现巨型火炮制造热是有其时代原因的：当时各国之间战争纷繁，战争的主要目标就是攻占敌方的城郭要塞，攻城战和守城战便发展成主要的作战样式，攻毁敌方的城堡、城墙、城楼便是主要的作战手段，于是适应这种战争需要的巨型火炮便应运而生。

约1419年

捷克人创制车堡　车堡是将早期加农炮与马车相结合的机动火力平台，被部分学者视为坦克的原始形制。在胡斯战争（1419—1434年）中，捷克人将多辆马车用铁链连接在一起，并将火炮安置其上，制成了防御性能良好的车堡，可有效打击敌方骑兵进攻，车堡也成为胡斯战争期间捷克军队最基本的作战单元。一架车堡上有18~21名士兵，包括4~8名十字弩手、2名炮手、6~8名长矛手、2名持盾士兵及2名车夫。车堡对1422年在达什布罗德的胜利具有决定作用，在1426年的奥格辛与1431年的塔乌斯两次战役中也有着突出表现，这些战争使兵祸延及日耳曼帝国的心脏地区。俄罗斯在15世纪初也将许多运货车连成一圈形成小堡垒，设置在敌人接近的道路上，以抵挡蒙古骑兵的冲击，同时也以此作为己方弓箭兵射击蒙古兵的掩蔽物。但车堡的使用受地形的限制且只能用于防御性目的，也极易受到地方火炮与轻武器的攻击，因此车堡技术只使用了20多年便遭到淘汰。

车　堡

1423年

明代工匠发明固定式炮架 固定式炮架是于1423年由明代工匠发明的。为了进一步改善边关城堡的防御设施，守边将领们提议新建炮架，即用固定式炮架代替过去临时安置的炮架。这种固定式炮架已具有露天炮台的雏形，或者说是中国古代最早建筑的依城炮台。这种炮台最早是在永乐二十一年九月，由驻守居庸关的指挥袁讷提出。当月，袁讷向朝廷上奏，请求在沿居庸关的附近新建八处烟墩，安置新式炮架，以为架设铳炮之用。因此，这种新建的烟墩，已不是单纯为燃放报警烽烟而建，而是为了安置铳炮固定发射架建筑的墩台，具有发炮击敌的作用。

1449年

明朝给事中李侃制造了赢车 赢车是于1449年由李侃（1407—1485）制造的。综合型战车是指在独轮、两轮或四轮车之上，装备各种冷兵器与火器，用于冲击敌阵的战车，典型代表有冲房藏轮车、火柜攻敌车、万全车等。车上除刀、枪等冷兵器外，还有射远的火铳、火箭、火弩和近战的火枪，以及各种燃烧性和毒杀性火器。正统十四年（1449年），给事中李侃制造了1 000辆赢车，景泰二年，吏部郎中李贤（1409—1467）和箭匠周四章上书建议所制战车也大抵都属于这类战车。

中国明朝军队发明了两头铜铳 两头铜铳制造于1449年，是把两只向相反方向发射的铜铳连接起来，安装在一条木凳上，两头同时装填火药和炸弹，一头发射后，掉转过来再发射另一头。见于史书记载的主要有两头铜铳和长柄手铳，它们系由单兵手铳改进而成。两头铜铳由左都御史杨善，于正统十四年（1449年）请求创制而成。它是在一根木柄的两头各安一个手铳，作战的时候，一头射毕，再换另一头进行射击，如此可连续射击敌人，

两头铜铳

从而提高了射速，增强了杀伤力。长柄手铳制于景秦元年（1450年），铳柄长，上安枪头。弹丸射毕后，可以作长柄枪刺敌，克服了短柄手铳只能射击而不能刺杀的弱点。在作战时，往往用两头铜镜配合火枪使用，当火枪放完铅弹之后，敌兵蜂拥而至时，用两头铜镜突然射击敌群，以补短枪之缺欠。

1450—1500年

法国军队在野战炮上安装炮耳 炮耳是位于炮管中部的两个对称凸起的圆柱体，安装在炮架上，用于固定炮身及调整射击角度。在火炮问世初期，人们采用在炮架的尾部下面挖坑或在车轮下面填木块等方法来升降炮管。在炮耳出现后，装备炮耳的野战炮就可以方便地安装在装有永久性的带轮炮架上，使之可以更为精确地瞄准与测距。15世纪末，法国军队将铜铸加农炮置于由马牵引的两轮车架上，进而制成野战炮，为了简化野战炮进入战场后的操作流程，法国人在炮膛两侧安装了炮耳，这样便使野战炮能够固定在两轮车架上。德意志马克西米利安一世（Maximilian Ⅰ，1459—1519）在改进火炮的形制构造时，也将炮耳铸于炮筒上，在将其安于炮架上发射时，便可通过控制炮尾达到调整火炮的射界与俯仰角的目的。1478年之前铸成的炮耳轴线大致与炮筒轴线齐平，但发射后不稳。此后便做了改进，将炮耳轴线与炮筒内径底部齐平，以便发射时在尾架上产生向下的压力，保持火炮发射的稳定度。

安装炮耳的铁炮

1488年

明代工匠发明了木马子 木马子，军中防御用具，用以压实药室中装填的火药的附件，具有紧塞和密闭作用，可以显著增强火药的爆发力，从而使装在"木马子"前的弹丸受力瞬时而集中，进而增大了射程。《明会典·火器》记载，在弘治初年（1488年）前，军器局每年要造"椴木马子三万个，檀木马

木马子

子九万个"。因此"木马子"似应在明初已经制造，但是由于木质易朽烂，所以迄今为止，仅在河北省文物研究所收藏的一件刻有"奇字壹万贰仟肆拾陆号永乐拾叁年玖月日造"的手铳中，发现这种配件的残留件：上面一横木，下置三足（或四足），高三尺，长六尺，纵横布置营阵之外，以阻敌骑。明茅元仪《武备志·军资乘·器式一》记载："皮竹笆……两边以木马子倚定，开箭窗，可以射外。"

15世纪末

欧洲工匠发明车轮式炮架 车轮式炮架是于15世纪末由欧洲工匠发明的。14世纪的炮架很简单，大多横置于木床上，炮尾用木架支撑。15世纪末，马克西米利安一世时，炮匠创造了车轮式炮架。最初的炮架是通过一根大粗木作架尾，再配上一个车轴及一对车轮制成。可将炮身安于木制的炮鞍上，炮鞍上有炮耳，并通过轴承支架在车轴的架尾上。炮耳与炮筒铸成一体时，便直接安在车轮炮架的支撑座上，既稳定又便于火炮在战场机动，更有利于炮手调整射界和射角。

车轮式炮架

约1500年

欧洲人创制刺剑 刺剑（rapier）创制于文艺复兴初期，是一种剑身狭窄，且偏重于击刺能力的单手长剑。在形制上，刺剑要长于一般佩剑或骑士剑，剑身长1~1.2米，在质量上则同一般的战斗用剑相似，约为1千克，刺剑的剑身强度与其他形制的剑无异，但偏重于刺击能力，部分刺剑也可用于劈砍；刺剑在形制上的另一特征便是其剑柄处的花式护手，在原有的十字护手基础上，刺剑在剑柄上部及侧面都增加了弯曲的护手翼，能够对持剑者的手部提供多角度的保护，在后期也出现了由碗状金属板覆盖的杯式镂空状护手。刺剑由16世纪前后的西班牙"正装剑"（dress sword，espada ropera）演化而来，同时也受了瑞典、荷兰等国骑兵所用的劈刺剑（cut and thrust sword）影响，劈刺剑在剑身宽度上远窄于骑士剑，但要略宽于刺剑，仍拥有一定的劈砍能力，十字护手上端有简易的护指，并未达到花式护手的复杂程度。由于该时期黑火药武器在战场上已经得到广泛应用，刀剑在战场上的地位逐步让位于火枪，"正装剑""劈刺剑"等军事用剑也从战场流入市民阶级中，成为市民阶级或贵族阶级决斗、自卫或彰显身份的工具，刺剑便在这一背景下应运而生。刺剑的形制设计主要服务于无护甲的决斗，往往配合匕首使用，由于在双方不持盾牌的情况下，刺击的防御难度要远高于劈砍，同时中世纪时期的医疗技术难以应对刺剑造成的贯穿伤害，因而刺剑成了16—17世纪市民阶级以及贵族阶级进行决斗的首选武器。其花式护手的设计也是为了满足无护甲决斗的需要：一方面，由于在决斗中持剑的手部是最接近对手武器的人体部位，因此需要受到更多保护；另一方面，锻造工艺的提升也使人们在锻剑的过程中加入了审美上的需求。到了18世纪，决斗技艺的提升使人们更加倾向于利用身体技巧来抵挡刺剑的攻击，这也使得匕首不再成为刺剑的配套武器，与此同时，决斗技艺的提升也使人们逐步减轻了刺剑的质量，最终用一种更短、更轻便的"小剑"（small sword，又称宫廷剑）完成了对刺剑的取代。

16世纪

明朝曾铣发明了地雷　地雷是一种价格低廉的防御武器。它是埋在地下爆炸的火器，创制于嘉靖年间。据《兵略纂闻》记载，"曾铣在边，又制地雷。穴地丈许（实际不需要这样深），间药于中。以石满覆，更覆以沙，令与地平，伏于地下，可以经月。系其发机于地面，过者蹴机，则火坠药发，石飞坠杀人"。虽然曾铣所创地雷的形制不得而知，但其影响十分巨大，之后不久，便有人仿效其方法，铸成各类地雷。据《筹海图编·经略三》记载：丹阳的邵守德用生铁铸成一种地雷，内装火药一斗多，并用檀木砧砧至雷底，陆内空心，安火线一根，逼出壳外。当地雷制成之后，在敌人的必经之路上，"掘地成坑，连连数十，将地雷埋在坑内，用小竹筒遗出火线，土掩如旧"。地雷中安有发火装置，当敌军经过并将其踩爆时，群雷震地而起，火光冲天，雷壳破片如飞蝗四出飞击，则人马纷纷毙命。地雷在嘉靖时期创制后，即被用于作战，成为极好的障

地 雷

碍火器。不但曾铣本人在西北守边时使用，而且戚继光在北方练兵时，也大量使用地雷，将其布设于长城沿边的隘口要道或设伏地域内，以巩固边关的防御。之后，各种样式的地雷相继问世。《武备志》卷一百三十四就记载了十多种。地雷多是用石、陶、铁制成的，将它埋入地下，使用踏发、绊发、拉发、点发等发火装置，杀伤敌人。早期的地雷多是用石头打制成圆形或方形，中间凿深孔，内装火药，然后杵实，留有小空隙插入细竹筒或苇管，里面牵出引信，然后用纸浆泥密封药口，埋在敌人必经之处，当敌人将近时，点燃引信，引爆地雷。这种石雷又名"石炸炮"，因其构造简单，取材方便，所以在战斗中广泛使用，但也因贮药量小，爆炸力较小，而渐被更新。后来地雷的形制，特别是发火装置得到不断改进，扩大了地雷的有效杀伤范围。19世纪中叶以后，各种烈性炸药和引爆技术的出现，才使地雷向制式化和多样化发展，从而诞生了现代地雷。

《纪效新书》记载明军的火器装备连子铳 连子铳是于明朝嘉靖年间创制的一种连射式手铳。连子铳是一种提高射速的火铳。《纪效新书·连子铳式》记载，铳管用铁铸造而成，尾部可安装木柄，前部管壁开有一个圆形孔径，通过圆孔可垂直放入一个可以自动落弹的小铁筒，筒中可以预先装填若干枚鱼贯排列的弹丸，并使其依次落入铳管中。铳管自圆孔口向后至底部，顺序装填若干节用小纸筒包装而成的火药，药筒底部用厚纸衬垫，并从筒内牵出一根长3.33厘米的药线，各药线间首尾相接，每节药筒可以发射一枚弹

丸。在发射时，首先点燃第一节火药筒，从而将落弹筒落下的第一枚弹丸射出；待发射完成后，第二节火药筒中的火药恰好被引燃，从而将落下的第二枚弹丸射出。依次进行，直至将落弹筒中的弹丸全部射出。由于省去了装填弹药的时间，所以连子铳的射速要比单发铳高得多，是我国最早使用的连射式手铳。

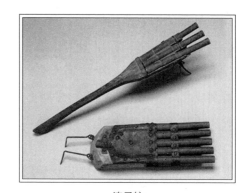

连子铳

《练兵实纪》记载明代北方守边部队惯用快枪 快枪是一种长柄火枪。快枪有竹、木两种，长2.17米，重2.5千克，前有枪头，枪头后有0.67米长的枪筒，筒有4箍，口滑膛光，从口装入15~20克火药及铅弹，筒后插一支枪杆。使用的时候，首先向筒中放一根5厘米长且两头在硫黄中浸泡过的火线，再放入15~20克火药，并用拥杖压实，然后向筒内装模一枚弹丸。在发射时，人须屈前膝架筒，拔去枪头，点燃火线，不可摇晃，从而保证命中目标。射毕，将枪头装上，作为长枪刺敌。快枪虽然不如鸟枪精利方便，但是制造容易，价格低廉，北方守边部队已经惯于使用这种枪，所以嘉靖时期仍然是明军的单兵用枪之一。

《武备志》记载明军的火器装备三十六管铳 《武备志·车轮铳》记载明军的一种安有36个单管的车铳，故名三十六管铳。其构造方法：首先制作一个车轮式圆盘，然后安装18根辐条，每个辐条两侧各安一个火铳，全轮共安36个；单铳用铁打造，长0.33米，重0.5千克，内装适量火药与弹丸，用皮条封口，铳口向外，固于轮上，铳底固连于车毂上，轮、铳全重100余千克。行军时，用一骡驮2轮，并带发射架1个。作战前，先将发射架安于地上，尔后将车轮安于发射架上。当其发射时，射手通过转动车轮实现依次轮流发射，射完一轮再换一轮，如此可连续发射72枚弹丸，从而大大提高了射速。17世纪初，欧洲的多管轮式枪也具有类似的构造方式。

明朝工匠发明了水雷 水雷是一种布设于水中的击穿式或爆炸式火器，最早的水底雷是击穿式水雷。嘉靖朝都御史唐顺之在《武编·火器》中记载

"水底雷以大将军为之，用大木作箱，泊灰粘缝，内宿火（藏有火种），上用绳绊，下用三铁锚坠之，埋伏于各港口。遇贼船相近，则动其机，铳发于水底，使贼莫测，舟揭破而贼无所逃矣"。此记载表明，水底雷实际上是一支密封于木箱中，借助机械式击发装置点火发射的火铳。至万历时期，爆炸式和击穿式水雷被同时使用，其典型制品有水底龙王炮、混江龙和既济雷。水雷可由舰船的机械碰撞或由其他非接触式因素（如磁性、噪音、水压等）的作用而起爆，用于毁伤敌方舰船或阻碍其活动。与深水炸弹不同的是，水雷是预先施放于水中，由舰艇靠近或接触而引发的，这一点类似于地雷。在进攻中，水雷可以封锁敌方港口或航道，限制敌方舰艇的行动；在防御中，则可以保护本方航道和舰艇，从而为其开辟安全区。水雷具有多种施放方式，可以由专门的布雷艇施放，也可以通过飞机、潜艇等施放，甚至可以在本方控制的港口内手工施放。其造价可以十分便宜，但现在也有造价上百万美元的水雷，这种水雷多装备有复杂的传感器，其战斗部往往是小型导弹或鱼雷。水雷破坏力大，隐蔽性好，武器造价低廉，被称为"穷国的武器"。第二次世界大战期间，各交战国水雷的使用达到高峰，各国共布设了110万枚水雷，炸沉艇船3 700余艘。80年代，一些阿拉伯国家曾在红海和波斯湾等海域布设了一些发现式水雷，有十几艘过往的商船和油轮触雷，连同护航的美国军舰也被炸伤。这再次说明，在现代海战中，水雷是不可缺少的作战武器。

明代的火药研制者提出了文武辅佐的火药配比理论　火药配比理论是于16世纪由明代的火药研制者提出的。唐顺之在其《武编·前集·火》中，通过把硝、硫、炭分别比作君主、文臣、武臣的方法，详细论述它们之间的配比关系及其所产生的后果。其认为，在正常情况下，硝、硫、炭三者之间是"一君二臣，灰、硫同在臣位，灰则武而硫则文，剽疾则武收殊绩，猛炸则文策奇勋，虽文武之二途，同轮力于君"，发挥火药的燃烧与爆炸作用。他又说"硝非其材，主暗取讥……灰、硝少，文（硫）虽速而发火不猛；硝、黄缺，武（炭）纵燃而力慢……弃武用文，势既偏而力弱……弃文用武，事虽济而力穷"。其意是说，如果三者之间配比不当，就会产生种种弊病：硝材提炼不纯，则君主地位不明，火药不佳；如果火药中的硝、碳含量过少而硫偏多，即君主和武臣偏弱而文医势大，则火药虽然能够迅速爆炸，但其发火不猛；若硝、硫含量过少而炭偏多，即君主和文臣偏弱而武臣势大，则火药虽能燃烧，但燃速慢而火力弱；若缺少硫或炭，即没有文武二臣的辅佐，则火药就会因不能充分燃烧或爆炸而失去其作用。

欧洲工匠发明单火绳点火　单火绳点火是于16世纪由欧洲工匠发明的。德意志国王卡尔五世时期，欧洲火器研制者对发射烧夷弹的臼炮的点火发射方法进行了改进。旧式点火法是首先点着弹丸的火绳，再点着发射药的火绳，故称双点火法，这种方法有较大的危险性。卡尔五世改为一次点着发射火药，尔后利用火药的燃烧引燃火绳，即可将炮弹射出，避免了以往所用双点火法所容易发生的危险。德意志火炮点火法的改进，已经走在中国明朝军队的前面。

塔格雷族人发明了塔科巴剑　塔科巴剑是撒哈拉中西部地区的游牧部落塔格雷族人最早使用的，并延续至今。其长度可达1米，宽阔的剑身上有三条或三条以上磨槽或血槽，剑锋呈圆形，剑柄则采用了简单的十字形式，通常会用流苏饰带将剑和鞘挎在右肩上。

桑米凯利创制棱堡　棱堡（bastions）是16—18世纪伴随着黑火药前装炮的广泛使用而出现的一种新型城防工事。到了16世纪，黑火药火炮在欧洲的战场上大规模应用，而中世纪时期的城堡防御体系难以抵抗这种新型攻城武器的轰击，同时黑火药前装炮开火时带来的巨大震动也使得黑火药前装炮难以直接安放在旧式城堡上，攻城技术的革新使得原有城防体系发生了变化，战争在"技术性"上的提高以及文艺复兴运动的兴起使得越来越多的几何学知识被应用于筑城学中。棱堡的雏形源于16世纪的意大利，文艺复兴运动的先驱们开始运用几何学知识，通过各种火力线、延长线的规划与布置来设计城防工事，阿尔布雷希特·丢勒（Albrecht Dürer，1471—1528）与莱昂纳多·迪·皮耶罗·达·芬奇（Leonardo di ser Piero da Vinci，1452—1519）便致力于圆台堡体系

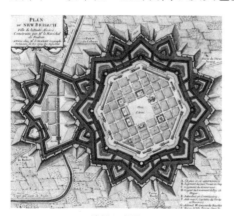

棱堡示意图

的研究，该形制的城堡上每隔一段距离就有一座圆台堡，各堡均有对护城壕进行纵射的穹窖炮台，并构筑侧防暗堡，可以对多角形要塞邻近各角的一段护城壕进行纵射。圆台堡虽然强调了交叉火力，但在火力覆盖上仍有局限，在靠近城墙的一些较小角度的地方仍然能够成为堡垒射击的死角。1527年，意大利军事工程师桑米凯利（Michele Sanmicheli，1484—1559）在阿迪杰河右岸维罗纳城墙上修建了两座棱堡。对于驻扎在棱堡内部的士兵来说，一套完善的城防体系既应为他们提供足够的生活空间，也要保证他们能够快速支援受敌人进攻的那一侧城墙；而对于驻扎在城墙及炮台中的士兵来说，这套城防体系要让他们随时掌握城外敌军的动向，不留射击以及视距上的死角，又要保证无论敌人从哪一个方向进攻必将会暴露在至少两座炮台构成的交叉火力之下。棱堡的出现有效解决了以上需求。棱堡用三角形炮台取代了圆形炮台，在扩大了可射击角度的同时也增加了侧面开火的位置；棱堡的城墙高度要远低于中世纪城堡且为砖石结构，这种设计虽然在一定程度上暴露了城墙后方的建筑，却能为守城人员提供一个安全稳定的火力平台，减少前装炮开火时火炮震动对城墙带来的冲击；棱堡设计者也在棱堡周围挖掘了"内壕墙"，并在内壕墙外设置斜堤，这种设计能够使棱堡充分利用地势与土壤卸掉火炮对城墙造成的冲击。棱堡防御体系的集大成者为法国军事工程学家塞巴斯蒂安·勒·普雷斯特雷·德·沃邦（Sébastien Le Prestre de Vauban，1633—1707），沃邦一生总共构筑、改造了300余座城堡，每一座城堡都可以成为一座可攻可守的军事基地。自沃邦开始，数学原理与筑城法得到了完美结合，圆台堡在城防体系中几乎彻底被棱堡取代。在这一体系下，棱堡、内壕墙与三角炮台都有固定的画法，受到数学思想的严格限制。比如：多角形要塞的外边，即为一座棱堡的顶端到相邻棱堡的顶端之线，平均为275米；该边中间的垂直线为该边的1/6，防守线长处设定为棱堡的正面。沃邦在法国军事理论家布莱兹·德·帕刚（1604—1665）所设计棱堡的基础上发展出了他棱堡体系的"第一系统"，1667年路易十四进攻低地国家时，沃邦的筑城法以及其所创立的围城战法大放异彩。在其"第一系统"的基础之上，沃邦在贝尔福与贝桑松围城战期间发展了其"第二系统"，扩张了棱堡间的地带，又加盖了塔楼，并增加了隔离式棱堡，这些高出原有设计的部分与棱堡发挥其功能无关，主要起到的是提高火力并监视战场的作用。而其随后发展出的"第三系统"则只是对"第二系统"的简单修改，增强了火炮在防御战中的使用，而对于棱堡设计方面则没有什么明显的修改。1704年第一代马尔伯勒公爵（约翰·丘吉尔，John Churchill，1650—1722）进攻施伦贝格时就受到了这种新型城防体系的巨大打击，由于新型堡垒均依地势而建，所以当进攻的英军看到施伦贝格的防御工事时，距离法军实际上只有不到200步了，马尔伯勒的攻城部队彻彻底底地暴露在了防御工事的交叉火力之下，导致马尔伯勒的三次进攻均以失败告终。

1515年

英国工匠建造"上帝的亨利"舰 "上帝的亨利"舰是于1515年由英国工匠建造的。亨利八世（HenryⅧ，1491—1547）继位后即下令建造"上帝的亨利"即"伟大的哈雷"（Henry Grace）号，是为当时世界上最大的新型战舰。战舰于1515年下水，排水1 500吨（一说1 000吨）。文献记载该舰装备的舰炮有以下各种火炮。其一是铜炮：加农4门，铁弹100发；半加农3门，铁弹60发；卡尔夫林（Cul-verings）炮4门，铁弹120发；半卡尔夫林炮2门，铁弹70发；萨克斯（Sakers）炮4门，铁弹120发；加农-派勒斯（Cannon-perers）2门，石弹60发；福康（Fawcons）炮2门，铁弹100发。其二是火药：蛇炮火药，约2 624千克；粒状火药，约10 872千克。其三是铁炮：炮门炮14门，石弹300发；斯林格炮（Slings）4门，石弹和铜弹共100发；半斯林格炮2门，石弹和铅弹共50发；福勒斯（Fowlers）炮8门，石弹100发；巴赛斯（Baessys）炮60门；桅楼炮（ToppePe-cys）2门，铅弹40发；霰弹炮40门，霰弹用铁型4个；手炮（即手枪）100支；十字弹（Crosse Barreshotte）100发。与这艘军舰同时代的，还有曾同活跃于阿美利加海岸的西班牙殖民者科尔特斯的舰队。1519年2月18日，赫尔南多（Hernando Cortes，1485—1548）率舰队远征墨西哥，舰队由11艘舰船编成，其中科尔特斯舰排水量100吨，另有3艘为70~80吨，其余各舰为三桅横纵帆船及二桅纵帆船。舰队装备火炮的状况不详，只是在出发检查时做了简单记载：有水手110名，士兵553名，土人200名，奴仆及杂役数名；重炮10门，轻炮4门，弹药若干，马16匹。

1517年

佛郎机传入中国　佛郎机是由葡萄牙传入的子母铳式的后装火炮形制，又称"佛郎机铳"。《静虚斋惜阴录》《筹海图编》等记载，明正德十二年（1517年）葡萄牙船泊于广州怀远驿，载有管形射击火器，葡萄牙人献给广东地方政府一架火炮与火药

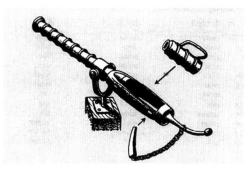

佛郎机

方。这是佛郎机铳最早传入中国的时间。正德十四年，王守仁平定宁王朱宸濠叛乱时，前兵部尚书林俊为帮助平叛，用锡制作佛郎机铳的模型送给王守仁。次年王守仁写了一篇《书佛郎机遗事》，这是中国文献最早名葡萄牙火炮为"佛郎机"的记载。佛郎机铳有大、中、小之分，大者500余千克，中者250余千克，小者75千克，更小者不足10千克，可以手提射击。佛郎机铳与中国传统火炮的不同之处在于，它由一母铳和若干子铳（一般为5个，最多为9个）组成。母铳的后部有"巨腹"，腹上开有长孔供安放子铳用，子铳可以预先装填弹药，战时轮流发射，减小传统火炮装弹药的时间，提高了火炮的射速。铳身铸有准星和照门，可以瞄准射击。铳身还铸有炮耳，可以灵活地调整射击角度。《明会典·军器军装》记载，嘉靖二年（1523年）明政府便开始小规模仿制大样佛郎机铳"三十二副，发各边试用"，以后制造规模更大，仅嘉靖七年便造小样佛郎机铜铳400副，还造出"式如佛郎机"的流星炮160副。尤其是戚继光对旧制佛郎机做了不少技术改造。这说明中国已根据实际需要对佛郎机开始做研究和改进。明军在水战、陆战中都使用佛郎机，还有装备骑兵的"马上小铜佛郎机铳"和装备佛郎机的战车，发挥了其迅捷及命中率较高的优点。北京首都博物馆现藏有6门铜质佛郎机铳式的火炮，分为两种类型：一为"流星炮"，腹部为方形；另一为"胜"字号佛郎机铳，腹部为圆柱形。其中嘉靖二十八年制造的"胜字四十二号"佛郎机铳，母铳口径38毫米、全长91厘米、子铳口径35毫米、全长23厘米。佛郎机铳由于子铳

装药量少、母铳口径不大而威力受到限制，故至清代初期就很少使用了。

约1521年

欧洲工匠创制燧发枪 燧发枪（flintlock）是使用燧石枪机点火发射的枪械形制，又称石枪。16世纪初，燧石开始取代火绳被用于枪支点火，燧发枪由此产生并最终取代火绳枪。最早的燧发枪机为转轮式，15世纪初，达·芬奇曾绘制过转轮枪机的结构示意图。1521—1526年，德国制造了世界上最早的转轮式燧发枪。枪机有一击锤，机击锤的卡口内夹有燧石，击锤下有一小钢轮，钢轮周沿有钩齿，轮上缘设置火药池。扣动扳机后，在发条的作用下，小钢轮快速旋转，并磨打燧石发出火星，引发弹药。转轮枪机不失为一种精巧的设计，但因结构复杂，造价昂贵，在使用中又易出故障，所以限制了它在军事上的应用。1547年瑞典发明的弹簧式燧发枪机与之不同，使用钢火镰打火。当扣动扳机时，击锤在弹簧的作用下撞击钢火镰，使产生的火星落入下面的火药池中。火药池上有一保护盖，用来防止雨水进入和火药洒出。射击前通过扳机将盖子打开，装上火药后再用手盖上。这种枪机比转轮式枪机简单、可靠，因此一出现就受到欧洲各国的重视。1620年左右，法国对弹簧式枪机进行了一项改进，即将钢火镰和药池盖做成一体。扣动扳机后，击锤撞击钢火镰，打出火星，同时将钢火镰撞离火药池，火星遂引燃暴露出来的火药。此枪机被称为撞击式燧发枪机。这项改进虽小，意义却大。它使燧发枪机的结构更加简单和可靠，且造价低廉、维修方便，因此被世界各国大量仿制和采用，并最终取代了火绳枪机和转轮式燧发枪机，雄踞战场达200年之久。随着枪机的不断改进，燧发枪的形制呈现出纷杂的局面。最初的燧发枪多为滑膛、前装、单发、长管。从16世纪开始，燧发枪逐渐发展成一个单独的系列，成为普遍使用的防身兵器。从17世纪开始，各国的燧发枪都广

燧发枪示意图

泛采用了螺旋膛线技术，使弹丸旋转而稳定飞行，比滑膛枪射程远且射击精度高。为了改进前装枪的发射速度，人们做了许多尝试，如在枪管里附加许多弹丸，但较为通常的办法是在一件兵器上制成多枪管，可连续发射，效果显然优于单管枪。最成功的多发枪是17世纪问世的转轮枪。它有一支枪管，而弹药仓可以转动依次发射。这些尝试为以后连发枪的出现积累了经验。明崇祯八年（1635年），毕懋康在《军器图说》一书中介绍了"自生火"，即燧发枪。清代称燧发枪为自来火枪，虽然在康熙时的御制枪中有几支燧发枪，但始终未见在军队中大量使用，也未能像欧洲各国那样取代火绳枪。

约1522年

明代工匠发明虎蹲炮　虎蹲炮是戚继光在嘉靖年间抗倭时创制的一种小型将军炮，为了便于射击，把炮摆成一个固定的姿势，很像猛虎蹲坐的样子，故得名。明中叶中国东南山区倭患猖獗，在与倭寇的斗争中，由于水田里沟渠纵横，地形复杂，工匠们根据实际需要创制了虎蹲炮。虎蹲炮炮身长0.66米，重18千克，从前到后有五六道大宽铁箍，口端备有大铁爪、铁绊，可用大铁钉将炮身固于地面上，以便消减发射后所产生的后坐力，从而克服了原有毒虎炮常在发射后因炮身后冲而自伤炮手的危险。发射之前，须用大铁钉将炮身固定于地面，每次发射可装填19克重的小铅子或小石子100枚，上面用一个重1.5千克的大铅弹或大石弹压顶，发射时大小子弹齐飞出去，轰声如雷，杀伤力及辐射范围都很大，在野战中尤为适用，可轰击倭寇密集的作战队形，从而有效地抑制其疯狂的攻势。此炮较佛郎机轻巧灵便，有助于在山林水网地带机动，可控扼险隘，发能射上百枚小弹丸或50枚较大的弹丸，散布面大，比鸟铳更能有效地杀伤密集进攻之敌，在抗倭作战中起到了重要作用。戚继光在隆庆年间到蓟镇练兵时，又将此炮装备骑兵使用，成为一种较好的

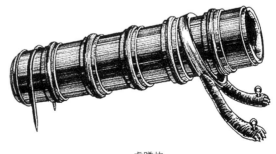

虎蹲炮

骑兵炮。从发掘情况来看，有一门刻有"崇祯四年十月臼铸成匠赵士英虎蹲炮第二十位重四十九斤六两"等字的虎蹲炮实物。其口径为40毫米，全长350毫米，管壁厚24毫米，总体构造与《练兵实纪杂集·军器解》所刊载的图片相似，可视为虎蹲炮的代表性制品。虎蹲炮与三将军、樱子炮、碗口炮等一脉相承，可以说是在这些旧炮的基础上改制而成的，而这些旧炮早在明初就活跃在战场上，伴随着朱元璋打下江山，功勋卓著。即使明朝建国之后，这些旧炮仍在历次攘外安内的战争中发挥了巨大作用。至明代中期嘉靖年间，倭寇犯境之况越演越烈，为了适应新的形势变化，一代名将戚继光将一些"不堪用"的旧炮"改造"，并制成了虎蹲炮。虎蹲炮在战争中表现最出色的一战，是万历二十二年的平壤之战，发起进攻的各路明军，用佛朗机、灭虏、虎蹲等火炮，在火箭的配合之下，轰击平壤，"诸炮一时齐发，则声如天动，俄而火光烛天，诸倭持红白旗出来者尽僵仆"。由于西风的作用，火势在城内迅速漫延，很多日军在炮火的焚烧之下成为灰烬，其余人不得不狼狈逃窜。

1526年

伯莱塔公司创立　皮埃特罗·伯莱塔有限公司（Pietro Beretta S.P.A）简称伯莱塔公司，是世界上最古老的私人枪械研制和生产厂家，公司的标志由三支带环的箭组成，分别代表容易瞄准、弹道平直和命中目标。

伯莱塔公司标志

1526年，马斯特洛·巴尔特罗梅奥·伯莱塔（Mastro Bartolomeo Beretta，1490—1565）利用为威尼斯共和国生产火绳枪枪管的酬劳创办了伯莱塔公司，总部设在布雷西亚（Brescia）。在1797年拿破仑征服意大利后，伯莱塔成为拿破仑的军火供应商之一，在拿破仑战败后，伯莱塔公司进入了一段萧条时期。到了20世纪初，全世界的造枪工艺还停留在手工制造阶段，皮埃特罗·伯莱塔（Pietro Beretta，1870—1957）率先开始引入现代化的生产设备和工艺，成立了现在的皮埃特罗·伯莱塔有限公司，以自己的名字"PB"为公司标志，制造了大批高品质枪械。从一战开始，伯莱塔就成为意大利军方的轻武器供应商，其生产的M1918冲锋枪是世界上最早的冲锋枪之一，并在1918年被意大利军方选为制式装备。二战期间，由于墨索里尼政府垮台后盟军停止了对意大利的军事打击，伯莱塔公司得以全身而退。二战结束后，伯莱塔公司开始特许生产美国的M1伽兰德（Garand）步枪。1959年，M1的改进型BM59步枪诞生，同一年该枪被意大利军队采用为制式武器，印度尼西亚和摩洛哥等国也有装备。BM59在原枪基础上采用可卸式20发弹匣和快慢机，还增加了北约标准直径的消焰器，以便发射枪用榴弹。BM59后来又产生了8种型号，在意大利军队中一直使用到20世纪80年代后期，才被伯莱塔AR70/90突击步枪所代替。

在皮埃特罗的两个儿子乔塞皮（Giuseppe，1906—1993）和卡洛（Carlo，1908—1984）执掌公司期间，伯莱塔公司制造了著名的92F型手枪。该枪被美军选为新一代制式装备，并被重新命名为M9手枪，以替换柯尔特M1911A1手枪。M9的开闭锁动作由闭锁卡铁上下摆动而完成，可以避免枪管上下摆动时对射弹造成的影响；枪的握把全由铝合金制成，质量较轻。枪维修性好、故障率低，可以在恶劣环境下正常使用，一旦出现故障也可以快速修理；枪表面的聚四氯乙烯涂层不反光又耐腐蚀。M9手枪确立了伯莱塔公司的国际一流地位，在海湾战争中，美国军官从尉官到总司令腰间无一例外都别着一把M9手枪。1978年，伯莱塔公司在M12冲锋枪的基础上，重新设计生产了新的M12S冲锋枪，该枪在推出后迅速被意大利军队采纳，并被巴西、突尼斯、塞尔维亚、印尼等国的部队所装备。M12S的前握把、弹匣插座、发射机座和后握把设计为一个整体，且机匣内壁有较深的排沙槽，能容纳污物，使枪在恶劣环境条件下仍能正常运作。M12S设计紧凑，易于携带，操作

AR-70/90突击步枪

简单，性能可靠，是当时世界上公认最好的冲锋枪之一。

1969年，伯莱塔公司与瑞士工业公司（Schweizerische Industrie-Gesellschaft）共同研制出一款5.56毫米口径的突击步枪。后来两家公司各自发展出不同的产品，瑞士工业公司的产品被命名为SG530-1，而伯莱塔公司的产品则被命名为AR-70/233，后改进为AR-70/90突击步枪，该枪于1990年被确立为意军制式装备。除基本型外，AR-70/90系列步枪还有卡宾型、特种卡宾型和轻机枪型等型号。另外，还有只能半自动射击的AR-70/90S型，主要的销售对象是警察或平民。除了生产军工枪械之外，伯莱塔公司生产各类民用猎枪，包括伯莱塔582系列和682系列，后者是专门为各种类型的飞碟、陷阱和双向飞碟射击运动而设计生产的，目前也是该类运动所使用的主要枪支类型。

1537年

塔塔利亚出版《新科学》　《新科学》是于1537年由塔塔利亚出版的。1537年，意大利数学家、物理学家、军事技术家N.塔塔利亚出版了《新科学》一书，此书对火炮的射击问题进行了论述。他运用多次实验的结果，揭示了这样一个事实：在真空45°的射角时，炮弹可达到最大的飞行距离。炮弹在空中飞行时遵循抛物体的运动规律，抛物体的质心在运动中的轨迹称为弹道或弹道曲线。塔塔利亚通过假设炮弹在真空中以45°角抛出，即将发射弹丸的运动近似为理想的抛物体运动。抛物体的理想运动有四种假设：抛物体在真空中运动，不受任何推力或阻力的影响；抛物体的射程与地球的尺寸相比很小，故地球表面可视为平面，各处重力线互相平行；相比于地球的半径，抛物的高度很小，因此其各处的重力加速度可视为常数且等于地球表面的重力加速度；在地面上静止的物体具有与地球在该点的转动速度相同的速度，所以初速太大时，抛物体的运动可不考虑地球的转

意大利人N.塔塔利亚

动。在上述假设下，炮弹以45°角射出时，飞行的距离最远。当然，在实际射击过程中，还是需要做适当的修正，这样才会使射出的弹丸能够准确地命中目标。西班牙人科尔亚多和乌凡若同样也对此做了类似的研究，这些研究奠定了炮兵学的理论基础。

1540年

意大利火器工匠发明手枪　手枪是一种单手握持瞄准射击或本能射击的短枪管武器，常作为军官用于作战指挥和防身自卫的手射火器。手枪的西文名称来源于意大利埃特鲁利亚地区的匹斯多亚（pistoia）之名，原意为骑兵在马上使用的手射火器，于1540年制成并开始使用。在中国，当时出现了一种小型的铜制火铳——手铳。手铳的口径一般为25毫米左右，长约30厘米。使用时，先从铳口填入火药、引线，然后塞装一些细铁丸，射手单手持铳，另一手点燃引线，从铳口射铁丸和火焰杀伤敌人。这可以看作手枪的最早形制。16世纪末，德国制成转轮发火的燧发式手枪，其发射原理及形制构造雷同于火绳枪、燧发枪，由枪管、枪托、击火装置、发射装置、套筒等部分构成，能单手发射，便于快速装弹和射击，瞄准装置简单牢固，枪托与枪管轴线成110°夹角，射手只要对准目标伸直手臂，便可射中目标。现代手枪的基本特点：变换保险、枪弹上膛、更换弹匣方便，结构紧凑，自动方式简单。现代军用手枪主要有自卫手枪和冲锋手枪。自卫手枪射程一般为50米，弹匣容量8~15发，发射方式为单发，质量在1千克左右。冲锋手枪又名战斗手枪，全自动，一般配有可分离式枪托，其弹匣容量为10~20发，平时可作为冲锋枪使用，其有效射程可达150米。现代手枪主要有左轮手枪、自动手枪（实际是半自动手枪）、全自动手枪三种类型。随着使用要求的变化，手枪也在不断发展。从目前看，主要的发展趋势：重点发展双动手枪，用冲锋手枪和小口径冲锋枪取代手枪，再度发展大口径手枪，大力发展进攻型手枪，手枪趋于系列化和弹药通用化。

约1540年

欧洲工匠发明多管枪　多管枪是约于1540年由欧洲工匠发明的。为了进一步提高火绳枪的射速，人们创制了多管枪，其种类有多管多发和单管多发。欧洲出版的一种火器史书《枪》称：在1450年以后，一个德意志人曾制成一种木质5管蛇枪，此名是因为此枪在发射后所喷射的火焰如蟒蛇吐舌而取。这种机枪后坐和复进都是由扳动侧方的机柄来完成的，弹匣垂直安装在枪上，弹匣内的枪弹借自身的质量下降。自16世纪起，又有多种多管枪问世，大致可分为平行排列式和回转式两大类。平行排列式多管枪，如"里熊特"多管枪，此枪制于15世纪，由几个平行排列的圆铁管组成，安置在一辆马车上，各枪管的火门紧靠，可进行齐射，是攻击长矛阵的新式利器。回转式多管枪根据其回转方式的不同，可分为两类：一是发射装置固定不动，各支枪管的尾部依次回转至发射装置时点火发射；另一种是保持各支枪管不动，中央部位的发射装置回至枪管的火门点火发射。

1543年

葡萄牙商人将火绳枪带到日本　日本火器技术发展的一个重要契机是葡萄牙人带来火绳枪，此事发生于日本天文十二年（明嘉靖二十二年，1543年）八月二十五日。依据日本人南浦玄昌于日本庆长十一年（1606年）写成的《铁炮记》（后收入《南浦文集》）的记载，当时有一艘载有100多人的船，在九州南部的种子岛小西村小浦靠岸，船上有牟良叔舍（Francisco Zimoro）、喜利志多（Christovano Perota）和驼孟太（Antonio da Mota）等三名葡萄牙人，葡萄牙人把"铁炮"（火枪）带到日本种子岛。这种铁炮中国人称其为鸟铳或鸟咀铳，实际上是葡萄牙人的一种火绳枪，长二三尺，射击时能发出火光与轰雷般响声，其旁有一火门系通火之路，装上火药与小铅丸，从火门点火，可将铅丸射出，能击中目标。日本人把这个历史事件称为"铁炮伝来（てっぽうでんらい）"。种子岛的第十四代藩主时尧视为稀世之珍，将其称为铁炮，他不仅用重金购买了这些铁炮，让家臣徐川小四郎时重学习了它的制法、使用及其火药捣筛、和合之法，仿制了十几支。上述时尧制造火药与铁炮之事，于天文十三年（1544年）被天皇闻知。天皇于三月五日命关白近卫发布褒奖时尧的文书，嘉奖其制造火药铁炮之功，称此事有无可比拟之功。日本弘治四年（1558年）二月十七日，日本皇室又奖励时尧制造火药与铁炮之功劳，封授其为从五品衔，任左近卫将监。火绳枪逐渐推广到全国诸大名。火绳枪的仿制成功，对日本其后火器的发展产生了深远的影响。

1544年

明代工匠制造了马上佛郎机　马上佛郎机是15世纪后期至16世纪初期流行于欧洲的一种火炮。它能连续开火，弹出如火蛇，又被称为速射炮。佛郎机大炮是一种铁制后装滑膛加农炮，整炮由炮管、炮腹、子炮三部分组成。开炮时先将火药弹丸填入子炮中，然后把子炮装入炮腹中，引燃子炮火门进行射击。佛郎机的炮腹相当粗大，一般在炮尾设有转向用的舵杆，炮管上有准星和照门。马上佛郎机是一种轻型火器。明朝军器局在嘉靖二十三年和四十三年分别制造了马上佛郎机1 000副和100副，而其余未见记载。1970年，在北京西四出土了1件马上佛郎机母铳，铳身刻有"嘉靖甲辰兵仗局"等字，说明了它是兵仗局的制品。马上佛郎机是骑兵用小型佛郎机，其构造与小样佛郎机相似，铳身短小，铳身有4道箍，其中第二和第三箍中间有圆孔，可拴绳。依据王兆春先生的相关考证，嘉靖二十三年制造的马上佛郎机，要比《明会典》记载的多6 861件以上。铳身重4.9千克，口径30毫米，长740毫米，这与《练兵实纪杂集·佛郎机图》所列的第五或第六号小型佛郎机的长度相近。

马上佛郎机

约1546年

明代曾铣发明了慢炮　慢炮是一种定时式炸弹。慢炮由嘉靖中期曾铣在镇守陕西三边时创制而成。根据《兵略纂闻》一书记载：曾铣（？—1549），字子重，江苏江都人，是明朝守边将领，嘉靖八年进士。二十年夏，以兵部侍郎总督陕西三边军务，修城防，造兵器，长于用兵，守边有功。后遭严嵩等诬陷，于二十八年被朝廷处死。慢炮和地雷创制于他在

1546—1549年守边之时。其所制慢炮，"炮圆如斗，中藏机巧。火线至一二时（辰）才发，外以五彩饰之。敌拾得者骇为异物，聚观传玩者堵拥，须臾药发，死伤甚众"。这一记载说明，这种慢炮，内部装有火药与发火装置，通常可延迟2~4个小时发生爆炸，从而杀伤敌人。

约1553年

明代沈启撰写《南船纪》　《南船纪》的作者沈启，是明代一位杰出的水利与战船建造专家，字子由，号江村，江苏吴江县人，生于弘治四年（1491年），正德十四年（1519年）举人，嘉靖十七年（1538年）进士，授封南京工部营缮司主事，旋调刑部主事。后出任绍兴知府，政绩甚佳，升任湖广按察副使，多行善政，解民之疾苦，终因得罪豪绅而被免官。晚年居仙人山，潜心著书，终年78岁，赠都御史。有《吴江水利考》5卷、《南船纪》4卷，另有《南厂志》《牧越议略》等多种著作传世。《南船纪》是其代表作，成书年代不晚于嘉靖三十二年。《南船纪》以记录战船及各型船只为主线，论述与造船有关的事项。第一卷记载了黄船、战巡船、桥船、后湖船、快船等多种船只的图形、各部构件与船具的尺寸，以及用料数量、裁革等相关内容。第二卷记载了明代前期各卫所驻军所配备战船的数量、修造规定，以及历年裁革和增造的情况。第三卷记载了南京工部都水清吏司与龙江造船厂等部门的编制，以及船厂所属地等相关内容。第四卷记载了造船、收船、收料、料余与考核等规章制度，保留了一大批古代造船工料的精确数据、造船定额等珍贵资料。《南船纪》与李昭祥撰写的《龙江船厂志》，是中国古代不可多得的战船建造专著。历代研究学者似乎很少有人将它们看作兵书，但是书中所记载的各类船只大多是战船，对船只建造的管理方式与船只用途的论述又都具有军事特色，故其是兵书的一个名副其实的分支——军事技术专著。

《南船纪》书影

明代李昭祥撰《龙江船厂志》　《龙江船厂志》是李昭祥于1553年撰写的一部船厂志。它记载有明代著名造船工场南京龙江船厂的历史资料。李昭祥是龙江造船厂的管理专家，字元韬，松江府上海县（今上海市）人，生卒年不详。嘉靖十六年（1537年）举人，嘉靖二十六年进士。嘉靖三十年（1551年）升工部主事，驻龙江船厂专理船政。因船厂管理混乱，岁无定法，遂以两年时间撰成该书。书分训典、舟楫、官司、建置、敛财、孚革、考衷、文献8志，一志一卷。内附各种船图26幅，于嘉靖三十二年印行。1949年，南京中央图书馆收入《玄览堂丛书续集》影印发行。《龙江船厂志》以龙江造船厂的组建、组织编制、规模、主要业务为主线，论述了与战船建造事业发展有关的各类事项。第一卷《训典志》记载了明代前期历届朝廷关于造船的上谕、船政制度、官员的奏议、造船的成规、有关部门的职掌，以及《明会典》的相关内容。第二卷《舟楫志》记载了明代前期所造船只的名称、数量、形制构造与图形等。第三卷《官司志》记载了龙江造船厂的编制员额。第四卷《建置志》记载了龙江造船厂的厂址地势、道里广狭、署守沿革、坊舍（车间与房舍）的兴废等。第五卷《敛财志》记载了龙江造船厂的田亩收入、木料（长0.33米）与单板的价格，以及各种杂料。第六卷《孚革志》记载了兴利除弊的各种规章制度等。第七卷《考衷志》记载了造船所用人工与材料数额的核定。第八卷《文献志》记载了历代所创船只的形制构造、造船官员的设置与名称、船舶使用的情况，从中可以看出历来船舶之异同与用船之利弊。《龙江船厂志》不但对当时加强船厂的管理、规范相关的规章制度有促进作用，而且对后世的战船建造也产生了深远的影响，是鉴定郑和下西洋建造宝船船厂遗址位置所在的不可多得的历史文献。它同南京下关三汊河中保村的"上四坞""下四坞"八个船坞遗址的发现，以及长11.07米的大舵杆、长4.75米绞关木残

《龙江船厂志》书影

件、海船所用的水罗盘相关的注水壶、船材、船板等遗存的出土和发现，雄辩地证明了宝船厂遗址的确切所在，为破解数百年"宝船厂厂址所在"的不解之谜获得了重要信息。由此可见，《龙江船厂志》具有弥足珍贵的历史价值。

1554年

德国军队在战争中使用四轮炮车 四轮炮车是通过对野战炮炮车的改进而制成的，即在原来每辆炮车装载一门火炮的基础上，再加一辆前车。当火炮要随军机动或运输时，将前车和炮车前后连接起来，使两车一前一后成为四轮炮车，

四轮炮车

火炮便可平稳地架在车上行动，即使在起伏而有坡度的地形也能快速行进。1519年，随着法国国王亨利二世（Henry Ⅱ，1519—1559）的继位，法国瓦卢瓦王室对奥地利哈布斯堡家族的战争又重新开始，与此同时，也开始了与神圣罗马帝国皇帝卡尔五世争夺德意志边境土地。亨利二世联合德意志新教诸侯，共同反对西班牙和卡尔五世。1554年8月13日，双方军队在朗蒂（弗兰德）会战。卡尔五世的军队用四轮炮车，将野战炮快速运至战场，同西班牙军队一起，迫使法军撤除对朗蒂城的围攻并返回法国边境一侧。

1558年

明代工匠创制鸟咀铳 鸟咀铳是一种用火绳点火发射弹丸的单兵枪。因其能射中在天之鸟而得名，又因其所安装的弯形枪托形似鸟喙（鸟咀）而被称为鸟咀铳。欧洲的火绳枪传入中国后，《明会典·火器》记载，兵仗局在嘉靖三十七年（1558年）仿制了第一批鸟铳1万支，铳身都由铳管、瞄准装置、扳机、铳床、弯形铳托构成。鸟铳在铳管的前端装载准星，后部设有照门，构成了瞄准装置，这是集照门、准星和目标三点一线射击学原理的再次使用。由于明代前期的火铳没有瞄准装置，所以只能用于射击近距离的目

鸟咀铳

标。在瞄准装置问世后，鸟铳就能对较远距离目标进行瞄准射击，因而增加了射程，提高了命中精度，增强了杀伤威力。同时，它还设计了弯形枪托，有了这种枪托，发射者便可将脸部一倒靠近铳托，以一目瞄视准星，用左手托铳，右手扣动扳机来进行发射。铳管比较细长，铳管的长度与口径之比在50∶1~70∶1之间，比火铳的对应比率大得多。铳管细长就能让火药在铳膛内充分燃烧，产生较大的推力，使弹丸出膛后具有较大的初始速度和低伸的弹道，射中较远距离的目标。火绳枪点火发射的装置是枪机。最开始的枪机是一个简单的金属弯钩，其一端固连在枪身上，另一端是一个夹钳火绳的机头。这样的机头，在欧洲有蛇头或狗头形，中国尚龙，故将其改为龙头形。发射时，先将机头夹钳的慢燃烧火绳点着，然后扣动扳机，龙头绕固连点按顺时针方向下旋，火绳头便落入药室中将火药点燃，进而产生燃气，射出弹丸。由于鸟铳使用慢燃烧的火绳点火，所以可以连续使用而不致熄灭。又由于装有扳机，所以只要扣动扳机，便可连续点火发射弹丸，因而提高了发射速度，增强了杀伤威力。

1560年

戚继光撰《纪效新书》　《纪效新书》于1560年由戚继光撰写，是戚继光在东南沿海平倭战争期间练兵和治军经验的总结。《戚少保年谱耆编》卷二记载："嘉靖三十九年，……春正月，创鸳鸯阵，著《纪效新书》。"全书原本18卷，卷首一卷。现有明万历二十三年徐梦麟刻本和书林江殿卿明雅堂刻本、明傅少山刻本，以及清代以来的多种抄本和刻本，《墨海金壶》等丛书亦有收录。《纪效新书》全面反映了戚继光重视改革和敢于创制新型兵器的制器理论。"器械不利，以卒予敌也；手无搏杀之力，徒驱之以刑，是鱼肉乎吾士也。"（"长兵篇"）在这种思想的指导之下，戚继光在东南沿海抗倭时，积极组织部下研制新型兵器，并取得了显著成果。本书记载的部分内容：一是最早按照"制合鸟铳药方"（此方系在抗倭寇战争中得自于倭寇）的配制工艺，用硝50克、黄2.8毫克、柳炭3.6毫克配制而成鸟铳火药方，三者分别占75.75%、10.6%、13.65%，与当时世界上火绳枪炮所用的发射火药基本类似，是中国传统火药向新型火药过渡的重要标志，此后各种兵书谈及火药时，无不转载此方；二是对当时新创制的佛郎机和鸟枪等火绳枪炮的结构以及制造方法进行了详细的记述；三

《纪效新书》书影

是记述了新创制的连子铳、子母炮、满天烟喷筒、飞天喷筒、火砖、火妖、火蜂窝等火器，以及狼笑等冷兵器的制造方法；四是记载了大型福船、中型海沧船、小型苍山船的构造、性能、装备，以及编制训练等新鲜内容，其详细与完备的程度，实为同时期其他兵书所不及。

明代工匠发明飞空神沙火　飞空神沙火是一种返回式火箭。其箭身用薄竹片制成，连火药筒共长2.33米，供起飞和返回用的两个火药筒颠倒绑附于箭身前端的两侧。起飞用的火药筒喷口向后，其上面连接另一个长23.33厘米、直径2.3厘米的火药筒，内装燃烧性火药与火龙出水特制的毒沙，筒顶上安几根薄型倒须枪，构成战斗部。其返回用的火药筒喷口向前。三个火药筒的火线依次相连，放在"火箭溜"上进行发射。在作战的时候，先点燃起飞火箭的火线，对准敌船发射，用倒须枪刺在篷帆上；接着作为战斗部的火药筒喷射火焰与毒沙，焚烧敌船船具。敌人救火时，因毒沙迷目，难以入手。在火焰

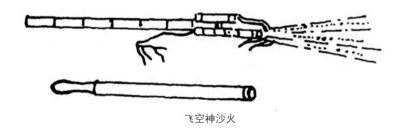

飞空神沙火

与毒沙喷完时，返回火箭的火线被点燃，引着筒内火药，借助产生的火药燃气反冲力，将飞空沙筒反向推进，使火箭返回。《武编》称飞空沙筒为"飞空神沙火"。二级火箭的创制，是我国明代火箭技术发展的一大成就，它既是单级火箭技术的必然发展，又是现代多级火箭的先导，反映我们祖先对火箭发射原理最初的运用，在火箭发展史上产生了深远的影响。

约1560年

戚继光创制狼筅　狼筅是一种步兵使用的长柄多枝形兵器，多以大毛竹制作，多用于南方江浙闽地区的抗倭战争，一般认为是嘉靖年间抗倭名将戚继光所创制的。狼筅长约4.7m，前端装置矛刺，上部留有9~11层的枝档，枝档上施倒钩，部分狼筅也有用铁仿制的倒钩。狼筅"形体重滞，转移艰难"，不便单兵格斗，但防御效能很好，"附枝软则刀不能断，层深由长枪不能入"，与其他格斗兵器相配合，互相救助，能够构成有效的梯次配置，大大提高步兵的战斗力。戚继光总结狼筅用法，一是"要择力大之人，能以胜此者"，二是必"以脾盾蔽其前，以长枪夹其左右"，并以"叉、钯、大刀接翼"，"举动疾、齐"（《纪效新书》卷十一）。戚继光用这种方法训练的"戚家军"在对倭寇作战中取得了很好的战果。所以，当时人称狼筅为"南方利器"。此外，狼筅也可布置于水田之中代替铁蒺藜、拒马，起到阻碍敌军冲击的作用。

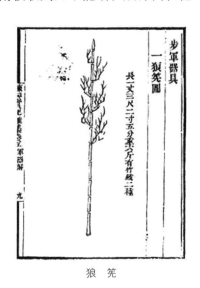

狼　筅

1561年

郑若曾等撰《筹海图编》　《筹海图编》是明代后期一部海防专著，共13卷，由郑若曾、邵芳绘图并撰写，胡宗宪亲自担任总编审定，得到抗倭名将谭纶、戚继光等人鼎力支持。郑若曾，明代后期兵书著述家，字伯鲁，号

《筹海图编》书影

开阳。弘治十六年（1503年），郑若曾出生于昆山（今属江苏）的一个书香门第，自幼受到良好的家庭教育。他少时好学，长大后又受到魏校、王守仁、湛若水等名师的教诲，且常与归有光、唐顺之、茅坤等学者共同探讨学问，对天文、地理、地图、军事和政治等相关问题都有所研究。嘉靖十五年（1536年）贡生，曾两次科举不中。嘉靖三十一年，倭患猖獗，唐顺之劝郑若曾著述海防图籍。郑若曾将搜集到的有关资料编写成我国第一部海防专著《筹海图编》，于嘉靖四十年成书。郑若曾极其敏锐地注意来犯之敌使用的新型武器装备。该书描述了进犯广东的葡萄牙舰船所使用的发射火药与佛郎机舰炮，对佛郎机舰炮的形制构造与优越性的记述非常详细；对鸟铳的传入和仿制的情况，记述比较完备，对大型铜发熕的威力，具有较为细微的描述。然而本书当初并未发行，只有抄本传世，为秣陵（南京）焦澹园所收藏。《筹海图编》对于西方新型火绳枪炮制造和使用信息的搜集，为明朝军工部门对它们的仿制和改制，提供了重要的资料。综观同时期的兵书，可知它所搜集的新型火器的信息量最大。书还记载了当时建造的各型战船，详细分析了它们的构造特点和战斗性能，生动地反映了当时战船建造的概况。制器造船要注重质量和创新，郑若曾认为："制器须令知兵主将廉且明者，自为料理，无徒付之委官，制完解送巡抚军门，逐一亲验"，"造船必用使船之人，则造必坚固。使船就用造船之人，则使必爱惜。若委一班（般）人造之，又委一班（般）人驾使（驶）之，则侵克暴殄，不堪用，不耐久"（郑若曾《江南经略·兵务举要·兵器》），制器须"随时变化，出奇制胜"（《筹海图编·经略三·兵器》）。

1562年

明朝工匠创制铜发熕　铜发熕最早刊载于《筹海图编·铜发熕》中，它的构造虽与佛郎机不同，但都是嘉靖时期传入的外来火器。在书中与佛郎机相并排列，铜发煩形体粗大，重250余千克，其药室鼓起，装药较多，通过火绳点火，可发射2千克重的铅制球形弹丸，不但能通过其发射的大弹丸产生击杀和摧毁作用，还能产生强烈的炮风和巨大的声响，故史料有云："其风能煽杀乎人，其声能震杀乎人。"这里所说的"能煽杀乎人"的炮风，实际上是由大量装药在瞬时燃爆后所产生的冲击波。该书作者在当时虽未能揭示其本质，却是我国最早描述冲击波所生现象的著作。

1569年

戚继光创制空心敌台　空心敌台是一种大于烽堠台的守备工事。旧式的实心敌台建筑水平落后，且贮藏的火器较少，不利于守备。戚继光勘察边防之后，提议朝廷建造3 000座敌台。后经兵部复议，批准援建1 600座。戚继光在周密调查的基础上，提出了建筑的理制。他指出，建台必须因地制宜，对于山平、墙低、坡小、势冲之处则密之，高坡、陵墙之处则疏之，缓冲之处100~300步建筑一台，冲要之地30~50步建筑一台。台须骑长城城墙而建，"务处台于墙之突，收台于墙之曲。突者受敌而战，曲者退步而守"，从而使所建之台能攻能守。当时所建敌台的高度一般为10~13.3米，台基呈正方形，周长为40~60米；台基内沿与城墙平行，外沿向城墙外凸出4.67~5米，内沿向城墙内凸出约1.67米，中间空豁，四面有箭窗，上面可摆建楼橹，环以垛口，内卫战卒，下发火炮，可射敌兵，从而使敌弓矢不能及，骑兵不敢近。邻近两台可形成交叉火力，互为支援。每台编百总1名，士兵30~50名，每5台设把总1名，10台设千总1名，各台互相联络一气，固守无隙。每座敌台装备佛郎机8门及附件8套、神枪和快枪8支及附件8套、火药200千克、药碗8个、石炮50门、火箭500支等。在戚继光主持下，隆庆三年（1569年）已建台472座。到隆庆五年前后，共建1 489座敌台。除少数地方之外，各路要隘都能控制无余，而筑墙等

空心敌台

工程也随之告成，此工程前后费时两年半，建台速度之快，古之罕见。

1571年

明朝工匠创制无敌大将军炮 无敌大将军炮是一种通过旧式将军炮改制而成的重型佛郎机。戚继光在《练兵实纪杂集·军器解》一书中记载：旧式将军炮体重千余斤，身长难移，非数十人不能移，因此将其改制成车载式重型佛郎机。每门配子炮3个，轮流发射，射时子炮装入母炮，射毕取出。使用时，用炮身下枕木块的多少调整仰角，将子炮对准目标射出，"一发五百子，击宽二十余丈，可以洞众"。这种车载重型佛郎机，连同全部附件，重约525千克，需用一辆大车运行机动。

1580年

戚继光组织工匠研发自犯钢轮发火装置 自犯钢轮发火装置是明代发明的一种自动发火装置。《戚少保年谱》一书记载：在万历八年（1580年）四月，戚继光组织人员研究修筑石门寨城的时候，制造了自犯钢轮发火装置。它的布设和引爆方法：首先在长城沿线的通路上挖掘深坑，尔后将地雷埋在坑中，并在雷旁放置一个木匣，然后将地雷的药信通入匣中。匣底放有火药与一个钢轮发火装置，轮旁安有火石。从匣中经过竹筒通出一根引线，线的一端控制钢轮转动，另一端由守雷士兵控制，或横过通路拴扣于地物上，当敌军人马经过通路踩绊引线时（或由守雷士兵拉动），钢轮转动，摩击火石，点着匣底火药，引燃地雷的药信，使雷中的火药爆炸，将敌军人马杀伤。

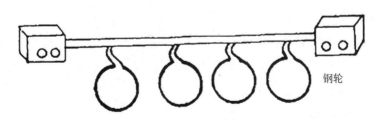

钢轮

自犯钢轮发火装置

1589年

德国军事工程师佩斯克尔出版《要塞筑城学》　《要塞筑城学》的作者是斯佩克尔。其曾在法国东部边境的斯特拉斯堡城建筑过棱式城堡，他的著作克服了意大利筑城学著作中存在的缺陷，并且有许多创新和改进之处，提出许多新原则，成为后来所有棱堡式工事建筑体系的重要依据。斯佩克尔提出的主要原则：其一，构成要塞围墙的多角形的边越多，要塞就越坚固，因为边多了，要塞的各个正面就可以更多地互相支援，所以需要相互掩护的各个工事配置得越近似直线越好；其二，锐角棱堡存在不足之处，钝角棱堡同样也是，棱堡的角最好应为直角；其三，意大利的棱角堡太小，棱角堡应当是大型的；其四，每个棱堡内和中堤上都必须构筑封垛，这是当时守城战中得出的经验；其五，棱堡的侧面或者至少是部分侧面，最好是整个侧面，应同防守线和中提相交之点筑起；其六，为防守护城壕，棱堡必须构筑穹窖和暗廊；其七，三角形棱堡应尽可能构筑得大些，以使其更好地发挥守备作用；其八，隐蔽路的防御应当尽量加强，其斜堤顶和外岸顶端应筑成锯齿形，使敌炮的纵射失去作用；其九，棱堡的任何石砌部分都应在敌人的视界以外，不能暴露在敌炮平射火力之下，这样就使得敌人的攻城炮在到达堤顶以前便不能做好射击准备。斯佩克尔的九条原则，对此后的棱堡式筑城产生了重要的影响。

1591年

李舜臣创制龟船　龟船是朝鲜王朝对日反侵略作战中的大型战船，为抵抗日本丰臣秀吉的侵略而建造，是最古老的铁甲船之一，因形似乌龟，故名龟船。根据李舜臣的私人日记《乱中日记》记载，为了应付可能的外国入侵，在与他的属下讨论过后，1591年他决定重建新的龟船。李舜臣是朝鲜抗日民族英雄，海军高级将领。他祖籍京畿道开丰郡，生于汉城，字汝谐，号德水；1576年武科及第后，曾任全罗道井邑县监等职；1591年擢任全罗道左水军节制使。在其创编的全罗左水宫中，编配了新型的龟船，每船备16支槽，设置可安放火炮的炮穴（射孔）36个，并装备了朝鲜自制的天字铳、地

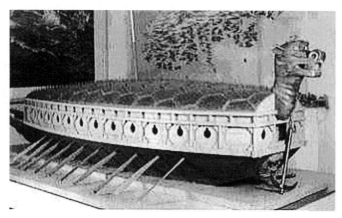

龟 船

字铳，玄字铳、黄字铳作为舰炮。龟船在它的两个侧边各有10支桨与11个炮口，通常龙头嘴巴的开口处也有一个炮口，在龟船的前后还各有两个炮口。其成员组成通常为50~60名作战的水兵以及70名桨手，还有1名指挥官。龟船的上半部包覆着六角形的甲片，且每块甲片有一支铁锥突出。龟船还被用于其他用途，比如在露梁海战中作为攻击的矛头，或者在狭窄水域伏击日军船舰之用。

1597年

日本出版了记述葡萄牙火绳枪传入经过的文献《铁炮记》 《铁炮记》著于庆长十二年（1607年）。该书详细描述了步枪传入种子岛的情形，是日本有关该事项唯一的史料。日本人对中国火器的了解，主要是通过战争的途径，即对中国沿海的劫掠和明廷的剿捕。中国元军于1274年和1281年两次用兵日本时，日本人才知道世间已经有了火器，并把火器称作"铁炮"。在日本，铁炮的含意较宽泛，最初是指元军所使用的震天雷式铁火炮，后来又指日本人自己研制的火炮与步枪。由此可以看出，日本人对火器的最初命名，是从对中国的火器认知开始的。即使是日本庆长二年（1597年）出版的记述葡萄牙火绳枪传入经过的文献，也把它称作《铁炮记》。但是，由于元廷对日本采取保密和严禁向日本扩散火药制造技术的措施，所以日本人自造火炮与火药的年代要比朝鲜晚得多。

《铁炮记》书影

中国明代火器研制者赵士祯仿制鲁密铳　鲁密铳是明朝杰出火器研制家赵士祯发明的一种火绳枪，原型是鲁密国（奥斯曼帝国）所进贡的火绳枪。赵士祯在万历二十五年（1597年）见到火绳枪即进行仿制，于次年向朝廷进献了成品。史载："约重七八斤，或六斤，约长六七尺，龙头轨、机俱在床内。捏之则落，火燃复起，床尾有钢刀，若敌人逼近，即可作斩马刀用。放时，前捏托手，后掖床尾，发机只捏，不拨砣然身手不动，火门去着目对准处稍远，初发烟起，不致熏目惊心。此其所以胜于倭鸟铳也。用药四钱，铅弹三钱。"在形制构造上，鲁密铳与前面所说的鸟铳大体上相似，都由铳管、铳床、弯形枪托、龙头和扳机、机轨、瞄准装置组成，但是在功能方面有不少改进。鲁密铳的扳机和机轨分别用铜和钢片制成，厚如铜钱一般。龙头式机头与机轨都安于枪把上，并在贴近发机处安置一个长约3厘米的小钢片，以增加其弹性，使枪机可以捏之则落，射毕后自行弹起，具有良好的机械回弹性。鲁密铳的附件有装发射药的火药罐、装发药的发药罐与点火用的4根慢燃烧火绳。鲁密铳铳管使用精炼的钢铁片卷制而成，从大小两管贴切套合，贴合前，首先将两铳管的表面磨光，使内外层紧密贴合，将铳管前后口门作"十"字分中，吊准墨线，并将其固定在钻架上，尔后两人对钻。钢钻需备5~6根，长0.3~1米不等。钻时先钻上口，钻至筒管的中部后翻转过来，再从另一头旋钻，直至钻通为止。钻通之后，将筒后尾内部一段旋成阴螺旋

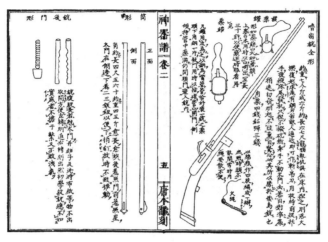

鲁密铳示意图

壁，将制成的阳螺栓旋上，最后则依次制好药室，安装好准星、照门，装上枪托等配件，经过试射合格后才能交付使用。在赵士祯先后研制的鲁密铳、西洋铳、掣电铳、迅雷铳、三长铳、旋机翼虎铳、震叠铳等10多种火绳枪中，鲁密铳无疑是当时最先进的火器之一。

1598年

赵士祯撰写《神器谱》　《神器谱》现存于日本古典研究会的《和刻本明清资料集》的第六集中，其刊印了《神器谱》的五卷，比较集中而全面地搜集了赵士祯的主要著作。其中，第一卷刊印了赵士祯的《万历二十六年恭进神器疏》《万历三十年恭进神器疏》《防虏备倭车铳议》等七篇奏稿、皇帝的八道圣旨和两道题复等文献；第二卷刊印了《原铳》（分上、中、下三部分），内有鲁密铳、西洋铳、掣电铳、迅雷铳等十多种火绳枪与各种火器的形制构造图、文字说明，鲁密人和西洋人的各种射击姿势等；第三卷是《车图》，其内有冲锋火车、鹰扬车、车牌的构造及其阵法，以及各种火箭的

《神器谱》书影

制造使用方法；第四卷是《说铳》，69条（而实际是73条），通过条文形式阐述了各种火器的制造、使用、地位、作用诸多问题；第五卷是《神器谱或问》，55条（《玄览堂丛书》本为44条），以设问与作答的形式，对制铳、用铳的许多问题做了补充性的叙述。上述各卷共有6万余字，附图200余幅，集中反映了赵士祯研制的各种火器尤其是各种火绳枪的研制与使用方面所取得的成就，具有独到之处。这些著作在理论上对戚继光等关于鸟铳制造与使用的论述进行了系统的发展，是继《纪效新书》《纪兵实纪杂集》《筹海图编》等书之后，在火绳枪制造与使用理论方面水平更高、系统性更强的著作。在实践上创制了许多形制构造更新颖、用途更广泛的火绳枪，从而在理论与实践的结合上，把明代中期单兵枪的研制和使用推进到了一个新的发展阶段。

赵士祯创制的迅雷铳　迅雷铳是明代火器专家赵士祯创造的多管火绳枪。迅雷铳的铳身有5支铳管，重达5千克，单管长0.66米多，形似鸟铳管，其管后部微呈弧形，如鹊之口衔于一个共同的圆盘上，呈正五棱形分布。各以钉销定，管身安有准星、照门。有火门通火药

迅雷铳

线于外，5根火药线彼此间须通过薄铜片隔离，以保证逐一发射时的安全。5管的中央有一根木杆作柄，木柄中空成筒，内装火球1个，待5管中的弹丸发射完毕后，可点火喷焰灼敌。柄端安有个铁制枪头，待弹丸、火球用毕后作为冷兵器同敌近战。柄上安装有1个机匣作发火装置，供5管共用，依次轮流发射。5管的前半部，安有一个共用的牌套，牌套用生牛皮做表里，制成圆垫式，内装填丝绵、头发丝和纸等各种物质，中间有一个大圆孔，其周边有五个方孔，从孔中通过木柄和5支铳管，从而使牌套与铳管的轴线垂直，具有铳盾的作用，可以保护射手在发射时不受敌方铳箭的伤害。这类装设有瞄准具的多管枪，加长了枪管，缩小了射击口径，其射速和射程都有明显提高，更为主要的是提高了命中率，射击机构更趋科学和精密。其中部分枪

支采用多管式轮转发射，具有类似机关枪的作用，在射击时可连续发火，从而不给敌人以喘息之机。从这些特点就可以看出这类火枪已较接近于近代的步枪了。

赵士祯创制的震叠铳　震叠铳是一种双管铳，是赵士祯根据倭寇作战的特点而设计的。倭寇的作战特点：在见到明军举枪射击时，便伏于地上，等到明军一发射完毕，即冲过来。而赵士祯创制的上下双叠铳，一经点火后，先将上铳中的弹丸射出，当倭寇起而冲过来时，下铳弹丸正好射出。倭寇不知此铳特点，仍按常法作战，结果被下铳弹丸射中。

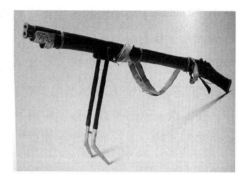

震叠铳

约16—17世纪

苏格兰人发明苏格兰高地剑　苏格兰高地剑是于约16—17世纪由苏格兰人发明的。其有三种不同的类型。第一种剑是一种名为盖尔巨剑的双刃阔剑。这种剑在16世纪首先被引入，其长度约为一手半，剑身长而宽、截面为菱形，十字护手朝着剑身方向倾斜。十字护手尾端通过焊接的铁四叶饰进行了装饰。第二种剑是苏格兰高地人佩戴的一种叫高地大剑的双手握剑。这种剑类似于同时期德国或瑞士雇佣场长矛兵或雇佣兵所使用的双手握剑，苏格兰双手剑将德国制造的剑身安装在苏格兰剑柄上。剑柄由一个卵形壳护手和长而扁平、向下弯的护手组成。第三种类型的剑称为"低地剑"。这种剑拥有很长的剑身，剑柄上有一个独特的侧环，球形剑首，护手以适当的角度缠着剑身，护手两端呈圆球形。这种剑也是三种苏格兰高地剑中使用时间最长的。

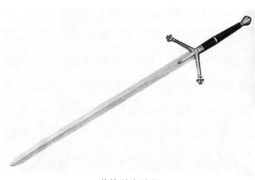

苏格兰高地剑

17世纪

欧洲火器研制者发明火药包　火药包是于16世纪由欧洲火器研制者发明的。粒状火药使用后，虽然提高了威力，但是仍然没有解决火药装填复杂的问题。因为粒状火药制成后仍然处于散装的状态，火枪兵与炮兵在行军时，只能将火药盛装在木桶中与枪炮一起随军机动。到战场后，要将火药桶从车上卸下。发射的时候，装填火药的士兵要用小铲将散装火药装入枪炮的药室中，再装入枪炮的弹丸和紧塞具，且要向点火孔内装填散装火药。因此，整个装填过程不但琐复杂和缓慢费时，而且每次装填火药量还会出现误差，以致影响火炮发射的安全和射击精度。同时散装火药在发射后还会在炮膛内留下许多残渣，每次发射后，士兵都必须用较长的刷子刷擦炮膛，炮膛擦净后才能开始进行第二发炮弹及火药的装填和发射动作。大约在1600年，欧洲的枪炮开始使用火药包，即用粗麻口袋装填定量的火药，再装入火炮中，从而大大缩短了装填时间，并且由于装填火药的定量一致而保证了枪炮发射的安全和精度。

清廷建立八旗军系统的军事手工业　八旗军系统的军事手工业是于17世纪由清廷所建立的。清廷在顺治初年于京城不少地方建造收储八旗军火药的厂房。其中，镶黄、正白、镶白、正蓝四旗在镶黄旗教场空地上各建造35间火炮厂房，正黄、正红工旗在德胜门内各建造30间火炮厂房；镶红、镶蓝二旗在阜成门内各建造23间火炮厂房，镶黄、正黄二旗在西直门之北安民厂建造12间火药厂房，镶白、正白、镶红、正红、镶蓝、正蓝六旗在天坛后建造20间火药厂房，交民厂还建造了收储火炮的厂房；右安门内的濯灵厂建造了收储火药、烘药与铅子的厂房，崇文门内东侧的盔甲厂与安定门内的缘儿胡同局建造了收储火炮与军器的厂房，西什库中的戊字库与丁字库建造了收储弓、刀、箭、弦、鸟枪、硝、硫等军器的厂房。康熙三十四年（1685年），在北京城九门上建造了不少收储各厂、各库火器的厂房。乾隆三十年，为改善硝、硫、火药的储存条件，将原搭建的席棚一律改建成砖瓦房。乾隆三十五年，将盔甲厂、缘儿胡同收储的77门旧铁炮，交营造司存储库内，以便熔铸新炮。

明代的火药研制者提出了硝、硫、碳的火攻特性理论 硝、硫、碳的火攻特性理论是于17世纪由明代的火药研制者提出来的。何汝宾在《兵录·火攻药性》中说，"硝性主直（直发者以硝为主），硫性主横（横发者以硫为主），灰性主火（火各不同，以灰为主，有磐灰、柳灰、杉灰、本灰、梓灰、胡灰之异）。性直者主远击，硝九而硫一。性横者主爆击，硝七而硫三。"《武编前集·火》与《武备志·火药赋》也提及硝性竖而硫性横。所谓的硝性主直、能直击的现象，是说火药中的硝在点燃后能产生巨大的气体推力，将弹丸射至远方命中目标，所以硝是火药能够直击即射远的关键。所谓的硫性主横、能爆击的现象，是说火药中的硫黄在点燃后能迅速炸烈进爆，所以硫黄是火药能够爆击即爆炸的关键。所谓的灰性主燃、能喷发火焰的现象，是火药中的炭粉在点燃后能迅速燃烧、喷射火焰，所以炭粉是火药能够燃烧的因素。

约17世纪

明代工匠修筑障墙、战墙、关城、墙台、陷马坑、卫城、碉楼和墩台 除主墙建筑的艰巨和技术上的创新外，慕田峪长城还创建了新型的障墙和战墙。障墙的建筑技术，在慕田峪段长城有突出的体现。当时的设计者，在城墙相对高差变换明显之处，建筑垂直于主墙面的障墙，使主墙面上形成多道横隔墙，宛如一道道屏障，屏蔽关城，以加强关城的防御层次。一般而言，障墙高2~3米，其一端与城墙相依，另一端距城墙约1米，仅容1人通过。障墙上设有射孔。作战时，若敌兵攻入前一道障墙，守备后一道障墙的士兵还可凭墙抵御，使每一道障墙都成为城墙上的坚固阵地。攻城敌军每前进一段，都要付出一定的代价。

战墙是在主墙外侧4~5米处有利地形上，利用山石垒砌的外墙。有些地方还筑有几道重叠的战墙。其形式因地而异，在平缓之处较为高厚，在陡峻之地一般高约2.5米。在墙上开有三排0.3米见方并配置交错的射孔，可供士兵用站、蹲、卧三种姿势射击墙外之敌，减少了射击死角，提高了火力密度。战墙上每隔50~100米留有砖石砌筑的小门，供官兵出入。相邻两道战墙的结合部，采取前后错开、两端重叠的布局，错开距离约0.5米，重叠部分15~20

米，这种布局方式加强了防御作用。类似的战墙在其他地方也有构筑。天津黄崖关长城博物馆收藏的文献记载：长城在蓟县的东南方向上，从河北省遵化县马兰关，过黄庄关，经前干洞，黄土梁大松顶出蓟县县界，与北京平谷县将军关的长城相连接。在蓟县境内61华里的长城中，于前干洞、小平安、车道峪、常州等地段长城主城墙的外侧，共筑有战墙6 319米。这些战墙实际上是主城墙的前沿阵地，加大了主城墙的防御纵深，既消减了攻城敌军的有生力量，又迟滞了敌军的进攻，为主城墙的守军创造了歼敌的条件。

长城沿线的许多要隘大多建有关城，它们经过历代的修建和改建，成为长城防线上的支撑点，具有重要的战略和战术价值。其中山海关、居庸关和嘉峪关最为突出。朱元璋建明以后，为了同北方蒙古族进行军事斗争，也把重点放在这三个重要关城的修筑上。山海关是辽东段长城和蓟镇段长城的连接点，隋唐时期有临渝宫、临渝关等名称。洪武十四年（1381年），朱元璋派徐达率部修筑。正统至弘治年间又有扩建，使山海关与其两侧附近的长城构成坚固的防御区域。山海关以长城为东城墙，与南、西、北三面城墙一起围成一座关城。经测量，东墙长1 350米，南、西、北三面墙长分别为1 087.5米、1 290米、636米，周长4 363.5米，比《临榆县志》记载的"周八里一百三十七步四"稍长。城墙内用土筑，外用砖包，高14米，顶收厚7米，底墙厚度各不相等。四面各开一门，上建双层城楼，楼上开设箭窗，四门都筑有瓮城，现仅存东门（天下第一关）一座瓮城。周围有烟墩和边堡。在明万历、崇祯年间，又在山海关外东、西两面建筑罗城。南面2千米外有南翼城（又名南新城、南营子），北面有北翼城（又名北新城、北营子），城东2千米外的欢喜岭上有周长614米的威远城，关城至渤海边构成具有大纵深的坚固防御区域。居庸关设自秦朝，之后又几经增修。关城坐落在燕山支脉军都山的一条深谷隘路中，自东南向西北曲折延伸，长达25千米。两旁山岭夹峙，南北两口之间筑有三道重关，经明初改建后成为保卫北平（今北京）北部安全的口门。居庸关位居三关之中，是三关的主关。关城周长500米，城墙用城砖和条石砌筑，高10.5米，底墙壁厚11.5米，顶部壁厚9.5米，南北各开一道城门，门外都有瓮城。居庸关关城隘口为八达岭，地势险峻，居高临下，岭外为开阔平川。弘治十八年（1505年），在岭口增筑一座小城，墙高7.5米，厚

4米，面积约280平方米，东连灰口岭，西接白关口，有"一夫当关，万夫莫开"的"天险"之称。居庸关关城南路隘口为南口镇，筑有堡城，是隘路的最后一道设防阵地。除上述三道关外，还在八达岭北2千米处建筑一座岔道城作为前卫城。岔道城有南、西、北三门，城南与南山相连，城西北的山口两侧筑有墩台，城北高地上筑有一段带形城墙作掩护。这些建筑前后策应，使居庸关成为长城沿线一处前卫阵地。

墙台又称城台，是倚城墙建筑的一种实心台，类似于宋代的马面战棚，每隔300~500米一座。通常来说，它呈正方形，正面突出城墙外侧2~3米，高于城墙1.5~1.7米。河西城墙的墙台高出城墙3~4米，墙台顶部筑有女墙和垛口，垛墙壁上开有望孔和射眼。墙台上建有简易铺房，供守城士兵巡守、营宿和避风躲雨之用；还储有各种兵器、信号器材，以及可供守军一月之用的粮食和饮水。每座墙台平时有守兵4人，战时可增至14人，有简易梯子可供上下。嘉峪关北的明墙上有七座敌台，台高16米，底长14米，宽13米，高大雄壮。

为了加强重要关口及其两侧长城的防御，通常还在距关口一定距离的通道上，设置挡马墙和陷马坑。挡马墙的高度一般以能阻挡敌军战马跨越为度，大多作多层次的布设，以阻滞敌骑的驰突。而陷马坑大多挖在宽旷的平坦地形上，如梅花形交错分布，坑内密植铁签、尖刃，以刺戮落坑战马的马蹄，坑面上多有伪装，使敌不辨真假落入坑内。此外，有的还在阵地前方较远处种植灌木林或密植木桩，阻碍敌骑的突冲。

卫城是沿海的大型军事工程，可视为"沿海长城"的关城，是控制重要海口的据点。一般而言，明朝前期建筑的沿海卫城较多，其中威海卫城具有一定的代表性。威海卫地处山东半岛东北部，与辽东半岛南端的金州卫隔海相望，是雄踞渤海口门的锁钥，也是明初楼患频繁的地区之一。永乐元年（1403年），明廷在清川城的旧址上扩建方形威海城，周长1 020米，高9米，城根壁厚6米，四面各开一门。城基以条石垒筑，上砌城墙，城墙上有女墙、垛口和马面战棚。城门两侧和城墙拐角处筑有登城的兵马道。城外有宽5米、深2.6米的护城河环绕。城池面敌的高地，筑有大型统炮架，上安统炮。附近筑有瞭望台和烽垠台。

碉楼也称碉堡，福建、浙江和南直隶（今江苏）一带多有建筑。大多呈梯台形，通常分两层，墙高4米，底部2.5~3米见方，顶部1.5米见方，四周有垛墙和垛口，四面墙开有上下两层射孔，底层四面只有一面开门供士兵出入。碉楼内空间较小，供3~4名士兵值班守哨所用。若与邻近各碉楼互相联系策应，可发挥联络、守备作用。

约1603年

日本出现大型铁炮工场——国友铁炮锻冶 国友铁炮锻冶位于江州坂田郡国友村（今日本滋贺县长滨市国友町），在室町幕府时期（1338—1597年）已是锻冶于工业中心，是日本最古老的传统特色最明显的手工业组织，到江户幕府时代便成为直属幕府管辖的铁炮工场。在国友铁炮锻冶有一个著名的铁匠——国友善兵卫，是美浓关的刀工志津三郎兼氏之后。约天文十二年（1543年）八月，种子岛的时尧将一支葡制火绳枪送给岛津义久，岛津义久又将其献给足利义晴将军。足利义晴欲要仿制此枪，找到了江州国友锻冶的优秀工匠国友善兵卫、藤九左门卫、兵卫四郎、助太夫等4人，命他们造枪。4人便以葡式火绳枪为样本，在工匠次郎的帮助下，制成枪尾的闭锁螺栓，于天文十三年八月十二日成功地制成了2支火绳枪。织田信长（1534—1582）为当时尾张国（今日本爱知县名古屋一带）的名将，他以勇武闻名，精通各种武器使用之法。他预见到火绳枪将成为未来战场上最重要、最具威力的武器，于是他在天文十八年（1549年），便制造能发射30克重弹丸的火绳枪500支，使火绳枪出现了划时代的发展。织田信长本人也同火绳枪技师桥本一巴练习射击技术，组织火绳枪队，推广火绳枪与冷兵器并用的战术，并制定新条规，将国友铁炮锻冶完全控制在自己手中，使火绳枪的制造技术秘不外传。1560—1582年之间，织田信长利用火绳枪的优势，在日本称雄一时。

1618年

唐顺之撰写的《武编》刊行 《武编》是继北宋《武经总要》之后，在明代后期成书年代较早的一部综合性兵书。其对古代军事技术记载较多，多为《武经总要》以后的内容，具有鲜明的时代特色。其对军事技术问题的论述，侧重于对传统火药理论，以及诸多火器的形制构造与使用方法的阐述，其中相当一部分内容被其后问世的兵书所转录，也有一些内容为其他兵书所不载，具有补缺的作用。《武编》系唐顺之所辑。唐顺之（1507—1560）是明代散文家，字应德，一字义修，号荆川，武进（今属江苏常州）人，嘉靖八年（1529年）会试第一，官翰林编修，后调兵部主事。当时倭寇屡犯沿海，唐顺之以兵部郎中督师浙江，曾亲率兵船于崇明破倭寇于海上。升右佥都御史，巡抚凤阳，嘉靖三十九年至通州（今南通）去世。崇祯时追谥襄文。学者称之为"荆川先生"。有《荆川先生文集》《广右战功录》等十多种著作传世。《武编》辑于嘉靖年间，在作者生前并未刊行，只有抄本传世，为秣陵（今属江苏南京）焦澹园收藏。至万历四十六年（1618年），才开始由武林徐象枟曼山馆雕版印行，清代有木活字本、抄本传世。《武编》体例与《武经总要》相似，分前、后两集，各6卷。《武编》前集主要辑录有关兵法理论方面的资料，内容包括将帅选拔、士伍训练、行军作战、攻防守备、计谋方略、营制营规、阵法阵图、武器装备、人马医护等等；后集全部是用兵实践，其体例与《武经总要·后集》略同，系从古代史籍中撷取有关治军和用兵的故事，以为借鉴。军事技术内容分散于各卷之中，以前集卷五最为集中。《武编》虽然对兵法理论阐述不多，但是《武编》前集卷五、卷六对军事技

《武编》书影

术理论的阐述，却开了明代后期兵书的先河。前集卷五主要论述各种火器、冷兵器的制造与使用方法，大致反映了从《武经总要》刊印之后，至嘉靖三十九年唐顺之逝世之前，各种火器、冷兵器以及战车、战船的发展情况。前集卷六主要记述了战车、战船的形制构造及作战布阵之法，列举了多种战车、战船之名。为了抗倭作战，书中还列举了"太仓往日本针路""太武回太仓针路""日本往太仓针路""太仓往日本针路"。所谓针路，就是当时通过罗盘针指示方向的航海水路。此外，本书还论述了军需、矿产、解救药毒等问题。本书在编纂上也有一些不足之处，如类名重复过多，甚至在同一卷中类名有重复，像后集卷六就有两个类目是"水"，一个讲水攻，一个讲水源，若将其改为"水攻"和"水源"，既能准确具体地表达类目意义，又能避免类目重复。

1620年

法国人H.洛林编写《军事器械和军用及娱乐用烟火大全》 《军事器械和军用及娱乐用烟火大全》是于1620年由法国人H.洛林（Hanzelet Lorrain，1596—1647）编写的。1620年，H.洛林在法文本《军事器械和军用及娱乐用烟火大全》中，论述了在水战中使用的纵火箭与火箭。在法王路易十四（Loui XⅣ，1638—1715，1643—1715年在位）和路易十五世（Louis XV，1710—1774，1715—1774在位）重视下，法国人的烟火技术居于欧洲的首位。

克尼利厄斯·戴博尔发明潜水艇 荷兰发明家克尼利厄斯·戴博尔（Cornelius Drebbel，1572—1633）于1620年制造出人类历史上第一艘人力驱动的潜水艇。戴博尔的设计来源于1578年英国数学家威廉·伯恩（William Bourne，1535—1582）的《发明与设计》一书中关于压载水舱潜水器的描述。戴博尔制造的潜水艇为一艘双面有橹的划艇，由羊皮囊制成，利用涂有油脂的皮革外包来实现防

潜水艇

水功能，由4名划手来提供动力，可下潜3~5米。戴博尔前后设计出多种型号的潜水艇，并在詹姆斯一世面前进行演示，其中最大的一种潜水艇可载员16名，能够潜入水中近3个小时。戴博尔所发明的潜水艇虽然激起了人们的兴趣却并未能引起人们的足够重视，并未投入军事实践中。

1625年

G.保希试制准雷酸汞火药　准雷酸汞火药由意大利军事技术家G.保希（Guiliano Bassi）于1625年所制。保希使用锑（Sb）或水银（汞，Hg）同硝酸起化学反应，其生成的沉淀物可以用来制造烈性火药。他的一种配方是用130~195毫克的金属粉末，同硝酸反应后的沉淀物，再加入氯化铵，同酒石混合成固体。用这种方法制成的火药已具有近代雷酸汞火药的性能，其威力远大于黑色火药，甚至用锤子一击就会爆炸。保希的配方被称为雷酸金炸药。

1627年

明代工匠创制守城武器"万人敌"　"万人敌"是中国明代的一种用于抛掷、能够旋转喷射的燃烧性火器，多用于守城作战。宋应星的《天工开物》（1637年）记载，"万人敌"约发明于明天启七年（1627年）。"万人敌"是把中空的泥团晾干，四面留有小孔，装进火药，并掺入毒火、神火等药料，压实，在小孔中安装药线，外面以木框围护，以防摔碎。在敌人攻城时，点燃药线，抛掷城外，火焰四面喷射，并使其不断旋转，烧灼敌军。清毛霦的《平叛记》记载，明崇祯五年（1632年）莱州之战："亭午寇丞復缒五十人下城，用万人敌烧寨，与贼相持良久。"火药配方为"硝一

万人敌

斤，黄三两二钱，灰二两八钱"。万人敌制作简易，有一定的杀伤力，在边远的小城域邑里没有火炮守城时，即可随时制作使用，因此宋应星也将其誉为"守城第一器"。

古斯塔夫·阿道夫使用蒙皮炮　蒙皮炮又称皮革炮，是17世纪初欧洲的一款带有实验性质的轻型火炮，瑞典国王古斯塔夫·阿道夫二世（Gustav Ⅱ Adolf，1594—1632）将其融入自己的战术体系中，并在30年战争（1618—1648年）中取得了良好效果。古斯塔夫为了提高火炮在战场上的机动性，于1627年采纳了奥地利人范·瓦布伦特（Von Wurmbrant）制作的蒙皮炮。蒙皮炮实际上是一个用绳子和皮革包扎着的轻锻铁管或铜管，这种设计使得火炮的质量及成本大幅度降低，只需2~3名士兵便可操作，主要发射霰弹或葡萄弹，也可发射1.4千克重的炮弹。古斯塔夫将这种蒙皮炮布置于步兵团中以增大步兵火力，因而蒙皮炮又被称为"团属炮"（regimental cannon）。蒙皮炮也成为当时唯一能够与步兵实现协同作战的火炮。虽然蒙皮炮在实战中体现出了良好的机动性与火力，但由于其炮管质地脆弱，无法承受长时间的发射，即使经过冷却之后，炮管也会由于先前的使用而产生变形，从而影响精度，因此蒙皮炮的使用寿命较低，因此在30年战争后期，蒙皮炮逐渐被经过改良的轻型铸铁炮取代。

蒙皮炮

蒙皮炮炮口

1631年

后金军队制造"天佑助威大将军"炮　"天佑助威大将军"是清军入关前给自制的红衣大炮的称呼。红衣大炮原名红夷大炮，最远射程可达10千

红衣大炮

米，是明朝天启年间从葡萄牙人购得的英制加农炮。崇祯四年（1631年）正月，后金在沈阳利用俘虏过来的工匠刘汉，成功仿制了西洋大炮，定名为"天佑助威大将军"。他们还创造了"失蜡法"，化铸铁为铸钢，对火炮的不同部位进行复杂的退火、淬火处理，使铸炮工艺领先于明朝。由于夷字犯上满洲人的忌讳，红夷大炮便更名为"红衣大炮"。皇太极在八旗军设置新营"重军"（ujenchooha，乌真超哈），后来佟养性任总兵官，曹振彦任教官，开始运用炮兵战术。乾隆间担任《续文献通考》纂修官的钱载，曾据过眼典籍中的相关记述作《天助威大将军歌》，其中有云：

"天聪四年二月，师凯旋，特诏铁官范巨炮，春正二日，黄白青气冲霄，开出应兴符。"由此可知"红衣大炮"在天聪五年正月二日熔铁浇模初成。崇祯十二年（1639年），清军拥有60门自制的红衣大炮，在松锦之战发挥极大战力，连破明军据守的塔山、杏山二城。顺治元年（1645年）十二月，清军进击潼关，李自成的大顺军列阵迎战，清军因主力及大炮尚未到达，坚守不战，次年正月，以"红衣大炮"重创李自成的大顺军，李自成至湖北通山县被害。金国初铸之"天佑助威大将军"炮现已不存，然其形制仍可见于《炮图集》中，该书以"大红衣炮"名之，称："铸铁为之，前后丰，底圆而浅，重自三千斤至五千斤，长自七尺七寸五分至一丈五寸，中镟云螭，隆起八道，旁为双耳，面镌'天佑助威大将军，天聪五年正月二日造'，用火药自四斤至八斤，铁子自八斤至十六斤，载以三轮车，辕长有九尺八寸至一丈二尺，当轴两辕上处，有月牙窝以承炮耳。"该炮重1 800~3 000千克，长248~336厘米，其所用的4~8千克球形铁弹，合直径为1 017~1 315厘米，形制近似于欧洲各国所用的半蛇铳（dem-i culverin）和大蛇铳（culverin）。

古斯塔夫使用整装式炮弹 整装式炮弹是瑞典国王古斯塔夫在30年战争中对已有火炮弹药进行改良的成果。在此以前火炮所射炮弹的弹丸是与发射火药分开装运与装模的。古斯塔夫为了提高火炮的射击速度，便率先将弹丸与发射火药整装在一起：发射火药装填于弹筒内，弹丸装在子弹筒的头部，二整装一起成为炮弹。经过改革后的炮弹，不但简化了发射手续，缩短了发射过程，提高了射速，而且每发炮弹的装药量相同，提高了命中精度。1631年9月17日，古斯塔夫率领军队在布列敦费尔德战役中，使用了纸筒形的榴霰弹，弹筒内装满了弹丸与金属破片，击中目标爆炸后，弹丸广为散布，增大了杀敌面积。

1632年

孙元化撰写《西法神机》　《西法神机》是明末关于西洋火炮制造与使用的一部理论专著，由明代孙元化撰。书中所说的西洋大炮，主要是指16—17世纪欧洲的英国、荷兰、意大利等一些国家制造的早期加农炮。孙元化，明末将领与军事技术家，字初阳，号火东，嘉定（今属上海）人，出生年不详。《明史·徐从治传》后附有其小传，称其"善西洋炮法，盖得之徐光启云"。清乾隆《嘉定县志》则说他"天资异敏，好奇略，师从上海徐光启，受西学，精火器"，有《经武全书》《西法神机》等著作传世。《西法神机》成书于崇祯五年，系依据副本刊印的古香草堂刻本，分上、下两卷，上卷7节，下卷5节，3万余字，34幅附图。中国科学院图书馆藏有此书。《西法神机》与此前的兵书不同，它的理论大多是通过数学计算进行表述的。研制火药与火器必须明理识性。孙元化所说的理和性，实质上是指制造火器与配制火药所用原料的物理和化学特性。在孙元化的理解里，制造火器与弹药时，必须"推物理之妙"，合事物之性。精于理者不但能了解弹药与铳车的特性，而且能按照这些特性，采用"合理"的方法进行制造。制造枪炮时要选用精良的铜铁，若错用质量粗疏的铜铁，虽然从外表上看不出它们的罅隙之处，但是只要使用猛烈的火药一试，炮管就会炸裂。如果不按规定程序和工艺

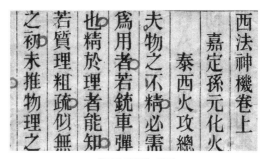

《西法神机》书影

要求配制火药，那么就配制不出性能良好的火药。该书用定量计算确定火炮设计的最佳方案。《西法神机》用数计算的方法，论述了以火炮口径的尺寸为基数，按一定的比例倍数设计火炮其他各部分的方法，认为按这种方法设计的火炮，其口径、长度和质量，既能保证所需要的杀伤威力，又不致因炮身过重而影响在战场上的机动。该书用定量计算确定弹重与装药量的关系。孙元化指出，弹重与装药量之间要有一定的比例关系：凡弹重0.5~4千克者，弹重与装药的质量相等；弹重4.5~8.5千克者，装药量为弹重的4/5；弹重9~14千克者，装药量为弹重的3/4；弹重在13.5千克以上者，装药量为弹重的2/3。按照上述比例制造的炮弹，装填在口径适宜的火炮中，其命中和致远的效果较好。孙元化在《西法神机》中运用数学计算的方法，论述火药、火炮制造与使用诸方面的问题，反映了明代的科学家和军事技术家，在指导火器研制与使用的理论基础方面，已经从经验描述与定性研究的旧轨，转向定量与定性研究相结合的新轨，这是明代科学家与军事技术家所取得的最重要的突破性成果。

1637年

英国制成"海上大君主"号大型风帆舰　"海上大君主"号大型风帆舰是于1637年（一说1635年）在英国制成、詹姆斯的继任查理一世时期所建的英海军中第一艘有3层统长甲板的大型战舰，又有"海上统治者"和"海上霸王"号等名号。1636年1月开始设计，1月16

"海上大君主"号大型风帆舰

日在伍利奇船厂建造，1637年10月下水，总造价超过4万英镑（其中一半是付给造船匠的工钱）。主设计师佩特本想该舰只需装备90门大炮，查理一世却硬要把炮数增加到104门（共重153吨），使之成为当时最大的战舰。"海上大君主"号战舰，是英国继17世纪初所建造的"伟大的哈雷"号后又一艘大型战舰。其排水量1 700吨；舰体长53米，吃水深6.1米，竖3桅。有三层甲板，分层安置舰炮；上层甲板上共安28门1.4千克（3磅）和2.7千克（6磅）轻型加农炮和半加农炮，其中两侧共安装20门鸭式短管炮，舰首和舰尾共安装8门半加农炮；中甲板上共安装30门8.2千克（18磅）和8.6千克（19磅）蛇式加农炮和鸭式短管炮，舰首安装6门蛇式加农炮；底甲板上共安装30门19千克（42磅）和14.5千克（32磅）重型火炮；前甲板上安装8门半加农炮和鸭式短管炮，中部甲板上安8门半加农炮和鸭式短管炮，以及6门轻型火炮，后甲板上安装2门轻型火炮；此外还有20门辅助炮。以上共有舰炮124门（一说100门）。在内河执行任务时只安100门火炮，以免军舰承载过重而不利于机动。该舰有11只锚，每只锚重2吨。水兵800多人，最大的炮弹净重27千克（60磅），一次齐射的炮弹重达1吨。该舰曾先后参加了对抗荷兰、法国海军的六七次海战，连续使用了60余年，最后，意外地被法国海军击毁于查塔姆（Chatham）海域。

1644年

清朝成立濯灵厂火药局　濯灵厂火药局又称管理火药局，设于顺治元年（1644年）的右安门内。厂内设石碾200盘，每盘置药15千克为1台。每台碾3日者以备军需，碾1日者以备演放枪炮。预储军需火药以15万千克为率，随用随备。根据当时的规定，八旗兵试演枪炮及盛京驻防部队每年操演所需军用火药，可以从西什库支取硝石、硫黄。后来又规定，内务府配制火药所用的硝石、硫黄也从该库中的广积库领取。康熙三十一年（1692年），经朝廷批准，八旗兵试演枪炮所用的火药，可直接从濯灵厂领取。同年，朝廷规定濯灵厂每年要制造演放火药（即发射火药）10余万千克、烘药（浸泡火绳与火门火药）1 000~1 500千克，备储军需火药15万千克、烘药2 000千克。如逢运用之年，随用随补。为了能够统一储存与管理北京城内驻军的火药，朝廷又将当年新建的火药库用于存放在京八旗中营、东营、西营各旧火药库的火药，并且由濯灵厂统一储存与管理。为了保证制成的火药能始终保持干燥待用的状态，濯灵火药厂于乾隆十八年（1753年）建造5间木仓式库房，将置于用荆条编织的油篓中之火药贮于本仓中，以免荆条脆朽而导致火药失灵。濯灵厂是工部直接管理与控制的火药厂，规模当数全国第一，所制火药数量多、质量好、储藏严密，为北京与盛京驻军最大的火药供应基地。

1650年

西米诺维茨撰写《大炮技术》　《大炮技术》是于1650年由波兰皇家炮兵司令西米诺维茨（Caristoph Siemienowicz）撰写的，是波兰火箭学首屈一指的著作。C. 希米诺维茨在《大炮技术》一书中，对火箭技术作了探讨，论述了火箭的构造、各种火箭发射架，还有他本人设计的火箭等。

1659年

清廷建立盛京工部系统的军事手工业　盛京工部设于顺治十六年（1659年），下统左司、右司和银库。右司稽查火药库制造火药之事，所造之火药供盛京本城、外接及黑龙江等处驻军所用。乾隆四十五年（1780年），清廷决定将黑龙江火药制造所并入盛京火药库。除配制火药外，右司还负责铅子制造之事。

1665年

战列舰应用于第二次英荷战争中　战列舰（battleship）是一种以大口径舰炮为主要战斗武器的大型水面战斗舰艇。它于18世纪60年代开始发展，至第二次世界大战中末期逐渐式微，一直是各主要海权国家的主力舰种之一，曾一度被称为主力舰。由于战列舰上装备有威力巨大的大口径舰炮和厚重装甲，具有强大攻击力和防护力，所以，战列舰曾经是海军编队的战斗核心，是水面战斗舰艇编队主力。这种战舰在海战中彻底改变了过去接舷战斗的战术，主要采用多艘舰列成单纵队战列线进行炮战，由此而得名"战列舰"。二战以后战列舰的战略地位被航空母舰和核潜艇所取代，再也不是舰队中的主力，因此这样的称呼方式也相对失去了意义。战列舰曾经是人类有史以来创造出的最庞大、最复杂的武

战列舰

器系统之一，在其极盛时期——20世纪初到第二次世界大战，战列舰是唯一具备远程打击手段的战略武器平台，因此受到各海军强国的重视。战列舰在相当长一段时间内是名副其实的海上霸主。正是凭借了当时的巨型风帆战列舰的威力，英国击败了素有"海上马车夫"之称的海上强国荷兰，夺取了制海权，开始称霸海洋。人们将战列舰称为18世纪人类最杰出的发明之一，历史学家们则将其描绘成"魔鬼的武库"。可以说，当时的战列舰武器完备，具有空前的作战能力，是人们已知的武器中效力最大的一种。进入19世纪，钢铁用到了军舰上，机器成了军舰的动力源，新型钢质战列舰更是将以"大炮巨舰"为主旋律的战列舰推上了世纪高峰，战列舰成为不可一世的象征。应该说，直到第二次世界大战初期，战列舰一直是发达国家海军舰队的基础。战列舰之所以获得如此迅速发展，得益于一位名叫马汉的美国海军军官，他在1890年第一次世界大战前撰写的《制海权对历史的影响》一书曾备受各国海军推崇。在书中他宣扬了这样一个观点：谁取得了制海权，谁就能夺得世界霸权，而谁要取得制海权，就要拥有强大的海上武力，就要建造装有大口径火炮的重型战舰。在这一思想的指导下，各海军强国开始了一场建造重型战舰的狂热竞赛。

1670年

欧洲人瓦杜茨创制三排正三棱柱式多管枪　三排正三棱柱式多管枪创制于1670年，因其创制人之名瓦杜茨（Vaduz）而被称为瓦杜茨（Vaduz）。它属于大风琴式多管枪，其典型制品系在列支敦士登（Liechtenstein，初为公爵的姓氏，18世纪初便成为国名）亲王时制造，每面12支枪管。发射时，射手先射毕一面，再依次射完其他两面，每次装弹可发射36发，提离了射速和发射威力。

1674年

清代前期火器研制家戴梓发明连珠火铳　连珠火铳是一种连扳连射式单发燧发枪。康熙十三年（1674年）六月，25岁的戴梓（1649—1727）在杭州随康亲王杰书出征时，"为王陈天下大势并向王献连珠火铳法"，在攻克

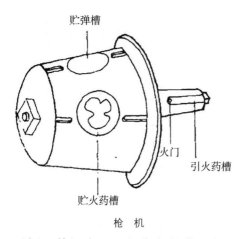

贮弹槽

火门

引火药槽

贮火药槽

枪机

江山时立了功。在还师北京后他受到康熙皇帝的召见，授翰林院侍讲。光绪十六年（1890年）李恒编撰《国朝香献类证初编》时，便在卷120中说戴梓向康亲王进献了"连珠火铳法"，后来便成为《清史稿》记载此事的源本。《清史稿》记载连珠火铳："形如琵琶，火药铅丸，皆贮于铳脊。以机轮开闭。其机有二，相衔如牡牝，扳一机则火药铅丸自落筒中。第二机随之并动，石激火出而铳发，凡二十八发，乃重贮白。"从这一描述中可知，射手在扳动此铳的第一枪机时装填了弹药，在此第二枪机随之而动，将弹丸射出，依此再扳再射，可连续28次，发射28弹。可见这是一种连扳连射的单发燧发枪。这种枪的最大优点在于简化了装填手续，每装填一次可连扳连射28发弹丸，提高了发射速度。因此，这是一种由单装、单发向多装、单发、连射过渡的新式单兵枪。可惜这种枪在当时并未得到重视，更未进行批量制造和使用，当然也谈不上继续改造和提高，不久便失传了。此外，由于这种武器的复杂程度已经超出了当时的工业水平，造价也比已经很贵的鸟枪高，因此无法装备军队，致使这一重大发明没有被推广和采用，只得"藏器"于家。

1676年

清朝制神威无敌大将军炮　神威无敌大将军炮铸于康熙十五年（1676年），共造52门：铜炮8门，每门重1 137千克，通长25.6米，口径0.3米，膛径0.12米，铁弹丸重4千克，装火药2千克；铁炮24门，每门重806千克，长2.53米，口径0.28米，膛径0.11米，铁弹丸重3千克，用火药1.5千克；另有木镶炮20门。均属于前装红衣炮，炮管前细后粗，底如覆笠，并有多道固箍增强炮管强度。前有准星，后有照门，并有一对炮耳，尾部有一球状炮钮，瞄准时可以灵活调整发射角度。每门大炮均配备三轮炮车，增强了作战的机动性。齐齐哈尔市曾发现1门清军在收复雅克萨之战中用于攻城的神威无敌大将军炮，全长248厘米，炮口外径275毫米，炮膛内径110毫米。炮膛内残留1枚铸铁球形弹丸，直径90毫米，重2.7千克。实测数据与文款记载大致相同。炮身用满、汉两种文字刻有"神威无敌大将军""大康熙十五年三月二日造"等字样。

神威无敌大将军炮

1685年

清朝工匠创制奇炮　奇炮制于康熙二十四年，以铸铁为炮管，通底。炮身全长1.85米，重15千克，安有瞄准装置。后加木柄，微曲而稍低，可以开合，以纳子炮。每门奇炮附4个子炮，可轮流装填与发射。在炮管中部，向两侧各横出一个炮耳，通过铁盘可将炮管安于三脚架上进行发射。手握瓜形柄端，可以方便地调整射击方向和角度。北京故宫博物院藏有一门奇炮，炮管长180厘米，口径27厘米。子炮呈锥形，长14厘米，口径28厘米，重0.73千克。子炮装入膛内后，合上木柄，用铁钮固定，用火绳点火发射。奇炮属于母炮系列，但从膛底装入子炮，用木柄、铁钮闭合，闭气性能较好。

威远大将军炮

1687年

清朝工匠创制威远大将军　威远大将军是于1687年由清朝工匠所创制的。冲天炮在《清朝文献通考》卷194《兵考十六·军器·火器》有详细的记载：冲天炮制于康熙二十六年，共5门，钦定名为"威远大将军"，炮长70厘米、重

143~125千克，铁弹重15千克，中虚如穴，两耳有环。它采用先点着炮弹的供药捻、再速点火门烘药捻的双点火法进行发射，用药1斤可射200~250步，用药0.56千克可射300步，用药1.5千克可射1~1.5千米，以45度角发射时射程最大。此记载除说明冲天炮创制的年代，以及康熙钦定的"威远大将军"之名外，还详细叙述了冲天炮的形制构造、长度、质量、装药与射程关系、装填火药的方法、45度射角的射程最大，以及"双点火法"的发射方法。

沃邦创制卡座式刺刀　卡座式刺刀是将刺刀的刀身插入固定在滑膛枪枪头一侧金属套筒上的武器形制，从而使步枪能够像短矛一样进行近距离刺杀，又称套筒式刺刀、卡座式刺刀。早期滑膛枪装填速度缓慢，滑膛枪手难以抵御敌方骑兵、步兵的近距离攻击，因而16—17世纪的滑膛枪方阵一般都需要长矛手的掩护。17世纪初期，法国军队开始对滑膛枪进行改进，在枪口处插入一把长约1英尺（0.3米）的刺刀。早期的插入式

卡座式刺刀

刺刀源起于法国滑膛枪手在遭遇敌人时将折断的长矛插入枪管进行白刃格斗的尝试。在形制上，插入式刺刀是一把无护手、无握把的短剑，下端呈圆锥形，这种刺刀使滑膛枪手能够部分取代长矛兵的作用，增加了滑膛枪手的自保能力。插入式刺刀的弊端在于，装上这种刺刀的滑膛枪无法发挥其应有的齐射优势，且安装刺刀的过程也给了敌方骑兵很大的攻击空档。在17世纪80年代前后，法国著名军事工程学家沃邦对插入式刺刀进行了改进，在枪口外专门设计了用于安装刺刀的金属套筒，这种设计使滑膛枪手能够在安装了刺刀的情况下进行射击，保证了火力的连续性。到了17世纪末，卡座式刺刀被欧洲各国军队广泛采用。卡座式刺刀的出现使骑兵的正面攻击难以对步兵方阵造成威胁，同时也使滑膛枪兵彻底取代了长矛手在战场上的作用。

1689年

清朝工匠创制武成永固大将军炮　武成永固大将军炮制于康熙二十八年

（1689年），共61门。比利时传教士南怀仁奉命为清廷铸造火炮，武成永固大将军炮便是其中最优秀的炮式之一。《清会典图》卷100《武备十一·枪炮三》载有其图式与说

武成永固大将军炮

明。《钦定大清会典图·武备》刊有南怀仁设计此炮图样，与端门西广场陈列的武成永固大将军炮相似，炮身前细后粗，有八道宽箍，每道宽箍由数道细箍组成。中国国家博物馆收藏了一门铜铸武成永固大将军炮，近几年在北京天安门内端门与午门之间的广场上展出。其实测数据如下：炮身全长约为362厘米，膛深约为330厘米，炮口内径约为15.5厘米，炮口外径约为46.15厘米，炮尾旁用满、汉文铭刻："大清康熙二十八年铸造武成永固大将军。用药十斤，生铁炮子二十斤，星高六分三厘。制法官南怀仁，监造官佛保、硕思泰，作官王之臣，匠役李文德、颜四"等字。炮身至今保存完好，安置于两轮车上，炮身铜质精良，铸工精致，装饰华丽，是到目前为止明末清初所铸火炮中的最佳制品。从铭文"制法官南怀仁"可知，此炮的构造系南怀仁生前所设计，在他死后两年铸成，是南怀仁为清廷设计火炮中的巅峰之作，也是融当时中西铸炮技术于一炉的制品。铭文所记载的形制构造当是这61门武成永固大将军炮的共同特点。该炮属前装式火炮，即火药与弹丸由炮口直接装入，采用火绳点火，炮管内无膛线，为滑膛火炮。此炮的实测数据与《清会典图》所记略有不同，"星高六分三厘"大于记载的"四分九厘"，炮身长（362厘米）大于记载的"一丈一尺一寸"（约为356.2厘米）。

欧洲出版的《火器时代》 《火器时代》详述了枪械制造的流程和火药成品的加工。如火药制成后还要进行多道加工，才能得到有效保护并保证运输中的安全。首先要用水压式机械将火药压成坚固而均匀的药块，使之具有一定的密实性和几何形状；其次要用机械式造粒缸将火药块制成大小均匀的火药粒，并分别筛选适用于不同火器。1689年，德意志奥格斯堡出版物中绘

制了一张筛选火药图：前面的工人用小靶子提翻火药，后面的2名工人正在筛选火药，之后再将筛过的火药粒放在40~60℃的烘干室内烘干，使火药保持良好待用的干燥状态；最后用石墨制成的磨光机将药粒表面磨光，除去气孔，降低吸湿性，以延长火药的贮存期。

1690年

清朝工匠创制子母炮　子母炮又称子母铳，是一种具有母铳子铳结构式的单兵射击火器，属轻型火炮，改进自明朝的佛朗机炮。大致在嘉靖四十年装备明军使用。何良臣在《阵纪·技用》中提到了子母炮，说它"妙在悚虏之马，惊虏之营，乱虏之伍，夺虏之气"。子炮外形为一个空心圆筒，里面事先装好炮弹（这里是霰弹）和火药，类似现在的定装弹。战斗时，先将一个子炮装入室中，发射后退出空子炮，再换装第2个。由于可以轮流换装子炮，不需要像其他火炮那样分别装火药和炮弹，所以射速非常高。空子炮还可以重新装填，以供下次使用。由于子母铳铁形体大小和战斗作用与鸟铳相似，因而何汝宾在《兵录·子母铳》中称其为子母鸟铳，其母舷管、口径大小、龙头形扳机、铳床等主要构件，以及装药用的锡鳖（用锡熔铸的一种鳖形贮药罐）、装发药用的药筒、皮带等附件，大致都与鸟铳的同类构件和附件相同。康熙二十九年（1690年）清廷铸造了两种铁质子母炮。一种长约1.77米，重47.5千克；子炮5门，各重4千克；装药110克，铁子250克。另一种

母炮

子炮

火绳

子母炮

长约1.93米，重42.5千克。炮的尾部装有木柄，柄的后部向下弯曲，并以铁索连于炮架。此炮装备在四足木架上，足上安有铁轮，可推可挽。使用时将子炮放入母炮后腹开口处，用铁闩固定，然后点燃子炮，弹头从母炮口飞出。上述两种子母炮，起初使用实心弹丸和小弹子，到康熙五十六年（1717年）以后，改用爆炸弹，命中率高，杀伤力大。在康熙帝亲征准噶尔部叛乱战争中，仅以三发坠其营而大获全胜。

1693年

清廷建立内务府系统下属的火器制造机构　内务府系统的火器研发机构包括养心殿造办处和内务府造办处。它原是清初在紫禁城内设立的制造器用品的机构，自康熙三十二年（1693年）开始设立铸炉处与炮枪处等制造枪炮的作坊。其中，御鸟枪处负责保管由造办处制造的御用枪炮，随时领用。遇有呈送的新型鸟枪，则由本处试射。内火药库是保管御用火药的机构，主要负责配造与收发火药、铅丸与铁砂。它所用硝、硫、麻秸、苘麻、油单、皮匣、柳枝炭等物，分别从工部、武备院、奉宸苑（掌皇家苑囿之事的部门）领取。

1695年

清朝工匠创制制胜将军炮　制胜将军炮制于康熙三十四年，共48门，有两种：第一种有46门，炮重250千克、长5尺，有4道箍，弹重1.5千克，用药0.75千克，星高5分，铭有"大清康熙三十四年景山内御制制胜将军……总监造御前一等待卫海清监造官员外郎巴福寿笔帖式硕思泰噶尔图匠役李文德颜四"等字；第二种有2门，各重180千克，长5尺，用铁弹1千克、火药0.5千克。制胜将军与神威将军炮都是适用于野战的长管直射炮。

制胜将军炮

18世纪

西班牙人创制了西班牙折刀　西班牙折刀起源于伊比利亚半岛。它是一种单刃刀。刀通常长15~20厘米，有些可长达20厘米或更长。它的刀身由一个簧片锁定，通常通过拉动一个环或链来推开簧片，释放刀身，也可以用同样的原理将刀身收回到刀柄中。狭长的刀柄多为弯曲状。刀柄大多包铁并以鹿角、牛角为装饰。在北美地区，这种刀也被当作一种经典的格斗刀具。

西班牙折刀

1718年

普克尔发明了普克尔手摇回转式单管九发枪　普克尔手摇回转式单管九发枪是于1718年由英国人普克尔（Jams Pauckle）发明，现仍陈列于伦敦塔内。一般而言，普克尔枪安于三脚架上，枪身由前部一支主枪管和后部安于转盘的9个弹膛组成；每个弹膛都能装填一发枪弹，安有一个燧发枪机；转盘后部有一个摇柄，转动摇柄，可使9个弹膛依次对准并伸入主枪管内，使之完全贴合并严密封闭，不使气体外泄；待9个弹膛内的枪弹依次射毕，拧出后再重新装弹射击。1723年3月31日，《伦敦时报》报道了普克尔枪试射2天的情况，7分钟共射63发弹丸，平均每分钟射9发，即轮回一圈，比同期击发步枪的射速快4~5倍。

普克尔手摇回转式单管九发枪

1742年

B. 罗宾斯出版《炮术新原理》　《炮术新原理》由英国人罗宾斯（Benjamin Robins）于1742年所著。罗宾斯是著名的火炮学家，于1707年出生在巴斯，1742—1743年他在英国皇家学会上宣读了著名的论文《炮学新原理》，论述了弹道理论，指出空气阻力比通常设想的要大得多。之后，他向皇家学会提出了线膛炮的重要性。他指出：枪炮弹在膛内运动时，由于摩擦与碰撞，会发生不规则的旋转运动，使弹丸射出后发生偏转，妨碍命中精度，而枪炮弹在精密制造的线膛枪炮内运动时，膛线会"不断修正"弹丸在飞行中的轴线，使弹丸沿着目标飞行，达到提高命中精度的目的。因此，他积极建议采用线膛枪炮。同时，他还论证了采用长弹的优越性。1747年，罗宾斯还提出了一个原理：不论火炮口径的大小，装药量为弹重三分之一的炮弹对火炮的损害最小、射程最佳，过大的装药量并无多大作用。

1748年

清朝工匠创制九节十成炮　九节十成炮是清朝初期制造的一种特型火炮，是清军在金川之战中使用的。此炮在《钦定大清会典事例》卷894《工部·军火·铸炮》中有所记载：乾隆十三年（1748年）平定金川，清廷制九节十成炮，铜铸。前分九节后加底，各有螺旋以便分负涉险，用时合成。具体而言，其重自七百九十斤至七百九十八斤；长自五尺一寸至六尺九寸；用药自一斤四两至一斤八两；铁子二斤八两，载以四轮车；长六尺一寸；中加立木，半规以承炮；立木左右为铁柱，夹炮；右柱长倍左，曲向前。加立表以为准。由此可见，这是当时工部专为山地攻坚作战而铸造的特种火炮，炮身与炮车都与其他火炮不同。阿尔泰因知其作用而于乾隆三十三年

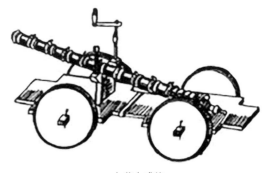

九节十成炮

铸造了10门，并于乾隆三十六年携带几门至金川前线。它的炮身分为9节，各节长短粗细相同，每节一端刻有阳螺纹，另一端刻有阴螺纹，使用时将各节相继旋接，组成炮身。

1757年

约翰·马勒出版《火炮论》 　《火炮论》是于1757年由德国火炮研制家约翰·马勒出版的。约翰·马勒（John Malle，1699—1784）于1741年任英国乌里治皇家军官学校校长。1757年，马勒所著《火炮论》（又译作《炮兵学》）出版。马勒认为：炮弹的装药量过多，火炮就不易机动。他经过多次试验后指出，任何一门火炮，其长度为口径的21倍，装药量为弹重的一半，其射程较大于或小于这一比例的装药量都要远。他还推算出野战炮的长度为口径的14倍、舰炮的长度为口径的15倍，是火炮设计的最佳参数。

1764年

圣·艾蒂安兵工厂创立 　圣·艾蒂安兵工厂（Manufacture d'Armes de Saint-Étienne）位于法国东南部的卢瓦尔省的圣·艾蒂安市，在中世纪就以刀剑制造中心而闻名。1764年，在阿登省沙勒维尔皇家军火制造（Royal Arms Manufacture of Charleville）的管理下，圣·艾蒂安的皇家军火制造公司正式成立。

法国大革命期间，圣·艾蒂安兵工厂每年的武器产量是12 000件。1838年，为了满足拿破仑扩张的需求，工厂的武器年产量提升至30 000件。1864年，现代化的厂房在圣·艾蒂安兵工厂建立，公司从1866年开始生产著名的夏塞波步枪，其设计者为安东尼·阿方索·夏塞波（Antoine Alphonse Chassepot，1833—1905）。夏塞波步枪全长130.5厘米，枪管长度79.5厘米，重约4.6千克，口径11毫米，射击初速410米/秒，有效射程可达800米。1866年，夏塞波步枪被选为法国陆军制式装备，一年后在门塔纳战场上首次现身就重创了加里波第（Garibaldi G.，1807—1882）率领的意大利军。而在普法战争（1870年）中，虽然法国最后败于普鲁士，但是夏塞波步枪在性能上完胜德国装备的德莱赛步枪。夏塞波步枪在枪栓表面安装了防止气体泄漏的橡

格拉斯步枪

胶闭气套，密封性强于德莱赛步枪，所装弹药的火药量也更大，这就使步枪拥有更高的初速和更远的射程。战后，德军换装了大名鼎鼎的毛瑟步枪，其原型同样是夏塞波步枪。

1874年，圣·艾蒂安兵工厂开始生产夏塞波步枪的改进型格拉斯步枪。格拉斯步枪由巴西莱·格拉斯（Basile Gras，1836—1901）设计，被法军列装，还被希腊、智利、摩纳哥、越南等国家的军队使用，该枪也是日本第一种制式步枪村田步枪的原型。在1886年被勒贝尔步枪取代前，格拉斯步枪一共生产了约40 000支。1886年圣·艾蒂安兵工厂生产的勒贝尔步枪是世界首款使用无烟火药的武器，由沙太勒罗兵工厂研制，勒贝尔步枪在两次世界大战的磨炼中成为一代经典枪械，直到1920年才停产，一共生产了约280万支。

1936年，法军正式装备了圣·艾蒂安兵工厂研发的MAS36手动步枪。一战后，法国从各国使用的步枪中总结经验，借鉴了包括英国李–恩菲尔德步枪的后端闭锁枪机、美国M1917步枪的觇孔式瞄准具以及德国毛瑟步枪的5发双排固定弹仓等优点，从而设计出这把性价比极高的步枪。但MAS36的列装工作受到预算的影响，在二战期间，法军仅装备了250 000余支，且主要供前线部队使用，其余部队手上的仍然是落后的勒贝尔步枪和贝蒂埃步枪。MAS36手动步枪在军中一直服役到20世纪60年代，后来还被改装为狙击枪和民用猎枪。

1944年末，圣·艾蒂安兵工厂开始研制新型步枪，该枪于1949年被确定为法军制式装备，并被命名为MAS49式步枪，其改进型为MAS49/56式步枪。MAS49/56式步枪相比MAS49式步枪，枪身更短，质量更小，并且增加了刺刀，以提升机械化部队和空降部队使用时的机动性。MAS49式步枪长1 100毫米，其中枪管长580毫米，重4.7千克，而MAS49/56式步枪长1 020毫米，枪管长525毫米，重4.1千克。该系列步枪设计巧妙，操作简便，易于分解。MAS49/56式步枪一直到1978年才停止生产，到1990年完全退出现役。

1971年，圣·艾蒂安兵工厂被法国政府合并为法国地面武器工业集团。随后工厂又研发了法国下一代制式

FAMAS自动步枪

步枪——FAMAS自动步枪，FAMAS是法语"圣·艾蒂安所生产轻型自动步枪"（Fusil Automatique, Manufacture d'Armes de Saint-Etienne）的缩写。它的结构极有特色，枪机被置于枪托内，从而大大缩短了枪的长度（总长757毫米）；抛壳方向可以左右两边变换，以防左撇子射击时被弹壳击中；还具有单发、三发点射和连发三种射击方式。FAMAS自动步枪随法军参加了海湾战争，其射速快、弹道集中的特点被军方称赞。但其载弹量少（25发）、射击时噪音大、抛出的弹壳和烟雾会影响使用等问题也广为诟病。2001年，圣·艾蒂安兵工厂正式关闭，一代制枪名厂就此画上句号。

1776年

大卫·布什内尔建成"海龟号"潜艇　美国耶鲁大学的大卫·布什内尔（David Bushnell）建成"海龟号"潜艇，通过底阀加水至水箱，可使艇潜至水下6米处，能在水下停留约30分钟。艇上装有两个手摇曲柄螺旋桨，使艇获得3节左右的速度和操纵艇的升降。艇内有手操压力水泵，排出水舱内的水，使艇上浮。艇外携一个能用定时引信引爆的炸药包，可在艇内操纵将其放于敌舰底部。艇内部仅容纳一人操作方向舵和螺旋桨。1776年，"海龟号"企图攻击英国皇家海军"老鹰号"，虽未获成功，但

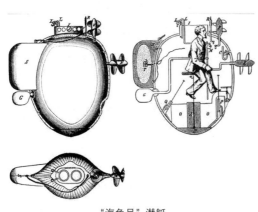

"海龟号"潜艇

开创了潜艇首次袭击军舰的尝试。1776年9月7日晚，由军中的志愿者中士埃兹拉·李（Ezra Lee）驾驶"海龟号"潜艇，袭击英国皇家"老鹰号"海军战舰。然而，中士未能钻透目标舰的船身以固定火药桶，可能是木制船身太坚硬无法钻透，或是仪器碰到了螺钉或其他金属支撑物，再或是操作者未能旋紧火药桶。当他企图移动"海龟号"到船身下的另一个位置时，失去了与目标船的联系，最终被迫放弃。虽然没能击中目标，但时钟定时器在其释放了炸弹一小时之后，引爆了火药桶。这次爆炸迫使英军加强警戒，把战舰停泊在远离港口的地方。英国皇家海军在这一阶段的记录或报告从未提及此事，可能是"海龟号"的攻击更像是传说而不是历史事件。

1777年

春田军工厂成立　春田军工厂（Springfield Armory）也可称为斯普林菲尔德军工厂，位于马萨诸塞州的斯普林菲尔德市。它是于1777年至1968年间制造美国军火的主要中心。目前，该地被改建为春城兵工厂国家历史遗址，是马萨诸塞州西部唯一的国家公园。春田军工厂最初作为美国革命战争时期的主要武器库闻名于世，又因在谢司起义中成为交火地而名声大噪，19世纪和20世纪开始成为众多具有全球重要性的技术创新的场所之一，包括可以通用和互换的零件、批量生产的流水线式样，以及现代商业范例。从1794年到1968年在春田军工厂生产的众多枪械模型被称为"斯普林菲尔德步枪"。其生产的主要产品有M1903斯普林菲尔德步枪、M1式加兰德步枪、M14自动步枪、M1911半自动手枪等。

春田军工厂

1779年

威尔逊发明舰用回转式七管枪　舰用回转式七管枪是于1779年由英国人

威尔逊（Jams Willson）发明的。这种舰用回旋式7管枪，可装设在帆桨战舰的甲板上，供狙击手射击敌人使用，被英国皇家海军所采用。这种枪的单管长约0.91米，重5.44千克。7支枪管焊在一起，1支居中，6支绕其周围并行组合。引爆药池有一个接触孔，这个接触孔通穿中心枪管的弹仓，从这里又以辐射形式发出，通向周围6支枪管的通道，进行齐射。

1786年

C.莱特发现硝酸钾的不可替代性　1786年，法国化学家莱特（Cloude Bertho Let，1749—1823）曾经用氯酸钾（$KClO_3$）和过氯酸钾（$KClO_4$）代替硝酸钾试制火药，以增强火药爆炸的强度，但增加了制造火药的成本和危险性。他又用硝酸钠代替硝酸钾试制火药，虽然可降低成本，但是这种火药吸湿性较大，不利于贮存，所以也没有被采用。

1805年

威廉·康格里夫创制了"康格里夫火箭"　康格里夫火箭是一种有长尾杆的金属筒装火箭，源自印度迈索尔王国在抵抗英军侵略过程中使用的火箭，由英国人威廉·康格里夫（William Congreve，1772—1828）于1805年改进而成。康格里夫火箭通过一个装有黑火药的火药罐提供动力，通过木质导向杆来稳定箭体，起初导向杆被置于火箭侧面，1815年后被置于火箭底部，最初的火药罐由硬纸板制成。这种材质的火箭在飞行过程中很容易受风向影响，因而康格里夫于1806年采用薄铁板来制作火箭。康格里夫火箭在制成之后便投入拿破仑战争中，陆军与海军皆可使用。在1806年英国海军攻打布洛涅的战争中，18艘英国军舰半小时内发射了200枚康格里夫火箭，射程达到2 195米。起初的康格里夫火箭主要通过火箭尾焰

康格里夫火箭

的燃烧来杀伤敌人，而在配备了爆破弹头之后则可造成大规模杀伤。1812年后，欧洲许多国家的陆军皆设立了专门的火箭部队，在英国陆军的骑炮旅中就有专门的一个火箭连，大多配备了康格里夫火箭。康格里夫火箭被英军大量用于对外战争中：1814年，英军在围攻美国的麦克亨利要塞的过程中大量使用了康格里夫火箭；在两次鸦片战争中，英军利用康格里夫火箭对清军的炮台、船只等战术目标造成了大量损伤。康格里夫火箭在战争中的出色表现引发了欧洲各国制造火箭的高潮，其贡献在于：一是火箭筒口径生产的标准化与生产的批量化，筒口径有达到了20.3厘米的，木制导杆大致为基体筒长的8倍；二是增加了发射剂用量，火药中硫含量减少以降低其燃烧速度，从而使其威力增大；三是康格里夫火箭的出现引发了欧洲的火箭生产革命，产生了许多火箭生产的专利，标志着近代火箭发展的开端。尽管如此，康格里夫火箭在实际应用中仍出现了杀伤力不足、稳定性差等缺陷。1844年，威廉·黑尔（William Hale，1797—1870）研发出了无需长尾杆的火箭，英军也于1867年开始配备了这种新式火箭。

1807年

伊热夫斯克军工厂创立　伊热夫斯克（Izhevsk）位于俄罗斯乌拉尔山脉以西。沙俄时期，凭借着乌拉尔山丰富的矿产资源，以及伏尔加河流域的交通优势，伊热夫斯克成为俄罗斯最重要的钢铁业和军工业基地。1807年6月，沙皇亚历山大一世下令建厂，伊热夫斯克军工厂正式成立，由于初期建设问题，建厂后4年仅生产了2 000支长枪。1814年，该厂年产量已经增长到10 000支枪和2 000支剑。1830年，工厂的年产量已经达到25 000支长枪和5 000支剑。在1853年到1856年的克里米亚战争期间，工厂向俄罗斯军队提供了超过130 000支步枪。1867年，军工厂被重组给私人企业，并且对工厂进行了翻新，配备了新式蒸汽机、平炉以及大量先进生产设备，使得伊热夫斯克军工厂的实力已经可以与同时期欧洲最先进的军工厂相抗衡。

沙俄时期，伊热夫斯克军工厂与谢斯特罗列茨克兵工厂，以及图拉兵工厂并称为俄国三大轻武器生产基地。1870年，伊热夫斯克军工厂的生产率已经上升为三大工厂中最高的。一战期间，伊热夫斯克军工厂为俄罗斯军队提供了超过140万支步枪，1917年在伊热夫斯克军工厂工作的工人已经达到34 000人，并于1918年成立自己的设计局。1922年苏联成立，工厂进一步改组。1930年，工厂成立了新的设计局"军火设计中心"，该设计局前后共开发了超过300种武器，其中大部分都是在伊热夫斯克军工厂连续生产的。

二战期间，伊热夫斯克军工厂成为苏联部队最主要的枪械来源。该时期工厂开始量产莫辛–纳甘狙击步枪、PTRD反坦克步枪、PTRS-41反坦克步枪、Sh-3机炮、NS-37机炮、M1895左轮手枪等大量武器。1941年到1946年，工厂共生产了11 450 000支步枪和卡宾枪，产量超过了当时所有德国枪械制造商的总产量。

1944年，坦克指挥官米哈伊尔·卡拉什尼科夫（Михаил Тимофеевич Калашников，1919—2013）根据7.62毫米×39毫米中间型威力枪弹设计了一支卡宾枪。1947年，他在这种卡宾枪的基础上改进出一款突击步

AK–47突击步枪

枪，命名为AK-47（1947- год Автомат Калашникова）。AK-47自动步枪在1949年成为苏联军队的标准步枪，这一年卡拉什尼科夫来到伊热夫斯克军工厂，自此一直在伊热夫斯克工作和居住，并为苏联贡献了上百个轻武器设计方案。AK-47自动步枪坚固耐用，故障率低，无论在风沙泥水还是高温严寒的环境下，都能保持可靠的性能；而且AK-47自动步枪结构简单，易于分解，也方便清洁、维修和操作。AK-47一经推出就在世界各地流行起来，世界上先后有30多个国家的军队装备或仿制。AK-47使得卡拉什尼科夫获得了世界枪王的赞誉，也使伊热夫斯克军工厂名声大噪。1959年，AK-47的改进型AKM突击步枪正式投产，更使得苏联的轻武器水平一时远超于西方地区。

1963年，伊热夫斯克军工厂的另一位枪械设计师叶夫根尼·德拉戈诺夫（Евгений Фёдорович Драгунов，1920—1991）设计的SVD狙击步枪正式列装苏联部队。较其前任莫辛–纳甘狙击步枪，SVD狙击步枪不仅射速由每分钟5发上升到20~30发，其精度也有显著提升。该枪推出后，被苏联、埃

及、罗马尼亚等国军方采用。我国也曾仿制SVD制作了79式狙击步枪及其改进型86式狙击步枪。20世纪80年代，苏联军方计划发展新型号武器以替代马卡洛夫手枪和AK自动步枪，最终又是伊热夫斯克军工厂生产的MP443手枪和AN94自动步枪脱颖而出被军方选中。苏联解体后，伊热夫斯克军工厂进行民营化改制，改组为伊孜玛什公司，原伊热夫斯克军工厂分成3部分，开始走民营化道路。现今的伊孜玛什公司已经发展成为除生产轻武器外，还生产汽车、摩托车等产品的综合性企业。而与伊热夫斯克军工厂紧密相连的AK系列，直到今日也仍然在其生产之列。

1810年

克虏伯公司创建　克虏伯（Krupp）公司是20世纪前期的世界第一大兵工厂，其生产范围几乎涵盖所有军火种类，被誉为德意志的军火库以及帝国兵工厂。克虏伯公司由弗里德里克·克虏伯（Friedrich Krupp，1787—1826）于1810年创立，起初只是鲁尔工业区的一家小型私人铸钢厂。1826年，仅14岁的阿尔弗雷德·克虏伯（Alfred Krupp，1812—1886）继承了企业。在1851年的万国博览会上，克虏伯公司展示了重大1 950千克的钢锭，充分显示了其工业水平。随

阿尔弗雷德·克虏伯
（Alfred Krupp，1812—1886）

着公司钢产量的提升，阿尔弗雷德开始将注意力转向枪炮的生产。在1867年举办的第二届巴黎世博会上，阿尔弗雷德向世人展示了克虏伯大炮，该炮长5.2米，重50吨，口径为280毫米，炮管长11.2米、重44吨，有效射程为19 760米，可在3 000米内穿透65.8毫米的钢板。克虏伯大炮在几年后的普法战争中大放异彩，从此声名鹊起。洋务运动时期，李鸿章曾代表清政府出访德国并购入该炮。此后克虏伯大炮在很长一段时间内都是清朝国防的中坚力量，从中法战争、甲午中日战争到八国联军侵华，甚至到军阀混战和抗日战争时期，克虏伯大炮都依旧活跃于战场之上。

在阿尔弗雷德1887年去世时，克虏伯公司已成为德国的第一大军工厂，

在其继承者弗兰茨·克虏伯（Friedrich Alfred Krupp，1854—1902）的管理下，克虏伯的军火贸易不断扩大，并始终与德国皇室保持着良好的关系。一战期间，克虏伯为德国陆军生产了大量枪炮和战舰，包括大伯莎巨炮和巴黎大炮。一战结束后，克虏伯的工厂虽被同盟国拆除，但靠着魏玛共和国政府的补助金重建，恢复生产。不久就在德国参谋部的要求下，重新开始军工的生产和研制。二战期间，克虏伯公司成为纳粹德国最重要的军工厂之一，其生产的88毫米高射炮、"利奥波德"列车炮、"古斯塔夫"巨炮、一号坦克、四号坦克、U型潜艇等都是德军的关键装备。1952年10月，克虏伯公司转让出售了重工业、矿山和钢铁生产企业，仅保留造船、卡车制造和机车制造部门的股权，以及作为出让产权补偿的2.5亿法郎。冷战开始后，美英两国计划重新武装德国以对抗苏联，克虏伯公司再度复兴。到了60年代初，其雇员已多达11万，年营业额达到15亿美元，跻身欧洲十大企业之列，经营范围包括造船、桥梁建筑、化工、纺织、塑料、水处理、炼油和核反应堆。但到60年代中期，克虏伯集团欠下多达10亿美元的债务，陷入了无力偿债的境地。经过谈判，政府答应给予克虏伯公司700万美元贷款，同时由政府担保，延期支付银行贷款，条件是克虏伯必须改成股份制公司。1967年，克虏伯公司被改组为股份有限公司，自此克虏伯公司家族统治的历史宣告结束。

1811年

毛瑟公司创立　毛瑟（Mauser）公司起源于1811年7月31日，起初为腓特烈一世（Friedrich Ⅰ，1754—1816）在德国的奥伯恩多夫建立的一间皇家兵工厂。安德烈亚斯·毛瑟（Andreas Mauser）就是当时工厂中手艺最精湛的枪支制造工，他的七个儿子都在厂里做学徒，其中又以保罗·毛瑟（Paul Mauser，1838—1914）和威廉·毛瑟（Wilhelm Mauser，1834—1882）最有制枪天赋。

1867年，毛瑟兄弟以夏塞波步枪为基础，制造了第一款毛瑟步枪。该枪采用闭锁旋转后拉式枪机，这种设计使得步枪的射速大大提高，闭锁枪机的设计又很好地解决了外泄出的火药气体干扰士兵瞄准甚至灼伤皮肤的问题，这一创造性发明成为世界大多数单发步枪的设计基础。1870—1871年普法战争中，德国军方采用了毛瑟步枪为制式装备，并将其命名为M71式步枪。M71式毛瑟步枪重4.5千克，总长1 350毫米，枪管长855毫米，枪口初速440米/秒，有效射程达1 600米。其后保罗为了提高步枪射速，在M71的枪管下方增设了一个管状弹仓，这种改进型步枪后来被命名为71/84式步枪。

在无烟发射药技术出现后，公司于1898年推出全新的改进型步枪，即1898型步枪（Gewehr 1898），通常缩写为Gew.98，该枪随即被德国军方定为制式武器。除标准型外，该枪还有一种较短的卡宾枪型，被命名为

保罗·毛瑟（Paul Mauser，1838—1914）

1898型卡宾枪（Karbiner 1898），通常缩写成Kar.98，卡宾枪射击精度极高，经加装4倍或6倍光学瞄准镜后，可以作为一种优秀的狙击步枪。毛瑟98式步枪直到第二次世界大战结束前都是德国军队步兵的制式步枪，也是二战期间产量最多的轻武器之一。由于其精准可靠的性能，一直到二战结束后，毛瑟98式步枪仍然被一些国家仿制和继续使用。我国近代第一种制式步枪——中正式步骑枪，也是在毛瑟98式步枪的基础上仿制而成的。

19世纪末，毛瑟公司开始涉足手枪领域，生产了C96手枪。20世纪二三十年代该枪在我国广泛使用，由于其枪套是一个木盒而被叫作"盒子炮"或"匣子枪"，也被称为"驳壳枪"。二战结束后，奥伯恩多夫地区处于法国的控制之下，整个毛瑟兵工厂都遭到破坏。后来三个毛瑟公司的前雇员在奥伯恩多夫建立了H&K公司（Heckler & Koch GmbH），H&K公司最终完全取代了毛瑟公司，成为德国军方的主要轻武器供应商。而毛瑟公司则被德国防务企业莱茵金属公司收购，成为旗下的一个子公司。其业务主要是生产BK-27转膛式自动炮（Mauser BK-27 Revolver cannon）。

1898型卡宾枪

1815年

富尔顿建造第一艘蒸汽战舰　1815年，美国人富尔顿（Robert Fulton，1765—1815）创造了"德英洛戈斯号"蒸汽舰船。富尔顿是美国工程师，生于宾夕法尼亚州，成年后学习枪炮制造和机械研究。1797年，在巴黎试造出用人力转动螺旋桨的潜水艇。1804年，在英国进行蒸汽动力船的试验。1807年8月，以蒸汽为动力的轮船"克莱蒙特号"试造成功，来回航行于纽约至奥尔巴尔间的哈得逊河上，为最早用轮船从事定期运输者。富尔顿于1815年创造的"德英洛戈斯号"是第一艘明轮蒸汽船（浮动炮台，后改"富尔顿号"），排水量2 745吨，航速近6节（每一节为一海里），装备32磅舰炮。1836年，螺旋桨推进器出现后，蒸汽机逐步成为战舰的主动力装置，风帆随之成为辅助动力装置。与风帆舰相比，蒸汽舰最大的优势在于不受风速、风向和潮流等因素的限制，航速可以提高几节乃至十几节，具有广阔的发展前景。由于初创时期蒸汽舰的明轮与机器暴露在敌人的火力之下，一旦被击中，全船就不能再用，而且这些机器和备用煤量太大，无法再装备舰炮，所以在19世纪前期未得到推广。

朝鲜兵书《戎垣必备》记载了朝鲜国的天地玄黄系列火炮　天地玄黄系列火炮是具有朝鲜民族特色的铜制火炮系列，共分为四个字号。天字铳筒的筒口有唇沿，筒身用多道横箍加固，筒膛后接药室，药室直径大于膛径，药室壁开一个火门，并从中引出一条药线，药室内可装填火药1.5千克，木马子长233毫米、直径153毫米，口径187毫米，全长2.1米，铳箍外径433毫米，药室长743毫米，药室外径410毫米，铳身前后备铸有一个铁环作把手供援运火铳用。地字铳筒口内径167毫米，口外径367毫米，全长1.89米，重362千克，有药线1条，装填火药1.5千克，每门备弹丸200枚，发射16.5千克重的弹丸时射程可达1 040米，所用木马子长167毫米、直径133毫米。玄字铳筒重77.5千克，备药线1条、火药0.2千克，内径130毫米，口外径230毫米，其全长1.36米，木马子长103毫米、直径87毫米，发射重3.5千克的次大箭时射程为2 600多米，也可发射100枚小弹丸；铳筒口径97毫米，全长1.36米。黄字铳筒在形制构造上与天字、地字、玄字三个系列的铳筒有所不同。它只有一个铳把，在药室前一道箍的两侧各有一个小炮耳，通过两侧的炮耳可安上一个"丫"形铁制叉架，通过叉架的尾端可将炮身插于一个固定的炮架上进行发射，用作舰炮。在它的尾部，有一个向后敞开的尾銎，可插入一根木柄，通过对木柄的控制可以调整火炮的左右射界和上下俯仰的射角，这种构造比较科学，是当时朝鲜火炮制造的一个创新之处。黄字铳筒用青铜铸造，重65千克，备药线1条、火药0.15千克，口内径73毫米，口外径200毫米，尾柄长203毫米，尾内径50毫米，尾外径150毫米，全长1.21米，木马子长100毫米、直径67毫米，发射1.9千克的皮翎箭时射程可达1 430米，也可发射40枚小弹丸。

1816年

恩菲尔德军工厂创立　恩菲尔德军工厂又名皇家轻武器工厂（Royal Small Arms Factory），地处英国伦敦北郊的恩菲尔德镇，成立于1816年，最初该厂只负责燧发枪的组装工作，后来逐渐发展为设备完善、兼具研发和制造能力的兵工厂。

1853年，该厂推出了使用米涅子弹的P1853步枪，成为当时线膛步枪的代表作。在克里米亚战争后，P1853步枪成为英军制式装备，此时恩菲尔德军工厂年产量也达到50 000支，已成为当时全英国技术最为先进的军工厂。1888年，英国军方采用了恩菲尔德军工厂制造的李–梅特福弹匣式步枪来替代马蒂尼–亨利步枪。该枪采用了詹姆斯·帕里斯·李（James Paris Lee，1831—1904）设计的后端闭锁旋转后拉枪机与可拆卸盒式弹仓，是为李–恩菲尔德（Lee-Enfield）步枪，还使用了由恩菲尔德军工厂改进枪管以及当时最新的无烟火药技术。在1895年被英国军方正式采用，直至朝鲜战争，李–恩菲尔德步枪都是所有英联邦国家的制式装备。到了20世纪90年代，由其改装的狙击枪仍在服役，其总产量超过1 700万支。布尔战争后，针对该枪暴露的装填缓慢、零件冗余等问题，工厂对步枪进行了改进，于1903年开始生产李–恩菲尔德弹匣式短步枪（Short Magazine Lee-Enfield），相比原枪，该枪更短、更轻便，装填速度和持续火力都获得极大提升。

恩菲尔德军工厂在二战期间生产的布伦轻机枪是该时期英联邦国家军队的火力支柱，良好的适应能力使得布伦轻机枪在进攻和防御中都能有效使用，

司登冲锋枪

其原型是捷克斯洛伐克的ZB26轻机枪。1953年，北约各国统一步枪制式口径，英国将布伦轻机枪重新设计改进成L4系列轻机枪，以适应北约制式7.62毫米×51毫米NATO步枪子弹。恩菲尔德军工厂在二战时期生产的另一款重要武器是司登冲锋枪，该枪以简单耐用、成本低廉的特点迅速量产，并随即提供给英军以及占领区的抵抗组织。该枪由英军缴获的德国MP40冲锋枪基础上改进而来，在满足最基本性能要求的前提下尽可能地降低成本，虽然外形粗糙，还有容易走火、卡壳的缺陷，但其成本上的优势使其在二战战场上发挥了极大作用。到了战争后期，德国在资源短缺的情况下也开始制造仿制司登的MP3008。二战后，恩菲尔德军工厂研制生产了L1A1 SLR、L42A1、AS80等著名枪械。1984年，恩菲尔德军工厂与其他多家皇家军工厂一起并入皇家军械公司（Royal Ordnance Plc），随后又被BAE系统公司收购。1988年，恩菲尔德军工厂正式关闭。

1818年

J.艾格发明了雷管 雷管是于1818年由英国技师J.艾格（Joseph Egg）发明的。它是一种爆破工程的主要起爆材料，作用是产生起爆能来引爆各种炸药及导爆索、传爆管。击发枪机是在燧发枪机的基础上研制成功的新型枪炮，其原理是射手扣动扳机后，击锤推击撞针，撞针触及枪弹中的引爆火药，将枪弹射出。当时已经知道硝化甘油是一种很剧烈的爆炸物，但由于它太敏感了，在受到震动、撞击或火化时就会爆炸，非常危险，因此缺少实用价值。1818年，英国技师J.艾格发明了雷管，并将其应用于枪弹引爆，于是击发枪机得到了广泛的使用。英国的博克枪，是最早使用了击发式枪机的枪支。1836年，英国用布伦斯威克枪代替了博克枪，其枪机就是改造后的福西-艾格式枪机。击发枪既克服了燧发枪的缺点，又简化了发射手续，提高了射速，所以便开始逐渐代替燧发枪。电雷管分为瞬发电雷管和延期电雷管，而延期电雷管又分为秒延期电雷管和毫秒延期电雷管。目前的雷管一般上层使用叠氮化铅，下面使用高爆炸药。

1828年

维克斯公司创立　维克斯公司（Vickers）是英国著名工业集团，也是英国最重要的军工制造商之一。1828年，爱德华·维克斯（Edward Vickers，1804—1897）在英国中部城市谢菲尔德成立了一家制钢厂，因制造教堂的大钟而闻名，是为维克斯公司的前身。1854年，爱德华的两个儿子托马斯·维克斯（Thomas Vickers，1833—1915）和阿尔伯特·维克斯（Albert Vickers，1838—1919）也加入了钢厂工作。1867年，钢厂以维克斯父子公司（Vickers，Sons & Company）为名正式上市并开始接受一些军用品订单，包括船用轴、螺旋桨以及装甲板等。1890年，公司正式进入军工领域，于1892年收购了马克沁–诺登菲尔德公司（Maxim-Nordenfeldt）并开始生产马克沁机枪。1900年左右，公司开始着手马克沁机枪的改进工作。1910年，改进款维克斯机枪（维克斯–马克沁机枪）开始接受官方测试，其修改主要集中于反转闭锁机构，从而减轻质量、便于生产。新机枪比马克沁机枪轻了近一半，在性能上也有所加强，1912年英军正式采纳其为制式机枪。维克斯机枪作为一款功能强大的地面部队支援武器，火力凶猛、性能可靠，一直跟随英军征战至1968年才正式宣布退出现役，此后还在一些英联邦国家继续使用。

1927年维克斯公司与阿姆斯特朗公司合并，并生产出六吨轻型坦克（MK.E坦克）。该坦克采用铆接装甲，装备阿姆斯特朗公司的四缸汽油引擎，时速可达35千米/时，搭配维克斯公司的47毫米口径速射炮，在火力上毫不逊于其他坦克。维克斯六吨轻型坦克未被英国当局重视，在国内产量仅有153辆，反倒是在其他国家备受青睐，成为二战前除了雷诺FT–17以外全世界最受欢迎的坦克之一。中国在1934也向维克斯公司下了这款坦克的订单，维克斯六吨坦克成为最早引入我国的坦克之一。

20世纪30年代，英国军方要求维克斯公司开发一款价格更低的新坦克，于是1936年第一款巡洋坦克A9应时而生。1938年，A9坦克正式服役，A9坦克主要用于实验和训练，制造量并不大。1940年，维克斯公司又开发了装甲更厚的A10坦克作为该系列的步兵坦克型，但在后来的实践中A10又被重新划分

瓦伦丁坦克

为巡洋坦克。公司的另一产品瓦伦丁（Valentine）坦克也在二战早期发挥了巨大作用，是二战期间英国制造最多的坦克之一，但并不出众的性能使其在后期被逐渐替换。

战后维克斯公司的发展颇为坎坷，先后经历了解散、重组、国有化、私有化、独立和被收购等过程，但它仍然不断制造着精良的军工产品，其中典型的代表就是从1998年服役至今，并在伊拉克战场大放异彩的挑战者（Challenger Ⅱ）主战坦克。1999年，劳斯莱斯公司宣布收购维克斯公司。三年后维克斯的武器部门被阿尔维斯公司收购，二者合并为阿尔维斯–维克斯公司。2004年，新组建的公司再次被收购，并入英国BEA系统公司。

1830年

德尔文发明长形枪弹　长形枪弹是于1830年由法国军官德尔文（Dalvigne）发明的。在改进枪弹的构造上，法国军官德尔文取得了较大的成就。1830年，他在对枪弹多次改进之后，创制了长形枪弹，这种枪弹呈小圆柱锥顶式，减小了在飞行中所受的阻力，初速衰减缓慢，提高了命中率。

1835年

柯尔特创制第一支左轮手枪并获得专利权　左轮手枪即转轮手枪（Revolver），是一种属手枪类的小型枪械。转轮手枪是美国人塞缪尔·柯尔特（Samuel Colt，1814—1862）于1835年发明的。在1860年，美国南北战争时，柯尔特研制的口径为11.8毫米的1860式左轮手枪被广泛使用，约生产20万支。柯尔特手枪的主要构件包括一支固定的枪管

转轮手枪

及枪管下方的一个中轴，其周围有6个装弹室，各装弹1发，可绕轴转动而使6个装弹室依次与枪管对齐。当发射时，射手扣动扳机，使6个装弹室中的1个与主枪管对齐，与此同时用力弯曲或压缩弹簧，并且将击锤推向后方，使其至一极点而最终击火发射。这种发射方式虽然十分迅速，但很费力，而且命中率不高。另外一种发射方式，是用拇指将击铁压向后方，迫使圆筒转动，压至最终位置而被钩住，此时轻扣扳机即可发射。上述两种发射方式的手枪都称为双动式手枪，柯尔特手枪即属于双动式手枪。由于左轮手枪结构简单，操作灵活，很快受到各国官兵的喜爱，19世纪中期以后更是风靡全球，许多国家都在研制和生产这种手枪，许多军官都以拥有一支左轮手枪而自豪。

1840年

德莱赛发明后装枪　后装枪是于1840年由普鲁士工匠德莱赛（Johann Nikolaus von Dreyse，1787—1876）发明的。击发枪几经改进，虽然使枪械作战性能有了较大的改进，但是仍然采用从枪口装填枪弹的方式，阻碍射击速度的进一步提高。于是欧洲枪械研制者们又做了改进装弹方式的研究，把以往从枪口装弹的方式改为从活动的枪尾装弹的方式，因而简化了枪械的装弹手续，提高了射速。它的构造特点：在枪筒的尾部装上滑动的枪机（通常所说的曲枪栓），枪机内装有一根击针，在射击时击针穿透装药即可发射。当时其口径15毫米，枪管长87厘米，重4.75千克。由于简化了装弹手续，所以射速从每分钟2发提高到每分钟5发。此枪最初使用纸壳枪弹，即头部为圆形，弹筒为纸壳，弹筒底部装有引爆药，击针撞击引爆药后即可发射。

1841年

丁拱辰撰写《演炮图说》　《演炮图说》是于1841年由丁拱辰（1800—1875）撰写的。丁拱辰是清朝著名的火炮研制家。他提出两种火药加工工艺。丁拱辰青少年时勤奋好学。嘉庆二十二年（1817年），他开始随父亲在浙江、广州一带经商。道光十一年（1831年），他出国谋生。道光二十年（1840年），他从海外回国后，鸦片战争爆发祸及沿海各省。道光二十一年（1841年），他到达广州，悉心研究火炮，反复进行火炮射击试验，经过整理，辑成《演炮图说》，刊印流行，因合时用，得到朝廷六品军功顶戴的赏赐。《演炮图说》的内容包括火药原料的加工工艺、火药配制的工艺、火药配方、火炮的铸造、炮台的构造、西方国家的炮台与海岸炮，以及运炮器械滑车绞架的制造与使用等。该书不久进呈御览。道光二十二年（1842年）十二月，清政府下令将此书及铜炮、炮架的式样，送至两江总督香英处，让他按此样式制造，装备水师与陆军使用。魏源亦将其收录于《海国图志》中。之后不久，丁拱辰又在《演炮图说》的基础上三易其稿，扩编成《演炮图说辑要》，此书4卷50多篇，附图多幅。之后不久，他又对《演炮图说辑要》加以补充与阐发，写成《演炮图说后编》1册2卷，对大小各型火炮与炮弹的制造、使用方法以及火药的配制等问题做了进一步的阐述，再次完善了他的演炮理论。同治二年（1863年），年逾花甲的丁拱辰又编著了《西洋军火图编》16卷，12万字，附图150多幅，被授予广东候补县丞。后又因铸炮有功，被擢升为知县，留广东补用，并赏给五品花翎，但丁拱辰并未到职。光绪元年（1875年），丁拱辰去世。丁拱辰一生勤学苦练，演炮有说，铸炮百门，把中国古代火器的研制推进到一个新的发展阶段，并为中国近代火器的发展做了重要的贡献。

1842年

日本政府设立佐贺铸炮所　佐贺铸炮所是于1842年由日本政府设立的。安政四年（1857年），日本在饱之浦建立了长崎炼铁所，制造和维修舰炮。幕府末期，佐贺、水户、萨摩各诸侯也设立制炮所铸造火炮。

佐贺诸侯锅岛直正在天保十三年（1842年），于元十五御茶屋建立一个仿制荷兰式火炮的佐贺铸炮所。该所建成后，即在天保十四年制成了青铜臼炮、榴弹炮、野战炮。又在弘化元年（1843年）制成1门3磅野战炮、2门200毫米口径的臼炮、2门150毫米口径的榴弹炮、20门1.65磅的野战炮。在嘉永六年（1853年）制成的火炮中，有25门36磅炮和25门20磅铁炮卖给幕府当局，以为军需之用。此外还制造了不少炮架。

水户诸侯在天保年间（1830—1843年）创建了幕末时期最大的神崎火炮铸造所，专门建造各种火炮。仅天保十年，就制造了14门青铜炮。之后，又制造了70多门大型铸铁炮等火炮。

1844年

威廉·黑尔创制自转火箭 威廉·黑尔（William Hale，1797—1870）针对木棍制导的康格里夫火箭精度低、稳定性差的特点，对其进行改进，研发出自转火箭，并于1844年获得专利。威廉·黑尔利用膛线枪发射的原理，单体下方有三叶状的叶片，让火箭能够借助其喷射而出的气体，围绕其纵轴定向旋转，从而保证弹体的稳定性，来解决用庞大、笨重的木棍制导使其本身精度低的问题。黑尔于1844年取得了自转火箭的专利权，随后将该武器的生产制造权卖给了美国政府。在1846年美国包围墨西哥维拉克鲁斯要塞的战争中，美军大量使用了黑尔制造的新式火箭。英国军队则在克里米亚战争中试验了黑尔火箭，并在1867年对非洲和亚洲殖民地进行的战争中采用了这种火箭。24磅重的黑尔火箭能携带一枚爆炸弹头，射程在1~4千米之间。由江南制造总局翻译的《兵船炮法》对自转火箭描述如下："海勒氏（黑尔）造旋风火箭，使药气不全从尾孔泄出，而并从近邻处五孔泄出，一面向前，一面旋转，发时有两法：一法以两板做斜槽承之，令引正方向；一法架上做圈，将火箭套入圈内，后有挺簧，压住其杆尾。初燃时，不能胜挺簧之力，继而胜之，乃飞出而成大速率，可免箭头向下改变方向之弊。"

1845年

卡瓦利少校发明膛线 后装线膛炮是意大利卡瓦利（Cavalli）少校，在1846年于炮膛内刻制螺旋膛线后问世的，它的问世使火炮发生了变革性的进步。膛线的历史相当悠久，15世纪就已经出现，直到19世纪才开始大规模装备各国军队。同前装炮相比，后装线膛炮具有许多优越性：从炮尾装弹，提高了射速；有完善的闭锁炮门和紧塞具，解决了火药燃气的外泄问题；炮膛内刻制了螺旋膛线，同时发射尖头柱体长形定装炮弹，使炮弹射出后具有稳定的弹道，提高了命中精度，增大了射程；对于岸防炮兵和海军，可以在炮台内（包括陆战中的掩体）和舰舱内装填炮弹，既方便又安全。由于后装炮具有较多的优越性，所以各国著名炮师便争相研制。在膛线发明后的200年间，线膛枪在军队中只是配角，直到法军奥尔良猎兵队上尉克劳德·爱迪尔内·米涅（Claude Etienne Minié，1804—1879）在19世纪中叶发明米涅弹。米涅弹的口径比前装线膛枪的阳线直径要小一圈，解决了填弹困难的问题。克虏伯于1854年创制成精良的后装线膛炮，在1855年受到拿破仑三世的称赞。

1846年

日本政府设立鹿儿岛铸炮所　鹿儿岛铸炮所是于萨摩诸侯于弘化三年（1846年）建立的。它制造了多种加农式海岸炮，在文久三年（1863年）反击英舰入侵之战中击退了入侵的英舰。明治维新后，该所成为重要的枪炮制造所。除上述各火炮制造所外，还有不少中小型火炮制造所制造火炮，形成了造炮高潮，所制火炮不但数量多，在造炮技术上也多有创新，为改善日本陆海军和海岸要塞的装备创造了条件。至今在日本游就馆还陈列当年日本幕末时期各诸侯所铸造的多种火炮。日本幕末时期所建立的各铸炮所，不久便成为明治维新后军国主义军事工业畸形发展的基础。

1849年

C.C.E.米涅创制了密闭火药燃气和米涅步枪　到1849年，法国军官C.C.E.米涅改进杜文宁式步枪及其枪弹，从而创制了装填简便、射程远、命中率较高的米涅式步枪。这种枪的技术性能：口径17.8毫米，长1.4米，枪重（除枪刺）4.8千克，最大初

米涅步枪

速365.7米/秒，最大射程914米，膛线4条；采用长形蛋式弹头，底部中空，略小于口径，易于装填枪弹；发射时，火药气体使枪弹底部发生膨胀而嵌入膛线，使枪弹产生充分的绕轴旋转，准确地飞向目标。米涅枪创制成功后，即在当年被英、法、美、比等国军队所采用。1866普奥战争时，在步兵火力对抗上，普军的后膛德雷赛击针枪轻松地击败了已经老朽不堪的奥军前装米涅

步枪，法军这才决定全面装备后膛击针的夏斯波步枪。至此，米涅步枪正式地退出了历史的舞台。

1853年

瑞士SIG公司创立 瑞士工业公司（Schweizerische Industrie-Gesellschaft）简称SIG，是世界著名轻武器制造公司。SIG公司起源于1853年在瑞士诺伊豪森开设的瑞士马车工厂（Swiss Wagon Factory），随着工厂逐渐发展，其生产领域转向工艺更为复杂的四轮马车和列车车厢。1860年，工厂获得了生产30 000支步枪的订单，从而将生产领域进一步扩大到枪械，并将公司重命名为瑞士工业公司。

1908年到1910年，SIG开始生产其第一款自动步枪——蒙德拉贡（Mondragón）M1908步枪。1908年墨西哥军方采纳该枪，并在同一年与SIG签订了4 000支的订单。后来，墨西哥革命的爆发导致国内政治局面动荡，加之该枪高额的造价，墨西哥军方不得不取消订单，因而只有400支步枪最终交付，其余的3 600支步枪则在一战时被德国买下。蒙德拉贡步枪为导气转栓式设计，配备了弹簧和活塞装置，在当时算得上是非常先进的设计。但该枪的复杂结构也导致其存在保养难度高、可靠性不强等缺陷，在一战后期因为难以适应堑壕战中的污泥而被淘汰。

20世纪30年代，瑞士枪械设计师查尔斯·佩特（Charles Petter，1880—1953）为法国枪械公司（Société Alsacienne de Constructions Mécaniques）设计了M1935手枪，1937年SIG公司获得该枪的生产权。对于那时的瑞士军方来说，最为担心的无疑

M1935手枪

是德军的入侵，而当时瑞士的制式手枪还是1900年就列装的鲁格（Ruger）手枪，其性能落后，生产成本却不低。于是在军方的要求下，SIG公司开始着手M1935手枪的改装工作，到1946年P210手枪研发完成，1949年该枪被瑞士军方采用，并被命名为M49手枪。P210手枪制造过程中采用了极为精密的制造工艺，其零部件几乎无瑕疵存在，被誉为手枪界的"劳斯莱斯"，而由此产

手枪界的"劳斯莱斯"P210手枪

生的准确性、耐用性和可靠性也给SIG公司带来了极大的赞誉。

1954年至1957年SIG公司研制了Stgw. 57自动步枪，该枪于1957年被瑞士军方选为制式装备，并将其命名为SG-510突击步枪，随后服役至1990年才被取代。SG-510突击步枪重5.7千克，长1 100毫米，枪管长583毫米，射速每分钟450~500发，枪口初速750米/秒。该枪采用滚柱闭锁的枪机延迟后座原理，射击精度很高；枪上设置有快慢机，可以切换半自动或全自动射击模式，还能发射枪榴弹。SG-510突击步枪的耐用性也很强，在恶劣环境下仍可运作良好。还有多款改装型号用于出口和民用，现在很多射击比赛中还能看到SG-510突击步枪的身影。

SG-510突击步枪

20世纪70年代，SIG公司应瑞士军方的要求，研制一款兼具性能和价格优势的手枪，以取代昂贵又低产的P210。由于瑞士对军用武器出口的限制，SIG公司在这一时期与德国公司J. P. Sauer & Sohn建立了合作关系，以便让SIG公司生产的枪械进入世界枪支市场，而随后诞生的SIG-SAUER P220手枪就是二者合作的产物。作为P210的改进型，P220的性能更完善，使用更安全，价格也更便宜。随后公司以P220手枪为基础又开发出P225、P226、P228、P229等一系列不同类型的手枪，凭着其射击性能优越、操作安全可靠的优点，整个P220系列在军方、警方和民间都颇受欢迎。其中，P228手枪由于小巧玲珑、易于隐藏、可靠稳定等优秀性能，顺利通过美军的技术和试验考验，成为美军的制式装备，并命名为M11式手枪。除美军外，该枪还被英国、瑞典、葡萄牙等几十个国家装备。

SG-550突击步枪

　　1990年，SIG公司设计研发的SG-550突击步枪正式服役，从而替代使用三十多年的SG-510步枪。SG-550突击步枪自20世纪70年代末开始研制，当时世界出现枪械小口径的浪潮，瑞士军方也不甘落后打算研发一款性能优越的小口径步枪，向SIG公司提出三项要求：新枪既要满足普通步兵的需求，又能适用于指挥员、坦克兵、伞兵、特种部队；新枪在300米距离上要有良好精准度；新枪的质量要小于SG-510步枪。经过多年研制，1983年SIG公司终于公布了SG-550步枪。该枪口径5.56毫米，全枪长为776毫米，重4.1千克，子弹容量20发。它采用气动自动方式，回转枪机闭锁，可以单发或连发射击，枪托、护木和弹匣的材质均为塑料，其护圈扳机可旋转，便于戴防寒手套射击。全枪只有174个零部件，比前任SG-510步枪少了63个，使得该枪的拆卸和维修更为便捷；零部件大量采用冲压件和合成材料，减小了全枪质量的同时，也提升了枪械的耐用度。SG-550步枪精准、可靠，兼具机动性和耐用性，是一款世界级的名枪。

　　2000年，SIG公司的武器部门SIG Arms被一家名为"瑞士轻武器"（Swiss Arms）的私营公司收购，随后仍然独立运作。2005年1月，美国军方正式采用SIG Arms的SP2022手枪，这是继P228之后第二款成为美军制式装备的SIG产品。随后，SIG公司又与法国政府签订了多达27万支SP2022手枪的供应合同，SIG公司用自己的实力打破了格洛克（Glock）手枪垄断的局面。

　　日本政府设立汤岛铁炮制作所　汤岛铁炮制作所在嘉永六年（1853年）采用伊豆韭山的模铸法，制造了30门112磅青铜炮、10门长臼炮、10门6磅炮，装备品川炮台，此炮台建于神田佐久间町河岸。但所造火炮性能不佳，元治元年（1864年），汤岛铁炮制作所迁移至关口并改名为"关口大炮制作所"，开始采用脚踏风箱鼓风，以熔炉、蒸釜熔炼青铜，铸成实体炮身，然后用钻孔机穿孔，制成法式4磅山炮、法式4磅半线膛加农炮、30磅加农长炮、舰载榴弹炮、30磅160毫米线膛青铜炮、法式12磅线膛炮、荷式30磅线膛炮、拿破仑式12磅线膛炮、法式4磅线膛炮等，还制造了不少炮架。

1854年

约瑟夫·惠特沃斯设计狙击步枪　英国工程师约瑟夫·惠特沃斯（Joseph Whitworth，1803—1887）于1854年获得了多角膛线的专利权并将其运用到步枪设计之中，并于1857年制造出惠特沃斯步枪。该枪为前膛单发式步枪，撞击式枪机，射程可达1 400米。惠特沃斯步枪采用六角膛线的设计方式，这种设计使子弹无须像传统线膛枪那样同膛线中的阴线咬合，气密性得到提升，也使步枪的射程及精度大幅度提高。1860年英国步枪协会在维多利亚女王面前对惠特沃斯步枪的性能进行公开演示，在演示中，惠特沃斯步枪在距离目标365.76米的位置上开火，弹着点仅偏离目标25.4毫米左右，这一射击精度是英国同时期李–恩菲尔德式步枪的5~6倍，故一些学者将惠特沃斯步枪视为世界上最早的狙击步枪。虽然惠特沃斯步枪在公开演示中展现出了良好的性能，但由于价格昂贵，且六角膛线装填缓慢，致使英军并未大规模采购该枪，但惠特沃斯步枪在美国南北战争中大放异彩。在美国内战期间，南军将大批善于射击的士兵组织起来组成神枪手营，用于对北军的炮兵阵地进行打击，其中射击技术最为出众的士兵则配有惠特沃斯步枪。在1864年的史波特斯凡尼亚郡府战役中，一名配备惠特沃斯步枪的南军狙击手在约914.4米的距离处击毙了北军的约翰·塞奇威克少将。

威廉·G.阿姆斯特朗试制阿姆斯特朗后装线膛炮　英国实业家威廉·G.阿姆斯特朗（William George Armstrong，1810—1910）于1854年开始尝试用熟铁锻造火炮，并于1855年制成第一门火炮。早期的阿姆斯特朗炮在工艺上同早期加农炮相似，皆采用铁箍加固炮管。在此基础上，威廉·G.阿姆斯特朗于1858年完成了后装线膛炮的设计工作，与传统火炮相比，膛线的引入使新式火炮在精准度上得到了巨大的提升，后膛装填不仅提升了发射速率，而且使炮弹与膛线紧密贴合，避免火药燃气外泄，增加了火炮的射程。阿姆斯特朗后装线膛炮的射程可达8 046米，大幅超出传统的前装炮，问世后迅速被英国军方应用于陆海军之中，并在1863年的萨英战争中投入使用。但是，19世纪中期的阿姆斯特朗后装线膛炮的穿甲性较差，且在装药量上多于前装炮，在1859年和1869年分别对阿姆斯特朗40磅、110磅线膛炮进行的武器性能测试中，炮弹即使在45.72米的距离内也无法对101.6毫米厚的铁甲构成威胁。同时由于这一时期的后膛炮采用全螺旋线炮闩，故安全性较差，在1863年的萨英战争中，英军的21门阿姆斯特朗炮共发生了28起事故，致使英军在战后专门成立委员会来论证后装炮与前装炮孰优孰劣，委员会最终认为后装炮在制造成本与安全性上皆劣于前装炮。该决定也使英军将已装备的后装线膛炮替换为前装线膛炮，阿姆斯特朗公司也因此将重心放在了前装线膛炮的生产上。直到19世纪80年代，平炉炼钢法以及无烟火药的出现使得后膛炮的稳定性大幅提升，同时英国军方也开始对前装炮的性能与安全性进行反思，阿姆斯特朗公司也重新开始投入后装线膛炮的设计之中。在这一时期，阿姆斯特朗公司使用了隔断螺式炮闩来替代全螺旋线炮闩，隔断螺式炮闩的螺纹有间隔，炮膛处螺纹与炮闩处螺纹相互交错，使得炮手仅需将火炮转动一定角度便可完成闭锁工作，这一设计在提高火炮安全性的同时也大大提升了舰炮的发射速率。1886年，英国的"巨人"号铁甲舰便采用了后膛装填炮塔，该炮塔引入了液压机，炮弹自弹仓被提升上来之后用推杆推入炮膛，装填完毕后火炮在液压机的帮助下调整角度进行射击。阿姆斯特朗公司于1892年设计的152毫米速射炮在液压复进机构的基础上增加了弹簧装置，取消了斜面的炮架，使得舰炮的发射效率进一步提高。到19世纪90年代末，阿姆斯特朗式套筒炮在最大装药量的情况下射程可超过1万米，其末端速度可达360米/秒。而在威力方面，305毫米的阿姆斯特朗套筒炮在最大装药量的情况下，炮弹在刚出炮口处的动能可以穿透厚达97.6厘米的锻铁板。

1855年

柯尔特公司成立　柯尔特制造公司（Colt's Manufacturing Company，CMC，以前是柯尔特的专利枪支制造公司）是一家轻武器制造公司，于1855年由塞缪尔·柯尔特（Samuel Colt，1814—1862）创立，于2015年申请破产。它是柯尔特在1836年开始制造火器的后继企业。柯尔特公司以枪械的设计、生产和营销而闻名。在19世纪50年代和第一次世界大战之间，它逐渐发展成一个对枪械制造技术具有重大影响的企业。柯尔特最早的设计在单发手枪向左轮手枪的普及和转变中发挥了重要作用。虽然塞缪尔·柯尔特没有发明左轮手枪的概念，但他的设计成就了第一批非常成功的手枪。例如，柯尔特转轮手枪是19世纪后期最为著名的火器，自问世以后的100多年间，以柯尔特公司命名生产的转轮手枪、步枪及其他各类武器就多达3 000万支（这些武器大都在美国康涅狄格州的哈特福德工厂生产），其他任何武器公司都难以望其项背。柯尔特在轻武器史上创造了一个神话，时至今日，没有哪一个发明家能同时在名誉与财富两方面与柯尔特相提并论。其代表人物：塞缪尔·柯尔特，建立了当时世界上最大的兵工厂，设计了柯尔特转轮手枪；约翰·摩西·勃朗宁，发明了M1911半自动手枪、M1917勃朗宁重机枪，并定为美军的制式装备。其主要产品有M1911系列手枪、柯尔特M16突击步枪枪族。

1860年

斯宾塞成功地设计了一种机械式连发枪　1860年3月，美国的步枪研制者斯宾塞（Spencer）成功地设计了一种机械式连发枪。而斯宾塞连发枪的创制是以定装式金属壳枪弹的使用为前提的。此枪的枪托内装有一个簧力供弹管，由外击锤击发，利用枪机护圈控制杆进行操作，用半圆形轮机旋转供弹和下降开锁。此枪的一个重要部件是供弹仓，弹仓由护弓、托弹板、抵弹簧、退弹簧四部分组成。又因为其在枪托中的位置而分为前托弹仓、后托弹仓和机巢弹仓三种。温彻斯特连发枪的弹仓设于前托，称为前托弹仓；斯宾塞连发枪的弹仓设于后托，称为后托弹仓。通常而言，这两种都是管状弹仓，可容纳5~9发枪弹，多者可达13或17发。装弹完毕，枪手即可发射。一枪弹射出后，枪机即向后退，将空弹壳抛出，然后枪机又向前推，供弹仓随之供给一发新枪弹，推入药室。射手再扣动枪机，进行一次新的发射动作。上述两种装弹仓须将枪弹逐发装入仓内，装弹较缓慢费时。1883年，机巢式弹仓创制成功，采用弹夹作装弹工具，可一次将枪弹装入仓内，方便迅速。采用这种弹仓后，步枪的射速大为提高，由德莱赛击针后装枪的每分钟6~7发，提高为连发枪的10~12发。弹簧机巢式弹仓固定安装于枪上，则称为固定弹仓；若可以卸下，则称为装脱弹仓。弹仓创制后，步枪的性能大大改善，杀伤力也随之增强，各国步枪研制者纷纷以斯宾塞连发枪的弹仓为先导，将本国的步枪改为弹仓供弹式连发枪。

1861年

曾国藩创办安庆内军械所　安庆内军械所又称"内军械所"，清末最早官办的新式兵工厂。咸丰十一年（1861年），曾国藩率领湘军攻下安庆，不久便开始筹备建立兵工厂，以便仿制洋枪、洋炮。当时有著名的科学家容闳、徐寿、徐建寅、华衡芳、华世芳、龚振麟、龚芸棠、吴嘉廉等。同年底，该所试制成一艘小火轮，成为尔后"黄鹄"号的雏形。1863年初开始生产各种劈山炮和开花炮弹。1864年湘军攻陷南京后，该所迁往南京，后并入金陵机器制造局。该所的创办，是晚清近代军事工业和中国近代工业的发轫。100多年过去了，曾国藩创办的安庆内军械所已经遗迹难寻，安庆人民为纪念曾国藩修建的"曾公祠"也早已不复存在。但由曾国藩在安庆所开创并以徐寿、华衡芳等杰出科学家和实干家所代表的中国近代造船业和军事工业的事业，历尽曲折的道路，已经迈进了世界先进行列，并必将永世长存。安庆内军械所的"内"至少含有以下几层含义：资金全靠湘军内部供应；产品全部供给湘军内部使用；技术力量完全来自中国国内，相对于外洋器物和洋人而存在。

李善兰撰写《火器真诀》　《火器真诀》是于1861年由李善兰撰写的。李善兰（1811—1882）是中国晚清著名的数学家，字壬叔，号秋初，原名从兰，字竟芳，海宁（今属浙江）人。他自幼钻研数学，成年后即成为知名的数学家，数学著作甚多。他在1861年前后编写的《火器真诀》记载了火炮的命中精度问题，成为我国第一部从数学角度研究弹道学的著作，对此后军事技术家研究枪炮的射击有很大的启发作用。同时，他对安庆内军械所的创建和对所内军事技术人员的指导，也起了一定的作用。

李善兰（1811—1882）

T. J. 罗德曼改进了铸炮工艺　铸炮工艺是应用铸造有关理论和系统知识生产火炮铸件的技术和方法，包括造型材料制备、造型、制芯、金属熔炼、浇注和凝固控制等。铸造是一种古老的制造方法，在我国可以追溯到6000年前。随着工业技术的发展，铸大型铸件的质量直接影响着产品的质量，因此铸造在机械制造业中占有重要的地位。铸造技术的发展也很迅速，特别是19世纪末和20世纪上半叶，出现了很多的新的铸造方法，如低压铸造、陶瓷铸造、连续铸造等，在20世纪下半叶得到完善和实用化。美国的铸炮专家T. J. 罗德曼（Thomas Jackson Rodman）曾采用两种先进的方法铸造巨炮：一种方法是先用铁水浇铸成实心圆柱，然后用巨型钻将圆柱钻成空心炮管；另一种方法是先用沙芯做模，而后铸成炮管，再采用机械加工的方法使炮膛光滑平洁。罗德曼采用沙芯模铸造火炮的方法：先制成一个水冷型芯，再浇注外炮管，由于水冷型芯面温度较低，因而在浇灌铁水时，贴近芯面的金属层比外面的金属层冷却得快，形成从里向外冷却速度依次递减的状态，使炮管壁从外向里逐渐致密，用这种方法铸成的火炮的内膛能承受较大的膛压。现今对铸造质量、铸造精度、铸造成本和铸造自动化等要求的提高，铸造技术向着精密化、大型化、高质量、自动化和清洁化的方向发展。

1862年

理查德·乔丹·加特林发明加特林机枪 美国南北战争时期，美国医生理查德·乔丹·加特林（Richard Jordan Gatling，1818—1903）发明了世界上第一挺实用的多管式机枪——加特林机枪，并于1862年取得专利。19世纪中叶火帽与金属圆锥形子弹的出现为速射武器的到来提供了技术前提。1862年的加特林机枪采用手摇式射击的方式，由六根枪管组成，六根枪管并列安装在旋转圆筒上，通过转动手柄，圆筒每完全旋转一次，每根枪管就装弹并射击一次：圆筒

理查德·乔丹·加特林和加特林机枪

绕中轴旋转半圈时，弹仓内子弹依靠自身重力和位于机枪正上方凸轮的作用进行装弹，并在击锤的作用下发射子弹，手柄转至后半程时，弹壳从后腔内

抛出。通过转动手柄，各枪管依次完成装弹、射击、退弹等动作，加特林机枪的射击速度为200发/分钟，经改良后可达400发/分钟。在加特林机枪出现之前，各国陆军主要依靠增加枪手数量来提高火力密度，并试图通过白刃格斗解决战斗；加特林机枪问世后首先装备于美国内战中的北军，在1864年的弗吉尼亚战役中，北军装备的12挺加特林机枪对彼得斯堡的南军造成了巨大伤亡，加特林机枪的实战价值开始逐渐为各国所接受。加特林机枪也是中国最早引进的机枪型制。1874年，李鸿章便为淮军购入数十台加特林机枪（"格林机炮"）。1884年，金陵机器制造局自主生产出了加特林机枪，并根据战场实际进行了改造，加特林机枪在洋务派组建的新式军队中获得了广泛应用，并投放在了甲午战争期间的朝鲜战场中。1867年至1894年之间，由江南制造总局生产的1 201 900颗炮弹中，就有772 000颗为加特林机枪弹（"格林炮子"）。虽然加特林机枪在19世纪下半叶应用范围较广，但其自身也存在着转速不均而导致的卡弹现象，也未达到自动武器的要求，在19世纪末期，加特林机枪的地位逐渐被马克沁机枪所替代。尽管如此，加特林机枪多枪管连续射击的设计特征仍为后世的机枪设计者提供了启迪，如今用于飞机和防空的电动多管机枪——"米尼机枪"便继承了加特林机枪的设计原理。

1863年

阿贝尔发明了硝化棉无烟火药　1863年，意大利人F. 阿贝尔（Abel，F.）经过研究和多次试验，发明了令人满意的制造和提纯硝化棉的方法。之后，他又创造了硝化棉的处理方法，使它能用作枪炮弹的发射火药：在硝化棉中加入一种合适的溶剂，以破坏其纤维性，然后蒸发溶剂，成为无孔而密实的硝化棉，使之在点火后能从外向内逐层燃烧至中心。在处理溶剂过程中，将溶液蒸

硝化棉

发，硝化棉成为具有弹性的胶状物，再压成薄片、粗线或其他适用的形状，

并在烘干时保持原有的外形。

刘佐禹、丁日昌和韩殿甲创建上海炸弹三局和苏州洋炮局 上海炸弹三局和苏州洋炮局是于1863年由刘佐禹、丁日昌和韩殿甲创建的。为了满足淮军洋枪洋炮所需要的弹药，李鸿章在同治二年（1863年）相继设立了上海炸弹三局和苏

上海洋炮局

州洋炮局，它们以进口的欧美枪炮与弹药为样品进行仿制，供淮军镇压太平军之用。虽然淮军购买的洋枪洋炮中有相当一部分是欧洲拿破仑时代使用过的旧品，以及当时各国军队淘汰、退役和兵工厂粗制滥造的制品，但是也不乏当时较为先进的前装枪炮，有英国的贝克、布伦斯威克、洛弗尔、卡德特、斯奈得、格林纳，法国的米尼、达尔文，以及德意志、瑞士等国的前装枪，还有8磅、12磅、24磅、32磅、68磅、108磅等各型前装炮。

德国化学家J. 维尔布兰德发明TNT炸药 TNT炸药是一种常用的炸药中的成分。如混合炸药阿马托有硝酸铵和TNT。1863年，德国化学家J. 维尔布兰德（J. Wilbrand）率先试制成TNT炸药〔$C_6H_2CH_3(NO_2)_3$，2，4，6-三硝基甲苯〕，属单体炸药，通常采用硝酸和硫酸的混合酸硝化甲苯，再用亚硫酸钠精制硝化产物产生。1891年，德国按照C.豪泽曼（C. Hausser Mann）的方法进行工业生产。1902年，德国首先以TNT炸药代替苦味酸装填炮弹，此后

TNT

TNT便成为主要的军用炸药，在第一次世界大战中得以广泛使用，直到第二次世界大战仍是使用最普遍的炸药之一。精炼的TNT十分稳定。和硝酸甘油不同，它对摩擦、振动不敏感，即使是受到枪击也不容易爆炸，需要雷管来启动。它不会与金属发

生化学反应或吸收水分，因此它可以存放多年。但它与碱反应强烈，生成不稳定的化合物。人长期暴露于三硝基甲苯中会增加患贫血症和肝功能不正常的机会。注射或吸入三硝基甲苯的动物会影响其血液和肝脏，致使脾脏发大和其他有关免疫系统的不良反应。亦有证据证明了TNT炸药对男性的生殖功能有不良影响，而TNT炸药也被列为一种可能致癌物。进食TNT炸药会使尿液变黑，能引起亚急性中毒、慢性中毒。

1864年

斯太尔·曼利夏公司创立　斯太尔·曼利夏（Steyr Mannlicher）公司是奥地利最大的轻武器制造商之一。约瑟夫·沃恩德尔（Josef Werndl，1831—1889）于1864年4月16日创立了"约瑟夫-弗朗茨·沃恩德尔联合武器生产和奥地利锯木厂"（Josef and Franz Werndl & Partners Weapons Factory and Sawmill in Oberletten）。该厂不久后改名为"奥地利轻武器制造公司"，后又更名为"斯太尔股份有限公司"，而斯太尔·曼利夏就是公司日后专门生产枪支的一个子公司。曼利夏指的是费迪南·曼利夏（Ferdinand Ritter von Mannlicher，1848—1904），是约瑟夫·沃恩德尔的合作者，也是奥地利著名的工程师和枪械设计师。

1866年开始的普奥战争中，约瑟夫·沃恩德尔将原有的前装步枪改为后装的沃恩德尔步枪，随即获得了军方的大笔订单。为完成合同要求，公司开始扩大生产，斯太尔·曼利夏就一跃成为国内最大的兵工厂之一。一战前，公司已推出M1886、M1888、M1890和M1895等多款步枪。M1895步枪是其中使用最广泛、最具代表性的型号，除装备当时的奥匈帝国军队外，还被东欧各国，以及瑞士、意大利、加拿大等数十个国家的军队列装，瑞士和加拿大还对其进行了仿制。M1895作为一款非自动单发装填步枪，结构简洁、质量

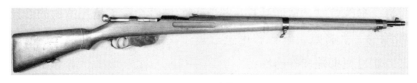

M1895步枪

轻巧、性能可靠，且可以发射多种枪弹。一战中M1895步枪被大量使用，二战时仍有少量出现于战场上。该公司的另一经典产品是M1912手枪，该枪是一战时期奥匈帝国的制式手枪，二战时期则多装备德军部队。因M1912使用特殊的供弹器和子弹，因此未能在世界范围通用，遂在二战后趋于消沉。

一战后，根据圣日耳曼条约（Treaty of Saint-Germain），斯太尔·曼利夏公司的武器生产业务几乎被全面禁止，公司将生产重点放在汽车生产上。随后条约限制逐渐放宽，公司再次回归军工行业。二战期间，奥地利被德国吞并，斯太尔·曼利夏公司也被并入纳粹德国的工业体系，开始大量生产毛瑟步枪。二战后，斯太尔·曼利夏公司的武器生产再度停止，直到1950年，公司再度开启武器生产业务。初期公司只生产狩猎步枪，随后开始为奥地利军方生产比利时FAL步枪的改装型STG58步枪。

20世纪60年代后期，斯太尔·曼利夏公司开始研制新型步枪以替代STG58。1977年，该枪被军方命名为STG77步枪（1977"突击步枪"之

AUG步枪

意），出口名称为AUG步枪（Armee Universal Gewehr，德语"通用步枪"之意）。AUG步枪一经推出就大获成功，不仅装备了奥地利军队，还被突尼斯、阿曼、澳大利亚、新西兰、沙特阿拉伯等24个国家所使用，美国海豹突击队、英国SAS特种部队也都有装备。此外，AUG步枪还被世界上多个保安和执法机构采用，包括美国的海岸警备队和部分英国警方武装。AUG步枪采用气动操作、弹夹供弹，不仅射击精度极高，还具备模块化结构，可以快速更换多种不同类型的枪管。其枪管、机匣、击发机构、自动机、枪托和弹匣六大部件可以自由更换，枪械分解极为便利，大大增加AUG步枪的适用范围和可维修性。AUG步枪使用了大量塑料部件，这些部件坚固耐磨、无需润滑、易携抗腐，从而延长了枪支的使用寿命。无枪托结构的设计也是AUG步枪的一大特点，它在长度上远短于一般步枪，却可以进行准确的抵肩射击，兼具便携性和准确性。

1990年，斯太尔·曼利夏公司根据美国枪械专家杰夫·库珀在1983年

提出"战术侦察步枪"（Scout Rifle）的规格推出了Scout步枪。Scout步枪采取旋转后拉式枪机，其枪托由树脂制成，总重

Scout步枪

仅3千克，枪总长98厘米，枪管长48.25厘米，管壁采用冷锻技术打造，薄而坚固。但是它仅装备2~4倍的瞄准镜，并不能在远距离有效狙击，其使用的范围也多是民用狩猎或警用执法，在战场作战方面可用性不大。

罗伯特·怀特亥特发明鱼雷　鱼雷是一种由搭载平台发射入水，能自航、自控、自导或复合制导，以摧毁敌军目标的水战兵器，初创于19世纪60年代。

1860年，奥地利的海军士官保特开始研究破坏敌舰的兵器，这种兵器由奥地利的海军大尉罗卜斯于1864年试制成功。1866年，苏格兰人罗伯特·怀特亥特（Robert Whitehead，1823—1905）制成能在水中自动航行的可控制鱼雷。因怀特亥特的英文字义为"白头"，故后人称此为"白头鱼雷"。该鱼雷直径356毫米，长4.26米，重135.4千克，装药8.2千克，航速6~7节，航程640米，利用25~48个大气压的压缩空气驱动活塞发动机，带动螺旋桨旋转，推动鱼雷航进。1870年，怀特亥特将鱼雷专利权售予英国海军，成为法、德、奥、意等国发展鱼雷的基础。怀特亥特遂被人称为"鱼雷之父"。

俄军在1877—1878年的俄土战争中，第一次使用白头鱼雷，击沉了土耳其海军"英且巴哈"号等6艘军舰。战后，怀特亥特从土耳其海军那里买回了一条命中目标而没有爆炸的白头鱼雷，进行研究和改进，提高了鱼雷的命中率。俄土战争后，鱼雷不断得到改进。1892年，出现了由发射舰艇利用导线输电作动力源的拖线鱼雷。之后，鱼雷又装上运用水压原理的定深器，以控制预定的航行深度。1897年，奥地利人奥布里（Luswig obry）发明了控制鱼雷航向的陀螺仪，使鱼雷能按既定的方向比较准确地驶向目标。1904年，美国布里斯公司的工程师W.莱维特发明了燃烧室，以热动力发动机代替冷动力发动机，制成热动力蒸汽瓦斯鱼雷，航速增至35节，航程达2 740米。至此，鱼雷的发展经历了由无动力到有动力、无控制到有控制、冷机到热机的三次突变，作战能力大幅提高。

1865年

李鸿章等创建江南制造总局 江南机器制造总局简称江南制造局或江南制造总局，又称作上海机器局，是清朝洋务运动中成立的军事生产机构，为晚清中国最重要的军工厂，是清政府洋务派开设的规模最大的近代军事企业，也

江南制造总局炮厂（1859年）

是江南机器制造总局早期厂房，近代最早的新式工厂之一，为江南造船厂的前身。李鸿章又将江海关道丁日昌和总兵韩殿甲设在上海的两个炮局并入，并改名为江南制造总局。该机构成立于1865年9月20日的上海，由曾国藩规划，后由李鸿章实际负责，是李鸿章在上海创办的规模最大的洋务企业。它不断扩充，先后建有十几个分厂，雇用工兵2 800人，能够制造枪炮、弹药、轮船、机器，还设有翻译馆、广方言馆等文化教育机构。由于机器设备日益增多，其又在上海城南高昌庙镇购地70余亩作为新址。同治六年，该局迁往新址，局下设锅炉厂、机器厂、熟铁厂、枪厂、木工厂、铸铜铁厂、轮船厂等工厂，以及库房、栈房、煤房、文案房、工程处、中外工匠宿舍等相关配套房屋。光绪十七年（1891年），又先后增建炮厂总局，包括13个分厂、火药厂、企工程处、枪子厂、炮弹厂、水雷厂、炼钢厂等。至此，规模占地近670亩，拥有职工3 592余人、厂房2 579余间。同治五年五月，该局总办刘麒样在致张之洞的电报中，较为详细地汇报了该局制造枪炮弹药的能力。该局可造小口径速射枪、40磅快炮门、100磅快炮、栗色火药、无烟火药等军用产品，供应南洋大臣直属部队、北洋舰队直属部队及沿江和沿海的守备部队数十个单位，从而有效地改善了这些部队的武器装备。江南制造总局的创办和发展，不但在我国军事工业近代化中起了引领的作用，在我国工业近代化中也起了带头进用。然而，由于它兴办于晚清已衰落腐朽之际，故其积极作用十分之有限。

李鸿章创建金陵机器局 金陵机器局兴办于江南制造总局之后，由同治四年（1865年）迁往金陵（今江苏南京）的西洋炮局经过扩建而成。当年，李鸿章由江苏巡抚署理两江总督，赴金陵就任，控制该局，并任命不懂火器制造的英国医生麦卡特尼督理该局。1875年，由于麦卡特尼为大沽炮台督造的火炮发生膛炸，李鸿章将其撤职，后由华人负责督办。建局之初，其仅能制造枪弹、炮弹、引信等消耗性军工产品。同治八年，开始制造轻型火炮，但由于质量较差，经常发生火炮膛炸事故。同治十年，又在通济门外乌龙桥地方扩建火药局。光绪五年，该局已经发展成为拥有1个中型军工厂局、2个翻砂厂、2个木作厂，以及水雷局、火药局、火箭局在内的近代军工企业。光绪七年，两江总督刘坤一，奏请设立"洋火药局"，并于光绪十年建成投产，年产火药90吨，供应沿江各炮台及留防各营所用。光绪十年，曾国藩任署两江总督，他以中法战争爆发、清军急需大量武器为由，投资白银10万两进行厂房扩建，增购制造枪炮、弹药的机器设备50余台。光绪二十二年，又拨银1万余两，使得机器局的生产力大为提高。光绪三十五年，该厂生产2磅后装炮48门、1磅速射炮16门、各种炮弹6 580枚、枪弹5万发、毛瑟枪弹8.15万发。

舒尔茨发明舒尔茨火药 舒尔茨火药是于1865年由德国化学家舒尔茨（Schultz）发明的。为了克服有烟火药的缺陷，舒尔茨在有烟火药的基础上，做了一些改进，在1865年创造了用硝酸钾浸渍木质的方法，藉以提高枪弹的杀伤力。该法是先将木质进行硝化，再用于制造火药，从而在后装击针线膛枪的射击中提高了发射威力，但火药烟雾并未彻底消除。

1866年

左宗棠创建福建船政局 福建船政局是左宗棠创建和发展的舰船建造厂。同治五年（1866年），闽浙总督左宗棠上书清廷，建议创办船政局："欲防海之害而收其利，非整理水师不可，欲整理水师，非设局监造轮船不可。"同治皇帝认为他的主张"实系当今应办急务"，"所陈各条，均著照议办理。"七月，左宗棠与法国人日意格（Prosper Marle Giquel，1835—1886）经过再三勘查，选定福州罗星塔附近为厂址，在马尾山后修建船坞、铁厂、船厂及办公用房。船政局大致经历了初期（1566—1573年）、发展（1574—

福建船政局（1574—1595）

1595年）、停滞（1896—1911年）、衰落（1912—1949年）等四个时期。同治十三年，外国技师和工匠，因合同届满而撤离该局，从而使该局进入了由中国人主导的时期。正当造舰事业发展之际，中法战争爆发，船政局在马尾海战中遭到严重破坏，造舰之事受挫。战后经过修复和发展，清王朝灭亡后，船政局已日趋衰落而仅有其名了。

设于福建船政局内的船政学堂，于同治五年十二月初开学。学堂内分前学堂（即制造学堂）、后学堂（即驾驶管轮学堂）。设置的基础自然科学课程有算术、代数、几何、三角、解析几何、微积分、物理、化学、力学、声学、电学、光学、热力学等；专业课程有矿学、机械学、地质学、天文学等。这是中国近代最早系统开设的科学技术基础课。此后相继兴办的几十所军事技术院校，都或多或少开设了类似的课程。清末学制改革后，全国各类学校都把科学技术基础课列为学生必修之科目，于是科学技术基础知识和专业知识得以在全国广泛传播。

1867年

崇厚创建天津机器局　天津机器制造局简称"天津机器局"，官办军用企业。1867年8月，恭亲王奏请朝廷，由崇厚筹备建局，并委托英商门多斯（Mendows）经办建局事务。同治六年二月，在天津城东贾家沽道，首建天津机器局之东局，占地2 230余亩。继而又在城南海光寺建立天津机器局之南局，亦名西局。开局之初，即建厂房42座，290余间，公所及洋匠员工住所300余间。建局期间，江南制造总局曾派军事技术家徐建寅前往援建，并拨售一部分机器设备充实该局。由于建厂初期生产能力有限，仅能试制一些小型铜炸炮、炮车和炮架，日产火药只有150千克左右，不及江南制造总局日产量的1/3。同治九年五月，天津教案发生。清政府派崇厚赴法办理善后，调李鸿章为直隶总督兼北洋大臣，督办天津机器局。李鸿章于次年派江南制造总

天津机器制造局

局沈保靖，总理天津机器局事务，又从南方抽调大批工匠到津局工作，从此该厂生产工作步入正轨。1872—1874年，相继增设了铸铁厂、熟铁厂、锯木厂、3个碾药厂、洋枪厂、枪子厂，添置了制造林明敦枪和中针击发枪弹的机器等。光绪二年（1876年），津局制造军工产品的能力已提高了三四倍，并能承修军舰和小型蒸汽船；光绪三年，试制成水雷；光绪十九年，建成一座炼钢厂。其制品主要供应水陆各军，对改善这些军队的装备起了重要作用。天津机器局制造兵工产品的能力，到光绪二十五年发展到高峰。据北洋大臣裕禄估计，当时该局平均年产洋火药30吨、铜帽1 500万颗、后装枪弹380万发、大小炮弹1.5万发，年最高产量为火药450吨、铜帽2 800万颗、后装枪弹400万发。光绪二十六年，八国联军攻陷天津后厂房设备遭到破坏，无法恢复。袁世凯继任直隶总督兼北洋大臣后，于光绪二十九年决定在山东德州选择新址，重建总理北洋机器局，光绪三十年建成投产，但其规模与生产能力已无法同兴盛时期相比。

诺贝尔发明了甘油炸药　1867年，诺贝尔制成了一种"甘油炸药"，又称"代那密"或"代那密特"，这种炸药是用硅藻土的毛细孔吸收硝化甘油后制成的。后来又在硝化甘油中溶解8％的硝化棉，制成了一种威力较大的胶状炸药，也称爆炸胶。1886年，诺贝尔又将等量的硝化甘油和硝化棉放在一起，然后用滚筒拌和或在两个热筒之间滚压的方法，将原料混合，然后制成角状或所需形状的大小颗粒，用作枪炮的发射火药。1888年，诺贝尔用硝化甘油胶化了二号可溶性硝化棉，制成了被称为巴力斯太型硝化甘油火药。

1868年

明代兵书《车营扣答合编》汇刻成书 《车营扣答合编》是中国明代关于火器和车、骑、步编组成营配合作战的兵书，又称《车阵扣答合编》或《车营百八扣答说合编》。该书通过问、答、说等形式，对车营及车营作战中的108个问题做了详细的回答和解说，涉及车营编组方法、阵法布列、行军作战、后勤保障等

《车营扣答合编》

内容，重点是论述车营的战法。该书所论车营，系指拥有火器的战车、步、骑和辎重合编而成的新型营阵，具有较强的火力和较好的火炮运动性能。它是在戚继光所创车营的基础上发展起来的。其编制方法以四车为一乘，四乘为一衡，二衡为一冲，四冲为一营，每营6 000余人，车128辆，骑步合营配各种炮352门。布阵时，战车在前，步骑兵和"权勇"（骑营选勇800为中权，直属主将，名其兵曰权勇）依次排列于后。火器配置，步兵则鸟枪、佛郎机在前，三眼铳、火箭在后；骑兵也配有三眼铳和火炮。明代中期的炮车，既具有一般战车阻挡北方骑兵快速冲击的作用，又可建立车营，使用火器和叠阵，击杀敌骑。故兵部尚书孙承宗在《车营扣答合编》中指出：要使军队"动如雷，不动若山，莫如用车。其用车在火（器），其火在叠阵"。孙承宗把装备火炮的战车，看成强攻坚守的取胜条件，而要发挥火炮的威力，又必须将车、步、骑混合编成，协同作战，这样才能使火炮同冷兵器在不同距离上做多层次的配置，先后逐次减杀敌军有生力量和摧毁敌军各种战具，夺取战争的胜利。这就是孙承宗所说叠阵战术的真谛。由于车载炮便于机动，所以使用增多，在战场上的毁杀威力加强，从而提高了火炮在作战中的地位和作用，受到了统兵将领的欢迎。该书在车营的作战指导原则上，强调发挥火器的作用和各兵种的互相配合，即所谓"用车在用火（火器），其用火在用叠阵"（《车营扣答合编》，同治七年本，下同），使车、步、骑交相更迭，

各显其长，保证火力的发挥。该书在作战方法上，强调灵活机动：方、圆、曲、直、锐等队形变换，要"随地制形"，因敌制宜；马、步、矢、炮等兵力兵器，因情调用，使之"俱得其宜"；还要求不泥古，不拘常，做到"相机而行"。《车营扣答合编》阐述的作战原则、方法，是作者实践经验的总结，反映了火器与车、步、骑、辎结合运用的作战特点，具有一定的军事学术价值。

德国火药研制人员发明黑色六棱柱火药　德意志火药研制人员在1868年试制成黑色六棱柱火药。这种火药块高25毫米，每边长约20毫米，直径42毫米，有7个孔穴，因而提高了火药的燃速，成为后装线膛炮的优良发射火药。然而其有烟火药的缺陷并没有彻底消除。

1871年

毛瑟创制世界上最早成功发射金属壳定装式枪弹的步枪　毛瑟枪是1871年由毛瑟创制的，是世界上最早成功发射金属壳定装式枪弹的步枪，口径11毫米，枪长1 340毫米，重4.68千克，无弹仓，发射有烟火药枪弹，弹头初速435米/秒，采用凸轮自动待击撞针式击发枪机。早在1880年，毛瑟又在枪管下方增设可装8发枪弹的管式弹仓，于1884年定型为1871/1884式，装备普鲁士军队；后又加改进，口径减小至7.92毫米，发射无烟火药枪弹，有单排垂直盒式弹仓，装弹5发，定型为1888式，成为近代一种真正的步枪。创制于1898年的毛瑟步枪，枪管口径7.9毫米、长740毫米，带刺刀枪长1 772毫米、不带刺刀枪长1 298毫米，带刺刀枪重4.56千克、不带刺刀枪重4.1千克，弹仓在中部，装尖头枪弹5发、弹重10克，携弹150发，初速860米/秒，最大射程2 000

毛瑟步枪

米，1898年后，毛瑟枪经不断改进，虽有多种变型，但基本构造很少变动，直到第二次世界大战前，一直是德国陆军的制式装备。

1873年

德国化学家H.斯普伦格尔发现苦味酸可用于雷管起爆　苦味酸（2，4，6-三硝基苯酚）是炸药的一种，缩写TNP、PA，纯净物室温下为略带黄色的结晶。它是苯酚的三硝基取代物，分子式为$C_6H_3N_3O_7$，受硝基吸电子效应的影响而有很强的酸性。其名字由希腊语的$\pi\iota\kappa\rho o\varsigma$——"苦味"得来，因其具有强烈的苦味。其难溶于四氯化碳，微溶于二硫化碳，溶于热水、乙醇、乙醚，亦溶于丙酮、苯等有机溶剂。1771年，英国人P. 沃尔夫首先试制成苦味酸，用于制作黄色染料。1873年，德国化学家H. 斯普伦格尔发现苦味酸可用于雷管起爆。1885年，法国人E. 特平用苦味酸装填炮弹，在第一次世界大战期间得到广泛使用。因它是一种酸性化合物，对枪炮壁有腐蚀作用，故在第一次世界大战后逐渐被TNT炸药所取代。

苦味酸化学式

1876年

俄国的火炮研制者发明了火炮缓冲垫　火炮缓冲垫是于1876年由俄国的火炮研制者发明的。1876年，俄国的火炮研制者设计了一种野战炮，这种火炮在枢轴和牵引杆间有"缓冲垫"，吸收后坐力，使后坐距减小至30厘米。另一措施是使两门火炮之间互相牵制，即利用一门火炮所产生的后坐力，将另一门火炮复进到待发状态。1890年，英国乌里治兵工厂采用液压式唧筒吸收火炮的后坐力，并用重型螺旋弹簧将火炮复进到待发状态。

1884年

海勒姆·史蒂文斯·马克沁发明马克沁重机枪　马克沁重机枪是世界上第一种真正成功的以火药燃气为能源的自动武器。机枪的连续发射原理：机枪手在最初用手扣动枪机射击第一发子弹后，其开栓、退弹壳、抛弹壳、再装弹、闭栓、发射等连续动作，都是以火药燃气为动力源使枪管后坐等方式完成的。该机枪具有每分钟能发射500~600发枪弹的高射速，能在400~2 000米的射程内产生较大的杀伤与摧毁效果，所以在创制成功后便被各国竞相仿制。为了保证有足够子弹满足这种快速发射的需要，马克沁发明了帆布子弹带，带长6.4米，容量333发。弹带端还有锁扣装置，可以连接更多子弹带，以便长时间地发射。有人曾经做过试验和测算，如果一挺机枪的发射速率达到每分钟750~1 000发枪弹，它

马克沁重机枪

就要消耗150千瓦左右的能量，其中被射出的枪弹所消耗的能量约占1/4，其余的能量有的在枪口处产生强大的冲击波，有的被枪管吸收，有的则在枪膛内产生高温。因此，机枪在发射后必须采用制冷物降温散热，使枪管不致变形或损坏。机枪自动连续发射的方式是利用机枪在发射第一发枪弹后所产生的后坐力，完成再发射的各个连续动作。采用这种连续发射方式的有马克沁（Maxim）、维克斯（Vickers）、柯尔特（Colt）、勃朗宁（Browning）、马德森（Madsen）、菲亚特（Fiat）、苏洛通（Solothurn）等机枪。马克沁机枪结构复杂，采用水冷枪管较为笨重，帆布弹带受潮后可靠性变差，但在近代战争中曾被普遍使用。马克沁重机枪首次实战应用于1893—1894年南中非洲罗得西亚英国军队与当地麦塔比利-苏鲁士人的战争，在一次战斗中，一支50余人的英国部队仅凭4挺马克沁重机枪打退了5 000多麦塔比利人的几十次冲锋，打死了3 000多人。

P.维列首先制成了挥发性溶剂火药　1884年法国工程师P.维列（Vielle，P.）首先制成了挥发性溶剂火药。其制作过程：先将硝化棉用醇硅溶剂处理，再将混合好的药料在滚压机上滚压，制成片状火药。这种火药是以纤维素硝酸酯为唯一能源组分的火药，所以又称单基火药或硝化棉无烟火药。这种火药在燃烧时有一定的规律，燃速可以调整，比等量有烟火药的威力大2~3倍，而且在燃烧时无烟，发射后也无残渣遗存于炮膛中。此成果于1886年直接被法军用作勒贝尔步枪的发射火药。

1889年

莱茵金属公司创立　莱茵金属公司（Rheinmetall AG）由德国工程师海因里希·勒哈尔德（Heinrich Ehrhardt，1840—1928）于1889年在杜塞尔多夫（Düsseldorf）创办。1898年，莱茵金属公司研制了其第一款重要产品——无后坐力火炮并得到德国军方的重视。自1901年起，莱茵金属公司开始得到军方的资金支持，其生产范围也从各类子弹和炸药雷管扩大到枪支领域。随后几年，公司进一步扩张，逐渐成为杜塞尔多夫地区重工业企业的支柱。

莱茵金属公司在一战期间已经成为德国最重要的兵器制造商之一，但在一战后，《凡尔赛条约》对德国的限制使得公司无法继续发展军工产业，不得不将产业中心转向民用产品，包括火车机车、蒸汽机、农用机械、打字机等。1921年莱茵金属公司开始重新生产军用品，1933年莱茵金属公司的武器生产厂在柏林重建，其业务范围已经涵盖了大多数军工领域，从弹药、火炮到装甲车、坦克。1937年在柏林成立了子公司，次年莱茵金属公司总部也迁往柏林，随后公司进行了国有化改造，最终完全融入纳粹德国的战争准备计划中。

二战前，莱茵金属公司与克房伯公司合作生产了88毫米高射炮（Flak18），并独立研发了该炮的后期型产品（Flak 41）。88毫米高射炮于1933年正式服役，全重4 983千克，仰俯角可达85°，射速为每分钟15~20发，垂直最大射程10 350米，水平最大射程14 500米。该炮不仅防空性能优越，还具有极强反坦克能力，是二

88毫米高射炮

战应用最为成功的火炮之一，成为德国空军中高口径炮的标准装备。二战期间，莱茵金属公司又生产了卡尔臼炮MK-108航空机炮等著名产品。卡尔臼炮的口径达600毫米，其最初研发的设想是对付法国的马奇诺防线。德国战败后，莱茵金属公司被盟军全面接管，到1950年才重新建立，恢复为一个生

产民用产品的股份制公司。它下设2个子公司，柏林的博西格公司（Borsig AG）负责生产锅炉和制冷设备，而在杜塞尔多夫的公司本部则负责生产打字机、保险杠、升降机等。1956年西德国防军重新建立后，公司得以重新改组，并在西德政府的授权下开始从事军火生产，其产品以轻武器为主。在这个特殊时期，莱茵金属公司另辟蹊径，于1959年以著名的MG42机枪为基础，将其口径改为7.62毫米，很快推出了MG3通用机枪，1年后该枪就开始批量装备部队。

冷战开始后，莱茵金属公司在得到西德政府的允许后开始进行重型武器的生产，并推出多款享誉世界的著名产品。其中，1978年的155毫米榴弹炮FH70成为战后莱茵金属公司首款大规模列装军队的重武器；1979年随"豹"Ⅱ坦克正式服役的Rh-120毫米滑膛坦克炮，该系列滑膛炮目前几乎是西方第三代主战坦克的通用火炮，被誉为"西方最优秀的坦克炮"。1990年莱茵金属公司成功收购弗里德里希·克虏伯公司60%的股份，至此完全压倒一直以来的老对手，一跃成为德国陆战兵器军工界的领军企业。1995年公司又完成了对毛瑟公司的收购，从而将自身的产品领域从大口径坦克炮扩展到小口径的机关炮，并生产了由毛瑟著名的BK-27航炮基础上改进而来的MLG-27轻型舰炮弹。1999年，莱茵金属公司又收购了瑞士著名的高炮公司厄利孔公司（Oerlikon Contraves Defence）。该公司于21世纪初研发了"天盾"（Skyshield）反火箭弹、炮弹和迫击炮弹系统，该系统主要用于近程防空。莱茵金属公司后来又研发了名为"天空游骑兵"的自行防空系统，主武器与天盾相同，但具备更强的作战灵活性和反应能力。

"豹"Ⅱ坦克

1890年

英国人F.阿贝尔和J.迪尤尔发明柯达双基火药　1890年，英国人F.阿贝尔和J.迪尤尔用硝化甘油和丙酮一起塑化高含氮量的硝化棉，制成像通心粉与面条一样的条状火药，称为柯达型硝化甘油无烟火药，又称柯达双基火药。该火药适用于做大口径火炮及迫击炮的发射火药，很快被军方所采用。1937年，德国火药研制者首先在双基火药的组分中，加入一定量的硝基胍，制成三基火药。这种火药由硝化纤维素（又称纤维素硝酸酯）、硝化甘油和硝基胍（$CH_4N_4O_2$）三种能量组分组成，三者的含量分别为20%~28%、19%~22.5%、47%~55%。通常也称为硝基胍火药，主要用于大口径火炮炮弹的发射。

1891年

日本枪械研制者创制萨摩铳　萨摩铳是于1891年由日本的枪械研制者创制的。在日本最早制成火绳枪的人是八板金兵卫清定。清定于天文十三年制造的火绳枪，火门用熟铁制成方筐形，枪身为细长的铸铁管，管尾内壁刻成阴螺纹，闭锁螺栓为阳螺纹，旋入管尾后即能完全闭气。当时制成了2支火绳枪：一支枪管长为0.79米，连枪托共长1.11米，另一支枪身长为0.80米。这2支枪曾在明治二十四年（1891年）在游就馆展出，以供天皇御览。清定在成功仿制火绳枪后，美浓关的刀枪制造业也就演变成铁炮锻冶业，而清定的后人也开始从事造枪业。后来便由萨摩藩的铁炮锻冶统一制造，称为萨摩铳，发射50克重的弹丸，保持了葡制火绳的特色。

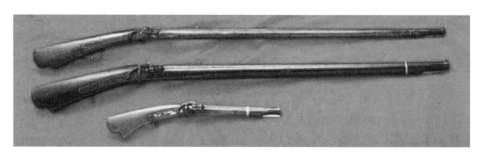

萨摩铳

1895年

哈尔科夫莫洛佐夫机械设计局创立 哈尔科夫莫洛佐夫机械设计局（Kharkiv Morozov Machine Building Design Bureau）是苏联时期建立的老牌坦克设计制造单位，现为乌克兰著名装甲车辆研制企业。该设计局起源于1895年成立的哈尔科夫机车厂（Kharkiv Locomotive Factory），沙俄时期20%的火车发动机在此生产。苏联建立后，工厂开始设计和生产各式履带拖拉机。1927年，在苏联政府的授意下，哈尔科夫机车厂挑选了几位拖拉机设计师组成了坦克设计小组，是为哈尔科夫莫洛佐夫机械设计局的前身。1929年，哈尔科夫机车厂被选为苏德《拉帕洛条约》（*Treaty of Rapallo*）中德国帮助苏联进行坦克制造的两大工厂之一。

1928年，哈尔科夫机车厂开始着手制造T-12坦克，后经官方测试改进为T-24坦克，该型坦克仅生产了24辆，且从未在战斗行动中露面。1930年，哈尔科夫机车厂接受任务为苏联陆军研制一款快速坦克——BT坦克。1931年11月7日，第一批3辆BT坦克参加了莫斯科红场的阅兵式。随后工厂对坦克进一步改进，最终研制出BT-2、BT-4、BT-5、BT-7等多个改进型坦克，BT坦克的性能也日趋完善，总产量达到8000辆。1936年，哈尔科夫机车厂被命名为183工厂，旗下的设计局也更名为KB-190设计局。1938年，KB-24设计局完成了A-20轮履两用坦克的设计工作，该坦克采用倾斜装甲板，这种设计使得炮弹击中后容易弹开，而且可以提供比同等厚度下直立装甲更强的防护力，倾斜装甲板至今仍影响着各国主战坦克的设计。此后，设计局将主要精力放在T-32坦克的设计上，T-32坦克采取了单一的履带式行走系统，便于战时的大规模制造。1939年，T-32坦克顺利完成并交付军方，但1939年的苏芬战争表明只有全履带式的坦克才能满足秋冬恶劣地形上机动性的要求。设计局随即展

T-34重型坦克

开T-32坦克的改进工作并设计出T-34坦克。同年，由于改进工作量巨大，KB-24、KB-190和KB-35宣布合并为KB-520设计局。由米哈伊尔·伊里奇·科什金（Кошкин Михаил Ильич，1898—1940）为联合设计局的总工程师，亚历山大·A.莫罗佐夫（Александр Александрович Морозов，1904—1979）任设计局局长和副工程师。1940年1月，T-34坦克的研制顺利完成，1940年6月开始批量生产。T-34在坦克设计史上意义重大，其火力、防护、机动以及易生产性达到了当时最佳均衡状态。在1941—1942年间，T-34的性能全面碾压当时德国大多数坦克。T-34的装甲厚45毫米，且正面装甲有32°的斜角，防护性能良好。同时其12缸39升V-2柴油发动机使其在公路上最高时速达到55千米/时，行程则可达540千米，在二战中冰天雪地的东线战场，T-34的宽履带使其可在雪深1米的冰原上自由驰骋，被德军称为"雪地之王"。战争期间，KB-520坦克设计局和坦克工厂疏散到下塔吉尔地区，研制出了包括T-34/85、T-44和T-54在内的一大批优秀坦克。战争结束后，设计局和工厂逐渐转移回哈尔科夫，重新组建了KB-60M设计局。坦克工厂则被重新命名为马雷舍夫坦克制造厂。1966年1月1日，KB-60坦克设计局和实验坦克制造厂（190厂）合并为哈尔科夫机械制造设计局（Kharkiv Machine Building Design Bureau），莫洛佐夫被任命为局长和总工程师。1979年莫洛佐夫逝世后，哈尔科夫机械制造设计局被命名为亚历山大·A.莫洛佐夫设计局。随后该局又相继研制成功T-64系列主战坦克、T-80U坦克等优秀产品。

1898年

德维尔–里马尔霍发明了76毫米口径的管退炮 76毫米口径的管退炮于1898年由法国人德维尔–里马尔霍（Deviel Umalhe）发明的。管退炮的特点在于发射炮弹时其炮架本身不后坐，而只是炮管在炮架上后坐一定距离，而后通过制退复进机将炮管退回到发射前的位置，仍然处于待发状态。因此，制退复进机是管退炮的关键构件之一。1879年前后，法国人莫阿（Mohi）经过多次试验，创制成最初的制退复进机，但因闭气问题没有解决而未投入之使用。法国人德维尔–里马尔霍于1897年创制成液压气体制退式复进机，又于1898年创制成功了76毫米口径的管退炮，较好地解决了闭气问题，从而构

76毫米口径的管退炮试射

成最早的管退炮。这种管退炮的管径2.7米，为口径的36倍；前部安有防御盾板，可保护射手的安全；射速每分钟20发，射程可达6~8千米。管退炮的创制成功，大大提高了火炮的射速，其每分钟可发射20发以上，射程可达5~7千米，而且命中率较高。此炮制成功后不久，法国便对其进行批量制造，用来代替杜斑鸠、哈齐开斯等火炮。法国创制和使用管退炮后，中国及俄、美、奥、日、德等国，在1900—1908年之间纷纷仿制成本国的管退炮。各国在仿制过程中，又做了多种改进，用以装备军队，进行作战训练。

雷诺公司创立　1898年，雷诺公司成立于法国布洛涅–比扬古（Boulogne-Billancourt），创始人是雷诺三兄弟：路易斯·雷诺（Louis Renault，1877—1944）、弗南德·雷诺（Fernand Renault，1864—1909）和马西尔·雷诺（Marcel Renault，1872—1903）。其标志是四个菱形拼成的图案，象征雷诺三兄弟与汽车工业融为一体。

雷诺公司在一战前主要制造公共汽车和商用货车。一战期间法国政府征用了雷诺公司大批出租车和卡车，用于运送人员和物资。公司在一战期间也开始制作弹药、坦克以及军用飞机发动机。其中，雷诺FT–17轻型坦克是世界上第一款装有360度旋转

雷诺三兄弟

炮塔的坦克，这一设计极大地提升了坦克的火力范围和视野；缩小体积和减少成员，提升了坦克的生存性和灵活性；其动力仓后置、驾驶室前置的设计也被绝大多数现代坦克所沿用。在整个一战期间，雷诺公司总共向法国军方交付了2 697辆FT-17坦克，其中一部分还供远洋而来的美国远征军使用，该支坦克部队的指挥官为巴顿（George Smith Patton Jr，1885—1945）将军。FT-17坦克在一战后成为风靡一时的经典坦克，出口到比利时、巴西、捷克斯洛伐克、爱沙尼亚、芬兰、伊朗、日本、立陶宛、荷兰、波兰、罗马尼亚、西班牙、瑞士、土耳其等国家。

R-35坦克

1934年底，法国陆军组建了第1个轻型机械化师，并提出了研制新型坦克以协同步兵作战的要求。1936年，雷诺公司针对陆军需求而研制的R-35轻型坦克正式投产。该坦克战斗全重10吨，正面装甲厚达40毫米，但是速度缓慢，公路上最高时速仅20千米/时。而且由于其使用短款37毫米火炮，反坦克能力也较差。二战爆发后，针对反坦克能力的不足，从1940年4月开始，R-35轻型坦克换装了威力更大的长身管火炮，并重新命名为雷诺R-40坦克。R-35和R-40是法国二战期间的主要装备，部分也出口到波兰、罗马尼亚、土耳其等国家。1940年法国沦陷，纳粹控制了雷诺的工厂并缴获了大量坦克。德军广泛利用缴获的R-35坦克，把它们改装成各种专用车辆，其中大多数被改装成自行火炮，还有部分被改装成弹药输送车、牵引车等。二战初期，雷诺公司拒绝为德军生产坦克，但后来在胁迫下答应为其生产军用卡车。1942年和1943年，工厂经历了两次盟军的轰炸，损失惨重。1945年1月，戴高乐将军签订法令宣布法国政府永久"征收"雷诺公司。此后，雷诺公司开始逐渐远离军工产业，仅制造部分军事卡车，以及配套的发动机、底盘、车轴等。而法国的坦克制造领域也被1971年成立的地面武器工业集团所生产的AMX-30主战坦克和后期的勒克莱尔系列主战坦克所占据。

1899年

通用动力公司成立 通用动力公司（General Dynamics）于1899年2月7日创立，是目前美国中历史最为悠久的几大军火公司之一，其前身可追溯到约翰·霍兰（John Philip

M1系列主战坦克

Holland，1841—1914）创立的霍兰鱼雷艇公司，该公司为美国海军研发了第一艘潜艇。目前，美国通用动力公司是世界第五、美国第四大军工集团，是美国最大的军火商，也是国防承包商之一。其产业分为四大领域：一是航海设备，主要制造军舰和核潜艇；二是航空领域，包括商用飞机和战斗机；三是信息系统和技术部门；四是攻击性武器的制造。其业务范围主要涉及地面武器系统、海上武器系统、飞机和机载武器系统、地基防空系统、导弹制导系统，车辆、舰船和飞机用的火控系统，步兵车辆传动装置和炮塔驱动系统，以及液体发射药火炮等。在军火制造方面，通用动力公司真正称得上是名副其实的多面手。在一些主要武器系统中，通用动力公司基本都有自己的代表作：主战坦克方面的M1系列主战坦克，作战飞机方面的F-16战斗机，舰船方面的SSN-668"洛杉矶"级核动力潜艇、"三叉戟"潜艇和美国核动力攻击潜艇SSN-21"海狼"。

G.F.亨宁发现黑索金炸药 黑索金为无色晶体，不溶于水，微溶于醇、醚、苯和氯仿，用子弹击穿时可起爆。黑索金炸药的威力和感度都大于TNT单体炸药，其分子式是$C_3H_6N_6O_6$，主要用于装填弹药、制造传爆管和实施爆破作业。1899年，G.F.亨宁（G.F.Henning）在合成医药时制成黑索金。1922年，G.C.赫尔茨（G.C.von Herz）首先认为它是一种有价值的炸药，因其爆炸性能好，原料丰富。黑索金的熔点为204.1℃，爆发点约为230℃，爆热5.4兆焦/千克，密度在1.7克/厘米^{3}时爆速为8 350米/秒。从第二次世界大战起，许多国家都开始对黑索金炸药进行研制，其成为TNT之后又一种主要炸药。

概述

（1901—2000年）

1. 第一次世界大战

1870—1871年普法战争之后，到1914年第一次世界大战爆发之前，欧洲几近半个世纪没有大规模战争。在这40余年的时间里，军事技术取得了长足的进展，军队普遍装备了后装线膛枪炮、弹仓步枪、机关枪，拥有了无烟火药、高爆炸药、野战电话。然而，军事技术的进步并未自动引起战术和作战理论的改变。在第一次世界大战之前的第二次布尔战争（1899—1902年）和日俄战争（1904—1905年）中，新式步枪、战壕和速射炮的战场效果已经得到大量展示，但仍然不能动摇第一次世界大战的指挥官们发动大规模进攻作战的决心。

第一次世界大战中，机关枪、后装弹仓步枪、速射炮等与战壕和铁丝网的结合，使得进攻方难以突破防守方的防御。进攻方常常在付出重大伤亡甚至是远高于防守方的伤亡之后，却没有能够实现作战目标，并不得不转入防御。尽管榴霰弹能够比较有效地杀伤战壕里的士兵，20世纪初间接瞄准射击发展成熟，一战期间长期对峙使双方陆军炮手使用的榴霰弹技能得到充分磨炼，后来又发现，比起榴霰弹来，高爆弹在空中爆炸的杀伤效果更好，但仍然不能消除防御方的优势。一战开战前3个月，英国军队共损失85 000名兵力，法国军队损失854 000名士兵，德国军队损失677 000名士兵，但交战双方不仅都未能击败对方，而且都未能赢得明显优势。1916年7月至11月的索姆河战役，实施进攻作战的英国军队伤亡41万人，其中第一天伤亡近6万人，却未能击破对面德军。

一战期间发明的重要新武器，当属毒气和坦克，二者均为打破一战的战场僵局而发明。

一战中，交战双方均进行了化学战，是迄今为止规模最大的化学战。德军于1915年4月22日在比利时的伊珀尔以5 730个钢瓶施放出180吨液态氯气对协约国军队进行攻击，造成15 000人中毒，其中5 000人死亡。在整个第一次世界大战期间，交战双方共生产了约18万吨毒剂，其中11.3万吨被用于战场，造成约129.7万人伤亡，占伤亡总人数的6%以上。战争期间，交战双方使用了刺激性、窒息性、全身中毒性、糜烂性等各类毒剂54种，其中氯气、光气、双光气、氯化苦、二苯氰胂、芥子气等使用较多。一战之后，日军在侵华战争中频繁、广泛、持续地实施了化学战。日军使用化学武器的地点遍及中国18个省区，使用的毒剂包括二苯氰胂、二苯氯胂、苯氯乙酮、氰溴甲苯、光气、氯化苦、氢氰酸、芥子气、路易氏气等，其中使用最多的是二苯氰胂，其次为苯氯乙酮和芥子气。日军在正面战场用毒气不少于1 668次，在敌后战场用毒气不少于423次，二者共计超过2 091次。此外，二战期间意大利在埃塞俄比亚战争中使用了化学武器。二战之后较大规模的化学战：美军在越南战争中使用植物杀伤剂、刺激剂和失能剂等化学武器；两伊战争期间，伊拉克军队对伊朗军队共使用化学武器241次，致使44 418人中毒，使用的化学武器主要是糜烂性毒剂芥子气和神经性毒剂塔崩。伊朗在两伊战争结束前的1988年4月，第一次有计划地使用糜烂性毒剂芥子气对伊拉克进行了报复性化学战。1992年11月30日，联合国大会通过《关于禁止研制、生产、贮存和使用化学武器以及销毁此种武器公约》（简称《禁止化学武器公约》），1997年4月29日该公约正式生效，无限期有效。

坦克是第一次世界大战期间最重要的军事技术发明，直接促成了机械化战争时代的到来。19世纪后半期，内燃机技术发展成熟，取代了蒸汽机，奠定了坦克发展的动力基础。一战期间的僵局，促使人们研制一种集机动、进攻和防御于一身的新式武器，用于突破敌方的坚固防御。1915年2月，英国海军大臣丘吉尔在海军部设立"创制陆地巡洋舰委员会",开始研制坦克。第1辆坦克采用1905年履带式拖拉机的底盘,车体下面有两条履带,装备机枪。英国制造出了第1批坦克,装甲厚度为5~10毫米,装备2门57毫米海军火炮、4挺轻机枪。到1916年8月,英国制造出49辆坦克,就将之投入索姆河会战,其中18辆到达战场,约10辆坦克在部队前面发起冲击。作为坦克的初战,这种新式武器在索姆河会战展现了其威力,但并未取得重要战果。1917年11月的康布雷战役中,英国出动378辆坦克,取得了明显战果。一战期间,英国的坦克由马克-Ⅰ型发展到马克-Ⅴ型。法国起初主要生产施纳德和圣沙蒙两种坦克,大战后期集中生产雷诺轻型坦克。

2. 第二次世界大战

(1)坦克的发展。两次世界大战期间,坦克在各国得到了长足的发展。英国受传统陆军分为步兵与骑兵的影响,将坦克区分为步兵坦克和巡洋坦克,前者侧重于装甲防护,后者强调机动性能。法国将坦克视为步兵的支援武器,研制和制造速度低、防护性能强的步兵伴随坦克。德国关注坦克的机动性与火力的结合,并将以坦克为主力的机械化部队作为战场突破的矛尖与迂回包抄的铁拳,发展高机动性的轻型坦克,组建机械化的装甲师。在这期间,坦克发展的总趋势是提高打击力、防护力、机动力和信息力。坦克提高打击力的主要途径是加大火炮口径、提高炮弹初速、加强炮弹杀伤力特别是穿甲能力。如德国1935年以后生产的T-Ⅲ型坦克,即已装备75毫米火炮。提高防护力的主要途径是改进装甲和增加装甲厚度。如法国轻型坦克的装甲厚度为40毫米,重型坦克达到60毫米,法国还率先采用了铸装甲技术。提高机动力的途径是提高发动机功率以及改进传动和操纵部分的机械结构。如1939年苏联制造出用柴油发动机的大功率坦克,采用这种发动机的T-34坦克,功率大、机动性好、履带对单位面积压力小、通行能力强。提高坦克信息力的途径是无线电小型化。这方面德国领先于英法两国,到第二次世界大战爆发之时,德军的坦克已经普遍装备车载无线电通信设备。到二战末期的坦克,结构上发展出单个旋转炮台与单一履带式推进装置;火力方面,中型坦克装备75~85毫米火炮,重型坦克装备88~122毫米长身管(40~70倍口径)

坦克炮，穿甲弹初速达790~900米/秒，出现脱壳穿甲弹、空心装药破甲弹等新弹种；机动性方面，发动机功率由74千瓦左右提高到148~220千瓦，速度由每小时几千米提高到每小时几十千米；防护性能方面，装甲厚度提高到45~100毫米，材料选用合金钢，增大了装甲倾角，焊接车体和铸造炮塔取代了铆接结构。

二战期间，出现了三项意义重大、影响深远的军事技术发明，即核武器、导弹和电子计算机。二战后，电子计算机与通信技术、传感器技术等结合，促成了新一轮技术革命，即信息技术革命，并引发信息化军事变革。

（2）核武器的研制与使用。从19世纪末到20世纪30年代末，随着基础物理学的革命，核物理也发展成熟，提出了质能方程（1905年），实现了原子核的人工嬗变（1919年），发现了中子（1932年）、慢中子效应（1934年）、重核裂变（1938年）和链式反应（1939年）。至此，制造核武器的理论基础已经奠定。1941年12月6日，美国启动其原子弹计划"曼哈顿工程"。1945年7月16日，美国在阿拉莫戈进行了第一次原子弹试验，这是一颗钚弹，爆炸当量为2万吨。1945年8月6日上午，美国"埃诺拉·盖尔"号飞机将原子弹"小男孩"从9 900米高空投向广岛（当时日本第8大城市），在该市市中心相生桥上空600米处爆炸，爆炸当量为1.5万吨（范围为1.2万~1.8万吨）；1945年8月9日上午，美军又在长崎投下了另一颗原子弹"胖子"，爆炸当量为2.1万吨（范围为1.9万~2.3万吨）。这是迄今为止人类历史上仅有的两次核攻击。按1956年日美联合调查团的统计，广岛死亡64 000人、死亡率25.1%；长崎死亡39 000人、死亡率22.4%。按日本厚生省的统计，到1945年底，广岛死亡人数接近8万人，比日美联合调查团的统计约多1.6万人；长崎死亡人数，比日美联合调查团的统计约少1万人。核武器是人类有史以来威力最大的武器。人类在进入核时代，开始掌握和利用最大的核能的同时，也掌握了一种足以毁灭自身的力量。

（3）导弹的研制与使用。从20世纪初到20世纪30年代，火箭运动和太空飞行理论逐步建立和发展完善。1926年，第一枚液体火箭发射试验成功（飞行2.5秒，上升高度12米，飞行距离56米）。到1941年，火箭发动机推力已经达到447千克。1936年，德国开始在佩内明德建设火箭和导弹研究基地，1938

年建成。工程投资3亿马克，工作人员数量最高时达17 000人。这个基地先后研制A-1、A-2、A-3、A-4、A-5火箭。其中1942年10月3日试射的A-4火箭，最高飞行高度85千米，飞行距离190千米。1943年，希特勒将A-4改名为V-2，决定大量生产。V-2大量用于空袭伦敦，共发射1 300枚，但只有518枚落到伦敦。在研制V-2导弹的同时，德国还研制和生产V-1飞航式导弹。V-1导弹发射质量2 180千克，发射速度240千米/时，巡航速度644千米/时，射程240千米，最大射程可达到280千米。共制造了29 000枚，其中用于空袭伦敦的不下5 000枚，造成5 500人死亡和23 000多种建筑物损毁。

3. 第二次世界大战结束至20世纪末

第二次世界大战结束以后，计算机和通信器材、传感器、射弹、动力装置和平台、其他武器（如射频武器、非致命武器、激光、远程动能武器、粒子束）等关键军事技术取得长足进展，呈现技术簇群突破的态势，引发席卷全球的新军事变革。这里，我们简要勾勒核武器、战略导弹和坦克自二战结束至20世纪末的发展线索。

（1）核武器的发展与核和平。早在1942年，美国科学家就已经对氢弹进行理论探索。二战结束后，苏联于1949年8月29日进行了首次原子弹试验。1950年1月，美国决定加速氢弹研制。1952年11月1日，美国进行首次氢弹试验。1953年8月12日，苏联进行氢弹试验。美苏两国展开了40余年的核军备竞赛。在核弹头方面，美苏两国都尝试提高核武器的绝对威力（爆炸当量）和比威力（爆炸当量与自身质量之比），同时大量生产和装备核弹头，争夺数量优势。在核武器的运载工具方面，美国追求战略轰炸机、洲际弹道导弹、潜射弹道导弹平衡发展。苏联重点发展洲际弹道导弹，对于战略轰炸机、潜射弹道导弹也着力不少。到20世纪60年代初，苏联的核弹头数量虽然少于美国，但运载能力已经赶上美国。20世纪70年代中期，苏联的核弹头总量已经超过美国。1991年冷战结束之后，美国和俄罗斯虽然都削减了核武器，但仍然均拥有世界上最为庞大的战略核力量。

冷战后美俄战略核力量

种类	美国		俄罗斯	
	部署数量	核弹头数量	部署数量	核弹头数量
战略轰炸机	92	1 800	70	806
洲际弹道导弹	550	2 000	745	3 580
潜射弹道导弹	432	3 456	384	1 824
合计	1 074	6 256	1 199	6 210

关于核战争可能性的纯粹理论研究表明，随着时间的推移，发生核战争的概率大得令人吃惊。如果每年有1%的概率发生核战争，那么将导致100年内以63%、200年内以86%、300年内以95%的概率发生核战争。核武器的出现导致核国家之间一旦发生战争，交战双方都必将冒着互相毁灭的巨大风险，战争成本过于高昂。二战结束以后，世界主要大国都先后拥有了核武器，大大降低了彼此之间的战争意愿，在世界范围内呈现出局部战争不少却总体和平的态势。

（2）二战后战略导弹和导弹防御的发展。二次结束至20世纪末，战略导弹经历了4个发展阶段。二战后至20世纪50年代，主要发展液体推进剂、地面发射的第一代战略导弹，如苏联的SS-6（1957年8月），美国的鲨蛇（1957年4月）、宇宙神（1959年9月）、大力神Ⅰ（1962年6月）。60年代初至70年代初，发展第二代战略导弹，主要发展可储存液体推进剂或固体推进剂，地下井或潜艇水下发射技术，战略导弹的突防能力、命中精度、可靠性均有较大提高。如美国的北极星系列潜射弹道导弹，大力神Ⅱ、民兵Ⅰ、民兵Ⅱ洲际弹道导弹；苏联的SS-7、SS-8、SS-9、SS-11洲际弹道导弹，SS-N-5、SS-N-6潜射弹道导弹。70年代初至80年代中期，发展采用分导式多弹头技术的第三代战略导弹，如美国的民兵Ⅲ洲际弹道导弹和海神潜射弹道导弹，苏联的SS-17、SS-18、SS-19洲际弹道导弹和SS-N-18潜射弹道导弹。80年代中期至90年代，是战略导弹的升级阶段，其生存能力、突防能力、命中精度、摧毁硬目标能力均得到提高，如美国的MX洲际弹道导弹和三叉戟Ⅱ潜射弹道导弹，苏联（俄罗斯）的SS-24、SS-25、SS-27洲际弹道导弹和SS-N-20、

SS-N-23潜射弹道导弹。

对导弹防御的研究，在20世纪中期就已经出现。美国在1944年启动"重锤工程"，研究高空防御导弹的可行性。1945年，启动"奈基工程"。1962年12月，美国的奈基–宙斯系统首次成功拦截一枚洲际弹道导弹。此后，美国先后发展奈基–X、哨兵系统、卫兵系统等战略导弹防御计划。1983年，美国启动战略防御计划，企图全面拦截来袭核弹，确保自身绝对安全，这一计划以"星球大战计划"闻名于世。1993年，美国国防部长阿斯平正式宣布终止该计划。此前美国于1990年启动的导弹防御计划，由国家导弹防御系统（NMD）、战区导弹防御系统（TMD）、先进反导技术三部分构成。苏联在50年代发展了SA-5远程地空导弹系统，并于1964年部署。1957年，苏联开始研制橡皮套鞋系统（莫斯科系统，20世纪末乃在使用）。在60年代末到70年代初，苏联科学院、军事科研所、工业设计局和总参谋部等就研究太空武器进行过深入的研讨，形成分两阶段实施的太空武器发展构想：背景1（第一阶段），探索先进概念和技术，包括定向能武器、电磁轨道炮、新奇弹头技术、新式反导导弹，以及这些武器使用的太空平台；背景2（第二阶段），进一步进行技术研究，逐步过渡到工程开发和研制试验，直到部署实际的武器系统。1976年，苏联正式启动了背景1的研究工作。1983年美国提出"星球大战计划"后，苏联认为其战略防御系统不仅能够防御来袭导弹，而且能够从太空攻击苏联的陆海空目标，于是在"背景1"远未完成的情况下，将"背景"计划由"背景1"匆忙地转入"背景2"，而且加以扩大，如增加了天基打击系统和对抗美国"星球大战计划"的技术。

二战后至20世纪末，坦克的发展经历了3代。50年代发展的第一代坦克，火力上增大火炮口径，采用火炮双向稳定器和红外夜瞄装置，使用机械模拟弹道计算机，增加弹种；机动方面，发动机功率发展到867~1 214千瓦，部分坦克采用柴油发动机；防护方面，改善坦克外形，有的坦克（如苏制T–55型）安装了防原子装置。60年代发展第二代坦克，形成了主战坦克概念。火力方面，采用120毫米袋装药高速火炮，部分坦克采用了滑膛炮，配以动能弹或碎甲弹；火控系统普遍采用光学测距仪、弹道计算机和武器双向稳定器；机动方面，普遍采用柴油机和多种燃料发动机，并在发动机上采用了增压装置。70年代以后，发展第三代坦克。火力上普遍采用滑膛炮，全面实现行进间射击，首发命中率高；防护力方面，采用复合装甲、侧裙板，车内布置隔舱化，配备"三防"系统；机动方面，发动机功率高达2 600千瓦，加速性能好（从0加速到32千米/时只需6秒多），最大速度72千米/时，越野速度48~55千米/时；夜战能力得到很大提升，50年代的主动式红外夜视设备视距500~1 200米，70年代的微光夜视设备视距2 000米，20世纪末的热成像夜视设备视距2 000~3 000米。

约20世纪

本迪克斯公司［美］、航空空间公司［英］和FIAR 公司［意］合作研制直升机远程主动吊放声呐（HELRAS） "直升机远距主动吊放声呐（Helicopter Long Range Active Sonar，HELRAS）"系统是一种吊放声呐系统，由著名的L-3海洋通信系统公司的子公司ELAC公司负责研制生产。HELRAS总重314千克，使用直径2.8米的大低频接收基阵，由8个或16个装有水听器的液压驱动臂构成，基阵下放时驱动臂伸展开，发射阵由8个或10个发射换能器构成，入水后从水下分机壳体内吊下，形成6.25米长的垂直线阵，在水平360°和垂直10°范围内发射大功率低频信号，其工作频率为1.2千赫。目前，荷兰、意大利和德国军方为它们的NFH直升机选用了HELRAS声呐。HELRAS具有卓越的水下探测能力，利用多普勒技术和优化的主动脉冲探测波束，获得了极高的分辨率。针对以往带有多普勒技术的声呐无法有效对付低速水下目标的问题，HELRAS采用了专门设计的脉冲方式和处理方法，即使速度只有一节的水下目标，也逃脱不了该系统的跟踪。HELRAS在良好水文条件下的探测距离达200千米。L-3公司的相关人员声称，该系统的浅水探测距离比FLASH声呐远6倍，性能甚至比美、英、意等国海军的部分舰载或潜艇声呐更为优越。

美国和欧洲各国开始研制跨大气层飞行器 跨大气层飞行器（Transatmospheric Vehicle，TAV）是一种既能在大气层内飞行，又能够进入地球轨道的飞行器，它具有快速、可靠、廉价、机动的特点，在军事和民用方面具有很大的应用价值。目前，美国和欧洲对于跨大气层飞行器的研究，主要集中在空间返回飞行器的研究上。这是一种小型天地返回运输系统，主要任务是负责将空间载荷或人员送回地面。这种跨大气层飞行器个头较小，一般没有动力装置，研制运行成本较低，可以适应从轨道上返回的需要。近年来，美国劳伦斯·利弗莫尔国家试验室的研究人员向美国军方提出了一种在大气层上面"跳跃"飞行的"超翱翔"高超音速飞行器方案。"超翱翔"飞行器作为轰炸机使用，可在2小时内将武器投入地球表面上的任一地点，即可以对全球进行快速远程攻击。基于这一理论，美军最近大力发展"X"系列飞行器，并将其作为全球快速打击系统的重要组成部分。

1902年

**W. O. H.马德森发明轻
机枪**　轻机枪是相对于重机
枪、通用机枪较轻的一种机
枪。最早的机枪都很笨重，
仅适用于阵地战和防御作
战，在运动作战和进攻时使
用不方便。各国军队迫切需

W. O. H.马德森发明的轻机枪

要一种能够紧随步兵实施行进间火力支援的轻便机枪。1900年前后，意大
利的枪械研制者已着手试制。1902年，丹麦的一名炮兵上尉W. O. H. 马德
森（Madsen）研制成世界上第一挺轻机枪。到第一次世界大战期间，又出
现了法国的1909年式哈齐开斯、德国的1915年式柏格曼、英国的1915年式
勒维斯、俄国（苏联）的1915年式仿绍沙和美国的1917年式勃朗宁等制式
轻机枪，还有美国的马林–罗克韦尔、瑞士的苏洛通、德国的嘎斯特、法国
的斯坦汀等轻机枪。轻机枪的自动方式应用最广的是导气式和短管退式。
导气式一般有气体调节器，可以调节射击速度以及适合不同使用条件。供
弹有弹仓和弹链两种方式，容弹具通常采用可以迅速卸下的容弹量大的弹
匣，或放在盒内的金属弹链。轻机枪安装有两脚架，便于士兵携带，其兼
有步枪的外形与机枪自动发射的特点。其构造与性能数据大致是：口径
5.45~8毫米，枪全长100.7~128.9厘米，全重7.55~12千克，采用步机枪通用
弹，供弹有弹带和弹仓两种方式，容弹量20~250发，冷却方式有水冷和气
冷两种。由于轻机枪一般装备到步兵分队或步兵班，部分国家军队称为班
用机枪。20世纪50年代后开始，自动步枪与轻机枪形成枪族，部分零部件
可以互换。

1904年

戈比亚托·列昂尼德·尼古拉耶维奇发明现代迫击炮　现代迫击炮从
臼炮演变而来，一直是支援和伴随步兵作战的一种有效的压制兵器，也是

步兵极为重要的常规兵器。戈比亚托·列昂尼德·尼古拉耶维奇（Leonid Nikolaevich Gobyato，1875—1915）在日俄战争期间将海军炮装在带车轮的炮架上，以大仰角发射超口径长尾形炮弹，有效杀伤了堑壕中的日军。第一次世界大战末期，英国的W.斯托克研制出口径为76.2毫米的迫击炮。第二次世界大战初期，大多使用口径为82毫米以下的迫击炮。随着战争的发展，口径105~120毫米的中口径迫击炮及口径160毫米以上的大口径迫击炮，在摧毁坚固工事中显示了威力。迫击炮是利用座钣承受后坐力发射炮弹的曲射火炮。迫击炮的射角大，一般为45°~85°，弹道弯曲，初速小，最小射程近，对无防护目标杀伤效果好，适用于对遮蔽物后的目标和反斜面上的目标射击。迫击炮可以配备多种炮弹。主要可以配用杀伤爆破弹，用于歼灭、压制敌有生力量以及技术兵器，并可破坏铁丝网等障碍物；还可配用烟幕弹和照明弹等一些特种炮弹。迫击炮的体积小，质量轻，且结构简单、操作方便，射击时，身管后坐能量可以通过座钣由地面吸收。行军时身管、座钣可分解，所以便于携带。迫击炮问世以来，被广泛运用于战争，尤其是山地战和堑壕战，配合步兵小单位（连、排、班）作战，为步兵之制式火力支援武器，特别适合于对付遮蔽物后方的目标。

俄军在日俄战争中使用跳雷和可操纵的应用地雷　欧洲国家使用地雷的年代较晚，俄军在1904—1905年的日俄战争中，于旅顺防御战中使用了跳雷和可操纵的应用地雷。德军于1918年曾将炮弹改装成反坦克地雷，之后又研制成两种反坦克地雷。苏联、英国和美国也于1935年研制成防坦克地雷。第二次世界大战期间，地雷的品种、数量和质量上都有很大的发展和提高。据不完全统计，苏联制成了61种制式地雷，德国有36种制式地雷。1944年，德国人米斯奈利创制了高速爆炸的地雷，能在一定距离上击穿装甲。在第二次世界大战时，地雷按作战用途可分为三类，即防步兵地雷、反坦克地雷和特种地雷，其制品种类多达

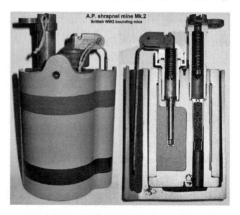

跳雷及其内部结构

数十种，主要作用是用众多地雷布设成地雷场，阻滞敌军的行动，杀伤敌军有生力量和破坏其技术装备，给敌军造成巨大的精神威胁。

1906年

德国海军使用潜艇潜望镜　潜望镜是指从海面下伸出海面或从低洼坑道伸出地面，用以窥探海面或地面上目标活动的观察装置。潜望镜按用途或战斗使命可分为攻击潜望镜、搜索潜望镜和专用潜望镜。传统的潜艇潜望镜是一种长约10米的细长光学镜管，两头装有棱镜，中间有成像透镜和转像透镜系统。潜艇潜望镜的发展是和潜艇的发展同步的。1906年德国海军建成第一艘潜艇时，已使用了相当完善的光学潜望镜。然而，当时潜望镜的潜望能力在5~7米，观察距离很近，视场狭窄，图像质量也很差，而且夜间无法使用。伴随科学技术的发展，现代化的潜望镜应用了光电子技术和微电子技术，是一种集侦察、监视、观测、导航、火控和信息记录等功能于一身的多用途装备，称为光电桅杆。美国海军新型弗吉尼亚级潜艇，就使用了光电桅杆的非透视成像设备来执行作战和训练任务。

英国海军的刘易斯·尼克森发明声呐　声呐一种利用声波在水下的传播特性，通过电声转换和信息处理，完成水下探测和通信任务的声学定位设备，其原来的意思为"声波导航与测距"（sound navigation and ranging，SONAR。声呐技术最早于1906年由英国海军的刘易斯·尼克森发明，至今已有100多年历史。他发明的第一部声呐仪是一种被动式的聆听装置，主要用来侦测冰山。在第一次世界大战期间，声呐被应用到战场上，用来对水下目标进行探测、分类、定位和跟踪。现在几乎所有的舰艇都装有不同形式的声呐，以适应水下作战的需要，特别是满足作战舰艇、潜艇和反潜飞机实施反潜、反水雷、水下警戒、观测、侦察和通信的需要。此外，声呐技术还广泛用于鱼雷制导、水雷引信，以及鱼群探测、海洋石油勘探、船舶导航、水下作业、水文测量和海底地质地貌的勘测等。声呐的种类很多，按探测方式可分为主动声呐和被动声呐，按基阵方式可分为球形（阵）声呐、柱形（阵）声呐、线列阵声呐、平板阵声呐、舷侧阵声呐、展翼阵声呐等，按安装方式可分为舰壳声呐、拖曳声呐、吊放声呐、浮标声呐等。

1909年

美国研制第一架专门设计的教练机　教练机是空军、海军飞行员训练系统的核心，并依飞行训练程序由不同性能和档次的各型飞机组成。1909年，世界上第一架军用教练机双座莱特A型飞机交付部队用于飞行员训练。1913年，专门为训练设计的美国"阿弗罗"教练机诞生，随着第一次和第二次世界大战的爆发，为满足培训大量飞行员的需求，德、法、英、美等国生产了大量的教练机。国外军用教练机的主要发展趋势体现为以下几个方面：一是设计先进，注重飞行品质、速度范围、操稳特性与安全性；二是突出技能训练，注重专门训练，航电设备和武器选用适应性强；三是合作研制，注重采用成熟的发动机和关键机载设备，以缩短研制周期，降低研制风险；四是一机多用，旨在减少训练机种，缩短训练周期，提高训练质量，降低训练费用，注重辅助采用地面训练模拟系统；五是采用耗油率低的涡扇发动机。目前，随着新一代高级教练机平台的日趋成熟，新一代高级教练机已逐步开始装备部队。俄罗斯已于2002年选定雅克–130作为其新型通用高级教练机，2010年2月第一批雅克–130移交给俄空军开始培训飞行员。美国空军正式启动未来教练机计划代号T–X，参与竞争和评估的高级教练机是美、韩合作的T–50和意大利的M–346。

美国研制的教练机

1911年

意大利空军在与土耳其的交战中第一次使用航空炸弹　航空炸弹简称为航弹，俗称炸弹，是从航空器上投掷的一种爆炸性武器，是轰炸机和战斗轰炸机、攻击机携带的主要武器之一。航空炸弹按用途可分为基本炸弹、辅助炸弹、特种用途炸弹、新型炸弹。1911年11月1日，意大利飞行员用手投榴弹方式实施空中投弹，攻击了利比亚地区的土耳其军队，这被认为是世界上首次轰炸行动。第二次世界大战期间，航空炸弹作为主要的毁伤武器得到迅速的发展，出现了集束炸弹、子母炸弹、穿甲炸弹和凝固汽油燃烧弹等新型航弹，德国和美国相继研制出制导炸弹。航弹的质量也达到了数吨。英国曾制造过重达10吨的"大满贯"炸弹，用兰开斯特重型轰炸机投放，炸毁了德国的比勒菲尔德高架铁路。在战争结束前的1945年8月6日和9日，美国分别在日本的广岛和长崎投下了两颗原子弹，造成35万人死伤。第二次世界大战后，各国不断改进航空炸弹，以提高航弹在不同战斗使用条件下的作战效果，出现了多种多样作用独特、性能优异的新型航弹。在历次高技术局部战争中，新型航空炸弹包括精确制导炸弹在内的各类新型航空炸弹，如激光制导炸弹、油气炸弹、石墨碳素纤维炸弹以及质量达10吨的超级航空炸弹等，已经取代传统炸弹成为主要的对地打击武器。

1914年

C.戴维斯发明了双炮尾对接的无后坐炮　无后坐炮是一种发射时炮身不后坐的火炮，用于摧毁近距离装甲目标和火力点。1914年，美国海军中校C.戴维斯研制了一种以两个炮尾对接的火炮，在其中一门火炮发射炮弹过程中，另一门火炮则发射炮塞和猎枪弹，从而使二者的后坐力抵消。苏联于1936年研制成功了一种喷管发射的无后坐炮，并在对芬兰战争中使用成功。1939年，德国研制成一种双弹式无后坐炮，发射炮弹后所产生的后坐动量，由反向发射等重药筒的动量予以抵消。1943年，美国研制成预刻槽弹带的无后坐炮，消除了弹丸对膛线的挤进应力和平衡后坐动量产生的负面影响。无后坐力炮的装填方式类似于传统火炮，但是在开火时，发射药产生的气体中有相当一部分从火炮的后方溢出，从而产生一个接近于推动弹丸前进动量的反向动量，就使得火炮本身几乎不产生后坐力。这样，无后坐力炮就不再需要常规火炮所需的后坐缓冲装置，从而变得很轻便且易于使用。步兵同样也可以使用无后坐力炮发射大口径的炮弹。在第二次世界大战及战后，无后坐力炮在各国军队中得到广泛应用，并不断改进。

克虏伯公司制作铁道炮 铁道炮是指由铁道机车运输、在铁轨上发射的火炮，又称列车炮、铁轨炮，主要用于城市和要塞等坚固设施的攻守，有时也用于支援铁路沿线部队的作战。19世纪，一些国家已经开始使用铁轨来运输重型火炮。一战期间，由于欧洲

铁道炮

各国都建造了密集的铁路运输系统，而通过铁路运输大型榴弹炮与加农炮要比公路运输快捷得多，因此德军统帅部开始研究通过铁路运输大型火炮的可能性，并试图使用一整列铁轨车来支持铁道炮作战。克虏伯公司于1914年将380毫米海军炮安装在铁轨上的车架上并运送至发射地点，此后英、美、法等国也都开始了铁道炮的使用。法国将岸防炮与海军炮收集起来制作铁道炮，并采用增加轮轴的方式来抵消大型火炮的后坐力，这一方法也受到了其他国家的效仿。美国于1917年开始计划在铁轨上使用178毫米、203毫米、305毫米和356毫米海军炮，并在1918年投入实战。二战期间，纳粹德国的"古斯塔夫铁道炮"口径达800毫米，炮口初速最高可达820米/秒，可发射重达7.1吨的穿甲弹以及4.8吨的榴弹，在塞瓦斯托波尔战役中发挥了巨大作用。二战后，由于导弹的兴起，铁道炮逐步被各国淘汰。

1916年

法国埃蒂安纳上校研制自行火炮 自行火炮同车辆底盘构成一体，靠自身动力机动，可以在战斗中伴随坦克与步兵，遂行火力支援和反坦克任务。

自行火炮的研制同坦克的研制相伴而生。一战期间，法军炮兵上校让·巴普蒂斯特·欧仁·埃蒂安纳（Jean-Baptiste Eugène Estienne，1860—1936）希望炮兵在进攻过程中能够紧跟步兵之后，他设想将一门75毫米野战炮安装在履带式车辆上。当时的雷诺公司与施耐德公司都缺乏履带式车辆的制造经验，最终所生产的火炮不具有坦克所具备的翻越堑壕能力，而只是一门具有机动能力的火炮，同时由于火炮安装在车身侧面，因此射击效果也并不理想。1916年英国在研发坦克的同时设计建造的"火炮运载车1号"（Gun Carrier Mark 1）在型制上同后世的自行火炮更为接近，该型号压缩了菱形履带的空间，并将榴弹炮安置在车身前部。二战期间，自行火炮作为反坦克武器得到了迅速发展，主要为固定式的自行反坦克炮。二战后自行火炮得到了进一步发展，现代自行火炮身管长度可为52~60倍于口径，射速可达12发/分，射程可达70千米，行程可达600千米，已发展成为炮种齐全、口径繁多、可发射多种炮弹的火炮新族系，能遂行多种火力支援和作战任务。

法军使用全身中毒性毒剂氢氰酸 全身中毒性毒剂（systemic agents）的主要代表为氢氰酸和氯化氰，又称氰类毒剂。这类毒剂主要抑制体内细胞呼吸链末端细胞色素氧化酶，使机体能量代谢产生障碍，组织不能充分利用血液输送提供的氧，造成全身性组织缺氧。全身中毒性剂施放时呈蒸气态，中毒症状为呼吸困难、惊厥、皮肤黏膜呈鲜红色、意识丧失、全身肌麻痹。作为化学战剂，氢氰酸具有较强隐蔽性和速杀作用、易透过防毒面具，被毒人员若不及时救治，即迅速致死。该类毒剂为典型速杀性毒剂，主要通过呼吸道吸入中毒，亦可通过消化道误服中毒。全身中毒性毒剂属于暂时性毒剂，多用于集中突袭，杀伤对方有生力量。1916年7月1日，法军在索姆河（Somme）战役中，首先对德军使用了氢氰酸，但因炮弹爆炸引起燃烧、蒸气比重较空气轻、挥发度大，有效战斗浓度维持时间短等原因，未能造成敌方人员伤亡。目前，由于弹药和施放技术的改进，在短时间内可造成2~3毫克/升的染毒浓度，在此浓度下暴露15~30秒，中毒人员可迅速死亡。全身中毒性毒剂平时作为化工原料能大量生产和贮存，且来源丰富，在战时可直接转化为化学战剂。

英国在索姆河战役中使用坦克 一战时期的堑壕战使战争一度陷入僵

局，针对这一局面，英国与法国都开始探寻越过堑壕的途径。英国陆军根据E. D.斯温顿（Ernest Dunlop swinton，1868—1951）的建议，利用汽车、拖拉机、枪炮制造和冶金技术，于1916年试制出Ⅰ型坦克（MARK-Ⅰ），并于索姆河战役中投入使用。Ⅰ型坦克从外观上看是一个菱形的装甲箱，履带围绕车身转动，车身两侧各有一个突出部，突出部上携带武器。Ⅰ型坦克主要分为雌、雄两种类型，车身两侧各装备一门57毫米炮的为雄车，各装备一挺机枪的为雌车，也存在一侧装火炮、一侧装机枪的混合类型。一战期间，坦克主要用于开拓道路并掩护步兵作战；二战期间，德国率先将零散配置的装甲车辆整合为专门的装甲部队，使之在进攻中能够形成强大的突击力。根据质量和装备的武器，坦克分为轻型坦克（25吨及以下，用于侦察、警戒及特定条件下的作战）、中型坦克（25~50吨，用于遂行装甲兵的主要作战任务）、重型坦克（50吨以上，用于支援中型坦克战斗）。60年代出现的战斗坦克在火力和防护性方面兼具重型坦克的防护水平与中型坦克的机动性，形成具有现代特征的主战坦克（50~60吨），如苏联的T-62坦克、美国的M60坦克。70年代后相继出现适用于现代战争要求的主战坦克，如苏联的T-90坦克、德国豹Ⅱ系列坦克、美国M1系列坦克、中国99式主战坦克等。

1918年

德法两国研制出高射机枪　高射机枪主要用于对低空目标进行打击，由枪身、枪架、瞄准装置三部分组成。高射机枪一般在2 000米有效射程以内可以用于摧毁、压制地（水）面的敌火

高射机枪

力点、轻型装甲目标、舰船，封锁交通要道等。高射机枪按运动方式分为牵引式、携行式和运载式（安装在坦克、装甲车、步兵战车、舰船上）三种。20世纪30~40年代，才开始使用12.7毫米和14.5毫米的大口径高射机枪，第二次世界大战中各种高射机枪得到了广泛的使用。战后由于飞机飞行高度的增

加，高射机枪的作用也随之降低。

德法等国家在一战中研制并使用高射炮　高射炮是从地面对空中目标射击的火炮，简称高炮，也可用于对地面、水面目标的射击。在第一次世界大战中，一些国家已将飞机用于空中侦察与联络，并对地面目标进行轰炸与射击等作战行动，因此地面部队对空进行射击的高射炮便随之制成。

高射炮

继德法两国之后，各参战国也都相继成功研制出40、75、76.2与105毫米口径的高射炮，炮长约为口径的37~60倍，炮身重460~2 505千克，架重1 885~6 000千克，运动炮车重3 450~12 000千克，弹重5.7~17.4千克，安有瞄准装置，初速每秒600~17 400米，射速每分钟150发，最大射高6 000~12 800米，最大射程9 800~20 000米，方向射界360°，驻退机有水压式、弹簧式等，以牵引为多、自行较少，具有炮身长、初速大、射速快、射击精度高等优异特点，对飞机构成很大威胁。

第一次世界大战中各主要参战国相继研制并使用牵引火炮　牵引火炮是靠机械车辆（或其他牵引工具）牵引而运动的火炮。19世纪以前火炮都用骡马驮载与拖曳，第一次世界大战时改用机动车牵引，提高了行军速度。同自行火炮相比，牵引火炮结构简单，易于操作，造价低廉，维修方便，但越野性能较差，行军战斗转换较慢，无装甲防护，战场生存力较差。牵引火炮均有运动体和牵引装置，有的还带有前车。运动体包括车轮、缓冲器和制动器，车轮采用海绵胎或充气胎。有的牵引火炮在其炮架上装有辅助推进装置，在火炮解脱牵引后用来驱动火炮进出阵地和短距离机动，或者在通过难行地段时驱动火炮车轮，辅助牵引车。有些长身管的牵引

牵引火炮

火炮，炮身可回拉或调转180°，以缩短火炮成行军状态时的长度。第二次世界大战时，用机动车牵引已成为火炮运动的基本方式，故得到了较快的发展。其结构简单，造价低，易于操作和维修，可靠性好，有些国家在发展自行火炮的同时，仍重视牵引火炮的发展。

1919年

张作霖创建东三省兵工厂 东三省兵工厂又称东北兵工厂或沈阳兵工厂。张作霖与北洋政府、吉林省和黑龙江省当局，商定在奉天设立兵工厂，制造枪炮弹药。其正式名称为奉天军械厂、东三省兵工厂、奉天造兵所及兵工署第90工厂，位于大东区长安路，产权归黎明机械制造厂所有。1919年6月5日，选定在沈阳城大东边门外测量局旧址为厂址，扩建新型兵工厂，占地面积3 692亩，聘请外国技师监制各种军械。1921年，张作霖设立修械及制造枪弹工厂，称为奉天军械厂。新厂在1922年建成时，将奉天军械厂并入，并在1925年进行扩建，从德国进口大批设备。截至1928年，该厂设有枪厂、炮厂、炮弹厂、火具厂、火药厂、铸造厂、机器厂、造币厂、动力厂等各分厂，自备发电厂，装机容量1万千瓦，员工21 000多人，从日、奥、德、法国聘请30多名技术人员，每月可造1 500万发枪弹、100多吨火炸药，能制造口径37~130毫米的加农炮、榴弹炮和75毫米的山炮、野炮、高射炮，是当时中国地方势力最大的兵工厂。1946年11月9日，成立兵工署第90工厂。沈阳兵工厂为1946年3月至11月间短暂名称，以此为通称。1947年成立辽阳、文官屯、抚顺三个分厂。1948年9月12日，中国人民解放军发动辽沈战役，11月2日完全占领沈阳，而90厂所有设备并未及撤出。据说事后国军曾派飞机对兵工厂进行轰炸，但并无太大损失。同年12月之后，90厂不再出现于兵工署生产报告之中。

1923年

美国开始空中加油试验 空中加油机是专门给正在飞行中的飞机和直升机（受油机）补加燃油的飞机。1923年，美国陆军的一架单引擎DH-48飞机在飞行中给另一架DH-48飞机用软管以自流方式进行了两次加油，成为人类

空中加油机进行空中加油

历史上第一次空中加油试验。20世纪30年代中期，空中加油机由英国考伯汉爵士用于跨大西洋商业航空飞行。经过20多年的发展，在第二次世界大战后，空中加油机大量装备部队。冷战时期，空中加油已成为核威慑的主要保障手段，空中加油几乎被所有大国用作向遥远地区部署轰炸机、运输机、战斗机的必不可少的手段。空中加油机的运用，有效地增大了飞机的航程、作战半径、有效载重，延长了留空时间，可以救援故障飞机，有利于兵力机动，大大提高了航空兵的远程作战能力，因此备受各国的重视。目前空中加油装置有硬管式和软管式两种。硬管式加油速度较快，但对加油机和受油机保持相对位置的要求较高。软管式加油速度较慢，但对加油机和受油机保持相对位置要求较低，因而可为速度较慢的飞机和直升机加油。目前，加油机在远征性空中作战的应用已经十分普遍。阿富汗战争期间，由于美军在战区周围没有现成的基地可以使用，美军空中力量的使用极大地依赖空中加油机。今天，空中加油对远征型空军来说，不仅仅可以取得延长飞行距离的战略效应，还可延长战术飞机的滞空时间，成为现代战争中空中作战力量的倍增器。

1928年

国民政府成立兵工署　1928年，南京国民政府设立兵工署，同时任命张群（1889—1990）为署长。12月颁布《军政部兵工署条例》，规定"兵工署直隶于军政部，掌管全国兵工及关于兵工之一切建设事宜"，规定产品设计和制造重大事项、武器系统、产品测试等由兵工厂负责，地方政府不得干预，凡兵工建设涉及地方政府的重大事宜由兵工署直接同地方政府协调处理。1933年1月26日，俞大维接任兵工署长后，于1935年为兵器工业部设立总部、生产部、技术部、军械部等部门，并于1929年颁布的"兵工厂组织法"作为更严格的依据控制和管辖各兵工厂。兵工署成立后便开始对全国兵工厂的布局进行调整。至1932年，直辖的兵工厂有上海兵工厂、上海炼钢厂、金陵兵工厂、汉阳兵工厂、汉阳火药厂、巩县兵工厂、东三省兵工厂、华阴兵工厂。

1933年

以色列军事工业公司成立　以色列军事工业公司（Israel Military Industries，IMI）源自巴勒斯坦英国委任统治时期，成立于1933年。其前身是一个犹太人建立的秘密组织，总部位于拉马特沙龙，隶属于政府，是一个工业行政集团公司，是以色列最大的三家国有军工公司之一，主要为以色列国防军提供小型武器和弹药，在世界军工百强中名列第61位。公司拥有雇员1.5万余人，其中工程师、科学家和技术专家有1 000多人。公司下设轻武器部、电子系统部、火箭系统部、先进系统部和飞机系统部5个分部，12家兵工厂，并设有汉卡尔系统工程中心、中央研究所和重型弹药集团等机构。以色列军事工业公司开发了许多世界上最先进的武器装备、弹药、战术系统、引擎以及其他火力武器，其产品范围很广，涉及轻武器和弹药、坦克和装甲车辆、战术导弹、火炮、电子引信、飞机附件和遥控机器人等。公司的产品超过600种，主要包括"梅卡瓦"主战坦克、60毫米中口径反坦克火炮、106毫米无坐力炮、25毫米高炮、25毫米机关炮、30毫米航炮、B-300式轻型反装甲武器、"马帕兹"反装甲导弹系统、LAR160多管火箭发射系统、牵引式突击渡桥、靶机、9毫米乌兹手枪与冲锋枪、5.56毫米和7.62毫米KRM式伽利尔步枪、ARM式伽利尔轻机枪、灵巧炸弹、新型穿甲弹、120毫米IMI火箭增程弹等。在这些武器装备中，许多成为军工界的惊世骇俗之作：著名的"梅卡瓦"坦克（MK）被专家评为防护力、火力和机动性三大要素最佳结合的产物，有"沙漠怪兽"之美誉；伽利尔突击步枪和冲锋枪在轻武器制造领域技术遥遥领先，享有盛名。

1934年

三菱重工业株式会社成立　三菱重工业株式会社（Mitsubishi Heavy Industries，Ltd.）是一家总部位于日本东京的承接跨国工程、生产电气设备和电子产品的公司。其具有悠久而曲折的发展历史，最早可以追溯到1857年的德川幕府时期。其正式命名于1934年，是日本最大的私人公司，积极从事船舶、重型机械、飞机和铁路车辆的制造。二战期间，日本最为著名的"零"式战斗机，就出自该公司。在第二次世界大战结束后，日本投降，三菱分成三家公司。不过，在1964年，1950年解体后的三家独立公司再次合并为三菱重工公司名下的一家公司。三菱重工的产品包括航空部件、空调、飞机、汽车部件、叉车、液压设备、机床、导弹、发电设备、船舶和太空运载火箭。通过与国防有关的经营活动，它成为全球第23大防务承包商，按2011年日本的国防收入计算，该公司是日本最大的防务收入来源。

1936年

中国红军成立红军兵工厂　红军兵工厂是于1936年成立的。追溯到敌军围困万千重的井冈山的特殊时期，工匠们就在莲花县，凭借着简陋的房舍与设备，建起了修理所与红四军军械处，用砖头石块砌炉灶，用榔头、铁锤、钳子为工具，修理兵器。刘志丹（1903—1936）于1933年在陕北领导起义时建立起了"骡背子上的兵工厂"，该工厂没有固定厂房与设备，仅仅是用骡子驮运简单工具，在行军打仗的同时修理枪械，可谓是敌人来了就打仗，打跑了敌人就修理枪械。中央红军在1935年10月到达延安后，随同前来的兵工队仅有21名工匠，同瓦窑堡修械所合建成红军兵工厂。兵工厂内没有制造枪炮弹药的设备，员工们便自己动手设计制造。朱德在1948年12月25日《第六次兵工会议上的总结报告》中指出："我们的军工建设是从井冈山就开头的，不要丢掉老传统，继续吸收新的经验。接收大工业的经验是批判的接收，不是无条件的统统拿来，也不是把自己过去的统统不要。记住，社会主义的基础是靠我们从破砖烂瓦基础上面建设起来，要不断前进，我们自己的经验，是自己创造出来的，把我们的经验同别人的经验结合起来，不断加以改进和提高。"

中央兵工厂旧址群

冯·欧海因研制喷气式飞机发动机　喷气式飞机发动机从大气中吸入空气，利用自身喷管喷射高速气流产生的反作用力作为推力，突破了此前螺旋桨飞机750千米/时的速度极限。1936年，德国工程师冯·欧海因（Hans Joachim Pabst von Ohain，1911—1998）于1936年成功研制出世界上第一台喷气式飞机发动机，并设计出"亨克尔–178"（He-178）喷气式试验机。1942年，第一架用于实战的喷气式战机"梅赛施密特–262"（ME–262）投入使用，该战机在二战期间共击落542架盟军飞机，曾被视作扭转德军败局的关键武器，但最终未能扭转德军颓势。同时期的喷气式战斗机还包括英国的流星式喷气战斗机，但性能略逊于ME–262。喷气式飞机发动机的动力主要来自燃气发生器，由压气机、燃烧室、涡轮组成，与传统的往复式内燃发动机相比极大地简化了推进过程。二战结束后，全球空军进入喷气时代。迄今为止，喷气式飞机发动机的型制主要分为五种：涡轮喷气式发动机（利用涡轮带动轴向或离心式压气机，涡轮后的气流所产生的剩余压强使推力喷射管产生高速燃气流，形成推力）、涡轮风扇式发动机（使气道进入的气流的一部分进入燃气发生器，剩下的空气经过风扇或低压压气机，与燃气发生器排放的喷流喷射出去，或者直接喷出，通过增大空气总流量并在总能量供应不便的情况下减小流速）、涡轮螺旋桨式发动机（将燃气发生器产生的全部压强用于驱动涡轮，由于涡轮产生的功率远多于带动压气机的需要，多余的功率用来经过减速器带动螺旋桨）、涡轮轴式发动机（原理同涡轮螺旋桨式发动机，用于驱动直升机旋翼）、冲压式喷气发动机（无旋转器械，利用涵道截面积的变化提高气体压力，压缩过后的气体进入燃烧室燃烧产生推力，需要辅助装置的帮助才能起飞）。

德国开始研制神经性毒剂　神经性毒剂是一类以引起人体神经系统胆碱能神经功能紊乱、呼吸衰竭为特征的速杀性毒剂。1936年底德国科学家格哈特·施拉德（Gerhart Schrader）在研究新杀虫剂时出乎意料地发现惊人的毒性，从此世界上第一种神经性毒剂——塔崩诞生了。两年以后（1938年），在柏林的德军实验室里，施拉德等人又发现了毒性比塔崩大10倍的沙林，并于1939年9月为德军侵略波兰准备了首批沙林弹。神经性毒剂是一类剧毒、高效、连杀性致死剂，无刺激性，仅有微弱臭味。可装填于多种弹药和导弹战斗部中使用。神经性毒剂又分V类和G类两类毒剂。V类毒剂使用时主要呈液滴态，其主要中毒机理为抑制人体神经系统中胆碱能神经末梢胆碱醋酶活性，使其失去水解乙酰胆碱的能力，导致后者大量蓄积，并作用于胆碱能受体，引起人的神经系统功能紊乱，呈现严重中毒症状。G类毒剂使用时主要呈蒸气态，人通过呼吸道吸入中毒，对无防护人员在短时间内具有很大杀伤作用，使人出现严重中毒症状甚至死亡。神经性毒剂的毒性强、作用快，能通过皮肤、黏膜、胃肠道及肺等途径吸收引起全身中毒，加之性质稳定、生产容易、使用性能良好，因此成为外军装备的主要化学战剂。据美国化学学会统计，仅美国就拥有足以能杀伤全球人口5 000次的神经性毒剂，而苏联的贮备量远远超过这个数字，其递送这些毒剂的武器系统正朝着远程、大装量、面积效应大的重型武器方向发展。军事上根据施放方式不同，其可用作暂时性或持久性毒剂，造成空气、水源、地面或装备染毒，使接触人员中毒，杀伤有生力量，封锁交通枢纽，阻滞军事行动。

1940年

英、美、苏、德等国研制了主动红外夜视仪 主动红外夜视仪作为第一代夜视瞄准器具，诞生于第二次世界大战期间，成为英国、德国、美国和苏联等主要参战国军队的夜战装备。战后，主动红外夜视仪被广泛应用于瞄准镜，成为轻武器系统的重要组成部分。主动红外夜视仪的出现，使得作战人员能够在夜间利用图像来确定攻击目标的形状与位置。当然，作为早期的夜视设备，主动红外夜视仪具有隐蔽性和安全性差、易被对方探测等难以克服的缺陷。因此，伴随微光夜视设备和热成像夜视设备的出现，主动红外夜视仪逐渐被淘汰。

第二次世界大战中各主要参战国广泛使用了深水炸弹 深水炸弹又称深弹，是一种能在水下一定深度与目标相遇而爆炸的水中炸弹。深水炸弹是传统的、有效的常规反潜武器，也可以用来开辟雷区通道或者攻击其他目标。深水炸弹结构简单、使用方便、用途多样，按其装备对象的不同，可分为舰用深水炸弹和航空深水炸弹两大类。深水炸弹用于反潜，具有飞行速度快、接敌时间短、不受水声对抗的影响等优点。深水炸弹通常装有定深引信，在

投入水中后下沉到一定深度或接近
目标时引爆以杀伤目标。第二次世
界大战结束前，深水炸弹反潜一直
是最主要的反潜手段，在战争中
反潜战绩居水雷、航弹和舰炮之
首。据统计，1939—1945年交战
双方共击沉潜艇880艘，其中被深
水炸弹击沉的为362艘，约占总数

深水炸弹

的41%。战后，随着潜艇技术的发展，深水炸弹的投掷方式和投射距离已远
不能满足现代反潜战的需要，它的反潜地位逐渐被鱼雷所取代。然而，近年
来，由于浅水反潜作战的需要，美国对深水炸弹武器也改变了看法，大力发
展技术密度高的自导深水炸弹，并借鉴俄罗斯的火箭式深弹技术进行开发。
因此，目前深弹并不属于要淘汰的武器序列。

美军开始研制声呐浮标　声呐浮标约于20世纪40年代由美军开始研制。
20世纪40年代初期，美国最早研制成AN/CRT-1型被动式非定向声呐浮标，
随后装备美、英两国的反潜巡逻机。美军在二战中首次使用声呐浮标，配合
自导鱼雷击沉德国U-905潜艇，引起了各主要参战国家的重视。二战之后，
各国开始大力发展声呐浮标技术，出现了被动定向声呐浮标、主动式定向浮
标、爆炸声源浮标和非定向声呐浮标。现代声呐浮标是一种圆柱形、直径
一百几十毫米、高1米左右的小型航空反潜探测装置，其内部装有基阵、电子
线路和超短波无线电发射机。浮标空投入水后，保持直立姿态漂浮于水中，
伞状天线伸出海面，声呐基阵自壳体脱出，借其重力，电缆下垂至预定工作
深度，其无线电天线露出水面。较之吊放声呐，声呐浮标在搜索的覆盖面积
及搜索速度等方面具有独特的优越性，并以功能品种多、使用范围广、携带
方便、投放灵活、装备对象广、价格低廉等优点始终在反潜探测设备中占有
一席之地，声呐浮标在作用距离、定位速度、定位精度等方面还存在一定缺
陷，这也成为其此后发展的方向。

德日等国开始研制空地导弹　空地导弹是从航空器上发射，攻击地面
（下）、水面（下）的各类导弹的统称。它是航空兵进行空中突击的主要武器

之一，主要装备在战略轰炸机、歼击轰炸机、强击机、歼击机、武装直升机及反潜巡逻机等航空器上。它起源于第二次世界大战时德国研制的V-1空地巡航导弹以及日本研制的"樱花"载人导弹（"自杀飞机"）。战后空地导弹已经发展到了第四代，形成了庞大的空地导弹家族。与航空炸弹、航空火箭弹等武器相比，空地导弹具有较高的目标毁伤概率，机动性强，隐蔽性好，能从敌方防空武器射程以外发射，可减小地面防空火力对载机的威胁。按照战略与战术空地导弹分类，战略空地导弹是装载核战斗部、最大射程达4 200千米的空地导弹，为战略轰炸机等作远距离突防而研制的一种进攻性武器，主要用于攻击政治中心、经济中心、军事指挥中心、工业基地和交通枢纽等重要战略目标，多采用自主式或复合式制导，命中率高。空地导弹按攻击目标分为通用和专用两类，后者包括空舰导弹、机载反辐射导弹、反坦克导弹等；按弹道特征，空地导弹可分为弹道导弹和飞航式导弹（一般将射程在500千米以上的飞航式导弹称为巡航导弹）。一般而言，空地导弹也具有造价高、使用维修复杂等缺点。

美国开始研制军用气象雷达　气象雷达是大气监测的重要手段，在突发性、灾害性的监测、预报和警报中具有极为重要的作用。军用雷达可探测空中云、雨的状态，测定云层的高度和厚度，测定不同大气层里的风向风速和其他气象要素。军用气象雷达的应用方式有两种：一是单站配置，配属执行机动作战任务的战术分队，为部队执行任务提供所需的实时高空气象资料；二是组网探测，即配置在不同地点的气象雷达按统一要求实施探测，获取战区、航线、海域等大范围的高空气象情报，为作战指挥、天气预报提供依据。目前，全球设有1 000多个天气雷达站，分布在世界各地。在海湾战争中，美军使用机动灵活的车载激光雷达，在战场气象保障中发挥了重要作用。

1945年

美国曼哈顿工程人员成功研制原子弹　利用原子核的自持裂变链式反应原理制成的核武器称为裂变核武器，通常称为原子弹。1939年初，德国化学家奥托·哈恩（Otto Hahn，1879—1968）和物理化学家费里茨·斯特拉斯曼（Fritz Strassmann，1902—1980）发表了铀原子核裂变现象的论文。同年9月初，丹麦物理学家N. H. D.玻尔（Bohr N. H. D，1885—1962）和他的合作者J. A.惠勒（Wheeler J. A.，1911—2008）从理论上阐述了核裂变反应过程，并指出能引起这一反应的元素是同位素铀-235。然而，正当这一有指导意义的研究成果发表时，第二次世界大战爆发。由于法西斯施行种族灭绝政策，许多不堪其统治的犹太科学家纷纷流亡美国。其中，从欧洲迁来的匈牙利物理学家西拉德·莱奥首先考虑到，一旦法西斯德国掌握原子弹技术，可能引发严重后果。经他和另外几位从欧洲移居美国的科学家奔走呼号，于1939年8月由物理学家A.爱因斯坦写信给美国总统F. D.罗斯福，建议抢先研制原子弹，以达到震慑德国的目的。到1942年8月，这一研制项目发展成代号为"曼哈顿工程"的庞大计划，由理论物理学家奥本海默主持，投资20多亿美元，直接动用约60万人。到第二次世界大战即将结束时制成3颗原子弹，使美国成为第一个拥有原子弹的国家。原子弹主要由引爆系统、化学炸药、反射层、核装料（裂变装料）和中子源等部件组成。引爆系统的作用是使化学炸药起爆，中子源提供触发自持裂变链式反应所需的"点火"中子，裂变装料铀-235存在于天然铀中。原子弹需用含量90％以上的高浓缩铀，为了获得高浓度的铀-235，在曼哈顿工程中，科学家们曾用三种方法同时攻此难关，最后"气体扩散法"终于获得了成功。在二战结束前夕，美国于1945年8月6日和9日先后在日本的广岛和长崎投下了两颗原子弹，迫使日本宣布无条件投降，这是人类历史上仅有的两次使用核武器的战例。1964年10月16日，中国首次原子弹试验成功，从而进入有核国家的行列。今天，核武器已经成为国家安全的重要保障与军事实力的重要体现。

1952年

美国开发导弹防御信息系统　导弹防御信息系统用于弹道导弹和巡航导弹的防御，是导弹防御系统的重要组成部分。二战期间，德国的V-2弹道导弹对英国、荷兰等国造成了巨大人员伤亡。战后，美国与苏联分别于1952年和1948年开始反导技术的研发工作，并分别于1952年与1953年决定开发导弹防御系统，导弹防御信息系统为其重要组成部分。导弹防御信息系统主要由预警探测系统、情报侦察系统、识别制导系统、指挥控制系统、电子对抗系统、通信传输系统六部分组成。在类别上，它包括国家导弹防御信息系统、战区导弹防御信息系统、重要地区导弹防御信息系统和重要防御工事导弹防御信息系统等。在使用机理上，情报侦察系统侦察敌方导弹的动态、特性和部署情况等，作为己方导弹防御信息系统的配置和作战方式的依据；预警探测系统在有战争的情况下，将来袭导弹主动段的粗略数据等早期预警信息发送给指挥控制系统、低轨道预警卫星和相控阵预警雷达，低轨道预警卫星和相控阵预警雷达再将来袭导弹的测量和识别信息发送给指挥控制系统和拦截武器系统；指挥控制系统对这些测量和识别信息进行处理，进行威胁估计和任务分配，并向武器系统分配目标和指示目标；识别制导雷达截获、跟踪并进一步识别目标，指控站进行射击计算，控制拦截武器发射，进行指令制导和末端制导，直至拦截目标，由识别及制导雷达或低轨道预警卫星向指挥控制系统提供拦截结果观测数据，指挥控制系统自动评估和上报拦截效果。导弹防御信息系统的整体特性包括指挥控制兵力的范围、指挥控制的自动化程度和决策的正确性、来袭导弹正确预警率、来袭导弹报告的虚警率、导弹防御信息系统的鲁棒性和生存能力等。

美国研制第一颗氢弹　氢弹是利用氢的同位素氘、氚等轻原子核的裂变反应瞬时释放出巨大能量的核武器，亦称聚变弹。聚变反应是带电的原子核发生的聚合反应。参加反应的原子核必须具有很高的动能，才能克服静电斥力而彼此靠近、聚合。把聚变装料加热到几千万摄氏度的高温，就能发生聚变反应。1949年，鉴于苏联人如此之快便掌握了原子弹武器技术，为使美国"免遭任何潜在敌人的攻击"，美国总统杜鲁门决心下令有关机构全力以赴加紧研制热核武器——氢弹。原子物理学家爱德华·泰勒带领专家们展开氢弹的攻关。在关键时刻，数学家斯坦尼斯拉夫·乌莱姆发明了重复引爆原理：靠前后两次引爆原子弹产生的高温和高压，内外挤压位于弹体中的低温液态重氢，使之发生聚变，释放巨大能量。1952年11月美国造出了由乌莱姆设计的第一颗试验氢弹——"迈克"，在南太平洋上的恩尼威托引爆成功。

1954年

美国建成世界上第一艘核动力潜艇"鹦鹉螺"号　"鹦鹉螺"号核潜艇

（USS Nautilus SSN–571）是世界上第一艘核动力驱动的潜艇，1952年6月开工建造，1954年在格罗顿的电船分公司下水，宣告核动力潜艇的诞生。"鹦鹉螺"号核潜艇的命名是为了纪念1801年美国人R.富尔顿建造的"鹦

"鹦鹉螺"号核潜艇

鹉螺"号潜艇，它是一艘风帆动力式潜艇，通过水下手摇螺旋桨推进器推进。"鹦鹉螺"号核潜艇总重2 800吨，比旧式潜艇大得多。这艘世界上第一艘实体核潜艇的主尺度为98.5米×8.5米×6.7米，水面轻载排水量为3 215吨，水面正常排水量为3 582吨，水下排水量为4 091吨。配备6具533毫米鱼雷发射管，可携带18枚鱼雷。下潜深度为200米，潜航时最高航速达20节，可在最大航速下连续航行50天、全程3万千米而不需要加任何燃料。"鹦鹉螺"号开启了核动力潜艇的新时代。

1955年

洛克希德公司研制U–2高空高速侦察机　U–2是由美国洛克希德·马丁公司研制开发的单发动机涡喷式高空侦察机，绰号"黑寡妇"，属于高空间谍侦察机。U–2高空高速侦察机具有航程远、巡航高度大、载重多、能够携带大量侦察设备深入对方广阔的领空进行侦察的特点。U–2高空高速侦察机全长19.13米，全高4.88米，全宽31.39米。U–2侦察机采用正常气动布局，机翼为大展弦比中单翼，采用了全金属悬臂中单翼，使用洛克希德专门翼型。细长的机翼在降落时会低垂而碰撞地面，为此翼尖装有滑橇。四块后缘襟翼占展长

U–2高空高速侦察机

70%，翼下短舱与机身间两块，短舱与副翼间两块。机体为了减轻质量，机身全金属薄蒙皮结构，机身十分细长，也导致了U-2侦察机在防御上具有明显缺点。主发动机驱动一台交直流发电机供电，应急时可用液压驱动的交流发电机，其动力装置为一台J57或J75-P-B发动机，强大的动力保证其飞行在高度20 000米以上的平流层。U-2侦察机使用高精度的航空侦察照相机进行侦察，它使用的B型照相机解像能力在l毫米左右，当时属于超高性能透镜。B型照相机放在狭小的相机舱内，包括胶片仅重230千克，非常轻便。照相机的大小为457毫米×457毫米，可以同时用两个胶片以立体摄影方式工作。机上还有液氧系统，可拆卸的机头，驾驶舱后Q号、E号舱内及机翼下的设备舱内装有通信、导航、仪表、着陆等系统。

1956年

康维尔公司研制第一架超音速轰炸机B-58　B-58"盗贼"（B-58"Hustler"）是美国康维尔公司为美国空军研制的一种超音速轰炸机。1952年11月美空军选中康维尔公司的方案，1956年11月11日B-58超音速轰炸机进行了首次试

B-58"盗贼"超音速轰炸机

飞，并随后共进行了150个架次的飞行（总飞行时间为257小时30分钟）。B-58轰炸机的机身为半硬壳式结构，采用标准舱段，第1~5舱为机组舱室，第6~19舱为燃油舱，在燃油舱中有专门的两个舱（8和9）为导航系统，第19舱以后为减速伞和电子设备舱。B-58轰炸机的气动布局十分简单明了，个型光滑简洁，机身下带着一个大得异乎寻常的吊舱，这是B-58独有的"燃油—核弹组合吊舱"。投入使用的型号有MB-1C和TCP两种，MB-1C由于可靠性差很快被淘汰。TCP由上面的小舱和下面的大舱两部分组成，小舱内装载核弹，大舱为副油箱，大舱的上部凹陷，小舱则装在凹陷内。攻击中若副油箱内燃油用完，便将副油箱丢弃，并对目标进行2马赫速度的突防，投核弹。该

机确实成为美国空军战略司令部60年代最主要的空中打击力量，有着以前任何轰炸机不曾拥有的性能和复杂的航空电子设备，代表了当时航空工业的最高水准。

1957年

苏联研制弹道导弹　弹道导弹是指在火箭发动机推力下按预定程序飞行，火箭发动机关机后按自由抛物体轨迹飞行的导弹。作为冷战时代开启的重要技术标志，弹道导弹的出现是核威慑力量的重要体现。1957年8月苏联首次试射成功第一枚SS-6

苏联研制弹道导弹

洲际弹道导弹，美国第一枚洲际弹道导弹"宇宙神"于1959年开始装备。弹道导弹的整个弹道分为主动段和被动段。主动段弹道是导弹在火箭发动机推力和制导系统作用下，从发射点起到火箭发动机关机时的飞行轨迹；被动段弹道是导弹从火箭发动机关机点到弹头爆炸点，按照在主动段终点获得的给定速度和弹道倾角作惯性飞行的轨迹。为了提高多弹头的命中精度，美国和苏联等核国家又先后发展了集束式多弹头、分导式多弹头和机动式多弹头。从目前导弹的技术发展和战术使用来看，未来弹道导弹发展的特点和趋势有以下几个方面：一是减少弹种，向一弹多用方向发展；二是进一步增大射程；三是强化突防技术和突防装置的研究；四是提高生存力，延长服役期限。弹道导弹成为一种重要的核武器投射系统，主要用于攻击几千千米外敌方的政治和经济中心、军事和工业基地、核武器阵地和储存库、交通枢纽等战略目标。

1958年

美国海军开始研制极低频对潜通信系统　低频对潜通信系统是美国海军的一种低数据率、单向、高可靠的通信系统。其研制背景是为了满足潜航在80~100米以下潜艇指挥控制通信的需要。从20世纪60年代开始，美军开始实施"桑格文"（Sanguine）计划，设想天线占地13 750平方千米，投资10亿美元以上，建立一个能经受核打击、完全深埋，采用全方向辐射、可达全球海域、向弹道导弹核潜艇发送紧急行动电文的对潜通信系统。该计划几经变迁，到20世纪80年代，美国所有的核潜艇逐步安装上超/极低频接收机。它由通播控制、报文输入、发射和接收设备四部分组成。该系统的优势在于极低频信号的波长很长（波长数千千米），能以很小的衰减在大地与电离层之间形成的波导中稳定地传播，因此，它穿透海水的深度足以达到潜艇潜航的安全深度。该系统能向7 400千米外的潜艇发送信息，处于作战深度的潜艇不用减速上浮便可接收到有关信息。该系统抗干扰能力较强，受自然或核爆炸干扰小。任何干扰机，如果试图干扰超/极低频通信，就必须有比超/极低频通信号更强大的功率输出，也就需要更大的超/极低频天线系统，这样的干扰天线系统的成本是令人生畏的。

1959年

美国开始研制野战炮兵自动化射击指挥系统　美国于1959年研制出"法达克"野战炮兵自动化数字计算机，1964年装备美国陆军，主要用于计算射击诸元和拟定火力计划。经过三个阶段的发展，目前美军使用"阿法兹"野战炮兵自动化射击指挥系统，该系统由"阿特克斯"系统通用硬件和模块式应用软件组成。这一指挥系统配置了功能强大的软件系统，不仅涵盖野战炮兵射击指挥、任务保障、机动控制以及火力支援等27项具体功能，还具有开放特性，同样能够适用于美军正在进行预研的新式火炮。由于采用分布式结构，"阿法兹"系统具有优良的图像显示与扩展潜能，这在一定程度上提升了系统的生存能力。该系统依托高性能计算机，能在收到信息后的5秒钟内完成数据处理，因而具备了计算速度快、信息容量大、效能高等信息作战优势，可实现从单个火炮到炮兵最高指挥机构之间的作战指挥与信息传输控制。目前，"阿法兹"系统已经装备到美军连、营级基层作战单位，为其完成技术射击指挥任务；"阿法兹"同样也应用于炮兵营以上单位的战术射击指挥，具体遂行目标选择、目标锁定、弹药选择以及射击计划制定等任务。

1960年

美军在越战中使用雷达告警系统 机载雷达告警系统（RWS）已列为现代化战斗机不可缺少的设备之一，雷达告警接收机大量安装在军用飞机、军舰、潜艇和地面战车等兵器上，装载它的兵器在专业术语中也称为"武器平台"或"平台"。20世纪60年代中期，美军在越南战场上使用了最初的雷达告警系统，告警接收机的主要功能是发现敌方力量对兵器的威胁，它可截获、识别、定位敌方具有威胁的电子发射源，用代码显示和音响描述威胁类型，排列威胁等级，描绘敌武器系统的工作状态（搜索、跟踪或发射），以及提供威胁的位置或相对方位，并在威胁时刻向驾驶或操作人员发出警报，提供关于威胁的主要信息。飞行员可根据这些信息采取回避行动，或启动对抗设备，或发动攻击信号或避开危险地带，避免造成严重后果。20世纪70年代，美国海军飞机装备了ALR—45和ALR—67机载雷达告警系统，空军装备了ALR—46和ALR—69机载雷达告警系统。80年代初，相继使用ALR—62、ALR—56、APR—39机载雷达告警系统，它们分别安装在陆军飞机和直升机上。目前，几乎各型预警机，不论大小，都已装备雷达告警系统，因此RWS系统已成为预警机用于自卫的最基本的电子战系统设备。

美军开始研制激光告警系统 激光告警系统就是迅速探测激光威胁的存在，确定威胁源的方位、种类及工作特性，进行声光报警，并通知相配合的武器系统进行对抗的一种基本光电武器，是光电火控系统的重要组成部分。激光告警系统主要由探测器和显示器两部分组成。激光告警系统主要探测敌方激光照射指示信号和激光雷达脉冲信号，前者是为激光制导导弹照射目标的，后者是以激光替代微波的跟踪制导雷达。激光告警系统的探测头（通常有八个）安装在机身两侧。探测空域范围为全方位360度、仰角40~60度。根据探测器探测原理的不同，激光告警器可以分为3种类型：光谱识别型、相干识别型和散射探测型。其中，光谱识别型又可分为非成像型和成像型（如CCD），相干识别型又可分为法布里–珀罗（F–P）型和迈克尔逊型。激光告警系统探测到的信号经处理器分析、识别出威胁性质后，系统立即向任务指挥员／电子战军官发出音响告警，并在他们的显控台上显示威胁的方向和特性。预警机可根据这些信息采取规避或对抗措施。

俄罗斯（苏联）研制出S-300型中远程地空导弹系统　S-300是苏联／俄罗斯研发的第三代地对空导弹系统的合称。具有反战术弹道导弹能力的S-300型中远程地空导弹系统共有S-300P、

S-300型中远程地空导弹

S-300V、S-300F三种基本型号，并以这3种基本型为基础衍生、改进出了诸多新型号，形成了一个庞大的S-300系列家族。其中，S-300P系列是由金刚石中央设计局研制的，北约称其为SA-10（萨姆-10）；S-300V系列是由安泰设计局研制的，北约称其为SA-12（萨姆-12）。目前，S-300P和S-300V系列都已经从反巡航导弹、反战术弹道导弹专用发展到反飞机、反巡航导弹和低层反战术弹道导弹通用；从单一导弹型号配置发展到一种武器系统可配置均采用筒式垂直发射的两种型号的地空导弹。S-300F为S-300P的海军型，1984年服役，是世界上最早的舰载防空导弹垂直发射系统，用于替换原有的舰载防空M-11风暴（高脚杯SA-N-3）系统。

美国研制"国防气象卫星"（DMSP）　美国"国防气象卫星"（DMSP）是美军的专用气象卫星，也是世界上唯一的专用军事气象卫星，隶属于美国国防部，由美国空军空间和导弹系统中心负责发射。卫星由美国国家海洋大气局负责运行。这是美国国防部为适应现代作战要求而建立的一种全球性战略通信卫星系统，20世纪60年代初期，美军出于战略侦察的目的，开始执行国防气象卫星计划。1963年，美军发射了第一颗试验型DMSP卫星。自此以后的近30年中，DMSP卫星经过了多次更新换代，其性能不断提高，卫星所获取的各种资料得到了广泛的应用。其主要特点：该系统由四颗卫星组成；每颗卫星上有六个超高频转发器，通信容量大；卫星采用了抗核加固措施、扩频设备和通信线路冗余设计，抗毁性和抗干扰能力强；卫星采用了可控多波束

天线、全向喇叭天线、蝶形天线和特高频交叉偶极子天线，可通过可控多波束天线灵活调节发射功率和带宽，以满足不同的需要。DMSP所获得的资料主要为军队所用，但也向民间提供。提供的信息有云高及其类型、陆地和水面温度、洋面和空间环境等。国防气象卫星是美军C3I系统的重要组成部分。DMSP导航卫星系统组成的航天支援系统，同侦察通信系统一起成为美国三大军用航天系统。

伊留辛设计局研制伊尔-76运输机 伊尔-76运输机是苏联伊留辛设计局于20世纪60年代设计制造的大型军用运输机，在北约的代号为"耿直"（Candid）。第一架原型机于1973年3月25日在莫斯科中央机场首次

伊尔-76运输机

试飞，1974年通过苏联空军航空运输司令部的验收鉴定，1975年试飞结束后投入批量生产并交付苏联空军航空运输部队和民航使用，年产量为10架。伊尔-76运输机的研制目的是取代原有的涡轮螺旋桨运输机，以弥补苏联军事空运能力不足的问题。伊尔-76运输机身为全金属半硬壳式结构，截面基本呈圆形。机翼前机身两侧各有一扇向前开启的舱门。上翘的后机身底部有两扇蚌壳式舱门，军用型机尾装有炮塔。飞机巡航速度为750~800千米/时，巡航高度为9 000~12 000米，单发升限约15 500米。伊尔-76运输机的机械系统与机载航电设备为常规的系统设备，具有全天候起降能力。伊尔-76军用运输机是现代战争中实现攻防兼备不可缺少的基本装备，是实现军事快速反应、远程机动，形成战略整体力量不可替代的运输工具，也是发展特种飞机的理想平台。伊尔-76运输机作为苏联20世纪70年代装备的大型军用运输机，至今除俄罗斯空军使用的300多架和民航使用的180多架外，还向阿尔及利亚、伊朗、英国、叙利亚、印度、捷克和斯洛伐克、波兰、伊拉克、利比亚、阿富汗、古巴和中国等国家出口，在世界军用运输机发展史上具有重要的地位。

美军研制微光夜视瞄准镜 微光夜视瞄准镜的工作原理，即是利用增

强技术将微弱的夜天光增强到肉眼能够进行观察的倍数。概而言之，微光夜视瞄准镜的发展大致经历了三个阶段：第一阶段是20世纪60年代的三级级联式微光夜视瞄准镜（由3个光电管串联组成）；第二阶段是20世纪70年代

微光夜视瞄准镜

的微通道板式微光夜视瞄准镜，采用单个内装式微通道板像增强器；目前的第三代Ⅲ-Ⅴ族负电子亲和势光电阴极像增强器微光夜视瞄准镜，较之第二代产品而言，其放大率和灵敏度更佳，增强器体积更小，已经被美军应用于正在研发的理想班组武器系统之中。

俄罗斯研制2S19式152毫米自行加榴炮 自行加榴炮是兼具加农炮和榴弹炮的弹道特性的火炮。俄罗斯军队装备的2S19式152毫米自行加榴炮是一款履带式自行火炮，具有自动化程度高、机动能力强、毁伤威力大以及战场生存能力强等特点，主要装备俄军的集团军炮兵旅或专属炮兵师。2S19式加榴炮身管长为9米，达到口径的59.2倍。在攻击性能方面，2S19式加榴炮配有普通榴弹、反坦克子母弹、火箭增程弹、激光半主动制导炮弹以及底部排气增程弹等多种弹药。其中，射程最远的火箭增程弹射程可达30千米；射程26千米的反坦克子母弹内装有42个重350克的子弹，可击穿100毫米厚的装甲。在机动性能方面，这款加榴炮的动力舱设在炮车的后部，采用V84A式四冲程12缸多燃料水冷式柴油机作为主发动机，最大功率能够达到617千瓦。此外，为了能在主发动机故障或作战条件下提供快速动力，同时减少火炮的红外辐射，该款火炮还配置了一台功率为16千瓦的燃气轮机作为辅助发动机。它采用了带有可调式减震器的扭杆式悬挂装置，从而极大地提升了火炮的减震效率，使其能够在不进行阵地准备的情况下遂行攻击任务，进而大幅度提高火炮的快速反应与作战能力。在信息能力方面，它采取了独特的自动装弹装置，在作战过程中，加榴炮的装弹控制系统可以快速选取或调整弹丸的类型和数量，火炮装备的活动式弹盘可以确保其在任何角度和方向下实施高速射击，由计算机控制的自动装弹机与射击指挥系统可支持火炮以高精度、高射

速向不同类型的军事目标进行火力打击。为了夜间作战的需要，该款加榴炮还配置有红外观察装置和红外探照灯。

瑞士研制空中卫士／麻雀弹炮结合防空武器系统　空中卫士／麻雀弹炮结合防空武器系统由一套"空中卫士"火控系统、一部四联装"麻雀"防空导弹发射架以及两门"厄利空"35毫米高炮组成，通过火控系统将小口径高射火炮与近程防空导弹相互结合实现协同

空中卫士／麻雀弹炮结合防空武器系统

指挥、控制与打击，从而兼具小口径高射炮所具有的近距离密集火力攻击突击目标的能力与防空导弹所具有的远程高速攻击目标的能力，进而大幅度提高防空作战效能。空中卫士／麻雀弹炮结合防空系统自1980年投产以来，已出售至多个国家，并引发各国对弹炮结合防空系统的研制热潮，涌现出俄罗斯的"通古斯卡"、美国的"布莱泽"、美法联合开发的"火焰"、以色列的"麦克白特"以及中国的90式等多款一体式弹炮结合防空武器系统。

美军开始研制AGT-1500型燃气轮机动力装置　美国陆军在20世纪60年代中期提出了相应的燃气轮机发展计划，其目的是为坦克和重型装甲车辆提供充足的动力。在此计划的牵引下，美国陆军选定了阿夫柯·莱卡明（现在的达信-莱卡明）公司的研制方案，以直升机涡轮螺旋桨发动机为基础改进制造燃气轮机动力装置，将其定名为AGT-1500。1979年底，莱卡明公司向克莱斯勒公司交付了第一台生产型AGT-1500燃气轮机。较之传统的柴油机，AGT-1500具有结构简单、冷起动性能好、扭矩特性好、负荷反应快、多种燃料适应性能好、排烟少、振动小、噪声低以及维修简便等优点，然而，燃气轮机的温度高、转速快，使得燃烧室和动力涡轮等要采用耐高温材料和极高的精细加工，这也导致燃气轮机的价格要比柴油机高得多。同时，AGT-1500所排出的废气温度过高，导致其耗油率过大。虽然存在上述缺陷，燃气轮机仍然引领着"豪华型"坦克动力的未来发展方向。

1961年

美军研制第一台军用激光测距仪器 激光测距机利用激光测定目标与观测点之间的距离。1961年，美国研制出"柯利达–Ⅰ"型脉冲激光测距机。其原理是利用激光器发射激光脉冲照射目标，由光电元件接收目标反射的激光束，通过计时器测定激

"柯利达–Ⅰ"型脉冲激光测距机

光束从发射到接收的时间，藉此来测定目标距离。较之以前的测距仪器，激光测距仪具有质量轻、体积小、操作简单、计算速度快和精度高等特点，已成为现代坦克系统的必要装备。激光测距仪，按测距原理分为脉冲式和相位式，按激光器类型分为红宝石、掺钕钇铝石榴石、半导体、二氧化碳激光测距机，按工作方式分为手持式、三脚架式和车载式。

美国建成世界上第一艘两栖攻击舰"硫磺岛"号 20世纪50年代，美军诞生了登陆战的"垂直包围"理论。该理论要求登陆兵从登陆舰甲板登上直升机，飞越敌方防御阵地，在其后降落并投入战斗，这样便能够避开敌反登陆作战的防御重点，且加快登陆速度。两栖攻击舰便是在这种作战思想指导下产生的新舰种。1959年4月，美国开始建造世界上第一艘两栖攻击舰"硫磺岛"号，1961年8月服役。它的外形很像直升机母舰，有从艏至艉的飞行甲板。甲板下有机库，还有飞机升降机。它可载12~24架不同型号的直升机，必要时还可载4架AV—8B型垂直/短距离起降战斗轰炸机（英国"鹞"式飞机的引进型）。"硫磺岛"号的满载排水量为18 000吨，可运载一个加强陆战

世界上第一艘两栖攻击舰"硫磺岛"号

营（1 746人）及其装备，航速约46千米/时，续航能力1 850千米。

美军装备了由水面舰艇发射的"阿斯罗克"反潜导弹 反潜导弹是指从水面舰艇或潜艇发射的攻击潜艇的导弹。它由运载壳体、动力装置、制导系统和战斗部等部分组成。战斗部为自导鱼雷或核深弹。动力装置一般采用固体火箭发动机，装在弹体尾部或腹部后端。导弹采用无线电指令制导或惯性制导，制导装置一般装在弹体腹部或尾部。从舰艇上发射反潜导弹的作战过程：当导弹飞到距目标一定距离后，抛

水面舰艇发射"阿斯罗克"反潜导弹

下声呐浮标或其他传感器，并继续机动飞行，待传感器检测到目标后，再投放鱼雷或其他战斗部攻击目标。反潜导弹的发展趋势：增大射程，提高制导精度，采用垂直发射系统和先进战斗部（新型鱼雷或核深水炸弹），以进一步提高其战斗性能。

1962年

柯林斯公司研制出"塔卡木"机载甚低频中继通信系统 "塔卡木"（TACAMO）是"Take Charge And Move Out"的缩写，大意是"接受任务，立即行动"。美军在古巴导弹危机之后，开始关注对水下潜艇特别是核潜艇实施指挥和控制问题，并藉此提出了机载甚低频通信系统的设想，所以"塔卡木"实际上是一种机载甚低频对潜通信系统。现役"塔卡木"系统的前身由柯林斯公司在1962年研制而成，最初被设计为海军启用陆军抗毁的极低频通信系统前的过渡性系统，此后经三次大的改进，直到1979年，美军正式确定"塔卡木"为"主要抗毁对潜通信系统"。"塔卡木"系统的载机为E-6A飞机，其组成包括200千瓦的AN/U SC-13甚低频通信系统、三部ANIARCI-182甚高频/特高频电台、两部AN/ARC-192高频电台，还有中央控制台、舰队卫星通信终端、应急火箭通信系统接收机、保密卫星通信终端、新式电传打字机、微型信息处理机、磁带记录器，ALR-66电子支援测量系统以及导航、

雷达、飞行管理计算机等设备。甚低频发射系统经过几次改进，其发射机输出功率高达250千瓦，甚低频发射天线采用拖曳双线天线。该系统接收从国家级军事指挥中心、空军卫星通信系统和陆基甚低频台站传来的指令信息，经机载通信中心处理后，用长约10千米的拖曳天线向潜艇中继，从而确保在空中机动且不易受到攻击，与陆基甚低频广播网相比具有更强的生存能力。1995年，波音公司把数字式自动驾驶仪安装到E-6A飞机上，并在E-6A飞机上试验了轨道改进系统。不难看出，整个系统还处在不断完善和改进中。

美国试爆中子弹 中子弹的爆炸原理是氘和氚核的纯聚变反应。它能使聚变能的75%~80%以高能中子和射线的形式释放出来，以对人员的杀伤作用为主。中子弹的基本概念在1958年被提出，1959年被列为美国Livermore国家实验室的最优先项目，1962年美国开始试验中子弹。美国最早研制的中子弹是为陆军Sprint反洲际弹道导弹研制的增强辐射核战斗部W66，它用作洲际弹道导弹末端防御的一种小型快速导弹，从1974年10月至1975年3月大约生产了70枚。1999年，中国政府宣布：中国早已掌握了中子弹技术且拥有了自己的中子弹。中子弹主要由热核装料、热核点火装置、中子反射倍增层和弹壳等组成，其热核装料不是氘化锂，而是氘和氚，因为氘和氚反应放出的中子在相同当量条件下比裂变反应放出的多得多，而且氘中子的能量大，穿透力强。和普通核武器相比，中子弹还有以下几个特点：中子弹被称为"增强辐射弹"，早期核辐射效应强；爆炸释放的能量低；放射性沾染轻，持续时间短；与其他战术核武器不同的是，中子弹具有剪裁效应，它可以毫不费力地穿透坦克装甲、掩体和砖墙等物，杀伤其中的人员。由于中子弹爆炸时放射性沾染很轻，经过较短时间，部队即可进入爆炸地区，因而在军事上有重要意义。但是直到目前为止，中子弹尚未在实战中使用。可用巡航导弹携载中子弹头，也可用重力炸弹或滑翔炸弹携载中子弹，由飞机投掷。

1964年

美国海军正式使用E-2系列"鹰眼"预警机 E-2空中预警机，也称为鹰眼（Hawkeye）预警机，是美国海军的全天候舰载空中预警和指挥控制飞机，也是全世界产量最大、使用国家最多的预警机。E-2"鹰眼"预警机是格

E-2系列"鹰眼"预警机

鲁曼公司专门为美国海军设计生产的第一种舰载或陆基预警和控制飞机，其主要任务是早期预警、空中指挥与控制、水面监视、搜索与营救引导、通信中继等。E-2采用高单翼、半硬壳结构设计，垂直安定面共有四片，其中最靠外侧的两片延伸在水平安定面的下方。两边机翼上各有一具涡轮螺旋桨发动机，驱动4片或8片桨叶的螺旋桨。作为核心部件的机载雷达系统经多次改进，现为AN / A PS-145型，探测距离超过400千米，预警时间增加为20~30分钟，并增强了抗干扰能力，提高了对小目标和隐身目标的探测能力。E-2C是E-2"鹰眼"家族的第三代产品，是"鹰眼"预警机走向成熟的标志，它开启了"鹰眼"预警和控制飞机家族的新阶段。E-2C可在9 150米高度全天候执行海军的各项任务，并可在550千米的距离上探测各种飞机，自动目标跟踪和高速处理能力使每架E-2C能同时跟踪2 000多个目标，并控制40多个空中截击任务。进入21世纪，不同型号的E-2"鹰眼"预警机服役于美国、日本、以色列、埃及、法国、新加坡、墨西哥等多国军队。

美国开始研制MK-45型单管127毫米舰炮　MK-45型单管127毫米舰炮是于1964年由美国研制的。20世纪60年代，舰炮在对付空中高速目标以及远距离作战方面暴露出诸多不足，在此背景下，美国FMC公司北方军械部于1964年在MK-42型127毫米舰炮的基础上开始改进研制127毫米MK-45型舰炮，企图在发挥舰炮所具有的长时间连续射击、投弹量大等优点的同时，弥补射程、速度、命中精度等方面已明显不及导弹的缺陷。改造后的MK-45型127毫米舰炮是性能非常先进的全自动舰炮，目前已成为美国海军大、中型水面舰艇上的标准装备。美国的MK-45型单管127毫米舰炮射速达60发/分钟，最大射程超过25千米。MK-45型127毫米舰炮已能快速方便地选择和发射包括制导炮弹在内的六种炮弹，除了能发射一般炮弹之外，还能发射激光半主动末制导炮弹、鱼雷、水雷、声敏炮弹、诱饵炮弹、无人机等，具备遂行完成多样化作战任务的能力。

MK-45型单管127毫米舰炮

1965年

美国军队装备反雷达导弹"百舌鸟"AGM-45 AGM-45"百舌鸟"（Shrike）是美国军队的第一种投入实战的空地反辐射导弹（ARM，亦称反雷达导弹）。1958年，"百舌鸟"在海军武器中心（NWC）开始研制，研制代号为ASM-N-10。该导弹被用于抗衡苏联新型的S-75地空导弹系统（北约SA-2"导线"），其作战方法是追踪SA-2导弹的"扇歌"（Fan Song）制导雷达。ASM-N-10是在AAM-N-6/AIM-7C"麻雀"Ⅲ的外形基础上进行研制的，但其采用了更大的战斗部、更小的火箭发动机和更小的尾翼。在1963年6月，ASM-N-10被重定名为AGM-45A，AGM-45A-1型在德克萨斯仪器公司和的斯佩里·兰德/合众公司为美国空军和海军进行了大规模生产，于1965年进入海军服役。AGM-45A在东南亚由多种战术飞机挂载投入实战，包括A-4、A-6、A-7、F-4和F-105G。该导弹通过戴恩MK-39固体火箭发动机驱动（在部分导弹上使用航空喷气MK-53第1型发动机），全程通过其前部十字弹翼进行姿控。该导弹可以采用三种爆炸破片战斗部：67.5千克（149磅）MK-5第0改型和MK-86第0改型，66.6千克（147磅）WAU-8/B。导弹采用接近与冲击双重引信。ATM-45A训练弹安装与AGM-45A相同的发动机和导引头，但采用了惰性的战斗部。该弹被AGM-88"哈姆"替代之前曾被美国空军和海军广泛使用。

德军制造"豹"Ⅰ坦克使用屏蔽装甲 屏蔽装甲是坦克装甲车辆上较早应

"豹"I坦克

用的结构装甲，对坦克基本装甲起到一定的屏蔽保护作用。其作用机理是在坦克的主装甲前面一段固定距离上加装屏蔽薄板，目前多数坦克是在叶子板下面、履带行驶装置之外安装屏蔽裙板。屏蔽装甲的作用是使得各类反坦克导弹、火箭筒以及其他空心装药的炮弹提前触发而引爆，而坦克主装甲隐蔽在屏蔽裙板后面0.5米以上的距离，这就在一定程度上削弱了上述炮弹对坦克的破甲作用。

1967年

埃及军队首次运用舰对舰导弹　舰对舰导弹是指从水面舰艇发射攻击水面舰船的导弹。当然，它也可攻击海上设施、沿岸和岛礁目标。1967年10月21日，埃及导弹艇发射苏制SS-N-1舰对舰导弹，击沉以色列"埃拉特"号驱逐舰，这是舰对舰导弹击沉军舰的首次战例。舰对舰导弹自20世纪50年代装备部队以来发展很快，已经成为历次现代海战中水面舰艇的主要反舰武器。舰对舰导弹均属飞航式导弹，按照巡航速度的不同分为亚音速、超音速导弹，按照巡航高度的不同分高、中、低、超低空导弹。作为舰艇主要攻击武器之一，当代舰对舰导弹由战斗部、动力装置、制导系统构成，多采用"自控＋主动式自动寻的"制导方式，即先采用自控飞行，以隐蔽接敌，末段启导飞行，以准确命中目标。俄罗斯的SS-N-19、美国的"战斧"BGM-109B/E都是舰对舰导弹的典型代表，舰对舰导弹与舰艇上的导弹射击控制系统、探测跟踪设备、水平稳定和发射装置等构成舰舰导弹武器系统。

1969年

美国使用OH-58"基奥瓦"战场武装侦察直升机　1969年开始服役的OH-58"基奥瓦"是在贝尔-206轻型通用直升机基础上改装的侦察直升机。

机名"基奥瓦"与"阿帕奇"命名思路一样，表示对从前一个叫基奥瓦的北美印第安民族部落的敬重，基奥瓦人与阿帕奇人一样骁勇善战，这也是美陆军借用其名的主要原因。20世纪90年代，为适应信息化战场侦察任务的需要，应美陆军要求，贝尔公司推

OH-58D侦察直升机

出OH-58武装改进型——OH-58D型双座侦察和攻击直升机。在众多的军用直升机中，OH-58D侦察直升机的外形特别之处在于其主旋翼上方安装有一个桅杆式侦察瞄准具，虽然它的体积不大，里面的设备却十分先进，包括可以放大12倍的电视摄像机、能自动聚焦的红外热像仪、激光测距机等。这种OH-58D侦察直升机机身两侧各配一副武器挂架，可以挂四枚"毒刺"空对空导弹，或"海尔法"空对地导弹，或70毫米航空火箭弹吊舱，抑或1挺12.7毫米机枪。OH-58D侦察直升机虽然体积小，但它的武器系统却不弱，机身两侧有多用途轻型导弹悬挂架。它可以在海拔1200米的高原地区飞行，也可以在高气温条件下使用。此外，它还有贴地飞行能力和全天候空中侦察能力。OH-58D侦察直升机安装的是滑橇式起落架，机身两侧各有一个舱门，舱内有加温和通风设备。1997年，OH-58D又被新一期改进，采用250-C30R/3型发动机、全权数字式电子控制系统和燃料控制装置，进一步提升了机动力和自动化水平。OH-58D是美国特种部队采用的战场武装侦察机，在支援作战和应急行动中负责执行武装侦察和警戒、目标搜索和指示、指挥控制、攻击和空中格斗（防御）等任务。在海湾战争中，OH-58D侦察直升机主要用于执行昼夜间侦察任务，直接为地面部队指挥员提供情报；为攻击直升机、固定翼飞机指示目标；为地面炮兵提供空中观测数据和为"铜斑蛇"激光制导炮弹提供末端制导，并使用机载武器攻击了伊拉克军队防御工事。

1970年

美国建立了"最低限度基本应急通信网"战略通信网络（MEECN） 作

为参谋长联席会议的特殊指挥网络,"最低限度基本应急通信网"战略通信网络专供美国总统在核战条件下与陆、海、空三军核部队的通信与指挥。该系统由空军卫星通信系统、海军陆基甚低频电台广播网、海军"塔卡木"机载甚低频对潜通信系统、海军极低频对潜通信系统和陆军"地波应急网"等若干专用通信系统组成。美军建立战略通信网络的目的在于能在核袭击中提高生存能力,继续指挥战略核部队作战。其中,陆军"地波应急网"能有效地保障美军最高指挥当局在遭受核袭击后仍然可以向战略核部队下达核报复的作战指令,其在全国建有400个中继节点,即使有200个被摧毁也不会影响该网的整体效能。海军"塔卡木"机载甚低频对潜通信系统是美国海军对潜通信最主要的抗毁手段,目前该系统使用E-6B飞机,可将电文发送给其作战地域内的核潜艇,能有效地保障最高指挥当局与战略核潜艇部队之间的通信联络。大功率的海军陆基甚低频电台广播网覆盖了其本土、日、英、澳、巴拿马等地,可在危急时刻向地处全球各大洋的美军核潜艇传达紧急命令。海军极低频对潜通信系统通过发射极低频波,确保海军与执行潜航任务的战略核潜艇之间通信联络畅通。空军卫星通信系统是空军和国防部与空军战略部队之间传递紧急文件的主要通信手段,目前美国空军的战略轰炸部队都安装了此类终端,以确保空中战略力量的指挥权。

中国开始反雷达伪装网的研究　20世纪70年代中国开始反雷达伪装网的研究。现代侦察与监视技术的飞速发展使与之相对抗的伪装、隐身技术成为现代战争的必需,伪装体系特别是伪装网是对抗侦察与监视的有效手段之一。伪装网是一种重要的伪装遮障器材,在战场上是兵器装备、军事设施等军事目标的"保护伞"。早在第一次世界大战时,为了隐蔽兵器,军队就将渔民用的旧渔网盖在兵器上,并在网上设置一些遮蔽材料。我军早期研制的64式伪装网,属于第

反雷达伪装网

一代光学伪装网，采用PVC塑料单丝编织而成，只能对抗可见光侦察和近红外侦察，不具备防卫雷达的功效。81式伪装网是我国研制定型的第二代伪装网，采用了散射型原理，通过切花、拉伸使得入射雷达波在各方向上相对均匀散射，并通过伪装网面的二次透射衰减，使其网面与应用背景的雷达波散射特性趋于一致，从而实现伪装网的防雷达性能。伴随着侦察技术的进步、材料和工艺技术的完善，近年来世界各国军队已开发出各种适宜快速机动、对付毫米波侦察制导的多波段超轻型伪装网，世界著名的南非公司研制的ALNET伪装网是目前针对处于不同地带各种类型地面武器进行覆盖最适合的产品之一。ALNET伪装网由一种基础尼龙网构成，伪装材料被永久性地固定在上面。该伪装网在各种气候条件下，对长短波段可提供有效的隐身防护，同时其色彩及具有干扰、伪装效果的样式可在获得使用地区的光谱数据之后有针对性地进行开发，伪装网每一面的色彩可以不同，以便在不同植被环境下使用。

美国发射"国防支援计划"预警卫星　美国于1970年11月发射了"国防支援计划"（DSP）预警卫星。DSP预警卫星是在冷战背景下，作为美国反导系统一部分研制的。自发射第一颗DSP卫星以来，美空军对DSP卫星和红外传感器进行了多次的改进与升级，以便提升其性能、生存能力和寿命。美空军的DSP卫星共有三代，新一代DSP预警卫星体积大，可携带更多的燃料，变轨机动能力高。DSP卫星的主要设备包括红外望远镜、高分辨率电视摄像机和天线等。红外望远镜探测器阵元达6 000个，灵敏度高。望远镜透镜的焦平面分两部分，可保护电子设备免受地面激光武器的毁坏。卫星采用三轴稳定的方式在地球静止轨道上运行。该系统可对来袭洲际导弹提供25~30分钟的预警时间，对来袭潜射弹道导弹提供10~25分钟的预警时间，对来袭战术弹道导弹提供5分钟的预警时间。DSP卫星的作用在于一旦捕捉到地面有新出现的热源，立刻根据热源的状况和移动情况，对其作出判断，如果判定是导弹升空，立即根据其移动的速度、高度、方向等信息推算出导弹的种类、测算弹着点，并迅速通报有关部门。星载计算机可以进行自主管理，即使发生故障和出现地面站无法控制等情况，也能发送预警信息。在复杂电磁环境下受到敌方干扰或数据中断后，该型卫星可快速重发信息，并可利用激光传输链路把数据传输给其他卫星，确保地面可靠接收。美国曾用DSP导弹预警卫星探测伊拉克"飞毛腿"导弹的发射。根据国家导弹防御计划，美国空军正在发展"天基红外监视系统"，用来替代DSP卫星。

美英苏等国纷纷开展高功率微波武器　高功率微波武器（high-power microwave weapon）又称为射频武器，是一种利用定向发射的高功率微波束对目标进行干扰、致盲或毁坏，破坏敌方的电子设备和杀伤作战人员的一种定向能武器。高功率微波武器是集软硬杀伤和多种作战功能于一身的新概念电子武器系统。这种高功率微波的峰值功率超过100兆瓦，要远高于一般民用的微波源（如家用微波炉）发出的微波功率。高功率微波的频率为1~300吉赫，输出脉冲功率在吉瓦级。高功率微波武器属"软杀伤"武器，可从远距离把电子器件"烧"坏，使整个武器失效，也能使人精神错乱、行为失常、眼睛失明、心肺功能衰竭。高功率微波武器的特点：一是攻击目标的速度是光速；二是微波束比激光束宽，打击范围较大，因而对跟踪瞄准的精度要求较低，有利于对近距离快速运动目标的跟踪打击；三是集软硬两种杀伤功能于一身，可用于陆基、海基、空基和天基，不仅可作为战略防御武器，而且可用作多种战术拦截武器系统；四是可在同一系统中实现探测、跟踪以致毁伤的作战能力；五是可重复使用，多次打击，所消耗的仅仅是能量，因而费用低，效费比高，其在压制敌防空体系、干扰敌指挥控制信息作战、空间控制等方面具有诱人的军事前景。目前，各军事大国纷纷把高功率微波武器研制纳入其国防战略发展计划中。

苏联开始研制粒子束武器　约20世纪70年代苏联开始研制粒子束武器。粒子束武器是一种利用高能粒子（接近于光速的电子、质子、离子或重粒子等）束来杀伤或破坏目标的定向能武器，通过发射出高能定向强流、接近光速的亚原子束（带电粒子束和中性粒子束），用来击毁卫星和来袭的洲际弹道导弹。即使不直接破坏核

粒子束武器

弹头，粒子束产生的强大电磁场脉冲热也会把导弹的电子设备烧毁，或利用目标周围发生的γ射线和X射线使目标的电子设备失效或受到破坏。其作战使用过程大致如下：由粒子加速器将电磁能（粒子源产生的）转变为粒子的动能，再通过磁体对粒子进行聚集和偏转可改变粒子束的发射方向，同时按照预警系统提供的信息，跟踪瞄准系统对目标进行跟踪和精确的瞄准，当目标达到适当位置时，指挥与控制系统会发出攻击命令，武器系统发出粒子束就会准确射向目标。1975年以来，美国预警卫星多次发现大气层上有大量带有氚的气体氢，推测可能是发射带电粒子束造成的。1976年，美国预警卫星探测到苏联在哈萨克斯坦的沙漠地带进行了产生带电粒子束的核聚变型脉冲电磁流体发动机的试验。美国国防部在1981年设立了定向能技术局来开发粒子束武器和激光武器，从1981年开始实施预算额为3.15亿美元的5年开发计划。

美军开始研制动能拦截弹　动能拦截弹是由动能杀伤器和火箭推进系统组成的一种高技术武器，是一种超级精确而轻小的超高速精确制导弹，利用有高级自动巡航能力的动能杀伤器在高速飞行中产生的巨大动能，通过直接碰撞摧毁飞行中的来袭目标，用于拦截弹道导弹和攻击其他军用目标。动能拦截弹技术发展起源于美国，属于美军弹道导弹防御武器系统的一部分，从20世纪70年代开始，美国前后实施了十几项重大的动能导弹防御计划，推动了该技术的发展。20世纪80年代实施"战略防御计划"（SDI）以来，美国为导弹防御系统研制了多种动能拦截弹，其中包括地基中段防御系统的地基拦截弹（GBI）、"宙斯盾"导弹防御系统的"标准"3（SM-3）海基拦截弹、末段高空区域防御系统（THAAD）拦截弹、"爱国者"3（PAC-3）拦截弹以及最新研制的可机动部署的动能拦截弹（KEI）。目前，动能拦截弹技术已日趋成熟，在研的动能拦截弹，包括地基拦截弹、标准3导弹、末段高层区域防御拦截弹、爱国者先进能力3导弹等已逐步进入部署阶段或已具有初始作战能力，成为当前和未来很长一段时间内弹道导弹防御领域的主导武器。动能拦截弹先进而有效的反导能力已引起世界各国的极大关注，目前，GBI、SM-3、PAC-3和THAAD拦截弹等都已进入部署阶段。动能武器的出现与大规模应用可能使弹道导弹防御从核防御时代步入非核防御时代。

1971年

诺斯洛普·格鲁门公司研制EA-6B综合电子战飞机　EA-6B是美国诺斯罗普·格鲁门公司在EA-6A的基础上改进研制的4座舰载电子干扰机，1966年开始研制，1971年服役，主要通过压制敌人的电子活动和获取战区内的战术电子情报来支援攻击机和地面部队的活

EA-6B综合电子战飞机

动。在美国国防部决定1996年使用空军的对敌防空抑制（SEAD）武器系统的F-4G飞机退役之后，作为美军唯一的支援干扰平台，海军的EA-6B电子战飞机承担越来越重要的角色，并一直服役到2015年。目前，美国每个航母编队的舰载机群至少配备有四架EA-6B综合电子战飞机，为舰载机群作战提供电子支援、电子攻击和电子防御，掩护其完成作战任务。EA-6B的电子对抗能力：同时识别15个威胁目标，能使用5个干扰吊舱对64赫~18千赫波段的多部雷达实施压制性杂波干扰和无源干扰。在科索沃战争中，EA-6B电子战飞机完成了破坏南联盟的综合防空系统、干扰通信链路以及摧毁防空武器系统的任务。在整个作战期间，EA-6B支援任务很艰巨，以确保北约战机对目标攻击。空军的EF-111退役后，机载电子干扰支援任务全由EA-6B承担。为了增强其作战能力，美国国会于1996年提供了改进的20架EA-6B飞机。此外，美海军将其后续机EA-18G的研制又向前推进了一步，2003年11月18日，美海军为EA-18G项目开了绿灯，着手进行新飞机的系统设计和研制。

1973年

美国国防部开始部署全球定位系统　全球定位系统（GPS）是美国国防部于1973年12月开始部署的一种卫星无线电定位、导航与报时系统，GPS是英文Global Positioning System（全球定位系统）的简称。GPS起始于1958年美

国军方的一个项目，1964年投入使用。20世纪70年代，美国陆海空三军联合研制了新一代卫星定位系统GPS。它是由美国军方耗资120多亿美元，历时20多年研究开发完成的，被称为美国继"阿波罗"登月飞船和航天飞机之后的第三大航天工程。其主要目的是为陆海空三大领域提供实时、全天候和全球性的导航服务，为全球范围内的飞机、舰船、坦克、地面车辆、步兵、导弹以及低轨道卫星、航天飞机等提供全天候、连续性、实时性、高精度的三维位置、三维速度和精确时间。此外，系统还用于情报收集、核爆监测和应急通信等一些军事目的。GPS导航系统由导航星座、地面台站和用户定位设备三部分组成。导航星座由24颗卫星组成，其中21颗为工作星、3颗为备用星，每颗卫星重845千克，分布在6个轨道平面，每个轨道平面均匀分布4颗卫星。地面台站是整个系统的中枢，由主控站、地面天线、监测站及通信辅助系统组成，由美国国防部JPO管理。它由1个主控站、3个注入站和5个监控站组成，其任务是跟踪和监视卫星并保证卫星导航数据的准确。用户部分则是适用于各种用途的GPS接收机，GPS用户接收机由主机、电源和天线组成，其主要功能是接收GPS卫星播发的定位信息。GPS定位精度可达15米，测速精度为0.1米/秒，授时精度为100纳秒；民用定位精度约100米，测速精度为0.3米/秒。经过20余年的研究实验，到1994年，全球覆盖率高达98%的24颗GPS卫星星座已布设完成。目前，美国还在进一步探索新的GPS体系结构以研发第三代GPS系统（GPS-Ⅲ）。GPS-Ⅲ将改变旧的GPS体系结构，新研制的卫星分辨率比目前卫星高10倍，设计寿命为15~20年。GPS-Ⅲ的抗干扰能力比现有系统提高100~500倍，并采用最先进的加密技术。

1975年

美国开始研制贫铀弹 贫铀弹（铀合金弹）是以贫铀合金为关键材料制成的炮弹，主要是指由含有钛的贫铀合金穿甲器组成的各种口径炮弹（包括炸弹和导弹）。这种武器以高密度、高强度的贫铀合金作弹芯，利用了贫铀的致密性和自燃性，使其具有独特的杀伤威力。它击中坦克等装甲车辆后，巨大的撞击力，可以产生高温，使铀燃烧，降低装甲局部强度，破甲而过，杀伤车内人员和内部设备。贫铀的致密性可用于增强贫铀弹的穿甲性能，而贫铀的自燃性可用于增加贫铀弹的穿甲和破甲后效。虽然贫铀弹主要用来攻击装甲等坚固目标，对人的杀伤只是一种附带杀伤，但是，由于贫铀中的^{238}U和微量的^{235}U都是放射性物质，所以贫铀弹有微弱的放射性，对人体有害，会给环境造成污染。贫铀弹爆炸产生的粉状物，通过呼吸或通过细小的伤口进入人体，可沉积于肺部达数年之久，造成肺部的辐射损伤，可能诱发肺癌，还可能容易引发包括白血病在内的许多癌症和一些肝脏、神经系统疾病。美国已生产和装备四种

贫铀弹

填有贫铀材料的炸弹：专门用于反坦克的穿甲贫铀炸弹，每一颗弹含铀材料3.2千克；专门用于攻击坚固的建筑物的炸弹，弹长6米，每一颗弹含铀材料100千克；贫铀子母炸弹的子弹，弹质量500千克，用来攻击装甲目标；专门用于摧毁机场跑道的含铀集束炸弹，弹质量600千克。在1991年海湾战争中，美军首次大规模使用了坦克贫铀炮弹和A-10空地攻击机的贫铀炮弹、贫铀穿甲弹等贫铀武器，从伊拉克装甲部队的损伤情况看，贫铀弹的穿甲及后效作用非常显著。据悉，海湾战争美军使用贫铀弹超过80万枚，总计约320吨。在随后的科索沃战争、伊拉克战争中，美军仍然大量使用了贫铀弹，并将许多贫铀弹残片遗留在战场，使得所在国家面临严重的环境问题。贫铀弹对环境和人体的危害正逐渐被许多国家和民众所认识，在战场上使用贫铀弹的危害日益凸现出来。

1976年

英国皇家装甲研究院研制乔巴姆复合装甲　1976年6月，英国《泰晤士报》公布了英国皇家装甲研究院成功研制"乔巴姆"复合装甲的消息。由于坦克装甲厚度的持续增长，至20世纪60年代，坦克质量已经接近极限值，这给坦克的机动能力带来巨大的挑战，也为复合装甲的发展带来了历史契机。乔巴姆复合装甲正是在这一背景下诞生的，乔巴姆装甲是一种多层结构的复

合装甲，两边是优质合金钢装甲，中间是陶瓷装甲，能够有效应对破甲弹的攻击，使得"甲-弹斗争"的天平第一次向装甲一方倾斜。最近20年以来，复合装甲得到了持续的发展。特别是金属与非金属组成的复合装甲得到了普遍的应用。目前复合装甲的非金属夹层，主要采用增强纤维和陶瓷等材料，经过高温烧结制成高硬度的陶瓷块，其抗压能力约为钢的10倍，且呈现出良好的化学稳定性，能够在高温下保持较高的强度。目前，复合材料还广泛应用于制造军用轻型装甲车辆的装甲护板。

1978年

西科尔斯基公司研制出H-60"黑鹰"多用途直升机　"黑鹰"直升机是美军普遍使用的一种多用途直升机。二次世界大战后的10年中，直升机因为噪音、震动轰鸣、高油耗及需要大量维修保养设施等一直没被重视。1972年，美国陆军根据在越南作战的经验为"通用战术运输机系统"（U1TAS）计划发出了招标，以研制一种通用运输直升机来取代大量使用的贝尔UH-1"易洛魁"（俗称"休伊"）直升机。1976年12月23日，美陆军宣布西科尔斯基公司的YUH-60"黑鹰"获胜。1978年10月31日，西科尔斯基公司交付了第一架生产型UH-60A。"黑鹰"的基本型UH-60A，机身长19.76米，宽2.36米，高5.13米。UH-60A的机身为半硬壳结构，大量采用各类树脂和纤维等复合材料制造，该机最大起飞质量约10吨，空重5.1吨，空重比仅为0.5，最高速度超过300千米/时，除1名驾驶员外，机上可搭载11名士兵，紧急时可搭载19人。

H-60"黑鹰"多用途直升机

"黑鹰"除配备电子战装置外，还设有专门对付热导的地对空导弹的AN/ALQ-144红外干扰机。1989年10月，改进的UH-60L型投入生产，这时已制造了1 048架UH-60A"黑鹰"，包括66架EH-60A"快速定位"战场电子对抗（EQVI）探测和干扰型。在世纪交替之时，美军对"黑鹰"做进一步的改进，主要包括：换用T700-GE-701C发动机；采用与M IL-STD-1553数据总线兼容的数字航空电子设备；采用为S-92直升机研制的旋翼桨叶；加强了机身，使用高速机械加工框架，这降低了费用和机舱结构的复杂性，用新的先进的自动飞行操纵计算机（AFCC）取代旧技术的装置，并采用电传操纵装置（FBW）；采用先进的发动机排气红外抑制技术；采用可挂载外部油箱。黑鹰主要执行向前沿阵地运送突击部队和对地面目标进行攻击的任务，有时也用于从战场抢救伤员。

1979年

克劳斯·玛菲公司研制"豹"Ⅱ主战坦克　1979年，由德国克劳斯·玛菲（Krauss-Maffei）公司生产的"豹"Ⅱ主战坦克装备德军，也出口至荷兰、瑞士、奥地利、西班牙、丹麦、挪威、芬兰、波兰和瑞典等国家。"豹"Ⅱ有A1、A2、A3、A4、A5和A6等多种改进型。"豹"ⅡA1主战坦克战斗全重55.15吨，乘员4人。主要武器为1门120毫米滑膛炮，配用尾翼稳定脱壳穿甲弹和多用途弹，弹药基数42发。火控系统为指挥仪式，具有全天候作战能力和行进间对运动目标射击的能力。动力装置为1 100千瓦的涡轮增压水冷多种燃料发动机，传动装置采用液力机械变速箱，有4个前进挡和1个倒挡。悬挂装置采用扭杆式。最大速度为72千米/时，最大行程550千米。车体和炮塔为复合装甲结构，车内采用隔舱化结构。"豹"ⅡA5主战坦克于20世纪90年代初研制成功，主要是在炮塔内表面安装了防崩落衬层，炮塔正面安装了呈尖楔状的防护组件。1998年，"豹"ⅡA6主战坦克面世，换装了55倍标口径的长身管120毫米滑膛炮。

1980年

美国研制出打捞救助船"卫兵"号　美国海军所有海上打捞救助作业均由打捞船（ARS）和打捞救生船（ATS）执行。70年代末美国海军为更换其近40年舰龄的"枕垫"（Bolster）（ARS-38）级打捞船，决定建造新船，执行打捞、修理、潜水作业及舰队救生、应急消防和舰船拖曳，并在上述作业活动中作为一支流动的后勤支援舰队使用。"卫兵"（Safeguard）

打捞救助船"卫兵"号

（ARS-50）级就是在这一背景下由彼得森造船厂建造的。该级一共4艘：首舰"卫兵"（ARS-50）号1983年11月12日下水，1985年8月17日服役；"掌握"（ASR-51）号，1984年5月21日下水，1985年12月14日服役；"救援者"（ASR-52）号，1983年11月12日下水，1986年6月14日服役；"勾篙"（ASR-53）号，1984年12月8日下水，1986年11月15日服役。"卫兵"号的基本技术数据：船长77.7米，吃水5.2米；满载排水量2 880吨；船上专用设备较全，有2座MK67型20毫米炮、1部AN/SPS-55对海搜索雷达、1部ISC卡迪奥思（Cardion）SPS55导航雷达，为支援潜水作业，船上配备有减压舱及完备的减压设备。"卫兵"级设计遵循普通商船和海军舰船设计标准，但力求改善居住性，对居住舱室、船上生活服务设施，如厨房、餐室、医务室、储藏室等按新标准要求进行设计建造。

苏联研制出"通古斯卡"弹炮结合防空系统　"通古斯卡"弹炮结合防空系统是苏联于80年代初期开始研制的高炮与地空导弹一体化自行式防空武器系统，西方称之为M1986式30毫米高炮，是世界上第一种装备部队的弹炮结合防空系统。其系统采用履带式底盘，可伴随部队提供野战防空，20世纪80年代后期投产并装备苏军驻东德部队的团属混成防空连，是某些坦克团防空营的主要装备。目前，除俄军装备该系统外，印度军队也于1992年购入54部。"通古斯卡"弹炮结合防空系统具有弹、炮一体，兼具小口径高炮和防空导弹的优点，在炮塔两侧各装有一门2A38M型30毫米高射炮，各炮下方装有一部四联装导弹发射装置（共装八枚萨姆-19防空导弹），火力密度大，歼毁概率高，火炮的歼毁概率为60%，导弹的歼毁概率为65%，系统的歼毁概率为85%，对各种环境有较强的适应能力。该系统是目前世界上火力最强的防低空机动武器系统。系统的火控系统包括搜索雷达、跟踪雷达、光电设备、敌我识别装置和数字式弹道计算机，能够实现搜索、跟踪、光学瞄具、导弹和火炮同车装载，火力反应快，可在行进中射击。系统防护能力强，采用全焊接结构钢质炮塔，可有效防止破片杀伤。系统机动能力强。由于采用T-72坦克的变形底盘，因此速度快，越野能力强，可伴随坦克、机械化部队作战，伴随掩护能力强。

美国陆军机动装备研究和发展中心装备M9装甲战斗工程车　M9装甲战斗工程车是由美国陆军机动装备研究和发展中心（US Army Mobility Equipment Research and Development Center）研制的一种多用途工程车辆。该车单车造价2.1亿美元，整机重24.5吨，外形尺寸为6.52米×2.79米×2.7米，具有良好的机动性，最大爬坡能力60%，即使在松软地面上也能快速行进，最高行驶速度公路为48.3千米/时、水路为4.8千米/时，最大涉水深1.83米。该车的车体全部用铝甲板焊接，车辆前部装有刮土斗、液压操纵的挡板和机械式退料器，推土铲刀装在挡板上。该车可以通过液气悬挂装置升高或降低车辆前部，借以完成推土和刮铲动作，其推土作业能力几乎是一般斗式刮土机的两倍。M9可以完成修造反装甲部队障碍，破坏渡口和桥梁，挖反坦克壕，破坏登陆地区和飞机场，修筑坚固支撑点和运送筑障器等反机动性任务；填平弹坑和战壕，抢救战斗车辆，清除路障、树木、碎石或其他战场障碍，修建渡口、渡河车辆进出道路，修建、保养军路和飞机场等提高机动性的任务；为装甲车辆挖掘掩体、修建防御指挥所，挖防护壕，开辟射击阵地，搬运修建隐蔽所需用的器材，以及为陶式反坦克导弹发射车和其他战场武器挖掘隐蔽堑壕等提高生存力的任务。

英国开始研制"石鱼"水雷　"石鱼"水雷是英国于20世纪80年代末开始研制的先进新型通用水雷，由马可尼水下系统公司与皇家军械厂联合研制。作为由微机控制的组合引信沉底雷，"石鱼"水雷适合水面舰艇、潜艇和飞机布放，布放在水深5~200米的海底，其主要使命是攻击潜艇、水面舰船、登陆艇等；可用作锚雷，布放在入水深度75~200米的海中，攻击潜艇、水面舰船、登陆艇等。"石鱼"水雷包括MK-1、MK-2型作战水雷和操雷三种，也可制成遥控水雷。其中，MK-1雷长1.5米，直径530毫米，装药量300千克，总质量530千克；MK-2型雷长2.4米，直径530毫米，装药量600千克，总质量990千克。"石鱼"水雷采用模块化舱段结构，外形呈圆柱形，头部呈平顶形，尾部呈半球形，主要由战斗部、标准雷尾电子部件和相应投布组件3个舱段组成。"石鱼"水雷是典型的具有预编程序、微机控制、多路传感器的现代沉底雷。其工作流程大致为：水雷布放入水中后传感器就开始测量每个传感器通道中的局部背景噪声级，水雷进入全面工作状态后，处理器核实目标并估算最近点，当目标到达最近点进入水雷杀伤范围时，处理器发出一个点火脉冲到保险器，保险器的击针撞击雷管，引爆水雷战斗部。

世界各国的主战坦克普遍使用双向稳定器　火炮双向稳定器是指火炮在运动中将火炮和机枪自动稳定在原来给定的方向角和高低角上的一种自动控制系统。火炮稳定器的出现，能克服坦克车体纵摇或方向变化对火炮轴线的影响，从而提高了坦克行进间射击的命中率。双向稳定器的工作原理，即是在坦克越野行进过程中，利用陀螺传感器测出火炮的角速度、偏离方向以及偏离角位移等变化，将感受到的变化量转换成电信号，并控制驱动机构产生一个与干扰力矩方向相反、大小相等的稳定力矩，通过执行机构对火炮加上修正力，使火炮或瞄准镜迅速恢复到原定位置，从而提高了坦克在运动中的射击精度和首发命中率。

以色列军队在中东战争中使用反应式装甲　反应式装甲又名爆炸反应装甲，它由多个金属材质的盒子构成，每个爆炸盒子都是一个独立组件，盒内装有钝感炸药，一般碰撞不易引起爆炸，即使炮弹破片击中也不会起反应，然而，一旦遇到破甲弹和反坦克导弹的攻击，就会引发爆炸将破甲弹或导弹战斗部产生的金属射流搅乱冲散，干扰来袭弹丸的穿甲破甲过程，达到自身防护的目的。在20世纪80年代爆发的中东战争中，使用反应式装甲的以色列军队获得了出人意料的作战效果，其被击毁的坦克数量仅为数十辆，而叙利亚和巴勒斯坦解放组织共有500多辆坦克被击毁，反应式装甲对坦克的有效防护可见一斑。

美国开始研制理想班组武器 理想班组武器（OCSW）是能发射高爆榴弹的自动榴弹发射器。这是一种能显著提高作战效能和生存能力、由两人操作的武器系统。美国希望用其取代MKLG式40毫米自动榴弹发射器和MZ式12.7毫米大口

理想班组武器

径机枪，并以其装备美国陆军、空军、海军、海军陆战队、海岸警卫队和特种作战部队等。这种理想单兵战斗武器实际上是一种口径为25毫米的榴弹发射器，火力覆盖范围可延伸至2千米，配有先进的火控系统，集目标探测、远程测距和火力控制于一体，杀伤威力比MK19自动榴弹发射器提高5~6倍。它的光电瞄准具配有热成像仪，使武器具备昼夜作战能力。该武器上还预留有接口，便于将来能与数字化战场融合。武器的自动工作方式为导气式，利用前冲击发和平均冲量原理，大幅度减小了后坐力，借助其他驱动后坐系统实现再装填。武器设计有新颖的枪机加速机构（包括齿轮和凸轮），使枪机能追上向前运动中的枪机框并推弹入膛，通过缓冲器解决了早期前冲击发自动武器的瞎火问题。该型武器可由常规材料制成，也可采用高强度钢和金属基复合材料制造。武器使用特点：配装三脚架使用，可实施半自动和全自动发射；采用弹链供弹，通过一个弹药适配器可实现左、右供弹。OCSW已经正式定名为XM307。试验中的XM307发射器配有先进的火控系统并发射装有可编程电子引信的高爆榴弹。预计未来在进一步引入新材料等高技术成果后，XM307系统的体积、质量、性能等完全能达到设计要求。

1981年

莱马陆军坦克厂与底特律兵工坦克厂生产M1系列主战坦克 美国M1系列主战坦克（M1艾布拉姆斯主战坦克）由莱马陆军坦克厂（Lima Army Tank Plant）和底特律兵工坦克厂（Detroit Arsenal Tank Plant）生产，于1981年装备部队，除装备美军外还出口至中东等地区，目前共有M1、MIAI、MIA2、

MIA2SEP等型号。M1主战坦克战斗全重54.5吨，乘员4人；主要武器为1门105毫米线膛炮，弹药基数55发；辅助武器为1挺12.7毫米机枪和2挺7.62毫米机枪，弹药基数分别为1 000发和11 400发；火控系统为指挥仪式，具有夜间和行进间对运动目标射击的能力；动力装置采用燃气轮机，最大功率1 100千瓦；传动装置采用自动变速箱，有4个前进挡和2个倒挡；悬挂装置为独立扭杆式；最大公路速度为72.4千米/时，最大行程498千米。MIA1主战坦克于1985年制成，采用120毫米滑膛炮和贫铀穿甲弹，战斗全重57吨，弹药基数40发。后在MIAI坦克的基础上加装了贫轴装甲，称为MIAIHA（重装甲）主战坦克，战斗全重65吨。参加海湾战争的美军坦克主要是MIA1主战坦克。MIA2主战坦克于1991年制成，战斗全重为57.1吨，最大公路速度为68千米/时，最大行程460千米，采用车长独立热像瞄准镜、车长综合显示器、车际信息系统、车辆电子控制系统、车辆定位／导航系统、高性能的悬挂装置，曾在伊拉克战争中使用。MIA2SEP主战坦克是在MIA2主战坦克基础上改进而成的，主要改进是安装新型车长显示器、全球定位系统接收机、第二代前视红外传感器、人眼安全激光测距仪和辅助动力装置等。

美国研制出"宙斯盾"战斗系统　"宙斯盾"战斗系统正式编号是Weapon System MK7，是全世界第一种全数位化的舰载战斗系统，也是美国海军现役最重要的整合式水面舰艇作战系统。20世纪60年代，面对苏联海军的威胁，美军海军主要水面作战舰艇对于多目标的追踪和威胁分析能力以及面对大量空中目标的拦截能力不足，美国海军在1963年11月提出先进的"舰用导弹系统"（ASMS，advanced surface missile system）研究项目，研制具有探测、跟踪和摧毁飞机、导弹和海上目标能力的武器系统。"宙斯盾"作战系统就是在这一背景下研制的，它是一套信息化的指挥决策与武器管制系统，由AN／SPY–1A多功能相控阵雷达分系统、MK1武器控制分系统、MK1指挥和决策分系统、MK41或MK26导弹发射分系统、MK99火控分系统以及MK1战备状态测试分系统6个分系统组成，可以有效地防御敌方同时从四面八方发动的导弹攻击。"宙斯盾"舰空导弹系统是"宙斯盾"战斗系统的重要组成部分，是垂直发射的全空域舰空导弹系统，该系统利用先进的"宙斯盾"雷达系统可全空域同时搜索19批目标，并可制导12枚"标准"–2导弹同时攻击4个目标。导弹射高2.4万米，斜距74千米。"宙斯盾"战斗系统已成为整个美国海军的海上盾牌，被誉为美国历史上最成功、最有代表性的武器系统。

美国TRW空间和国防系统小组研制出"舰队卫星通信系统"　美国的舰队卫星通信系统（FLTSATCOM）是优先满足海军和空军通信要求的一个近全球的（除两极地区以外）卫星通信系统。它能满足美国海军的通信要求，保证国家军事指挥当局能与海上行驶的任何一支舰队进行联系，而且能为海、空军的飞机提供战术通信服务，还能满足国防部其他部门的需要。海军电子系统指挥部负责整个计划的管理工作，空间部的计划办公室负责管理这项计划的空间部分。舰队卫星通信系统采用地球静止轨道的五颗工作星和一颗备用星组成一个完整的全球通信网络，每颗卫星都是从卡纳维拉尔角发射的，使用航宇局提供的宇宙神–人马座运载火箭把卫星送入地球同步轨道，然后展开太阳帆板并通过专用传感器跟踪太阳和地球。每颗星可提供23条特高频信道，其中10条25千赫信道供海军舰艇使用，12条5千赫信道供空军使用，1条500千赫信道供总统指挥网络使用。舰队广播上行信号使用超高频，然后转换为特高频下进行信号发射。超高频采用喇叭天线，提高了抗干扰能力。

洛克希德公司研制第一代隐形飞机——F–117A隐身攻击机　F–117A是世界上第一种可正式作战的隐身战斗机。F–117A是美国前洛克希德公司研制的隐身攻击机，它的设计始于70年代末，1981年6月15日试飞成功，次年8月23日开始向美国空军交付，共向空军交付59架。F–117A服役后一直处于保密之中，直到1988年11月10日，空军才首次公布了该机的照片，1989年4月F–117A在内华达州的内利斯空军基地公开面世。在F–117A的设计中，其外形的设计不仅考虑了常规气动力（如升力和阻力），而且把外形与隐形联系起来，尽可能做到二者统一。F–117A飞机的RCS值仅仅只有0.001、0.01平方米（沿方位RCS值），比一个飞行员头盔的RCS

第一代隐形飞机——F–117A隐身攻击机

值还要小。如此小的RCS值，应归功于F-117A采用了各种吸波（或透波）材料和表面涂料，但更主要的因素在于它采用了独特的多面体外形。F-117A的特点，一是外形奇特，二是机载武器和设备通用性强。F-117A战斗机的所有武器都挂在武器舱中。其武器舱长4.7米、宽1.57米，可挂载美国战术战斗机使用的各类武器，如AGM-88A高速反辐射导弹、AGM-65"幼畜"空对地导弹、GBU-10/24/27激光制导炸弹、GBU-15模式滑翔炸弹（电光制导）、B61核炸弹和空对空导弹等。美国空军于2006年开始逐步退役封存F-117A，至2008年4月21日，F-117A在执行完最后一次任务后退役（这四架F-117A已于2008年11月从新墨西哥州飞往内华达州机场）。至此，F-117A服役时间长达27年，第一代隐形战机就此落下帷幕。

1983年

"战斧"巡航导弹服役　　"战斧"巡航导弹（Tomahawk cruise missile，BGM-109）是美国研制的一种从敌防御火力圈外投射的纵深打击武器，能够自陆地、船舰、空中与水面下发射，攻击舰艇或陆上目标，主要用于对严密设防区域的目标实施精确攻击。"战斧"巡航导弹在设计之初是为对付苏联纵深地区的战略和战术目标，1970年由通用动力公司提出研制计划，1972年开始研制，1976年首次试飞，1983年装备部队。导弹表层有吸收雷达波的涂层，具有隐身飞行性能。该导弹飞行速度快，在航行中采用惯性制导加地形匹配或卫星全球定位修正制导，可以自动调整高度和速度进行高速攻击，是美国军械库中最有威力的"防空区外发射"导弹，具有低空突防、命中率高

"战斧"巡航导弹

等特点。自从在1991年的海湾战争中崭露头角以来，"战斧"巡航导弹在历次局部战争中都扮演了不可或缺的重要角色，不仅名声大振，使世人耳熟能详，更成为美军对别国实施军事威慑和远程精确打击的中坚力量，成为美国推行强权政治的急先锋。

AM通用公司研制出高机动多用途车M998系列"悍马" 1980年，美国陆军决定研制一种通用型的4X4轻型卡车，以取代M151、M274、M880和M561等几种军用轮式车辆。1983年3月，美国陆军和AM通用公司签订了供货合同，合同要求AM通用公司在其后的5年间向美国陆军提供55 000辆"悍马"车。M998系列车的车体采用合成树脂和铝合金制成，该车功率大、坚固耐用，有一定的防护能力，根据需要可加装钢装甲板，以增强防护能力。该车越野机动性好，加速快，质量轻，又有足够的强度。轮胎泄气后仍能行驶，装备有故障诊断检测装置接口，大量使用优质零部件，可用于执行武器运载、通信指挥、交通控制、作战侦察、战斗支援、伤员运送、战斗勤务等多种任务。高机动性多用途轮式车辆M998系列有二三十种变型车，主要有M998和M1038货物从员输送车、M9962M9974和M10352担架救护车每种变型车在性能上略有差异。在海湾战争中，共有大约20 000辆"悍马"车被运到海湾地区，占当时整个美军"悍马"车总数的1/3左右。据美国五角大楼公布的海湾战争最终报告《波斯湾战争的胜利》中称，高机动性多用途轮式车辆"满足了一切要求，或者说超出了美军的要求……该车显示了极好的越野机动能力，其可用性超过了陆军的标准。卓越的有效载重能力对美军来说也是绝对的保证"。

高机动多用途车M998系列"悍马"

美国提出"战略防御倡议"计划（"星球大战"计划）　1983年，美国提出"战略防御倡议"计划，即所谓的"星球大战"计划。早在20世纪50年代末期，随着洲际导弹的出现，美、苏就开始了反弹道导弹的研究，然而，美、苏早期反弹道导弹的防御系统在结构上、功能上存在许多问题。"星球大战"计划的提出，是因为进攻性核武器的发展走到尽头，形成了核僵局，必须寻求打破核僵局的途径，这也是反弹道导弹防御系统发展演变的必然结果。1985年1月4日由美国政府立项开发，定名为"反弹道导弹防御系统的战略防御计划"，该计划于1994年开始，部署各种手段攻击敌方的外太空的洲际战略导弹和航天器，以防止敌对国家对美国及其盟国发动核打击。按照该计划，美国准备建立一个以天基动能武器和激光武器为核心的多层反导防御系统以对付苏联的核导弹进攻。"星球大战"计划在高技术层面是一个包括火箭技术、航天技术、高能激光技术、微电子技术、计算机技术等在内的高技术群，在战略层面是一个以宇宙空间为主要基地，由全球监视、预警与识别系统，拦截系统，以及指挥、控制和通信系统组成的多层次太空防御计划。由于技术上难度大，加之东欧剧变和苏联解体，"星球大战"计划在20世纪90年代最终被迫终止。

诺斯罗普-格鲁曼公司研制B-2空军重型隐身轰炸机　B-2隐形战略轰炸机由美国诺思罗普公司为美国空军研制，是冷战时期的产物。在东西方对峙的战略环境中，苏联多年来倾巨资在本土建立起一套先进的防空系统，并已对美国构成巨大的威胁。为此，在卡特政府执政时，美国就产生了制造隐形飞机的设想，其计划是美国在遭到苏联第一次核打击后，可利用穿越苏联防空网的隐形飞机突入苏联领土，摧毁其导弹基地和地下指挥中心，对苏联进行核报复。该计划始于1978年，代号为"幽灵"，1983年研制计划修改，使B-2成为兼有高低空突防能力、能执行核

B-2空军重型隐身轰炸机

轰炸及常规轰炸的双重任务。它能从美国本土或前沿基地起飞，在无须支援飞机护航的情况下穿透敌方复杂的防空系统，攻击高价值、强防御、最急迫的目标。首架B-2轰炸机"密苏里精神"号于1993年年底交付，装备第509轰炸机联队的第393中队。B-2轰炸机具有卓越的隐身性能：飞机大量采用复合材料制造部件，这些材料可吸收而不反射雷达波；安装吸声装置，防止噪音仪器的探测；为对付红外线探测仪，该机采取了改变发动机排气温度、使用新的燃料等办法，尽量减少飞机的红外线源。为躲避雷达的搜寻，对飞机的机翼、机型进行了改头换面，尽量减小飞机对雷达散射的截面，使之回波衰减到最低程度。"北约"在1999年3月24日对南联盟空袭中，首次动用了B-2战略轰炸机，使这种飞机第一次应用于实战。

1984年

美加两国联合研制出北美联合监视系统　北美联合监视系统（JSS）是一个典型战略、战役级指挥信息系统。JSS系统由北美防空防天司令部指挥中心、三个地区（加拿大、阿拉斯加、美国本土）指挥中心和六个分区指挥中心（其中美国四个、加拿人两个）三级指挥机构组成，其主要任务是监视和控制美国本土和北美大陆范围内的空间、空中目标动态，实施防空作战指挥控制等。其中，北美空防司令部（North American Aerospace Defense Command，NORAD）是一个由美国和加拿大共同成立的军事机构。自1963年起，北美防空司令部的主要设施设在美国科罗拉多州的夏延山（Cheyenne Mountain）山下深达500米的花岗岩洞内，洞内建有总面积为1.5万平方米的建筑群，其指挥监控中心也位于该山洞里，是世界上规模最大、设备现代化的设施之一，其指挥大厅正面墙上装有多台4米×6米大屏幕显示设备，用于显示导弹、卫星和重要飞机的航迹以及静态作战资料。指挥中心使用6种通信系统与两国内外800多个军事设施相连。指挥中心有供电、供水、"三防"等设施，终年灯火通明，电话不断，电传不停，电视荧屏不熄。工作人员不分昼夜地轮流值班，每个作战、情报、后勤等部门作战人员席位均配有指挥控制显示设备，监控着在太空中围绕地球运动的几千个人造物体，警戒着可能从海陆空或太空对北美及美国海外基地的突然袭击。

1985年

美国发射"大酒瓶"电子侦察卫星　电子侦察卫星是用侦收敌方电子设备的电磁辐射信号来获取情报的人造地球卫星。"大酒瓶"是美国第三代地球同步轨道电子侦察卫星，现有三颗在轨运行，运行轨道为地球静止轨道。其主要用来截获、侦收通信和电子情报信息，特别是截获苏联和中国导弹试验的遥测信号。第一颗"大酒瓶"卫星是由"发现"号航天飞机发射的，于1985年1月24日升空。第二颗"大酒瓶"卫星也随"发现"号航天飞机一起于1989年11月22日升空。第三颗"大酒瓶"卫星，则在1990年11月15日随"亚特兰蒂斯"号航天飞机升空。这些卫星灵敏度极高，用幅相法测定无线电电子设备的坐标，侦察带宽度1.8万千米，坐标测定精度10千米，足以侦听到欧洲野战部队的无线电话，并可以对信息发射体定位。它的覆盖范围包括苏联、中东、非洲和整个欧洲地区。卫星载有两副天线：前向碟形天线最大直径为152.5米，用于截获100兆赫~20吉赫的所有无线电信号；后向天线用于向地面转发信号。海湾战争中，该卫星提供了大量有关伊拉克的情况，使美军在开战之前和空袭过程中有效实施了电子干扰，并保证了之后空袭的作战效果，对美国和多国部队夺取和保持战场主动权发挥了重大作用。

1986年

美军部署"和平卫士"导弹　"和平卫士"导弹是美国空军的大型多弹头固体洲际弹道导弹，代号为MGM-118A，原名先进洲际弹道导弹，即MX导弹。"和平卫士"导弹1971年初由战略空军司令部提出研制设想，1973年底开始进行为期4年的技术预研，1979年6月由卡特总统批准开始工程研制，1983年6月进行首次飞行试验，1986年开始服役，部署在地下发射井中。它长21.6米，宽2.33米，最大弹径2.34米，起飞质量88.452吨，推进系统由三级固体火箭发动机和一级可储存式液体火箭发动机（末助推级）构成，射程达11 000千米。"和平卫士"导弹弹头数量多，弹头威力大，携带10枚分导式子弹头，每枚子弹头威力为47.5万吨TNT当量，而"民兵Ⅲ"导弹只有3个弹头。"和平卫士"导弹依靠先进的信息技术，弹载计算机的运算速度为18.5万次／秒。弹载计算机和高级惯性参考球共同完成飞行程序贮存、测试校准、对准惯性仪表、发出关机指令、给火工品发指令和控制导弹稳定飞行等任务。命中精度CEP达到90米，约比"民兵Ⅲ"导弹高1倍，大大提高了摧毁硬目标的能力。为提高生存能力，"和平卫士"导弹原计划采用机动部署方式，由于费用、环境影响等多种原因，后来放弃了机动方案，仍部署在发射井内，但对发射井采取了相应的抗核加固措施，抗冲击波超压能力由每平方厘米140千克提高到350千克。"和平卫士"导弹曾经长期部署在怀俄明州沃伦空军基地的原"民兵Ⅲ"导弹发射井里，是美国战略核力量的重要组成部分，主要用来攻击苏联导弹发射井等加固目标。"冷战"结束后，美国不再需要这种导弹，因此从2002年开始分阶段逐步退役"和平卫士"导弹。尽管如此，美军前空军次长指出，"和平卫士"导弹帮助美国获得了"冷战"的胜利。

1987年

美国研制M88A1E1作为坦克抢救车　坦克抢救车是指装有专门救援设备和工具，用于野战条件下拖救和后送战伤、淤陷和有技术故障的坦克，以及其他装甲车辆的伴随式装甲技术保障车辆。国外，特别是西方发达国家，坦克抢救车辆的综合技术水平较高。美国在1985年就提出了三代坦克抢救车的发展草案，1987年，美国陆军订购5台在M88AX示范车基础上改进的M88A1E1作为坦克抢救车试验车。该车的优点在于与M1系列坦克有极大的通用性，采用了经过考验的部件，技术风险小，而且工艺设备也无需重新研制。该车以M88A1为基础，采用了原有坦克的底盘，其装甲厚度为30毫米，有"三防"超压装置、自动挂钩装置和自动灭火系统，用大陆发动机公司生产的柴油机和一部改进了制动器的阿里森变速箱，替代了原有动力和传动装置。在救援设备方面，该车有一部起吊质量

坦克抢救车

为31吨的旋转吊车、一个拉力为653千牛的绞盘和一个推土铲。

1988年

美国研制出"联合监视目标攻击雷达系统" "联合监视目标攻击雷达系统"（Joint Surveillance Target Attack Radar System，JSTARS），是美国空军和陆军联合研制的一种先进的机载多功能雷达系统。它使用的载机是E-8A飞机（由波音公司707/300客机改装）。1985年10月，格鲁门公司作为主合同商获得了研制美国空军/陆军JSTARS系统的6.57亿美元的合同。依照此合同的计划，诺登公司研制和生产一种先进的多工作方式雷达，用以对战场的固定目标和动目标进行分类与跟踪。系统的研制周期预计为5年，第一架JSTARS飞机命名为E-8A，1988年底作首次飞行。JSTARS系统能够进行实时的广阔区域监视和远程目标攻击指挥能力，以便提供战况进展和目标变化的迹象和警报。该系统能在白天、夜间和大多数气象条件下探测、跟踪与分辨移动的或固定的目标位置，帮助地面指挥员在视野以外指挥攻击目标，目标信息通过加密的数据链传送给各级指挥站的地面站，一旦识别出目标，该系统将向空中站或地面站报警，并为飞机或对空导弹提供制导，以便截获目标。因此，该系统也被美空军官员称为"电子高地"。E-8A的系统组成包括载机、机载合成孔径雷达SAR、通信系统、地面站。海湾战争期间，JSTARS试验机发挥了巨大作用，多次指挥美军摧毁伊拉克地面部队。此后，E-8多次参与了北约部队的作战行动，目前E-8已经由试验性的A型发展到了C型，实现了真正意义上的批量生产。

1989年

美国海军试射AGM-84E"斯拉姆"远程对地攻击导弹 "斯拉姆"（SLAM）导弹是美国海军在机载"鱼叉"反舰导弹基础上改进的机载远程对地攻击导弹。SLAM是"远程对地攻击导弹"的英文缩写。该导弹装有适合远程飞行的平坦弹翼、穿透性强的高效弹头，适合对硬目标进行致命的打击，其自动目标捕获功能使它更易于武装系统操作人员，确定跟踪目标瞄准点。"斯拉姆"远程对地攻击导弹于1989年11月试射，原计划1991年8月装备部

队，然而，由于海湾战争爆
发，"斯拉姆"远程对地攻
击导弹提前列装，因为具有
射程远、性能稳定可靠、精
度高以及载机生存率高等优
点，"斯拉姆"导弹成为美国
海军最通用而且最精确的武
器系统，也是美国海军攻击
高价值地面目标、港口与海

"斯拉姆"远程对地攻击导弹

面舰艇的武器。在海湾战争中，"斯拉姆"导弹充分发挥了其高精度的性能优
点，在1991年1月18日的定点清除行动中，美军的攻击机仅发射两枚机载"斯
拉姆"导弹，就将伊拉克一个发电站成功摧毁。由于其优异的纵深攻击能力
和精确打击能力，美国海军在2002年与波音公司签订了6 030万美元的合
同，追加120枚"斯拉姆"导弹的生产。

1990年

美国使用第六代照相侦察卫星KH-12　照相侦察卫星也称光学成像侦
察卫星，是利用光电遥感器对地面摄影以获取军事情报的侦察卫星。在各种
侦察卫星中，它发展最早，发射数量最多，是空间侦察任务的主要承担者。
美国从1959年开始研制成像侦察卫星，世界上第一颗照相侦察卫星是美国的
"发现者"1号卫星，它于1959年2月28日发射成功。"发现者"1号是一颗试验
性侦察卫星。1960年8月10日，美国又发射了"发现者"13号试验侦察卫星。
目前，照相侦察卫星已发展到第六代。美国主要使用的是第六代光学成像卫
星KH-12。KH-12于1990年首次投入使用。卫星重14~18吨，采用倾角98°的
椭圆轨道，其近地点高度263~413千米，远地点高度973~1 055千米，轨道高
度和倾角可变。卫星轨道为太阳同步椭圆轨道（300千米×1 000千米或335千
米×758千米）。KH-12的地面重复周期为4天，由于卫星是成对运行的，可
运行在昼夜轨道平面（轨道倾角98.7°）、晨昏轨道平面（轨道倾角97.9°）
和二者之间的57°倾角轨道，所以实际的重复周期为2天。KH-12照相侦察

第六代照相侦察卫星KH-12

卫星可回收到航天飞机货舱内，进行空间加注燃料，也可带回地面，这样可从原来5年工作寿命延长到8年工作寿命。卫星上除装有以前"大鸟"照相侦察卫星上的高性能望远镜头照相机外，还增添了雷达照相技术。此外，KH-12上还安装有电子信号侦察接收机，因此它还可进行电子侦察，窃听地面各种通信、雷达和电视信号。KH-12卫星的研制同样是冷战的产物，KH-12卫星能够覆盖80%以上的苏联国土，昼夜监视着苏联的军事行动。除侦察地面、海上和空中的军事目标外，星上所携带的雷达能探测出苏联730个隐蔽地下所（此数目为英国杂志上所披露的），为美国的高性能隐形轰炸机寻找可靠的攻击目标。

三菱重工研制90式主战坦克　日本90式主战坦克由日本三菱重工业公司于1974年开始研发，1990年装备日本陆上自卫队。90式主战坦克战斗全重50吨，乘员3人。主要武器为1门120毫米滑膛炮，采用带式供弹方式的自动装弹机，弹仓布置在炮塔尾部，弹仓的储弹量为16发。采用的弹种有尾翼稳定脱壳穿甲弹和多用途弹，弹药基数40发。辅助武器为1挺7.62毫米并列机枪和1挺127毫米高射机枪。火控系统为指挥仪式，其反应时间仅有4~6秒，比常规火控系统的反应时间缩短了50%。动力装置采用日本三菱公司的二冲程水冷涡轮增压柴油机，最大功率1 103千瓦。配用带静液转向机构的自动变速箱，可实现无级转向。悬挂装置为混合式，前部两对和后部两对负重轮采用液气悬挂装置，中间两对负重轮采用扭杆悬挂装置，使车底距地高在0.2~0.6米的范围内可调。最大速度为75千米/时，最大行程350千米。车体和炮塔采用日本研制的复合装甲，车上装有三防装置、灭火抑爆装置和激光探测报警装置。

美国海军在俄亥俄级核潜艇上装备"三叉戟"Ⅱ型导弹　"三叉戟"导弹核潜艇是冷战的产物。20世纪70年代，苏联着手建立历史上最大的海军力量，自从1970年以来有10艘新设计的潜艇下水，其中包括一些世界上最大的潜艇，而美国海军在这个时期下水的潜艇只有2艘。这样，苏联潜艇的数量已经超过了美国，几乎达到3∶1。为了促使水下力量平衡，提升潜艇舰队的质量来对付苏联在洋面下的挑战，美国海军决定研制新的"三叉戟"导弹核潜艇。三叉戟Ⅱ型弹道导弹现系美国海军最重要的海基核威慑力量，或称三叉戟D5导弹。它于1984年开始研制，1987年1月在陆基平台上进行首次三叉戟Ⅱ导弹飞行试验，1989年进行潜射试验，初始部署于1990年。该型导弹为三级固体弹道导弹，弹长13.42米，最大弹径2.108米，重59吨。每枚导弹可载12枚10万吨TNT当量的分导式子弹头，射程为7 400~11 000千米。现装备于美国海军俄亥俄级核潜艇与英国海军前卫级核潜艇。前者可装备24枚该型导弹，后者为16枚。每枚导弹最多可配备8个弹头。海军前作战部长托马斯·海沃德说："这使得一艘'三叉戟'导弹潜艇的威力比10艘'北极星'核潜艇还要大。"导弹采用增强型惯性制导加星光修正的Mark-6制导系统，为导弹提供相对于惯性空间的基准方位并测量导弹的速度，同时还对各种系统误差进行修正补偿。此外，该系统还利用GPS接收机提高制导精度，使命中精度CEP为90~122米。

美军进行导弹接近告警系统实验　导弹接近告警系统（MAWS）实际是一个专用的脉冲多普勒型小雷达，通常工作在L波段。它能在全方位（或前后向主要受攻击方位）上发现高速飞向预警机的各种导弹，不论其引导是主动还是被动，给出导弹的方位、距离和速度，并立即向机上指挥员发出警报，预警机则马上采取对抗措施。为了提高作战飞机在现代战争中的生存能力，保护它们免遭导弹的攻击，必须研制和装备性能可靠的机载导弹逼近系统。在此背景下，美国海军聘请Lockheed Sanders公司为IDAP（一体化防卫航空电子学计划）进行代号为ALQ-156A的全面工程研制。1990年2月，Lockheed Sanders AN/ALQ-156 AMAWS在美国空军战术空战中心（艾格林空军基地）做的试验中，成功地对抗了F-15和F-16发射的空空导弹：对QF-100靶机发射了6枚导弹，靶机上装有能全方位覆盖的吊舱式MAWS，每一架告警器都探到了来袭导弹，并发出信号通知采取适当对抗措施，6枚作为敌方武器的导弹全部受挫。一般而言，MAWS的主要技术要求是预警信息高度可靠，预警时间足够长，能精确算出导弹截击前的剩余时间。机上装备了MAWS后，飞行员便可根据它所提供的信息决定应采取的相应对抗措施，或由MAWS自动开启干扰设备，以挫败导弹的攻击。

美军研制"狼獾"冲击桥 美军"狼獾"冲击桥是外军冲击桥的典型代表，是美军工程兵数字化装备之一。20世纪80年代初，美军认为原有的冲击桥不能满足重型师之需，应有一种载质量70级和30米跨长的新式冲击桥，"狼獾"冲击桥就是在这一背景下开始研制的。1990年3月，通用动力公司地面系统部得到合同。研发以M1坦克为底盘，采用德国"鬣蜥"桥桥梁结构的重型冲击桥系统（HAB）。美军的"狼獾"重型冲击桥采用碳纤维复合材料、高强度合金钢，它将M1"艾布拉姆斯"坦克的底盘和"鬣蜥"机械化桥的上部桥体结构结合在一起。"狼獾"重型冲击桥提供了一种战场上战术机动性的新标准，其克障宽度达24米，车辆运输最大行驶速度为72千米/时，续驶里程418千米，其机动性与M2A3"布雷德利"步兵战车和M1A2"艾布拉姆斯"主战坦克相当。该桥配备了能自动补偿地形、天气变化的自适应控制系统，并安装有"21世纪旅及旅以下战场指挥系统"的软件模块，大大提高了自动化和信息化水平。"狼獾"重型冲击桥的架设采用平推方式，架设可在5分钟内完成，桥撤收时间不到10分钟。"狼獾"重型冲击桥是2001年列装到美军第4机械化步兵师的数字化工程装备，也是美军在伊拉克投入的最新工程装备之一，主要用于伴随重型机械化部队机动，快速进行桥梁架设作业，实施行进间机动工程保障。

澳大利亚金属风暴公司推出了新概念轻武器"金属风暴" "金属风暴"是新一代武器发射系统，这种武器系统的创新之处在于采用新设计思想设计了多管发射器，从而改变了传统枪械每次只发射一发子弹的设计理念。"金属风暴"发射系统没有任何机械运动部件，在多个枪管内排列

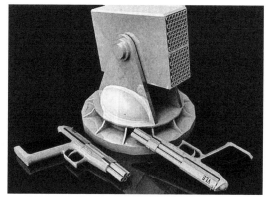

与VLe手枪相比，36管的"金属风暴"试验系统发射速度超过了100万发/分这样难以置信的速度。

多发子弹，从而使得多个发射管和弹药凝聚为一个整体，武器操控人员可依据作战需要设定射击速度，依托电子火控系统，"金属风暴"发射系统可以大幅度地提升射击速度，从理论上来看，其多管射速可以超过100万发/分。"金属风暴"的发明，标志着轻武器发射技术从19世纪机械式发展到21世纪的电子式，因其卓越的发射性能，也被誉为是自1862年美国人理查德·J.加特林发明机械式转管机枪以来，轻武器领域最大的创新。

以色列研制出特里康先进战斗步枪瞄准镜　特里康先进战斗步枪瞄准镜是白光瞄准镜的一种，也是当今世界运用开普勒原理的瞄准镜系列中质量最轻、体积最小的步枪瞄准镜之一。特里康先进战斗步枪瞄准镜的镜体采用铝合金材质，因而具有良好的密封与防潮性能，并可以通过移动正像棱镜座来实现瞄准镜的零位调整。依据放大倍率的不同，特里康先进战斗步枪瞄准镜分为4倍和3.5倍两种不同的型号，即ACOG4×32式瞄准镜和ACOG3.5×35式瞄准镜。具体而言，ACOG4×32式瞄准镜的放大倍率4倍，视场7度，全长147毫米，总质量200克，其瞄准标记呈现"+"字形；ACOG3.5×35式瞄准镜的放大倍率3.5倍，视场5.5度，全长203毫米，总质量39.7克，其瞄准标记是一个红点。能够迅速锁定目标是该款瞄准镜最大的优点，在作战和训练中，只要武器操控人员在静止状态下对准敌方目标，特里康瞄准镜就会自动实现变焦，从而成功锁定目标。

美国开始研制微型飞行器　微型飞行器（Micro Air Vehicle，MAV）是20世纪90年代初期开始发展起来的一种新型飞行器。作为当今世界航空领域的研究热点，微型飞行器具有很强的隐身能力，以微电子机械系统（MEMS）为基础，拥有对信息的获取、传递和处理等设备，能够完成对生物或者化学武器战场以及有毒地区执行监测、侦察等非常规性任务。它的典型尺寸在150毫米以下，质量

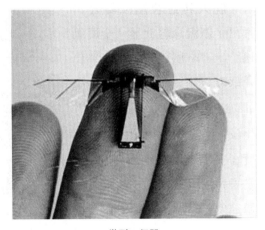

微型飞行器

从10克到100克，有效载荷18克左右；外形有固定翼式、旋翼式和扑翼式三种，有的很像各种昆虫；使用高度从几十米至几百米，飞行速度为10~20米/秒，任务半径几千米，滞空时间20~69分钟。在装备小型化、信息化的进程中，微型无人驾驶飞机日益受到青睐。微型飞行器尺寸小、质量轻、十分便于携带、易于使用、成本低、功能强，可以大量配备给士兵作为随身携带的侦察装备。早在1996年，美国国防部就把微型飞行器列为21世纪美国排级士兵的随身装备。自1997年以来，美国微型飞行器有限公司曾先后研制出了15厘米盘形MAV、起飞质量为85克的"MicroSTAR"固定翼MAV、约15厘米的扑翼MAV以及自重仅10克的扑翼"微蝙蝠"等多种微型飞行器。在战场环境下，微型飞行器可为士兵前进探险开路，探测前方是否有生物或化学装置，提高士兵在野外和独立作战中的战场感知能力；可以在建筑物群中以缓慢的速度飞行，侦察建筑物群之间和建筑物上方、内部的敌情，甚至可停留在窗口窃听办公室内的谈话；可用于布撒轻型高爆破力弹药或微型地雷等。

美军研制出数字地形保障系统 数字地形保障系统（DTSS-L）可为战场指挥员、武器平台以及任务的计划、演练和执行提供数字地图并不断更新。数字地形保障系统具有自动化的作业能力，能给指挥员提供标绘战场平面图所需的解析产品，并为自动化作战指挥提供服务，其作业效率是手工作业效率的150倍。该系统装备在高机动性多用途轮式车辆上，可为从旅到战区级的作战指挥员生成数字化的计算机综合地形分析数据。DTSS在实际作业中通常与快速反应多色复印机（QDMP）配套使用，该系统的打印机、扫描仪和计算机工作站都采用最新的商业技术，包括最先进的影像处理和地理信息系统软件，可以自动地进行地形分析和可视化处理、数据库的开发和管理，以及图形产品复制。美军还装备有快速目标定位系统用于接收和处理卫星和无人机获取的图像信息，MAPS系统用于野战炮兵定位定向及姿态测量，近期还装备了远距离地图复制系统和"装在匣子中的MMA"（MAMINABOX）系统。2002年，美国陆军工程兵工程研究和开发中心（ERDC）的测绘工程中心（TEC）与SECHAN电子有限公司签署合同，生产总价值为500万美元的轻型数字地形测量保障系统（DTSS-L），计划于2002年制作16套，2003年制作15套。这是SECHAN公司的第二份合同，第一份合同的签署时间为1999年。与SECHAN的新合同要求在2003年完成。最新的装备将可实现美国陆军工程兵地形分队的野战化。

休斯公司成功研制出AX/P AS-13式热成像瞄准镜　　AX／P AS-13式热成像瞄准镜是被动红外热成像夜视瞄准镜的一种。作为20世纪70年代发展起来的一种新型夜视技术，被动红外热成像夜视瞄准镜在20世纪90年代初进入了实用阶段。其工作原理是依靠接收目标的热辐射，并将其转化为易于识别的可见光图像，达到利用目标与其所处环境的温差来锁定目标的目的。AX/P AS-13式热成像瞄准镜目前有三种型号，具体分为基本型、中间型和重型。基本型瞄准镜垂直视场18度，水平视场30度，总质量为1.72千克，主要应用在FIM-92A单兵便携式防空导弹系统；中间型瞄准镜对作战目标的观察距离为1.1千米，水平视场9度，总质量2.04千克，主要应用于M16系列自动步枪，主要攻击单兵目标；重型瞄准镜对作战目标的观察距离为2.2千米，水平视场9度，总质量则达到2.27千克，主要攻击装甲车辆等大型目标。

1991年

美军在海湾战争中使用"爱国者"地空导弹　　美国"爱国者"地空导弹系统（MIM-104Patriot）是美国雷神公司制造的一种机动式、全天候和多目标的地空导弹系统。"爱国者"导弹系统是美国陆军从1965年开始研制的第三代全天候、中高空地空导弹武器系统。它分为原型和改型两种。原型（代号是MIM104）主要用来拦截各种高性能飞机，特别是苏联的苏20、苏24、苏25和米格23飞机；改进型具有拦截战术导弹和巡航导弹的能力。"爱国者"地空导弹系统由导弹、指挥车、相控阵雷达车和发电设备等部分组成，安装有组装式集体防护系统，动力装置为一台单级高能固体火箭发动机，采用程序＋指令＋TVM（"通过导弹跟踪"）复合制导。"爱国者"导弹采用厢式发射装置，导弹事先全部装好，在到达阵地之后可以很快进入作战状态，直接从发射厢中发射出去。作为当今世界上最先进的地空导弹系统之一，"爱国者"地空导弹系统除了具有反应速度快、飞行速度高等优点外，还有一个先进的预警和引导系统，除DSP预警卫星外，还首次采用了一部AW／MPQ53型多功能相控阵雷达。该雷达是导弹系统的心脏，由相移器、阵列雷达和实时处理计算机组成，可完成搜索、识别、跟踪、照射目标、制导导弹和电子对抗等多种任务，可在120°扇面内监视100个目标，并能根据目标的威胁程度确定交战程序，且能同时跟踪8枚导弹，对其中5枚进行中制导，对3枚进行末制导，拦截3个来袭目标。爱国者导弹的制导体制先进，制导精度高，抗干扰能力强。它采用了指令与半主动寻的复合制导方式，提高了制导精度和抗干扰能力。1991年1月18日，它第一次成功拦截及摧毁了一枚发射到沙特阿拉伯的"飞毛腿"导弹，这是第一次由一个空防系统击落敌方战区弹道导弹。

美军装备MK-50反潜鱼雷　MK-50型鱼雷是由美国霍尼威尔公司为美国海军制造的新一代反潜鱼雷，主要装备水面舰艇、反潜飞机，用于攻击各种潜艇。MK-50反潜鱼雷全长3.1米，直径324毫米，重300千克，最高航速60节，航程18千米，最大航深800米。作为第二次世界大战之后研制的第四代小型通用反潜鱼雷，MK-50反潜鱼雷源于美国海军"先进轻型鱼雷"（Advanced Light Weight Torpedo，ALWT），由霍尼韦尔公司、加雷特公司联合研制，并于1990年开始按首次合同规定交付产品。该鱼雷采用常规外形布局，由前、后2个舱段组成，前舱为制导控制舱（含战斗部），后舱为动力装置舱。与前一代轻型鱼雷相比，MK-50型鱼雷在航速、安定性、航程、航深、命中率和爆炸威力等方面都有显著提高。鱼雷的动力装置采用大马力双回路闭式循环汽轮发动机，航速提高了10节，潜航速度为30节，即30海里/时。因闭式循环系统不会向外界排气，不会产生排气噪声和排气航迹，因此能够极大地提高鱼雷的隐蔽性，这是开式循环热动力系统所无法比拟的。鱼雷的战斗部采用了定向聚能爆炸技术，装填炸药重40千克，爆炸威力相当于250千克普通装药，足以穿透潜艇内外两层壳体。MK-50鱼雷采用了先进的计算机及微电子技术，提高了自导作用的距离。鱼雷入水时抛掉降落伞，随后海水电池被激活，驱动鱼雷俯冲至预定深度，在水压装置控制下改平，随后做环形搜索运动，以监听水声信号。鱼雷利用AYK-14高速计算机识别各种目标回波，搜索到目标后，根据俯仰和方位误差信号向目标接近。此外，鱼雷的控制系统采用捷联式惯导系统，这就使鱼雷具有很好的控制精度和机动性，能满足定向爆炸垂直命中潜艇的要求。

1992年

美国研制出第一颗"军事星"卫星系统 "军事星"（MILSTAR）卫星系统全称为"军事战略战术中继卫星系统"集战略通信、战术通信与数据中继等功能于一身，使用极高频通信。其任务是为战术司令部提供抗干扰和防窃听的通信联络，其研制背景是为了解决美国原有的

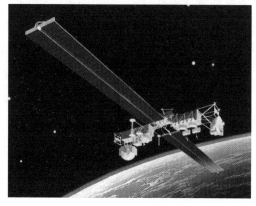

"军事星"卫星系统空间部分

军用通信卫星绝大多数使用较低的频率而容易受到干扰和被窃听的问题。卫星由洛克希德公司承制，1987年开始生产，但因星载计算机出问题，推迟了第一颗卫星出厂的时间。美军原计划发射八颗工作星和一颗备用星，现已改为由六颗卫星组网，其中两颗工作星分别定点在赤道上空的地球静止轨道，四颗工作星部署在大椭圆轨道上。位于地球静止轨道上的备用星平时不工作，一旦任务需要（如工作星受到破坏），再调整到工作星的位置并取而代之。"军事星"卫星系统由两大部分组成，即空间部分及地面终端，有9个不同轨道的卫星及大量机载站、船载站。"军事星"是当今世界最先进的通信卫星，其主要特点：一是通信容量大，信息处理能力强；二是采用自适应调零天线技术，提高了抗干扰能力；三是采用轨道交叉组网形式工作，提高了抗毁伤和生存能力。在"自由伊拉克行动"中，"军事星"卫星通信网络提供关键目标信息和指挥控制地面部队数据的安全传输。该卫星通信网络还将为美国全球部署的部队提供必要的通信。

美军开始研制联合防区外发射武器 "联合防区外发射武器"（Joint Stand Off Weapon，JSOW）是美国雷神公司研制的一种低成本、高杀伤性防区外攻击武器系列，装备美国海军和空军的各种战机，用于对付从轻型车到装甲车等各种点目标，在敌方防空武器系统的射程外进行攻击，以提高飞行员和战机的生存能力。根据有效载荷的不同，JSOW共有4种型号：AGM-

154A，装有145个BLU-97综合效应集束炸弹子弹药；AGM-154B，主要用于反装甲作战，装有6个反坦克BLU-108传感器引爆武器子弹药布撒弹头，用来对付区域性目标；AGM-154C，则采用红外成像导引头、AWW-13数据传输线路和BLU-111单一通用弹头，配有质量为250千克的BLU-111单一战斗部攻击硬目标，利用GPS/INS导航系统飞向目标区，然后由红外成像传感器控制其末段飞行路线，以便对目标实施精确打击；正在研究的第4种是有动力型号，设计装有单一战斗部，目前还在探索中。JSOW弹内装有全球定位系统/惯性导航（GPS/INS）制导系统，制导系统可通过预先设定的模式接收瞄准信息，也可以从其母机的机载探测器或其他制导系统接收最新的目标信息。

1993年

美国提出"弹道导弹防御计划"　"导弹防御"（MD）系统（Missile Defence System）是一个军事战略和联合的系统，用于在整个国家范围抵挡外来的洲际弹道导弹。导弹防御计划与"星球大战"计划有着一脉相承的联系。"星球大战"计划在出台之后的10年中，随着国际政治、军事形势的变化，规模逐步缩小，最终于1993年5月13日由时任美国国防部长莱斯·阿斯平宣布终止，宣告进行了10年的"星球大战"计划被正式放弃。1993年，美国政府对"星球大战"计划进行了全面审查和重大调整，克林顿政府提出了新的"弹道导弹防御"系统（Ballistics Missile Defense System），准备发展国家导弹防御（NMD）系统和战区导弹防御（TMD）系统，新的防御系统与"星球大战"的主要区别在于主要依靠陆基武器，不再在太空部署武器系统，仅保留预警卫星。小布什政府上台后，为了凸显美国的绝对国家安全，决定建立单一的导弹防御系统计划，宣布不再区分TMD和NMD系统，统称"导弹防御"系统，发展由助推段防御、中段防御和末段防御组成的，可拦截各种射程的弹道导弹和巡航导弹的一体化导弹防御系统。2002年6月1日，《反弹道导弹条约》寿终正寝，美国的"导弹防御"系统计划随后进入了"快车道"。回顾历史，作为其先声的"星球大战"计划虽然早已经终止，然而，在其废墟上建立起来的"弹道导弹防御计划"已经露出了冰山一角，高能激光武器也即将投入实战部署，高超音速飞行器、新一代运载火箭等新型技术的开发正在紧锣密鼓地进行，一个新的"星球大战"世界正逐渐成形。

嘎斯股份公司研制出BREM-K 轮式装甲抢救修理车 装甲抢救车或修理车是装有专用救援设备或修理工具的履带式或轮式装甲车辆。轮式装甲抢救修理车通常由坦克或装甲车的底盘改造而成。BREM-K采用BTR-80轮式装甲输送车底盘，主要用于野战条件下牵引淤陷、战伤和发生技术故障的BTR-80轮式装甲输送车到前方维修站，以便于对其实施抢修。该车乘员4人，车内备有8人座椅。车体前部安装有固定吊臂，最大起吊质量为1.2吨。炮塔上安装有手动旋转吊臂，起吊质量为800千克。炮塔后方安装有绞盘，最大牵引力为53.9千牛，使用动滑轮组时最大牵引力可达147千牛。车体左侧载有一个A形固定支架，在牵引淤陷车辆时安装在炮塔前部，用于固定车辆。该车必要时也可用于排除路障和挖掘坦克掩体等。随着主战坦克和装甲战斗车辆的发展和更新换代，俄罗斯、美国、英国、法国、德国等相应地研制并装备了采用坦克或装甲车辆底盘的装甲抢救车和修理车。当前，轮式装甲抢救修理车体现出以下几个趋势：一是抢救和修理轻型装甲车辆用的轻型履带式装甲抢救车和轮式装甲抢救车并行发展；二是重视发展"一车多功能"的抢救车，这种车既可完成基本的修理任务，又可进行抢救牵引；三是发展拉力更人的绞盘和牵引装置。

1994年

乌拉尔车辆制造厂生产T-90主战坦克 T-90主战坦克由俄罗斯乌拉尔车辆制造厂生产，1994年正式装备俄军，还出口至印度等国。T-90主战坦克全重46.5吨，乘员3人。主武器为1门125毫米滑膛炮，配装自动装弹机，可发射尾翼稳定脱壳穿甲弹、破甲弹、杀伤爆破弹、定时引信榴霰弹和激光制导的反坦克导弹。弹药为分装式，弹药基数43发（含导弹6枚），其中22发为待发弹，置于炮塔底部的旋转式弹舱中。辅助武器为1挺7.62毫米并列机枪和1挺12.7毫米高射机枪，弹药基数分别为2 000发和300发。采用稳像式综合火控系统，在行进间对运动目标具有较高的首发命中率。动力装置采用618千瓦的水冷增压多种燃料发动机，传动装置采用双侧变速箱，有7个前进挡和1个倒挡，悬挂装置采用扭杆式。最大速度60千米/时，最大行程550千米。车首和炮塔正面采用复合装甲以及最新的反应装甲，车体前部两侧也装有反应装甲，以加强对重点部位的防护。车上装有"窗帘"1主动防护系统。车内装有"三防"装置和自动灭火抑爆装置。

1995年

瑞典考库姆造船厂建造世界第一艘AIP潜艇"欧特兰"号　AIP潜艇（Air Independent Propulsion）指的是使用不依赖空气推进发动机作为动力的潜艇。长期以来，常规柴电动力潜艇水面航行时使用柴油机，水下航行则使用蓄电池，所以水下续航力有限，潜航一段时间后便不得不上浮至通气管状态，利用柴油机为蓄电池充电，这就可能造成潜艇的暴露而遭到监视和攻击。AIP（不依赖空气推进）系统是常规潜艇发展的革命，由于AIP系统在水下可直接提供推进动力，有可能使常规潜艇在执行战斗任务期间的水下持续航行时间从数天增加到几周，单次水下续航力可超过1 000海里或更多，从而显著提高潜艇的水下续航力，大幅降低潜艇在巡航中的暴露率。目前，包括德国、瑞典和我国在内的几个国家已在AIP技术发展上取得了重大进展，德国212A、206A以及中国"宋"级潜艇都配置有AIP系统。AIP潜艇的出现，使得常规潜艇的作战效能成倍提高，甚至接近于"准"核潜艇。面对造价高昂的核潜艇，AIP潜艇成为大多数国家的海军发展潜艇力量的理性选择。

德国为联合国维和部队提供"雄野猪"扫雷坦克　扫雷坦克是工兵部队用于扫雷的特种坦克，装有扫雷器的坦克就是扫雷坦克。扫雷坦克的出现为坦克快速穿越雷区提供了可能，利用扫雷坦克可在地雷场中为坦克部队开辟安全通路。在多次战争冲突期间，地雷埋设引起严重的国际问题，根据红十字组织的有关资料，全世界每月因触雷就有800多人丧生，450人致残。例如1982年战争后的马岛，估计还有3万枚地雷遍布在广阔地区的明显地带。"雄野猪"坦克的研制就是在这一背景下展开的，它是一种全装甲车，由基础车和扫雷装置组成。其中，基础车选用的是M48A2主战坦克车体，公路最高行驶速度为50千米/时，扫雷作业速度为0.2~7千米/时；扫雷装置包括24根扫雷锤击链、扫雷轴、支撑臂、旋转臂以及液压调节系统等，在外形上类似大象的足部，悬挂在每分钟旋转400转的机械轴上，由柴油机驱动。扫雷作业中，扫雷轴带动扫雷链快速转动，锤击车前方的土壤、石块、地雷或其他障碍物，并向左前方抛出。"野猪"扫雷坦克有2名主要乘员，可在90秒内查明雷区，并以25千米/时以上的车速扫雷，扫雷宽4.7米、深250毫米。液压调节系统可根据地形不同进行水平调节，以使开辟出的通路比较平整。"雄野猪"坦克被称为当前唯一能扫除各种型号地雷或使其失效的理想设备，不管地雷配用何种引信，它均可将埋设在250毫米深处98%的地雷扫除掉。它现已定型生产。1995年，马克公司向国际代表展出了特种型号的"野猪"扫雷坦克，目的在于使该车在维持和平和人道主义行动中发挥作用。为了维和行动，德国联邦国防军已订购了这种扫雷坦克。目前，该车提供给联合国维和部队和其他维持和平和人道主义机构。马克公司指出，该车也能由经过适当训练的平民使用。

1996年

俄罗斯研制出军事测绘列车　军事测绘列车是于1996年由俄罗斯研制的。冷战时期，苏联一直在追求一种"高速度、高效率、高精度"的军事测绘勤务保障装备，以满足部队在未来作战和平时训练中对地形资料的需要。军事测绘列车正是基于这一需求研制的，其目的就是应对由于军队机械化程度和诸军兵种协同作战能力的日益提高而变得更为复杂的战场情况。由于军费不足等因素的影响，研制工作曾一度被搁置，但该车最终于1996年研制成功，开始为俄军服役。该车由20节箱组成，由测绘车、印刷车、指挥车、通信车、图库车等组成，装备有先进的设备，能独立执行各种测绘任务，在2~3小时内即可完成师团各种测绘任务，在12小时内能完成集团军战役的全部测绘任务，每昼夜能生产30余万份各类地图，是一个"战役战术综合体"。俄军研制军事测绘列车，原因有两个：一是列车的装载量大，是汽车的几百倍甚至上千倍，并且速度快、运行平稳、行驶安全；二是俄罗斯疆域广阔，东西长3万多千米，南北长8 000多千米，如果使用汽车，工作量之大可想而知，而俄罗斯的铁路网非常发达。该列车在其漫长的研制过程中，共涉及100多个科研部门和企事业单位，其主要设计研究人员受到俄军领导人的高度评价："设计新颖，技术先进，制作精良，为俄军武器装备的发展做出了巨大贡献。"

美军开始研制联合直接攻击弹药　"联合制导攻击武器"又叫"杰达姆"

（JDAM，Joint Direct Atack Munition字头的音译），这种炸弹是为适应美国空军和海军发展要求而研制，用美军现存的普通常规炸弹升级发展而来的，联合直接攻击弹药利用卫星定位系统（GPS）引导的全天候、自动寻敌常规炸弹，属于精确制导武器范围。1996年，美国空军与麦克唐纳·道格拉斯公司签订了价值0.626亿美元的合同，开始了联合直接攻击弹药（JDAM）的40个月的工程与制造发展阶段，合同包括初始硬件、试验和多达5套的可选择产品，计划于1997年4月开始低速初始生产，1998年开始交货。JDAM的基本结构和现役精确制导炸弹类似，弹体部分仍是普通的钢制结构，不过其制导系统却以惯性制导系统与全球定位系统（GPS）取代了以往的制导系统。目前军用的GPS可以精确到厘米程度，如果对作战目标发起攻击，利用GPS将目标方位输入JDAM的制导系统中，在任何情况下制导精度都不会受外界环境的影响。JDAM由制导组件〔包含惯性测量装置（IMV）〕、全球定位系统（GPS）接收机以及尾部控制翼组成。由MK-81、MK-82、MK-83和MK-84常规炸弹改进而来的"杰达姆"分别编号为GBU-29、GBU-30、GBU-31和GBU-32等。美国海空军联合研制的JDAM可用于B-1、B-2、B-52、F-15、F-16、F/A-18、F-22、AV-8等各种军用飞机，可用来执行近距离空中支援、压制敌人防空火力、反水面战以及进行两栖攻击等多种任务。利用惯性制导系统和GPS提供目标方位，可以确保攻击机不必进入目标区附近的防空火力网。

1997年

美军进行第一次激光反卫星拦截试验　激光反卫星试验，是世界大国在地球外层空间利用激光武器针对在轨卫星所做的攻击、摧毁研究试验。美国、中国和俄罗斯（苏联）都进行过反卫星试验。1997年10月17日，美国陆军在新墨西哥州白沙导弹靶场进行了激光反卫星试验，这种试验对美国无疑具有重要的军事意义。试验的目标是完成工作期限的MSTI-3卫星，该系列卫星原是美国弹道导弹防御局（BMDO）研制的，美军使用MIRACL激光器的高能化学激光对其照射。第一次试验使用高功率激光器（先进的中红外化学激光器）分两次照射位于低地球轨道上的空军MSTI-3研究卫星，激光束击中了目标点——中程红外照相机，照相机不再产生图像，表明卫星传感器受到了攻击。事实上，美国激光武器经过近30年的发展已经取得显著进展，其战术、战区和战略级激光武器技术已经接近成熟，这次试验的成功是美军激光反卫星武器的一个重要里程碑，表明美国在激光武器的发展方面又前进了一步，已经或即将拥有激光反卫星能力。但是，美军在部署激光器之前，还需要通过各种方式来验证其实战能力，因此还有可能继续进行这类试验。

俄罗斯研制"白杨-M"导弹　"白杨-M"导弹是俄罗斯联邦超级秘密武器，也是21世纪俄罗斯战略力量的支柱。该导弹长22.7米，最大弹径1.95米，起飞质量47.2吨，推进系统为三级固体火箭发动机，采用星光辅助惯性制导，射程达1.05万千米，命中精度小于90米。"白杨-M"导弹野外机动性好，地面生存能力强，装载导弹的机动发射车可连续改变位置，并能从机动路途中的任意点发射。它采用高能固体推进剂火箭发动机，与液体推进剂相比，缩短了发射准备时间，整个发射过程仅需15分钟。由于采用速燃推进剂，导弹飞行速度快，助推段飞行时间短，该导弹比其他俄制导弹飞行速度更快，增强了助推段抗拦截能力。"白杨-M"具有改装成可携带3~4枚分导式多弹头导弹的能力，弹头采用吸收雷达波和降低红外特征的材料，实现雷达隐身与红外隐身一体化。1997年开始服役，部署方式为地下发射井和公路机动发射车，俄军方称其技术性能要比美国现役陆基战略弹道导弹领先5~8年。由于弹头采取了抗核加固措施，并运用了电子干扰技术，其突防能力很强。它能突破目前世界上任何导弹防御系统。美国人承认，"白杨-M"导弹大大降低了美国导弹防御系统的效果。

"白杨-M"导弹

1998年

美军研制"全球鹰"无人机 "全球鹰"是美国诺斯罗普·格鲁曼公司生产的军用无人机，于1995年5月正式开始研制，1997年2月首架原型机出厂。"全球鹰"第1号是一种高空长航时无人机，1998年2月28日从爱德华兹空军基地首飞，在空中飞行了56分钟，降落在爱德华兹空军基地主

"全球鹰"无人机

跑道上，其飞行高度达到了9.8千米。"全球鹰"无人机在禁飞区内沿"蝶形领结"式航线飞行。根据美国国防部公众事务人员的说法，整个任务的各个环节（包括起飞和降落）都是无人机根据其任务计划自动完成的。"全球鹰"空重3.469吨，有效载荷907千克，最大燃油6.445吨，装有一台推力32.03千牛的涡扇发动机。"全球鹰"无人机机长13.53米，高4.63米，翼展35.42米，因此是一种巨大的无人机。"全球鹰"机载燃料超过7.3吨，最大航程可达25 949千米，自主飞行时间长达41小时，可以完成跨洲际飞行，飞行巡航速度635千米/时，实用升限2.05万米，活动半径5 560千米，转场航程26 761千米，定点续航时间24小时，最大续航时间大于42小时。由于"全球之鹰"无人机代表了一种新型的长航时、高空UAV，并且今后还将能配备防卫电子战能力（包括施曳诱饵），因此对电子战专家们来说具有特殊的重要意义。"全球鹰"能与现有的联合部署智能支援系统（JDISS）和全球指挥控制系统（GCCS）联结，图像能直接而实时地传输给指挥官，用于指示目标、预警、快速攻击与再攻击、战斗评估等。2007年3月1日，首架新一代RQ-4Block 20"全球鹰"高空长航时无人机成功完成首飞。该机具备多项新特征和先进能力，包括更长的翼展、重新设计和加固的机身、1 360千克的内部载荷能力等，完成一系列作战试验与鉴定后交付美空军第9侦察联队。

1999年

中国兵器工业总公司生产99式主战坦克　99式主战坦克是由中国兵器工业总公司生产、1999年装备部队的第三代主战坦克。99式主战坦克全重50吨，乘员3人。主武器为125毫米滑膛炮，采用自动装弹机，发射尾翼稳定脱壳穿甲弹、破甲弹和杀伤爆破弹。辅助武器为一挺12.7毫米高射机枪和一挺7.62毫米并列机枪。火控系统为稳像式，动力装置采用水冷涡轮增压柴油机，可达65千米/时。201所与中国北方工业公司在99式主战坦克的基础上进一步研发了99A型主战坦克，在系统集成性能匹配、功能融合、电磁兼容等数十项核心技术上取得了突破。

参考文献

［1］徐建寅.欧游杂录［M］.长沙：湖南人民出版社，1980.

［2］佐克，海厄姆.简明战争史［M］.北京：商务印书馆，1982.

［3］中国人民解放军军事科学院.苏联军事百科全书中译本：第八卷［M］.北京：中国人民解放军战士出版社，1982.

［4］杜佑.通典.［M］点校本.北京：中华书局，1988.

［5］陈寿.三国志［M］.裴松之，注.北京：中华书局，1988.

［6］申时行.明会典［M］.北京：中华书局，1989.

［7］李筌.神机制敌太白阴经［M］.石家庄：河北人民出版社，1991.

［8］戚继光.纪效新书［M］.北京：中华书局，1996.

［9］王兆春.中国科学技术史：军事技术卷［M］.北京：科学出版社，1998.

［10］帕克.剑桥战争史［M］.傅景川，译.长春：吉林人民出版社，1999.

［11］琼斯.西方战争艺术［M］.刘克俭，刘卫国，译.北京：中国青年出版社，2001.

［12］马歇尔.中世纪的战争［M］.黄福武，译.青岛：青岛出版社，2003.

［13］倪世光.西欧中世纪骑士的生活［M］.保定：河北大学出版社，2004.

［14］辛格，霍姆亚德，霍尔，等.技术史［M］.王前，孙希忠，潜伟，等译.上海：上海科技教育出版社，2005.

［15］希尔.铁甲舰时代的海上战争［M］.谢江萍,译.上海:上海人民出版社,2005.

［16］三浦權利.图说西洋甲胄武器事典［M］.谢志宇,译.上海:上海书店出版社,2005.

［17］王兆春.世界火器史［M］.北京:军事科学出版社,2007.

［18］郭世贞,裴美成.军事装备史:上册［M］.北京:解放军出版社,2007.

［19］薛福成.出使四国日记［M］.北京:社会科学文献出版社,2007.

［20］柳诒徵.中国文化史［M］.上海:上海三联书店,2007.

［21］墨翟.墨子［M］.李小龙,译注.北京:中华书局,2007.

［22］王兆春.中国军事科技通史［M］.北京:解放军出版社,2010.

［23］吕不韦.吕氏春秋［M］.陆玖,译注.北京:中华书局,2011.

［24］富勒 J F C.西洋世界军事史［M］.钮先钟,译.桂林:广西师范大学出版社,2012.

［25］中国军事百科全书编审委员会.中国军事百科全书［M］.北京:中国大百科全书出版社,2016.

［26］江林.战术简史［M］.北京:解放军出版社,2016.

［27］曾公亮.武经总要［M］.陈建中,黄明珍,点校.北京:商务印书馆,2017.

［28］KYESER K. Bellifortis［M］. New York: Phaidon, 1968.

［29］RUDORFF R. Knights and the Age of Chivalry［M］. New York: The Viking Press, 1975.

［30］GARDINER R. Conway's All the World's Fighting Ships, 1860-1905［M］. London: Conway Maritime Press Ltd., 1979.

［31］DUPUY T N. The Evolution of Weapons and Warfare［M］. New York: The Bobs-Merrill Company, Inc., 1980.

［32］WADDELL J, PALERMO B. Medieval Arms, armor, And Tactics［D］. Worcester: Worcester Polytechnic Institute, 2002.

［33］CAMPBELL D B. Greek and Roman Artillery 399 BC-AD 363［M］. Oxford: Osprey Publishing Ltd., 2003.

［34］WILLIAMS A. The Knight and the Blast Furnace: A History of the Metallurgy of Armour in the Middle Ages & the Early Modern Period［M］. Leiden and Boston: Brill, 2003.

［35］HARDY R. Longbow: A Social and Military History ［M］. Sparkford, Yeovil, Somerset: Patrick Stephens Limited, 2010.

［36］CARMAN W Y. A History of Firearms: From Earliest Times to 1914 ［M］. New York: Routledge, 2015.

事项索引

人名索引

N

尼克森 Nixon，L.［英］1906

诺贝尔 Nobel，A.B.［典］1888

诺克 Nock，H.［英］1780

O

欧海因 Ohain，H.J.P.［德］1936

P

佩特 Petter，C.［瑞］1935

普克尔 Pauckle，J.［英］1718

Q

戚继光［中］1569

丘吉尔 Churchill，J.［英］1704

S

塞奇威克 Sedgwick，J.［美］1864

桑米凯利 Sanmicheli，M.［意］1527

沈括［中］1093

沈启［中］1553

施拉德 Schrader，G.［德］1936，1938，1939

舒尔茨 Schultz［德］1865

斯特拉斯曼 Strassmann，F.［德］1939

宋应星［中］1637

孙元化［中］1632

T

塔塔利亚 Tartaglia，N.［意］1537

泰尔 Theil，D.［法］1804

汤璹［中］1127

唐顺之［中］1618

铁李［中］1189

图特摩斯三世 Thutmose Ⅲ［埃］前1479

拓跋焘［中］449

W

瓦杜茨 Vadutz［列］1670

王安石［中］1073

威尔逊 Wilson，J.［英］1779

维尔布兰德 Wilbrand，J.［德］1863

维克斯 Vickers，A.［英］1854

维克斯 Vickers，E.［英］1828

维克斯 Vickers，T.［英］1854

维列 Vielle，P.［法］1884，1886

沃恩德尔 Werndl，J.［奥］1864

X

西米诺维茨 Siemienowicz，C.［波］1650

夏塞波 Chassepot，A.A.［法］1764

Y

杨偕［中］1041

俞大维［中］1933

约翰二世 John Ⅱ［法］1356

Z

曾公亮［中］1044

曾国藩［中］1861，1865

曾铣［中］1546

詹姆斯二世 James Ⅱ［苏格兰］1460

张群［中］1928

张仲彦［中］1156

张作霖［中］1919

赵士祯［中］1598

朱德［中］1948

朱元璋［中］1361，1381

左宗棠［中］1866

编后记

  本书收录远古到2000年为止的军事兵工重要事项，并分为远古至1900年、1901—2000年两部分。每部分有一概述，简要介绍该时期军事兵工的发展脉络和历史分期，对相关的战争特点亦略加说明。每部分事项按时间顺序排列，难以确定具体时间的事项按世纪排列，时间跨度数年、数十年、上百年、数百年的事项均按该事项发生的首年排列。书后附有事项索引和人名索引，每个事项和人名后标注其年代。

  本书编写过程中，主编刘戟锋教授不幸于2018年1月5日因病辞世，令人痛惜。尚幸刘戟锋教授辞世之前，本书初稿已草就。后续修改工作，由黄伯尧、吴奕澎、韩毅、高良等完成，主要是修正原有事项条目、新增44条事项、重修26条事项、合并或删除若干原有事项，以及按统稿要求编写概述、事项索引、人名索引、参考书目、统一格式等。其中，吴奕澎承担了较多的工作。经多方询问，仅得知贾珍珍、张煌参与初稿编写，如有遗漏，谨此致歉。

  需要说明的是，航空、航天、通信、电子、计算机等技术领域的军事兵工相关事项，因另有著作收录，少数（如龟船等）例外，本书不再收录。

  军事兵工史几乎涉及所有学科和技术门类，内容丰富，均需具备相关的专业知识始能妥善把握。本书编者学力有限，差错、疏漏之处在所难免，恳请读者不吝批评。

  谨以此书纪念不幸英年早逝的刘戟锋教授！